国外炼油化工新技术丛书

扩 散 与 传 质

[美] James S. Vrentas　　Christine M. Vrentas　　著

王成秀　陈振涛　王俊杰　刘其武　译

石油工业出版社

内 容 提 要

本书对扩散和传质相关理论进行了全面的介绍，并对基础理论进行了详细推导，结合大量扩散和传质实例问题进行了详细讨论。还介绍了黏弹性扩散、移动边界问题、扩散和反应、膜传输、波动行为、沉积、聚合物膜干燥和色谱等在内的众多过程，并给出了这些过程涉及的扩散和传质理论的推导。本书特别关注了聚合物行为的各个方面，包括聚合物扩散、聚合物吸附以及聚合物—溶剂体系的体积变化特性等内容。

本书既可作为相关专业研究生课程的教材，也可作为高等院校师生及基础研究相关人员的参考书。

图书在版编目（CIP）数据

扩散与传质 /（美）詹姆斯·S. 弗伦塔斯
（James S. Vrentas），（美）克里斯蒂娜·M. 佛伦塔斯
（Christine M. Vrentas）著；王成秀等译. — 北京：石油工业出版社，2022.1
　　　　　　（国外炼油化工新技术丛书）
书名原文：Diffusion and mass transfer
ISBN 978-7-5183-4132-0

Ⅰ. ①扩… Ⅱ. ①詹… ②克… ③王…
Ⅲ. ①扩散-研究②传质-研究 Ⅳ. ①O552.2
②TK124

中国版本图书馆 CIP 数据核字（2020）第 217057 号

Diffusion and Mass Transfer
by James S. Vrentas, Christine M. Vrentas
ISBN: 9781466515680

© 2013 by Taylor & Francis Group, LLC
CRC Press is an imprint of Taylor & Francis Group, an Informa business
All Rights Reserved
Authorized translation from English language edition published by CRC Press, part of Taylor & Francis Group LLC.
本书经 Taylor & Francis Group, LLC 授权翻译出版并在中国大陆地区销售，简体中文版权归石油工业出版社有限公司所有，侵权必究。
Copies of this book sold without a Taylor & Francis sticker on the cover are unauthorized and illegal. 本书封面贴有 Taylor & Francis 公司防伪标签，无标签者不得销售。
北京市版权局著作权合同登记号：01-2016-9440

出版发行：石油工业出版社
　　　　（北京安定门外安华里 2 区 1 号楼　100011）
　　　　网　　址：www.petropub.com
　　　　编辑部：（010）64523546
　　　　图书营销中心：（010）64523633
经　　销：全国新华书店
印　　刷：北京中石油彩色印刷有限责任公司

2022 年 1 月第 1 版　2022 年 1 月第 1 次印刷
787×1092 毫米　开本：1/16　印张：29.75
字数：721 千字

定价：200.00 元
（如出现印装质量问题，我社图书营销中心负责调换）
版权所有，翻印必究

译者前言

扩散与传质是化学工程、材料工程、生物工程和医药工程等学科的重要基础，也在这些领域得到了广泛应用。近年来，扩散与传质和化学、生物、环境及能源等学科的交叉融合越来越广泛，推动诸多领域呈现良好发展态势。扩散与传质基本理论和基本规律的深入认识，从中找出制约化学和物理过程的瓶颈，为解决诸多复杂工程问题从扩散和过程强化角度提供重要支撑，从而实现工业实践的经济高效发展。本书全面介绍了扩散与传质的基本理论、内在规律、数学模型的建立及其求解方法，对黏弹性扩散、移动边界问题、扩散和反应、膜传输、波动行为、沉积、聚合物膜干燥和色谱等在内的众多扩散与传质过程进行了详细讨论，可为各种传递过程所涉及的扩散与传质相关问题的解决提供科学依据和理论指导。

本书共有 17 章：第 1 章通过介绍传递现象分析问题的通用方法，引出扩散与传质的基本内容；第 2 章介绍守恒方程和场方程，讨论了基于质量守恒定律、物质质量、线性动量和动量矩的场方程的推导；第 3 章介绍边界条件，主要讨论了多组分混合物相界面边界条件的确定，推导出了质量守恒和线性动量守恒的适当跳跃平衡；第 4 章主要介绍本构方程，从本构原理出发介绍了本构方程构建的思路，并给出了不同体系扩散与传质本构方程的构建方法；第 5 章介绍本构方程中的参数，重点是通过分子分析估算橡胶态聚合物—溶剂体系和玻璃态聚合物—溶剂混合物的二元互扩散系数；第 6 章介绍聚合物—渗透剂体系的特殊行为，主要包括聚合物—渗透剂体系的体积行为及吸附行为、聚合物的抗塑化作用以及聚合物—渗透剂界面的非平衡特性；第 7 章介绍数学方法，主要针对解决传质问题涉及的偏微分方程，求解这些方程所需的数学方法，并给出了求解方法的例子；第 8 章介绍质量传递问题的解决策略，主要是给出各种传质过程涉及的通用方程以及如何构建和解决这些方程；第 9 章介绍通用溶液的质量传递问题，目的是通过解决通用溶液的各种传质问题阐明前面各个章节的一些观点；第 10 章介绍传质移动边界层问题的扰动求解问题；第 11 章介绍扩散和反应，列举了考虑均相反应和非均相反应的例子，并观察物质连续性方程中另一附加项如何影响传质问题的求解；第 12 章介绍无孔膜中的传递，主要目的是解释如何建立膜传递理论；第 13 章为吸附和脱附分析，对薄层吸附、阶跃吸附试验、玻璃态聚合物及橡胶态聚合物的积分吸附、振荡扩散等进行了详细分析；第 14 章介绍色散和色谱，从泰勒分散问题的构建、低 Peclet 数下层流管流中的分散以及反相色谱实验等方面进行分析；第 15 章介绍压力梯度对扩散的影响，展示了压力梯度如何对二元流体混合物中非稳定传递的波传播起重要作用，也考虑沉积过程中压力梯度的重要性；第16章介绍黏弹性扩散，包括黏弹性扩散实验和理论的介绍，并对具有黏弹性效应的两种传质理论进行了分析；第17章介绍移动参考坐标系下的传递。

本书的翻译工作是在参译者共同努力下得以圆满完成的。其中，第1章至第9章由王俊杰、王成秀和刘其武翻译，第10章至第17章由陈振涛翻译。全书由王成秀和陈振涛负责统稿和审核。在翻译过程中还得到了魏煜芝、杨潇、于磊、李之辉、刘子成等人的帮助，在此一并表示感谢！

本书涉及的研究方向众多，专业术语较多，由于译者水平有限，书中难免有疏漏之处，敬请广大读者批评指正。

原书前言

本书全面概述了扩散与传质理论。书中包含对基础理论的详细推导和对大量实例问题的详细解决方案，可用于教学。本书还介绍了扩散与传质的一些研究成果。

本书第 1 章至第 8 章、附录介绍了分析传质问题所需的一般理论和方法。第 5 章和第 6 章着重介绍了聚合物的行为，第 5 章讨论了用于预测聚合物—溶剂体系自扩散系数的自由体积理论。第 9 章至第 17 章包含大量传质问题的详细解决方案，包括聚合物扩散的过程。本书提供了许多表格，列出了各种计算相关的浓度、速度和通量，并给出了它们之间的关系以及针对特定问题的适当变量选择的准则。

第 1 章介绍了构建和解决传质问题所需的 5 个要素，包括守恒定律和场方程，边界条件，本构方程，本构方程中的参数以及数学方法。每一个要素均在单独的章节中进行了介绍（第 1 章至第 5 章）。其中，数学方法基本上是对解题方法（包括格林函数方法）的描述，该方法可用于求解传质问题中常见的偏微分方程。第 6 章考察了聚合物—渗透剂体系的特殊行为，而第 8 章介绍了解决传质问题可能采取的策略。由于许多方程中包含向量和张量，因此在附录中讨论了向量和张量的性质。第 9 章提出并解决了各种传质问题，包括气泡增长、塑料容器中的杂质迁移以及聚合物在药物输送中的利用，而第 10 章至第 17 章分别讨论了特定类型的传质过程，例如吸附、解吸、膜运输和分散。黏弹性扩散、扩散和反应（CVD 和聚合反应器）、波动、沉降、色谱、干燥和移动边界问题是重要的传质问题，针对这些问题，将给出详细的解决方案以及其他理论内容。

本书可以用作研究生传质课程的教材。对于那些对聚合物感兴趣的学生来说，本书提供了对聚合物扩散的理论处理以及许多例子，这些理论在传质书中通常找不到。本书还可以当作大学、政府和工业研究实验室中扩散和传质基础研究的参考书，因为它讲解了传质理论的最重要方面，也包含未出版的有关扩散的新材料，在解题过程中也使用了适当的数学方法。

值得注意的是，与正确理解理论一样重要的是，在解题过程中应用理论获得问题的正确解的过程。这种理解有助于正确设计实验，以便收集有意义的数据。这种理解有助于构建适当的方程式和边界条件，这些方程式和边界条件可用于获得数值解和解析解。这种理解有助于通过利用相关方程线性化形式的解析解来确定数值解的一般有效性。希望本书有助于增进这种理解。

目　　录

第1章 总   论

传递现象与动量、热量和质量传递问题的详细分析密不可分。通常，可以采用物质的连续性描述，解偏微分方程或常微分方程作为阐述自然现象、化学中或相关工业流程中现象的手段。本章引入了传递现象分析问题的通用方法，并详细介绍了扩散和传质的内容。

1.1 传递现象的问题通用分析方法

图 1.1 显示了传递现象问题的通用分析方法。如图 1.1 所示，要确定一个特定问题的流速、温度和浓度分布，需要知道 5 个输入量的情况，这样压降、传导热和反应的物料这些数据就可以计算了。场方程、边界条件、本构方程、本构方程参数和数学方法这 5 个输入量的重要特征的介绍如下。

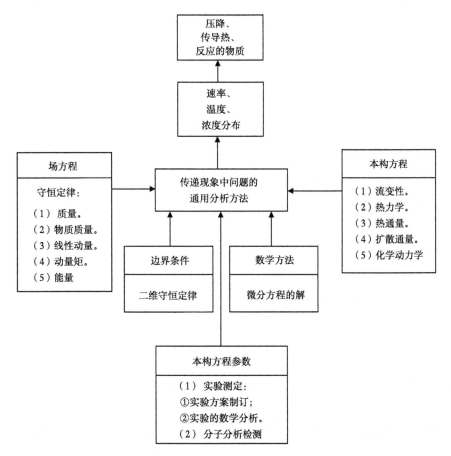

图 1.1 传递现象中问题的通用分析方法概要

1.1.1　场方程

（1）场方程是物理界基于不言自明的物理守恒规律而来的经验方程。

（2）随着人类观察到更多的新现象并修正旧的理论，可以提出更多的基本守恒定律的形式。例如，人们曾考虑用爱因斯坦的相对论力学替代牛顿力学。

（3）当考虑连续性时，基本守恒定律通常以积分形式表示。守恒定律的积分形式可以转换为场方程，通常转换为非线性偏微分方程。

（4）无论组成或相态怎样，基本的守恒定律适用于任何物质。

（5）在场方程中存在比方程更多的未知数，因此它们构成了欠定方程组。这是可以预期的，因为在这一点上，没有考虑特定类型的物质输入，而且不同类型的物质的表现各异也是合理的。另外，必须将物理环境考虑进所研究的体系中。

1.1.2　边界条件

（1）边界条件关系到所研究的体系与其他体系之间的相互作用。可以用直接的数学边界条件代替所研究的物理环境。

（2）边界条件可以由导出跳跃条件的二维形式的守恒定律推导出来，也可以从一般的考虑表面相的特性方法导出。或者也可以假定边界条件，并假定该边界条件适用于所研究的特定体系。

1.1.3　本构方程

（1）本构方程特指传递操作过程中描述所研究物质性质方程（例如，牛顿流体或弹性固体）。

（2）本构方程不是普遍的自然规律，因为它们仅适用于特定类别的理想物质。

（3）如果有足够数目的适当边界条件，则本构方程是确定问题方程所需的附加关系（方程数等于未知数）。

1.1.4　本构方程参数

（1）本构方程的基本形式可以从实验中推导出来，也可以根据某些理论物理要求或限制推导出来。此外，这些方程中的参数必须由实验或分子确定，而不是从连续性的角度考虑来确定。黏度、导热率和扩散系数都属于这种参数。

（2）分子力的性质很复杂，目前分子模拟的时间尺度通常要比期望的时间短得多。因此，由分子分析得来的本构方程中的参数或系数的预测目前并不能完全确定。

1.1.5　数学方法

（1）通常，传递问题可以通过一个或多个非线性偏微分方程求解，这个过程中可以利用适当的分析方法或数值方法。

（2）如果相关方程构成线性体系则较好，因为这样就可以有更多的解决线性问题的方法。

1.2　概述

本书的主要目的是考虑利用扩散和传质的各个方面的理论。必要时，还需要讨论流体力学方面的问题。另外，本书虽然没有提到通常用于确定本构方程参数实验的具体细节，但是书中提供了许多实验技术的分析。尽管三元扩散某些方面的问题已经得到解决，不过书中提出的大多数传质问题涉及二元体系中的等温质量传递。已经检测到了在气体、液体和无定形橡胶态聚合物、玻璃态聚合物中的扩散，但还未检测到在结晶固体中的扩散现象。虽然本书重点放在聚合物的扩散上，但不考虑电解质的扩散。

本书第 2 至第 8 章分析了传递现象中 5 个输入量的基本特征。第 9 章至第 17 章分析了各种扩散和传质问题。本书中使用的矢量和张量在附录中进行了注释。

第 2 章　守恒定律和场方程

本章讨论了基于质量守恒定律、物质质量、线性动量和动量矩的场方程的推导。另外，本章中定义了变量浓度、速度和通量，给出了这些变量之间的关系，讨论了纯黏性多组分流体混合物热力学各个方面的问题。

2.1　浓度、速率和通量

表 2.1 列出了扩散和传质研究中所需的浓度型变量。表 2.2 给出了涉及这些浓度变量中某些浓度变量的有用的关系式；下面是表 2.2 中方程（B）、方程（D）和方程（G）的导出过程。

N 组分体系的平均分子量 M 的定义可以导出方程（B）。

$$M = \sum_{A=1}^{N} x_A M_A = \sum_{A=1}^{N} \frac{c_A M_A}{c} = \sum_{A=1}^{N} \frac{\rho_A}{c} = \frac{\rho}{c} \tag{2.1}$$

根据组分 A 的摩尔分数 x_A 的定义式可以导出方程（D）。

$$x_A = \frac{c_A}{c} = \frac{\rho_A/M_A}{\rho/M} = \frac{w_A/M_A}{\sum\limits_{B=1}^{N} \dfrac{w_B}{M_B}} \tag{2.2}$$

对于 A 和 B 组成的二元体系，表 2.2 中的方程（E）可以写作：

$$w_A = \frac{x_A M_A}{x_A M_A + x_B M_B} \tag{2.3}$$

对 x_A 求导得到方程（G）：

$$\mathrm{d}w_A = \frac{M_A M_B \mathrm{d}x_A}{(x_A M_A + x_B M_B)^2} = \frac{c^2 M_A M_B \mathrm{d}x_A}{\rho^2} \tag{2.4}$$

表 2.1　浓度型变量

变量	符号	定义式	量纲
组分 A 的质量密度	ρ_A	—	$\dfrac{A \text{ 的质量}}{\text{混合物的体积}}$
总质量密度	ρ	$\rho = \sum\limits_{A=1}^{N} \rho_A$	$\dfrac{\text{混合物的质量}}{\text{混合物的体积}}$
A 的分子量	M_A	—	$\dfrac{A \text{ 的质量}}{A \text{ 的物质的量}}$

变量	符号	定义式	量纲
A 的摩尔密度	c_A	$c_A = \rho_A / M_A$	$\dfrac{A\ 的物质的量}{混合物的体积}$
总摩尔密度	c	$c = \sum\limits_{A=1}^{N} c_A$	$\dfrac{混合物的物质的量}{混合物的体积}$
混合物的平均分子量	M	$M = \sum\limits_{A=1}^{N} x_A M_A$	$\dfrac{混合物的质量}{混合物的物质的量}$
混合物的比体积	$\hat{V}$	$\hat{V} = 1/\rho$	$\dfrac{混合物的体积}{混合物的质量}$
A 的微分比体积	$\hat{V}_A$	根据方程（2.24）和方程（2.25）定义	$\dfrac{A\ 的体积}{A\ 的质量}$
A 的质量分数	w_A	$w_A = \rho_A / \rho$	$\dfrac{A\ 的质量}{混合物的质量}$
A 的摩尔分数	x_A	$x_A = c_A / c$	$\dfrac{A\ 的物质的量}{混合物的物质的量}$
A 的体积分数	ϕ_A	$\phi_A = \hat{V}_A \rho_A$	$\dfrac{A\ 的体积}{混合物的体积}$

表 2.3 列出了在扩散和传质分析中有用的速度和通量，表 2.4 列出了速度和通量的关系。方程（C）、方程（E）、方程（H）、方程（J）和方程（K）的求导见表 2.4。

表 2.3 中的通量 j_A 定义如下：

$$j_A = \rho_A v_A - \rho_A v \tag{2.5}$$

对所有分量求和得到方程（C）：

$$\sum_{A=1}^{N} j_A = \sum_{A=1}^{N} \rho_A v_A - v \sum_{A=1}^{N} \rho_A = \rho v - \rho v = 0 \tag{2.6}$$

根据表 2.3，通量 j_A^{V} 可由方程（2.7）求得：

$$j_A^{V} = \rho_A v_A = \rho_A v^{V} \tag{2.7}$$

表 2.2　浓度变量之间的关系

$\sum\limits_{A=1}^{N} w_A = 1$	$\sum\limits_{A=1}^{N} x_A = 1$	$\sum\limits_{A=1}^{N} \rho_A \hat{V}_A = \sum\limits_{A=1}^{N} \phi_A = 1$	（A）
	$M = \sum\limits_{A=1}^{N} x_A M_A = \dfrac{\rho}{c}$		（B）
	$\dfrac{1}{M} = \sum\limits_{A=1}^{N} \dfrac{w_A}{M_A} = \dfrac{c}{\rho}$		（C）

续表

$$x_A = \dfrac{w_A/M_A}{\displaystyle\sum_{B=1}^{N} \dfrac{w_B}{M_B}}$$	（D）
$$w_A = \dfrac{x_A M_A}{\displaystyle\sum_{B=1}^{N} x_B M_B}$$	（E）
$$\mathrm{d}x_A = \dfrac{\rho^2 \mathrm{d}w_A}{c^2 M_A M_B} \qquad (A \text{ 和 } B \text{ 的二元体系})$$	（F）
$$\mathrm{d}w_A = \dfrac{c^2 M_A M_B \mathrm{d}x_A}{\rho^2} \qquad (A \text{ 和 } B \text{ 的二元体系})$$	（G）

表 2.3　速率和通量定义

速率或通量	符号	定义式
组分 A 相对于固定系的速率①	v_A	—
平均质量速率	v	$v = \displaystyle\sum_{A=1}^{N} w_A v_A$
平均摩尔速率	v^{m}	$v^{\mathrm{m}} = \displaystyle\sum_{A=1}^{N} x_A v_A$
平均体积速率	v^{V}	$v^{\mathrm{V}} = \displaystyle\sum_{A=1}^{N} \hat{V}_A \rho_A v_A$
组分 N 的速率	v_N	$v_N = \displaystyle\sum_{A=1}^{N} \delta_{AN} v_A$
A 相对于固定系的质量通量	n_A	$n_A = \rho_A v_A$
A 相对于固定系的摩尔通量	N_A	$N_A = c_A v_A$
A 相对于平均质量速率的质量通量	j_A	$j_A = \rho_A (v_A - v)$
A 相对于平均摩尔速率的质量通量	j_A^{m}	$j_A^{\mathrm{m}} = \rho_A (v_A - v^{\mathrm{m}})$
A 相对于平均摩尔速率的摩尔通量	J_A^{m}	$J_A^{\mathrm{m}} = c_A (v_A - v^{\mathrm{m}})$
A 相对于平均体积速率的质量通量	j_A^{V}	$j_A^{\mathrm{V}} = \rho_A (v_A - v^{\mathrm{V}})$
A 相对于组分 N 的速率的质量通量	j_A^{N}	$j_A^{N} = \rho_A (v_A - v_N)$

①本书 2.6 节讨论了固定系。

表 2.4　速率和通量之间的关系

$$\sum_{A=1}^{N} n_A = \rho v$$	（A）
$$\sum_{A=1}^{N} N_A = c v^{\mathrm{m}}$$	（B）
$$\sum_{A=1}^{N} j_A = 0$$	（C）

$$\sum_{A=1}^{N} \boldsymbol{J}_A^{\mathrm{m}} = 0$$	(D)
$$\sum_{A=1}^{N} \boldsymbol{j}_A^{\mathrm{V}} \hat{V}_A = 0$$	(E)
$$\boldsymbol{j}_N^{\mathrm{N}} = 0$$	(F)
$$v - v^{\mathrm{m}} = -\frac{1}{c} \sum_{A=1}^{N} \frac{\boldsymbol{j}_A}{M_A}$$	(G)
$$v - v^{\mathrm{V}} = -\sum_{A=1}^{N} \hat{V}_A \boldsymbol{j}_A$$	(H)
$$\boldsymbol{j}_A^{\mathrm{m}} = \boldsymbol{j}_A - M w_A \sum_{B=1}^{N} \frac{\boldsymbol{j}_B}{M_B}$$	(I)
$$\boldsymbol{j}_A^{\mathrm{V}} = \boldsymbol{j}_A - \rho_A \sum_{B=1}^{N} \hat{V}_B \boldsymbol{j}_B$$	(J)
$$n_A = w_A \sum_{B=1}^{N} n_B + \boldsymbol{j}_A$$	(K)
$$N_A = x_A \sum_{B=1}^{N} N_B + \boldsymbol{J}_A^{\mathrm{m}}$$	(L)

A 对于平均体积速率的质量通量乘以 A 的微分比体积，将所有组分的这个式子加和即可得到方程（E）。

$$\sum_{A=1}^{N} \hat{V}_A \boldsymbol{j}_A^{\mathrm{V}} = \sum_{A=1}^{N} \hat{V}_A v_A \rho_A - v^{\mathrm{V}} \sum_{A=1}^{N} \hat{V}_A \rho_A = v^{\mathrm{V}} - v^{\mathrm{V}} = 0 \tag{2.8}$$

结合表 2.2 和表 2.3 得到方程（2.9）：

$$v - v^{\mathrm{V}} = \sum_{A=1}^{N} \hat{V}_A \rho_A (v - v_A) \tag{2.9}$$

通过方程（2.9）可得到方程（H）：

$$v - v^{\mathrm{V}} = -\sum_{A=1}^{N} \hat{V}_A \boldsymbol{j}_A \tag{2.10}$$

同时，由表 2.3 可知：

$$\rho_A v_A = \rho_A v + \boldsymbol{j}_A = \rho_A v^{\mathrm{V}} + \boldsymbol{j}_A^{\mathrm{V}} \tag{2.11}$$

$$\boldsymbol{j}_A^{\mathrm{V}} = \boldsymbol{j}_A + \rho_A (v - v^{\mathrm{V}}) \tag{2.12}$$

结合方程（2.10）和方程（2.12）可以得到方程（J）：

$$\boldsymbol{j}_A^{\mathrm{V}} = \boldsymbol{j}_A - \rho_A \sum_{B=1}^{N} \hat{V}_B \boldsymbol{j}_B \tag{2.13}$$

另外，把表 2.4 中方程（A）和表 2.3 中 n_A 的定义代入方程（2.5）可以得出方程（K）：

$$n_A = w_A \sum_{B=1}^{N} n_B + j_A \tag{2.14}$$

在分析扩散问题时，据悉从某个平均速率的角度来表达速率是行之有效的，对于 A 物质：

物质 A 的速率＝某种混合物的平均速率＋物质 A 相对于该平均速率的扩散速率

$$\tag{2.15}$$

表 2.3 中定义的 4 个平均速率（v，v^m，v^V，v_N）是由每个分量的速率乘以合适的加权因子并对所有分量求和来确定。用于这 4 个速度的加权因子是质量分量、摩尔分数、体积分数和克罗内克函数 [方程（A.2）和方程（A.3）]。如后所述，适当选择平均速率有助于分析某些扩散过程。

2.2 纯黏性流体混合物的热力学

对于纯黏性 N 组分的流体混合物，可以使用以下形式的热量状态方程（对于特定的内能 $\hat{U}$）（Truesdell 和 Toupin，1960）：

$$\hat{U} = \hat{U}(\hat{S}, \rho_1, \rho_2, \cdots, \rho_N) \tag{2.16}$$

这里的 $\hat{S}$ 可以视为指定参数的比熵。方程（2.16）也可以写作以下的替换形式：

$$\hat{U} = \hat{U}(\hat{S}, \hat{V}, w_1, w_2, \cdots, w_{N-1}) \tag{2.17}$$

温度 T 和热力学压力 p 可以定义如下（Truesdell 和 Toupin，1960）：

$$T = \left(\frac{\partial \hat{U}}{\partial \hat{S}}\right)_{\hat{V}, w_B} \tag{2.18}$$

$$\rho = \left(\frac{\partial \hat{U}}{\partial \hat{V}}\right)_{\hat{S}, w_B} \tag{2.19}$$

由方程（2.17）和方程（2.18）可以得到：

$$T = T(\hat{S}, \hat{V}, w_1, w_2, \cdots, w_{N-1}) \tag{2.20}$$

由方程（2.17）和方程（2.19）可得：

$$p = p(\hat{S}, \hat{V}, w_1, w_2, \cdots, w_{N-1}) \tag{2.21}$$

因此，结合方程（2.20）和方程（2.21）可以消去 $\hat{S}$，并且由热量状态方程式可以得出方程（2.22）：

$$\rho = \rho(T, \rho, w_1, w_2, \cdots, w_{N-1}) \tag{2.22}$$

或者，同样地，

$$\hat{V} = \hat{V}(T, p, w_1, w_2, \cdots, w_{N-1}) \tag{2.23}$$

通常，方程（2.22）是用于补充本章后面推导的场方程组的形式，而方程（2.23）是用于定义微分比体积的起始方程。

对于 N 组分混合物，微分比体积 $\hat{V}_A$ 可以定义为：

$$\left(\frac{\partial \hat{V}}{\partial w_A}\right)_{p,\ T,\ w_B(B \neq A,\ N)} = \hat{V}_A - \hat{V}_N \tag{2.24}$$

该形式的方程有效地定义混合物中第一个组分即 $N-1$ 组分的微分比体积。微分比体积的定义需要满足以下条件：

$$\hat{V} = \sum_{A=1}^{N} w_A \hat{V}_A \tag{2.25}$$

这个方程有效地定义了 $\hat{V}_N$。很明显，由方程（2.25）可以得到如下结果：

$$1 = \sum_{A=1}^{N} \rho_A \hat{V}_A \tag{2.26}$$

这就是表2.2中第一行的第三个方程。

以下的推导过程说明了计算包含组分 1 和组分 2 的二元组分体系的微分比体积的过程。在恒温恒压下，二元体系的热量状态方程式可以写作：

$$\hat{V} = \hat{V}(w_1) \tag{2.27}$$

由此，方程（2.24）和方程（2.25）变成：

$$\frac{\mathrm{d}\hat{V}}{\mathrm{d}w_1} = \hat{V}_1 - \hat{V}_2 \tag{2.28}$$

$$\hat{V} = w_1 \hat{V}_1 + (1 - w_1)\hat{V}_2 \tag{2.29}$$

给出 $\hat{V}_1$ 和 $\hat{V}_2$ 之后，这两个方程可以解出：

$$\hat{V}_1 = (1 - w_1)\frac{\mathrm{d}\hat{V}}{\mathrm{d}w_1} + \hat{V} \tag{2.30}$$

$$\hat{V}_2 = \hat{V} - w_1 \frac{\mathrm{d}\hat{V}}{\mathrm{d}w_1} \tag{2.31}$$

如果可以从实验数据计算出精确的导数，则由此可以很容易地由 $\hat{V}/w_1$ 的值得到 $\hat{V}_1$ 和 $\hat{V}_2$。

使用微分比体积可以将 w_A 的变化和 ρ_A 的变化联系起来。方程（2.24）可以写作：

$$\left(\frac{\partial \rho}{\partial w_C}\right)_q = \rho^2(\hat{V}_N - \hat{V}_C) \quad (C = 1,\ 2,\ \cdots,\ N-1) \tag{2.32}$$

这里 $q = p,\ T,\ w_B\ (B \neq C,\ N)$。同时，因为 $\rho_A = \rho w_A$，所以方程（2.33）成立：

$$\left(\frac{\partial \rho_A}{\partial w_C}\right)_q = \rho\left(\frac{\partial w_A}{\partial w_C}\right)_q + w_A\left(\frac{\partial \rho}{\partial w_C}\right)_q \tag{2.33}$$

结合方程（2.32）和方程（2.33），则有：

$$\left(\frac{\partial \rho_A}{\partial w_C}\right)_q = \rho\left[\delta_{AC} + \rho_A(\hat{V}_N - \hat{V}_C)\right](A, \; C = 1, \; 2, \; \cdots, \; N-1) \quad (2.34)$$

通过相似的或者更复杂的分析，可以证明这一点：

$$\left(\frac{\partial w_A}{\partial \rho_C}\right)_r = \frac{1}{\rho}\left[\delta_{AC} + w_A\left(\frac{\hat{V}_C}{\hat{V}_N} - 1\right)\right](A, \; C = 1, \; 2, \; \cdots, \; N-1) \quad (2.35)$$

这里 $r = p$，T，ρ_B（$B \neq C$，N）。对于包含 1 和 2 两个组分的二元体系来说，由方程（2.35）可得：

$$\left(\frac{\partial w_1}{\partial \rho_1}\right)_{p,\,T} = \frac{1}{\rho^2 \hat{V}_2} \quad (2.36)$$

最后，可以证明还有两个有用的浓度关系，考虑方程（2.25）：

$$\hat{V} = \sum_{A=1}^{N} w_A \hat{V}_A \quad (2.37)$$

其中：

$$\hat{V} = \hat{V}(T, \; p, \; w_1, \; w_2, \; \cdots, \; w_{N-1}) \quad (2.38)$$

$$\hat{V}_A = \hat{V}_A(T, \; p, \; w_1, \; w_2, \; \cdots, \; w_{N-1}) \quad (2.39)$$

对方程（2.37）求微分可得：

$$\hat{V}_C - \hat{V}_N = \left(\frac{\partial \hat{V}}{\partial w_C}\right)_q = \sum_{A=1}^{N} w_A\left(\frac{\partial \hat{V}_A}{\partial w_C}\right)_q + \hat{V}_C - \hat{V}_N \quad (2.40)$$

方程（2.40）可以简化为：

$$0 = \sum_{A=1}^{N} w_A\left(\frac{\partial \hat{V}_A}{\partial w_C}\right)_q \quad (2.41)$$

此外，它也可以用更复杂一点的方程表示：

$$\left(\frac{\partial \rho}{\partial \rho_C}\right)_r = -\frac{V_C - V_N}{V_N} \quad (2.42)$$

2.3 单组分体系的质量守恒

单组分体系的质量守恒可以由包含在不包括相界面的物质体积中的特定系列物质颗粒组成的主体来设定公式表示。单组分体系的质量守恒原则指出，无论主体如何移动或变形，主体的每个连续构型的质量都不会改变（Truesdell 和 Toupin，1960）。这个原则可以用于主体的质量不随时间变化的前提下的方程式中（使用物质导数）

$$\frac{D}{Dt}\iiint\limits_{V(t)}\rho\,dV = 0 \tag{2.43}$$

根据雷诺传输定理，即附录方程（A.152），可以得到如下结果：

$$\iiint\limits_{V(t)}\left[\frac{\partial\rho}{\partial t}+\nabla(\rho v)\right]dV = 0 \tag{2.44}$$

主体的大小是任意的，因此物质的体积大小也是任意的。当任意尺寸的物质体积积分为零时，被积函数必须为零，因此可得：

$$\frac{\partial\rho}{\partial t}+\ \nabla(\rho v)=0 \tag{2.45}$$

这是总体连续性方程，它是由总质量守恒原理推导出来的场方程。这个方程保证了连续性物质的质量在每一个空间点都是守恒的。上述推导连续性方程的过程基于附录 A.5 节和 A.6 节讨论的物质。如果密度 ρ 是常数，则称流体是不可压缩流体，并且对于这种情况，方程（2.45）可以简化为以下形式：

$$\nabla v=0 \tag{2.46}$$

因为连续性方程包含 4 个未知数（密度和 3 个速度分量），所以它本身不能作为解决流体力学问题的方法。但是，如果已知其他因变量，它可以用于检查流场的一致性或导出其中一个未知数。例如，考虑不可压缩流体的稳定流动 $v_x=ax^2+by$（a 和 b 是常数）且 $v_z=0$。可以根据边界条件确定速度分量 v_y。

$$v_y(x,\ y=0,\ z)=0 \tag{2.47}$$

对于这个问题，方程（2.46）可以写作：

$$\frac{\partial v_x}{\partial x}+\frac{\partial v_y}{\partial y}+\frac{\partial v_z}{\partial z}=0 \tag{2.48}$$

表 2.5　相对于三维坐标系的总体连续性方程（Bird 等，1960）

直角坐标$(x,\ y,\ z)$
$\dfrac{\partial\rho}{\partial t}+\dfrac{\partial}{\partial x}(\rho v_x)+\dfrac{\partial}{\partial y}(\rho v_y)+\dfrac{\partial}{\partial z}(\rho v_z)=0$
圆柱坐标$(r,\ \theta,\ z)$
$\dfrac{\partial\rho}{\partial t}+\dfrac{1}{r}\dfrac{\partial}{\partial r}(\rho r v_r)+\dfrac{1}{r}\dfrac{\partial}{\partial\theta}(\rho v_\theta)+\dfrac{\partial}{\partial z}(\rho v_z)=0$
球坐标$(r,\ \theta,\ \phi)$
$\dfrac{\partial\rho}{\partial t}+\dfrac{1}{r^2}\dfrac{\partial}{\partial r}(\rho r^2 v_r)+\dfrac{1}{r\sin\theta}\dfrac{\partial}{\partial\theta}(\rho v_\theta\sin\theta)+\dfrac{1}{r\sin\theta}\dfrac{\partial}{\partial\phi}(\rho v_\phi)=0$

可得：

$$\frac{\partial v_y}{\partial y}=-2ax \tag{2.49}$$

对方程（2.49）求积分可得：

$$v_y = -2axy + f(x, z) \tag{2.50}$$

利用边界条件方程（2.47），得到如下的第三个速度分量表达式：

$$v_y = -2axy \tag{2.51}$$

表 2.5 列出了在 3 种最广泛使用的坐标系中方程（2.45）的扩展形式。根据表 2.5，方程（2.46）（不可压缩流体的总体连续性方程）的相应结果可以很容易获得，只需设定 $\rho = 1$。

2.4 混合物的质量守恒

对于 N 组分的体系，质量守恒原理应用于每个组分的物质体积，并且每个物质体积也不包括相界面。每个单一物质的质量守恒可以表述如下：多组分混合物中每个物质 A（$A = 1, 2, \cdots, N$）的质量随时间的变化率等于物质 A 通过均相化学反应产生的质量的速率。上述守恒定律以等式的形式可表示为：

$$\frac{D_A}{Dt} \iiint_{V_A(t)} \rho_A dV = \iiint_{V_A(t)} R_A dV \tag{2.52}$$

这里的 V_A 是与物质体积相关的一系列物质 A 的粒子，其中 R_A 定义为：

$R_A = $ 均相化学反应中每单位体积中产生物质 A 的质量的速率

应用附录方程（A.163），对 A 物质应用雷诺传输定理，可以得到如下结果：

$$\iiint_{V_A(t)} \left[\frac{\partial \rho_A}{\partial t} + \nabla \cdot (\rho_A v_A) \right] dV = \iiint_{V_A(t)} R_A dV \tag{2.53}$$

由于物质体积是常数，可以得到以下表达式：

$$\frac{\partial \rho_A}{\partial t} + \nabla \cdot (\rho_A v_A) = R_A \tag{2.54}$$

方程（2.54）是 A 的物质连续性方程，混合物中所有的 N 个组分都可以写作这种形式。由于 $\rho_A = c_A M_A$，因此方程（2.54）也可以替换成如下形式：

$$\frac{\partial c_A}{\partial t} + \nabla \cdot (c_A v_A) = \frac{R_A}{M_A} \tag{2.55}$$

其中，R_A/M_A 是物质 A 的摩尔反应速率。方程（2.54）和方程（2.55）都可以看作是由物质 A 的质量守恒定律得来的场方程。

像方程（2.54）这种形式的方程有 N 个，这 N 个方程相加可得：

$$\frac{\partial \rho}{\partial t} + \nabla \cdot (\rho v) = \sum_{A=1}^{N} R_A \tag{2.56}$$

只要满足下面的条件，该方程与总体连续性方程或整体连续性方程（2.45）就可以保持一致：

$$\sum_{A=1}^{N} R_A = 0 \tag{2.57}$$

方程（2.57）指出，尽管质量可以在混合物的各种成分之间互换，但是在化学反应期间不会产生净质量，这是可以预期的。对 N 个组分的方程（2.55）求和得到方程（2.58）：

$$\frac{\partial c}{\partial t} + \nabla \cdot (cv^m) = \sum_{A=1}^{N} \frac{R_A}{M_A} \tag{2.58}$$

通常，由于在化学反应过程中物质的物质的量可能增加或减少，因此该方程式的右侧不是零。在解决质量传递问题时，可以使用 N 个物质连续性方程式，排除总体连续性方程，也可以使用整体连续性方程和 $N-1$ 个组分的物质连续性方程。

因为上述反应仅仅在一定体积的物质中发生，所以以上所说的物质连续性方程式仅包括均相的化学反应。在相界面处发生非均相化学反应，因此非均相反应仅发生在表面的边界条件下。本书第 3 章将讨论相边界的守恒原理。请注意，使用附录方程（A.166）可以同时导出场方程和边界条件。

2.5 传质场方程的修正

通过修正传质场方程可以获得更多的该方程的有用形式。利用平均质量速度 v，方程（2.54）可以写作：

$$\frac{\partial \rho_A}{\partial t} + \nabla \cdot (\rho_A v) = -\nabla \cdot j_A + R_A \tag{2.59}$$

这个方程的左边可以表达为：

$$\frac{\partial \rho_A}{\partial t} + \nabla \cdot (\rho_A v) = \rho \left(\frac{\partial w_A}{\partial t} + v \cdot \nabla w_A \right) + w_A \left[\frac{\partial \rho}{\partial t} + \nabla \cdot (\rho v) \right] \tag{2.60}$$

或者，相同地，

$$\frac{\partial \rho_A}{\partial t} + \nabla \cdot (\rho_A v) = \rho \left(\frac{\partial w_A}{\partial t} + v \cdot \nabla w_A \right) \tag{2.61}$$

结合方程（2.59）和方程（2.61），可以得到物质连续性方程的如下形式：

$$\rho \left(\frac{\partial w_A}{\partial t} + v \cdot \nabla w_A \right) = -\nabla \cdot j_A + R_A \tag{2.62}$$

这些物质中的 $N-1$ 种物质的连续方程式可以与整体性连续方程式即方程（2.45）或方程（2.46）一起使用，方程（2.45）的简化形式适用于 ρ 为常数的情况。注意，对于二元混合物有：

$$\frac{1}{\rho} = \hat{V}_A w_A + \hat{V}_B w_B \tag{2.63}$$

当 $\hat{V}_A = \hat{V}_B =$ 常数时，ρ 是常数。对于很多异构体和同位素混合物来说，该说法都成立。同时，对于质量稀释体系来说，ρ 约为常数。例如，由于

$$\frac{1}{\rho} \approx \hat{V}_B(w_B = 1) \tag{2.64}$$

因此对于恒温恒压下的二元体系来说，ρ 约为常数。其中，$\hat{V}_B$ 是在 $w_B = 1$ 的情况下估算的。

利用平均摩尔速率 v^m，方程（2.55）可写作以下形式：

$$\frac{\partial c_A}{\partial t} + \nabla \cdot (c_A v^m) = -\nabla \cdot J_A^m + \frac{R_A}{M_A} \tag{2.65}$$

这个方程的左边可以写作：

$$\frac{\partial c_A}{\partial t} + \nabla \cdot (c_A v^m) = c\left(\frac{\partial x_A}{\partial t} + v^m \cdot \nabla x_A\right) + x_A\left[\frac{\partial c}{\partial t} + \nabla \cdot (cv^m)\right] \tag{2.66}$$

或者

$$\frac{\partial c_A}{\partial t} + \nabla \cdot (c_A v^m) = c\left(\frac{\partial x_A}{\partial t} + v^m \cdot \nabla x_A\right) + x_A\sum_{B=1}^{N} \frac{R_B}{M_B} \tag{2.67}$$

结合方程（2.65）和方程（2.67）可以得到下面的物质连续性方程式的修正形式：

$$c\left(\frac{\partial x_A}{\partial t} + v^m \cdot \nabla x_A\right) = -\nabla \cdot J_A^m - x_A\sum_{B=1}^{N} \frac{R_B}{M_B} + \frac{R_A}{M_A} \tag{2.68}$$

同样地，这些方程中的 $N-1$ 种物质的物质连续性方程式可以与整体性质量守恒定律［在这个例子中是方程（2.58）］共同运用。

当没有反应且 c 为常数时，方程（2.58）简化为：

$$\nabla \cdot v^m = 0 \tag{2.69}$$

对于恒温恒压下的理想气体来说，总物质的量浓度 c 是常数，因为：

$$c = \frac{p}{RT} \tag{2.70}$$

其中，R 对于理想气体来说是常数。同时，对于恒温恒压下的摩尔稀释体系来说，物质的量浓度 c 也约为常数，例如，像 A 的物质的量浓度趋于 0（$x_A \to 0$），而 B 的物质的量浓度趋于 1（$x_B \to 1$）这样的二元体系。

利用平均体积速率 v^v，方程（2.54）可以写作：

$$\frac{\partial \rho_A}{\partial t} + \nabla \cdot (\rho_A v^v) = -\nabla \cdot j_A^v + R_A \tag{2.71}$$

如果所有组分的微分比体积不随着浓度和压力明显变化，在没有化学反应的情况下有可能导出 v^{v} 的总体连续性方程式，因此所有的微分比体积都与空间位置和时间无关。将方程（2.71）乘以 $\hat{V}_A$，并将所有组分的该项加和可以得到：

$$\sum_{A=1}^{N} \hat{V}_A \frac{\partial \rho_A}{\partial t} + \sum_{A=1}^{N} \hat{V}_A \nabla \cdot (\rho_A v^{\text{v}}) + \sum_{A=1}^{N} \hat{V}_A \nabla \cdot j_A^{\text{v}} = 0 \qquad (2.72)$$

当微分比体积与空间位置和时间无关时，方程（2.72）可以重新写作：

$$\sum_{A=1}^{N} \frac{\partial (\rho_A \hat{V}_A)}{\partial t} + \sum_{A=1}^{N} \nabla \cdot (\rho_A \hat{V}_A v^{\text{v}}) + \sum_{A=1}^{N} \nabla \cdot (\hat{V}_A j_A^{\text{v}}) = 0 \qquad (2.73)$$

可以直观地看出这个方程左边的第一项和第三项是零，第二项可以简化得到如下结果：

$$\nabla \cdot v^{\text{v}} = 0 \qquad (2.74)$$

对于许多液体混合物来说，微分比体积基本上与浓度无关，对于恒温恒压下的理想气体来说也是一致的，因为对于理想气体有：

$$V_A = \frac{RT}{M_A p} \qquad (2.75)$$

对于没有化学反应的二元体系来说，允许存在微分比体积的浓度依赖性的 v^{v} 可能导出有较少限制性的表达式。在此，微分比体积可以依赖于空间位置和时间且方程（2.72）可以写作：

$$\sum_{A=1}^{2} \left[\frac{\partial (\rho_A \hat{V}_A)}{\partial t} - \rho_A \frac{\partial \hat{V}_A}{\partial t} \right] + \sum_{A=1}^{2} \left[\nabla \cdot (\rho_A \hat{V}_A v^{\text{v}}) - \nabla \hat{V}_A \cdot \rho_A v^{\text{v}} \right] +$$

$$\sum_{A=1}^{2} \left[\nabla \cdot (\hat{V}_A j_A^{\text{v}}) - \nabla \hat{V}_A \cdot j_A^{\text{v}} \right] = 0 \qquad (2.76)$$

简化为：

$$- \sum_{A=1}^{2} \rho_A \frac{\partial \hat{V}_A}{\partial t} + \nabla \cdot v^{\text{v}} - \sum_{A=1}^{2} \nabla \hat{V}_A \cdot (\rho_A v^{\text{v}}) - \sum_{A=1}^{2} \nabla \hat{V}_A \cdot j_A^{\text{v}} = 0 \qquad (2.77)$$

对于一个含有 1 和 2 两个组分的二元体系来说，如果 $\hat{V}_1$ 和 $\hat{V}_2$ 只依赖于 1 组分的质量分数 w_1，那么由方程（2.41）可得：

$$\rho_1 \mathrm{d}\hat{V}_1 + \rho_2 \mathrm{d}\hat{V}_2 = 0 \qquad (2.78)$$

这个方程可以消掉方程（2.77）的第一项和第三项，从而得到：

$$\nabla \cdot v^{\text{v}} = \sum_{A=1}^{2} \nabla \hat{V}_A \cdot j_A^{\text{v}} \qquad (2.79)$$

可以简化这个方程得到：

$$\nabla \cdot v^{\mathrm{V}} = \frac{\nabla \hat{V}_1 \cdot j_1^{\mathrm{V}}}{\rho_2 \hat{V}_2} \tag{2.80}$$

利用组分 N 的速率 v_N，方程（2.54）可以写作：

$$\frac{\partial \rho_A}{\partial t} + \nabla \cdot (\rho_A v_N) = -\nabla \cdot j_A^{\mathrm{N}} + R_A \tag{2.81}$$

这里的 v_N 必须满足方程：

$$\frac{\partial \rho_N}{\partial t} + \nabla \cdot (\rho_N v_N) = R_N \tag{2.82}$$

最终，方程（2.54）和方程（2.55）可以写作：

$$\frac{\partial \rho_A}{\partial t} + \nabla \cdot n_A = R_A \tag{2.83}$$

$$\frac{\partial c_A}{\partial t} + \nabla \cdot N_A = \frac{R_A}{M_A} \tag{2.84}$$

在稳态、无反应的情况下，这两个方程可以简化成更有用的形式：

$$\nabla \cdot n_A = 0 \tag{2.85}$$

$$\nabla \cdot N_A = 0 \tag{2.86}$$

表2.6中对物质连续性方程式和总体连续性方程式的各种形式进行了总结。

表2.6 物质连续性方程式和总体连续性方程式的各种形式

方程	约束条件	方程序号
$\rho \left(\dfrac{\partial w_A}{\partial t} + v \cdot \nabla w_A \right) = -\nabla \cdot j_A + R_A$	—	(2.62)
$c \left(\dfrac{\partial x_A}{\partial t} + v^{\mathrm{m}} \cdot \nabla x_A \right) = -\nabla \cdot J_A^{\mathrm{m}} - x_A \sum\limits_{B=1}^{N} \dfrac{R_B}{M_B} + \dfrac{R_A}{M_A}$	—	(2.68)
$\dfrac{\partial \rho_A}{\partial t} + \nabla \cdot (\rho_A v^{\mathrm{V}}) = -\nabla \cdot j_A^{\mathrm{V}} + R_A$	—	(2.71)
$\dfrac{\partial \rho_A}{\partial t} + \nabla \cdot (\rho_A v_N) = -\nabla \cdot j_A^{\mathrm{v}} + R_A$	—	(2.81)
$\dfrac{\partial \rho}{\partial t} + \nabla \cdot (\rho v) = 0$	—	(2.45)
$\nabla \cdot v = 0$	ρ 是常数	(2.46)
$\dfrac{\partial c}{\partial t} + \nabla \cdot (cv^{\mathrm{m}}) = \sum\limits_{A=1}^{N} \dfrac{R_A}{M_A}$	—	(2.58)
$\nabla \cdot v^{\mathrm{m}} = 0$	c 是常数，无反应	(2.69)

16

续表

方程	约束条件	方程序号
$\nabla \cdot v^V = 0$	$\hat{V}_A$ 是常数，无反应	(2.74)
$\nabla \cdot v^V = \dfrac{\nabla \hat{V}_1 \Sigma j_1^V}{\rho_2 \hat{V}_2}$	Binary 体系，无反应，$\hat{V}_A$ 只依赖于浓度	(2.80)
$\dfrac{\partial \rho_A}{\partial t} + \nabla \cdot n_A = R_A$	—	(2.83)
$\nabla \cdot n_A = 0$	稳态、无反应	(2.85)
$\dfrac{\partial c_A}{\partial t} + \nabla \cdot N_A = \dfrac{R_A}{M_A}$	—	(2.84)
$\nabla \cdot N_A = 0$	稳态、无反应	(2.86)

在某些情况下，有可能发现两个平均速度之间简单的关系。例如，如以下的求导过程所示，对于理想气体混合物有 $v^V = v^m$。由表 2.3 可得：

$$v^V = \sum_{A=1}^{N} \hat{V}_A \rho_A v_A = \sum_{A=1}^{N} \hat{V}_A c_A M_A v_A \tag{2.87}$$

引入方程（2.75）可得：

$$v^V = \sum_{A=1}^{N} \frac{RTc_A v_A}{p} \tag{2.88}$$

利用方程（2.70）可以得到想要的结果：

$$v^V = \sum_{A=1}^{N} \frac{c_A}{c} v_A = \sum_{A=1}^{N} x_A v_A = v^m \tag{2.89}$$

2.6　单组分体系的线性动量守恒

由于线性动量守恒定律和动量矩守恒定律中包含速度矢量，因此必须根据确定的参照系来制定这些定律。当根据固定的参照系表达时，这两个守恒定律中导出的场方程要写作最简形式。问题也就出现了：这里的参考系相对于谁固定？假设远离地球的恒星实质上固定看起来较为合理，任何参照系只要相对于固定的恒星是静止的，就可以认为是固定的参照系。这样的参照系经常称为惯性参照系。然而，请注意，由于地球相对于固定的恒星一直处于运动，一个相对于地球表面固定的系（称为实验室）不是真正意义上的惯性参照系。由于需要解决许多相对于对地球表面固定的参照系的传质和流体力学问题，因此这就成了一个潜在的问题。幸运的是，对于本书中的大多数问题，可以假设实验系相对于固定的恒星大约是固定不动的，因此也就可以认为它是一个惯性参照系。

单组分体系线性动量守恒定律表明：相对于固定系（惯性系），物体线性动量的时间变化率等于作用于该物体上的总的施加力。这种守恒原理用方程形式可以表示为：

$$\frac{D}{Dt}\iiint_{V(t)} \rho v dV = 作用于该物体上的总的施加力 \tag{2.90}$$

其中，物质体积 $V(t)$ 不包含相界面。该等式的显性形式只能通过列出作用在该物体上的所有的力的方程式表示。

一组力作用在一组包围在物质体积 $V(t)$ 中的物质粒子上，这些粒子被 $S(t)$ 面包裹，这组作用力肯定包含 $V(t)$ 中所有粒子和宇宙中所有其他粒子之间的作用力。从分子的角度，物质内部分子间的短程相互作用力可以表达为（Atkins 和 de Paula，2002）：

$$力 = \frac{A}{r^{13}} - \frac{B}{r^7} \tag{2.91}$$

式中，r 是分子间距；A 和 B 是常数。这个方程表明，距离特别近的粒子间力比距离远的粒子间力要大得多。因此，对于物质的体积 $V(t)$，由物体外部粒子施加的力有效地集中在物体的表面 $S(t)$ 上，并且基本上仅涉及 $S(t)$ 相对侧的粒子。另外，$V(t)$ 内部的粒子间净作用力为零。因此，以上分析表明，$V(t)$ 外的粒子施加到 $V(t)$ 内粒子上分子内力可以表示为：

$$分子内力 = \iint_{S(t)} t\, dS \tag{2.92}$$

式中，t 是每单位区域的力，称为应力矢量。

应力矢量 t 有以下的函数关系（Leigh，1968）：

$$t = t(x,\ t,\ n) = t(x_1,\ x_2,\ x_3,\ t,\ n) \tag{2.93}$$

式中，x 是 $S(t)$ 上的一个位置；n 是 x 处垂直于 $S(t)$ 的外向单位，垂直的 n 总是指向对 x 处每单位面积表面元素施加（压）力的物质。通过空间中相同点的跨越两个不同表面的应力矢量通常是不同的，这是因为两个表面上的外部粒子对内部粒子的作用通常是不同的。因此，除非指定了表面，否则不能确定物质中的任何点处的应力矢量。

因此，明确对于固定的 x_1、x_2、x_3 和 t 的条件下 t 对 n 的依赖性十分必要。柯西的应力基本定理表明，作用在表面上 x 和 t 处的方向为 n 的应力矢量 t 是 n 的线性变换（Leigh，1968）：

$$t = T \cdot n \tag{2.94}$$

这里，引入在 x 和 t 条件下的应力张量 T：

$$T = T(x_1,\ x_2,\ x_3,\ t) \tag{2.95}$$

以组分形式可以表达为：

$$T = T_{ij} i_i i_j \tag{2.96}$$

T_{ij} 的物理解释是，它是作用在平面上的应力矢量的第 i 个分量，在 j 方向上具有法矢量（或者是作用在 x_j 为常数的平面的正侧，其中 x_j 是 RCC 坐标变量）。例如，T_{11}、T_{21} 和 T_{31} 是应力矢量作用在单位法矢量在 1 方向的平面上 1、2、3 方向上的分量。对于 RCC 系，T 的 9 个分量是作用在 xyz 平面上的应力矢量的分量。如果应力张量的这 9 个分量在给定点是已知的，那么在那一点上的有法矢量 n 的任意表面上的应力矢量 t 的 3 个分量可以通过使用组分方程（2.94）的分量形式计算：

$$t_i = T_{ij} n_j \qquad (2.97)$$

很有必要重申一下应力矢量与应力张量之间的差异。应力矢量是在给定的时间和位置以及针对特定表面定义的矢量。应力张量是二阶张量，它仅仅是时间和地点的函数。

在上述讨论中，应力矢量和相应的应力张量的存在归因于表面单元 dS 两边分子的相互作用所产生的短距离分子间力。根据统计力学（Irving 和 Kirkwood，1950）和气体动力学理论（Chapman 和 Cowling，1970），由于宏观上流体速度不可察觉地扩散到平均流体速度，每单位时间在 dS 上也存在动量转移。这是对应力张量的动力学贡献，当分子间力的贡献可以忽略时，这种应力张量是存在的，例如存在于气体中。通常来讲，分子间力和动力学都对应力张量 T 有贡献，因此动力学这一项也应包括在方程（2.92）的左侧。这种动力学贡献基本上是由于不同分子的相对运动而产生的扩散项的平均形式。

虽然粒子之间的短程力可以基于方程（2.91）等来解释，但也存在远程力。例如，必须考虑牛顿万有引力（Halliday 等，1997），该定律阐释了任何粒子都会以引力的形式吸引其他的粒子。两个粒子之间的这种力的大小是：

$$力 = \frac{K m_1 m_2}{r^2} \qquad (2.98)$$

式中，m_1 和 m_2 是粒子的质量；r 是粒子之间的距离；K 是常数。

这种力除了在距离很小的情况下都能够影响分子间的相互作用，但是这种力通常很小，除非其中一方的质量很大。地球的质量特别大，在研究地球的行为时可将地球类比为一个质量与地球总质量相等、位于地球中心的质点。因此，地球对于它表面上的任何粒子都施加一个非常大的力，这样的力一定包含在方程（2.90）的右侧。这种重力是由外部施加的重力场产生的外部场力。这种力可以认为是达到连续介质并且作用在体积元内部的所有粒子上。如果每单位质量的外力由 F 表示，则体积单元 $V(t)$ 内的质量上的外力由方程（2.99）给出：

$$外力 = \iiint\limits_{V(t)} \rho \boldsymbol{F} \mathrm{d}V \qquad (2.99)$$

引力外力是本书中考虑的唯一外力。

结合方程（2.90）、方程（2.92）、方程（2.94）和方程（2.99），对于线性动量守恒，得到以下结果：

$$\frac{\mathrm{D}}{\mathrm{D}t} \iiint\limits_{V(t)} \rho v \mathrm{d}V = \iiint\limits_{S(t)} \rho \boldsymbol{F} \mathrm{d}V + \iint\limits_{S(t)} \boldsymbol{T} \cdot \boldsymbol{n} \mathrm{d}S \qquad (2.100)$$

通过传递理论［即方程（A.152）］和格林定律［即方程（A.154）］，得到：

$$\iiint\limits_{V(t)} \left[\frac{\partial(\rho v)}{\partial t} + \nabla \cdot (\rho v v) \right] \mathrm{d}V = \iiint\limits_{V(t)} \rho \boldsymbol{F} \mathrm{d}V + \iiint\limits_{V(t)} \nabla \cdot \boldsymbol{T}^{\mathrm{T}} \mathrm{d}V \qquad (2.101)$$

由于物质的体积大小是任意的，可得：

$$\frac{\partial(\rho v)}{\partial t} + \nabla \cdot (\rho v v) = \rho \boldsymbol{F} + \nabla \cdot \boldsymbol{T}^{\mathrm{T}} \qquad (2.102)$$

如果存在方程（2.103），这种形式的运动方程可以化简：

$$\nabla \cdot (\rho v v) = (\nabla \cdot \rho v) v + \rho v \cdot \nabla v \qquad (2.103)$$

通过方程（2.45）和方程（2.103），方程（2.102）可以化简为以下形式：

$$\rho \left(\frac{\partial v}{\partial t} + v \cdot \nabla v \right) = \rho \boldsymbol{F} + \nabla \cdot \boldsymbol{T}^{\mathrm{T}} \qquad (2.104)$$

运动方程是基于线性动量守恒的场方程。

对于流体，通常的做法是将应力张量 $\boldsymbol{T}$ 分成两部分，即当流体处于静止和运动时存在的部分以及流体仅存在变形时的部分：

$$\boldsymbol{T} = - p\boldsymbol{I} + \boldsymbol{S} \qquad (2.105)$$

在该等式中，p 称为压力的标量，$\boldsymbol{S}$ 通常被称为附加应力张量。如果流体没有形变，则 $\boldsymbol{S}=0$。对于可压缩流体，p 是密度 ρ 的函数，通常称为热力学压力。对于不可压缩流体，因为不能由密度确定 p，所以不能定义热力学压力。在这种情况下，p 被称为不定静水压力。压力在每单位面积上产生一个垂直于任意面的力，这是任何区域的正常值，并且对于给定点的所有区域元素，每单位面积的该力的大小是相等的。

将方程（2.105）代入方程（2.104），可以得到运动方程的修正形式：

$$\rho \left(\frac{\partial v}{\partial t} + v \cdot \nabla v \right) = \rho \boldsymbol{F} - \nabla p + \nabla \cdot \boldsymbol{S}^{\mathrm{T}} \qquad (2.106)$$

因为可以很容易看出：

$$\nabla \cdot (- p\boldsymbol{I}) = - \nabla p \qquad (2.107)$$

方程（2.106）的 RCC 分量形式可以表示为：

$$\rho \left(\frac{\partial v_i}{\partial t} + v_k \frac{\partial v_i}{\partial x_k} \right) = \rho F_i - \frac{\partial p}{\partial x_i} + \frac{\partial S_{ij}}{\partial x_j} \qquad (2.108)$$

这里唯一考虑的外力是在地球表面附近有效均匀的重力。因此，电势 Φ 的梯度导出可以作为外场力：

$$\boldsymbol{F} = - \nabla \Phi \qquad (2.109)$$

这里的 Φ 可以表示为：

$$\Phi = gz \qquad (2.110)$$

如果 g 是重力加速度，z 是相对于水平参考平面测量的向上垂直距离。从方程（2.109）和方程（2.110）可以看出：

$$\boldsymbol{F} = - g\boldsymbol{i}_z \qquad (2.111)$$

式中，i_z 是方向向上的基本单位矢量。

对于不可压缩流体，可以通过使用修正后的压力 P 去组合压力 p 和重力的效果以简化运动方程 (2.106)。从方程 (2.109) 可以看出，对于不可压缩流体有：

$$\rho \boldsymbol{F} = -\rho \nabla \Phi = -\nabla(\rho \Phi) \tag{2.112}$$

因此，方程 (2.106) 中的压力和重力项可以表达为：

$$\rho \boldsymbol{F} - \nabla p = -\nabla(\rho \Phi) - \nabla p = -\nabla P \tag{2.113}$$

其中：

$$P = p + \rho \Phi \tag{2.114}$$

因此，方程 (2.106) 可以重新写作如下形式：

$$\rho \left(\frac{\partial v}{\partial t} + v \cdot \nabla v \right) = -\nabla P + \nabla \cdot \boldsymbol{S}^{\mathrm{T}} \tag{2.115}$$

因此，通过方程 (2.115)，通常可以不必考虑体系相对于重力的方向而解决不可压缩流体的流体力学问题。流体力学问题解决之后，可以将重力作用引入分析中。

2.7　混合物的线性动量守恒

处理混合物的线性动量守恒的一种方法是考虑混合物每个组分的线性动量守恒。这是 Müller (1968) 和 Truesdell (1969) 采取的方法。对于不含相界面的组分 A 的物质体积 $V_A(t)$，对于物质 A 的线性动量的守恒定律表达为以下形式：

$$\frac{\mathrm{D}_A}{\mathrm{D}t} \iiint\limits_{V_A(t)} \rho_A v_A \mathrm{d}V = \iiint\limits_{V_A(t)} \rho_A \boldsymbol{F}_A \mathrm{d}V + \iint\limits_{S_A(t)} \boldsymbol{T}_A \cdot \boldsymbol{n} \mathrm{d}S + \iiint\limits_{V_A(t)} m_A \mathrm{d}V \tag{2.116}$$

式中，$\boldsymbol{F}_A$ 是作用于每单位质量的组分 A 上的外力；$\boldsymbol{T}_A$ 是组分 A 的应力张量。

假设每个组分都有自己的个体应力张量是合理的。m_A 是由于组分 A 与其他组分的相互作用而使每单位体积的组分 A 获得动量的速率。这种情况也是有可能发生的，例如，组分 A 和组分 B 的粒子相互碰撞时。因为有可能出现动量交换而不是动量产生或消失的情况，所以假设混合物中的总线性动量不受不同物质的粒子之间的相互影响是合理的，因此有：

$$\sum_{A=1}^{N} m_A = 0 \tag{2.117}$$

以类似于方程 (2.102) 的推导方式进行，从方程 (2.116) 得出混合物单个组分的运动方程如下：

$$\frac{\partial(\rho_A v_A)}{\partial t} + \nabla \cdot (\rho_A v_A v_A) = \rho_A \boldsymbol{F}_A + \nabla \cdot \boldsymbol{T}_A^{\mathrm{T}} + m_A \tag{2.118}$$

引入 $\boldsymbol{u}_A$，即组分 A 相对于 v 的扩散速率：

$$\boldsymbol{u}_A = v_A - v \tag{2.119}$$

对所有的组分运用方程（2.117），然后求和得到以下混合物的运动方程：

$$\frac{\partial(\rho v)}{\partial t} + \nabla \cdot (\rho vv) = \nabla \cdot \left[\sum_{A=1}^{N} (\boldsymbol{T}_A^{\mathrm{T}} - \rho_A \boldsymbol{u}_A \boldsymbol{u}_A) \right] + \sum_{A=1}^{N} \rho_A \boldsymbol{F}_A \tag{2.120}$$

如果引入以下定义，该方程就与描述了单组分体系的线性动量守恒的方程式（2.102）相同：

$$\rho \boldsymbol{F} + \sum_{A=1}^{N} \rho_A \boldsymbol{F}_A \tag{2.121}$$

$$\boldsymbol{T}^{\mathrm{T}} = \sum_{A=1}^{N} \boldsymbol{T}_A^{\mathrm{T}} - \sum_{A=1}^{N} \rho_A \boldsymbol{u}_A \boldsymbol{u}_A \tag{2.122}$$

方程（2.121）只是每个组分对外力的预期附加贡献，而方程（2.122）表明混合物的应力由每个组分的应力张量 $\boldsymbol{T}_A$ 的加和减去由扩散运动引起的混合物组分的动量通量之和。第二个贡献类似于单组分体系中由于不同分子的相对运动而引起的动量扩散转移造成的应力。对于多组分混合物，类似的应力是由于混合物不同组分的相对运动造成的动量扩散转移引起的。从上述讨论可以看出，混合物中线性动量守恒可以有两种研究方式，可以通过对混合物中每个组分运用方程（2.118），或者是对整个混合物运用场方程，其形式为方程（2.102）或等效于方程（2.104）。

2.8 单组分体系的动量矩守恒

单组分体系的动量矩守恒规律表明，相对于固定（惯性）系，物体动量矩的时间变化率等于作用于物体的总力矩。一般来讲，总力矩包括应力矢量矩、体积力矩、偶应力和耦合效应（Leigh，1968）。极性物质表现为偶应力和耦合效应，而非极性物质则不是这样。由于一般情况下可以忽略偶应力和耦合效应，因此看起来大多数物质都是非极性的（Leigh，1968）。P 点处起点为 O 的矢量矩 $\boldsymbol{a}$ 由 $\boldsymbol{p} \times \boldsymbol{a}$ 得出，其中，$\boldsymbol{p}$ 是由 O 到 P 的方向矢量。非极性物质的动量矩守恒方程可以写作如下形式：

$$\frac{\mathrm{D}}{\mathrm{D}t} \iiint_{V(t)} (\boldsymbol{p} \times v\rho) \mathrm{d}V = \iint_{S(t)} (\boldsymbol{p} \times \boldsymbol{t}) \mathrm{d}S + \iiint_{V(t)} (\boldsymbol{p} \times \boldsymbol{F}\rho) \mathrm{d}V \tag{2.123}$$

在这里同样地，物体的体积不包含相界面。如果选择一个起点，验证了方程（2.123）正确，那么选择所有的起点都正确。

由传递理论和方程（2.94），这个方程也可以写作：

$$\iiint_{V(t)} \boldsymbol{p} \times \left[\frac{\partial(\rho v)}{\partial t} + \nabla \cdot (\rho vv) \right] \mathrm{d}V + \iiint_{V(t)} \left(\frac{\mathrm{D}\boldsymbol{p}}{\mathrm{D}t} \times \rho v \right) \mathrm{d}V$$

$$= \iint_{S(t)} (\boldsymbol{p} \times \boldsymbol{T} \cdot \boldsymbol{n}) \mathrm{d}S + \iiint_{V(t)} (\boldsymbol{p} \times \boldsymbol{F}\rho) \mathrm{d}V \tag{2.124}$$

其中使用了以下的用法：

$$\nabla \cdot \left[v(\boldsymbol{p} \times \rho v) \right] = \boldsymbol{p} \times \nabla \cdot (\rho v v) + (v \cdot \nabla \boldsymbol{p}) \times \rho v \tag{2.125}$$

由方程（A.19）和方程（A.132），可以发现方程（2.124）左边的第二项是零矢量，将方程（2.102）代入方程（2.124）可以得到以下结果：

$$\iiint\limits_{V(t)} (\boldsymbol{p} \times \nabla \cdot \boldsymbol{T}^{\mathrm{T}}) \mathrm{d}V = \iint\limits_{S(t)} (\boldsymbol{p} \times \boldsymbol{T} \cdot \boldsymbol{n}) \mathrm{d}S \tag{2.126}$$

很容易地，可以定义一个如下的张量 $\boldsymbol{A}$：

$$\boldsymbol{p} \times \boldsymbol{T} \cdot \boldsymbol{n} = \boldsymbol{A} \cdot \boldsymbol{n} \tag{2.127}$$

其中，$\boldsymbol{A}$ 有组分：

$$A_{pk} = e_{ijp} p_i T_{jk} \tag{2.128}$$

因此，方程（2.126）可以写作：

$$\iiint\limits_{V(t)} (\boldsymbol{p} \times \nabla \cdot \boldsymbol{T}^{\mathrm{T}}) \mathrm{d}V = \iiint\limits_{V(t)} \nabla \cdot \boldsymbol{A}^{\mathrm{T}} \mathrm{d}V \tag{2.129}$$

可以看出：

$$\nabla \cdot \boldsymbol{A}^{\mathrm{T}} = e_{kjp} T_{jk} \boldsymbol{i}_p + \boldsymbol{p} \times \nabla \cdot \boldsymbol{T}^{\mathrm{T}} \tag{2.130}$$

因此，方程（2.129）化简为：

$$\iiint\limits_{V(t)} e_{kjp} T_{jk} \boldsymbol{i}_p \mathrm{d}V = 0 \tag{2.131}$$

由于体积是任意的，被积函数的每个分量一定是零：

$$e_{kjp} T_{jk} = 0 \tag{2.132}$$

这个结果可以转化成：

$$e_{pmn} e_{pkj} T_{jk} = 0 \tag{2.133}$$

或者，同样地，

$$T_{jk}(\delta_{mk}\delta_{nj} - \delta_{mj}\delta_{nk}) = 0 \tag{2.134}$$

$$T_{nm} - T_{mn} = 0 \tag{2.135}$$

这就可以得到：

$$\boldsymbol{T} = \boldsymbol{T}^{\mathrm{T}} \tag{2.136}$$

因此，对于非极性物质而言，应力 $\boldsymbol{T}$ 是对称的，因此附加应力张量 $\boldsymbol{S}$ 也是对称的：

$$\boldsymbol{S} = \boldsymbol{S}^{\mathrm{T}} \tag{2.137}$$

2.9　混合物的动量矩守恒

混合物的动量矩守恒可以通过 2.7 节中相似的方式来考虑，即讨论混合物中每个组分

23

的动量矩。对于不包含相界面的组分 A 的物质体积，物质 A 的动量矩守恒可以用以下形式表示：

$$\frac{\mathrm{D}_A}{\mathrm{D}t} \iiint\limits_{V_A(t)} (\boldsymbol{p} \times v_A \rho_A)\,\mathrm{d}V = \iint\limits_{S_A(t)} (\boldsymbol{p} \times \boldsymbol{t}_A)\,\mathrm{d}S + \iiint\limits_{V_A(t)} (\boldsymbol{p} \times \boldsymbol{F}_A \rho_A)\,\mathrm{d}V +$$

$$\iiint\limits_{V_A(t)} (\boldsymbol{p} \times m_A)\,\mathrm{d}V + \iiint\limits_{V_A(t)} \boldsymbol{M}_A \mathrm{d}V \tag{2.138}$$

这里的 $\boldsymbol{t}_A$ 是组分 A 的应力矢量，$\boldsymbol{M}_A$ 是组分 A 由于与其他组分的相互作用而获得动量矩的单位体积率。我们认为动量矩的传递是交换，所以不存在动量矩的产生和消失。因此，总动量矩不应该变化，于是有：

$$\sum_{A=1}^{N} \boldsymbol{M}_A = 0 \tag{2.139}$$

参照 2.8 节中的步骤，方程（2.138）可以写作：

$$\iiint\limits_{V_A(t)} \boldsymbol{p} \times \left[\frac{\partial(\rho_A v_A)}{\partial t} + \nabla \cdot (\rho_A v_A v_A) \right] \mathrm{d}V + \iiint\limits_{V_A(t)} \left(\frac{\mathrm{D}_A \boldsymbol{p}}{\mathrm{D}t} \times \rho_A v_A \right) \mathrm{d}V$$

$$= \iint\limits_{S_A(t)} (\boldsymbol{p} \times \boldsymbol{T}_A \cdot \boldsymbol{n})\,\mathrm{d}S + \iiint\limits_{V_A(t)} (\boldsymbol{p} \times \boldsymbol{F}_A \rho_A)\,\mathrm{d}V + \iiint\limits_{V_A(t)} (\boldsymbol{p} \times m_A)\,\mathrm{d}V + \iiint\limits_{V_A(t)} \boldsymbol{M}_A \mathrm{d}V$$

$$\tag{2.140}$$

根据方程（A.19）和方程（A.161），方程（2.140）左边的第二项是零矢量，代入方程（2.118）可得：

$$\iiint\limits_{V_A(t)} (\boldsymbol{p} \times \nabla \cdot \boldsymbol{T}_A^{\mathrm{T}})\,\mathrm{d}V = \iint\limits_{S_A(t)} (\boldsymbol{p} \times \boldsymbol{T}_A \cdot \boldsymbol{n})\,\mathrm{d}S + \iiint\limits_{V_A(t)} \boldsymbol{M}_A \mathrm{d}V \tag{2.141}$$

像 2.8 节中展示的过程一样，这个方程化简为：

$$\iiint\limits_{V_A(t)} e_{kjp} T_{Ajk} \boldsymbol{i}_p \mathrm{d}V + \iiint\limits_{V_A(t)} \boldsymbol{M}_A \mathrm{d}V = 0 \tag{2.142}$$

对每个组分积分可得：

$$e_{kjp} T_{Ajk} + M_{Ap} = 0 \tag{2.143}$$

如果 $M_{Ap} \neq 0$，由方程（2.143）可知，组分 A 的个体应力张量 $\boldsymbol{T}_A$ 不是对称的。然而，对所有组分运用方程（2.143）并加和，且利用方程（2.139）可得到：

$$e_{kjp} \sum_{A=1}^{N} T_{Ajk} = 0 \tag{2.144}$$

因此，采用同 2.8 节中同样的分析方法可以得到组分应力张量之和是对称的。另外，由方程（2.122）直接得出：

$$\boldsymbol{T} = \boldsymbol{T}^{\mathrm{T}} \tag{2.145}$$

因此，对混合物的分析得到了与总应力张量相同的由单一组分体系分析得到的对称性质。

2.10　质量传递问题的解法

本章推导出了由质量守恒定律、物质质量守恒、线性动量守恒和动量矩守恒得到的场方程。运用这些方程可以有许多方法用来分析和解决扩散和传质问题。这里，考虑了两种可能的解决方法，并且估算了这两种方法对于分析 N 组分混合物质量问题的适用性。

第一种方法用到了 N 组分体系的 $N+3$ 个场方程：$N-1$ 个物质连续性方程，即方程（2.62）；总体连续性方程，即方程（2.45）；混合物的三组分运动方程，即方程（2.106）。这些方程包含了构建本构方程所需的值，即 ρ、j_A、R_A 和 S。当提供必要的本构方程时，会有 $N+3$ 个必须估算的场变量：$N-1$ 个组分的质量分数 w_A、压力 p 和速度 v 的 3 个分量。这些变量可以使用上面列出的 $N+3$ 个方程确定（混合物组分的场方程加总混合物的场方程）。

第二种方法是基于利用 N 组分体系的 $4N$ 个场方程，对 N 组分混合物中的每一个组分使用：N 物质连续性方程，即方程（2.54）；3 个组分运动方程，即方程（2.118）。为了求得 m_A、R_A、T_A 和分压—密度关系，需要本构方程。当必需的本构方程都已知时，可以用 $4N$ 个方程来估算 $4N$ 个场变量：N 个物质的质量密度 ρ_A，N 个物质的每个速度 v_A 的 3 个分矢量。这种方法只使用混合物组分的场方程。

在比较这两种方法时，有必要考虑需要的解决 N 组分体系质量传递问题的场方程的数量，也要考虑用合理的实验来估算所必需的本构方程中的参数有多么简单。对于第一种方法，需要 $N+3$ 个场方程，而第二种方法需要有 $4N$ 个场方程。很显然，对于 $N>1$，第二种方法需要更多的场方程，这两种方法需要的场方程的差值（$3N-3$）随着混合物中组分数的增加而增加。这两种方法都需要 R_A 和压力—密度关系的本构方程；可以用标准方法获得这些本构方程。第一种方法也需要 j_A 和 S 的本构方程，而第二种方法需要 m_A 和 T_A 的本构方程。对于混合物，S 依赖于所有组分的移动和浓度。然而，应该可以使用标准流变学实验估算不同组成和压力 S 的情况。另外，有大量的文献描述估算扩散系数的方法（因此可得 j_A）。因此，对于第一种方法，可以采用标准实验步骤来确定所必需的本构方程中所有的参数。对于第二种方法，m_A 和 T_A 的值也依赖于所有组分的移动和浓度。然而，在这种情况下，因为不存在测量这两个量的标准程序，不清楚该如何通过实验来测量这两个量。因为人们普遍接受第一种方法中采用的估算 j_A 和 S 的实验技术，且这种方法在分析扩散和传质问题应用中十分普遍，所以本书采用了第一种解决方法。另外，这种方法需要解的场方程也较少。

Müller 和 Ruggeri（1998）注意到第一种方法用到了抛物型的偏微分扩散方程。这种抛物型的方程式预测，浓度的扰动以无限的速度传播。据信应该预测到有限的速度，因此应该使用双曲线型偏微分方程。在第 15 章中展示了如果用第一种解决方法，并且扩散通量的本构方程包括质量分数梯度和压力梯度的贡献，可能推导得到物质连续性方程的双曲线形式（因此预测到有限的波速度）。

对于第一种方法，如上所述，因为未知数的数量超过了场方程的数量，所以 $N+3$ 个场方程不足以解决问题，因此一定要将本构方程加入方程组中。表 2.7 中给出了可运用的场方程、必需的场变量（本构方程中的自变量）和本构方程中因变量的总结。ρ 的本构方程是热状态方程，S 由流变性本构方程给出，传质本构方程给出了 j_A 的表达式，反应动力学本构方程式给出了 R_A 的表达式。场方程中共有 $5N+6$ 个未知数，其中的 $4N+3$ 个变量必须使用本构方程确定。这 $4N+3$ 个变量称为本构因变量，而 $N+3$ 个场变量称为本构自变量。

表 2.7　场方程、场变量和本构因变量总结

场方程		场变量（本构自变量）		本构因变量	
数量	方程	数量	变量	数量	变量
1	整体连续性方程	1	p	1	ρ
$N-1$	物质连续性方程	3	v 的分量	6	S 的分量
3	运动方程	$N-1$	w_A	$3N-3$	j_A 的分量
				$N-1$	R_A
...		...		...	
$N+3$		$N+3$		$4N+3$	

第 3 章　边界条件

边界条件将所研究体系的反应和它的物理环境联系起来。本章主要讨论了多组分混合物相界面边界条件的确定；推导出了质量守恒和线性动量守恒的适当跳跃平衡；分别讨论了存在和不存在质量传递的相界面中构建有效边界条件的各个方面。

3.1　概念

对于偏微分方程，虽然必须注意在无限距离情况下构建相关条件，但是无限距离情况下可以直接构建初始条件和边界条件（Stakgold，1968b）。事实表明，由于相界面是单一的分割面，在相界面中构建适当的条件更困难。质量密度和速度这些量在相边界是不连续的。例如，通常在气液相界面会存在一个非常明显的密度变化。

一般情况下有 3 个基本的模型用来描述相界面：

（1）相界面是不具有自身属性的相之间的数学表面；

（2）相界面是介于相之间的数学表面，具有自身属性，例如，表面张力、表面黏度和表面反应。

（3）相界面是相间的过渡区域，该过渡区域具有特殊的性质。

本书采用的是第二个模型的变形。假设相界面是只有一种表面性质的数学表面，这种性质称为进行表面反应的能力。在此不考虑其他的表面性质，如表面张力、表面黏度。

在相界面上可以构建两种类型的边界条件：

（1）边界条件遵循在质量、物质质量、线性动量和动量矩界面应用的守恒定律。这种类型的边界条件称为跳跃条件。

（2）假定在相界面上成立的边界条件。

图 3.1 中展示了一个典型的相界面。相边界将+相和−相分开，A^+ 和 A^- 分别是在相界面 S^* 的正、负两侧测得的物理量 A 的值。分割面 S^* 运动速度为 U^*，n^* 是 S^* 表面上某处的由−相指向+相的单位正矢量。U^* 的分矢量是表面 S^* 的位移速度：

$$U^* \cdot n^* = S^* \text{ 的位移速度} \tag{3.1}$$

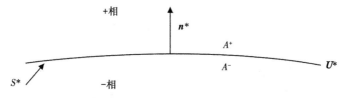

图 3.1　典型的相界面（图中的物理量在书中进行了定义）

在单相界面处必须考虑3种速度：

$v^+ = S^*$ +侧的物质速度；

$v^- = S^*$ -侧的物质速度；

U^* =相界面上的速度。

这3种速度之间的关系可以由适当的跳跃条件提供。速率 v^+、v^- 和 U^* 并不一定要互相相等，相界面也不一定是物体的表面。例如，考虑图 3.2 中展示的物质 B 的熔化。物质 B 有着这样的性质，即固体密度等于液体密度。当 $t=t_1$ 时加热体系，有些固体粒子就变为液体粒子，因此固液相界面在物体内部由左向右移动，且 $t=t_2$ 时 $U^* \neq 0$。然而，由于没有液体粒子移动，物质 B 所有的粒子停留在同样的位置，因此 $v^+=0$ 且 $v^-=0$。

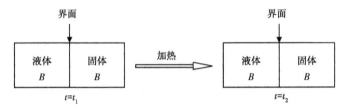

图 3.2　物质 B 的熔化

3.2　质量守恒的跳跃平衡

考虑一个 N 组分的体系，对某物质体积内的包含相界面在内的每个组分应用质量守恒定律。2.4 节中讨论的没有相界面的物质体积内的质量守恒定律现在必须修正理解为：多组分混合物中每个物质 A（$A=1$，2，…，N）的质量随时间的变化率等于物质体积内均相反应和相界面上非均相反应生成的物质 A 的质量随时间的变化率。这种守恒定律可以方程的形式表示：

$$\frac{D_A}{Dt} \iiint_{V_A(t)} \rho_A dV = \iiint_{V_A(t)} R_A dV + \iint_{S_A^*(t)} r_A dS \tag{3.2}$$

其中，$S_A^*(t)$ 是相界面的面积。r_A 定义为：

r_A =在相界面 $S_A^*(t)$ 每单位面积上通过非均相反应生成物质 A 的质量产率应用方程（A.166），即与相界面相交的物质 A 的体积的雷诺传输定理，可得到以下结果：

$$\iiint_{V_A(t)} \left[\frac{\partial \rho_A}{\partial t} + \nabla \cdot (\rho_A v_A) \right] dV +$$

$$\iint_{S_A^*(t)} \left[\rho_A^+ (v_A^+ \cdot n^* - U^* \cdot n^*) - \rho_A^- (v_A^- \cdot n^* - U^* \cdot n^*) \right] dS$$

$$= \iiint_{V_A(t)} R_A dV + \iint_{S_A^*(t)} r_A dS \tag{3.3}$$

这个方程可以用于导出每相中的物质连续性方程，也可以导出相界面处的物质 A 的跳跃质量平衡。由于物质体积的大小是任意的，因此方程（3.3）中的体积积分得到了方程（2.54），即物质 A 的物质连续性方程。此外，由于相界面面积的大小是任意的，因此对方程（3.3）中的表面积分导出物质 A 的跳跃质量平衡：

$$\rho_A^+(v_A^+ \cdot \boldsymbol{n}^* - \boldsymbol{U}^* \cdot \boldsymbol{n}^*) = \rho_A^-(v_A^- \cdot \boldsymbol{n}^* - \boldsymbol{U}^* \cdot \boldsymbol{n}^*) + r_A \qquad (3.4)$$

由于在非均相化学反应期间净质量不会增加，因此可以对 r_A 施加以下的限制：

$$\sum_{A=1}^{N} r_A = 0 \qquad (3.5)$$

因此，对所有组分运用方程（3.4）并求和，可得到整体跳跃质量平衡：

$$\rho^+(v^+ \cdot \boldsymbol{n}^* - \boldsymbol{U}^* \cdot \boldsymbol{n}^*) = \rho^-(v^- \cdot \boldsymbol{n}^* - \boldsymbol{U}^* \cdot \boldsymbol{n}^*) \qquad (3.6)$$

方程（3.4）和方程（3.6）提供了有关相界面速度的法向分量以及相边界可能的运动的有用信息。

3.3 线性动量守恒的跳跃平衡

现在，考虑通过利用包括相界面在内的每种物质的物质体积来获得混合物的线性动量守恒。对于物质 A，方程（2.116）仍然是线性动量守恒定律的方程式。然而，将雷诺传输定理应用于方程（2.116）左侧的过程中必须使用方程（A.166），而估算方程（2.116）右侧的表面积分必须用方程（A.165）。做完了这一步，方程（2.116）变成：

$$\iiint_{V_A(t)} \left[\frac{\partial(\rho_A v_A)}{\partial t} + \nabla \cdot (\rho_A v_A v_A) \right] dV +$$

$$\iint_{S_A^*(t)} \left[\rho_A^+ v_A^+(v_A^+ \cdot \boldsymbol{n}^* - \boldsymbol{U}^* \cdot \boldsymbol{n}^*) - \rho_A^- v_A^-(v_A^- \cdot \boldsymbol{n}^* - \boldsymbol{U}^* \cdot \boldsymbol{n}^*) \right] dS$$

$$= \iiint_{V_A(t)} \rho_A \boldsymbol{F}_A dV + \iiint_{V_A(t)} \boldsymbol{m}_A dV + \iiint_{V_A(t)} \nabla \cdot \boldsymbol{T}_A^{\mathrm{T}} dV + \iint_{S_A^*(t)} \left[\boldsymbol{T}_A^+ \cdot \boldsymbol{n}^* - \boldsymbol{T}_A^- \cdot \boldsymbol{n}^* \right] dS \qquad (3.7)$$

由于物质体积的尺寸是任意的，因此通过方程（3.7）中的体积项可以得到方程（2.118），由相界面的任意大小也可以得出方程（3.7）中表面项的以下结果：

$$\rho_A^+ v_A^+(v_A^+ \cdot \boldsymbol{n}^* - \boldsymbol{U}^* \cdot \boldsymbol{n}^*) - \rho_A^- v_A^-(v_A^- \cdot \boldsymbol{n}^* - \boldsymbol{U}^* \cdot \boldsymbol{n}^*) = \boldsymbol{T}_A^+ \cdot \boldsymbol{n}^* - \boldsymbol{T}_A^- \cdot \boldsymbol{n}^* \qquad (3.8)$$

引入由方程（2.119）定义的 $\boldsymbol{u}_A$，将所有分项加和得到：

$$\rho^+ v^+(v^+ \cdot \boldsymbol{n}^* - \boldsymbol{U}^* \cdot \boldsymbol{n}^*) - \rho^- v^-(v^- \cdot \boldsymbol{n}^* - \boldsymbol{U}^* \cdot \boldsymbol{n}^*)$$

$$= \sum_{A=1}^{N} \boldsymbol{T}_A^+ \cdot \boldsymbol{n}^* - \sum_{A=1}^{N} \boldsymbol{T}_A^- \cdot \boldsymbol{n}^* - \sum_{A=1}^{N} \rho_A^+ \boldsymbol{u}_A^+ \boldsymbol{u}_A^+ \cdot \boldsymbol{n}^* + \sum_{A=1}^{N} \rho_A^- \boldsymbol{u}_A^- \boldsymbol{u}_A^- \cdot \boldsymbol{n}^* \qquad (3.9)$$

将方程（2.122）的转置代入方程（3.9）得到如下结果：

$$\rho^+ v^+(v^+ \cdot \boldsymbol{n}^* - \boldsymbol{U}^* \cdot \boldsymbol{n}^*) - \rho^- v^-(v^- \cdot \boldsymbol{n}^* - \boldsymbol{U}^* \cdot \boldsymbol{n}^*) = \boldsymbol{T}^+ \cdot \boldsymbol{n}^* - \boldsymbol{T}^- \cdot \boldsymbol{n}^* \qquad (3.10)$$

该方程是整体跳跃线性动量平衡方程，它将相界面上的应力分量引入边界条件中。整体跳跃线性动量方程比混合物组分的跳跃线性动量方程（3.8）更为有用，因为流体力学问题通常通过混合物的运动方程（2.104）求解，而不是通过混合物组分的运动方程（2.118）求解。

每种物质的动量守恒定律都可以应用于包含相界面的物质体积。然而，当这样做时，如果满足跳跃线性动量方程，则导出的跳跃条件也同样可以满足。由于整体跳跃动量矩平衡没有提供任何关于边界条件的新信息，因此在这里不包括在这个相界面处跳跃条件的推导。

3.4 相界面处假设的边界条件

适当应用质量守恒、物质质量守恒和线性动量守恒推导出了上述的跳跃条件。可以通过假定某些其他确定的边界条件来补充这些跳跃条件。从考虑连续体力学的方面不能得出这些假设的边界条件，因此假设它们是某些时刻由实验观察结果提出的合理猜想。这里介绍了两种分析传递问题时假设的边界条件。

第一个假设的边界条件表明，所有组分的化学势在相界面处是连续的，因此两相在相边界处于平衡状态。当然，这是一个普遍的假设，但是需要指出的是，这个假设不一定适用于所有的情况。例如，当聚合物膜暴露于溶剂蒸气时，人们往往认为在聚合物—蒸气界面处会立即有效地建立起恒定的溶剂表面浓度。然而，有时会在玻璃态聚合物中观察到吸附实验的异常吸附曲线（Vrentas 和 Vrentas，1999a）。对于这种异常现象，一个可能的解释是在聚合物—蒸气界面处存在缓慢反应。在相边界处的有限速率过程将导致聚合物相中的非平衡，即导致溶剂表面浓度有时间依赖性，而不再是恒定的平衡浓度。这种延迟的表面效应可归因于聚合物和渗透剂分子在玻璃态中的缓慢移动。在 6.4 节将进一步讨论这些异常吸附现象。第二个假设的边界条件是所谓的无滑动假设，其要求平均质量速度的切向分量在相界面是连续的：

$$切向分量(v^+) = 切向分量(v^-) \tag{3.11}$$

注意，由于物质速度的切向分量通常可以是平行于相界面的非零扩散通量，因此相边界上物质速度切向分量不一定为零。

理论上，方程（3.11）不可能对所有情况都成立，但是该方程对于某些特殊情况是成立的。例如，Slattery（1972）曾表示，当相界面上有质量传递，并且每相中的应力张量采取以下表达形式时，速度在相界面上的切向分量是连续的：

$$T = - pI \tag{3.12}$$

这一点下面进行了解释。结合总体跳跃质量平衡方程（3.6）和总体跳跃线性动量平衡方程（3.10）可得：

$$\rho^+ (v^+ \cdot n^* - U^* \cdot n^*)(v^+ - v^-) = T^+ \cdot n^* - T^- \cdot n^* \tag{3.13}$$

将方程（3.12）的每个相代入方程（3.13）得到以下方程：

$$\rho^+ (v^+ \cdot n^* - U^* \cdot n^*)(v^+ - v^-) = (- p^+ + p^-)n^* \tag{3.14}$$

如果仅考虑该方程的切向分量，则可以得到：

$$\text{切向分量}\left[\rho^{+}\left(v^{+}\cdot n^{*}-U^{*}\cdot n^{*}\right)\left(v^{+}-v^{-}\right)\right]=0 \tag{3.15}$$

因为 n^{*} 的切向分量肯定是 0，如果跨过相界面进行传质，则

$$\rho^{+}\left(v^{+}\cdot n^{*}-U^{*}\cdot n^{*}\right)\neq 0 \tag{3.16}$$

因此，利用方程（3.15）可以得到期望的结果：

$$\text{切向分量}(v^{+})=\text{切向分量}(v^{-}) \tag{3.17}$$

3.5　没有质量传递时的边界条件

虽然本书中经常涉及在相边界处发生传质的过程分析，但是由于在许多重要的流体力学问题中没有在相界面上发生质量传递，因此也非常需要考虑这种情况。在没有通过相界面的质量传递的情况下，总体跳跃质量平衡方程（3.6）变为：

$$v^{+}\cdot n^{*}=v^{-}\cdot n^{*}=U^{*}\cdot n^{*} \tag{3.18}$$

总体跳跃线性动量平衡方程（3.10）简化为：

$$T^{+}\cdot n^{*}=T^{-}\cdot n^{*} \tag{3.19}$$

结合方程（3.11）和方程（3.18）可以得到以下相边界上速度矢量在两相中的关系：

$$v^{+}=v^{-} \tag{3.20}$$

另外，如果相界面上没有法向速度分量，则由方程（3.18）可得：

$$v^{+}\cdot n^{*}=v^{-}\cdot n^{*}=U^{*}\cdot n^{*}=0 \tag{3.21}$$

方程（3.19）和方程（3.20）是在通过相位边界而没有质量传递的情况下通常解决流体力学问题时用到的边界条件。这两个方程也是低传质速率下比较有用的近似式。如图 3.3 所示，现在考虑 RCC 系中的下一个界面。由方程（3.19）和方程（3.20）可以得到这种相界面上的速率和压力边界条件：

$$v_{x}^{+}=v_{x}^{-} \tag{3.22}$$

$$v_{y}^{+}=v_{y}^{-} \tag{3.23}$$

$$v_{z}^{+}=v_{z}^{-} \tag{3.24}$$

$$T_{xz}^{+}=T_{xz}^{-} \tag{3.25}$$

$$T_{yz}^{+}=T_{yz}^{-} \tag{3.26}$$

$$T_{zz}^{+}=T_{zz}^{-} \tag{3.27}$$

对于固液相界面、液气相界面、液液相界面来说，很有必要评价一下方程（3.22）至方程（3.27）的效用。在研究流体力学问题时，通常认为固体是可忽略不计的刚性材料。因此，对于固液界面，实际上在解决流体力学问题中只用到了速度边界条件，即方程（3.22）至方程（3.24）。应力边界条件即方程（3.25）至方程（3.27），可以在流体

力学问题中解决后来计算流体施加在固体上的力的时候用到。

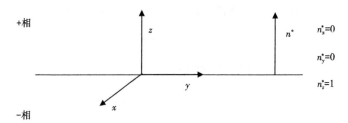

图 3.3　RCC 系中的界面

对于液气体系，经常假设气体是理想的（无摩擦的）液体，因为它相对来说黏度低，可以被单一的压力有效地压缩。在这样的问题中，由于可以避免求解气相中的速度场，因此 3 个速度边界条件几乎没有用。取而代之地，用到了应力边界条件。在 4.2 节中将会讲到理想液体应力张量的本构方程仅仅是：

$$T_{ij} = -p\delta_{ij} \tag{3.28}$$

另外，可以假设许多所研究的液体是不可压缩的牛顿流体，在 4.2 节中这类液体的本构方程即为：

$$T_{ij} = -p\delta_{ij} + \mu\left(\frac{\partial v_i}{\partial x_j} + \frac{\partial v_j}{\partial x_i}\right) \tag{3.29}$$

其中，μ 是液体黏度。因此，液气界面（不可压缩的牛顿流体—理想液体）的应力边界条件（这里气体是+相）为：

$$\frac{\partial v_z^-}{\partial x} + \frac{\partial v_x^-}{\partial z} = 0 \tag{3.30}$$

$$\frac{\partial v_z^-}{\partial y} + \frac{\partial v_y^-}{\partial z} = 0 \tag{3.31}$$

$$p^+ = p^- - 2\mu^-\frac{\partial v_z^-}{\partial z} \tag{3.32}$$

方程（3.32）证明，液气相界面上的压力不一定非得是连续的。

对于液液体系，因为两种液相都需要求解速度场，所以要同时用到速度边界条件和应力边界条件。在许多案例中两种液体都是不可压缩的牛顿流体，因此，应力条件变为：

$$\mu^-\left(\frac{\partial v_z^-}{\partial x} + \frac{\partial v_x^-}{\partial z}\right) = \mu^+\left(\frac{\partial v_z^+}{\partial x} + \frac{\partial v_x^+}{\partial z}\right) \tag{3.33}$$

$$\mu^-\left(\frac{\partial v_z^-}{\partial y} + \frac{\partial v_y^-}{\partial z}\right) = \mu^+\left(\frac{\partial v_z^+}{\partial y} + \frac{\partial v_y^+}{\partial z}\right) \tag{3.34}$$

$$-p^- + 2\mu^-\frac{\partial v_z^-}{\partial z} = -p^+ + 2\mu^+\frac{\partial v_z^+}{\partial z} \tag{3.35}$$

由方程（3.35）可知对于液液界面来说，两侧的压力不一定非得是连续性的。

以液膜流顺着与气相相邻的固体壁落下为例，速度边界条件和应力边界条件都用到了，但是这是在两种不同的边界中。固液边界上用到的是速度边界条件，气液边界上用到的是应力边界条件。

3.6　跳跃平衡的运用

跳跃质量平衡可以用于关联相界面上的速度分量。通过两个问题可以说明：一是没有表面反应；二是有表面反应。

首先，考虑由扩散控制的移动边界问题（Duda 和 Vrentas，1969a），其涉及将组分 I 纯气相的平面溶解成二元结构（组分 I 和 J）的无限液相。如图 3.4 所示，气相从 $x=0$ 延展到 $x=X(t)$，这里的 x 是扩散方向的空间坐标，$X(t)$ 是移动边界的位置。假设质量传递是等温过程且没有均相反应或非均相反应。扩散过程是一维的，假设两相中的微分比体积都是常数。令 $\overline{v}^{\mathrm{V}}$ 贡献气相中平均体积速率的 x 分量，v^{V} 贡献了液相中平均体积速率的 x 分量（在这个分析过程中，过压可以表示气相性质）。对于方程（2.74），$\overline{v}^{\mathrm{V}}$ 和 v^{V} 可以由方程（3.36）和方程（3.37）确定：

$$\frac{\partial \overline{v}^{\mathrm{V}}}{\partial x} = 0,\ \overline{v}^{\mathrm{V}} = 0,\qquad 0 \leqslant x \leqslant X(t) \tag{3.36}$$

$$\frac{\partial v^{\mathrm{V}}}{\partial x} = 0,\ v^{\mathrm{V}} = f(t),\qquad 0 \geqslant X(t) \tag{3.37}$$

为得到方程（3.36）中的第二个等式，要求在 $x=0$ 处有边界条件 $\overline{v}^{\mathrm{V}}=0$。假设气液界面处存在平衡，在 $x=X(t)$ 处，组分 I 的质量密度 ρ_I 可由方程（3.38）得出：

$$\rho_I[X(t),\ t] = \rho_{IE},\qquad t>0 \tag{3.38}$$

其中，ρ_{IE} 是组分 I 在相界面上恒定的平衡质量浓度。

没有表面反应时组分 J 在 $x=X(t)$ 处的跳跃质量平衡方程［即方程(3.4)］可以写作：

$$\overline{\rho}_J(\overline{v}_J - U_x^*) = \rho_J(v_J - U_x^*) \tag{3.39}$$

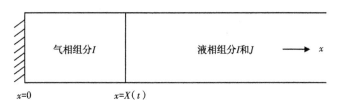

图 3.4　气相平面溶解进无限液相

因为

$$\overline{\rho}_J = 0 \tag{3.40}$$

且

$$U_x^* = \frac{\mathrm{d}X}{\mathrm{d}t} \tag{3.41}$$

所以方程（3.39）可化简为：

$$\frac{dX}{dt} = v_J = \frac{\rho_J v^V + j_J^V}{\rho_J} = f(t) + \frac{j_J^V}{\rho_J} \tag{3.42}$$

由方程（2.8）和方程（2.26），可以发现：

$$\frac{j_J^V}{\rho_J} = -\frac{j_I^V}{\frac{1}{\hat{V}_I} - \rho_I} \tag{3.43}$$

因此，方程（3.42）变成：

$$\frac{dX}{dt} = f(t) - \frac{j_I^V[x = X(t)]}{\frac{1}{\hat{V}_I} - \rho_{IE}} \tag{3.44}$$

另外，$x = X(t)$ 处没有表面反应时，组分 I 的跳跃质量平衡方程为以下形式：

$$\bar{\rho}_I\left(\bar{v}_I - \frac{dX}{dt}\right) = \rho_I\left(v_I - \frac{dX}{dt}\right) \tag{3.45}$$

因为

$$\bar{v}_I = \bar{v}^V = 0 \tag{3.46}$$

且

$$\rho_I v_I = \rho_I v^V + j_I^V \tag{3.47}$$

因为对单组分气相有 $\bar{\rho}_I = \rho_I$，所以方程（3.45）可以写作如下形式：

$$\frac{dX}{dt} = \frac{\rho_{IE} f(t) + j_I^V[x = X(t)]}{\rho_{IE} - \bar{\rho}} \tag{3.48}$$

解方程（3.44）和方程（3.48）得到 $f(t)$ 和 dX/dt 的表达式：

$$v^V = f(t) = -\frac{(1 - \hat{V}_I \bar{\rho}) j_I^V[x = X(t)]}{\bar{\rho}(1 - \hat{V}_I \rho_{IE})} \tag{3.49}$$

$$\frac{dX}{dt} = -\frac{j_I^V[x = X(t)]}{\bar{\rho}(1 - \hat{V}_I \rho_{IE})} \tag{3.50}$$

注意，一旦 j_I^V 构建了本构方程，方程（3.49）和方程（3.50）中将包含组分 I 质量密度的衍生量。

相界面上的3个速度，即 $\bar{v}$，v^V，$u_x^* = dX/dt$，现在可以通过方程（3.36）、方程（3.49）和方程（3.50）来计算。确定这3个速度之中的两个［方程（3.49）和方程（3.50）］的表达式来自组分 I 和 J 的跳跃质量平衡方程；方程（3.36）是连续性方程 $\nabla \cdot \bar{v}^V = 0$ 的积分形式。总体跳跃质量平衡方程是相边界的第三个跳跃条件，但是因为这个方程不能给出界面速度的独立方程，所以这里不使用这个方程。这里和 8.2 节、10.1 节中介绍了这个方程的完整方程形式，其中还阐述了用扰动法来解决移动边界的问题。使用跳跃质量平衡的第二个例子涉及化学气相沉积（CAD）过程，其中包括化学反应性表面和非均相化学反应（Vrentas 和 Vrentas，1989a）。现在考虑一个包含组分 A 和组分 B 的二元气体混合物的化学气相沉积过程。在有化学反应的表面上，整体反应可以表示为以下形式：

$$A（气）\longrightarrow nB（气）+C（固）\tag{3.51}$$

用含速率常数 k_1 的一阶速率表达式来表示表面动力学：

$$\frac{r_A}{M_A} = -\frac{r_C}{M_C} = -k_1 c_A \tag{3.52}$$

化学反应性表面的几何形状如图 3.5 所示。组分 C 延伸的固体薄膜沉积在固定的固体基质上，化学反应性表面构成气相和固体薄膜之间的相界。固体相由纯的 C 组分构成，在气相中没有 C 组分。可以用物质 A、B、C 的跳跃质量平衡和整体跳跃质量平衡方程来关联与界面相邻大块的相的速度和相边界的速度。用到的符号如下：v_x^G 为气相中 x 分量的平均质量速度；v_x^S 为纯固相中 x 分量的速度；v_{Ix}^G 为气相中 I 组分的 x 分量的速度。其中，上标 G 和 S 分别指的是气相和固相。

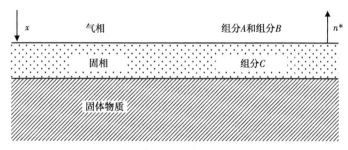

图 3.5　化学反应性表面典型的几何形状（Vrentas 和 Vrentas，1989a）

由于固相完全由组分 C 构成，所以固相有固定的密度 $\rho^S = \rho_C^S$。并且固相的连续性方程可化简为：

$$\frac{\partial v_x^S}{\partial x} = 0 \tag{3.53}$$

这里假设在固相中存在一维传递过程。由于固体薄膜沉积在固体支撑物上，因此对方程（3.53）进行积分可得：

$$v_x^S = 0 \tag{3.54}$$

对于这种反应性表面的整体跳跃质量平衡方程 [方程（3.6）] 可以写作（$\boldsymbol{n}^*$ 从固相指向气相）：

$$\rho^G v_x^G = (\rho^G - \rho_C^S)\frac{\mathrm{d}X}{\mathrm{d}t} \tag{3.55}$$

组分 A、B、C 的跳跃质量平衡方程式［即方程（3.4）］有以下形式：

$$\rho_A^G \left(v_{Ax}^G - \frac{\mathrm{d}X}{\mathrm{d}t} \right) = -r_A \tag{3.56}$$

$$\rho_B^G \left(v_{Bx}^G - \frac{\mathrm{d}X}{\mathrm{d}t} \right) = \frac{r_A n M_B}{M_A} \tag{3.57}$$

$$\frac{\mathrm{d}X}{\mathrm{d}t} = \frac{r_A M_C}{\rho_C^S M_A} \tag{3.58}$$

将方程（3.58）代入方程（3.55）至方程（3.57）可得：

$$\rho^G v_x^G = -\frac{r_A M_C}{M_A} \left(1 - \frac{\rho^G}{\rho_C^S} \right) \tag{3.59}$$

$$\rho_A^G v_{Ax}^G = -r_A \left(1 - \frac{\rho_A^G M_C}{\rho_C^S M_A} \right) \tag{3.60}$$

$$\rho_B^G v_{Bx}^G = r_A \left(\frac{\rho_A^G M_C}{\rho_C^S M_A} + \frac{n M_B}{M_A} \right) \tag{3.61}$$

这 3 个方程中只有两个是独立方程。因为气相中的质量密度一般比固相的质量密度小很多，所以方程（3.59）至方程（3.61）可以化简为以下形式：

$$\rho^G v_x^G = -\frac{r_A M_C}{M_A} = k_1 c_A M_C \tag{3.62}$$

$$N_{Ax} = \frac{\rho_A^G v_{Ax}^G}{M_A} = -\frac{r_A}{M_A} = k_1 c_A \tag{3.63}$$

$$N_{Bx} = \frac{\rho_B^G v_{Bx}^G}{M_B} = \frac{r_A n}{M_A} = -n N_{Ax} \tag{3.64}$$

由上述分析可知，在相界面上的三个速度，即 v_x^S，v_x^G，$U_x^* = \mathrm{d}X/\mathrm{d}t$，现在可以利用方程（3.54）、方程（3.62）和方程（3.58）计算得到。其中用来计算这些速度所需的两个方程，即方程（3.62）和方程（3.58），来自整体跳跃质量平衡方程和组分 C 的跳跃质量平衡方程。第三个方程，即方程（3.54），是固相连续性方程的积分形式。组分 A 和组分 B 的跳跃质量平衡方程为相边界处这些组分提供了分子通量方程。在 11.2 节中分析 CVD 反应器时会用到上述分析中的方程。

3.7 关于边界条件的附加讨论

本节讨论了边界条件的其他 4 个方面：（1）常见的几种相间质量传递组态；（2）跳跃质量平衡方程导出偏微分方程的条件；（3）传质系数的使用；（4）曲线坐标的连续性条件。

图 3.6 中展示了 5 个各种气相、液相、固相之间的质量传递问题。3.6 节中展示了两个代表样本案例 3 和案例 5。注意对于案例 2 至案例 5 来说，并不是体系中所有的组分都通过相界面传质。如图 3.6 所示，有很多不同的原因造成了某相中不含某个特定组分。通常，这类问题的解决可以通过运用仅在一相中有效存在的组分的物质跳跃质量平衡方程化简。

在 3.6 节中提出的两个移动边界问题中，相边界是垂直于一个坐标线的表面，界面的位置仅与时间相关。因此，可以用普通的微分方程确定相边界的移动［第一个例子用方程（3.50），第二个例子用方程（3.58）］。在某些问题中，相边界面不垂直于坐标线，因此界面的位置取决于一个或多个空间变量及时间，这就必须用偏微分方程描述。

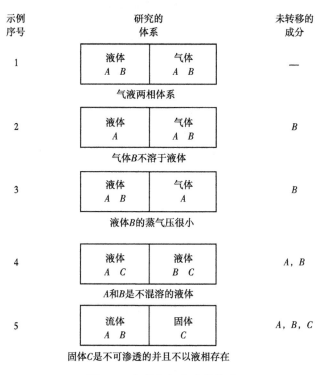

图 3.6　各种相组态中的传质

例如，考虑如图 3.7 中所示的轴对称液体射流的不稳定层流，其从圆形管道排入无角速度的非黏性气相中。如果假设相间的传质可以忽略不计，则总体跳跃质量平衡方程（3.18）可给出气液界面处的边界条件：

$$\boldsymbol{v}^{-} \cdot \boldsymbol{n}^{*} = \boldsymbol{U}^{*} \cdot \boldsymbol{n}^{*} = U_{n}^{*} \tag{3.65}$$

式中，$\boldsymbol{v}^{-}$ 是液相中的速度矢量；$\boldsymbol{n}^{*}$ 是表面上指向气相的单位法矢量；U_{n}^{*} 是运动相边界速度的法向分量。

气液相界面是时间和位置相关的表面，可以用函数 f 表示如下：

$$f = r - R(z, t) = 0 \tag{3.66}$$

其中，R 是喷射半径，由方程（3.67）得到：

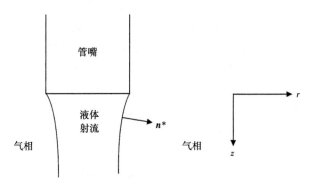

图 3.7　轴对称液体射流的层流

$$\frac{\partial f}{\partial r} = 1, \quad \frac{\partial f}{\partial \theta} = 0, \quad \frac{\partial f}{\partial z} = -\frac{\partial R}{\partial z} \tag{3.67}$$

也可以由方程（3.68）得到：

$$\frac{\partial f}{\partial t} = -\frac{\partial R}{\partial t} \tag{3.68}$$

法矢量 $\boldsymbol{n}^*$ 和相位边界速度法向分量 U_n^* 可以用方程（3.69）计算（Truesdell 和 Toupin，1960）：

$$\boldsymbol{n}^* = \frac{\nabla f}{(\nabla f \cdot \nabla f)^{\frac{1}{2}}} \tag{3.69}$$

$$U_n^* = -\frac{\dfrac{\partial f}{\partial t}}{(\nabla f \cdot \nabla f)^{\frac{1}{2}}} \tag{3.70}$$

因此，方程（3.65）可以写作：

$$\boldsymbol{v}^- \cdot \nabla f = -\frac{\partial f}{\partial t} \tag{3.71}$$

由于角速度为零，液体射流中的速度矢量可以表示为：

$$\boldsymbol{v}^- = v_r \boldsymbol{e}_r + v_z \boldsymbol{e}_z \tag{3.72}$$

式中，v_r 和 v_z 是 v^- 的物理分量；$\boldsymbol{e}_r$ 和 $\boldsymbol{e}_z$ 是基本单位矢量。

同时，因为 $\partial f/\partial\theta = 0$，由方程（A.102）可知，$\nabla f$ 可由方程（3.73）得到：

$$\nabla f = \frac{\partial f}{\partial r}\boldsymbol{e}_r + \frac{\partial f}{\partial z}\boldsymbol{e}_z \tag{3.73}$$

将方程（3.72）和方程（3.73）代入方程（3.71）可得：

$$v_r\frac{\partial f}{\partial r} + v_z\frac{\partial f}{\partial z} = -\frac{\partial f}{\partial t} \tag{3.74}$$

其中，v_r 和 v_z 是在相界面上计算的。将方程（3.67）和方程（3.68）代入方程（3.74）可得 $R(z, t)$：

$$v_r - v_z \frac{\partial R}{\partial z} = \frac{\partial R}{\partial t} \qquad (3.75)$$

因此，相位置的时间依赖性通过偏微分方程与液相中的速度场相联系。

在某些情况下，在传质过程中可能难以获得一相中的浓度分布。例如，考虑用热气流干燥溶剂涂覆的聚合物膜的情况。由于气相流场的复杂性，不易确定气相中的溶剂浓度分布。因此，溶剂也就是组分 1 的跳跃质量平衡方程：

$$\rho_1^p(v_1^p \cdot \boldsymbol{n}^* - \boldsymbol{U}^* \cdot \boldsymbol{n}^*) = \rho_1^G(v_1^G \cdot \boldsymbol{n}^* - \boldsymbol{U}^* \cdot \boldsymbol{n}^*) \qquad (3.76)$$

一般情况下不能通用。以上变量在聚合物—气相边界定义如下：ρ_1^p 为聚合物相的溶剂质量密度；v_1^p 为聚合物相的溶剂速度；ρ_1^G 为气相溶剂质量密度；v_1^G 为气相溶剂速度；$\boldsymbol{U}^*$ 为聚合物—气相边界速度；$\boldsymbol{n}^*$ 为指向气相的单位法矢量。

方程（3.76）右侧的 v_1^G 表明一定可以求得溶剂扩散通量，因此也就能求得气相中的溶剂浓度分布。因为聚合物相中主要研究对象是溶剂浓度分布，所以如果可能的话，这里最好避免花费大量精力来确定溶剂气相浓度分布。

避免确定气相浓度分布的一种方法是引入气相中的溶剂传质系数 k_1^G，这与用牛顿冷却定律处理传热过程相似。方程（3.76）的右侧可以表达为：

$$\rho_1^G(v_1^G \cdot \boldsymbol{n}^* - \boldsymbol{U}^* \cdot \boldsymbol{n}^*) = k_1^G(p_{1i}^G - p_{1b}^G) \qquad (3.77)$$

式中，p_{1i}^G 是气相中的溶剂界面分压；p_{1b}^G 表示远离相边界的溶剂分压或气相中某部分的平均分压。

只有合理估算气相传质系数 k_1^G，才能运用方程（3.77）。低传质速度下可以通过实验获得 k_1^G 的相关信息，但通常不适用于发生速度和浓度分布失真的高传质速率的情况。虽然已经有了高传质速度的近似修正案例（Bird 等，2002），但传质系数法还是用在传质速度低的问题上较好。

注意，3.1 节中偏微分方程的辅助条件包括初始条件、无限远处的边界条件以及相界面处的边界条件，这是本章研究的主要问题。另外，因变量的连续性条件有时也可有助于确定偏微分方程的适当解。例如，为了获得所研究领域连续性问题的解决方法，通常应避免因变量的跳跃不连续性和无限不连续性。尤其当涉及曲线坐标时，连续性条件更加实用。

首先考虑圆柱坐标中的稳定扩散问题，其中浓度变量 $C(r, z)$ 满足下面的拉普拉斯方程：

$$\frac{\partial^2 C}{\partial r^2} + \frac{1}{r}\frac{\partial C}{\partial r} + \frac{\partial^2 C}{\partial z^2} = 0 \qquad (3.78)$$

为了解这个方程，需要令 $r=0$ 时 C 具有有限值。这个限制使得可以消除出现在该方程的部分解中的无界贝塞尔函数，该部分描述了 C 的径向依赖性，并且会在使用变量分离方法时出现这种依赖性。也可以说，如果解方程（3.78），C 在 $r=0$ 时的范围可以替换为：

$$\frac{\partial C}{\partial r} = 0, \; r = 0 \tag{3.79}$$

因此，有必要要求方程（3.78）所有的项都限制在 $r=0$ 的范围内。

作为对解决方案施加连续性条件的另一个例子，考虑圆柱坐标中的稳定扩散问题，其中浓度变量 $C(r, \theta)$ 满足二维拉普拉斯方程：

$$\frac{\partial^2 C}{\partial r^2} + \frac{1}{r}\frac{\partial C}{\partial r} + \frac{1}{r^2}\frac{\partial^2 C}{\partial \theta^2} = 0 \tag{3.80}$$

对于这个问题，要求 C 和 $\partial C/\partial \theta$ 在解的范围内是连续的（没有跳跃、不连续的情况存在），否则 $\nabla^2 C$ 不存在。通过满足以下条件可以保证 C 和 $\partial C/\partial \theta$ 的连续性：

$$C(r, \pi) = C(r, -\pi) \tag{3.81}$$

$$\frac{\partial C}{\partial \theta}(r, \pi) = \frac{\partial C}{\partial \theta}(r, -\pi) \tag{3.82}$$

对于解析解，这些周期条件作为 θ 方向上 Sturm-Liouville 问题的边界条件。另外，像在之前的问题中一样，解析解要求 C 在 $r=0$ 处是有界的。对于如方程（3.78）所述的轴对称扩散场，可以用方程（3.79）来代替 C 在 $r=0$ 处有界的要求。然而，如果在非轴对称的情况下，方程（3.97）一般不适用。下面通过用边界条件解单位圆来解释这一点：

$$C(1, \theta) = f(\theta) \tag{3.83}$$

由方程（3.81）至方程（3.83）且 C 在 $r=0$ 处有界，通过变量分离法得到方程（3.80）的解如下：

$$C(r, \theta) = \frac{1}{2\pi}\int_{-\pi}^{\pi}\left[\frac{1-r^2}{1+r^2-2r\cos(\theta-\psi)}\right]f(\psi)\,\mathrm{d}\psi \tag{3.84}$$

对于该非对称扩散场，微分得到：

$$\frac{\partial C}{\partial r}(0, \theta) \neq 0 \tag{3.85}$$

3.8　边界条件和解的唯一性

解偏微分方程（PDE）的一个很重要的方面就是要凑出足够且适量的边界条件（BC），以保证能够获得唯一的解。在 7.1 节中定义了各种类型的边界条件和不同类型的边界（封闭或开放），在 7.2 节中，二阶偏微分方程分为椭圆型、双曲线型和抛物线型。在 7.3 节讨论了椭圆型、双曲线型和抛物线型的偏微分方程分别的独特、稳定的边界类型以及不同边界条件的类型的解法。一般而言，对于特定的偏微分方程，必须先选择边界类型和边界条件的类型，以避免考虑过多的或过度限制的解法。因此，对于给定的偏微分方程，有必要证明一下，特定的边界类型和特定的边界条件集合会有一个独立的解法。

事实证明，线性边界值问题解法并不总是唯一的。例如，设想一个可压缩的牛顿流体在蠕变流动极限处通过周期性收缩管的稳定的轴对称流动。管几何形状的重复单元包含在轴向距离区间 $-L \leqslant z \leqslant L$ 中，其中 z 是圆柱形的轴向距离变量。这个流体问题由四级流体函数方程描述如下：

$$E^4 \psi = 0 \tag{3.86}$$

$$E^2 = \frac{\partial^2}{\partial r^2} - \frac{1}{r} \frac{\partial}{\partial r} + \frac{\partial^2}{\partial z^2} \tag{3.87}$$

其中，一旦确定了一系列适当的边界条件，就可以将流体函数 ψ 确定为圆柱系坐标 r 和 z 的函数。径向边界条件可以直接利用。在轴向上重复的几何结构表明，在 $z=-L$ 和 $z=L$ 处的流场上可利用周期性轴向边界条件，以下是这个问题可能的轴向边界条件：

$$\psi(r, -L) = \psi(r, L) \tag{3.88}$$

$$\frac{\partial \psi}{\partial z}(r, -L) = \frac{\partial \psi}{\partial z}(r, L) \tag{3.89}$$

$$\frac{\partial^2 \psi}{\partial z^2}(r, -L) = \frac{\partial^2 \psi}{\partial z^2}(r, L) \tag{3.90}$$

$$\frac{\partial^3 \psi}{\partial z^3}(r, -L) = \frac{\partial^3 \psi}{\partial z^3}(r, L) \tag{3.91}$$

文献中用这些周期性边界条件的各种组合确定该周期性流场的流函数。这些研究者及其所运用的方程包括：Payatakes 等（1973）、Azzam 和 Dullien（1977）利用方程（3.88）和方程（3.90），Deiber 和 Schowalter（1979）利用方程（3.88）至方程（3.90），Fedkiw 和 Newman（1977）利用方程（3.88）至方程（3.91）。可以通过证明描述上述周期性流场的边界值问题的唯一性，来解决什么是足够的周期性边界条件，以保证对问题有唯一的解决方案。Vrentas 和 Vrentas（1983）已经使用了这种唯一性证明，表明施加所有上述周期边界条件［方程（3.88）至方程（3.91）］足以证明蠕动流问题的解是唯一解。还说明了当凑不到足够数量的周期性边界条件时得到的解不唯一，并且可使用足够的周期性边界条件来修正轴向变化小的任意边界形状的管半径的解法。

为了说明唯一性证明与独特方案所需要的足够的边界条件之间的关系，请考虑以下问题：

$$\frac{\partial^2 u}{\partial t^2} = \frac{\partial^2 u}{\partial x^2}, \ 0 < x < 1, \ t > 0 \tag{3.92}$$

$$u(0, t) = h(t), \qquad t > 0 \tag{3.93}$$

$$u(1, t) = m(t), \qquad t > 0 \tag{3.94}$$

$$u(x, 0) = f(x), \qquad 0 < x < 1 \tag{3.95}$$

$$\frac{\partial u}{\partial t}(x, 0) = g(x), \qquad 0 < x < 1 \tag{3.96}$$

这是一个双曲线型边界值问题，因为预期已知未来的 u 是不现实的，它将在时间维度上使用具有开放边界的区域来解决。这里提出的一系列边界条件包括 $t=0$ 时的两个条件。可以看出，对于抛物线型偏微分方程来说，只需要方程（3.95）作为初始条件（详见表 7.1），因此有必要证明第二个初始条件必须用于双曲线方程。这可以通过唯一性证明来完成。

假设 u_1 和 u_2 是两个解决上述问题的方程，可以定义：

$$W(x, t) = u_1(x, t) - u_2(x, t) \tag{3.97}$$

必须满足：

$$\frac{\partial^2 W}{\partial t^2} = \frac{\partial^2 W}{\partial x^2} \tag{3.98}$$

$$W(0, t) = 0, \qquad t > 0 \tag{3.99}$$

$$W(1, t) = 0, \qquad t > 0 \tag{3.100}$$

$$W(x, 0) = 0, \qquad 0 < x < 1 \tag{3.101}$$

$$\frac{\partial W}{\partial t}(x, 0) = 0, \qquad 0 < x < 1 \tag{3.102}$$

在闭合时空区间 $0 \leqslant x \leqslant 1$，$0 \leqslant t \leqslant \pi$ 中，差值 W 应该是连续的。如果 $W=0$，则上述边界值问题存在唯一解。方程（3.98）乘以 $\partial W / \partial t$，在空间域中积分得到：

$$\int_0^1 \frac{\partial W}{\partial t} \frac{\partial^2 W}{\partial t^2} dx = \int_0^1 \frac{\partial W}{\partial t} \frac{\partial^2 W}{\partial x^2} dx \tag{3.103}$$

因为可以看出：

$$\frac{\partial W}{\partial t} \frac{\partial^2 W}{\partial t^2} = \frac{1}{2} \frac{\partial}{\partial t} \left[\left(\frac{\partial W}{\partial t} \right)^2 \right] \tag{3.104}$$

$$\frac{\partial W}{\partial t} \frac{\partial^2 W}{\partial x^2} = \frac{\partial}{\partial x} \left(\frac{\partial W}{\partial t} \frac{\partial W}{\partial t} \right) - \frac{1}{2} \frac{\partial}{\partial t} \left[\left(\frac{\partial W}{\partial x} \right)^2 \right] \tag{3.105}$$

结合方程（3.103）至方程（3.105）可得到以下结果：

$$\frac{1}{2} \frac{d}{dt} \left[\int_0^1 \left(\frac{\partial W}{\partial t} \right)^2 dx + \int_0^1 \left(\frac{\partial W}{\partial x} \right)^2 dx \right] = \int_0^1 \frac{\partial}{\partial x} \left(\frac{\partial W}{\partial t} \frac{\partial W}{\partial x} \right) dx \tag{3.106}$$

并且：

$$\int_0^1 \frac{\partial}{\partial x} \left(\frac{\partial W}{\partial t} \frac{\partial W}{\partial x} \right) dx = \left[\frac{\partial W}{\partial t} \frac{\partial W}{\partial x} \right]_0^1 = 0 \tag{3.107}$$

其中，第二个等式遵循因为在 $x=0$ 和 $x=1$ 处有 $W=0$，所以在 $x=0$ 和 $x=1$ 处有 $\partial W / \partial t = 0$ 的原则。将方程（3.107）代入方程（3.106）并进行积分得到：

$$\int_0^1 \left[\left(\frac{\partial W}{\partial t} \right)^2 + \left(\frac{\partial W}{\partial x} \right)^2 \right] dx = C \tag{3.108}$$

很明显，如果有机会使 W 在所研究的区间中等于0，那么常数 C 应该等于0。常数 C 可以利用 $t=0$ 时的条件确定。方程（3.101）需要 $t=0$ 时 $W=0$（因此 $t=0$ 时有 $\partial W / \partial t = 0$），方程（3.102）需要 $t=0$ 时 $\partial W/\partial t=0$。因此，$C=0$，并且由方程（3.108）得：

$$\left(\frac{\partial W}{\partial t}\right)^2 + \left(\frac{\partial W}{\partial x}\right)^2 = 0 \tag{3.109}$$

因此，在所研究的区域中 W 是常数。因为 $t=0$ 时 $W=0$，所以对于 $0\leqslant x\leqslant 1$，$t>0$ 时有 $W=0$。因此，边界值问题的解法是唯一的，由方程（3.99）至方程（3.102）给出的边界条件足够保证这种唯一性。上述唯一性证明过程是略微修改过的由 Stakgold（1968b）提出的证明的形式。

第 4 章　本构方程

从表 2.7 可以看出，对于 N 组分体系，必须为 ρ、S、j_A 和 R_A 构建本构方程，以便能够利用场方程求解场变量 p、v 和 w_A。本章中，介绍了构建本构方程的一般原则或公理。这些原理都是每个本构方程必须满足的物理和数学要求，用于展示如何为一种特殊类型的流体，也就是纯黏性流体构建 ρ、S、j_A 和 R_A 的本构方程。另外，也考虑到了黏弹性流体的 S 和 j_A 某些方面的本构关系。请注意，对于具有化学反应性表面的体系，还必须为 r_A 构建本构方程；不过这里不涵盖自身性质的本构方程的一般公式。

4.1　本构原理

本书中本构关系的展开着眼于在等温传输过程中纯黏性流体的 N 组分混合物。根据 Eringen（1967）的研究，如果某液体主体中的每个组分都可以作为参考组分，其他组分相对于此参考组分的密度 ρ 保持不变，则此物质称为流体。由于每个组分都可以作为参考组分，可以认为流体粒子的物质坐标是当前时间 t 下的空间坐标 x。对于纯黏性流体混合物，时间 t 时给定的位置 x 处的物质的本构因变量 $(\rho$，S，j_A，$R_A)$ 的值只能根据物质中时间为 t 时的所有位置处的本构自变量的值确定。纯黏性流体表现出无记忆效应，即先前的构建对流体的当前状态没有影响，因为比当前时间 t 早的时候，本构因变量的值与本构自变量的值无关。

以下 6 个一般性的本构原理用于对拟议的本构方程增加具体的物理约束或限制（Vrentas 和 Vrentas，2001a）：（1）决定论原理；（2）等值存在原理；（3）局部作用原理；（4）物质参考系无关原理，（5）物质不变性原理；（6）耗散原理（熵不等式）。

这些原理由 Eringen（1967）和 Truesdell（1969）提出，适用于任何物质。

4.1.1　决定性原理

这一原理排除了物体上任意一点的行为对未来事件和物体以外的任何点的依赖性。截止并包含时间 t 的所有的物质上的点的运动历史是决定物质行为的因素。根据定义，纯黏性流体也不依赖于过去的事件。因此，对于涉及纯黏性流体混合物的等温传质，当前时间 t 在物质点处的本构因变量 $(\rho$，S，j_A，$R_A)$ 的值由物体上所有点的本构自变量（p，v 的三个分量，N-1 个组分中 A 的质量分数）决定，也可能由当前时空下的位置 x 和当前时间 t 决定。包括 x 和 t 在内的本构自变量的扩展遵循 Truesdell（1977）使用的步骤。

4.1.2　等值存在原理

这个原理指出，所有的本构因变量必须由相同名录中的本构自变量决定。因此，本构自变量 $(p$，v，w_A，x，$t)$ 的扩展名录必须存在于物质的所有本构方程的原始形式中。在下面的本构方程的推导中，w_A 表示 N-1 个分量的质量分数。如果 z 是物质中的任何一点，x 表示所研究的点，则等值存在原理要求，在 x 和 t 处的本构因变量可以表示如下：

$$\rho(x,\ t) = m[p(z,\ t),\ v(z,\ t),\ w_A(z,\ t),\ x,\ t] \tag{4.1}$$

$$S(x,\ t) = G[p(z,\ t),\ v(z,\ t),\ w_A(z,\ t),\ x,\ t] \tag{4.2}$$

$$j_A(x,\ t) = f[p(z,\ t),\ v(z,\ t),\ w_A(z,\ t),\ x,\ t] \tag{4.3}$$

$$R_A(x,\ t) = g[p(z,\ t),\ v(z,\ t),\ w_A(z,\ t),\ x,\ t] \tag{4.4}$$

因此，所有本构因变量取决于 x、t，以及当前时间 t 时整个物质的压力、速度和质量分数场。

只有当其表现与某些其他构成原理相矛盾，或者如果有理由相信其效果很小时，就可以从本构方程中去除本构因变量。遵守等值存在原理，允许不同类型现象之间发生可能的耦合效应。这种耦合效应可能不存在于所提出的本构方程的线性或一阶形式中，但是可以较高阶的形式出现。

4.1.3 局部作用原理

该原理可以表示如下：每个流体粒子上的本构因变量的值受到不在所研究的粒子（或物质点）附近的粒子（或物质点）的影响可以忽略不计。该原理要求，在 x 和 t 处的 ρ、S、j_A 和 R_A 都有效地独立于不太靠近 x 处的 p、v 和 w_A。用数学公式的形式来表述此原理，可以通过对时间 t 时 x 点处附近的本构自变量建立三重泰勒级数扩展如下：

$$p(z,\ t) = p(x,\ t) + \left(\frac{\partial p}{\partial x_i}\right)_x (z_i - x_i) + \cdots \tag{4.5}$$

$$v_i(z,\ t) = v_i(x,\ t) + \left(\frac{\partial v_i}{\partial x_j}\right)_x (z_j - x_j) + \cdots \tag{4.6}$$

$$w_A(z,\ t) = w_A(x,\ t) + \left(\frac{\partial w_A}{\partial x_i}\right)_x (z_i - x_i) + \cdots \tag{4.7}$$

方程（4.5）和方程（4.7）中的压力和质量分数的导数分别是矢量 ∇p 和 ∇w_A 的分量，方程（4.6）中的速度导数是速度梯度 ∇v 的分量。由于局部作用原理排除了远距离粒子的相互作用，因此通过使用方程（4.5）至方程（4.7）的近似形式，可以在本构方程中消除远程效应：

$$p(z,\ t) = p(x,\ t) + (\nabla p)_x \cdot \boldsymbol{u} \tag{4.8}$$

$$v(z,\ t) = v(x,\ t) + \boldsymbol{u} \cdot (\nabla v)_x \tag{4.9}$$

$$w_A(z,\ t) = w_A(x,\ t) + (\nabla w_A)_x \cdot \boldsymbol{u} \tag{4.10}$$

其中：

$$\boldsymbol{u} = z - x \tag{4.11}$$

方程（4.8）和方程（4.10）表明，x 附近的压力和质量分数场可以通过仅使用 x 处的压力和质量分数，以及 x 处的压力和质量分数梯度来适当地确定。同时，方程（4.9）表示 x 附近的速度场可以仅使用 x 处的速度和 x 处的速度梯度张量来适当确定。因此，方程（4.1）至方程（4.4）的本构方程的原始形式可以由以下更简单的形式替代：

$$\rho(x, t) = m\left[p(x, t), \nabla p(x, t), v(x, t), \nabla v(x, t), w_A(x, t), \nabla w_A(x, t), x, t\right]$$
$$(4.12)$$

$$S(x, t) = G\left[p(x, t), \nabla p(x, t), v(x, t), \nabla v(x, t), w_A(x, t), \nabla w_A(x, t), x, t\right]$$
$$(4.13)$$

$$j_A(x, t) = f\left[p(x, t), \nabla p(x, t), v(x, t), \nabla v(x, t), w_A(x, t), \nabla w_A(x, t), x, t\right]$$
$$(4.14)$$

$$R_A(x, t) = g\left[p(x, t), \nabla p(x, t), v(x, t), \nabla v(x, t), w_A(x, t), \nabla w_A(x, t), x, t\right]$$
$$(4.15)$$

4.1.4 物质参考系无关原理

这个原理解决了两个独立的观察者对特定物质特定运动的看法。物质参考系无关原理结合了欧几里得参考系无关和形式不变性的概念（Svendsen 和 Bertram，1999）。欧氏参考系无关原理要求，与本构方程相关的自变量和因变量在参考系变化时变换张量。形式不变理论要求本构方程的形式与观察者无关。因此，本构方程必须同时满足欧几里得参考系无关原理和形式不变原理。

将每个观察者所处的系称为参考系，有必要构建使用不同的参考系观察到的量之间的关系。参考系可以看作不在同一平面的一组对象，例如 3 个相互正交的单位矢量。可以使用任何参考系来定位相对于定义参考系的 3 个矢量及其共同起点的空间点。通常，较为简单的做法是使坐标基矢量系与所研究的系的方向一致。系是用来帮助估算矢量和张量的时间导数的，给定参考系的基矢量体系可以用来将矢量和张量分解成其标量分量。

图 4.1 中展示了二维表示的两个参考系。在该图中，加星号的参考系以具有基矢量 i_α^* 的点 O^* 为中心，未标星号的参考系以点 O 为中心，具有基矢量 i_i。这里认为未标星号的参考系是固定的，所以严格来说，这个参考系是相对于固定的恒星静止的惯性参考系。

在很多情况下，将固定参考系即实验室参考系连接到地球也足够精确。星形参考系通常可以相对于固定的未标星的参考系做平移和旋转。在标星号的参考系中观察到的量也用星号标识。在未标星号的参考系中观察到的量也不用星号标识。可以通过任何一个参考系观察任意一个物理量（例如，到某点的位置矢量）。此外，任何特定的矢量或张量都可以投影到任何一个参考系中。下标希腊字母表示

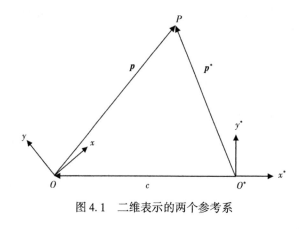

图 4.1　二维表示的两个参考系

标星号的参考系中的基本矢量或分量中的基本矢量。下标罗马数字表示未标星号的参考系中的基本矢量或基本矢量的分量。

本书对图 4.1 中的点和矢量进行了解释。

如果相对于不同的参考系（观察者不同）观察到的标量 s、矢量 v 和张量 T 是相同的，则这些量就是与参考系无关的。

$$s = s^* \tag{4.16}$$

$$v = v^* \tag{4.17}$$

$$T = T^* \tag{4.18}$$

矢量 v^* 和矢量 v 可以表示如下：

$$v^* = v_\alpha^* i_\alpha^* = v_i^* i_i \tag{4.19}$$

$$v^* = v_i i_i = v_\alpha^* i_\alpha \tag{4.20}$$

如果 $v^* = v$，则有以下关系成立：

$$v_i^* = v_i \tag{4.21}$$

$$v_\alpha^* = v_\alpha \tag{4.22}$$

两个参考系中的基矢量可以用方程（4.23）相关联：

$$i_\alpha^* = Q_{\alpha m}(t) i_m \tag{4.23}$$

$$i_n = Q_{\alpha n}(t) i_\alpha^* \tag{4.24}$$

这里的与时间相关的二阶正交张量 Q 的分量由方程（4.25）给出：

$$Q_{\alpha n} = i_\alpha^* \cdot i_n \tag{4.25}$$

本书中，使用完整的正交方程组来演示物质参考系无关原理。方程（4.26）和方程（4.27）适用于正交张量 Q：

$$Q_{\alpha n} Q_{\beta n} = \delta_{\alpha\beta} \tag{4.26}$$

$$Q_{\alpha m} Q_{\alpha n} = \delta_{mn} \tag{4.27}$$

因此，由方程（4.19）至方程（4.24）可以得到：

$$v_i = Q_{\alpha i} v_\alpha^* \tag{4.28}$$

$$v_\alpha^* = Q_{\alpha i} v_i \tag{4.29}$$

这就导致以无坐标符号表示的以下结果：

$$v = Q^T v^* \tag{4.30}$$

$$v^* = Q v \tag{4.31}$$

通常，不用方程（4.17），而是用方程（4.31）来定义与一个参考系无关的矢量（Truesdell，1977）。由于方程（4.31）可以由方程（4.17）推导得出，因此这两个方程都可以用来表示欧几里得参考系无关原理。然而，方程（4.17）是当用箭头而不是分量来表示矢量时的首选。两个二阶张量 T^* 和 T 也可以推导出相似的结果：

$$T^* = T^*_{\alpha\beta} i^*_\alpha i^*_\beta = T^*_{ij} i_i i_j \tag{4.32}$$

$$T = T_{ij} i_i i_j = T_{\alpha\beta} i^*_\alpha i^*_\beta \tag{4.33}$$

如果 $T^* = T$，则以下关系成立：

$$T^*_{ij} = T_{ij} = Q_{\alpha i} T^*_{\alpha\beta} Q_{\beta j} \tag{4.34}$$

$$T_{\alpha\beta} = T^*_{\alpha\beta} = Q_{\alpha i} T_{ij} Q_{\beta j} \tag{4.35}$$

而这两个方程可以推导得出以下与参考系无关的结果：

$$T = Q^T \cdot T^* \cdot Q \tag{4.36}$$

$$T^* = Q \cdot T \cdot Q^T \tag{4.37}$$

方程（4.37）经常用来定义与参考系无关的张量（Truesdell，1977）。

如图 4.1 所示，p^* 表示粒子占据点 P 相对于点 O^* 的位置矢量。此外，p 表示相对于 O 的相同粒子的位置矢量。矢量 p^* 和 p 通过方程（4.38）相关联：

$$p^* = p + c \tag{4.38}$$

其中，c 是 O 和 O^* 之间在任意时刻的矢量。因为有：

$$p^* = p^*_\alpha i^*_\alpha = p^*_i i_i \tag{4.39}$$

$$p = p_\alpha i^*_\alpha = p_i i_i = Q_{\alpha i} p_i i^*_\alpha \tag{4.40}$$

$$c = c_i i_i = c^* = c^*_\alpha i^*_\alpha \tag{4.41}$$

所以将方程（4.39）至方程（4.41）代入方程（4.38）可得到以下结果：

$$p^*_\alpha i^*_\alpha = Q_{\alpha i} p_i i^*_\alpha + c^*_\alpha i^*_\alpha \tag{4.42}$$

另外，对于 RCC 系，从参考系的原点到某点的位置矢量的分量是点的坐标。因此：

$$p^*_\alpha = x^*_\alpha \tag{4.43}$$

$$p_i = x_i \tag{4.44}$$

因此，由方程（4.42）可得到如下结果：

$$x^*_\alpha = Q_{\alpha i} x_i + c^*_\alpha \tag{4.45}$$

这是在空间意义上涉及参考系的观察者变换时分量的表示。时间意义上的参考系通过方程（4.46）相关联：

$$t^* = t - a \tag{4.46}$$

式中，a 是常数。

只有在本构关系中使用欧几里得参考系无关的本构自变量时，本构方程才可以是参考系无关的。从方程（4.12）至方程（4.15）可知，目前使用的本构因变量是 ρ、S、j_A 和

R_A，本构自变量是 p、w_A、v、∇p、∇w_A、∇v、x 和 t。连续介质力学的通常做法是假设 ρ、p、w_A 和 R_A 等标量都是参考系无关的。从方程（4.45）和方程（4.46）可以看出，x 和 t 不是参考系无关量。此外，已经确定速度矢量 v 不是参考系无关量（Slattery，1972），而质量扩散通量 j_A 是参考系无关量，因为它的定义（表2.3）是参考系无关变量和速度差的乘积（Slattery，1972）。Truesdell（1977）的研究表明，接触力和应力是参考系无关量，他得出结论：应力张量 T 是参考系无关量。因此，附加应力 S 也应该是参考系无关量。

已知任何参考系无关的标量 f（$f=f^*$）的梯度也是参考系无关量。标星号的参考系和未标星号的参考系中的梯度表示如下：

$$\nabla^* f^* = i_\alpha^* \frac{\partial f^*}{\partial x_\alpha^*} \tag{4.47}$$

$$\nabla f = i_j \frac{\partial f}{\partial x_j} \tag{4.48}$$

方程（4.48）也可以写作：

$$\nabla f = Q_{\alpha j} i_\alpha^* \frac{\partial f^*}{\partial x_\beta^*} \frac{\partial x_\beta^*}{\partial x_j} \tag{4.49}$$

利用方程（4.45）可得到如下结果：

$$\nabla f = Q_{\alpha j} Q_{\beta j} \frac{\partial f^*}{\partial x_\beta^*} i_\alpha^* \tag{4.50}$$

引入方程（4.26），可以将方程（4.50）转化为：

$$\nabla f = i_\alpha^* \frac{\partial f^*}{\partial x_\alpha^*} = \nabla^* f^* \tag{4.51}$$

这是我们想要得到的结果。因此，∇p 和 ∇w_A 都是参考系无关量。

剩下的需要解释的参考系无关的本构变量是 ∇v。很容易替换本构因变量的关系，例如用应变张量对称率 D 和对称涡量张量 W 来替换 S 对 ∇v 的关系（Leigh，1968）。这是因为：

$$D = \frac{1}{2}[\nabla v + (\nabla v)^T] \tag{4.52}$$

$$W = \frac{1}{2}[\nabla v - (\nabla v)^T] \tag{4.53}$$

$$\nabla v = D + W \tag{4.54}$$

通常人们普遍接受 D 是参考系无关量，而 ∇v 和 W 不是参考系无关量（Malvern，1969）。因此，一般认为 D 是本构自变量，而 W 不是。然而，对于气体动力学理论（Müller，1972；Edelen 和 McLennan，1973；Murdoch，1983）来说，附加应力和热通量的高阶结果包括速度梯度张量和涡量张量，也包括作为本构自变量的应变张量率。因此，本书中展示的本构方程式包括 D 和 W，以便于讨论加入 W 对 S 和 j_A 的本构方程的影响。包含 D 和 W 推导出的本构方程当然也可以通过令 $W=0$ 进行化简。

为了说明物质的参考系无关原理在本构方程中使用的过程，请考虑这样的例子：将对称张量 T 与对称张量 A 和 B 联系在一起的本构方程。对于未标记星号的和标记了星号的参考系，本构方程有以下形式：

$$T = G(A, B) \tag{4.55}$$

$$T^* = G^*(A^*, B^*) \tag{4.56}$$

另外，假设 T 和 A 都是欧几里得参考系无关量（$T = T^*$ 且 $A = A^*$），但是 B 不是参考系无关量（$B \neq B^*$）。因此，欧几里得参考系无关原理要求 B 和 B^* 分别排除在方程（4.55）和方程（4.56）之外。而且，形式不变性原理要求 $G = G^*$。因此，方程（4.55）和方程（4.56）有以下形式：

$$T = G(A) \tag{4.57}$$

因为很明显物质反应与观察者无关，所以这个本构方程是参考系无关的。方程（4.57）也可以写作带星号的参考系中的形式：

$$T^* = G(A^*) \tag{4.58}$$

使用方程（4.57）和欧几里得参考系无关原理要求：

$$T^* = Q \cdot T \cdot Q^T \tag{4.59}$$

$$A^* = Q \cdot A \cdot Q^T \tag{4.60}$$

可以发现方程（4.58）可以表达为以下形式：

$$Q \cdot G(A) \cdot Q^T = G(Q \cdot A \cdot Q^T) \tag{4.61}$$

方程（4.61）表明，G 是对称张量 A 的对称张量值各向同性函数（Smith，1970）。这是空间各向同性的，并且该属性使得可以对各向同性函数应用一些普遍的定理（Wang，1970a，1970b，1971；Smith，1971）。

对于本构方程（4.12）至方程（4.15），本构因变量都是参考系无关量，所以应用参考系无关原理的第一步，是消除不是参考系无关的本构自变量。这样就可以把本构方程化简为如下的形式：

$$\rho(x, t) = m[p(x, t), \nabla p(x, t), D(x, t), W(x, t), w_A(x, t), \nabla w_A(x, t)] \tag{4.62}$$

$$S(x, t) = G[p(x, t), \nabla p(x, t), D(x, t), W(x, t), w_A(x, t), \nabla w_A(x, t)] \tag{4.63}$$

$$j_A(x, t) = f[p(x, t), \nabla p(x, t), D(x, t), W(x, t), w_A(x, t), \nabla w_A(x, t)] \tag{4.64}$$

$$R_A(x, g) = g[p(x, t), \nabla p(x, t), D(x, t), W(x, t), w_A(x, t), \nabla w_A(x, t)] \tag{4.65}$$

上述等式在受到欧几里得坐标无关原理和形式不变原理限制的带星号和不带星号的参

考系中肯定是正确的。遵循前面示例中所示的过程，可以看出以下关系式都是正确的：

$$m(p,\ w_A,\ \nabla p,\ \nabla w_A,\ D,\ W) = m(p,\ w_A,\ Q \cdot \nabla p,\ Q \cdot \nabla w_A,\ Q \cdot D \cdot Q^{\mathrm{T}},\ Q \cdot W \cdot Q^{\mathrm{T}})$$
$$(4.66)$$

$$Q \cdot G(p,\ w_A,\ \nabla p,\ \nabla w_A,\ D,\ W) \cdot Q^{\mathrm{T}}$$
$$= G(p,\ w_A,\ Q \cdot \nabla p,\ Q \cdot \nabla w_A,\ Q \cdot D \cdot Q^{\mathrm{T}},\ Q \cdot W \cdot Q^{\mathrm{T}})\qquad(4.67)$$

$$Q \cdot f(p,\ w_A,\ \nabla p,\ \nabla w_A,\ D,\ W) = f(p,\ w_A,\ Q \cdot \nabla p,\ Q \cdot \nabla w_A,\ Q \cdot D \cdot Q^{\mathrm{T}},\ Q \cdot W \cdot Q^{\mathrm{T}})$$
$$(4.68)$$

$$g(p,\ w_A,\ \nabla p,\ \nabla w_A,\ D,\ W) = g(p,\ w_A,\ Q \cdot \nabla p,\ Q \cdot \nabla w_A,\ Q \cdot D \cdot Q^{\mathrm{T}},\ Q \cdot W \cdot Q^{\mathrm{T}})$$
$$(4.69)$$

这些方程表明，m、g、f 和 G 分别是标量值、张量值、N 个标量值（p 和 $N-1$ 个 w_A）、N 个矢量值（∇p 和 $N-1$ 个 ∇w_A）、对称张量 D、反对称的张量 W 的各向同性函数。基于方程（4.62）至方程（4.65）给出的函数依赖性以及方程（4.66）至方程（4.49）中给出的各向同性关系，可以使用表示定理来构建明确的本构方程。

4.1.5 物质不变性原理

本原则指出，本构方程必须相对于物质坐标的一组正交变换保持形式不变（Eringen，1967）。保持本构方程不变的物质坐标正交变换组称为物质的对称组。如果对称组是物质坐标变换的完全正交组，则物质具有各向同性。从数学的角度来看，物质对称性要求，本构方程在使用因正交变换而形式相关的两套不同的物质坐标时具有相同的形式。例如，本构方程可以满足方程（4.57）和方程（4.58）的形式的关系，其中标星号和未标星号的变量现在指的是两组不同的物质坐标。

如前所述，流体粒子的物质坐标可以认为是在时间 t 时的粒子的空间坐标 x。为满足物质坐标无关性原则，可对空间坐标 x 使用完全正交变换组 Q 来构建本构方程。因此，当将流体的物质坐标无关性原则应用于一组本构因变量（如应力和扩散通量）时，物质对于应力和扩散通量都是各向同性的。这里，应力和扩散通量的空间各向同性意味着，对于应力和扩散通量都有物质各向同性。当然，物质可以针对不同的物质特性展现出不同类型的物质对称性。

4.1.6 耗散原理（熵不等式）

一旦为某物质的本构因变量构建了本构方程，就可以利用熵不等式获得这些本构方程中更多的关于物质系数的信息。对于在等温条件下由组分 1 和组分 2 组成的纯黏性二元混合物，不存在化学反应的线性或一阶理论可以采用以下形式的熵不等式（Vrentas 和 Vrentas，2001a）：

$$j_1 \cdot \nabla \left(\frac{\partial \hat{G}}{\partial w_1} \right)_p - \mathrm{tr}(S \cdot \nabla v) \leqslant 0 \qquad (4.70)$$

其中，$\hat{G}$ 是混合物的吉布斯自由能，由另一种形式的熵不等式可知，吉布斯自由能在线性极限情况下具有以下性质（Vrentas 和 Vrentas，2001a）：

$$\hat{G} = \hat{G}(p, w_1) \tag{4.71}$$

$$\left(\frac{\partial \hat{G}}{\partial p}\right)_{w_1} = \hat{V} \tag{4.72}$$

$$\frac{\partial \hat{G}}{\partial q} = 0 \tag{4.73}$$

其中：

$$q = \mathrm{tr}\boldsymbol{D} \tag{4.74}$$

在 4.2 节中将对熵不等式进行修正，这将包括引入两个组分的化学势 μ_1 和 μ_2，其定义如下：

$$\left(\frac{\partial \hat{G}}{\partial w_1}\right)_p = \mu_1 - \mu_2 \tag{4.75}$$

$$\hat{G} = w_1 \mu_1 + w_2 \mu_2 \tag{4.76}$$

用基于方程（2.24）、方程（4.71）、方程（4.72）、方程（4.75）和方程（4.76）的标准热力学分析法可得到以下结果：

$$w_1 \mathrm{d}\mu_1 + w_2 \mathrm{d}\mu_2 - \hat{V}\mathrm{d}p = 0 \tag{4.77}$$

$$\left[\frac{\partial(\mu_1 - \mu_2)}{\partial p}\right]_{w_1} = \hat{V}_1 - \hat{V}_2 \tag{4.78}$$

由方程（4.77）可知：

$$\left[\frac{\partial(\mu_1 - \mu_2)}{\partial w_1}\right]_p = \frac{1}{w_2}\left(\frac{\partial \mu_1}{\partial w_1}\right)_p \tag{4.79}$$

因此，利用方程（4.78）和方程（4.79）可得到：

$$\nabla(\mu_1 - \mu_2) = \frac{1}{w_2}\left(\frac{\partial \mu_1}{\partial w_1}\right)_p \nabla w_1 + (\hat{V}_1 - \hat{V}_2)\nabla p \tag{4.80}$$

对于等温条件下由组分 1、组分 2 和组分 3 组成的纯黏性三元混合物，在没有化学反应的情况下，对于线性或一阶理论的熵不等式可以采用以下简化形式（Vrentas 和 Vrentas，2005）：

$$j_1 \cdot \nabla\left(\frac{\partial \hat{G}}{\partial w_1}\right)_{p, w_2} + j_2 \cdot \nabla\left(\frac{\partial \hat{G}}{\partial w_2}\right)_{p, w_1} - \mathrm{tr}(S \cdot \nabla v) \leqslant 0 \tag{4.81}$$

以下的关系式适用于三元体系的化学势：

$$\left(\frac{\partial \hat{G}}{\partial w_1}\right)_{p, w_2} = \mu_1 - \mu_3 \tag{4.82}$$

● 第 4 章　本构方程

$$\left(\frac{\partial \hat{G}}{\partial w_2}\right)_{p,\, w_1} = \mu_2 - \mu_3 \tag{4.83}$$

之前对二元混合物的分析（Vrentas 和 Vrentas, 2001a）扩展到三元体系后, 可以得到以下结果（Vrentas 和 Vrentas, 2005）:

$$\nabla(\mu_1 - \mu_3) = A_{11}\nabla w_1 + A_{12}\nabla w_2 + (\hat{V}_1 - \hat{V}_3)\nabla p \tag{4.84}$$

$$\nabla(\mu_2 - \mu_3) = A_{22}\nabla w_2 + A_{21}\nabla w_1 + (\hat{V}_2 - \hat{V}_3)\nabla p \tag{4.85}$$

$$A_{11} = \left(\frac{\partial \mu_1}{\partial w_1}\right)_{p,\, w_2}\left(1 + \frac{w_1}{w_3}\right) + \frac{w_2}{w_3}\left(\frac{\partial \mu_2}{\partial w_1}\right)_{p,\, w_2} \tag{4.86}$$

$$A_{12} = \left(\frac{\partial \mu_1}{\partial w_2}\right)_{p,\, w_1}\left(1 + \frac{w_1}{w_3}\right) + \frac{w_2}{w_3}\left(\frac{\partial \mu_2}{\partial w_2}\right)_{p,\, w_1} \tag{4.87}$$

$$A_{22} = \left(\frac{\partial \mu_2}{\partial w_2}\right)_{p,\, w_1}\left(1 + \frac{w_2}{w_3}\right) + \frac{w_1}{w_3}\left(\frac{\partial \mu_1}{\partial w_2}\right)_{p,\, w_1} \tag{4.88}$$

$$A_{21} = \left(\frac{\partial \mu_2}{\partial w_1}\right)_{p,\, w_2}\left(1 + \frac{w_2}{w_3}\right) + \frac{w_1}{w_3}\left(\frac{\partial \mu_1}{\partial w_1}\right)_{p,\, w_2} \tag{4.89}$$

$$A_{21} = A_{12} \tag{4.90}$$

$$\left(\frac{\partial \mu_2}{\partial w_1}\right)_{p,\, w_2}\left(1 + \frac{w_2}{w_3}\right) + \frac{w_1}{w_3}\left(\frac{\partial \mu_1}{\partial w_1}\right)_{p,\, w_2} = \left(\frac{\partial \mu_1}{\partial w_2}\right)_{p,\, w_1}\left(1 + \frac{w_1}{w_3}\right) + \frac{w_2}{w_3}\left(\frac{\partial \mu_2}{\partial w_2}\right)_{p,\, w_1} \tag{4.91}$$

由方程（4.86）至方程（4.89）定义的元素构成的矩阵 $\boldsymbol{A}$ 是对称的。

在 4.2 节、4.4 节和 4.5 节中, 6 个本构原理将与表示定理结合使用, 以构建线性或一阶理论, 还有混合物质量和动量传递的特殊二阶理论。注意, 对于特殊情况, 当体系中没有压力和质量分数梯度时, 可以从方程（4.68）中得到以下结果:

$$\nabla p = 0 \tag{4.92}$$

$$\nabla w_A = 0 \tag{4.93}$$

如果 $\boldsymbol{Q} = -\boldsymbol{I}$, 对于这个特殊的案例, 方程（4.68）可以写作:

$$-f(p,\, w_A,\, 0,\, 0,\, \boldsymbol{D},\, \boldsymbol{W}) = f(p,\, w_A,\, 0,\, 0,\, \boldsymbol{D},\, \boldsymbol{W}) \tag{4.94}$$

则

$$f(p,\, w_A,\, 0,\, 0,\, \boldsymbol{D},\, \boldsymbol{W}) = 0 \tag{4.95}$$

因此, 如果体系中没有压力和质量分数梯度, 不管速度场的性质如何, 纯黏性流体都没有扩散通量。

4.2　二元体系的一阶理论

Wang（1970a, 1970b, 1971）和 Smith（1971）开发了用于标量值、矢量值和对称张

53

量值各向同性函数的表示定理，并且这些结果可以应用于方程（4.62）至方程（4.65）以获得纯黏性二元流体混合物的 ρ、S、j_A 和 R_A 的通用本构方程。然而，这种本构方程的一般形式包含比实际情况更多的物质系数。因此，似乎比较合理的做法是通过引入近似的程序寻求本构因变量更简单的方程。Koh 和 Eringen（1963）提出物质应该根据给定的本构方程的每项中出现的矢量本构自变量和张量本构自变量（∇p、∇w_A、D 和 W）的结合程度进行分类。对于线性或一阶理论，ρ、S、j_A 和 R_A 的本构方程中的任何项在 ∇p、∇w_A、D 和 W 中的总等级至多为 1。对于二阶理论，4 个本构自变量的本构方程中的任何项在 ∇p、∇w_A、D 和 W 中的总等级至多为 2，以此类推。虽然一阶和二阶理论更简单，但是预期它们的有效性范围不太准确，因此更受限制。

关于线性或一阶理论，对包含组分 1 和组分 2 的纯黏性二元流体混合物运用适当的表示定理可以得到如下的 ρ、S、j_1、j_2 和 R_1：

$$\rho = \beta(p, w_1) + \gamma(p, w_1)\mathrm{tr}D \tag{4.96}$$

$$S = \psi I + \theta(p, w_1)D \tag{4.97}$$

$$\psi = \lambda(p, w_1)\mathrm{tr}D + \sigma(p, w_1) = \lambda \nabla \cdot v + \sigma \tag{4.98}$$

$$j_1 = \phi_1^c(p, w_1)\nabla w_1 + \phi_1^p(p, w_1)\nabla p \tag{4.99}$$

$$j_2 = \phi_2^c(p, w_1)\nabla w_2 + \phi_2^p(p, w_1)\nabla p \tag{4.100}$$

$$R_1 = \zeta(p, w_1) + \tau(p, w_1)\mathrm{tr}D \tag{4.101}$$

引入本构自变量 W 不会影响这些一阶结果。

可以进一步简化密度、超应力和扩散通量。对方程（4.72）关于 $q = \mathrm{tr}D$ 求微分可得：

$$\frac{\partial \hat{V}}{\partial q} = \frac{\partial^2 \hat{G}}{\partial q \partial p} = \frac{\partial^2 \hat{G}}{\partial p \partial q} = 0 \tag{4.102}$$

因此，方程（4.96）中 $\gamma = 0$。所以有：

$$\rho = \beta(p, w_1) \tag{4.103}$$

热状态方程的一阶结果与方程（2.22），即能量状态方程的热态方程一致。这个结果是可预料的，因为方程（2.22）是由方程（2.16）导出的，而方程（2.16）可以看作能量状态方程可能的一阶形式。在方程（4.98）中，因为只有静止的流体存在压力，所以 $\sigma = 0$。如果使用以下定义引入剪切黏度 μ：

$$\theta = 2\mu \tag{4.104}$$

方程（4.97）可以写作：

$$S = \lambda(\nabla \cdot v)I + 2\mu D \tag{4.105}$$

$$\lambda = \lambda(p, w_1), \quad \mu = \mu(p, w_1) \tag{4.106}$$

众所周知，方程（4.105）是具有剪切黏度 μ 和第二黏度系数 λ 的可压缩牛顿流体的附加应力的本构方程。对于理想的或无摩擦的流体，有 $\lambda = \mu = 0$，$S = 0$，$T = -pI$。因为：

$$j_1 + j_2 = 0 \tag{4.107}$$

由方程（4.99）和方程（4.100）可知：

$$\phi_1^c = \phi_2^c = -\rho D \tag{4.108}$$

$$\phi_1^p = -\phi_2^p = \phi^p \tag{4.109}$$

其中，方程（4.108）引入二元互扩散系数 D。因此，用 D 和压力系数 ϕ^p 可以将 j_1 的本构方程写作如下形式：

$$j_1 = -\rho D \nabla w_1 + \phi^p \nabla p \tag{4.110}$$

显然，在线性或一阶理论中，速度场对扩散通量 j_1 没有直接影响，因为不管是张量 D 还是 W 都不决定矢量 j_1。然而，如4.5节中所示，二阶理论的矢量和张量之间存在直接耦合关系。通常一阶理论确实包括质量分数梯度和压力梯度对扩散通量的影响。在第15章中将提到，包含压力梯度项有可能产生双曲线型不稳定扩散问题，而不是抛物线型不稳定扩散问题。

为了说明这些一阶结果如何影响反应动力学的分析，考虑这样一个典型的均相反应：

$$A \xrightarrow{k_1} B \tag{4.111}$$

反应速率的本构方程通常写作：

$$\frac{R_A}{M_A} = -k_1 c_A \tag{4.112}$$

然而，该表达式仅针对恒定密度体系（Levenspiel，1972）才是严格有效的，当 ρ 不是常数时，给出 $\mathrm{tr}D$ 因变量的方程（4.101）中的第二项必须包含在内。令方程（4.111）给出的反应的本构方程为：

$$\frac{R_A}{M_A} = -k_1 c_A(1 + k_2 \mathrm{tr}D) = -k_1 c_A(1 + k_2 \nabla \cdot v) \tag{4.113}$$

这里假设 k_1 和 k_2 是等温条件下的常数。当 ρ 是常数时，因为 $\nabla \cdot v = 0$，所以方程（4.113）可化简为方程（4.112）。连续性方程（2.45）可以写作：

$$\nabla \cdot v = -\frac{1}{\rho}\frac{D\rho}{Dt} \tag{4.114}$$

对于包含组分 A 和组分 B 的二元体系有：

$$\frac{1}{\rho} = \hat{V} = w_A \hat{V}_A + w_B \hat{V}_B \tag{4.115}$$

如果上述反应在具有均匀组成的等温间歇反应器中进行，则方程（4.113）至方程（4.115）可以与组分 A 的物质连续性方程组合以得出描述间歇反应器中 c_A 的时间依赖性的方程式。以下事实也能够促进分析：在间歇反应器中，物质时间导数成为普通时间导数。对于间歇式反应器，组分 A 的质量平衡仅仅是：

$$\frac{1}{M_A}\frac{\mathrm{d}(\rho_A V)}{\mathrm{d}t} = \frac{R_A V}{M_A} = -Vk_1 c_A\left(1 - \frac{k_2}{\rho}\frac{\mathrm{d}\rho}{\mathrm{d}t}\right) \tag{4.116}$$

这里的 V 是 t 时的反应混合物的体积。这个方程可以写作：

$$\frac{1}{c_A}\frac{\mathrm{d}c_A}{\mathrm{d}t} = -k_1\left[1 + \left(\frac{1}{k_1} + k_2\right)\frac{1}{\hat{V}}\frac{\mathrm{d}\hat{V}}{\mathrm{d}t}\right] \tag{4.117}$$

组分 A 的摩尔密度可以表达为：

$$c_A = \frac{\rho w_A}{M_A} \tag{4.118}$$

另外，如果微分比体积是常数，可得：

$$\frac{\mathrm{d}V}{\mathrm{d}t} = (V_A - V_B)\frac{\mathrm{d}w_A}{\mathrm{d}t} \tag{4.119}$$

因此，方程（4.117）变为：

$$\frac{\mathrm{d}w_A}{\mathrm{d}t} + k_1 w_A = -\frac{k_1 k_2 (\hat{V}_A - \hat{V}_B) w_A}{w_A \hat{V}_A + (1 - w_A)\hat{V}_B}\frac{\mathrm{d}w_A}{\mathrm{d}t} \tag{4.120}$$

因受到初始条件 w_A（$t=0$）= 1 的限制，由方程的解可得 w_A 的时间依赖方程式如下：

$$w_A\left[w_A + (1 - w_A)\frac{\hat{V}_B}{\hat{V}_A}\right]^{k_1 k_2} = \mathrm{e}^{-k_1 t} \tag{4.121}$$

如果反应混合物的密度是常数，那么：

$$\hat{V}_A = \hat{V}_B = \text{constant} \tag{4.122}$$

间歇性反应器中的一阶反应方程（4.121）甚至在 $k_2 \neq 0$ 的情况下可以化简为以下形式：

$$w_A = \exp(-k_1 t) \tag{4.123}$$

当 $k_2 = 0$ 时，即使 $\hat{V}_A \neq \hat{V}_B$，也可以得到相同的结果。因此，间歇反应器的变密度效应只有在 $k_2 \neq 0$ 且 $\hat{V}_A \neq \hat{V}_B$ 时才会显现。上述分析适用于恒温恒压体系。目前，方程（4.113）中第二项的重要性尚不清楚。对于更复杂的过程，速度场的性质决定了当方程（4.113）用于物质连续性方程时，其在变量密度场中的修正形式。

如 4.1 节所述，可以通过适当利用熵不等式获得关于物质系数（D、ϕ^p、λ、μ）的附加信息。将方程（4.75）、方程（4.80）、方程（4.105）和方程（4.110）代入方程（4.70）中，可以得到如下二元混合物的熵不等式：

$$-\frac{\rho D}{w_2}\left(\frac{\partial \mu_1}{\partial w_1}\right)_p (\nabla w_1 \cdot \nabla w_1) + \left[\frac{\phi^p}{w_2}\left(\frac{\partial \mu_1}{\partial w_1}\right)_p - \rho D(\hat{V}_1 - \hat{V}_2)\right](\nabla p \cdot \nabla w_1) +$$
$$\phi^p(\hat{V}_1 - \hat{V}_2)(\nabla p \cdot \nabla p) - \lambda(\mathrm{tr}D)^2 - 2\mu\,\mathrm{tr}(D \cdot D) \leqslant 0 \tag{4.124}$$

对于 $\nabla p = 0$，$D = 0$ 和任意的 ∇w_1，方程 (4.124) 要求：

$$\frac{\rho D}{w_2}\left(\frac{\partial \mu_1}{\partial w_1}\right)_p \geqslant 0 \tag{4.125}$$

另外，Prigogine 和 Defay （1954） 提出了以下结果，称为二元体系中扩散的稳定性条件：

$$\left(\frac{\partial \mu_1}{\partial w_1}\right)_p \geqslant 0 \tag{4.126}$$

因为 $\rho > 0$，$w_2 > 0$，由方程 (4.125) 和方程 (4.126) 可得：

$$D \geqslant 0 \tag{4.127}$$

由方程 (4.110) 和方程 (4.127) 可知，质量分数梯度导致扩散从较高质量分数处向较低质量分数处进行。

对于 $\nabla w_1 = 0$，$D = 0$ 和任意 ∇p，方程 (4.124) 要求：

$$\phi^p(\hat{V}_1 - \hat{V}_2) \leqslant 0 \tag{4.128}$$

压力系数 ϕ^p 的符号由 $(\hat{V}_1 - \hat{V}_2)$ 的符号决定。如果组分 1 是密度较大的流体，那么 $(\hat{V}_1 - \hat{V}_2) < 0$，所以 $\phi^p > 0$，且从方程 (4.110) 可以看出，压力扩散导致密度较大的流体在 p 增加的方向上扩散。对于 $\nabla p = 0$，$\nabla w_1 = 0$，D 是任意数的情况，方程 (4.124) 要求：

$$-\lambda(\mathrm{tr}D)^2 - 2\mu\,\mathrm{tr}(D \cdot D) \leqslant 0 \tag{4.129}$$

可知 （Slattery，1972）：

$$\mu \geqslant 0 \tag{4.130}$$

$$\lambda \geqslant -\frac{2}{3}\mu \tag{4.131}$$

对于 $D = 0$ 且 ∇p 和 ∇w_1 均为任意数的情况，方程 (4.124) 要求：

$$\frac{\rho D}{w_2}\left(\frac{\partial \mu_1}{\partial w_1}\right)_p (\nabla w_1 \cdot \nabla w_1) + \left[\rho D(\hat{V}_1 - \hat{V}_2) - \frac{\phi^p}{w_2}\left(\frac{\partial \mu_1}{\partial w_1}\right)_p\right](\nabla p \cdot \nabla w_1) -$$
$$\phi^p(\hat{V}_1 - \hat{V}_2)(\nabla p \cdot \nabla p) \geqslant 0 \tag{4.132}$$

这是一个二次形式，当且仅当系数矩阵的所有特征值都是非负值时才是半正定的。如果满足以下条件，则所有的情况都满足：

$$\left[\rho D(\hat{V}_2 - \hat{V}_1) - \frac{\phi^p}{w_2}\left(\frac{\partial \mu_1}{\partial w_1}\right)_p\right]^2 \leqslant 0 \tag{4.133}$$

只有当满足以下条件时，这个结果才正确：

$$\phi^p = \frac{\rho D(\hat{V}_2 - \hat{V}_1)w_2}{(\partial \mu_1/\partial w_1)_p} \tag{4.134}$$

因此，可以消掉 ϕ^p，方程（4.110）有以下形式：

$$j_1 = -\rho D \nabla w_1 + \frac{\rho D (\hat{V}_2 - \hat{V}_1) w_2}{(\partial \mu_1 / \partial w_1)_p} \nabla p \qquad (4.135)$$

虽然矢量 j_1 只是矢量的值 ∇w_1 和 ∇p 的函数，但是在推导过程中没有尝试阻止矢量通量与作为二阶张量的本构自变量之间的耦合。j_1 不依赖于 D 或 W，它仅仅是矢量值各向同性函数在线性极限中应用表示定理的结果。

关于方程（4.135）可以提出一些附加的论点。首先，压力梯度项的系数对于通常的化学势—质量分数关系的完整浓度范围是有界的。其次，对于理想气体，方程（4.135）可以化简为稀释气体动力学理论的结果。衍生自稀释气体动力学理论的二元体系的扩散通量的结果可以凭经验扩展至致密气体和液体。方程（4.135）是纯黏性气体和液体的精确结果，而限于稀释气体的理论不能唯一地推广到通常的流体。最后，方程（4.135）是 j_1 的本构方程，该方程用于导出下一节中 J_1^m、j_1^V 和 j_1^2 相应的结果。

4.3 一阶二元理论的组合场和本构方程

由于方程（4.105）和方程（4.135）给出了 S 和 j_1 明确的一阶关系，因此可以用于从运动方程（2.106）中消除 S 以及从物质连续性方程（2.62）、方程（2.68）、方程（2.71）和方程（2.81）中消除 j_A、J_A^m、j_A^V 和 j_A^N。关于物质连续性方程，因为在大多数质量传递过程中压力梯度效应通常较小，所以本节不包括压缩梯度对扩散通量的贡献。然而，第12章和第15章中包含了压力梯度对扩散通量有着显著影响的情况。

方程（2.106）和方程（4.105）可以组合得到可压缩牛顿流体的运动方程。对于恒定黏度 μ 和 λ 的情况，为了获得方程（4.138）形式的运动方程，使用以下的标识：

$$\nabla \cdot [\lambda (\nabla \cdot v) I] = \lambda \nabla [\nabla \cdot v] \qquad (4.136)$$

$$\nabla \cdot \{\mu [(\nabla v)^T + \nabla v]\} = \mu \nabla [\nabla \cdot v] + \mu \nabla^2 v \qquad (4.137)$$

$$\rho \left(\frac{\partial v}{\partial t} + v \cdot \nabla v\right) = \rho F - \nabla p + (\lambda + \mu) \nabla [\nabla \cdot v] + \mu \nabla^2 v \qquad (4.138)$$

对于 RCC 系，这个方程可以写作：

$$\rho \left(\frac{\partial v_i}{\partial t} + v_k \frac{\partial v_i}{\partial x_k}\right) = \rho F_i - \frac{\partial p}{\partial x_i} + (\lambda + \mu) \frac{\partial}{\partial x_i}\left(\frac{\partial v_j}{\partial x_j}\right) + \mu \frac{\partial^2 v_i}{\partial x_j \partial x_j} \qquad (4.139)$$

对于不可压缩的牛顿流体（$\rho =$ 常数，$\nabla \cdot v = 0$），可以得到以下等式：

$$\rho \left(\frac{\partial v}{\partial t} + v \cdot \nabla v\right) = \rho F - \nabla p + \mu \nabla^2 v \qquad (4.140)$$

这个方程的 3 个分量称为 Navier-Stokes 方程。Navier-Stokes 方程的 RCC 形式化简为：

$$\rho \left(\frac{\partial v_i}{\partial t} + v_k \frac{\partial v_i}{\partial x_k}\right) = \rho F_i - \frac{\partial p}{\partial x_i} + \mu \frac{\partial^2 v_i}{\partial x_j \partial x_j} \qquad (4.141)$$

Bird 等 （1960） 给出了矩形坐标系、圆柱坐标系和球坐标系的 Navier-Stokes 方程。
二元体系中组分 A 的方程 （4.135） 的化简形式如下：

$$\boldsymbol{j}_A = -\rho D \nabla w_A \tag{4.142}$$

因此，结合方程 （2.62） 和方程 （4.142） 可以得到如下的物质连续性方程：

$$\rho \left(\frac{\partial w_A}{\partial t} + v \cdot \nabla w_A \right) = \nabla \cdot (\rho D \nabla w_A) + R_A \tag{4.143}$$

由表 2.4 中的方程 （I），对于由组分 A 和组分 B 组成的二元体系：

$$\boldsymbol{j}_A^m = \boldsymbol{j}_A - M w_A \left(\frac{\boldsymbol{j}_A}{M_A} + \frac{\boldsymbol{j}_B}{M_B} \right) \tag{4.144}$$

利用表 2.2 中的方程 （C）、表 2.4 中的方程 （C） 和 $w_A = 1 - w_B$ 这个事实，可以得到以下结果：

$$\boldsymbol{J}_A^m = \frac{\boldsymbol{j}_A^m}{M_A} = \frac{\boldsymbol{j}_A M}{M_A M_B} \tag{4.145}$$

将表 2.2 中的方程 （4.142） 和方程 （B）、方程 （G） 代入方程 （4.145） 中得到如下的通量方程：

$$\boldsymbol{J}_A^m = -c D \nabla x_A \tag{4.146}$$

结合方程 （2.68） 和方程 （4.146） 得到如下形式的由组分 A 和组分 B 组成的二元体系的物质连续性方程：

$$c \left(\frac{\partial x_A}{\partial t} + v^m \cdot \nabla x_A \right) = \nabla \cdot (c D \nabla x_A) + \frac{x_B R_A}{M_A} - \frac{x_A R_B}{M_B} \tag{4.147}$$

由表 2.4 中的方程 （J），对于由 A 和 B 组成的二元体系：

$$\boldsymbol{j}_A^V = \boldsymbol{j}_A - \rho_A (V_A \boldsymbol{j}_A + V_B \boldsymbol{j}_B) \tag{4.148}$$

利用表 2.4 中的方程 （C）、方程 （2.26）、一阶关系式 $\rho = \rho_A + \rho_B$ 可以得到：

$$\boldsymbol{j}_A^V = \boldsymbol{j}_A \rho V_B \tag{4.149}$$

将方程 （4.142） 和方程 （2.36） 代入方程 （4.149） 得到：

$$\boldsymbol{j}_A^V = -D \nabla \rho_A \tag{4.150}$$

结合方程 （2.71） 和方程 （4.150） 可得方程：

$$\frac{\partial \rho_A}{\partial t} + \nabla \cdot (\rho_A v^V) = \nabla \cdot (D \nabla \rho_A) + R_A \tag{4.151}$$

对于由组分 A 和组分 B 组成的二元体系，可以应用以下的方程：

$$\boldsymbol{j}_A^B = \boldsymbol{j}_A + \rho_A (v - v_B) \tag{4.152}$$

$$\rho_B(v - v_B) = -j_B = j_A \qquad (4.153)$$

结合方程（4.152）和方程（4.153），利用 $\rho = \rho_A + \rho_B$ 这个事实可以得到：

$$j_A^B = \frac{j_A}{w_B} \qquad (4.154)$$

方程（4.154）和方程（4.142）结合，可以得到如下的通量结果：

$$j_A^B = -\frac{\rho D \nabla w_A}{w_B} \qquad (4.155)$$

在将方程（4.155）代入方程（2.81）之前，有必要修正方程（2.81）。这个方程可以写作：

$$\rho\left(\frac{\partial w_A}{\partial t} + v_N \cdot \nabla w_A\right) + w_A\left[\frac{\partial \rho}{\partial t} + \nabla \cdot (\rho v_N)\right] = -\nabla \cdot j_A^N + R_A \qquad (4.156)$$

同时，将所有组分的方程（2.81）加和得到：

$$\frac{\partial \rho}{\partial t} + \nabla \cdot (\rho v_N) = -\nabla \cdot \left(\sum_{A=1}^{N-1} j_A^N\right) \qquad (4.157)$$

结合方程（4.156）和方程（4.157），对于由组分 A 和组分 B 组成的二元体系可以得到：

$$\rho\left(\frac{\partial w_A}{\partial t} + v_B \cdot \nabla w_A\right) = -w_B \nabla \cdot j_A^B + R_A \qquad (4.158)$$

引入方程（4.155）可得，当用 v_B 来作参考速度时，组分 A 的物质连续性方程如下：

$$\rho\left(\frac{\partial w_A}{\partial t} + v_B \cdot \nabla w_A\right) = w_B \nabla \cdot \left(\frac{\rho D \nabla w_A}{w_B}\right) + R_A \qquad (4.159)$$

方程（4.143）、方程（4.147）、方程（4.151）和方程（4.159）分别代表了由组分 A 和组分 B 组成的二元体系中组分 A 的物质连续性方程的 4 种形式。这 4 个方程基于 4 个参考速度 v、v^m、v^V 和 v_B。通过附录 A.4 节中的方程，可以得到矩形坐标系、圆柱坐标系和球形坐标系中这些微分方程的形式。以下标识：

$$\nabla \cdot (g \nabla f) = g \nabla^2 f + \nabla g \cdot \nabla f \qquad (4.160)$$

在估算特定坐标系的坐标自由结果时非常有用。注意，对于由组分 A 和组分 B 组成的二元体系，可以将方程（4.142）和方程（4.146）分别代入表 2.4 中的方程（K）和方程（L）中，来获得 n_A 和 N_A 的表达式：

$$n_A = w_A(n_A + n_B) - \rho D \nabla w_A \qquad (4.161)$$

$$N_A = x_A(N_A + N_B) - cD \nabla x_A \qquad (4.162)$$

物质连续性方程的 4 种形式表明，解决等温体系扩散问题时会遇到一些困难：

（1）当 $D = D(p, w_A)$ 时，物质连续性方程是非线性的。

（2）参考速度通常不会消失，因此扩散方程中的对流项不能总是设为零。

（3）相边界通常在传质过程中移动，因此通常会遇到移动边界问题，这些问题是非线性的。

（4）对二阶反应来说，物质连续性方程中的反应项是非线性的。

4.4　三元体系的一阶理论

对于一个由组分 1、组分 2 和组分 3 组成的三元体系，由二元体系的方程（4.142）和方程（4.150）延伸得到了以下的线性或一阶通量方程，假设不存在压力梯度效应，则有：

$$\boldsymbol{j}_1 = -\rho D_{11}\nabla w_1 - \rho D_{12}\nabla w_2 \tag{4.163}$$

$$\boldsymbol{j}_2 = -\rho D_{21}\nabla w_1 - \rho D_{22}\nabla w_2 \tag{4.164}$$

$$\boldsymbol{j}_1^{\mathrm{V}} = -\overline{D}_{11}\nabla\rho_1 - \overline{D}_{12}\nabla\rho_2 \tag{4.165}$$

$$\boldsymbol{j}_2^{\mathrm{V}} = -\overline{D}_{21}\nabla\rho_1 - \overline{D}_{22}\nabla\rho_2 \tag{4.166}$$

注意，对于三元体系的不同类型的通量必须使用不同系列的扩散系数。对于二元体系，可以使用单个互扩散系数 D 来描述所有通量。N 组分体系的以下等式可以将 D_{IK} 和 $\overline{D}_{IK}$ 这两组三元互扩散系数关联起来（Vrentas 和 Vrentas，2005）：

$$\overline{D}_{\mathrm{IS}} = D_{\mathrm{IS}} - \sum_{J=1}^{N-1}\rho_1(\hat{V}_J - \hat{V}_N)D_{JS} +$$

$$\left(\frac{\hat{V}_S - \hat{V}_N}{\hat{V}_N}\right)\sum_{J=1}^{N-1}\left[w_J D_{IJ} - \sum_{K=1}^{N-1}\rho_1 w_K(\hat{V}_J - \hat{V}_N)D_{JK}\right] \tag{4.167}$$

$$D_{\mathrm{IK}} = \overline{D}_{\mathrm{IK}} + w_I - \sum_{J=1}^{N-1}\overline{D}_{JK}\left(\frac{\hat{V}_J - \hat{V}_N}{\hat{V}_N}\right) +$$

$$\rho(\hat{V}_N - \hat{V}_K)\sum_{J=1}^{N-1}\left[w_S\overline{D}_{\mathrm{IS}} - \sum_{K=1}^{N-1}w_S w_I\overline{D}_{JS}\left(\frac{\hat{V}_J - \hat{V}_N}{\hat{V}_N}\right)\right] \tag{4.168}$$

方程（2.42）用于推导方程（4.167）。

可以利用熵不等式获得关于三元互扩散系数的信息。由于上述方程可以用于导出 $\overline{D}_{IK}$ 的相应结果，因此这里仅展示了 D_{IK}。将方程（4.82）至方程（4.85）、方程（4.105）、方程（4.163）和方程（4.164）代入方程（4.81），可得到三元混合物熵不等式的如下形式：

$$\left[A_{11}\nabla w_1 + A_{12}\nabla w_2 + (\hat{V}_1 - \hat{V}_3)\nabla p\right](\rho D_{11}\nabla w_1 + \rho D_{12}\nabla w_2) +$$

$$\left[A_{22}\nabla w_2 + A_{21}\nabla w_1 + (\hat{V}_2 - V_3)\nabla p\right](\rho D_{21}\nabla w_1 + \rho D_{22}\nabla w_2) +$$

$$\lambda(\mathrm{tr}D)^2 + 2\mu\,\mathrm{tr}(D \cdot D) \geq 0 \tag{4.169}$$

对于 $\nabla p = 0$，$D = 0$，$\nabla w_2 = 0$ 和任意的 ∇w_1，方程（4.169）要求：

$$A_{11}D_{11} + A_{21}D_{21} \geq 0 \tag{4.170}$$

而且，对于 $\nabla p = 0$，$D = 0$，$\nabla w_1 = 0$ 和任意的 ∇w_2，方程 （4.169） 得到的限制条件如下：

$$A_{12}D_{12} + A_{22}D_{22} \geq 0 \qquad (4.171)$$

对于 $\nabla p = 0$，$D = 0$ 以及任意的 ∇w_1 和 ∇w_2，方程 （4.169） 要求：

$$\begin{aligned}
&(A_{11}D_{11} + A_{21}D_{21})(\nabla w_1 \cdot \nabla w_1) + \\
&(A_{11}D_{12} + A_{12}D_{11} + A_{22}D_{21} + A_{21}D_{22})(\nabla w_1 \cdot \nabla w_2) + \\
&(A_{12}D_{12} + A_{22}D_{22})(\nabla w_2 \cdot \nabla w_2) \geq 0
\end{aligned} \qquad (4.172)$$

当且仅当系数矩阵的所有特征值都是非负值时，才可以认为方程 （4.172） 是半正定数二次形式，可以看出，如果满足这个要求：

$$[(A_{11}D_{12} + A_{21}D_{22}) - (A_{12}D_{11} + A_{22}D_{21})]^2 - 4|D||A| \leq 0 \qquad (4.173)$$

式中，$|A|$ 是矩阵 A 的行列式；$|D|$ 是扩散系数矩阵 D 的行列式。

$$D = \begin{bmatrix} D_{11} & D_{12} \\ D_{21} & D_{22} \end{bmatrix}, \quad \mathrm{tr}D = D_{11} + D_{22} \qquad (4.174)$$

扩散系数矩阵的这两个特征值 $\lambda_{1,2}$ 可以表示为：

$$\lambda_{1,2} = \frac{\mathrm{tr}D \pm \sqrt{(\mathrm{tr}D)^2 - 4|D|}}{2} \qquad (4.175)$$

如果满足以下条件，则特征值是实数：

$$(\mathrm{tr}D)^2 - 4|D| = (D_{22} - D_{11})^2 + 4D_{12}D_{21} \geq 0 \qquad (4.176)$$

可以看出，以下的几个限制条件也适用于三元扩散体系 （Vrentas 和 Vrentas，2005）：

$$|D| = D_{11}D_{22} - D_{12}D_{21} > 0 \qquad (4.177)$$

$$D_{11} + D_{22} > 0 \qquad (4.178)$$

$$(\mathrm{tr}D)^2 - 4|D| \geq -\frac{[(A_{11}D_{12} + A_{21}D_{22}) - (A_{12}D_{11} + A_{22}D_{21})]^2}{|A|} \qquad (4.179)$$

方程 （4.170）、方程 （4.171）、方程 （4.173） 和方程 （4.179） 是对三元体系组合热力学扩散行为的限制，而方程 （4.177） 和方程 （4.178） 是对仅涉及三元混合物的4个扩散系数的限制。

上述结果并没有利用 Onsager 相互关系（de Groot 和 Mazur，1962；Truesdell，1969）得出。Onsager 三元扩散关系的大多数证据是基于微观分析。因为似乎没有 Onsager 关系的一般宏观证明，所以宏观层面上，Onsager 关系是否正确还存在一些疑问（Müller 和 Ruggeri，1998）。似乎可以这样认为，在找到一般的宏观证据之前，Onsager 相互关系应该都是在宏观层面上的假定。如果假设对于三元扩散，Onsager 关系是正确的，则可以使用标准非平衡热力学分析（De Groot 和 Mazur，1962），或结合摩擦系数分析与统计力学（Bearman，1961）推导所研究的三元体系，结果如下：

$$A_{11}D_{12} + A_{21}D_{22} = A_{22}D_{21} + A_{12}D_{11} \tag{4.180}$$

该方程将独立扩散系数的数量从 4 减到了 3。而且，将方程（4.180）代入方程（4.179）可以得到方程（4.176），该方程是扩散系数矩阵存在实数特征值所需要的条件。如果扩散系数矩阵满足方程（4.176），则从方程（4.175）至方程（4.178）得出的特征值 λ_1 和 λ_2 就是正实数。Onsager 关系方程（4.180）为矩阵 D 的正实数特征值的存在提供了充分的条件。然而，如果：

$$(\mathrm{tr}D)^2 - 4|D| < 0 \tag{4.181}$$

那么特征值 λ_1 与 λ_2 的正实数部分就会很复杂。由于 λ_1 与 λ_2 的实部总是正的，因此虽有均衡成分浓度的小扰动，但三元扩散体系总是稳定的（Vrentas 和 Vrentas，2005）。9.7 节中将会展示更多关于均衡状态的三元体系的信息。

4.5　二元体系的特殊二阶理论

现举例说明由组分 1 和组分 2 组成的二元体系的特殊二阶理论。请考虑这样的情况：纯黏性二元流体混合物的扩散过程受到以下限制：

（1）溶质组分 1 的浓度很低，即 $w_1 \to 0$。

（2）ρ 的本构方程有以下形式：

$$\rho(x, t) = m[w_1, (x, t)] \tag{4.182}$$

因为液体是高纯溶剂，密度 ρ 基本上是恒定的，且 $\mathrm{tr}D = \nabla \cdot v = 0$。

（3）没有化学反应，因此 $R_1 = 0$。

（4）因为假设压力梯度对扩散通量和压力对物质性质的影响都较小，组分 1 的扩散系数 j_1 的本构方程采用以下形式：

$$j_1 = f(w_1, \nabla w_2, D, W) \tag{4.183}$$

（5）因为假设压力梯度和浓度梯度对应力张量的影响、压力对物质性质的影响都较小。在流变学上，流体是高纯溶剂。因此，附加压力 S 的本构方程采用以下形式：

$$S = G(D, W) \tag{4.184}$$

由于 G 和 f 分别满足方程（4.67）和方程（4.68）形式的方程，因此它们是空间各向同性的，可以利用表示理论（Wang，1970a，1970b，1971；Smith，1971）来表示 j_1 和 S 本构方程的二阶形式。j_1 的二阶结果可以表示如下：

$$j_1 = \theta_1 \nabla w_1 + \theta_2 D \cdot \nabla w_1 + \theta_3 W \cdot \nabla w_1 \tag{4.185}$$

其中：

$$\theta_1 = \theta_1(\mathrm{tr}D, w_1, p) = \theta_1(0, 0, p) = \mathrm{constant} = -\rho D \tag{4.186}$$

$$\theta_2 = \theta_2(w_1, p) = \theta_2(0, p) = \mathrm{constant} = -\rho \psi \tag{4.187}$$

$$\theta_3 = \theta_3(w_1, p) = \theta_3(0, p) = \mathrm{constant} = -\rho \chi \tag{4.188}$$

式中，D 是二阶互扩散系数；ψ 和 χ 是扩散通量的流量效应参数。

因此，$\boldsymbol{j}_1$ 的本构方程可以写作：

$$\boldsymbol{j}_1 = -\rho \boldsymbol{D}^c \cdot \nabla w_1 \qquad (4.189)$$

其中：

$$\rho D_{ij}^c = \rho D \delta_{ij} + \rho \psi D_{ij} + \rho \chi W_{ij} \qquad (4.190)$$

该方程指出，扩散通量取决于扩散张量 $\boldsymbol{D}^c$，而不是像线性理论中所说的标量扩散系数 D。这个二阶理论中，虽然流体在物理上看来是各向同性的，但是速度场的存在导致流体对浓度梯度的响应在不同方向上不同。另外还要注意，矢量 $\boldsymbol{j}_1$ 取决于两个二阶张量 $\boldsymbol{D}$ 和 $\boldsymbol{W}$。通常，扩散张量 $\boldsymbol{D}^c$ 不对称。然而，如果组成公式中排除 $\boldsymbol{W}$，$\boldsymbol{D}^c$ 就是对称的，因为在这里 $\chi = 0$（Vrentas 和 Vrentas，2001a）。为了说明对这种特殊二阶理论在不同方向上的不同类型的响应，请考虑如下流场（k 是常数）：

$$v_x = ky \quad v_y = 0 \quad v_z = 0 \qquad (4.191)$$

浓度场：

$$w_1 = w_1(y) \qquad (4.192)$$

这里因为 v_x 很大，所以假设在 x 方向上 w_1 的变化非常小。扩散通量即方程（4.189）以组分的形式可以表示为：

$$j_{1i} = -\rho D_{ij}^c \frac{\partial w_1}{\partial x_j} \qquad (4.193)$$

其中，为方便起见，令 $\chi = 0$，

$$\rho D_{ij}^c = \rho D \delta_{ij} + \rho \psi D_{ij} \qquad (4.194)$$

因为

$$D_{ij} = \frac{1}{2} \left(\frac{\partial v_j}{\partial x_i} + \frac{\partial v_i}{\partial x_j} \right) \qquad (1.195)$$

所以

$$D = \begin{bmatrix} 0 & \dfrac{k}{2} & 0 \\ \dfrac{k}{2} & 0 & 0 \\ 0 & 0 & 0 \end{bmatrix} \qquad (4.196)$$

且

$$\rho D^c = \begin{bmatrix} \rho D & \dfrac{\rho \psi k}{2} & 0 \\ \dfrac{\rho \psi k}{2} & \rho D & 0 \\ 0 & 0 & \rho D \end{bmatrix} \qquad (4.197)$$

因此，扩散通量张量的 3 个分量是：

$$j_{1x} = -\frac{\rho \psi k}{2} \frac{\partial w_1}{\partial y} \tag{4.198}$$

$$j_{1y} = -\rho D \frac{\partial w_1}{\partial y} \tag{4.199}$$

$$j_{1z} = 0 \tag{4.200}$$

显然，y 方向的质量分数梯度导致了在 y 方向具有扩散通量。虽然在 x 方向可以忽略质量分数梯度，但是 x 方向上还是存在扩散通量。这种通量是由流动效应引起的。因为 j_{1x} 是由二阶效应引起的，所以它应该比 j_{1y} 小很多。

如果将 j_1 的本构方程（4.189）代入方程（2.62）中，可以得到以坐标自由表示法表示的物质连续性方程：

$$\frac{\partial w_1}{\partial t} + v \cdot \nabla w_1 = D \nabla^2 w_1 + \left(\frac{\psi + \chi}{2}\right)(\nabla^2 v \cdot \nabla w_1) +$$
$$\psi \, \mathrm{tr}[\nabla(\nabla w_1) \cdot D] + \chi \mathrm{tr}[\nabla(\nabla w_1) \cdot W] \tag{4.201}$$

这个方程的 RCC 形式为：

$$\frac{\partial w_1}{\partial t} + v_i \frac{\partial w_1}{\partial x_i} = D \frac{\partial^2 w_2}{\partial x_i^2} + \left(\frac{\psi + \chi}{2}\right)\frac{\partial^2 v_j}{\partial x_i \partial x_i} \frac{\partial w_1}{\partial x_j} +$$
$$(\psi D_{ij} + \chi W_{ij}) \frac{\partial^2 w_1}{\partial x_i \partial x_j} \tag{4.202}$$

如果在本构方程中排除 W，则可以在这些方程中设 $\chi = 0$，从方程（4.201）和方程（4.202）推导得到物质连续性方程的对应形式。

因为流体是不可能压缩的，所以 S 的二阶结果利用表示定理可以表示如下：

$$S = \beta_1 D + \beta_2 D^2 + \beta_3 W^2 + \beta_4(D \cdot W - W \cdot D) \tag{4.203}$$

其中，β_1、β_2、β_3 和 β_4 都是常数。这个本构方程预测，刚体旋转会产生不变形的应力。刚性运动的必要条件是：

$$D_{ij} = 0 \tag{4.204}$$

可知，W_{ij} 只是时间的函数（Eringen，1962，1967）。因此，基于方程（4.203）的附加应力在刚体运动中与位置无关，所以也就对运动方程无贡献。这与不知道应力的情况下而确定任何物体的刚性运动的结果是一致的（Truesdell，1977）。Truesdell 还表示，刚性物质的应力仅仅取决于每个方向上的任意一个张力。因为刚性物质的应力不确定，所以刚体的理论中很少使用应力的概念，变形历程只是轮回史。因此，似乎没有必要为了解释 $D=0$ 的应力场的附加应力，而将 Bruun 和 Aoud（2003）提出的限制类型施加于本构方程的系数 β_3。

对于二阶理论，可得具有剪切速率 $\dot{\gamma}$ 的稳定剪切流的法向应力差如下：

$$T_{11} - T_{22} = \beta_4 \dot{\gamma}^2 \tag{4.205}$$

$$T_{22} - T_{33} = \frac{\dot{\gamma}^2}{4}(\beta_2 - \beta_3 - 2\beta_4) \qquad (4.206)$$

通常，第一和第二法向应力差的这些表达式不为零。如果从本构方程中排除 W，则 S 有以下表达式：

$$S = \beta_1 D + \beta_2 D^2 \qquad (4.207)$$

如果 β_1 和 β_2 对 D 的不变量有普遍依赖性的话，实际上这就是通用形式。对于这个方程式，稳定剪切流的法向应力差为：

$$T_{11} - T_{22} = 0 \qquad (4.208)$$

$$T_{22} - T_{33} = \frac{\dot{\gamma}^2}{4}\beta_2 \qquad (4.209)$$

被称为 Reiner-Rivlin 模型（Truesdell 和 Noll，1965）的方程（4.207）预测，稳定黏度流体的第一个法向应力差为零［方程（4.208）］。该结果与聚合物流体（Truesdell 和 Noll，1965）的数据不一致，表明黏弹性聚合物的第一法向应力差通常不为零。Larson（1988）也提出了聚合物流体的数据，并预测了黏弹性模型的数据，这表明黏弹性聚合物的第一法向应力差不为零。由于黏弹性流体在稳定的黏度流中表现为黏性流体是合理的，因此预测一般纯黏性本构方程应该像通过方程（4.203）预测的第一非零法向应力差一样。如 4.2 节所示，将 W 作为本构自变量不会影响一阶扩散理论。然而本节的结果表明，当 W 是本构自变量时会对二阶理论的结果产生很大的影响。

对于本节提出的特殊二阶理论，因为只考虑无限稀释的溶质极限，所以速度和压力场不依赖于溶质浓度场。因此，运动方程和总体连续性方程并不与物质连续性方程相耦合，所以可以独立解决。然而，物质连续性方程确实取决于速度场，通常，在体系的流体力学和传质过程之间存在单边耦合。因此，虽然流体力学对扩散过程有显著的影响，但体系中的传质效应对流动行为没有影响。因此，方程（4.202）是确定溶质质量分数 w_1 的线性方程。

通常，当混合物具有看起来质量分数较大的两个组分时，因为密度和黏度等量与浓度有关，所以速度和压力场就取决于体系中的浓度场。对于这种情况，在体系的流体力学和传质过程之间就存在双边耦合。流场影响传质过程，此外，流动行为取决于体系中的传质效应。

4.6　流动和扩散中的黏弹性效应

很多学者在为黏弹性材料（通常为聚合物或聚合物溶液）构建 S 的本构方程方面已经付出了很多努力（Truesdell 和 Noll，1965；Huilgol，1975）。大部分描述流体和形变的流变本构方程很复杂，且一些研究者已经提出了描述小范围的物质和（或）形变的更简单的方程。流变本构方程的分类如图 4.2 所示。本书中引入了 S 的单一黏弹性流变本构方程［方程（4.220）］，即一阶流体方程。一阶流体的本构方程对于时间 $t<0$ 的流体有效，这是在分析扩散问题时经常遇到的情况。在第 16 章中该方程将用于分析黏弹性流体中的缓慢气泡溶解过程。

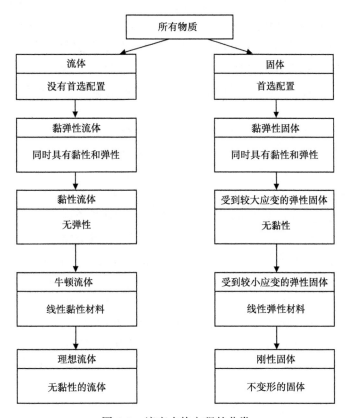

图 4.2　流变本构方程的分类

在这种类型的问题中，纯黏性本构方程用于扩散通量，而黏弹性本构方程仅用于应力张量。因此，黏弹效应仅仅因为这些效应影响速度和压力场而影响扩散过程。目前，在为黏弹性材料构造 j_1 的本构方程方面。本节介绍了黏弹性本构方程 j_1 [方程（4.239）或方程（4.240）]，可以用于分析浓度变化较小的阶跃变化和振荡吸附实验。对于吸附过程，对扩散通量运用黏弹性本构方程，使得黏弹性能够直接影响浓度场。实际上，由于吸附过程中的平均速度为零，因此不需要考虑可能存在的对附加应力的黏弹性影响。

4.6.1　Deborah 数

选择适当的本构方程受到流体性质和流体混合物扩散行为的影响。这可以通过计算 Deborah 数（无量纲量）来确定。流体流动行为的 Deborah 数（Astarita 和 Marrucci，1974）可以定义为：

$$(De)^F = \frac{\lambda}{\theta_F} \tag{4.210}$$

其中，λ 是流体的特征时间或本质时间；θ_F 是用来衡量物质粒子运动状态发生显著变化所需要的时间。对于扩散过程，可以将扩散 Deborah 数定义为（Vrentas 等，1975）：

$$De = \frac{\lambda}{\theta_D} \tag{4.211}$$

其中，θ_D 是衡量物质粒子浓度发生显著变化所需要的时间。对于稳定流动过程，特征过程时间 θ_F 和 θ_D 分别表示物质粒子呈现不同速度和不同浓度所需要的时间。对于不稳定流动，θ_F 和 θ_D 分别表示体系从速度场和浓度场的一个稳态到另一个稳态所需要的时间，例如，$\theta_F = \rho L^2 / \mu$ 和 $\theta_D = L^2 / D$。其中，L 是特征长度，μ 是特征黏度，D 是不稳定过程的特征扩散系数。对于周期性流动，θ_F 和 θ_D 与速度和浓度的振荡周期有关；例如，$\theta_D = 1/w$，其中 w 是振荡频率。

流动和扩散 Deborah 数在确定聚合物—溶剂混合物中的流体流动和质量传递的特性方面非常有用。例如，对于 $De \gg 1$（例如 10），因为在扩散过程（$\lambda \gg \theta_D$）中聚合物的结构实际上没有变化，所以扩散分子在介质中移动，该介质基本上具有弹性物质特性。这种类型的扩散称为弹性扩散，第 16 章表明了弹性扩散是经典的菲克扩散过程的一种形式。对于 $De \ll 1$（例如 0.1），一个分子在基本上是纯黏性的流体混合物中扩散。这种情况下，聚合物结构的构象变化似乎是瞬间发生的（$\lambda \ll \theta_D$）。这种类型的扩散传输表现为黏滞扩散。第 16 章中阐述了这又是经典的菲克扩散的一种形式。对于 $De = O$（1）（例如，从 0.1 到 10），当渗透剂扩散到聚合物中时，所有聚合物链的重排不会立即发生。一般而言，由于扩散分子在黏弹性二元混合物中移动，聚合物分子的瞬时构型在所研究的温度和浓度下不同于均衡结构。因为分子弛豫和扩散输运发生在可比的时间尺度上，这种称为黏弹性扩散或非菲克扩散（$\theta_D \approx \lambda$）的扩散不能用经典的菲克扩散理论来描述。

当然，在体系的流动和扩散行为中都可能具有黏弹性效应。然而，在一些传质过程中，对于 j_1 或 S 而言，需要考虑黏弹性效应，但不是都考虑二者。例如，浓度变化较小的聚合物溶液，它的级数变化和振荡吸附实验中，渗透剂物质连续性方程中的对流项为零或非常小（Vrentas 和 Vrentas，2001b）。因此，一维传质问题的分析中只需要运用 j_1 的黏弹性本构方程（但不适用于 S）。类似地，为了将气体转移到理想化的聚合物射流（在流动方向上的均匀速度），可以进行质量转移分析，而不必考虑对体系流体力学的黏弹性影响（Vrentas 和 Vrentas，2003）。在这两种情况下，因为实际上（De）^{F} 为零，所以流场中不存在黏弹性效应。相反，考虑 De 和（De）^{F} 非零且相差很大的情况。例如，这发生在非稳定流动和扩散过程中，$\theta_F - \rho L^2 / \mu$ 且 $\theta_D = L^2 / D$，因此：

$$\frac{\theta_D}{\theta_F} = \frac{\mu}{\rho D} \tag{4.212}$$

因为对于聚合物—溶剂体系来说有 $\mu \gg \rho D$、$\theta_D \gg \theta_F$，所以比起聚合物—溶剂体系中扩散行为的弹性效应，该体系中更有可能发生流体行为的弹性效应。因此，在分析诸如气泡在黏弹性流体中的生长或溶解的问题时，对 S 运用黏弹性本构方程较为合理，但对于 j_1 不适用。

通过构建 Deborah 数图，可以说明扩散行为的变化情况（Vrentas 和 Duda，1977c）。这样的图表可以说明 De 如何随温度和溶剂质量分数变化，例如，用厚度为 L 和分子量为 M_2 的聚合物样品进行微分阶跃吸附实验中的情况。因为对于非稳定吸附实验有 $\theta_D = L^2 / D$，所以从方程（4.211）可以明显看出，De 随着温度和渗透剂质量分数的变化是由 λ 和 D 对温度和质量分数的依赖性引起的。特别地，De 随着溶剂质量分数的增加以及随着温度的升高而降低，并且 De 随着聚合物分子量的增加而增加。图 4.3 给出了一个用于扩散过程的 Deborah 数图表的例子。图 4.3 确定了对于给定的混合物—溶剂体系扩散传递的各个区域。图 4.3 是针对给定的混合物—溶剂体系，指定膜厚度为 L，聚合物分子量为 M_2。对于 De 明显大于 1 的温度和质量分数，发生弹性扩散。对于 De 明显小于 1 的温度和质量分数，可以预期黏性扩散。在弹性和黏性扩散区之间的质量分数—温度图上的区域可以认为是黏弹性扩散区域。Vrentas 和 Duda（1977c）给出了关于构建 Deborah 数图的更多信息。

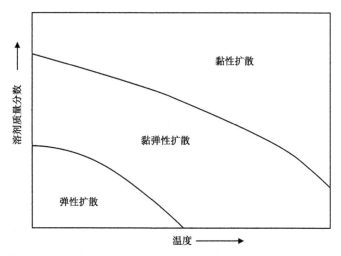

图 4.3 对于给定的膜厚度 L 和聚合物分子量 M_2，典型的聚合物—溶剂体系的 Deborah 数图
（分离 3 个区域的两条曲线是常数 De 的曲线）

4.6.2 一阶流体附加应力的本构表达

有限线性黏弹性的本构方程是可以由简单的流体理论导出的最简单的积分本构方程。对于不可压缩流体，本构模型的附加应力 S 可以表示为（Huilgol，1975）：

$$S = \int_0^\infty \overline{m}(S) \left[C_t(t-s) - I \right] ds \tag{4.213}$$

其中：

$$\overline{m}(s) = \frac{\mathrm{d}G(s)}{\mathrm{d}s} \tag{4.214}$$

式中，t 是当前的时间；s 是落后的运行时间；$C_t(t-s)$ 是相对于时间 t 的右柯西—格林张量；$G(t)$ 是线性黏弹性的剪切应力弛豫模量；I 是同一性张量。

对于处于静止状态的非稳态流体，如果按部分进行积分，方程（4.213）可以写作如下形式：

$$S = - \int_0^t G(s) \frac{\mathrm{d}C_t(t-s)}{\mathrm{d}s} ds \tag{4.215}$$

对于 $s<t$，$C_t(t-s)$ 的泰勒级数可以写作以下形式（Huilgol，1975）：

$$C_t(t-s) = I - sA_1 + \frac{s^2}{2}A_2 - \cdots \tag{4.216}$$

其中，A_n 是在时间 t 估算的第 n 个 Rivlin-Ericksen 张量。将方程（4.216）代入方程（4.215）中得到以下附加应力的扩展形式：

$$S = \alpha_1(t)A_1 - \alpha_2(t)A_2 + \cdots \tag{4.217}$$

其中：

$$\alpha_1(t) = \int_0^t G(s)\,\mathrm{d}s \tag{4.218}$$

$$\alpha_2(t) = \int_0^t sG(s)\,\mathrm{d}s \tag{4.219}$$

方程（4.217）代表了一类特殊类型的非稳定流体流动的扩展，运用有限线性黏弹性理论可以充分描述该类流体。

方程（4.217）中的第一项描述了一阶流体（Vrentas 和 Vrentas，1995）：

$$S = \alpha_1(t)A_1 \tag{4.220}$$

方程（4.220）给出了 S 和当前时间内变形场之间的显式关系，其中流体的非稳定流动为 $t<0$ 时的静止流体。方程（4.220）也可以写作：

$$S = \mu f(t)A_1 \tag{4.221}$$

其中，μ 是零剪切速率时的流体黏度。函数 $f(t)$ 表达式如下：

$$f(t) = 1 - \frac{\int_t^\infty G(s)\,\mathrm{d}s}{\mu} \tag{4.222}$$

因为，由定义：

$$\mu = \int_0^\infty G(s)\,\mathrm{d}s \tag{4.223}$$

同时，因为 $t\to\infty$，所以 $f(t)\to1$。同时，因为 $A_1 = 2D$（Huilgol，1975），随着接近稳定极限，一阶流体变为不可压缩的牛顿流体。$G(s)$ 可以表达为：

$$G(s) = a\lambda \exp\left(-\frac{s}{\lambda}\right) \tag{4.224}$$

其中，a 是常数；λ 是特定流体的特征弛豫时间。对于 $G(s)$ 的选择，有：

$$f(t) = 1 - \exp\left(-\frac{t}{\lambda}\right) \tag{4.225}$$

速度驱动流和压力驱动流的解法表明，一阶流体模型确实描述了由流体的弹性特性引起的一些影响（Vrentas 和 Vrentas，1995）。通过考虑特定变形过程的无量纲流量 Deborah 数 $[(De)^F]$ 和特定的流体，可以建立一阶流体的有效域：

$$(De)^F = \frac{流体特征时间}{过程特征时间} \tag{4.226}$$

一阶流体代表了积分黏弹性流体可接受的近似值，当它作为泰勒级数近似推导出来时

（Vrentas 和 Vrentas，1999b）：

$$(De)^{\mathrm{F}} \to 0, \quad t > 0 \tag{4.227}$$

如果 $(De)^{\mathrm{F}}$ 足够小，则该条件表明泰勒级数展开对所有时间都有效。如果考虑足够小的时间间隔，则一阶流体也可以用于更高的 $(De)^{\mathrm{F}}$ 值，即

$$[(De)^{\mathrm{F}}]t \to 0 \tag{4.228}$$

在 16.3 节中推导了方程（4.227）和方程（4.228）。

可以通过连续性方程［方程（2.46）］解决不可压缩的牛顿流体的问题：

$$\nabla \cdot v = 0 \tag{4.229}$$

还有 Navier-Stokes 方程［方程（4.140）］：

$$\rho\left(\frac{\partial v}{\partial t} + v \cdot \nabla v\right) = \rho F - \nabla p + \mu \nabla^2 v \tag{4.230}$$

对于不可压缩的一阶流体，又一次用到了连续性方程，不过运动方程要采用如下形式：

$$\rho\left(\frac{\partial v}{\partial t} + v \cdot \nabla v\right) = \rho F - \nabla p + \mu f(t) \nabla^2 v \tag{4.230}$$

由于牛顿流体和一阶流体的运动方程具有相似的形式，因此可以将不可压缩的一阶流体的解与一定条件下不可压缩的牛顿流体联系起来，以促进解决一阶问题。例如，考虑由指定速度 v 的表面限定的三维区域中的牛顿流体和一阶流体的流动。另外，因为流体处于爬行流量极限，所以令非线性惯性项消失相同或者可忽略不计。对于这样的流体，牛顿流体和一阶流体的运动方程可以重新写作如下形式：

$$\rho\frac{\partial v^{\mathrm{N}}}{\partial \bar{\tau}} = -\nabla P^{\mathrm{N}} + \mu \nabla^2 v^{\mathrm{N}} \tag{4.232}$$

$$\rho\frac{\partial v^{\mathrm{F}}}{\partial t} = -\nabla P^{\mathrm{F}} + \mu f(t) \nabla^2 v^{\mathrm{F}} \tag{4.233}$$

其中，v^{N} 和 P^{N} 是不可压缩的牛顿流体问题的解；v^{F} 和 P^{F} 是不可压缩的一阶流体问题相同的解。注意，将修正的压力 P 引入运动方程中，新的时间 $\bar{\tau}$ 定义如下：

$$\bar{\tau} = \int_0^t f(t')\,\mathrm{d}t' \tag{4.234}$$

由方程（4.232）和方程（4.233）（Vrentas 和 Vrentas，1995）可知：

$$v^{\mathrm{F}}(x, t) = v^{\mathrm{N}}(x, \bar{\tau}) \tag{4.235}$$

$$P^{\mathrm{F}}(x, t) = f(t) P^{\mathrm{N}}(x, \bar{\tau}) \tag{4.236}$$

因此，如果已知牛顿流体的解，则一阶流体的解也可以马上得出。

4.6.3 黏弹性扩散通量

通过假定物质粒子处的通量取决于包括过去和现在的物质粒子处的聚合物质量分数梯度，可以构建聚合物中渗透剂的扩散通量的黏弹性本构方程（Vrentas 和 Vrentas, 2001b）。通过泛函来关联扩散通量和质量分数梯度，以引入扩散通量的遗传特性。通过以下限制来促进推导有用的本构方程形式：

（1）假设泛函是通过 Rivlin（1983）提出的表示定理可以估算的连续、线性泛函。

（2）虽然运行时间 τ 的范围是从 $\tau = -\infty$ 到当前时间 t，但是这里假定 $\tau \leqslant 0$ 时泛函论是零，因此在 $\tau = 0$ 之前没有聚合物质量分数梯度。利用这个限制有助于解决非稳态问题。t 取极限 $t \to \infty$ 时可以求解稳态和周期稳态问题。

（3）物质的弛豫过程由弛豫函数 $K(t, \tau)$ 控制，公式如下：

$$K(t, \tau) = K(t - \tau) = \sum_{i=1}^{N} K_i \exp\left[-\frac{(t - \tau)}{\lambda_i} \right] \tag{4.237}$$

式中，K_i 是常数；λ_i 表示第 i 个弛豫时间。

（4）两个弛豫时间 λ_1 和 λ_2 足够表征聚合物流体中两个重要的弛豫过程：从玻璃态行为到橡胶态行为的转变，从橡胶态行为向黏性流体转变。

由于本书中对于黏弹性扩散行为的主要研究是发生在微分阶跃变化和振荡吸附实验中，因此进一步假设存在小的浓度变化、聚合物粒子的小运动以及一维扩散过程。令 s 表示落后运行时间：

$$s = t - \tau \tag{4.238}$$

利用 s、方程（4.237）的两项式且引入无量纲变量，得到的渗透剂、组分 1 的扩散通量的黏弹性本构方程的两种形式如下（Vrentas 和 Vrentas, 2001b）：

$$j_{1x}(x, t) = -\frac{\partial w_1}{\partial x}(x, t) + K_1 \int_0^t \exp\left[-\frac{s}{(De)_1} \right] \frac{\mathrm{d}}{\mathrm{d}s}\left[\frac{\partial w_1}{\partial x}(x, t - s) \right] \mathrm{d}s +$$
$$K_2 \int_0^t \exp\left[-\frac{s}{(De)_2} \right] \frac{\mathrm{d}}{\mathrm{d}s}\left[\frac{\partial w_1}{\partial x}(x, t - s) \right] \mathrm{d}s \tag{4.239}$$

或者可替换为：

$$j_{1x}(x, t) = -(1 + K_1 + K_2)\frac{\partial w_1}{\partial x}(x, t) + K_1 \int_0^t \frac{\exp\left[-\frac{s}{(De)_1} \right]}{(De)_1} \frac{\partial w_1}{\partial x}(x, t - s)\mathrm{d}s +$$
$$K_2 \int_0^t \frac{\exp\left[-\frac{s}{(De)_2} \right]}{(De)_2} \frac{\partial w_1}{\partial x}(x, t - s)\mathrm{d}s \tag{4.240}$$

在方程（4.239）和方程（4.240）中使用了以下无量纲变量（为方便起见，删除了星号）：

$$x^* = \frac{x}{L} \tag{4.241}$$

$$t^* = \frac{t}{\theta_D} \tag{4.242}$$

$$s^* = \frac{s}{\theta_D} \tag{4.243}$$

$$j_{1x}^* = \frac{L j_{1x}}{\rho_0 D_0} \tag{4.244}$$

$$(De)_1 = \frac{\lambda_1}{\theta_D} \tag{4.245}$$

$$(De)_2 = \frac{\lambda_2}{\theta_D} \tag{4.246}$$

式中，L 是聚合物膜的厚度（微分吸附实验的 L 大致恒定）；x 是扩散方向上的空间变量；ρ_0 和 D_0 表示微分吸附实验的恒定密度和扩散系数；θ_D 是扩散过程的特征时间。

对于微分阶跃实验，$\theta_D = L^2/D_0$，且对于差速振荡实验，$\theta_D = 1/w$，其中 w 是振荡频率。该聚合物体系的特征在于两个扩散 Deborah 数，即 $(De)_1$ 和 $(De)_2$，它们表征了微分吸附实验中两个重要的弛豫过程。

第 16 章详细分析了微分阶跃吸附实验。值得注意的是，Durning 及其同事（Durning, 1985；Durning 和 Tabor, 1986；Billovits 和 Durning, 1993, 1994；Huang 和 Durning, 1997；Tang 等, 1997）、Neogi（1983a, 1983b）、Adib 和 Neogi（1987）已经对黏弹性扩散的分析做出了有价值的贡献。

4.7　本构方程的有效性

在连续介质力学中，参考系无关的本构因变量的本构方程的构建基于以下步骤：
（1）确定适当的参考系无关的本构自变量。
（2）构建本构关系的形式。
（3）确定本构方程中物质参数或系数的信息。

在这个过程中，最困难的一步可能是确定参考系无关的本构自变量。在某些情况下，用数学方法证明参考系无关性很容易，就像证明任何参考系无关标量的梯度也是参考系无关量一样（4.1 节）。在其他情况下（如力的参考系无关性），参考系无关的性质就成为一个公理（Truesdell, 1977）。最后，在某些情况下，如验证应变张量 D 的参考系无关性时，参考系无关的数学证明包括有向量的时间微分。由于移动参考系的基向量具有时间依赖性，因此不一定能直接计算出有向量相对于固定参考系平移和旋转的参考系的时间导数。

该过程的第二步，即构造本构方程的适当形式，可以通过利用本构函数和本构函数的相关表示定理来进行，如在推导方程（4.96）至方程（4.101）、方程（4.163）至方程（4.166）、方程（4.185）和方程（4.203）时所做的工作。对于第三步，可以利用熵不等式来推导有限的物质参数性质信息。例如，对于某些物质参数［方程（4.127）、方程（4.130）和方程（4.131）］，可以导出不等式约束，有时也可以构造一个关于两个物质参数的方程

[如方程（4.134）]。但一般来说，必须通过适当的实验或分子分析来获得物质参数的实际值。

通过至少 3 种方法可以说明上述的三步法在构造本构方程过程中的成功：

（1）与实验数据相比较。

（2）与分子理论，如气体动力学理论相比较。

（3）与分子动力学模拟相比较。

现在说明使用这 3 种比较方法来确定普遍接受的本构假设的有效性。在本构方程的连续介质力学公式中，通常的方法是接受 D 的欧几里得参考系无关性，但是 W、∇v 和参考系无关矢量和张量的物质时间导数不是欧几里得参考系无关量（Malvern，1969），所以它们不能作为本构方程中的本构自变量。下面，考察不包括 W、∇v 以及作为本构自变量的参考系无关矢量和张量的物质时间导数的正确性。

在 4.5 节中，注意到实验数据表明，黏弹性聚合物的稳定黏度流体的第一法向应力差不为零。同样在 4.5 节中，表明了具有剪切速率为 $\dot{\gamma}$ 的稳定剪切流的纯黏性流体，通过本构方程预测了当本构自变量只有 D 时，S 的第一法向应力差为零。然而，当二阶理论的本构自变量包含 D 和 W 时，预测第一法向应力差不等于零。如果认为黏弹性流体在黏性流体中表现为黏性流体，由于黏弹性流体在这样的流场中几乎没有行为记忆，那么应该预测正确的纯黏性本构方程的第一非零法向应力差。因此，基于只有 D 为本构自变量的本构方程与实验数据不一致（第一个比较方法）。

当根据气体动力学理论计算附加应力和热通量的第三近似值时，本构自变量就包括速度梯度张量、涡量张量以及参考系无关的张量和矢量的物质时间导数（Müller，1972；Edelen 和 McLennan，1973；Murdoch，1983）。Müller 和 Murdoch 注意到，尽管根据通常的连续介质力学分析，单独的附加应力和热通量的动力学理论本构方程中的一些项不是欧几里得参考系无关量，但是这些项可以组合形成欧几里得参考系无关的矢量和张量。然后，Müller 进一步指出，这些本构方程依赖于观察者所处的参考系，因此不是参考系无关的。Svendsen 和 Bertram（1999）、Bertram 和 Svendsen（2001）都表示，Murdoch 的分析只表明本构方程是欧几里得参考系无关的。如果要求证物质的参考系无关性，则需要求证是否满足欧几里得参考系无关性和形式不变性（Svendsen 和 Bertram，1999）。因此，目前普遍接受的附加应力和热通量的本构方程的连续介质力学公式，并不符合动力学理论结果（第二个比较方法）。

Hoover 等（1981）对二维旋转盘中的流体进行了热传导的分子动力学模拟。这些研究人员通过求解微观运动方程研究了旋转盘中的热传导，该旋转盘中心热，外边界冷。虽然只有一个径向温度梯度（因为温度场是轴对称的），但他们发现有一个角能量通量分量 q_θ，它与径向能量通量分量 q_r 有关，可以由方程（4.247）表示：

$$\frac{q_\theta}{q_r} = -2\omega\,\tau \qquad (4.247)$$

其中，ω 是角速度；τ 是弛豫时间。同时，角度通量比径向通量小很多。

如果对温度梯度作用下的该单组分体系进行旋转和热流的宏观连续介质力学分析，则能量通量矢量 q 由方程（4.248）表示：

$$q = b[D, \ W, \ T, \ \nabla T] \tag{4.248}$$

其中，假设压力效应忽略不计（注意这个分析中 W 是本构自变量）。如果假设 q 是参考系无关量，那么 b 是 T、∇T、D 和 W 的矢量值的各向同性函数。利用合适的表示理论（Wang，1970a，1970b，1971；Smith，1971），可得到以下 q 的二阶本构方程：

$$q = \gamma_1 \nabla T + \gamma_2 D \cdot \nabla T + \gamma_3 W \cdot \nabla T \tag{4.249}$$

其中：

$$\gamma_1 = \gamma_1(T, \ \mathrm{tr}D) \tag{4.250}$$

$$\gamma_2 = \gamma_2(T) \tag{4.251}$$

$$\gamma_3 = \gamma_3(T) \tag{4.252}$$

方程（4.249）的分量形式为：

$$q = q_i i_i = \left(\gamma_1 \frac{\partial T}{\partial x_i} + \gamma_2 D_{ij} \frac{\partial T}{\partial x_j} + \gamma_3 W_{ij} \frac{\partial T}{\partial x_j} \right) i_i \tag{4.253}$$

因为 $q = q*$，使用固定参考系来确定能量通量矢量的分量就足够了，其原点位于盘的中心。对于固定参考系分析，速度场为刚性旋转，温度场是轴对称的。因此，在圆柱坐标系中：

$$T = T(r) \tag{4.254}$$

$$v_r = 0 \quad v_\theta = r\omega \quad v_z = 0 \tag{4.255}$$

并且，在矩形的笛卡儿坐标系中：

$$\frac{\partial T}{\partial x} = \cos\theta \frac{\partial T}{\partial r} \tag{4.256}$$

$$\frac{\partial T}{\partial y} = \sin\theta \frac{\partial T}{\partial r} \tag{4.257}$$

$$v_x = -yw \quad v_y = x\omega \quad v_z = 0 \tag{4.258}$$

因此，易知：

$$D_{ij} = 0 \tag{4.259}$$

$$[W_{ij}] = \begin{bmatrix} 0 & \omega & 0 \\ -\omega & 0 & 0 \\ 0 & 0 & 0 \end{bmatrix} \tag{4.260}$$

因此，方程（4.250）和方程（4.253）通过导热系数 k 有以下简化形式：

$$\gamma_1 = \gamma_1(T, \ 0) = -k(T) \tag{2.261}$$

$$q_i = -k \frac{\partial T}{\partial x_i} + \gamma_3 W_{ij} \frac{\partial T}{\partial x_j} \tag{4.262}$$

由方程（4.256）、方程（4.257）和方程（4.262）可知：

$$q_x = (-k\cos\theta + \omega\gamma_3\sin\theta)\frac{\partial T}{\partial r} \tag{4.263}$$

$$q_y = (-k\sin\theta + \omega\gamma_3\cos\theta)\frac{\partial T}{\partial r} \tag{4.264}$$

$$q_z = 0 \tag{4.265}$$

圆柱坐标系中的通量分量简化为：

$$q_r = -k\frac{\partial T}{\partial r} \tag{4.266}$$

$$q_\theta = -\omega\gamma_3\frac{\partial T}{\partial r} \tag{4.267}$$

因此，

$$\frac{q_\theta}{q_r} = \frac{\omega\gamma_3}{k} \tag{4.268}$$

这个方程与微观结果即方程（4.247）一致。

由方程（4.266）可见，很明显径向通量只是一阶结果，直到二阶结果径向通量都不受旋转的影响。此外，角通量完全由二阶贡献引起，这就解释了为什么它比径向通量小很多。从方程（4.267）中可以明显看出，如果当前连续介质力学实践中的本构自变量不包含涡量张量 W，那么就没有角能量通量，因为对于这种情况，$\gamma_3 = 0$。上述推导表明，基于包含 W 的方程（4.248）的宏观连续介质力学结果与 Hoover 等（1981）所做的微观分子动力学模拟是一致的。如果本构自变量集将 W 排除在外，则微观和宏观预测结果不一致（第三个比较方法）。

本节的结果表明，基于排除 W、∇v 以及所有参考系无关矢量和张量的物质时间导数的本构方程与实验、动力学理论和分子动力学结果不一致。如果参考系无关矢量和张量的物质时间导数是参考系无关量且速度梯度和涡量张量是参考系无关的，则连续理论与实验和分子分析结果一致。如果所有这些量都是参考系无关的，那么这组本构自变量中当然就可以包含它们。

第 5 章　本构方程中的参数

本构方程提供了本构因变量和本构自变量之间的显式关系。然而，只有在本构方程中的物质参数或系数值可用的情况下，才能从连续分析中获得预测结果。如第 4 章所示，利用熵不等式可以得到对某些物质参数的不等式约束条件，并且有时可以导出两个物质参数之间的明确关系。但是一般来说，物质参数的实际值需要通过适当的实验或分子分析来确定。本章的重点是通过分子分析来估算橡胶态聚合物—溶剂体系和玻璃态聚合物—溶剂混合物的二元互扩散系数。

5.1　参数确定的通用方法

对于传递问题的等温分析，必须为 4 个本构因变量提供本构方程和物质参数：ρ、S、j_A 和 R_A。通过适当的实验，可以得到所需的物质参数值。可以通过热力学实验来确定 ρ 的物质参数，例如实际气体的范德华状态方程中的范德华系数 a 和 b（Atkins 和 de Paula，2002）。流变实验可提供 S 的物质参数（如剪切黏度 μ）。通过扩散实验可以得到 j_A 的物质参数，例如在二元体系中的二元互扩散系数 D。最后，可以通过动力学实验来确定 R_A 的本构方程中的速度常数。

本书重点介绍求得物质参数，即二元互扩散系数 D 的实验和分子分析方法。通常用于获得 D 的实验的数学分析方法如下：

（1）稳态蒸发（9.2 节）；

（2）自由扩散（9.4 节）；

（3）气体在层流液体射流中的扩散（9.12 节）；

（4）隔膜电池（9.13 节）；

（5）极谱（10.4 节）；

（6）渗透（12.4 节）；

（7）阶跃吸附（13.4 节）；

（8）振荡吸附（13.7 节）；

（9）泰勒分散（14.3 节）；

（10）反相气相色谱（14.5 节）。

基于分子的分析代表了通过实验确定二元互扩散系数值的替代方法。为方便起见，将二元混合物分为气体混合物、简单液体混合物和聚合物—溶剂混合物 3 类。表 5.1 中列出了 D 的典型值以及 D 对这 3 类混合物的温度、压力和温度的依赖性等性质。由表 5.1 可见，D 随温度和浓度的变化，对于低密度气体来说较弱，但是对于聚合物—溶剂体系来说通常较强。只有气体混合物的 D 对压力有很大的依赖性。另外，聚合物—溶剂体系的扩散系数也可以取决于聚合物的分子量。Cussler（1997）和 Bird 等（2002）提出了用于估算气体和简单液体体系互扩散系数的方法，所以这里强调的是聚合物—溶剂混合物的 D 的估算。

表 5.1　二元混合物扩散系数的性质

混合物类型	D 的代表范围	温度依赖性	压力依赖性	浓度依赖性
气体混合物（低密度）	$0.1 \sim 1$	弱	p^{-1}	弱
简单液体混合物	$0.5 \times 10^{-5} \sim 5 \times 10^{-5}$	中性	弱	中性
聚合物—溶剂混合物	$10^{-6} \sim 10^{-12}$	强烈	弱	强烈

5.2　聚合物—溶剂混合物中的扩散

在特定的温度和压力下，聚合物—溶剂体系扩散过程的性质通常取决于聚合物浓度和聚合物分子量。在图 5.1 中，即聚苯乙烯—甲苯体系的聚合物分子量—聚合物质量分数图上显示了 4 个不同扩散行为的区域（Vrentas 和 Duda，1986）。必须针对每个区域构造不同的 D 理论表达式。就聚合物质量密度 ρ_2 而言，图 5.1 中的区域可表征为：（1）无限稀释区域，$\rho_2 \to 0$；（2）稀释区域，$0 < \rho_2 < \rho_2^*$；（3）半稀释区域，$\rho_2^* < \rho_2 < \rho_2^\#$；（4）浓区域，$\rho_2 > \rho_2^\#$。

其中，ρ_2^* 和 $\rho_2^\#$ 是如下定义的聚合物质量密度。本章中，定义溶剂为组分 1，聚合物为组分 2。

对于无限稀释的聚合物溶液，由于聚合物分子广泛分散在溶剂中，因此在各个聚合物链之间不发生相互作用。随着聚合物浓度的增加，虽然各个聚合物分子的结构域尚未重叠（聚合物链通常随着聚合物浓度的增加而收缩），但是聚合物分子间逐渐开始彼此间的流体动力学相互作用，导致链尺寸发生变化。首先，发生重叠时的聚合物浓度记为 ρ_2^*。虽然 ρ_2^* 没有精确定义，但是可以通过几种方法合理估算 ρ_2^*（Graessley，1980）。注意重叠质量密度 ρ_2^* 随着聚合物分子量的增大而减小。随着聚合物浓度进一步增加，达到聚合物质量密度 $\rho_2^\#$，高于该浓度链尺寸没有进一步的变化。虽然图 5.1 中各区域之间的边界是明确界定的，但是稀释区域和半稀释区域之间以及半稀释区域和浓区域之间的过渡实际上是渐进的（Graesseley，1980）。用于构建图 5.1 的 ρ_2^* 和 $\rho_2^\#$ 的值基于 Graessley 的研究结果［见方程（5.2）和方程（5.3）］。

物质参数会受到聚合物链长的影响。通过单个聚合物分子可能实现的构型的适当平均值，可以表示浸渍在溶剂中的线性聚合物链的分子尺寸。两个这样的平均值分别是均方末端距 $\langle R^2 \rangle$ 和均方回转半径 $\langle S^2 \rangle$（Yamakawa，1971）。这两个平均值均取决于聚合物链中的短程分子内干扰（由固定的键角和旋转的阻碍造成）和长程干扰（由聚合物链段的有限体积造成）。由于链段的体积是有限的，因此不能假定聚合物链的两个区段同时占据相同空间的配置。这种长程分子内相互作用通常被称为排斥体积效应，其大小取决于溶剂的性质。从已占用的空间中排除分段会增加均方末端距 $\langle R^2 \rangle$。

短距离干扰的特征往往是无扰或理想聚合物链的均方末端距 $\langle R^2 \rangle_0$，即聚合物链的大小不受长程干扰的影响。$\langle R^2 \rangle_0$ 值可以由光散射实验确定（Yamakawa，1971）。当通过使用适当的溶剂和设定适当的温度消除排斥体积效应时，称聚合物处于 θ 状态，溶剂称为 θ

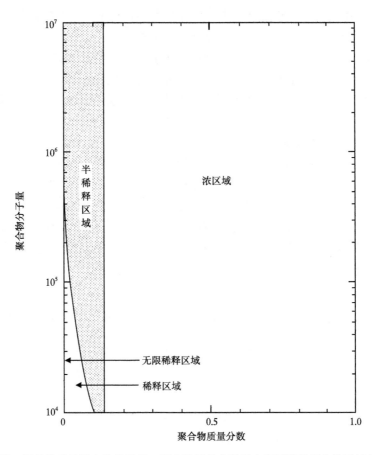

图 5.1　聚苯乙烯—甲苯体系的聚合物分子量—聚合物质量分数图上不同扩散行为的区域(Vrentas 等,1986)

溶剂。给定聚合物的 θ 状态或无扰状态可以用如下定义的参数 A 来描述：

$$A = \left(\frac{\langle R^2\rangle_0}{M_2}\right)^{\frac{1}{2}} \tag{5.1}$$

其中，M_2 是聚合物分子量。对于给定的聚合物，A 对温度具有适度的依赖性，并且可能依赖于溶剂的性质。至少对于非极性聚合物来说，溶剂的影响微不足道。除非聚合物在 θ 溶剂中，否则稀溶液的聚合物链尺寸通常不同于无扰状态的尺寸。随着聚合物浓度的增加，通常认为聚合物分子将呈现无扰的尺寸，这是由于聚合物链段不能区分自身链的区段和其他链的区段。因此，采用无扰的尺寸来表征浓缩溶液中聚合物分子的尺寸，即聚合物浓度大于 $\rho_2^{\#}$。

Graessley 提供了计算 ρ_2^{*} 和 $\rho_2^{\#}$ 的表达式。

$$\rho_2^{*} = \frac{6^{\frac{3}{2}}M_2}{8N_A\langle R^2(0)\rangle^{\frac{3}{2}}} \tag{5.2}$$

$$\rho_2^{\#} = \rho_2^{*}\left[\frac{\langle R^2(0)\rangle}{\langle R^2\rangle_0}\right]^4 \tag{5.3}$$

其中，$\langle R^2(0) \rangle$ 是零聚合物浓度下的均方末端距；N_A 是阿伏伽德罗常数。Graessley 利用方程（5.3）阐述了 $\rho_2^{\#}$ 与聚合物分子量无依赖关系。

对于稀溶液（$\rho_2 < \rho_2^*$），长聚合物链的平均分子尺寸以及其他性质可以用两个参数（A 和 B）来表示，其中 A 和 B 分别用于表示短程干扰和长程干扰（Yamakawa，1971）。A 是由方程（5.1）定义的参数。参数 B 是由于存在另一个分段而排除一个分段的有效体积的度量（排斥体积效应）。对于特定的聚合物，B 通常取决于温度和溶剂的性质；对于 θ 溶剂，$B=0$。根据参数 A 和 B 表示稀聚合物溶液性质的理论通常被称为双参数理论。

估算特定聚合物—溶剂体系的 B 不是一件容易的事情。通常结合实验和双参数理论方程来计算参数 B。光散射和特性黏度数据都可以用于估算 B 值，但是优选的方法是利用光散射数据。Yamakawa（1971）也详细讨论了 A 和 B 值的估算，他们也给出了两个参数的代表值。

为了说明如何使用双参数方法来表征稀溶液中聚合物分子的大小，请考虑溶解在良溶剂中线性大分子的均方回转半径 $\langle S^2 \rangle$。基于均方回转半径的聚合物链的线性膨胀因子 α_S 定义为（Yamakawa，1971）：

$$\langle S^2 \rangle = \alpha_S^2 \langle S^2 \rangle_0 \tag{5.4}$$

其中，下标 0 指的是无扰链。在双参数方法中，α_S 存在如下的函数依赖关系：

$$\alpha_S = \alpha_S(A, B, M_2) \tag{5.5}$$

由于在本章后面，良溶剂能够预测链尺寸是很有必要的，因此需要在一个很宽泛的排斥体积中有一个有效的表达式来表示 α_S。Yamakawa（1971）已经考虑了各种各样的由研究者们提出的 α_S 的表达式，并将他们的预测与实验数据进行了比较。他得出的结论是，Yamakawa-Tanaka 的 α_S 的表达式与实验数据一致，因此将它用于本书提出的稀溶液的计算中。这个表达式可以写作：

$$\alpha_S^2 = 0.541 + 0.459(1 + 6.04z)^{0.46} \tag{5.6}$$

其中，排斥体积参数 z 定义为：

$$z = \left(\frac{3}{2\pi}\right)^{\frac{3}{2}} \frac{M_2^{\frac{1}{2}} B}{A^3} \tag{5.7}$$

当聚合物分子量接近零（$z=0$ 时 $\alpha_S=1$）时，线性膨胀因子 α_S 趋于一致，所以对于短链来说，排斥体积效应非常小。线性膨胀因子 α_S 可用于计算无限稀释区域和稀释区域的扩散系数。

互扩散系数 D 是混合物中浓度梯度耗散率的量度。测量分子迁移率的自扩散系数提供了混合物中稍微不同的扩散的测量方式。二元体系中的自扩散系数表示具有均匀化学组成的双组分混合物中一种组分的扩散速度。假定这种混合物中一种组分的一部分分子具有标记，其余部分的分子未标记。在混合物中的任何点，标记分子的数量和该组分未标记分子的数量可以变化，但是因为混合物组成是均匀的，所以它们的总和在每个点保持恒定。由于自扩散过程涉及一种组分的标记分子和未标记分子的交换，因此不存在整体流动，可以确定标记分子相对于固定溶液的真实迁移率，并且可以用自扩散系数来识别。

对于溶剂和聚合物组成的二元溶液，有两个自扩散系数：D_1 是溶剂的自扩散系数，

D_2 是聚合物的自扩散系数。分量 I 的自扩散系数可以由方程（5.8）定义：

$$D_I = \frac{\langle r_I^2 \rangle}{6t} \tag{5.8}$$

其中，$\langle r_I^2 \rangle$ 是时间 t 时组分 I 的一个分子的均方位移。在二元混合物中两个组分之一无限稀释的情况下，自扩散和互扩散的过程在物理上是相同的，所以有如下关系存在（Bearman，1961；McCall 和 Douglass，1967）：

$$D(w_1 = 0) = D_1(w_1 = 0) \tag{5.9}$$

$$D(w_2 = 0) = D_2(w_2 = 0) \tag{5.10}$$

分析实际传质问题时，必须利用互扩散系数 D，而不是 D_1 或 D_2。然而，对于浓聚合物溶液，一些分子理论如扩散的自由体积理论，给出了 D_1 和 D_2 的表达式，而没有给出 D 的表达式。因此，有必要将 D 与二元体系的两个自扩散系数联系起来。尽管已经提出了近似的关系（Bearman，1961；McCall 和 Douglass，1967；Loflin 和 McLaughlin，1969），但还没有可能形成直接关联 D 与 D_1 和 D_2 的精确表达式。对于聚合物—溶剂体系，D_1 通常比 D_2 大得多，这有利于构建 D、D_1 和 D_2 的近似表达式。在 5.6 节讨论了浓聚合物溶液的互扩散系数和自扩散系数之间的关系。

5.3　无限稀释的聚合物溶液中的扩散

对于聚合物—溶剂体系，可以利用 Kirkwood - Riseman 理论（Kirkwood 和 Riseman，1948）计算线性柔性链聚合物在 θ 条件下的无限稀释溶液中的互扩散系数。该理论基于无扰的聚合物链与溶剂之间的流体动力学摩擦，并且提供了分离的聚合物链（其被认为是摩擦点源）的链段之间不同量的流体动力学相互作用。在非自由排出极限处的链段之间发生强度很大的流体动力学相互作用，其中溶剂的渗透最小，并且聚合物链在流体动力学上表现为刚性分子。在自由排放极限下，聚合物分子的区段之间不存在相互作用，因此区段周围溶剂的速度场不受相邻区段的影响。Krigbaum 和 Flory（1953）利用特性黏度数据表明，在 θ 条件下对于一般所研究的分子量，其线性柔性链聚合物没有穿流效应（即在链段之间确实存在流体动力学相互作用）。同样，对于这样的聚合物，Yamakawa（1971）提供了在非 θ 条件下不存在穿流效应的证据。因此，可以合理地假设所有溶剂柔性链的穿流效应可以忽略不计。因此，适用于柔性线性链聚合物的理论，例如用于解 θ 的 Kirkwood - Riseman 理论，只有在非自由排放极限下才具有实际意义。在这个极限下，θ 状态无限稀释的互扩散系数 $(D_0)_\theta$ 的 Kirkwood-Riseman 表达式可以写成（Yamakawa，1971）

$$(D_0)_\theta = \frac{0.196kT}{\mu A M_2^{\frac{1}{2}}} \tag{5.11}$$

式中，k 是气体摩尔常数；μ 是溶剂黏度；A 由方程（5.1）定义。

由方程（5.11）可知，$(D_0)_\theta$ 与分子量相关，且 A 和 μ 都贡献了 $(D_0)_\theta$ 的温度依赖性。比较 Kirkwood-Riseman 理论预测与实验（Vrentas 和 Duda，1976a；Vrentas 等，1980）

表明，实验数据与理论预测之间存在相对较小但明显一致的差异。Kirkwood-Riseman 方程预测 $(D_0)_\theta$ 值平均在 15%以上。

许多重要的溶剂不是 θ 溶剂。对于这样的溶剂，聚合物链通过排斥体积效应而膨胀，因此对于这样的聚合物—溶剂混合物，在无限稀释下的扩散系数应该小于 $(D_0)_\theta$。有可能通过将存在排斥体积效应 D_0 的无限稀释条件下的互扩散系数与方程 $(D_0)_\theta$ 相关联，来将 Kirkwood-Riseman 理论直接扩展至良溶剂（Vrentas 和 Duda，1976a）：

$$D_0 = \frac{(D_0)_\theta}{\alpha_S} \tag{5.12}$$

这个方程基于 Kurata 和 Stockmayer（1963）的猜想，即 α_S 和聚合物链的流体动力学半径的扩展因子大致相等。因为 $\alpha_S \geq 1$，除了非常差的溶剂外，$(D_0)_\theta$ 的 Kirkwood-Riseman 结果为无限稀释的聚合物溶液中所有实际重要的溶剂限制了扩散系数的上限：

$$D_0 \leq (D_0)_\theta \tag{5.13}$$

从上述推导可以明显看出，如果对于特定的聚合物—溶剂体系，已知 A、B 和溶剂黏度，那么对于给定的温度和聚合物分子量的 D_0 可以由方程（5.6）、方程（5.7）、方程（5.11）和方程（5.12）来预测。

图 5.2 说明了 25℃下聚苯乙烯—溶剂体系的 $D_0/(D_0)_\theta$ 对溶剂分子量和质量的依赖关系（用参数 B 表征）（Vrents 和 Duda，1986）。注意，只有在 B 的可靠值可用的情况下，将所提出理论的预测与实验数据进行比较才有意义。聚苯乙烯—甲基乙基酮体系（Vrentas 和 Duda，1976a）实现了理论与实验间良好的一致性，见表 5.2（Vrentas 和 Duda，1979），Meyerhoff 和 Nachtigall（1962）的聚苯乙烯—甲苯数据在理论和实验上有很好的一致性。Vrentas 和 Duda（1979）提供了无限稀释聚合物溶液中聚合物扩散的其他信息。应该指出的是，数据理论的比较有时并不是决定性因素，因为在同一个体系中采集的数据往往是不一致的。

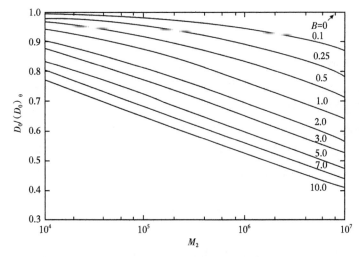

图 5.2　聚苯乙烯—溶剂体系中 25℃时 $D_0/(D_0)_\theta$ 对 M_2 和 B 的依赖性（Vrentas 和 Duda，1986）

对于 θ 溶剂，$B=0$。每条曲线都标有 $B \times 10^{27}$

表 5.2　聚苯乙烯—甲苯体系的理论和数据比较（Vrentas 和 Duda，1979）

M_2 （mg/gmol）	$D_0/(D_0)_\theta$ Meyerhoff 和 Nachtigall（1962）的数据	理论
44	0.79	0.85
140	0.75	0.80
520	0.68	0.73
950	0.54	0.69
2700	0.57	0.64

5.4　稀释聚合物溶液中的扩散

随着稀释区域中聚合物浓度的增加，除单独聚合物链段之间的聚合物链之外，各个聚合物链之间开始出现流体动力学相互作用。然而，链没有重叠，因此不会发生纠缠。已经报道了在这个区域中，随着聚合物浓度变化，扩散系数的增加和减少的情况（King 等，1973a，1973b；Vrentas 和 Duda，1979）。所报道的数据表明，对于 θ 溶液（$B=0$）来说，D 总是随着溶液浓度增加而降低。对于良溶液（通常，$B>1\times10^{-27}\,\mathrm{cm}^3$），在所研究的一般的分子量范围内 D 随着浓度增加而增加。对于一般的溶剂（通常，$0<B<1\times10^{-27}\,\mathrm{cm}^3$），当聚合物分子量较低时，$D$ 随着浓度的增加而减小；当聚合物分子量较高时，D 随着浓度的增加而增加。稀聚合物溶液中互扩散系数 D 的浓度依赖性可以用以下的系列展开表示：

$$D = D_0(1 + k_\mathrm{D}p_2 + \cdots) \tag{5.14}$$

该方程对于质量密度 ρ_2 小的聚合物有效。对于充分稀释的溶液，预测 D 减少到 D_0 和 k_D 估算的表达式的推导。D_0 的评价方程见 5.3 节，其他地方已经说明了（Vrentas 和 Duda，1976b，1976c；Vrentas 等，1980）k_D 可以由下式确定：

$$k_\mathrm{D} = 2A_2M_2 - k_\mathrm{S} - 2\hat{V}_{20} \tag{5.15}$$

式中，A_2 是稀聚合物溶液的第二维里系数；$\hat{V}_{20}$ 是在零聚合物浓度极限下聚合物的微分比体积；k_S 是在描述聚合物分子摩擦系数的浓度依赖性的系列扩展中线性项的系数。

物理量 $\hat{V}_{20}$ 是已知的，或者可以说是可以充分接近的，Yamakawa（1971）描述的 A_2 的近似理论给出了下面的等式：

$$A_2 = \frac{N_\mathrm{A}Bh_0(\bar{z})}{2} \tag{5.16}$$

$$\bar{z} = \frac{z}{\alpha_\mathrm{S}^3} \tag{5.17}$$

可以利用与 α_S（Yamakawa，1971）的 Yamakawa - Tanaka 表达式一致的 Kurata - Yamakawa 理论来计算物理量 $h_0(\bar{z})$：

$$h_0(\bar{z}) = \frac{0.547 \left[1 - (1 + 3.903\bar{z})^{-0.4683} \right]}{\bar{z}} \tag{5.18}$$

因此，对于给定温度和聚合物分子量的特定聚合物—溶剂体系，如果已知 A 和 B，则可以通过方程（5.6）、方程（5.7）和方程（5.16）至方程（5.18）来计算 A_2。对于 θ 溶液，$A_2 = 0$。

参数 k_S 与摩擦行为有关，在稀溶液区域，摩擦行为包含分子间力和分子内力。许多研究者（Yamakawa，1962；Pyun 和 Fixman，1964；Imai，1969）已经推导了 k_S 的表达式。Yamakawa 理论和 Imai 理论都预测在 θ 温度下 $k_S = 0$。因为 θ 溶液的 $A_2 = 0$，所以方程（5.15）可以写作：

$$k_D = -k_S - 2\hat{V}_{20} \tag{5.19}$$

这种情况下，由 Yamakawa 理论和 Imai 理论得到 $k_D = -2\hat{V}_{20}$，表明在 θ 条件下，聚合物—溶剂扩散应该对浓度有较弱的依赖性，这是因为当 $k_S = 0$ 时 k_D 值约为 $2cm^3/g$。然而，King 等（1973a）的研究数据显示，在 θ 条件下 D 对浓度的依赖性很强。Pyun 和 Fixman 的理论预测 $k_S \neq 0$，因此，尽管这个理论是基于比其他两个理论更不现实的模型，但在这里用到了。

由 Pyun 和 Fixman 理论的修正形式（Vrentas 和 Duda，1976b）得到：

$$k_S = \left[7.16 - K(A_0^*) \right] \frac{4\pi a_0^3 N_A}{3M_2} - \hat{V}_{20} \tag{5.20}$$

$$a_0 = \frac{6^{\frac{1}{2}} \pi^{\frac{1}{2}} A M_2^{\frac{1}{2}} \alpha_S}{16} \tag{5.21}$$

$$A_0^* = \frac{4096z}{72\pi\alpha_S^3} \tag{5.22}$$

$$K(A_0^*) = 24 \int_0^1 \left\{ \frac{2\ln \left[1 + x + (2x + x^2)^{\frac{1}{2}} \right]}{(2x + x^2)^{\frac{1}{2}}} - 1 \right\} x^2 \times \exp \left[-A_0^* (1 - x)^2 (2 + x) \right] dx \tag{5.23}$$

如果已知给定聚合物—溶剂体系的 A、B 和 $\hat{V}_{20}$，那么给定温度、聚合物分子量体系的 k_D 可以通过方程（5.6）、方程（5.7）、方程（5.15）至方程（5.18）和方程（5.20）至方程（5.23）计算得到。图 5.3 中给出了以 $K(A_0^*)$ 为纵坐标、A_0^* 为横坐标的曲线（Vrentas 和 Duda，1979）。

对于 θ 溶剂，方程（5.20）至方程（5.23）给出（Vrentas 等，1980）：

$$k_S = \frac{(2.23) 6^{\frac{1}{2}} \pi^{\frac{5}{2}} N_A A^3 M_2^{\frac{1}{2}}}{512} - \hat{V}_{20} \tag{5.24}$$

这个表达式中的第二项通常比第一项小得多，所以这个理论基本上预测 k_S 正比于 $M_2^{\frac{1}{2}}$。从方程（5.19）和方程（5.24）中可以明显看出，这个理论比 Yamakawa 理论和 Imai 理论允

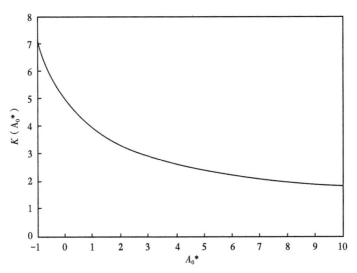

图 5.3　K (A_0^*) —A_0^* 曲线（Vrentas 和 Duda，1979）

其中 K (A_0^*) 由方程（5.23）得出

许的 D 对 θ 溶剂的浓度依赖性更强。Imai（1970）和 Freed（1976）提出了另外的 k_S 理论，但是这些理论对 k_D 的预测不如 Pyun-Fixman 理论的预测效果好（Vrentas 等，1980）。

在图 5.4 和图 5.5（Vrentas 和 Duda，1986）中展示了 25℃下的聚苯乙烯—溶剂体系中 k_D 对分子量和溶剂质量的依赖性（用参数 B 表示）。这些图中的曲线基于 Pyun-Fixman 理论的修正形式。

这些数字表明，k_D 对于 θ 溶剂（$B=0$）总是为负，对于普通溶剂（低 B 值）为负值和正值，对于分子量具有实际意义的良溶剂（高 B 值）来说为正值。低分子量的普通溶剂 k_D 值为负，高分子量的普通溶剂 k_D 值为正。这些理论趋势与 D 的实验数据的报道基本

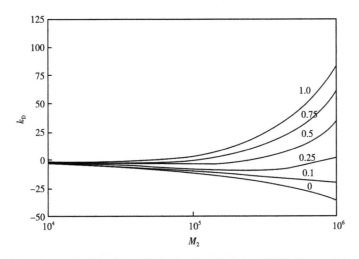

图 5.4　25℃下，低 B 值（中等溶剂）的聚苯乙烯—溶剂体系中 k_D 对 M_2

和 B 的依赖性（Vrentas 和 Duda，1986）

对于 θ 溶剂，$B=0$。每条曲线都标记了值 $B\times10^{27}$

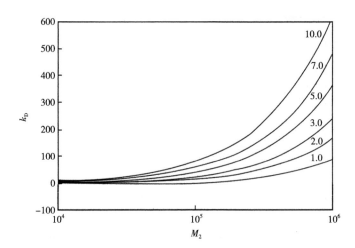

图5.5 25℃下，高 B 值（良溶剂）的聚苯乙烯—溶剂体系中 k_D 对 M_2 和 B 的依赖性(Vrentas 和 Duda，1986) 每条曲线都标记了值 $B \times 10^{27}$

趋于一致。其他地方已经对数据和理论进行了详细的比较（Vrentas 和 Duda，1976b，1979）。King 等（1973a）的聚苯乙烯—环己烷数据、Meyerhoff 和 Nachtigall（1962）的聚苯乙烯—甲苯数据与理论预测相符合，King 等（1973b）的聚苯乙烯—甲基乙基酮数据也与理论形成了比较好的一致性。其他报道的数据与理论并不一致，但需要注意的是，在同一个体系中采用的数据存在分歧。只有获得一致的数据，才能对无限稀释和稀释的聚合物溶液的理论进行定性估算。

图5.6中总结了用于确定已知 ρ_2、T 和 M_2 的特定聚合物—溶剂体系的 D 的预测方案。

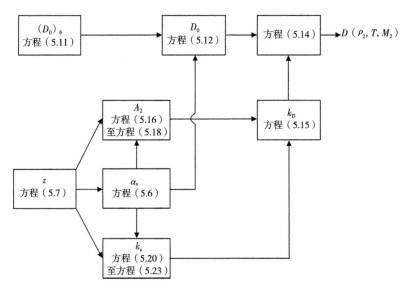

图5.6 对用于给定 ρ_2、T、M_2 的无限稀释和稀释溶液的聚合物—溶剂体系 D 预测方案的总结（Vrentas 和 Duda，1979）

假设已知参数 A、B 和性质 μ、$\hat{V}_{20}$

这里介绍的物质仅适用于线型柔性链聚合物，因为这类聚合物的双参数理论已经充分发展，可以合理分析稀释聚合物溶液中的一些重要过程。相比之下，支链和环状聚合物以及刚性链体系中的统计力学十分复杂（Yamakawa，1971），因此可获得的信息较少。

5.5　聚合物浓溶液中的扩散—自扩散的自由体积理论

5.2 节中，密度为 ρ_2 的聚合物溶液，当其浓度范围在 $\rho_2^* < \rho_2 < \rho_2^{\#}$ 时被定性为半稀释溶液，当 $\rho_2 > \rho_2^{\#}$ 时为浓溶液。对于 $\rho_2 > \rho_2^*$，聚合物链发生重叠，可能也会发生聚合物链的纠缠。因此，对于良溶剂来说，Graessley（1980）进一步将半稀释区域细分为两个区域，即半稀释但聚合物链不纠缠区域和半稀释但聚合物链纠缠区域，将浓溶液区域也进一步细分为两个区域，即浓溶液但聚合物链不纠缠区域和浓溶液且聚合物链纠缠区域。当半稀释区域和浓溶液区域的聚合物链发生纠缠时，会产生网络特征的协同动态模式，因此，可以将聚合物溶液描绘成这些区域中的暂态网络结构。

因为存在复杂的分子间和分子内相互作用和多自由度，半稀释区域和浓溶液区域的传质过程太过复杂，以至于无法通过分子动力学来严格分析。在半稀释区域，可以通过定标律（de Gennes，1979）来分析扩散传递过程，该定律可以用来预测在高聚物分子量极限下遵循各种扩散系数的简单的幂定律关系中的指数。然而，还不能说有一个可靠的理论可以用于预测半稀释区域二元互扩散系数的值。由于半稀释区域覆盖了一个相对较小的浓度区间，因此应该可以通过在无限稀释区域和稀释区域的结果之间进行插值，以及对聚合物链尺寸无扰的浓缩区域的预测，来估算半稀释区域中的 D。

由于聚合物链之间的强相互作用，必须通过近似分子理论分析浓缩区域的扩散传递。某些场合中已经简要地讨论且引用过一些这样的近似理论（Vrentas 和 Duda，1979，1986）。这里并不考虑这些，因为看来最有用的近似分子基础理论是扩散的自由体积理论。该理论基于对聚合物—溶剂体系中自扩散过程的过简化分子视图，但它确实为聚合物和溶剂自扩散系数的预测和相关性提供了实用的基础。当然，由扩散的自由体积理论预测的 D_1 和 D_2 值，在某种程度上一定与由浓度梯度驱动的传质过程分析中需要的参数互扩散系数 D 相关联。一系列的文献中已经讨论了自由体积理论（Vrentas 和 Duda，1977a，1977b；Vrentas 和 Vrentas，1993a，1994a，1994b，1998a）。

5.5.1　橡胶态聚合物—溶剂体系的体积行为

扩散的自由体积理论的发展过程中有两个重要的方面：第一个是体系中多种体积的定义；第二个是自扩散系数和可进行分子传递的物质中自由体积之间关系的构建。扩散的自由体积理论基于这样的前提，即单一组分或混合物中的比体积由占用量、间质自由体积和孔自由体积 3 种不同的体积分量构成。纯的无定形聚合物的这些体积如图 5.7 所示。这 3 种体积的性质现在用于描述橡胶态聚合物—溶剂体系的性质。

（1）组分 I 的占用比体积定义为等于 $\hat{V}_1^0(0)$，即在 0K 时纯平衡液体组分 I 的比体积。这个物理量的值可以通过 Haward（1970）讨论过的方法进行估算。对于聚合物液体，假设 $\hat{V}_2^0(0)$ 与聚合物分子量无关。

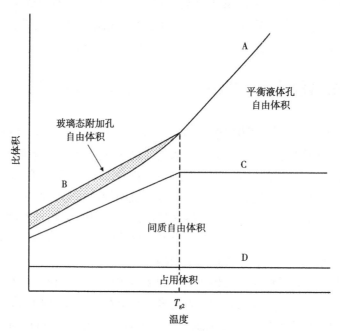

图 5.7　用于纯的无定形聚合物的特定体积分量（Vrentas 和 Duda，1986）

A—平衡液体体积；B—非平衡液体或玻璃态体积；C—占用体积和间隙体积之和；D—占用体积

（2）随着温度从 0K 开始上升，聚合物—溶剂体系的体积会有所增加。部分体积增加是由于再分配能量较大，造成间隙自由体积增加，间隙自由体积是一种在给定物质分子中均匀分布的自由体积的类型。由于非简谐振动的幅度随着温度升高而增加，材料的均匀膨胀导致了间隙自由体积的增加。低温时，大部分热膨胀是由分子运动的振动部分的非简谐性造成的。随着温度的进一步升高，任意时刻不连续分布在物质上的孔或空穴造成了部分体积的增加。与孔的不连续分布相关联的自由体积称为孔自由体积，且假定该自由体积可以重新分配且不增加能量。由于孔自由体积可以被重新分配且不造成能量改变，因此可用在分子传递过程中，形成了自扩散过程的自由体积理论。

（3）液体聚合物的体积膨胀可以由 α_2（平衡液体聚合物的热膨胀系数）和 α_{c2}（平衡液体聚合物的特定占据体积和特定间隙自由体积总和的热膨胀系数）来表示。如果 $\hat{V}_2^0$ 是纯平衡液体聚合物的比体积，且 $\hat{V}_{FI2}$ 是平衡液体聚合物的特定间质自由体积，则热膨胀系数 α_2 和 α_{c2} 可以定义为：

$$\frac{\partial \ln \hat{V}_2^0}{\partial T} = \alpha_2 \tag{5.25}$$

$$\frac{\partial \ln [\hat{V}_{FI2} + \hat{V}_2^0(0)]}{\partial T} = \alpha_{c2} \tag{5.26}$$

同时，平衡液体聚合物的特定孔自由体积 $\hat{V}_{FH2}$ 可以按方程（5.27）定义：

$$\hat{V}_{FH2} = \hat{V}_2^0 - \left[\hat{V}_{FI2} + \hat{V}_2^0(0)\right] \tag{5.27}$$

Turnbull 和 Cohen（1961）建议，物质的玻璃态转变温度可以是热膨胀过程中加入的大部分体积自由重新分布的近似温度，因此可以看作孔自由体积。因此，可以假定扩散系数 α_{c2} 基本上恒定在纯聚合物的玻璃态转变温度 T_{g2} 以下，但是因为所有的添加自由体积基本上在 $T>T_{g2}$ 时都是孔自由体积，所以在接近 T_{g2} 时快速降到0。因此，可以在温度为 T_{g2} 时将 α_{c2} 的温度依赖性近似为阶跃变化：

$$\alpha_{c2} = \text{constant}, \quad T < T_{g2} \tag{5.28}$$

$$\alpha_{c2} = 0, \qquad T > T_{g2} \tag{5.29}$$

可以认为在所研究的通常的温度范围内扩散系数 α_2 是常数。因此，对于 $T>T_{g2}$，对方程（5.25）从 $T=T_{g2}$ 到 $T=T$ 进行积分可得到如下结果：

$$\hat{V}_2^0(T) = \hat{V}_2^0(T_{g2})\exp\left[\alpha_2(T-T_{g2})\right] = \hat{V}_2^0(T_{g2})\left[1+\alpha_2(T-T_{g2})\right] \tag{5.30}$$

其中，指数级展开式中的高阶项已经删除。另外，对方程（5.26）从 $T=T_{g2}$ 到 $T=T$ 进行积分［通过方程（5.29）］可得：

$$\hat{V}_{FI2}(T) + \hat{V}_2^0(0) = \hat{V}_{FI2}(T_{g2}) + \hat{V}_2^0(0) \tag{5.31}$$

因此，结合方程（5.27）、方程（5.30）和方程（5.31）可得到聚合物特定孔自由体积的计算式：

$$\hat{V}_{FH2} = K_{12}(K_{22} + T - T_{g2}), \quad T > T_{g2} \tag{5.32}$$

$$K_{12} = \hat{V}_2^0(T_{g2})\alpha_2 \tag{5.33}$$

$$K_{22} = \frac{f_{H2}^G}{\alpha_2} \tag{5.34}$$

$$f_{H2}^G = \frac{\hat{V}_{FH2}(T_{g2})}{\hat{V}_2^0(T_{g2})} \tag{5.35}$$

式中，f_{H2}^G 是玻璃态转变温度 T_{g2} 下的聚合物孔自由体积分数；K_{12} 和 K_{22} 是聚合物的自由体积参数。

对溶剂也可以进行等效分析，可得到如下的自由体积方程：

$$\hat{V}_{FH1} = K_{11}(K_{21} + T - T_{g1}), \quad T > T_{g1} \tag{5.36}$$

$$K_{11} = \hat{V}_1^0(T_{g1})\alpha_1 \tag{5.37}$$

$$K_{21} = \frac{f_{H1}^G}{\alpha_1} \tag{5.38}$$

$$f_{H1}^G = \frac{\hat{V}_{FH1}(T_{g1})}{\hat{V}_1^0(T_{g1})} \tag{5.39}$$

（4）聚合物—溶剂体系中的自扩散自由体积理论适用于温度 T 高于聚合物玻璃态转变温度 T_{g2} 情况，以及在 $T_{g2}>T>T_{gm}$ 情况下的橡胶态聚合物—溶剂混合物，其中 T_{gm} 是玻璃态聚合物—溶剂混合物在特定渗透剂质量分数下的转变温度。对于 $T>T_{g2}$ 的情况，方程（5.32）和方程（5.36）可以用来计算聚合物—溶剂混合物分别的孔自由体积。对于 $T_{g2}>T>T_{gm}$ 的情况，方程（5.36）仍然是正确的，这是因为渗透剂的玻璃态转变温度通常较低，所研究的温度通常比 T_{g1} 大。然而，对于聚合物来说，α_{c2} 在这个温度范围内不为零，因此方程（5.25）和方程（5.26）的积分过程就得到了如下的特定孔自由体积的表达式（所有的小项都忽略掉）（Vrentas 和 Vrentas，1994b）：

$$\hat{V}_{FH2} = \hat{V}_2^0(T_{g2})\left[f_{H2}^G - (\alpha_2 - \alpha_{c2})(T_{g2}-T)\right],\quad T_{g2} > T > T_{gm} \tag{5.40}$$

因此，方程（5.36）和方程（5.40）可以用来计算 $T_{g2}>T>T_{gm}$ 范围内的特定孔自由体积。通过方程（5.26）、方程（5.27）和方程（5.35）可以合理地估算 α_{c2} 得到如下结果：

$$\alpha_{c2} = \frac{\ln\left[\dfrac{\hat{V}_2^0(T_{g2})(1-f_{H2}^G)}{\hat{V}_2^0(0)}\right]}{T_{g2}} \tag{5.41}$$

（5）如果假定聚合物和溶剂的微分比体积与组成无关，混合时体积就不变，因此该理论便可以简化。聚合物—溶剂的平衡液体混合物的比体积 $\hat{V}$ 可以通过方程（5.42）计算：

$$\hat{V} = w_1\hat{V}_1^0 + w_2\hat{V}_2^0 \tag{5.42}$$

式中，$\hat{V}_1^0$ 是纯溶剂的比体积；$\hat{V}_2^0$ 是纯平衡液体聚合物的比体积。

因为可以合理预期当两个组分混合时，发生的任何可能的体积变化都是由体系中的孔自由体积造成的，所以也可以假定特定占据体积和特定间隙自由体积之和形成的体积具有可加性。另外，因为混合物中的多个跳跃单元可以利用相同的孔自由体积，因此必须引入重叠因子。因此，混合物的平均特定孔自由体积 $\hat{V}_{FH}$ 可以通过方程（5.43）表示：

$$\frac{\hat{V}_{FH}}{\gamma} = w_1\frac{\hat{V}_{FH1}}{\gamma_1} + w_2\frac{\hat{V}_{FH2}}{\gamma_2} \tag{5.43}$$

式中，γ 表示混合物的平均重叠因子；γ_I 表示纯组分 I 的孔体积的重叠因子。假设与混合物中组分 I 相关的自由体积的重叠因子与组分 I 观察到的相同。通过为 $\hat{V}_{FH1}$［方程（5.36）］和 $\hat{V}_{FH2}$［$T_{g2}>T>T_{gm}$ 时用方程（5.40），$T>T_{g2}$ 时用方程（5.32）］代入合适的表达式，方程（5.43）可以用来计算 $T>T_{gm}$ 时橡胶态聚合物—溶剂混合物的特定孔自由体积。

5.5.2　玻璃态聚合物—溶剂体系的体积行为

对于温度低于 T_{gm} 的情况，聚合物处于玻璃态而不是橡胶态，因此，要计算玻璃态孔自由体积（$T<T_{gm}$）必须要使用不同的步骤。现在详细介绍这些步骤。

（1）对于 $T<T_{gm}$ 的情况，与溶剂和玻璃态聚合物相关的所有的体积在任何浓度下都是添加物。

（2）对于 $T<T_{gm}$ 的情况，在给定的浓度下，聚合物—溶剂体系以不平衡液相结构存在。假定在涉及聚合物—溶剂体系的任何传递过程中，除非浓度和（或）温度水平改变，否则该结构一直不变。

（3）可以合理地用线性近似预测，T_{gm} 大体上与 T_{g2} 的浓度依赖性是相关的：

$$T_{gm} = T_{g2} - \overline{A}w_1 \qquad (5.44)$$

系数 $\overline{A}$ 取决于用于降低给定聚合物的玻璃态转变温度的渗透剂的性质。$\overline{A}$ 可以通过实验得到 T_{gm}/w_1 值来确定，或者通过 Chow's（1980）的反映 T_{gm} 对 w_1 依赖性的近似理论表达式来确定。

（4）对于玻璃态聚合物—溶剂体系，用方程（5.45）替代方程（5.43）：

$$\frac{\hat{V}_{FH}}{\gamma} = w_1 \frac{\hat{V}_{FH1}}{\gamma_1} + w_2 \frac{\hat{V}_{FH2g}}{\gamma_2} \qquad (5.45)$$

其中，$\hat{V}_{FH2g}$ 是任何低于 T_{gm} 温度下的玻璃态聚合物的特定孔自由体积。因为所研究的温度比 T_{g1} 大，所以方程（5.36）在 $T>T_{g1}$ 时是正确的，可以用来计算所有 $T<T_{gm}$ 时的 $\hat{V}_{FH1}$。然而，对于 $T<T_{gm}$ 的情况，必须要导出一个表达式［见方程（5.54）］。

（5）对于常规的传递过程，因为存在 T 的非平衡液体（玻璃态）结构，所以不可能观察到温度低于 T_{gm} 的平衡液体结构。由于已经假定玻璃态聚合物—渗透剂混合物的形成使得在每个温度和浓度下具有体积相加性，因此可以使用方程（5.42）的修正形式来计算混合物的比体积：

$$\hat{V} = w_1 \hat{V}_1^0 + w_2 \hat{V}_{2g}^0 \qquad (5.46)$$

式中，$\hat{V}_{2g}^0$ 是在 T_{gm} 以下的某个温度下，用于形成非平衡混合物的玻璃态聚合物的适当比体积。

（6）因为玻璃态聚合物的性质与形成历史有关，所以方程（5.46）所需的 $\hat{V}_{2g}^0$ 值取决于玻璃态聚合物—溶剂体系的形成过程。形成玻璃态聚合物—溶剂混合物的一种合理的方法是：首先，在高于 T_{gm} 的某个温度下混合组分，然后使用常规的实验时间尺度将混合物冷却至低于 T_{gm} 的温度。当然，还有其他实验上可行的制备这种聚合物混合物的方法。然而，这里假设样品制备历史的确切性质在计算玻璃态聚合物的性质时是次要的。

（7）无定形聚合物的体积—温度特性如图 5.8 所示（Vrentas 等，1988）。图 5.8 表示纯平衡液体聚合物、纯玻璃态聚合物和聚合物与渗透剂混合物中的玻璃态聚合物的体积对温度的曲线。玻璃态聚合物的体积膨胀可以用 α_{2g}（玻璃态聚合物的热膨胀系数）和 α_{c2g}（玻璃态聚合物的特定占据体积和特定间隙自由体积总和的热膨胀系数）来描述。假设用于计算温度低于 T_{gm} 的体积性质（其中，组合聚合物—溶剂体系是玻璃态）的 α_{2g} 值与当冷却到 T_{g2} 以下时纯聚合物的玻璃态所测量的值相同。玻璃态的热扩散系数定义为：

$$\frac{\partial \ln \hat{V}_{2g}^0}{\partial T} = \alpha_{2g} \qquad (5.47)$$

$$\frac{\partial \ln(\hat{V}_{FI2g} + \hat{V}_{2g0})}{\partial T} = \alpha_{c2g} \tag{5.48}$$

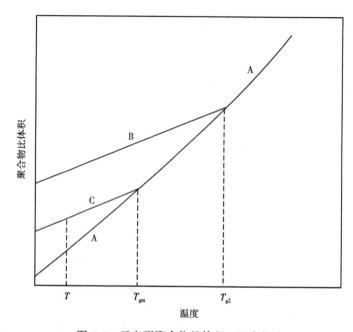

图 5.8　无定形聚合物的体积—温度行为

A—纯平衡液体的体积；B—纯玻璃态聚合物的体积；C—聚合物和渗透剂混合物中玻璃态聚合物的体积

式中，$\hat{V}_{FI2g}$ 是玻璃态聚合物的特定间隙自由体积；$\hat{V}_{2g0}$ 是玻璃态聚合物的特定占据体积。

假设 α_{2g} 和 α_{c2g} 在所研究的温度范围内是常数。另外，$\hat{V}_{FH2g}$ 可以通过方程（5.49）来计算：

$$\hat{V}_{FH2g} = \hat{V}_{2g}^0 \quad (\hat{V}_{FI2g} + \hat{G}_{2g0}) \tag{5.49}$$

并且，对于在(6)中提到的简单的玻璃态聚合物—溶剂混合物的形成历史，对方程（5.47）从 T_{gm} 至 T 进行积分可以得到：

$$\hat{V}_{2g}^0 = \hat{V}_2^0(T_{gm})[1 + \alpha_{2g}(T - T_{gm})] \tag{5.50}$$

对方程（5.25）从 T_{g2} 到 T_{gm} 进行积分可得：

$$\hat{V}_2^0(T_{gm}) = \hat{V}_2^0(T_{g2})[1 - \alpha_2(T_{g2} - T_{gm})] \tag{5.51}$$

如果忽略高级项，结合方程（5.44）、方程（5.50）和方程（5.51），可以得到任意低于 T_{gm} 温度下的 $\hat{V}_{2g}^0$ 的表达式（Vrentas 等，1988）：

$$\hat{V}_{2g}^0 = \hat{V}_2^0(T_{g2})[1 + \alpha_{2g}(T - T_{g2} + \overline{A}w_1) - \overline{A}\alpha_2 w_1] \tag{5.52}$$

与 $T > T_{gm}$ 时假设 $\hat{V}_{2g}^0$ 与浓度不相关不一样，显然 $\hat{V}_{2g}^0$ 是依赖于溶剂浓度的。

（8）对方程（5.47）和方程（5.48）从 T_{gm} 到 T 进行积分，并利用方程（5.30）、方程（5.40）和方程（5.49），当忽略小项之后可以得到 $\hat{V}_{FH2g}$ 的如下结果：

$$\hat{V}_{FH2g} = \hat{V}_2^0(T_{g2})\left[F_{H2}^G + (\alpha_2 - \alpha_{c2})(T_{gm} - T_{g2}) + (\alpha_{2g} - \alpha_{c2g})(T - T_{gm})\right] \tag{5.53}$$

将方程（5.44）代入方程（5.53）可得（Vrentas 和 Vrentas，1994b）：

$$\hat{V}_{FH2g} = \hat{V}_2^0(T_{g2})\left[f_{H2}^G - w_1\overline{A}(\alpha_2 - \alpha_{2g} + \alpha_{c2g} - \alpha_{c2}) + (\alpha_{2g} - \alpha_{c2g})(T - T_{g2})\right],\quad T < T_{gm} \tag{5.54}$$

对于 $T<T_{gm}$ 的情况，方程（5.36）、方程（5.45）和方程（5.54）可以用来计算玻璃态聚合物—溶剂体系中的可用孔自由体积。

5.5.3　自扩散系数方程式的构建

扩散的自由体积理论基于构建自扩散系数 D_1、D_2，与可获得的分子传递过程中的平均特定孔自由体积 $\hat{V}_{FH}/\gamma$ 之间的合理关系。由于已经建立了不同类型体积的定义，现在有可能通过利用 Cohen 和 Turnbull（1955）的自适应理论的修正形式，来构建聚合物—溶剂混合物中自扩散的自由体积理论。这里假定每种物质的间质自由体积均匀分布在该特定组分的分子中。通常也假定分子类型的差异不会偏离混合物分子间孔自由体积的随机分布。然而，正如后续会介绍到的那样，有时也会排除这种假设。自扩散过程取决于分子将获得足够的能量，以克服将其保持到相邻的吸引力的概率；还有局部密度的波动将产生足够大的孔的概率，以便于分子能够跳跃以至于扩散。

Cohen 和 Turnbull（1959）、Macedo 和 Litovitz（1965）、Chung（1966）的实验结果表明，可以用方程（5.55）来描述聚合物—溶剂体系溶剂的自扩散系数 D_1（Vrentas 和 Duda，1977a）：

$$D_1 = \overline{D}_{01}\exp\left(-\frac{E_1}{RT}\right)\exp\left(-\frac{\gamma\overline{V}_1^*}{\overline{V}_{FH1}}\right) \tag{5.55}$$

式中，$\overline{V}_{FH1}$ 是液体中每个溶剂跳跃单元的平均孔自由体积；$\overline{V}_1^*$ 是一个溶剂跳跃单元跳跃到新位置所需的临界局部孔自由体积；E_1 是每摩尔溶剂分子克服将其吸引到相邻位置分子的吸引力所需要的能量；$\overline{D}_{01}$ 是指前因子，它是比指数项弱很多的温度的函数。

对于大多数溶剂来说，可以假设整个溶剂分子是溶剂自扩散的跳跃单元。只有非常长的柔性链溶剂才能使渗透剂在聚合物中分段扩散。因此，可以预期大多数溶剂将作为单个单元跳跃（Vrentas 等，1996）。对于聚合物的自扩散过程，聚合物跳跃单元仅仅是聚合物链的一小部分。聚合物跳跃单元的尺寸是聚合物的固有性质，并且不受溶剂尺寸和形状的影响。

通过简单直接的分析可以表达（Vrentas 和 Duda，1977a）：

$$\frac{\overline{V}_1^*}{\overline{V}_{FH1}} = \frac{w_1\hat{V}_1^* + w_2\xi\hat{V}_2^*}{\hat{V}_{FH}} \tag{5.56}$$

其中，$\hat{V}_1^*$ 是组分 1 进行一次跳跃所需要的特定孔自由体积，ξ 定义如下（Vrentas 等，1996）：

$$\xi = \frac{\widetilde{V}_1^*}{\widetilde{V}_2^*}\psi \tag{5.57}$$

式中，$\widetilde{V}_1^*$ 是一次跳跃中所需要的每摩尔溶剂跳跃单元的临界孔自由体积（通常为单独的溶剂分子）；$\widetilde{V}_2^*$ 是一次跳跃中所需要的每摩尔聚合物的临界孔自由体积（小部分的聚合物分子）。

本章后面会讨论涉及不同分子种类对孔自由体积分布影响的参数 ψ。

能量 E_1 可以是溶剂质量分数的函数，因为随着溶剂浓度变化，溶剂分子暴露于不同的环境中（Vrentas 和 Chu，1987a；Vrentas 和 Vrentas，1993a）。这种浓度依赖性可以大致上考虑通过 E_{1p} 和 E_{1s} 来估算。对于溶剂质量分数在 0~0.9 范围内，因为在此浓度范围内聚合物分子的域重叠，所以溶剂分子的周围环境类型基本相同。因此，从 $w_1 = 0$ 到 $w_1 = 0.9$，E_1 应该变化很小，D_1 可以用 E_1 的一个重要的常数值来计算，这个常数值可以记为 E_{1p}。当接近纯溶剂极限时，溶剂分子的周围环境随着聚合物分子变得稀少而变化，并且通常在 $w_1 = 1$ 附近 E_1 会有显著的变化。在纯溶剂极限下，可能有不同的 E_1 值，这个值可以表示为 E_{1s}。因此，D_1 的表达式中的指前因子和能量项可以写作：

$$\overline{D}_{01}\exp\left(-\frac{E_1}{RT}\right) = \overline{D}_{01}\exp\left(-\frac{E_{1s}}{RT}\right)\exp\left(-\frac{E_1^*}{RT}\right) \tag{5.58}$$

其中，在浓聚合物区域内，$E_1^* = E_{1p} - E_{1s}$，并且对于 $w_1 = 1$，$E_1^* = 0$。同时，可以通过近似引入新的基本上恒定的指前因子 D_{01}。

$$D_{01} \approx \overline{D}_{01}\exp\left(-\frac{E_{1s}}{RT}\right) \tag{5.59}$$

因为对于典型的溶剂，E_{1s} 通常不大，所以假设在中等温度范围内方程（5.59）的右侧变化很小。将上述结果并入方程（5.55）可得：

$$D_1 = D_{01}\exp\left(-\frac{E_1^*}{RT}\right)\exp\left[-\frac{w_1\hat{V}_1^* + w_2\xi\hat{V}_2^*}{\hat{V}_{FH}/\gamma}\right] \tag{5.60}$$

采用相似的分析方法可以得到关于整个聚合物分子的自扩散系数 D_2 的如下结果（Vrentas 和 Duda，1977a）：

$$D_2 = \frac{D_{02}}{(N^*/N)M_2}\exp\left(-\frac{E_2^*}{RT}\right)\exp\left(-\frac{w_1\hat{V}_1^* + w_2\xi\hat{V}_2^*}{\xi\hat{V}_{FH}/\gamma}\right) \tag{5.61}$$

式中，M_2 是聚合物的分子量；N 是聚合物分子中自由定向链段的数量；N^* 是每个聚合物链中的有效链段数量。

能量 E_2^* 的引入方法与能量 E_1^* 的引入方法一致。在推导方程（5.61）的过程中，有必要考虑到聚合物分子不作为单独单元移动（链的小部分从一个位置移动到另一个位置），对于缠结链，考虑到较大链的拖曳作用，N^* 是一个比 N 大的数值。对于没有缠结的链，$N^*/N=1$ 且 $D_2 \propto 1/M_2$。对于方程（5.61）的推导，是基于 Bueche（1962）的分析。

5.5.4 D_1 预测方法的建立

总体上来说，可以通过 D_1 和 D_2 决定 D。5.6 节中展示了二元聚合物—溶剂体系中关联 D 和 D_1 的基本方法，因此这里只讨论预测 D_1 的方法。此处给出的 D_1 的预测方法并没有使用扩散数据来预测 D_1 的理论表达式的参数（虽然在参数估算中使用了其他的实验数据）。对于所研究的聚合物来说，可以合理假设获得 α_2、α_{2g}、T_{g2}、$\hat{V}_2^0(T_{g2})$ 和 WLF 参数，即 $(C_1^g)_2$ 和 $(C_2^g)_2$（Ferry，1980），且 $\bar{A}$ 可以用方程（5.44）确定。下面详述的步骤可以用来确定自由体积参数 D_{01}、E_1^*、f_{H2}^G、K_{11}/γ_1、$K_{21}-T_{g1}$、K_{12}、K_{22}、$\hat{V}_1^*$、$\hat{V}_2^*$、α_{c2}、α_{c2g}、γ_2 和 ξ。

（1）假设跳跃所需的特定孔自由体积等于相应的占据体积。

$$\hat{V}_1^* = \hat{V}_1^0(0) \tag{5.62}$$

$$\hat{V}_2^* = \hat{V}_2^0(0) \tag{5.63}$$

OK 时，$\hat{V}_1^0(0)$ 和 $\hat{V}_2^0(0)$ 的平衡液体的体积可以通过 Haward（1970）所讨论的步骤来确定。

（2）可以用 WLF 常数估算 K_{12}/γ_2 和 K_{22}（Duda 等，1982）：

$$\frac{K_{12}}{\gamma_2} = \frac{\hat{V}_2^*}{2.303(C_1^g)_2(C_2^g)_2} \tag{5.64}$$

$$K_{22} = (C_2^g)_2 \tag{5.65}$$

因此，可以使用方程（5.34）和从方程（5.65）中获得的 K_{22} 值来确定 f_{H2}^G。

$$f_{H2}^G = \alpha_2 K_{22} \tag{5.66}$$

同时，方程（5.33）也可以写作：

$$\gamma_2 - \frac{\hat{V}_2^0(T_{g2})\alpha_2}{K_{12}/\gamma_2} \tag{5.67}$$

因此，由方程（5.64）计算得来的 K_{12}/γ_2 值可以代入方程（5.67），得到 γ_2，从而可得到 K_{12}。

（3）Vrentas 和 Vrentas（1998a）描述的步骤可以利用纯溶剂的黏度—温度数据和密度—温度数据来确定 D_{01}、K_{11}/γ_1 和 $K_{21}-T_{g1}$。

（4）可以用方程（5.41）计算膨胀系数 α_{c2}。假设温度低于 T_{g2} 时膨胀系数 α_{c2g} 是常数，且可以从方程（5.68）中得出：

$$\frac{\alpha_{c2g}}{\alpha_{c2}} = \left(\frac{\alpha_{2g}}{\alpha_2}\right)_{T=T_{g2}} \tag{5.68}$$

方程（5.68）基于如下假设：冷却温度低于 T_{g2} 的玻璃态聚合物的过程仅仅是冷却温度低于 T_{g2} 的平衡液态聚合物的缓慢形式。

（5）可以通过 Vrentas 和 Vrentas（1998a）给出的聚合物—溶剂体系的能量相关性确定 E_1^*。E_1^* 值取决于聚合物和溶剂的溶解度参数以及溶剂的摩尔体积。由于某些不确定因素，在接近于纯溶剂极限时 D_1 的浓度依赖性是不确定的，因为随着 $w_1 \to 1$，E_1^* 值从 $E_1^* = E_{1p} - E_{1s}$ 变到 $E_1^* = 0$，并且该理论并没有说明这种变化是如何发生的。然而，由于 E_1^* 通常不是一个很大的参数，因此 D_1 中的不确定性相对较小。

（6）运用考虑溶剂分子纵横比的理论，即基于几何分子形状的描述来估算参数 ξ（Vrentas 等，1996）。由于只有非常长的柔性链溶剂应该呈现分段运动，因此假定所研究的渗透剂作为单个单元跳跃。ξ 理论放弃了二元混合物中分子种类的性质不影响孔自由体积随机分布的假设，而是考虑自扩散过程中溶剂尺寸效应的更通用的分析。因为与混合物和溶剂跳跃单元相关的平均孔自由体积是不同的，已经表明（Vrentas 等，1996），ξ 由方程（5.69）给出：

$$\xi = \frac{\xi_L}{1 + \xi_L \left(1 - \dfrac{\widetilde{A}}{\widetilde{B}}\right)} \tag{5.69}$$

$$\xi_L = \frac{\widetilde{V}_1^0(0)}{\widetilde{V}_2^*} \tag{5.70}$$

式中，$\widetilde{V}_1^0$ 是 0K 时平衡液体的摩尔体积；$\widetilde{B}/\widetilde{A}$ 是溶剂分子的高宽比。

可以使用 Jurs 教授及其在宾夕法尼亚州立大学化学学院（Rohrbaugh 和 Jurs，1987）的研究团队开发的 ADAPT 软件包计算很多渗透剂的这种高宽比，并且可以使用由 Haward 团队贡献的总结方法来估算 $\widetilde{V}_1^0$（0）值。因为聚合物跳跃单元的尺寸是未知的，所以不能直接计算完成一次跳跃所需的每摩尔聚合物跳跃单元的临界孔自由体积 $\widetilde{V}_2^*$。然而，因为 $\widetilde{V}_2^*$ 与溶剂的性质无关，所以它是聚合物的固有性质。因此，可以通过利用某一单一溶剂上收集的扩散数据来确定特定聚合物的 $\widetilde{V}_2^*$ 值。

由于当第一种溶剂在特定聚合物中扩散时仅需要确定一个参数即 $\widetilde{V}_2^*$，因此扩散的自由体积理论的当前形式是半预测性的。然而，该理论可以预测所有其他溶剂在相同聚合物中的扩散，因为一旦确定聚合物的 $\widetilde{V}_2^*$，就不需要其他扩散数据来确定其他溶剂的 D_1 值。4 种聚合物的 $\widetilde{V}_2^*$ 值详见表 5.3。

表 5.3　4 种聚合物的 $\widetilde{V}_2^*$ 值（Vrentas 和 Vrentas，1998a）

聚合物	$\widetilde{V}_2^*$（cm³/mol）
聚乙酸乙烯酯	88.8
聚苯乙烯	135
聚甲基丙烯酸甲酯	135
聚对甲基苯乙烯	345

Vrentas 和 Vrentas（1998a）已经提出预测 D_1 参数的详细步骤。应当注意，许多研究聚合物、溶剂和溶剂—聚合物体系扩散和流动的文献中都可以查到各种聚合物和溶剂的自由体积参数和溶剂。但是，因为必须要对导出的自由体积参数值的质量进行估算后才能进行汇编，所以本节的目的并不是对现有的这些结果进行总结。

5.5.5　对于 D_1 的预测

在浓溶液区，可以通过传递的自由体积理论预测 D_1。如果双能量法能够完善地描述纯溶剂极限附近 D_1 的浓度依赖性，则在整个浓度区间内皆可利用双能量法。如上所述，除非已知某种特定聚合物的 $\tilde{V}_2^*$ 值，目前的自由体积理论的形式还只是一个预测性质的理论。Vrentas 和 Vrentas（1994a，1994b）对橡胶态聚合物—溶剂体系、橡胶态和玻璃态聚合物—溶剂体系的自扩散系数的理论预测与实验数据进行了比较。总体上来说，理论和实验数据基本上一致。因为 ξ 和 E_1^* 是基于一小部分扩散数据确定的，所以这些图中展示的理论预测实际上是基于半预测图。然而，因为通过理论预测方法所算得的 ξ 和 E_1^* 通常与通过实验数据所算得的具有较好的一致性，所以当使用所提出的预测方法来计算 ξ 和 E_1^* 时，在理论预测数据和实验获取数据之间应该有较好的一致性。

由图 5.9 中甲苯—聚苯乙烯体系和图 5.10 中乙苯—聚苯乙烯体系的实验数据可知，低溶剂浓度情况下，D_1 有着较强的浓度依赖性和温度依赖性。在这里研究趋近 $w_1=0$ 时的 D_1 的强浓度依赖性很有意义，并且还需要研究一下在什么情况下浓度依赖性会大大减弱。对于橡胶态聚合物—溶剂体系，方程（5.43）可以写作以下形式：

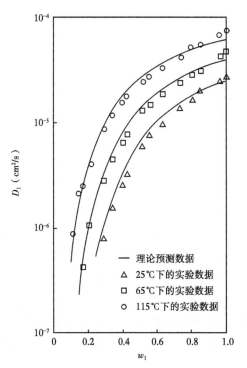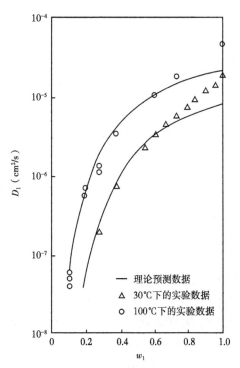

图 5.9　甲苯—聚苯乙烯体系中 D_1 的浓度依赖性　　图 5.10　乙苯—聚苯乙烯体系中 D_1 的浓度依赖性

$$\frac{\hat{V}_{FH}}{\gamma} = w_1 \hat{V}_{FH}(1) + w_2 \hat{V}_{FH}(0) \tag{5.71}$$

其中，$\hat{V}_{FH}(0)$ 是温度为 T 时纯聚合物的有效特定孔自由体积（$w_1=0$）；$\hat{V}_{FH}(1)$ 是温度为 T 时纯溶剂（$w_1=1$）的有效❶特定孔自由体积（Vrentas 和 Chu，1987a）。可知：

$$\frac{\partial(\hat{V}_{FH}/\gamma)}{\partial w_1} = \hat{V}_{FH}(1) - \hat{V}_{FH}(0) > 1 \tag{5.72}$$

因为通常来说，溶剂比聚合物有更多的孔自由体积。对于方程（5.60），除接近 $w_1=1$ 的情况外，都可以假设能量 E_1^* 与组分无关。

因此，对方程（5.60）进行积分且引入方程（5.71），可以得到方程（5.72），该式适用于除接近于 $w_1=1$ 外的所有情况：

$$\frac{\partial \ln D_1}{\partial w_1} = \frac{\xi \hat{V}_2^* \hat{V}_{FH}(1) - \hat{V}_1^* \hat{V}_{FH}(0)}{(\hat{V}_{FH}/\gamma)^2} \tag{5.73}$$

因此，橡胶态聚合物—溶剂体系还存在如下关系（Vrentas 和 Vrentas，1994b）：

$$\frac{\partial \ln D_1}{\partial w_1} = \frac{\hat{V}_1^*\left[\frac{\xi \hat{V}_2^*}{\hat{V}_1^*}\hat{V}_{FH}(1) - \hat{V}_{FH}(0)\right]}{(\hat{V}_{FH}/\gamma)^2} \tag{5.74}$$

$$\left(\frac{\partial \ln D_1}{\partial w_1}\right)_{w_1=0} \frac{V_1^*}{V_{FH}(0)}\left[\frac{\xi V_2^*}{V_1^*}\frac{V_{FH}(1)}{V_{FH}(0)} - 1\right], \quad T > T_{g2} \tag{5.75}$$

对于典型的聚合物和像乙苯这样相当大的溶剂而言，$\hat{V}_{FH}(1)$ 明显大于 $\hat{V}_{FH}(0)$，$\hat{V}_1^* \approx \hat{V}_2^*$，$\hat{V}_{FH}(0) \ll \hat{V}_1^*$，$\xi$ 通常是 0.5 级或更大（Vrentas 等，1996）。因此，在特定温度 T 下，E_1^* 在超过一定的浓度范围时是常数，由方程（5.74）可得：

$$\frac{\partial \ln D_1}{\partial w_1} > 0 \tag{5.76}$$

同时，由方程（5.75）可知，对于上面列出的条件，$w_1=0$ 时的浓度导数是相当大的正数。显然，较小的 $\hat{V}_{FH}(0)/\hat{V}_1^*$，相当大的 $\hat{V}_{FH}(1)/\hat{V}_{FH}(0)$（通常大于10）以及0.5级或更大的 ξ 值导致 $w_1=0$ 处的实验数据展示的浓度导数很大。当使用像水或甲醇这样分子量较小的溶剂时，典型的 ξ 值通常是 0.25 或更小，因此方程（5.75）右侧括号中第一项的值会减小，浓度导数可能会比分子量较大的溶剂小得多。因为浓度依赖性对于 D 的影响要比对 D_1 的影响强，所以这项观察结果解释了聚合物—水体系中获得的互扩散数据（Vrentas 和 Duda，1976d）。例如，聚丙烯酸甲酯—乙酸乙酯体系的扩散系数表现出对浓

❶ 这里所说的有效，意味着这一项内还包含重叠因子。

98

度的强烈依赖性，而聚丙烯酸甲酯—水体系的扩散系数仅对浓度表现出了较弱的依赖性（Fujita，1961）。据报道，聚乙酸乙烯酯—水体系表现出了较小的浓度依赖性（Kishimoto等，1960）。

对方程（5.73）求微分可以得到如下结果（除 $w_1 = 1$ 外）：

$$\frac{\partial^2 \ln D_1}{\partial w_1^2} = -\frac{2\left[\hat{V}_{FH}(1) - \hat{V}_{FH}(0)\right]}{\hat{V}_{FH}/\gamma}\frac{\partial \ln D_1}{\partial w_1} \qquad (5.77)$$

因此，由方程（5.76）和方程（5.77）可得到：

$$\frac{\partial^2 \ln D_1}{\partial w_1^2} < 0 \qquad (5.78)$$

方程（5.78）在假设 E_1^* 是浓度无关变量，在特定温度 T、特定浓度范围内的情况下是正确的（Vrentas 和 Chu，1987a）。除了浓度范围接近 $w_1 = 1$ 的情况外，对于大多数浓度范围来说，表5.9和表5.10中的实验数据与方程（5.76）和方程（5.78）是一致的。接近于纯溶剂极限时的数据可以由方程（5.79）来表征：

$$\frac{\partial^2 \ln D_1}{\partial w_1^2} > 0 \qquad (5.79)$$

这个结果对于乙苯—聚苯乙烯体系特别明显。扩散增强很可能是由于 E_1^* 实际上是依赖于浓度的能量项，随着溶剂浓度在 $w_1 = 1$ 附近增加，E_1^* 从聚合物区域的小一点的正值变为零。显然，双能量模型足以描述能量项的浓度依赖性，因此就可能预测发生在 $w_1 = 1$ 附近的扩散加强情况（Vrentas 和 Chu，1987a）。

5.5.6 三元体系的自扩散

在5.5.1至5.5.5中，已经研究了由渗透剂（即组分1）和聚合物（即组分2）构成的二元体系的自扩散过程。这个分析可以扩展到由两种渗透剂的混合物（即组分1和组分2）和一种聚合物（即组分3）构成的三元体系。对于二元体系，方程（5.57）可以写作：

$$\xi_{12} = \frac{\widetilde{V}_1^*}{\widetilde{V}_2^*}\psi_{21} \qquad (5.80)$$

其中：

$$\psi_{21} = \frac{\widetilde{V}_{FH2}}{\widetilde{V}_{FH1}} \qquad (5.81)$$

对于三元体系而言，方程(5.80)和方程(5.81)分别可以由方程(5.82)和方程(5.83)替代：

$$\xi_{I3} = \frac{\widetilde{V}_I^*}{\widetilde{V}_3^*} \psi_{3I} \tag{5.82}$$

$$\psi_{3I} = \frac{\widetilde{V}_{FH3}}{\widetilde{V}_{FHI}} \tag{5.83}$$

式中，$\widetilde{V}_{FHI}$ 是每摩尔跳跃单元组分 I 的平均孔自由体积。

因此，如果能量效应较小，三元体系的 3 个自扩散系数可以表达为：

$$D_1 = D_{01} \exp\left[-\frac{w_1 \hat{V}_1^* + (w_2 \hat{V}_2^* \xi_{13}/\xi_{23}) + w_3 \hat{V}_3^* \xi_{13}}{\hat{V}_{FH}/\gamma} \right] \tag{5.84}$$

$$D_2 = D_{02} \exp\left[-\frac{(w_1 \hat{V}_1^* \xi_{23}/\xi_{13}) + w_2 \hat{V}_2^* + w_3 \hat{V}_3^* \xi_{23}}{\hat{V}_{FH}/\gamma} \right] \tag{5.85}$$

$$D_3 = \frac{D_{03}}{(N^*/N) M_3} \exp\left[-\frac{w_1 \hat{V}_1^* + (w_2 \hat{V}_2^* \xi_{13}/\xi_{23}) + w_3 \hat{V}_3^* \xi_{13}}{\xi_{13} \hat{V}_{FH}/\gamma} \right] \tag{5.86}$$

5.6　浓聚合物溶液中的扩散—互扩散过程

5.3 节和 5.4 节中给出的理论方程式可以分别预测无限稀释和稀释的聚合物溶液的二元互扩散系数 D。对于浓聚合物溶液有可靠的预测自扩散系数 D_1 和 D_2 的理论表达式，但参数 D 却没有，但参数 D 是由浓度梯度驱动的传质过程分析中必须使用的。因此，如果能按照 D_1 和 D_2 导出 D 的表达式则非常有力。

将 D 与 D_1 和 D_2 相关联的一种方法是应用 Bearman（1961）使用的摩擦系数形式。这种形式基于对 N 组分体系的每个组分使用方程（5.87）：

$$\frac{\mathrm{d}\mu_I}{\mathrm{d}x} = -\sum_{J=1}^{N} \frac{\rho_I \zeta_{IJ}}{M_I M_J} (\mu_I - u_J) \tag{5.87}$$

式中，μ_I 是每单位质量的组分 I 的化学势；ζ_{IJ} 是组分 I 和组分 J 之间的摩擦系数；u_I 是组分 I 的速度的 x 分量。

方程（5.87）只是适用于矢量的 x 分量，任何普通空间导数实际上都是一个时间保持不变的偏导数。Bearman 通过统计力学分析出摩擦系数矩阵是对称的：

$$\zeta_{IJ} = \zeta_{JI} \tag{5.88}$$

可以看出，在恒温下对于二元体系运用方程（5.87）（Bearman，1961）可以得到如下自扩散系数和互扩散系数的方程式（Vrentas 和 Vrentas，2007b）：

$$D_1 = \frac{RT}{\dfrac{\rho_1 \zeta_{11}}{M_1} + \dfrac{\rho_2 \zeta_{12}}{M_2}} \tag{5.89}$$

$$D_2 = \frac{RT}{\dfrac{\rho_2 \zeta_{22}}{M_2} + \dfrac{\rho_1 \zeta_{12}}{M_1}} \tag{5.90}$$

$$D = \frac{M_2 \hat{V}_2 \rho_1}{\zeta_{12}} \left(\frac{\partial \widetilde{\mu_1}}{\partial \rho_1} \right)_p \tag{5.91}$$

其中，$\widetilde{\mu}_1$ 是每摩尔组分 1 的化学势。由于可以用扩散的自由体积理论提供的表达式来预测 D_1 和 D_2，方程（5.89）和方程（5.90）为 3 个未知摩擦系数 ζ_{11}、ζ_{12} 和 ζ_{22} 构建了两个方程式。综合方程（5.89）至方程（5.91）可以得到如下结果：

$$D = \left(\frac{\partial \ln a_1}{\partial \ln x_1} \right)_p (x_2 D_1 + x_1 D_2) \left(\frac{x_1 \zeta_{12}}{x_2 \zeta_{22} + x_1 + \zeta_{12}} + \frac{x_2 \zeta_{12}}{x_1 \zeta_{11} + x_2 \zeta_{12}} \right)^{-1} \tag{5.92}$$

其中，a_1 是组分 1 的热力学活性。由方程（5.92）可知，通常获得只包含 D_1 和 D_2，没有其他摩擦系数的 D 的表达式是不可能的。需要解关于 D 的 4 个方程式，消掉 3 个摩擦系数，但只有方程（5.89）至方程（5.91）这 3 个方程是可用的。其中，一个解决上述难题的方法是，构建一个额外的方程来关联 3 个参数 ζ_{11}、ζ_{12} 和 ζ_{22}。现在，还没有学者提出一种合理的理论，可以真实地估算构建这样一个额外的表达式来关联 3 个摩擦系数的这种做法。因此，可能只有通过提出一个合理的但是未经证实的方程，这个方程可以提供额外的 3 个摩擦系数之间的必要关系。例如，几何平均关系是一种合理地关联 3 种摩擦系数的方法：

$$\zeta_{12} = (\zeta_{11} \zeta_{22})^{\frac{1}{2}} \tag{5.93}$$

在方程（5.92）中运用这个表达式可以得到：

$$D = \left(\frac{\partial \ln a_1}{\partial \ln x_1} \right)_p (x_2 D_1 + x_1 D_2) \tag{5.94}$$

方程（5.92）和方程（5.94）是众所周知的结果（Bearman，1961；McCall 和 Douglass，1967；Loflin 和 McLaughlin，1969）。尽管方程（5.94）是一个有用的结果，经常可以给出合理的假设，但 McCall 和 Douglass 已经收集了简单流体混合物的数据，显示这个方程并不是总是给出与实验数据相符的定量。另外，事实上因为关于 D_2 的方程（5.61）包含了数量 N^*/N，这个量不容易估算准确（Vrentas 等，1983a），所以对聚合物—溶剂混合物的 D_2 的理论估算是很复杂的。同时，因为聚合物自扩散系数通常较大，很难用实验方法测定 D_2，对于聚合物—溶剂体系来说，从实用性来讲，方程（5.94）的实验估算很难操作。

交替来看，通过解方程（5.89）得到 ζ_{11}，则 D 可以关联 D_1（在不引入 D_2 的情况下），将 ζ_{12} 的结果代入方程（5.91）中，可以获得所研究的每个温度下的 ζ_{12}：

$$D = \frac{\phi_2 Q D_1}{1 - \dfrac{D_1}{D_1^*}} \qquad (5.95)$$

$$\phi_2 = \rho_2 \hat{V}_2 \qquad (5.96)$$

$$Q = \frac{\rho_1}{RT} \left(\frac{\partial \widetilde{\mu}_1}{\partial p_1} \right)_p \qquad (5.97)$$

$$D_1^* = \frac{RTM_1}{\rho_1 \zeta_{11}} \qquad (5.98)$$

其中，ϕ_2 是组分 2（即聚合物）的体积分量。可以简单地表述为：

$$\frac{D_1}{D_1^*} = 0, \qquad w_1 = 0 \qquad (5.99)$$

$$\frac{D_1}{D_1^*} = 1, \qquad w_1 = 1 \qquad (5.100)$$

从方程（5.95）和方程（5.99）可知，显然，在接近 $w_1 = 0$ 的某个浓度区间中，方程（5.101）非常接近于 D。其中，D/D_1^* 足够小：

$$D = \phi_2 Q D_1 \qquad (5.101)$$

方程（5.101）可用于确定特定温度下 D 的浓度依赖性，这里可以利用溶剂自扩散数据，也可以利用预测的 D_1 的自由体积。另外，估算 Q 时，可以通过实验热动力学数据，也可以通过合适的热动力学理论，如聚合物—溶剂体系的 Flory–Huggins 理论（Flory，1953）。通过 Flory—Huggins 理论，Q 可以通过方程（5.102）表示：

$$Q = (1 - \phi_1)(1 - 2\chi\phi_1) + \frac{\phi_1}{y} \qquad (5.102)$$

$$y = \frac{M_2 \hat{V}_2^0}{M_1 \hat{V}_1^0} \qquad (5.103)$$

其中，χ 是 Flory–Huggins 理论的交互作用参数；$\hat{V}_1^0$ 是纯溶剂的比体积；$\hat{V}_2^0$ 是纯聚合物的比体积。根据 Flory–Huggins 理论，假设溶剂和聚合物的微分比体积都与组成无关。

尽管方程（5.101）仅仅近似地简单关联 D 和 D_1，有效的浓度区间可能相对较小。然而，通过假定方程（5.95）的分母具有方程（5.104）所示的浓度依赖性，可能从方程（5.95）中导出一个简单的且具有更大有效范围的方程。

$$1 - \frac{D_1}{D_1^*} = K_0 + K_1 \phi_2 + K_2 \phi_2^2 + K_3 \phi_2^3 \qquad (5.104)$$

通过对 D_1/D_1^* 和 D 进行适当的限制，可以确定常数 K_0、K_1、K_2 和 K_3。其中的两个限制是方程（5.99）和方程（5.100）。为了确保在浓度区间的终点达到所需的 D_1/D_1^* 值，则需要这些限制。第三个限制由方程（5.105）给出：

$$\left[\frac{\partial \left(\dfrac{D}{QD_1} \right)}{\partial \phi_2} \right]_{\phi_1 = 0} = 1 \tag{5.105}$$

这就要求至少在 $w_1 = 0$ 附近的一些小浓度区间内能够满足方程（5.101）。

这些限制使得至少在浓聚合物溶液区间内有可能通过方程（5.95）的修正形式来描述 D。第四个限制为：

$$D = D_2, \qquad w_1 = 1 \tag{5.106}$$

这是众所周知的结果［方程（5.10）］，即 $w_1 = 1$ 时交互扩散过程和聚合物自扩散过程是相等的。这个限制考虑到方程（5.95）的修正形式，描述整个浓度区间内的互扩散过程的可能性。

将上述 4 个限制引入方程（5.95）和方程（5.104）中，可以得到（Vrentas 和 Vrenta，1993b）：

$$D = \frac{QD_1}{\alpha \phi_1^2 + (1 - \phi_1)(1 + 2\phi_1)} \tag{5.107}$$

$$\alpha = \frac{M_1 \hat{V}_1^0}{M_2 \hat{V}_{20}} \left(\frac{D_1}{D_2} \right)_{\phi_1 = 0} \tag{5.108}$$

其中，$\hat{V}_{20}$ 是 $w_1 = 1$ 时的聚合物的微分比体积。在估算方程（5.104）中的常数时，用到了稀聚合物溶液理论的下列结果（Vrentas 和 Duda，1976c）：

$$Q(\phi_2 = 0) = \frac{M_1 \hat{V}_1^0}{M_2 \hat{V}_{20}} \tag{5.109}$$

同时，对于浓聚合物溶液，方程（5.102）可以给出如下结果：

$$Q(\phi_1 = 0) = 1 \tag{5.110}$$

溶剂和聚合物的体积性质一般是已知的，无限稀释的聚合物溶液中的扩散行为理论可以确定 $\phi_1 = 1$ 时的 D_2（5.3 节）。靠近 $w_1 = 0$ 时，有可能将方程（5.107）简化为方程（5.101），但是当 $w_1 = 1$ 时，这两个方程的假设完全不同。现在，可以通过收集全部浓度范围内的实验数据来比较方程（5.101）和方程（5.107）的假设。

目前并没有很多研究者报道覆盖全浓度范围的 D、D_1 和 Q 的值，但是 Pattle 等（1967）报道了橡胶—苯体系在 25℃ 条件下的这些数据。表 5.4 对方程（5.101）和方程（5.107）的实验数据和预测进行了比较（Vrentas 和 Vrentas，1993b）。显然，方程（5.101）只在 $\phi_1 = 0 \sim 0.2$ 的范围内提供了合理的预测。在接近 $\phi_1 = 1$ 处的预测并不是很准确。另外，方程（5.10）在全浓度范围内均给出了较为合理的好的预测，平均绝对误差小于 20%。

表 5.4 橡胶—苯体系的理论和实验数据比较（Vrentas 和 Vrentas，1993b）

ϕ_1	$D/(QD_1)$		
	实验	方程（5.101）	方程（5.107）
0	1	1	1
0.1	0.88	0.9	0.92
0.2	0.98	0.8	0.89
0.3	1.02	0.7	0.89
0.4	1.19	0.6	0.92
0.5	1.33	0.5	0.99
0.6	1.45	0.4	1.11
0.7	1.61	0.3	1.34
0.8	1.90	0.2	1.81
0.9	2.4	0.1	3.12
0.925	3.0	0.075	3.89
0.95	4.2	0.05	5.26
1.0	20	0	20

上面提出的关联 D 和 D_1 的两个方程［方程（5.101）和方程（5.107）］是基于摩擦系数形式，并且只有在热力学信息可用于所研究的聚合物—溶剂体系时才能使用。可以构建一个不需要用到摩擦系数而可以关联 D 和 D_1 的方程，因此也就不要求已知聚合物—溶剂混合物的热力学数据。Vrentas 和 Vrentas（2000a）阐述了这个方程的导出过程，该过程基于自扩散和互扩散过程的扩展分析。这个分析表明，在给定的温度条件下 D 的浓度依赖性取决于 D_1 的浓度依赖性和参数 W，W 的定义如下：

$$W = \frac{D_2(\phi_1 = 1)}{D_1(\phi_1 = 1)} \tag{5.111}$$

根据扩散的自由体积理论可以再一次估算 D_1，W 值可以通过预测的 D_1（$\phi_1=1$）值和通过无限稀释的聚合物溶液中的扩散行为理论预测的 D_2（$\phi_1=1$）值来估算（5.3节）。D 和 D_1 之间的关系可以用方程（5.112）来表示：

$$\frac{D}{D_1} = \frac{1 + W + \phi_1(W-1)}{1 + W - \phi_1(W-1)} \tag{5.112}$$

其中，D 的分子量依赖性可以由 W 的分子量依赖性得出，当然，W 的分子量依赖性是通过 D_2（$\phi_1=1$）对于 M_2 的依赖性得出的。表 5.5 中对比了关于橡胶—苯体系（Vrentas 和 Vrentas，2000a），采用方程（5.112）的预测与 Pattle 等人的实验数据。方程（5.112）提供了完整的浓度范围中橡胶—苯体系相对合理的较好假设，平均绝对误差小于9%。对于这个特定的案例，方程（5.112）比方程（5.107）表现出了较好的假设性，并且不需要任何热力学信息。然而，如果使用了热力学数据，就会由于热力学数据的误差，而在方程（5.107）中引入多余的误差。

表 5.5 中的数据—理论比较给出了方程（5.112）在给定温度和聚合物分子量下预测 D 在整个浓度范围内浓度依赖性的指标。关于该理论的第二个测试，是方程（5.112）如何预测对 D 的浓度依赖性的强分子量效应，这通常可通过接近纯溶剂极限的特定温度下获得的实验数据观察到。目前已知 $M_2 = 17400$（Vrentas 和 Chu，1989）和 $M_2 = 900000$（Kim 等，1986）条件下的甲苯—聚苯乙烯体系的互扩散数据。同时，也已知了溶剂质量分数大于 0.5 的甲苯—聚苯乙烯体系的溶剂自扩散数据（Waggoner 等，1993）。

表 5.5　橡胶—苯体系的 D 的预测值与实验值比较（Vrentas 和 Vrentas，2000a）

ϕ_1	D（$10^{-7} cm^2/s$）	
	预测［方程（5.112）］	实验
0	1.367	1.367
0.1	4.63	4.10
0.2	9.86	9.60
0.3	15.9	15.15
0.4	21.4	21.6
0.5	25.3	26.6
0.6	26.8	28.5
0.7	25.5	28.8
0.8	21.5	25.4
0.9	14.8	16.9
0.925	12.7	14.3
0.95	10.4	11.7
1.0	5.5	5.5

图 5.11 中显示了连续曲线的互扩散数据（Vrentas 和 Vrentas，2003）。实验曲线表明，在高浓度聚合物条件下，D 的分子量依赖性变得微不足道。图 5.11 中，以实心圆表示通

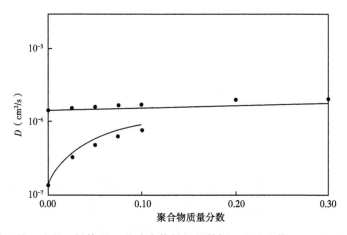

图 5.11　25℃时甲苯—聚苯乙烯体系 D 值浓度依赖性的数据—理论比较（Vrentas 和 Vrentas，2003）

过方程（5.112）由可用的 D_1 数据计算的 D 的预测值。如果通过实心圆绘制曲线，则它们在形状上与实验曲线相似。该理论似乎能够充分表示两个广泛分离的分子量权重相差很大的浓度依赖性。

在本节中，通过 D 和 D_1 的实验值比较了方程（5.101）、方程（5.107）和方程（5.112）的预测与实验数据。可以利用 D 的实验数据和 D_1 的理论自由体积预测值来估算这些方程；然而，这样的程序在 D_1 的预测中不能将所提出的方程的准确度与自由体积理论的准确度分开。如果在数据—理论比较中使用 D 和 D_1 两者的实验值，则可以确定这 3 个方程式与聚合物—溶剂体系 D 至 D_1 的准确程度。因为在推导过程中隐含假设 $D_1 \gg D_2$，所以所提出的这 3 个方程式很可能仅对聚合物—溶剂体系有效。因为方程（5.107）和方程（5.112）结合了自由体积扩散理论和无限稀释聚合物溶液的 D 的预测（5.3 节），所以这两个方程可以在整个浓度范围内使用。如果方程（5.107）和方程（5.112）中要求包含方程（5.113），则也可以将稀释聚合物溶液理论（5.4 节）的结果引入分析中。

$$\frac{1}{D_0}\left(\frac{\mathrm{d}D}{\mathrm{d}\rho_2}\right)_{\rho_2=0} = k_D \tag{5.113}$$

当结合 D_1 的自由体积理论与无限稀释或稀释浓度区域的结果时，可以合理地预期在 D 对 w_1 曲线中可能存在最大值。从表 5.5 中的数据理论比较可以看出，橡胶—苯体系的情况的确如此。

只有在橡胶态聚合物—溶剂混合物在整个质量分数范围内都存在（即 $T > T_{g2}$）时，方程（5.107）和方程（5.112）才适用于整个浓度范围。对于低于 $T = T_{g2}$ 的任何温度，理所当然地，橡胶态聚合物—溶剂混合物不存在接近于 $w_1 = 0$ 的质量分数。在任何温度 $T < T_{g2}$ 情况下，聚合物—溶剂体系在质量分数范围 $w_1 = 0$ 至 $w_1 = w_{1E}$ 时以玻璃态存在，其中 w_{1E} 是温度为 T 时聚合物—溶剂体系从玻璃态转变为橡胶态时的质量分数。如果将方程（5.44）用于温度为 T_{gm} 时的浓度依赖性，对于给定温度 T，w_{1E} 由以下结果给出：

$$w_{1E} = \frac{T_{g2} - T}{\bar{A}} \tag{5.114}$$

方程（5.107）或方程（5.112）仍然可用于在橡胶态聚合物—溶剂体系中确定从 $w_1 = w_{1E}$ 到 $w_1 = 1$ 的 D。然而，并不明确应该用什么程序来确定玻璃态混合物从 $w_1 = 0$ 到 $w_1 = w_{1E}$ 的 D。典型扩散温度下的玻璃态质量分数间隔一般限制在质量分数小于 $w_1 = 0.2$。因此，可以合理地推断，玻璃态区域中的 D 对 w_1 的行为可以通过假设在 $w_1 = 0$ 到 $w_1 = w_{1E}$ 范围内，通过如下的线性近似描述来确定 D/D_1（Vrentas 和 Vrentas，1998a）：

$$\frac{D}{D_1} = 1 + \frac{w_1}{w_{1E}}\left[\frac{D}{D_1}(w_1 = w_{1E}) - 1\right] \tag{5.115}$$

在这个方程中，可以使用 5.5 节中描述的玻璃态聚合物—溶剂体系的预测理论来计算 D_1，并且 $w_1 = w_{1E}$ 处的 D/D_1 可以通过橡胶态聚合物—溶剂体系的互扩散计算来确定。因此，应该在温度为 T 的玻璃态区域（$w_1 = 0$ 到 w_{1E}）中运用方程（5.115），并且在温度 T 时应在橡胶态区域（即从 $w_1 = w_{1E}$ 到 $w_1 = 1$）中使用方程（5.107）或方程（5.112）。

对于由组分 1、组分 2 和组分 3 组成的三元体系，摩擦系数形式为 3 个组分的自扩散系数提供了以下方程（Vrentas 和 Vrentas，2007b）：

$$D_1 = \frac{RT}{\dfrac{\rho_1 \zeta_{11}}{M_1} + \dfrac{\rho_2 \zeta_{12}}{M_2} + \dfrac{\rho_3 \zeta_{13}}{M_3}} \tag{5.116}$$

$$D_2 = \frac{RT}{\dfrac{\rho_1 \zeta_{12}}{M_1} + \dfrac{\rho_2 \zeta_{22}}{M_2} + \dfrac{\rho_3 \zeta_{23}}{M_3}} \tag{5.117}$$

$$D_3 = \frac{RT}{\dfrac{\rho_1 \zeta_{13}}{M_1} + \dfrac{\rho_2 \zeta_{23}}{M_2} + \dfrac{\rho_3 \zeta_{33}}{M_3}} \tag{5.118}$$

为 4 个三元互扩散系数构建预测理论的合理方法是利用几何平均近似的扩展形式：

$$\zeta_{11}\zeta_{22} = \zeta_{12}{}^2 \tag{5.119}$$

$$\zeta_{11}\zeta_{33} = \zeta_{13}{}^2 \tag{5.120}$$

$$\zeta_{22}\zeta_{33} = \zeta_{23}{}^2 \tag{5.121}$$

方程（5.116）至方程（5.121）构成了一组消除 6 个摩擦系数的 6 个方程组（ζ_{11}，ζ_{22}，ζ_{33}，ζ_{12}，ζ_{13}，ζ_{23}）。因此，运用方程（5.87）并适当处理上述方程（Vrentas 和 Vrentas，2007a），可以为方程（4.163）和方程（4.164）中出现的 4 个互扩散系数构造以下方程式，它们构成了三元体系一组可能的通量方程：

$$D_{11} = \frac{w_1}{RT}\left(\frac{\partial \mu_1}{\partial w_1}\right)_{p,\,w_2} (w_1 D_3 M_3 + w_2 D_1 M_1 + w_3 D_1 M_1) +$$
$$\frac{w_1 w_2}{RT}\left(\frac{\partial \mu_2}{\partial w_1}\right)_{p,\,w_2} (D_3 M_3 - D_2 M_2) \tag{5.122}$$

$$D_{12} = \frac{w_1}{RT}\left(\frac{\partial \mu_1}{\partial w_2}\right)_{p,\,w_1} (w_1 D_3 M_3 + w_2 D_1 M_1 + w_3 D_1 M_1) +$$
$$\frac{w_1 w_2}{RT}\left(\frac{\partial \mu_2}{\partial w_2}\right)_{p,\,w_1} (D_3 M_3 - D_2 M_2) \tag{5.123}$$

$$D_{21} = \frac{w_2}{RT}\left(\frac{\partial \mu_2}{\partial w_1}\right)_{p,\,w_2} (w_2 D_3 M_3 + w_1 D_2 M_2 + w_3 D_2 M_2) +$$
$$\frac{w_1 w_2}{RT}\left(\frac{\partial \mu_1}{\partial w_1}\right)_{p,\,w_2} (D_3 M_3 - D_1 M_1) \tag{5.124}$$

$$D_{22} = \frac{w_2}{RT}\left(\frac{\partial \mu_2}{\partial w_2}\right)_{p,\,w_1} (w_2 D_3 M_3 + w_1 D_2 M_2 + w_3 D_2 M_2) +$$
$$\frac{w_1 w_2}{RT}\left(\frac{\partial \mu_1}{\partial w_2}\right)_{p,\,w_1} (D_3 M_3 - D_1 M_1) \tag{5.125}$$

上述 4 组互扩散系数可用于描述组分 1 和组分 2 相对于平均质量速度的质量扩散通量。如果可获得三元体系热力学性质的方程或数据（μ_1 和 μ_2），以及体系的 3 个自扩散系数（D_1、D_2 和 D_3），则可以确定任何三元体系的 4 个互扩散系数。对于由两种溶剂和一种聚合物组成的三元体系，可以通过自由体积传输理论的三元模型来计算 D_1、D_2 和 D_3，通过 Flory-Huggins 聚合物溶液理论计算 μ_1 和 μ_2。方程（4.91）可用于关联方程（5.122）至方程（5.125）中的 4 个化学势导数。

必须通过适当比较数据—理论来确定所构建的方程组对 4 个三元互扩散系数的可能适用性。由于三元体系缺乏一套全面的互扩散、自扩散和热力学数据，目前看来这种数据理论不是很可行。

虽然看上去自由体积理论包含大量参数，但它们都具有明确的物理解释，并且如果已经利用特定聚合物中单一溶剂的扩散数据来确定 $\widetilde{V}_2^*$，则能够准确估算所有这些参数。特别是由于聚合物的扩散实验并不总是容易实施，因此利用自由体积理论估算 D 可能可以替代由实验确定 D。

5.7 在交联聚合物中的扩散

因为扩散的自由体积理论看似完美地描述了无定形聚合物中的溶剂自扩散系数，所以似乎可以将该理论扩展到无定形、轻交联聚合物中的自扩散过程。Vrentas 和 Vrentas（1991a）认为，引入交联只能通过 $\hat{V}_{\mathrm{FH2}}$ 影响给定温度 T 下纯聚合物的特定孔自由体积 D_1。因此，为了修正先前的理论，仅需要导出 $\hat{V}_{\mathrm{FH2}}(T, X)$ 的适当结果，其中 X 是聚合物中交联量的量度，并且其中未交联的物质由 $X=0$ 来描述。在计算交联体系的体积时，假设所有热膨胀系数都与交联密度无关。Martin 和 Mandelkern（1959）收集的关于天然橡胶与硫交联的数据支持了这一假设；根据他们的数据计算的热膨胀系数，直到硫含量约为 10% 基本上与交联密度无关（Vrentas 和 Vrentas，1991a）。基于这些假设应该能够很好地对不太紧密交联的无定形聚合物（在交联之间具有 50 个或更多个链碳原子的聚合物链）的传输和体积行为进行表征。

由于假设所有热膨胀系数与交联密度无关，因此可得到如下体积关系：

$$\frac{\hat{V}_{\mathrm{FH2}}(T, X)}{\hat{V}_{\mathrm{FH2}}(T, 0)} = \frac{\hat{V}_2^0(0, X)}{\hat{V}_2^0(0, 0)} = \frac{\hat{V}_2^0(T, X)}{\hat{V}_2^0(T, 0)} = \delta \tag{5.126}$$

在方程（5.126）中，$\hat{V}_2^0(T, X)$ 是温度为 T 和交联度为 X 时纯聚合物的比体积。单个参数 δ 表征交联对聚合物孔自由体积的影响，δ 可以直接由交联和未交联聚合物的体积数据确定。对于未交联的聚合物，$\delta=1$，一般来说，交联会降低聚合物的比体积，因此交联聚合物的 $\delta \leqslant 1$（Martin 和 Mandelkern，1959）。还可以表明，在任意两个温度 T_1 和 T_2 下，交联聚合物和未交联聚合物的比体积有如下关系：

$$\frac{\hat{V}_2^0(T_1, X)}{\hat{V}_2^0(T_1, 0)} = \frac{\hat{V}_2^0(T_2, X)}{\hat{V}_2^0(T_2, 0)} \tag{5.127}$$

在表 5.6（Vrentas 和 Vrentas，1991a）中介绍的天然橡胶—硫体系在 273K 和 323K 时的体积数据（Martin 和 Mandelkern，1959）证实了方程（5.127），并且支持 $\hat{V}_2^0$ 的热膨胀系数与 X 无关的假设（这个例子中 X 是硫含量的量度）。

对微量溶剂（$w_1=0$）在聚合物中的扩散，由方程（5.43）和方程（5.60）可得到：

$$D = D_1 = D_{01}\exp\left(-\frac{E_1^*}{RT}\right)\exp\left[-\frac{\xi\hat{V}_2^*}{\hat{V}_{FH2}(T,\,X)/\gamma_2}\right] \tag{5.128}$$

将方程（5.126）代入方程（5.128）可得：

$$D = D_{01}\exp\left(-\frac{E_1^*}{RT}\right)\exp\left(-\frac{\xi\hat{V}_2^*}{\delta f_2}\right) \tag{5.129}$$

$$f_2 = \frac{\hat{V}_{FH2}(T,\,0)}{\gamma_2} \tag{5.130}$$

其中，f_2 指的是非交联聚合物的自由体积性质。

表 5.6　温度分别为 273K 和 323K 时天然橡胶体积行为的交联效应（Vrentas 和 Vrentas，1991a）

硫含量（%）	$\dfrac{V_2^0(273,\,X)}{V_2^0(273,\,0)}$	$\dfrac{V_2^0(323,\,X)}{V_2^0(323,\,0)}$
2.0	0.986	0.984
3.9	0.969	0.967
6.1	0.953	0.951
7.3	0.935	0.933
9.1	0.920	0.919

为了确定在 $w_1=0$ 时交联对 $D(w_1,\,T,\,X)$ 的影响，比较有用的做法是考虑把参数 r_1 作为确定 D 随着交联密度增加而变化的方法：

$$r_1 = \frac{D(0,\,T,\,X)}{D(0,\,T,\,0)} \tag{5.131}$$

由方程（5.129）可以得到：

$$r_1 = \exp\left[-\frac{\xi\hat{V}_2^*}{f_2}\frac{(1-\delta)}{\delta}\right] \tag{5.132}$$

参数 r_1 代表了交联聚合物中 $w_1=0$ 处的互扩散系数与未交联物质中的扩散系数之比，因为 $\delta\leqslant1$，所以 $r_1<1$。因此，交联会降低聚合物中的扩散系数：

$$D(0,\,T,\,X) < D(0,\,T,\,0) \tag{5.133}$$

由于 δ 随 X 的增加而减小，随着交联程度的增加，D 单调递减。Barrer 和 Skirrow（1948）、Hayes 和 Park（1955）、Aitken 和 Barrer（1955）以及 Chen 和 Ferry（1968）报道

的扩散数据与方程（5.133）中给出的理论不等式一致。

估算固定交联密度的扩散过程的活化能 E_D，可以检查在 $w_1 = 0$ 时溶剂—交联聚合物体系扩散过程的温度依赖性：

$$E_D = RT^2 \left(\frac{\partial \ln D}{\partial T} \right)_{w_1 = 0} \tag{5.134}$$

对于这种情况，可以合理假定扩散过程由自由体积效应而不是吸引能量效应支配，这是因为吸引能 E_1^* 通常足够小，以至于与由自由体积引起的温度效应相比其变化可以忽略。因此，如果指前因子中吸收了能量项，则方程（5.129）可以写作：

$$D \approx D_{01} \exp\left(-\frac{\xi \hat{V}_2^*}{\delta f_2} \right) \tag{5.135}$$

由方程（5.134）和方程（5.135）可得：

$$E_D = \frac{RT^2 \xi \hat{V}_2^*}{f_2^2 \delta} \frac{df_2}{dT} \tag{5.136}$$

表 5.7　活化能对 60℃天然橡胶中氮和甲烷扩散交联的影响（Vrentas 和 Vrentas，1991a）

硫含量	E_D（kcal/gmol）	
（%）	氮气	甲烷
1.7	8.00	8.25
2.9	8.50	8.52
7.15	9.70	10.6
11.3	11.0	12.3

因此，活化能随交联密度的变化可表示为：

$$\frac{E_D(T, X)}{E_D(T, 0)} = \frac{1}{\delta} \tag{5.137}$$

由于 $\delta \leqslant 1$，由方程（5.137）显然可得，E_D 肯定随着交联密度的增加而增加：

$$E_D(T, X) > E_D(T, 0) \tag{5.138}$$

这一理论结果与 Barrer 和 Skirrow（1948）的活化能数据相吻合。Vrentas 和 Vrentas（1991a）的数据表明，E_D 随着氮气扩散程度的增加以及 60℃ 的天然橡胶中甲烷扩散程度的增加而增加（表 5.7）。

在上面的讨论中，重点是检查所提出的自由体积理论是否能够预测实验观察到的通常温度和交联趋势。数据—理论比较表明，该理论预测的趋势与文献中多组数据中报道的实验趋势一致。当然，最好能够直接估算所提出的理论如何很好地描述交联聚合物中的自扩散过程。如果特定的交联聚合物—渗透剂体系可以利用合适的自扩散和密度数据，则有可能进行估算。遗憾的是，并没有很多的研究报道数据，包括自扩散和密度数据，因此难以进行全面的数据—理论比较。

5.8 扩散系数的附加属性

在本节中考察了聚合物—溶剂体系扩散系数的一些重要附加性质：聚合物—溶剂体系的 D_1、D_2 和 D 的分子量依赖性；玻璃态聚合物—渗透剂体系扩散系数的历史依赖关系；玻璃态转变对扩散系数温度依赖性的影响；聚合物自扩散系数的浓度依赖性。

从方程（5.43）和方程（5.60）可以明显看出，D_1 唯一可能依赖于聚合物分子量 M_2 的方面是聚合物的体积特性。由 Fox 和 Loshaed（1955）报道的经验比体积—聚合物分子量关系表明，当 $M_2 > 10000$ 时，聚合物分子量对聚合物比体积影响非常小。因此，可以假定 D_1 基本上与 M_2 无关。从方程（5.61）和上面的讨论可以看出，D_2 对 M_2 的依赖性只能体现在 $N^* M_2/N$。对于 $M_2 \ll 2M_e$（其中，M_e 是沿着聚合物分子的缠结点之间的平均分子量），Bueche（1962）报道通过 N^* 的方程可得到 $N^* \approx N$。因此，根据方程（5.61），可得：

$$D_2 \propto M_2^{-1} \qquad (低\ M_2) \tag{5.139}$$

对于 $M_2 \gg 2M_e$，Bueche 的 N^* 方程可以得到 $N^* \propto NM_2^{5/2}$，因此有：

$$D_2 \propto M_2^{-3.5} \qquad (高\ M_2) \tag{5.140}$$

应该指出的是，Graessley（1974）讨论了纠缠摩擦理论，并指出 Bueche 理论存在几个可疑的方面。另外，在高度纠缠的溶液和熔融液体中测量 D_2（Lodge，1999）得到了 D_2 的分子量依赖性，写作 $D_2 \propto M_2^{-2.3}$。因此，D_2 对 M_2 的依赖性不一定是方程（5.140）的形式。

对于互扩散过程，5.3 节和 5.4 节中给出的公式可以确定无限稀释区域和稀释区域中的分子量依赖性。聚合物分子量对无限稀释聚合物时的互扩散系数 D_0 的影响如图 5.2 所示。由方程（5.11）可得 θ 状态中的扩散关系如下：

$$(D_0)_\theta \propto M_2^{-\frac{1}{2}} \tag{5.141}$$

由图 5.2 可见，在存在排斥体积效应的情况下，扩散系数比 θ 状态下的扩散系数具有更强的分子量依赖性。稀释区域内的互扩散系数取决于 D_0 和 k_D。图 5.4 和图 5.5 显示了 k_D 随聚合物分子量的变化情况。θ 溶剂中扩散的 k_D 具有以下分子量依赖性［方程（5.19）和方程（5.24）］：

$$-k_D \propto M_2^{\frac{1}{2}} \tag{5.142}$$

良溶剂的 k_D 是正值，随着 M_2 的增加而增加。普通溶剂的 k_D 可以是正值，也可以是负值，其量值通常随着 M_2 的增加而增加。在浓溶液区域，D 的行为主要由 D_1 的行为决定，所以 D 似乎应该具有非常轻微的分子量依赖性。

由方程（5.107）可以确定在整个浓度范围内 D 对聚合物分子量 M_2 的依赖性。由于 D_1 的分子量依赖性可以忽略，因此根据方程（5.107）可得出 D/D_1，所以 D 通过 α［方程（5.108）］和 Q［方程（5.102）］的分子量依赖性依赖于聚合物分子量。图 5.12 显示了典型聚合物—溶剂体系的 D/D_1 值（Vrentas 和 Vrentas，1993b）。从图 5.12 中可以明

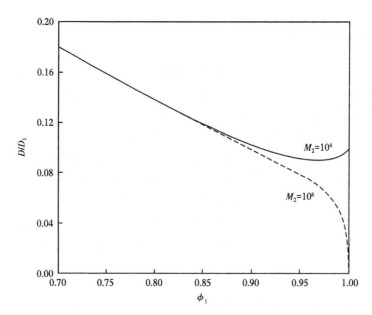

图 5.12　基于方程（5.107）的典型聚合物—溶剂体系的 D/D_1 的理论浓度依赖性

显看出，D/D_1 与 M_2 直接相关，并且直至 $\phi_1 = 0.8$ 时仅显示轻微的分子量依赖性。因此，如上所述，D 在浓缩区域中仅具有小的分子量依赖性。但是，图 5.12 显示，由于稀释和无限稀释区域的特性，在 $\phi_1 = 1$ 附近存在显著的分子量效应。

玻璃态实际上是非平衡液态，因此玻璃态聚合物—渗透剂混合物的互扩散系数取决于聚合物—渗透剂混合物的热历史和浓度历史。例如，对于由玻璃态聚合物中含少量渗透剂组成的体系，扩散系数取决于两个过程：聚合物样品通过转变温度范围冷却的速率和在低于聚合物玻璃态转变温度 T_{g2} 的某个温度 T_1 下的等温老化程度。

注意到玻璃态聚合物体系中的扩散系数主要取决于聚合物—渗透剂混合物中的孔自由体积，可以预见这些过程对 D 的影响。任何导致较大孔自由体积的工艺必然会导致玻璃态聚合物—渗透剂体系的扩散系数较大。例如，当聚合物样品从高于 T_{g2} 的某个温度冷却到低于 T_{g2} 的某个温度 T_1 时，样品的比体积减小。当样品以更快的速率冷却时，比体积减小的程度更小。因此，当聚合物快速淬火时，与没有玻璃态缓慢冷却时相比，孔自由体积有效冻结成非平衡玻璃态。在快速淬火期间，聚合物样品没有时间朝着 T_1 处的平衡体积有效地显著移动。对于这种类型的冷却过程，只要在温度 T_1 下测量扩散系数的时间间隔内等温老化效应不显著，那么二元互扩散系数 D 满足：

$$D(快速冷却) > D(缓慢冷却) \tag{5.143}$$

在聚合物样品冷却至 T_1 后，因为非平衡玻璃态聚合物的体积比温度 T_1 时的平衡液体状态的体积大，所以等温老化过程将在此温度下进行。在老化过程中，体系的体积和孔自由体积均向着平衡值缓慢下降。因此，如果对使用相同冷却速率制备的聚合物样品进行实验，有：

$$D(短老化周期) > D(长老化周期) \tag{5.144}$$

已经获得了聚苯乙烯—二溴甲烷体系在90℃下的扩散系数数据和0.0055的渗透剂质量分数，用这些数据来检查上述预测结果（Vrentas和Hou，1988）。实验结果见表5.8。运行过程1和运行过程3的冷却速率不同，但老化时间相同，得到了符合方程（5.143）的扩散系数。由具有相同冷却速率和不同老化时间的运行过程1和运行过程2得到的扩散系数与方程（5.144）一致。利用不同的冷却速率但不同的老化时间可以引起D的显著差异，得到的扩散系数与方程（5.144）一致。D的显著差异可能是由于利用不同的冷却速率来制备玻璃态聚合物样品，或通过对使用相同冷却速率制备的样品施加不同的老化时间而引起的。当报道玻璃态聚合物—渗透剂体系的扩散系数时，必须报告样品的热历史（冷却速率和老化时间），这样在相同的聚合物—渗透剂体系上进行扩散实验之间的比较才有意义。

表5.8 聚苯乙烯—二溴甲烷体系在90℃时的扩散系数（Vrentas和Hou，1988）

运行过程	冷却速率（℃/h）	老化时间（h）	D（10^{-9}cm²/s）
1	10	16	1.25
2	10	90	1.01
3	1	16	0.690

可以通过活化能比确定温度高于或低于T_{gm}时特定溶剂质量分数的温度依赖性，以此来研究玻璃态转变如何影响溶剂的自扩散过程。溶剂自扩散过程的活化能E_D可以定义为：

$$E_D = RT^2\left(\frac{\partial \ln D_1}{\partial T}\right)_{p,w_1}$$ （5.145）

并且可以通过方程（5.146）计算活化能比r：

$$r = \frac{E_D(T_{gm}^-)}{E_D(T_{gm}^+)}$$ （5.146）

式中，$E_D(T_{gm}^-)$是玻璃态聚合物在转变温度T_{gm}下的活化能；$E_D(T_{gm}^+)$是温度为T_{gm}时橡胶态的活化能。

假定能量效应很小，可以忽略（$E_1^* \approx 0$），利用方程(5.36)、方程(5.40)、方程(5.43)、方程（5.45）、方程（5.54）、方程（5.60）、方程（5.68）、方程（5.145）和方程（5.146）计算活化能比r（Vrentas和Vrentas，1994b）：

$$r = \frac{\frac{Pw_1}{w_2} + \frac{\alpha_{2g}}{\alpha_2}(\alpha_2 - \alpha_{c2})}{\frac{Pw_1}{w_2} + \alpha_2 - \alpha_{c2}}$$ （5.147）

$$P = \frac{K_{11}\gamma_1}{\hat{V}_2^0(T_{g2})/\gamma_2}$$ （5.148）

方程（5.147）给出了对应于所研究的溶剂质量分数的特定w_1在温度为T_{gm}时的r值

[通过方程（5.44）计算]。当 $\alpha_{2g} \to \alpha_2$ 时，有 $r \to 1$ 且在 $T = T_{gm}$ 时 E_D 没有变化。当 $w_1 \to 0$ 时，有：

$$r = \frac{\alpha_{2g}}{\alpha_2} \tag{5.149}$$

并且在纯聚合物极限（即 $D = D_1$），玻璃态转变对 D_1 的温度依赖性具有最大影响。根据方程（5.149）计算出的 r 的典型范围是 $0.3 \sim 0.6$。不管温度高于或低于 T_{g2}，作为温度的函数测量互扩散系数（使用痕量渗透剂）是可能的，因此通过实验确定 r 的值。Vrentas 和 Duda（1978）提出了基于大量实验数据集的 r 的计算。在本书中提出的数据集中，聚甲基丙烯酸酯—渗透剂混合物的一组扩散数据可能是最可靠的，且得到的渗透剂氖、氩和氪的实验数据分别为 0.39、0.35 和 0.35。基于方程（5.149）的 r 的理论值是 0.39。

在没有浓度梯度的情况下，通过扩散研究获得的自扩散系数 D_1 和 D_2 可以提供关于分子运动性的有用信息。由 5.5 节可知，除靠近 $w_1 = 1$ 外，有：

$$\frac{\partial \ln D_1}{\partial w_1} > 0 \tag{5.150}$$

$$\frac{\partial^2 \ln D_1}{\partial w_1^2} < 0 \tag{5.151}$$

通常，溶剂含有比聚合物更多的自由体积，因此加入溶剂会导致聚合物基体松动并增强溶剂转移（$\partial \ln D_1 / \partial w_1 > 0$）。一旦聚合物结构稍微松动，加入溶剂促进分子运动的速率就会降低（$\partial^2 \ln D_1 / \partial w_1^2 < 0$）。

聚合物自扩散系数 D_2 表现出明显不同的浓度依赖性。Tanner 等（1971）报道了聚二甲基硅氧烷（PDS）—溶剂混合物的 D_2 数据。如方程（5.150）和方程（5.151）所示，在聚合物分子量最低时 D_2 的浓度依赖性与 D_1 的浓度依赖性相同。但是，当聚合物分子量较高时，观察到的 D_2 的浓度依赖性是如下类型：

$$\frac{\partial \ln D_2}{\partial w_1} > 0 \tag{5.152}$$

$$\frac{\partial^2 \ln D_2}{\partial w_1^2} > 0 \tag{5.153}$$

可以证明单独考虑自由体积不能解释上述实验观察到的 D_2 的浓度依赖性，必须考虑附加因素。

回想 D_1 和 D_2 的两个表达式[方程（5.60）和方程（5.61）]包括一个对 w_1 有明确依赖的指数项，其描述了浓度对体系自由体积的影响。除接近 $w_1 = 1$ 的情况外，指数项是表达式中表现出 D_1 浓度依赖性的唯一部分。在 D_2 的方程式中对浓度依赖有两个贡献：指数项中包括的自由体积效应和缠结项 N^*/N 中的浓度依赖性。因为 Bueche（1962）提出的表达式包括 ρ_2 和 M_e，所以缠结项依赖于溶剂浓度。M_e 与 ρ_2 的变化由以下关系给出：

$$M_e \rho_2 = \text{constant} \tag{5.154}$$

114

虽然 Bueche 的纠缠摩擦理论存在一些缺陷（Graessley，1974），但对目前的研究发展应该是足够的。结合 Bueche 提出的 N^*/N 表达式与方程（5.60）、方程（5.61）和方程（5.154）可能推导出 D_2 的质量分数导数。对于低聚合物分子量和高聚合物分子量，可得出以下结果（Vrentas 等，1983a）：

$$\frac{\partial \ln D_2}{\partial w_1} = \frac{1}{\xi} \frac{\partial \ln D_1}{\partial w_1} > 0 \qquad (低\ M_2) \qquad (5.155)$$

$$\frac{\partial^2 \ln D_2}{\partial w_1^2} = \frac{1}{\xi} \frac{\partial^2 \ln D_1}{\partial w_1^2} < 0 \qquad (低\ M_2) \qquad (5.156)$$

$$\frac{\partial \ln D_2}{\partial w_1} = \frac{3}{w_2} + \frac{1}{\xi} \frac{\partial \ln D_1}{\partial w_1} > 0 \qquad (高\ M_2) \qquad (5.157)$$

$$\frac{\partial^2 \ln D_2}{\partial w_1^2} = \frac{3}{w_2^2} + \frac{1}{\xi} \frac{\partial^2 \ln D_1}{\partial w_1^2} > 0 \qquad (高\ M_2) \qquad (5.158)$$

假设推导方程（5.157）和方程（5.158）的过程中溶液密度的浓度依赖性可忽略不计。

由方程（5.155）和方程（5.156）可以得知，在低分子量极限下，D_2 的浓度导数与 D_1 的浓度导数具有相同的符号。这些预测与 Tanner 等（1971）报道的低分子量情况下 PDS 的 D_2 数据的浓度行为一致。同样，方程（5.157）的理论不等式与 Tanner 等的高分子量数据一致。在方程（5.158）中，等式右边的第一项（表示浓度对缠结密度的影响）为正，第二项（表示浓度对体系自由体积的影响）为负值。因此，分子量为高极限时，$\partial^2 \ln D_2 / \partial w_1^2$ 可能为正值，也可能为负值。如果溶剂孔自由体积明显大于聚合物体积，则自由体积效应会对低 w_1 产生重要影响。

这种情况下，自由体积项将主宰缠结项，并且 $\partial^2 \ln D_2 / \partial w_1^2$ 至少在溶剂质量分数区间的第一部分为负值。随着 w_1 的增加，溶剂浓度足够高时 $\partial^2 \ln D_2 / \partial w_1^2$ 将变为正值，这是因为当 w_2 较小时，方程（5.158）中右边第一项将主导第二项。如果溶剂孔自由体积没有比聚合物自由体积大很多，则自由体积项影响很小。在这种情况下，方程（5.158）中的缠结项有可能在自由体积项中占主导地位，对于大多数或全部偏离浓度范围的情况，可能存在 $\partial^2 \ln D_2 / \partial w_1^2 > 0$ 的情况。由于 PDS 的玻璃态转变温度并不明显高于典型溶剂的玻璃态转变温度，因此对于高 M_2 的所有浓度范围，$\partial^2 \ln D_2 / \partial w_1^2$ 很可能为正。对于典型的 PDS 溶剂体系，此建议的行为与 Tanner 等报道的用高分子量样品所得的数据一致。

图 5.13 和图 5.14 显示了低分子量、高分子量的 PDS—甲苯体系和聚苯乙烯—甲苯体系中 D_2 的理论浓度依赖性（Vrentas 等，1983a）。甲苯、PDS 和聚苯乙烯的玻璃态转变温度分别为 114K、150K 和 373K，并且这两个图中的曲线基于利用合理的自由体积参数直接计算 D_2。两个体系的计算结果与方程（5.155）至方程（5.157）一致。而且，从上述玻璃态转变温度可以预测，对于图 5.13 中 PDS—甲苯体系中所有的 w_1 而言，在高分子量时 $\partial^2 \ln D_2 / \partial w_1^2$ 均为正值；对于图 5.14 中的高分子量值的聚苯乙烯—甲苯体系，低 w_1 值对应 $\partial^2 \ln D_2 / \partial w_1^2$ 为负值，高 w_1 值对应 $\partial^2 \ln D_2 / \partial w_1^2$ 为正值。这两种聚合物—甲苯体系的结果与上面讨论的行为一致。

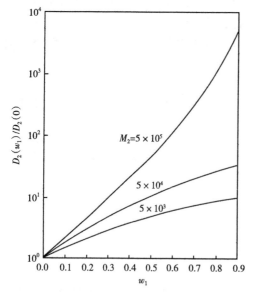

图 5.13　温度为 310K 时 PDS—甲苯体系中
PDS 对 3 种聚合物分子量的理论浓度
依赖性（Vrentas 等，1983a）

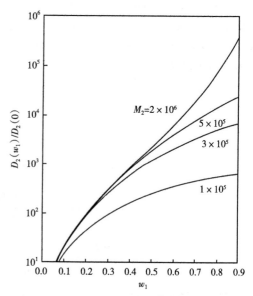

图 5.14　温度为 533K 时聚苯乙烯—甲苯体系中
聚苯乙烯对 4 种聚合物分子量的理论浓度
依赖性（Vrentas 等，1983a）

第 6 章　聚合物—渗透剂体系的特殊行为

从第 5 章可以看出，聚合物—渗透剂体系的特性明显不同于简单液体混合物的特性。本章讨论了聚合物—渗透剂混合物的一些其他行为。

6.1　聚合物—渗透剂体系的体积行为

如果混合时体积变化可以忽略不计，平衡聚合物—渗透剂混合物的比体积由方程（5.42）给出：

$$\hat{V} = w_1 \hat{V}_1^0 + w_2 \hat{V}_2^0 \tag{6.1}$$

虽然方程（6.1）描述了温度高于或低于 T_{gm} 的平衡聚合物—渗透剂体系的体积行为，但是由于混合物以非平衡玻璃态存在，因此 $T < T_{gm}$ 时不能观察到聚合物—渗透剂混合物的平衡液体结构。为了解释温度在 T_{gm} 以下的体积行为，假定在体系中进行任何实验期间，非平衡玻璃态物质在各浓度和温度下保持有效变化。如果进一步假定渗透剂和玻璃态聚合物在各浓度和温度下具有体积可加性，则混合物的比体积可以通过方程（5.46）计算：

$$\hat{V} = w_1 \hat{V}_1^0 + w_2 \hat{V}_{2g}^0 \tag{6.2}$$

该方程使用纯液体稀释剂的比体积 $\hat{V}_1^0$ 和适当选择的玻璃态聚合物的比体积 $\hat{V}_{2g}^0$。在 5.5 节中，对于 $\hat{V}_{2g}^0$ 有［方程（5.52）］：

$$\hat{V}_{2g}^0 = \hat{V}_2^0(T_{g2}) \left[1 + \alpha_{2g}(T - T_{g2} + \bar{A}w_1) - \bar{A}\alpha_2 w_1 \right] \tag{6.3}$$

对于平衡二元液体混合物，通常假定两种组分的微分比体积基本上与特定温度下的浓度无关。这种假设导致体积加和性，并且导致在所有浓度下混合都没有体积变化。在玻璃态聚合物—稀释剂混合物的情况下，在每种浓度下都存在体积加和性，因为纯溶剂和玻璃态聚合物所贡献的体积可以加在一起。然而，从方程（6.3）可以看出，$\hat{V}_{2g}^0$ 是渗透剂质量分数的一个函数（$\hat{V}_{2g}^0$ 这种对浓度的依赖性仅仅是由于非平衡玻璃态聚合物的结构随着渗透剂浓度的增加而变化的结果）。因此，不能认为混合物的体积变化与平衡液体混合物一样。假设玻璃态聚合物—渗透剂混合物的理想比体积定义为（Maeda 和 Paul，1987a）：

$$\hat{V}(\text{ideal}) = w_1 \hat{V}_1^0 + w_2 \hat{V}_{2g}^0 (w_1 = 0) \tag{6.4}$$

随后，在玻璃态聚合物—稀释剂体系的特定质量分数 w_1 下的过剩比体积，即 $\Delta\hat{V} = \hat{V} - \hat{V}(\text{ideal})$，可通过方程（6.5）确定（Vrentas 等，1988）：

$$\Delta\hat{V} = w_1(\hat{V}_1^0 - \hat{V}_1^0) + w_2[\hat{V}_{2g}^0(w_1) - \hat{V}_{2g}^0(w_1 = 0)] \tag{6.5}$$

如果假定可以使用方程（6.3）计算 $\hat{V}_{2g}^0(w_1)$，则利用方程（6.3）和方程（6.5）可得到关于 $\Delta\hat{V}$ 的如下结果：

$$\Delta\hat{V} = -\bar{A}w_1 w_2 \hat{V}_2^0(T_{g2})(\alpha_2 - \alpha_{2g}) \tag{6.6}$$

显然，

$$\Delta\hat{V} < 0 \tag{6.7}$$

通过 $\hat{V}_{2g}^0$［方程（6.3）］的浓度依赖性的派生形式可得到方程（6.4）所定义的体积加和性的负偏差。

现在考虑比较数据—理论，看建议的体积行为模型［方程（6.6）］是否可以解释玻璃态聚合物—稀释剂体系实验中观察到的由体积加和性造成显著负偏差的体积行为（Maeda 和 Paul，1987a，1987b）。Maeda 和 Paul 报道了聚砜（PSF）和聚苯醚（PPO）这两种聚合物，以及三苯酚磷酸酯（TCP）、邻苯二甲酸二辛酯（DOP）和癸二酸二辛酯（DOS）这三种液体溶剂的体积数据（将 TCP 添加到 PSF、TCP 和 DOP 中，将 DOS 添加到 PPO 中）。注意 Maeda 和 Paul 使用的玻璃态聚合物—稀释剂样品是通过溶剂浇铸工艺制备的，该工艺与方程（6.6）的理论推导过程中使用的样品制备方式不同。因此，虽然直接将提出的理论与 Maeda 和 Paul 的实验结果进行比较并不是严格公正的，但在此假设实验数据的确切性质对样品制备历史不敏感。PSF-TCP 和 PPO-DOS 体系的数据—理论比较分别如图 6.1 和图 6.2 所示。$\Delta\hat{V}$ 的实验结果是利用 $\hat{V}$ 的混合物数据和方程（6.4）计算的。利用纯聚合物的体积数据和稀释剂浓度对混合物玻璃态转变温度影响的数据进行理论计算。

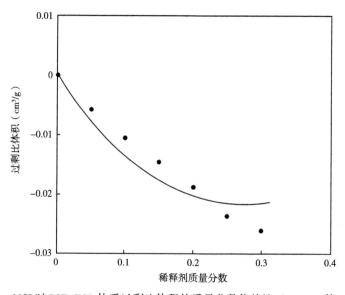

图 6.1　30℃时 PSF-TCP 体系过剩比体积的质量分数依赖性（Vrentas 等，1988）

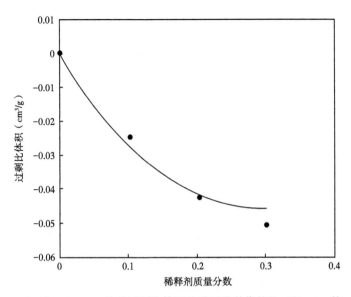

图 6.2　30℃时 PPO-DOS 体系过剩比体积的质量分数依赖性（Vrentas 等，1988）

数据—理论比较的其他细节可在 Vrentas 等（1988）的研究中查找。Vrentas 等（1988）认为，实验结果与理论预测之间存在相当好的一致性。请注意，此理论中没有体积行为的可调参数。

Maeda 和 Paul 对玻璃态聚合物—渗透剂体系过剩比体积的测定表明，过剩比体积大约是混合物总体积的 5%。Eichinger 和 Flory（1968a，1968b）收集了 4 种橡胶态聚合物—渗透剂体系的体积数据；这些体系中最大过剩体积约为混合物总体积的 1%。Maeda 和 Paul 以及 Eichinger 和 Flory 的实验结果表明，无定形玻璃态聚合物—渗透剂体系与无定形橡胶态聚合物—渗透剂混合物相比，表现出非常不同的体积行为。

计算渗透剂的微分比体积 $\hat{V}_1$ 时也可以发现这些体积行为的差异。橡胶态聚合物—渗透剂体系中混合物的比体积仅为温度、压力和组成的函数时，其 $\hat{V}_1$ 可以利用方程（2.30）计算：

$$\hat{V}_1 = (1 - w_1)\left(\frac{\partial \hat{V}}{\partial w_1}\right)_{T,\,p} + \hat{V} \tag{6.8}$$

对于玻璃态聚合物—稀释剂混合物，混合物比体积取决于分子结构以及温度、压力和组成。另外，恒温恒压下聚合物的结构或分子顺序通常随着组成的变化而变化。因此，严格地说，不能估算方程（6.8）中的质量分数导数，这是由于混合物中的溶剂质量分数不能在分子排序参数为固定值时改变。因此可以预料，组成的变化通常会引起分子顺序的变化，所以通过方程（6.8）计算玻璃态聚合物—稀释剂体系的 $\hat{V}_1$ 将会得到明显异常的结果。实际上，利用方程（6.8）计算出的玻璃态混合物的值将反映 $\hat{V}_{2g}^0$ 的结构依赖性。

对于预期利用方程（6.8）计算玻璃态聚合物—稀释剂体系应该得到不同的 $\hat{V}_1$ 值，可以通过如下方法验证，即通过使用该方程式来计算恒温恒压时玻璃态聚合物—稀释剂体系

零稀释极限时的 $\hat{V}_1$：

$$\hat{V}_1(w_1 = 0) = \left(\frac{\partial \hat{V}}{\partial w_1}\right)_{w_1 = 0} + \hat{V}_{2g}^0(w_1 = 0) \tag{6.9}$$

玻璃态混合物的比体积可以通过结合方程（6.2）和方程（6.3）计算；对于 $w_1 = 0$，方程（6.3）的形式如下：

$$\widetilde{V}_{2g}^0(w_1 = 0) = \hat{V}_2^0(T_{g2})\left[1 + \alpha_{2g}(T - T_{g2})\right] \tag{6.10}$$

因此，利用方程（6.2）、方程（6.3）、方程（6.9）和方程（6.10）得到：

$$\hat{V}_1(w_1 - 0) = \widetilde{V}_1^0 - \overline{A}\hat{V}_2^0(T_{g2})(\alpha_2 - \alpha_{2g}) \tag{6.11}$$

方程（6.11）表明，计算的稀释剂的微分比体积显著小于纯溶剂的比体积。通过实验验证了 $\hat{V}_{2g}^0$ 浓度依赖性的具体形式的结果是 $\hat{V}_1(w_1 = 0) < V_1^0$。

表 6.1　聚合物—稀释剂体系的实验行为特征

聚合物	稀释剂	$\hat{V}_1$	V_1^0
PSF	TCP	0.775	0.865
PPO	TCP	0.713	0.865
PPO	DOP	0.842	1.024
PPO	DOS	0.894	1.103

在表 6.1 中，将适当体积导数计算的玻璃态聚合物中稀释剂的微分比体积与纯稀释剂的比体积进行了比较（Maeda 和 Paul，1987a，1987b）。正如方程（6.11）所预测的，所有情况都是 $\hat{V}_1 < \hat{V}_1^0$。对于方程（6.1）中描述的橡胶态聚合物—稀释剂体系来说，可知方程(6.8)能够得到预期的结果 $\hat{V}_1(w_1 = 0) = \hat{V}_1^0$。

目前，已经利用方程（6.6）预测聚甲基丙烯酸甲酯—水体系的 $\Delta\hat{V}$（Vrentas 和 Vrentas，1990）。理论和实验之间能够很好地契合；预测值的误差在 21%~29% 之间。

目前已经利用与所提出的体积模型相差不大的形式预测温度为 35℃ 的玻璃态聚碳酸酯—二氧化碳体系的体积行为（Vrentas 和 Vrentas，1989b）。这个不同的形式基于推导的比例 V_m/V_0（而不是 $\Delta\hat{V}$）理论表达式，其中 V_m 是聚合物—渗透剂混合物的总体积，V_0 是纯聚合物的体积。对于橡胶态聚合物和由方程（6.1）描述体积行为的渗透剂来说，可以表示为：

$$\frac{V_m}{V_0} = \frac{w_1}{1 - w_1}\frac{\hat{V}_1^0}{\hat{V}_2^0} + 1 \tag{6.12}$$

因此，对于聚合物—渗透剂体系有以下合理的延伸公式：

$$\frac{V_m}{V_0} = \frac{w_1}{1 - w_1}\frac{\hat{V}_1^0}{\hat{V}_{2g}^0(w_1 = 0)} + 1 \tag{6.13}$$

　　然而，有人提出方程（6.13）可以显著高估混合物的体积（Fleming 和 Koros，1986）。由该理论可得关于 V_m/V_0 的公式（Vrentas 和 Vrentas，1989b）：

$$\frac{V_m}{V_0} = \frac{\frac{w_1}{1-w_1}\hat{V}_1^0 + \hat{V}_{2g}^0(w_1)}{\hat{V}_{2g}^0(w_1=0)} \tag{6.14}$$

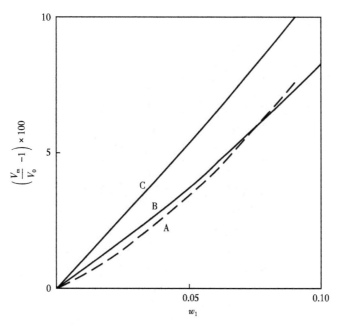

图 6.3　35℃时聚碳酸酯—二氧化碳体系的体积行为（Vrentas 和 Vrentas，1989b）

A—Fleming 和 Koros（1986）的实验数据；B—方程（6.14）的预测，其中 $\hat{V}_1^0 = 0.85\text{cm}^3/\text{g}$；

C—方程（6.13）的预测，其中 $\hat{V}_1^0 = 0.85\text{cm}^3/\text{g}$

　　方程（6.14）基于这样的共识：非渗透玻璃态聚合物的结构随着渗透剂浓度增加而变化，所以 $\hat{V}_{2g}^0$ 是渗透剂浓度的函数。如图 6.3 所示，方程（6.14）与聚碳酸酯—二氧化碳体系的体积行为的实验数据表明，理论和实验之间存在相当好的一致性（Vrentas 和 Vrentas，1989b）。然而，需要注意，当渗透剂是目标温度下的气体而非液体时，玻璃态聚合物—渗透剂体系的体积行为预测存在一定的不确定性，因为通常无法准确估算气体渗透剂的 $\hat{V}_1^0$。

6.2　聚合物—渗透剂体系的吸附行为

　　玻璃态无定形聚合物—渗透剂体系吸附等温线的行为可能与通常观察到的橡胶态无定形聚合物渗透剂体系吸附等温线行为显著不同。对于橡胶态聚合物—渗透剂体系，随着渗透剂压力增加，吸附等温线远离压力轴线弯曲，因此有：

$$\left(\frac{\partial^2 p_1}{\partial w_1^2}\right)_T < 0 \tag{6.15}$$

其中，p_1 是温度 T 下渗透剂在基本纯净的气相中的压力。另外，吸附渗透剂的浓度可以通过在低渗透剂浓度下利用亨利定律关系来确定。图 6.4 中的聚苯乙烯—乙苯吸附等温线展示了这些趋势（Vrentas 等，1983c）。

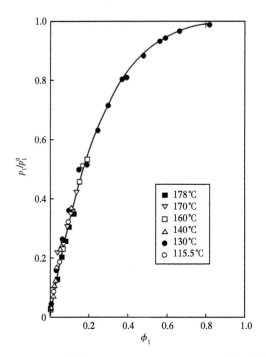

图 6.4　聚苯乙烯—乙苯体系的 Flory-Huggins 理论与热力学数据的比较

p_1/p_1^0 可修正液相中的理想气体行为偏差和压力效应（p_1 和 p_1^0 在文中进行了定义）。实线代表 $\chi = 0.35$ 时的理论预测

此外，图 6.4 显示等温线的形状对于所有温度基本相同，且 Flory-Huggins 聚合物溶液理论（Flory，1953）可描述吸附行为，其中相互作用参数 χ 与温度和成分无关。对于橡胶态无定形聚合物溶液的 Flory-Huggins 理论，聚合物—渗透剂混合物中渗透剂的微分比吉布斯自由能 $\hat{G}_1$ 由方程（6.16）给出（Flory，1953）：

$$\hat{G}_1 = \hat{G}_1^0(T,\ p_1) + \frac{RT}{M_1}\left[\ln\phi_1 + \chi\phi_2^2 + \phi_2\left(1 - \frac{\widetilde{V}_1}{\widetilde{V}_2}\right)\right] \tag{6.16}$$

式中，$\hat{G}_1^0$ 是在 T 和 p_1 条件下计算的纯液体渗透剂的比吉布斯自由能；$\widetilde{V}_I$ 是纯组分 I 的摩尔体积；ϕ_I 是组分 I 的体积分量。

该理论假定相互作用参数 χ 与组成无关，且可能与温度无关。当聚合物分子量足够高时，方程（6.16）可以简化为：

$$\hat{G}_1 = \hat{G}_1^0(T,\ p_1) + \frac{RT}{M_1}(\ln\phi_1 + \chi\phi_1^2 + \phi_2) \tag{6.17}$$

当体系处于温度、压力恒定且均匀时的吸附平衡，并且聚合物分子量足够大，可得到以下形式的 Flory-Huggins 吸附等温线：

$$\frac{p_1}{p_1^0} = \phi_1 \exp(\phi_2 + \chi\phi_2^2) \tag{6.18}$$

其中，p_1^0 是温度 T 时纯液体渗透剂的蒸气压。方程（6.18）假定可忽略校正理想气体行为和液相压力效应的偏差。可以通过对 χ 的温度依赖性引入由方程（6.18）表示的吸附等温线的温度依赖性，但是该效应通常相对较小，因此可以忽略。Flory-Huggins 方程只有在方程（6.16）中包含 $\tilde{V}_2$ 时具有分子量依赖性。当聚合物摩尔体积比渗透剂摩尔体积至少大 50 倍时，具有 $\tilde{V}_2$ 的项实际上可以忽略不计［允许使用方程（6.17）和方程（6.18）］。

在玻璃态聚合物—渗透剂体系中，吸附等温线表现出以下特点：

（1）一些玻璃态聚合物—渗透剂体系的吸附等温线随着气压增加而朝向压力轴弯曲，因此：

$$\left(\frac{\partial^2 p_1}{\partial w_1^2}\right)_T > 0 \tag{6.19}$$

35℃时聚碳酸酯—二氧化碳体系的情况即为此类行为的例子（图6.5）。

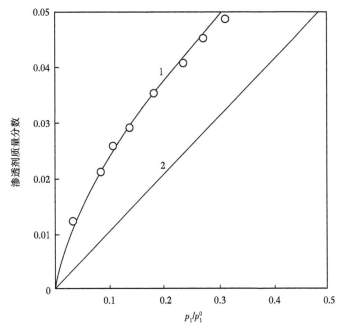

图 6.5　35℃时聚碳酸酯—二氧化碳体系吸附等温线的数据—理论比较
开环代表 Fleming 和 Koros（1986）报道的数据；曲线 1 是玻璃态聚合物—渗透剂体系的预测；曲线 2 表示体系处于橡胶态时的预测

图 6.6 显示了 35℃时聚苯乙烯—二氧化碳体系的情况（Vrentas 和 Vrentas，1994c）。方程（6.15）描述了玻璃态聚合物中渗透剂吸附的一些其他情况，即橡胶态聚合物吸附等温线的结果。图 6.7 显示了聚苯乙烯—甲基乙基酮体系在 25℃时的吸附等温线，即玻璃态聚合物中此类型的渗透剂吸附的例子。

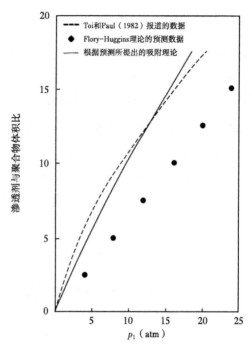

图 6.6　35℃时聚苯乙烯—二氧化碳体系吸附等温线的数据—理论比较

（2）如上所述，橡胶态聚合物—溶剂体系吸附等温线的形式在所有温度下基本相同。然而，随着温度变化，玻璃态聚合物—渗透剂体系浓度—压力曲线的形状可能会发生显著变化（Maeda 和 Paul，1987a）。随着吸附实验的温度升高，吸附等温线也变得更接近线性。

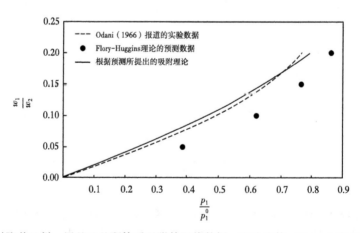

图 6.7　25℃时聚苯乙烯—甲基乙基酮体系吸附等温线数据—理论比较（Vrentas 和 Vrentas，1994c）

（3）Meares（1954）报道了溶解度测量值，表明气体在玻璃态聚合物中的溶解比在同一种聚合物中溶解相同的气体释放的热量多。可以通过该气体在聚合物中溶解度的温度依赖性定义聚合物中气体的溶解热。Meares 发现聚乙酸乙烯酯中的吸附过程，当气体为氧气时，玻璃态聚合物溶液的热量比橡胶态聚合物少 5000cal/mol；当气体为氩气时，少了 2000cal/mol。

（4）玻璃态聚合物的吸附实验表明，在低压下可以得到具有方程（6.19）所描述的形状的吸附等温线，在足够高的压力下可以得到方程（6.15）所描述的形状的吸附等温线（Chiou 等，1958）。随着温度升高，渗透剂浓度降低，特性玻璃态［方程（6.19）］转变为特性橡胶态［方程（6.15）］。可以将这种效应归因于吸附渗透剂对聚合物的塑化，因此在 T_{gm} 等于吸附温度 T 时的浓度下发生转变。

（5）虽然聚合物的分子量对橡胶态聚合物吸附等温线的影响可以忽略不计，但已经报道聚合物分子量对玻璃态聚合物吸附等温线的形状有很大的影响（Toi 和 Paul，1982）。在给定的温度和压力下渗透剂吸附的水平随着聚合物分子量的增加而增加。同时，随着聚合物分子量降低，吸附等温线变得更接近线性。

显然，Flory-Huggins 吸附等温线即方程（6.18）不能描述上面列出的玻璃态聚合物中渗透剂吸附的所有特征，必须构建考虑到渗透剂诱导聚合物基质变化的新理论吸附作用。任何 $T<T_{g2}$ 下干燥聚合物以非平衡态或玻璃态存在。当将渗透剂加入聚合物基质中时，混合物必须最终达到 $T=T_{gm}$ 浓度下的平衡液体构型。聚合物的结构应该是从作为干聚合物的非平衡液体构型到其在 $T=T_{gm}$ 的浓度下的平衡液体结构的连续变化。据推测，这种聚合物结构的变化是所有影响造成玻璃态吸附行为与橡胶态吸附行为不同的原因。

新的等温线方程的推导基于用于描述玻璃态聚合物—渗透剂混合物中体积效应的相同类型的步骤。橡胶态聚合物—渗透剂混合物的比吉布斯自由能 $\hat{G}$ 可以表示为：

$$\hat{G} = w_1\hat{G}_1^0 + w_2\hat{G}_2^0 + \Delta\hat{G}_m \tag{6.20}$$

式中，$\hat{G}_2^0$ 是平衡液体聚合物的比吉布斯自由能；$\Delta\hat{G}_m$ 是温度 T 下每单位质量混合物的混合吉布斯自由能。

Flory（1953）用 Flory-Higgins 表达式计算 $\Delta\hat{G}_m$：

$$\Delta\hat{G}_m = RT\left(\frac{w_1}{M_1}\ln\phi_1 + \frac{w_2}{M_2}\ln\phi_2 + \frac{\chi w_1\phi_2}{M_1}\right) \tag{6.21}$$

其中，特定 Flory-Huggins 表达式的体积分量定义为：

$$\phi_1 = \frac{w_1}{w_1 + qw_2} \tag{6.22}$$

$$\phi_2 = \frac{qw_2}{w_1 + qw_2} \tag{6.23}$$

$$q = \frac{\hat{V}_2^0}{\hat{V}_1^0} \tag{6.24}$$

在构建 Flory-Huggins 理论混合项的过程中，假定在给定温度下的晶格结构是使用聚合物的平衡液体体积构建的；方程（6.21）对于橡胶态聚合物和玻璃态聚合物混合物有效。对于玻璃态聚合物—渗透剂混合物，可以通过如下表达式计算 $\Delta\hat{G}_m$：

$$\hat{G} = w_1\hat{G}_1^0 + w_2\hat{G}_{2g}^0 + \Delta\hat{G}_m \tag{6.25}$$

其中，温度低于 T_{gm} 时形成部分非平衡液体混合物的玻璃态聚合物的合适的特定吉布斯自由能是 $\hat{G}_{2g}^0$。$\hat{G}_1^0$ 和 $\hat{G}_2^0$ 是温度和压力的函数，$\hat{G}_{2g}^0$ 是温度、压力和聚合物基质构型的函数。特别地，$\hat{G}_{2g}^0$ 值依赖于从平衡液体构型中移除聚合物基体的结构距离。

由于玻璃态聚合物的结构和性质取决于制备样品的历史，因此 $\hat{V}_{2g}^0$ 值和 $\hat{G}_{2g}^0$ 值取决于如何制备聚合物—渗透剂混合物。样本制备历史在 5.5 节中进行了描述，并用于推导出 $\hat{V}_{2g}^0$ 的等式［方程（5.52）］。类似的过程可以用来推导 $\hat{G}_{2g}^0$ 的表达式（Vrentas 和 Vrentas，1991b）。$\hat{V}_{2g}^0$ 和 $\hat{G}_{2g}^0$ 都是 w_1 的函数；这种依赖性反映了随着 w_1 增加而发生的聚合物基体的结构变化。参数 $\hat{G}_{2g}^0$ 可用于推导修正的蒸气—液体平衡以求得玻璃态聚合物—渗透剂体系的吸附等温线（Vrentas 和 Vrentas，1991b）。如果假定气相为理想气体，假定液相中的压力影响可以忽略不计，且考虑的聚合物分子量足够高，则 $T<T_{gm}$ 时的玻璃态聚合物—渗透剂体系的吸附等温线质量分数 w_1 可表示为：

$$\frac{p_1}{p_1^0} = \phi_1 \exp(\phi_1 + \chi\phi_2^2) \mathrm{e}^F \tag{6.26}$$

其中：

$$F = \frac{M_1 w_2^2 (\hat{G}_{pg} - \hat{G}_p)\frac{\mathrm{d}T_{gm}}{\mathrm{d}w_1}}{RT}\left(\frac{T}{T_{gm}} - 1\right) \quad T < T_{gm} \tag{6.27}$$

式中，$\hat{C}_p$ 是平衡液体聚合物在恒定压力下的比热容；$\hat{C}_{pg}$ 是玻璃态聚合物在恒定压力下的比热容。

当用方程（5.44）表示 T_{gm} 下的浓度依赖性时，F 为以下形式：

$$F = \frac{M_1 w_2^2 (\hat{C}_p - \hat{C}_{pg})\overline{A}}{RT}\left(\frac{T}{T_{gm}} - 1\right), \quad T < T_{gm} \tag{6.28}$$

因为 $\hat{C}_p - \hat{C}_{pg} > 0$，显然 $T = T_{gm}$ 时 $F=0$，$T<T_{gm}$ 时 $F<0$。同时，$T \geqslant T_{gm}$ 时 $F=0$，因此，方程（6.26）可以化简为通常的 Flory-Huggins 吸附等温线，即方程（6.18）。方程（6.18）还可以包括修正的非理想气体行为和液相压力效应（Vrentas 和 Vrentas，1991b）。注意，聚合物分子量的主要影响是通过 M_2 影响 T_{g2}，进而影响 T_{gm}。T_{g2} 的分子量依赖性可以通过方程（6.29）估算：

$$T_{g2}(M_2) = T_{g2}(\infty) - \frac{\overline{B}}{M_2} \tag{6.29}$$

其中，$\overline{B}$ 是适用于特定聚合物的常数。在方程（6.26）和方程（6.28）中描述的吸附理论中没有可调参数。稍后通过与上述 5 个实验观察结果的比较以及通过与实验吸附数据的比较来检查组合方程（6.26）和方程（6.28）的预测能力。

在橡胶态聚合物—渗透剂体系中，通过方程（6.18）和方程（6.22）至方程（6.24）

得到吸附等温线的二阶导数（为方便起见，假设 $\hat{V}_1^0 = \hat{V}_2^0$，因此 $q=1$）：

$$\frac{1}{p_1^0}\left(\frac{\partial^2 p_1}{\partial w_1^2}\right)_{w_1=0} = -2(1+2\chi)\,\mathrm{e}^{1+\chi} \tag{6.30}$$

因此，对于任何橡胶态聚合物—渗透剂混合物，二阶导数的初始值都是负的，结果与橡胶态聚合物中渗透剂吸附的实验结果方程（6.15）一致。对于玻璃态聚合物—渗透剂体系，当 $q=1$ 时，可以从方程（6.26）和方程（6.28）导出以下表达式：

$$\frac{1}{p_1^0}\left(\frac{\partial^2 p_1}{\partial w_1^2}\right)_{w_1=0} = 2\mathrm{e}^{1+\chi}\mathrm{e}^{F_0}\left\{-(1+2\chi) + \frac{M_1}{RT}(\hat{C}_p - \hat{C}_{pg})\bar{A}\left[\frac{\bar{A}T}{T_{g2}^2} + 2\left(1 - \frac{T}{T_{g2}}\right)\right]\right\}$$

$$\tag{6.31}$$

其中，F_0 是 $w_1 = 0$ 时估算的 F 值。二阶导数的符号显然是由方程（6.31）右边 $\{\ \}$ 括号内的项的符号决定的。第一项是负的，第二项是正的，因此 $\{\ \}$ 括号内整体的项的符号受 χ 和 $\bar{A}$ 大小的影响。当渗透剂是聚合物的良溶剂时，相互作用参数 χ 的值较低，从方程（6.31）得出 $w_1 = 0$ 时的二阶导数为正的可能性很大。当渗透剂是聚合物的不良溶剂时，从方程（6.31）得出 $w_1 = 0$ 时的二阶导数为负的可能性很大。尽管相互作用参数的大小在确定二阶导数的符号中肯定起作用，但也许更重要的因素是参数 $\bar{A}$ 的大小。$\bar{A}$ 值大有利于得到正的二阶导数，而 $\bar{A}$ 值小则有利于得到负二阶导数。与液体渗透剂相比，气态渗透剂能够为聚合物—渗透剂混合物提供更多的自由体积，能够引起玻璃态转变温度更大的降低。因此，对于特定的聚合物来说，在室温下为气体的渗透剂通常具有较高的 $\bar{A}$ 值，因此得到由方程（6.19）描述的玻璃态聚合物的吸附等温线。另外，在室温下为液体的渗透剂倾向于具有较低的 $\bar{A}$ 值，因此即使当聚合物处于玻璃态时，也可以具有由方程（6.15）描述的吸附等温线。

表 6.2 总结了 5 个玻璃态聚合物—渗透剂体系的特征。以 CO_2 作为渗透剂的两个体系具有方程（6.19）所描述的吸附等温线，这可能是因为两个体系的特定的聚合物都具有较高的 $\bar{A}$ 值，例如，聚碳酸酯和聚苯乙烯。

表 6.2　玻璃态聚合物—渗透剂体系的特点（Vrentas 和 Vrentas，1991b）

聚合物	渗透剂	χ	$\bar{A}$（K）	$\dfrac{\partial^2 p_1}{\partial w_1^2}$的符号
聚碳酸酯	CO_2	1.75	1110	+
聚甲基丙烯酸甲酯	H_2O	3.45	1100	−
聚苯乙烯	CO_2	2.0	690	+
聚苯乙烯	苯	0.46	370	−
聚苯乙烯	甲基乙基酮	1.0	370	−

虽然含液体渗透剂的两个体系（即聚苯乙烯—苯和聚苯乙烯—甲基乙基酮）的 χ 值不是特别高，但它们具有方程（6.15）所述的吸附等温线，这可能是因为这些聚苯乙烯体系具有相对较低的 $\bar{A}$ 值。方程（6.15）描述了第五种体系即聚甲基丙烯酸甲酯—水体系的吸

附等温线。这种液体渗透体系的特点是 χ 和 $\overline{A}$ 的值都很高。因为低的 M_1 值可以降低方程（6.31）右边 $\{\}$ 括号中第二项的正贡献，所以二阶导数的负值似乎是由水的低分子量引起的。所提出的吸附理论能够解释可以通过方程（6.15）或方程（6.19）来描述玻璃态聚合物吸附等温线的原因，表明该理论与第一次实验观察中讨论的数据一致。

如在第三次实验观察中指出的，气体在聚合物中溶解度的温度依赖性可以用于定义聚合物中气体的溶解热。利用所提出的吸附理论，Vrentas 和 Vrentas（1991b）得出了溶解在玻璃态聚合物中气体的摩尔溶解热 $\Delta\widetilde{H}$ 的表达式：

$$\Delta\widetilde{H} = -\frac{RT^2}{p_1^0}\frac{\partial p_1^0}{\partial T} - RT^2\frac{\partial\chi}{\partial T} - M_1(\hat{C}_p - \hat{C}_{pg})\overline{A} \qquad (6.32)$$

由方程（6.32）中的前两项可得橡胶态聚合物溶液的热量。这个方程的第一项和第三项显然是负的，又因为认为 $\partial\chi/\partial T$ 是负值，所以第二项是正的。正如 Meares（1954）观察到的实验现象，因为玻璃态聚合物吸附过程的第三项为负，所以预测玻璃态聚合物中的溶解过程比橡胶态聚合物中相同气体的溶解过程放热更多。另外，方程（6.32）中的第三项给出了玻璃态聚合物和橡胶态聚合物之间吸附热有效差异的大小。对于典型的聚合物—气体体系，差值的大小应该是 3000cal/mol 的数量级。因此，该理论的预测与第三个实验观察结果一致。

可以使用表 6.3 中带有特性的模型聚合物—渗透剂体系观察第二次、第四次和第五次实验。图 6.8 显示了温度分别为 25℃ 和 100℃ 时这个模型聚合物—渗透剂体系的理论吸附等温线。100℃ 时的吸附等温线描绘了在其玻璃态转变温度下的橡胶态聚合物—渗透剂体系。方程（6.15）描述了该等温线，且在低渗透剂浓度下具有线性亨利定律区域。这些理论结果与先前讨论的橡胶态聚合物中观察到的吸附行为一致。25℃ 时的吸附等温线描绘了聚合物—渗透剂体系在低浓度下处于玻璃态，当 $w_1 = 0.15$ 时表现出橡胶态。注意，由于当由方程（6.9）和常数 χ 表示等温线时，p_1/p_1^0 与温度无关，所以图 6.8 中的曲线 3 表示 25℃ 和 100℃ 时的橡胶态。图 6.9 类似于图 6.8，显示了模型聚合物—渗透剂体系在 25℃、50℃ 和 75℃ 时的吸附等温线（Vrentas 和 Vrontas，1991b）。

表 6.3　模型聚合物—渗透剂体系的性质（Vrentas 和 Vrentas，1991b）

性质	数值
$T_{g2}(\infty)$	373K
$T_{g2}(M_2)$	$373 \sim 2 \times 10^5/M_2$ K
$T_{gm}(w_1)$	$373 \sim 500w_1$ K
$\overline{A}$	500K
$\alpha_2 - \alpha_{2g}$	$3 \times 10^{-4}\mathrm{K}^{-1}$
$\hat{C}_p - \hat{C}_{pg}$	0.06cal/(g · ℃)
M_1	100g/mol
χ	1
q（all temps）	1
$\hat{V}_2^0(T_{g2})$	1cm³/g

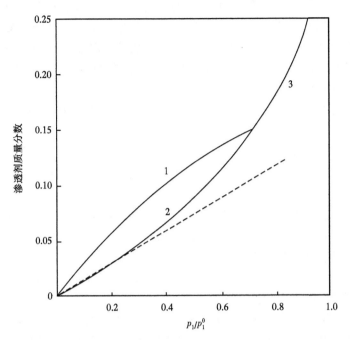

图 6.8　25℃和 100℃时模型聚合物—渗透剂体系的吸附等温线

曲线 1 和曲线 3 是 25℃时的情况，曲线 2 和曲线 3 是 100℃时的情况。虚线是低压下 100℃的
线性亨利定律区域。曲线 3 表示两个温度下体系的橡胶态

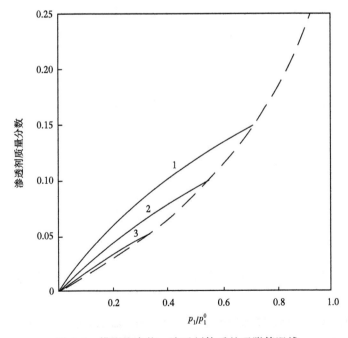

图 6.9　模型聚合物—渗透剂体系的吸附等温线

曲线 1、曲线 2 和曲线 3 分别代表温度为 25℃、50℃和 75℃时的情况，虚线表示所有温度下的聚合态

图 6.9 中的实线表示各温度下玻璃态部分的等温线，虚线表示在所有温度下体系的橡胶态。对于温度为 25℃、50℃ 和 75℃，玻璃态转变为橡胶态行为分别发生在质量分数为 0.15、0.10 和 0.05 的时候。很明显，转变质量分数随着温度的升高而降低，并且每个等温线由低于转变温度的方程（6.19）和高于转变温度的方程（6.15）描述。上述理论预测与第四次实验中观察到的行为一致。

虽然图 6.9 表明橡胶态聚合物—渗透剂体系的吸附等温线在所有温度下都是相同的，但从图 6.10 可以清楚地看出，当玻璃态聚合物—渗透剂体系存在时，不同温度下的吸附等温线存在显著差异。从图 6.10 也可以看出，随着温度升高，吸附等温线变得更接近线性。这些理论预测与第二次实验观察结果一致。最后，虽然分子量对橡胶态聚合物吸附等温线的影响可以忽略不计，但是图 6.11 表明，所提出的理论预测聚合物分子量效应对于玻璃态聚合物中的吸附很重要。如图 6.11 所示，随着聚合物分子量降低，吸附等温线变得更接近线性，并且在给定温度和压力下，渗透剂吸附的程度随着聚合物分子量的增加而增加。所有这些理论预测都与第五次实验观察结果一致。

也可以比较理论预测与实验数据，以定量估算基于方程（6.26）和方程（6.27）或方程（6.28）所提出的吸附理论。图 6.5 至图 6.7 中分别显示了 35℃ 的聚碳酸酯—二氧化碳体系、35℃ 的聚苯乙烯—二氧化碳体系和 25℃ 的聚苯乙烯—甲基乙基酮体系的数据—理论比较。有必要利用 Vrentas 和 Vrentas（1991b）提出的高压力形式的吸附等温线方程表示二氧化碳吸附。

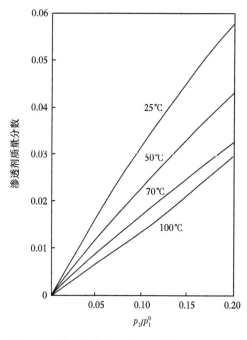

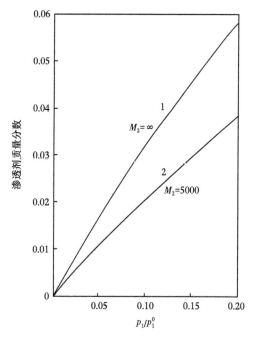

图 6.10　模型聚合物—渗透剂体系吸附等温线的温度依赖性（Vrentas 和 Vrentas，1991b）

图 6.11　25℃ 时模型聚合物—渗透剂体系中分子量对吸附等温线的效应（Vrentas 和 Vrentas，1991b）

在 3 个数据—理论的比较中，可以得出结论，即所提出的理论与实验数据之间存在相当好的一致性。同样请注意，3 种情况的吸附数据与 Flory–Huggins 理论的预测之间存在显著差异。

本节介绍了玻璃态聚合物—渗透剂体系吸收的等温行为，6.1 节介绍了渗透剂吸收的体积行为。还可以分析玻璃态聚合物中渗透剂解吸的体积行为和吸附等温线行为。解吸过程的样品制备历史不同于吸收过程的样品制备历史，因此，可以表明在渗透剂吸收—解吸循环期间存在滞后效应。Vrentas 和 Vrentas（1996 年）提出了这种滞后效应的理论描述，并且该预测与 Fleming 和 Koros（1986 年）报道的体积和吸附数据非常吻合。因此，似乎考虑了聚合物基质结构重排的模型能够描述玻璃态聚合物的吸收—解吸循环中的滞后效应。

6.3　抗塑化作用

当将低分子量稀释剂加入玻璃态聚合物中后，就改变了聚合物的机械和传质行为。通常，聚合物变得更加柔韧，并且随着稀释剂浓度的增大，自扩散系数和互扩散系数增大。引起聚合物塑化的稀释剂被称为增塑剂。然而，在某些情况下，将稀释剂添加到玻璃态聚合物中，就会阻碍聚合物链的链段运动，聚合物混合物变得比纯聚合物更硬，并且扩散速率降低。这种现象称为抗塑化作用，并且能导致这种现象的稀释剂被称为抗增塑剂。

将抗增塑现象归因于自由体积的损失，并因此归因于随后抑制聚合物链的运动是合理的。$T < T_{gm}$ 时，可通过组合方程（5.45）和方程（5.54）来确定玻璃态聚合物—稀释剂体系的特定孔自由体积：

$$\frac{\hat{V}_{FH}}{\gamma} = w_1 \frac{\hat{V}_{FH1}}{\gamma_1} + w_2 \frac{\hat{V}_2^0(T_{g2})}{\gamma_2} [f_{H2}^G - w_1 \overline{A}(\alpha_2 - \alpha_{2g} + \alpha_{c2g} - \alpha_{c2}) + (\alpha_{2g} - \alpha_{c2g})(T - T_{g2})] \tag{6.33}$$

其中，$\hat{V}_{FH1}$ 由方程（5.36）给出。对方程（6.33）进行微分，可得 V_{FH}/γ 的初始浓度依赖性表达式如下：

$$\left[\frac{\partial(\hat{V}_{FH}/\gamma)}{\partial w_1}\right]_{w_1=0} = \frac{\hat{V}_{FH1}}{\gamma_1} - \frac{\hat{V}_2^0(T_{g2})}{\gamma_2}[f_{H2}^G + (\alpha_{2g} - \alpha_{c2g})(T - T_{g2})] - \frac{\hat{V}_2^0(T_{g2})}{\gamma_2}\overline{A}(\alpha_2 - \alpha_{2g} + \alpha_{c2g} - \alpha_{c2}) \tag{6.34}$$

为便于解释塑化和抗塑化，方程（6.34）可以改写成各种可能的形式（Vrentas 和 Vrentas，1994b）：

$$\left[\frac{\partial(\hat{V}_{FH}/\gamma)}{\partial w_1}\right]_{w_1=0} = \left[\frac{\hat{V}_{FH1}}{\gamma_1} - \frac{\hat{V}_{FH2g}(w_1=0)}{\gamma_2}\right] - \frac{\hat{V}_2^0(T_{g2})}{\gamma_2}\overline{A}(\alpha_2 - \alpha_{2g} + \alpha_{c2g} - \alpha_{c2}) \tag{6.35}$$

方程（6.35）描述了将稀释剂加入玻璃态聚合物中引起的 $\hat{V}_{FH}/\gamma$ 的最初变化。将增塑剂定义为上述导数为正的稀释剂是合理的，因此在初始时体系的孔自由体积是增加的。可以将抗增塑剂定义为上述导数为负的稀释剂，使得体系孔自由体积初始时变小。在方程（6.35）中，右侧括号中的项是稀释剂的孔自由体积和纯玻璃态聚合物的孔自由体积之间的差值。由于特定温度 T 下渗透剂的孔自由体积通常比玻璃态聚合物多，因此这两个项之间的差异通常为正值。对于玻璃态转变温度非常低的渗透剂，渗透剂的孔自由体积通常明显大于玻璃态聚合物的体积，因此括号内的项是相当大的正数。相反，对于玻璃态转变温度相对较高的稀释剂，二元共聚物的玻璃态转变温度不会差那么大，因此，稀释剂和聚合物的孔自由体积之间的差异可能是相对较小的正数。方程（6.35）右侧的其他项为负，且它表示在加入渗透剂时发生的聚合物基体结构变化引起的孔自由体积损失。随着渗透剂添加到体系中，分子结构中的连续变化导致随着体系向平衡构型移动，而最终消除附加孔自由体积。

由于方程（6.35）包含具有相反符号的项，很明显，孔自由体积的初始浓度导数的大小和符号取决于竞争项的相对大小。由于第一项对于具有相对较高玻璃态转变温度的渗透剂而言可能是相对较小的正数，因此方程（6.35）中的第二项可能导致特定孔自由体积随稀释剂浓度增加，而初始时有所降低。对于这种情况，稀释剂最初会引起抗塑化作用。由稀释剂的加入而导致的体系孔自由体积的增加小于由玻璃态聚合物加入而减少的孔自由体积。对于玻璃态转变温度非常低的渗透剂，方程（6.35）中的第一项是相当大的正数。因此，正的第一项应该大于负的第二项，并且随着稀释剂浓度的增大，稀释剂初始时产生的特定孔自由体积增大。在这种情况下，稀释剂最初引起塑化。从以上分析可知，正如参数 $\hat{V}_{FH1}/\gamma_1$ 和 $\overline{A}$ 所表征的那样，$\hat{V}_{FH}/\gamma$ 的初始浓度依赖性将强烈依赖于溶剂的性质。对于给定的聚合物，具有相对高的玻璃态转变温度和因此相对低的 $\hat{V}_{FH1}/\gamma_1$ 值的稀释剂将具备良好的抗增塑作用。同样，从方程（6.35）可以看出，如果 $\overline{A}$ 很大，那么第二个负项将有更大的值。因此，引起聚合物的玻璃态转变温度显著降低的稀释剂也将具有良好的抗增塑行为。

不同稀释剂对玻璃态聚合物—稀释剂体系性能的不同影响可以通过计算 30℃ 下聚苯乙烯—甲苯混合物的 $\hat{V}_{FH}/\gamma$ 值和 30℃ 下聚砜—磷酸三甲苯酯混合物的 $\hat{V}_{FH}/\gamma$ 值来说明。对于聚苯乙烯—甲苯体系，随着 w_1 增加，$\hat{V}_{FH}/\gamma$ 开始增加，因此甲苯作为聚苯乙烯的增塑剂。对于 PSF-TCP 体系，随着 w_1 增加，$\hat{V}_{FH}/\gamma$ 最初时减少，因此 TCP 作为 PSF 的抗增塑剂（Vrentas 等，1998）。这种行为差异与观察结果一致，甲苯具有比 TCP 低的玻璃态转变温度，因此在 30℃ 时具有更大的孔自由体积。可以通过方程（6.35）计算作为抗增塑剂的稀释剂导出的负的 $\hat{V}_{FH}/\gamma$ 质量分数导数。

在具有负导数的一组稀释剂中，有理由认为具有较大绝对值的初始质量分数导数的稀释剂是较好的抗增塑剂。对于 PPO，通过方程（6.35）计算稀释剂 TCP、DOP 和 DOS，得出了稀释剂在抗塑化程度方面的排序如下（Vrentas 等，1988）：

$$TCP > DOP > DOS \tag{6.36}$$

Maeda 和 Paul（1987b，1987c）获得了玻璃态聚合物—渗透剂体系的机械和传递数据，并根据刚化效应的程度和降低的气体渗透率，发现了抗塑化反应的等级，这与方程（6.36）一致。因此，似乎方程（6.35）提供了一种对抗塑化程度进行分级的有效方法，而自由体积模型可以完美地反映抗塑化效果。

从第 5 章可以明显看出，在 $w_1 = 0$ 附近，自扩散系数和互扩散系数通常随着溶剂质量分数的增加而增加。扩散系数的增加反映了混合物特定孔自由体积的增加，这是因为与溶剂相关的孔自由体积通常大于聚合物所贡献的孔自由体积。在某些情况下，扩散系数可能是浓度的强函数，而在其他情况下，随着溶剂浓度的增加，扩散系数的增加要小很多。在少数情况下，随着溶剂浓度的增大，$w_1 = 0$ 附近互扩散系数甚至会有适度的降低，例如，在 80~130℃ 的温度范围内聚丁二烯—乙苯体系和聚丁二烯—正壬烷体系的情况（Iwai 等，1989）。毫无疑问，聚丁二烯—溶剂体系中 D 的变化并不大，因为对于聚丁二烯，$T_{g2} = 170K$，并且较高温度下聚合物对特定孔自由体积有显著贡献。

尽管随着 w_1 的增加 D 会减小，但这种减小不一定是由抗塑化作用引起的。在 $w_1 = 0$ 附近，用方程（5.101）表示互扩散系数如下：

$$D = \phi_2 Q D_1 \tag{6.37}$$

其中：

$$Q = (1 - \phi_1)(2 - 2X\phi_1) \tag{6.38}$$

当聚合物分子量足够大时，从方程（6.37）和方程（6.38）可以看出：

$$\left(\frac{\partial \ln D}{\partial w_1} \right)_{w_1 = 0} = -2(1 + X) + \left(\frac{\partial \ln D_1}{\partial w_1} \right)_{w_1 = 0} \tag{6.39}$$

其中，为了方便起见，假定 $q = 1$，所以 $\phi_1 = w_1$。由方程（6.39）可知，即使 D_1 增大，D 也会减小。D_1 的增加可能是由于体系的特定孔自由体积的增大导致的溶剂增加引起的。然而，如果特定孔自由体积很小，正的第二项可能会比负的第一项小，这就导致 D 随着浓度增加而减小。因此，D 的减小并不一定是抗塑化效应引起的，也可能是由于方程（6.37）中 $\phi_2 Q$ 因子造成的，它必然随着 w_1 的增加而减小。$\phi_2 Q$ 项是稀释和热力学项，且不依赖于聚合物—渗透剂混合物中的自由体积效应。

6.4　聚合物—渗透剂界面的非平衡

注意到 3.4 节中假定的边界条件类型之一，是基于两相处于平衡的相边界状态的假设。这应该是气液两相界面和两个简单液体的相界面。然而，3.4 节中指出，在玻璃态聚合物—溶剂蒸气界面上，可能会存在非平衡溶剂表面浓度，这是由玻璃态相中的聚合物和渗透剂分子的缓慢移动导致的。之前提到过的这种可能性（Vrentas 和 Duda，1977c；Vrentas 和 Vrentas，1999a）将在本节中详细阐述。

微分吸附实验经常用于研究浓聚合物—溶剂混合物中的互扩散过程。对于理想的微分阶跃吸附实验，最终和最初的平衡浓度之间的差别保持得越小越好，与可接受的实验准确性一致。精心设计的微分吸附实验通常是用聚合物膜（< 0.003cm）和质量分数变化在 0.01 数量级的溶剂，因此体系的性质可以通过平均浓度、单一的互扩散系数或每个单一的

扩散 Deborah 数进行表征。这些实验可用于说明扩散行为如何随着渗透剂浓度和每个扩散 Deborah 数而变化。图 16.8 显示了 Deborah 数范围的弹性、黏弹性和黏性扩散行为。

表 6.4 中总结了 6 个研究中的 8 种微分阶跃吸附实验的代表结果。表 6.4 中只包含了每个实验中最低渗透剂浓度的吸附曲线变化的形状。其中的 5 个实验展示的是 S 形的吸附曲线，两个实验中均观察到了菲克行为。Billovits 和 Durning（1993）报道，最低浓度下的聚苯乙烯—乙苯体系的吸附行为为伪菲克行为。

表 6.4　代表性的阶跃吸附实验总结

聚合物	渗透剂	温度（℃）	吸附曲线类型	文献
聚甲基丙烯酸甲酯	乙酸甲酯	30	S 形	Kishimoto 等（1960）
聚苯乙烯	苯	25	S 形	Kishimoto 等（1960）
聚苯乙烯	苯	35	S 形	Kishimoto 等(1960)，Odani 等(1966)
聚苯乙烯	乙酸乙酯	25	S 形	Odani 等（1966）
聚苯乙烯	甲基乙基酮	25	S 形	Odani 等（1961a）
聚苯乙烯	乙苯	40	伪菲克	Billovits 和 Durning（1993）
聚苯乙烯	甲醇	70	菲克	Vrentas 等（1997）
聚苯乙烯	氧气	25	菲克	Gao 和 Ogilby（1992）

然而，如果忽略第一个吸附曲线中的少量数据，所有 Billovits 和 Durning 的吸附曲线都可以归类为 S 形或菲克吸附。

表 6.4 中的所有实验表明，它们都发生在温度严重低于纯溶剂的玻璃态转变温度的情况下。因此，渗透剂浓度较小时，Deborah 数较大，表 6.4 中报道的 8 个实验应该存在弹性的菲克扩散过程。然而，只有两个（或者三个）吸附实验表现了菲克扩散的行为。由于人们一般会预测由于聚合物存在而引起的黏弹性效应会同样地影响所有的渗透剂，并且因为 Deborah 数分析表明应当存在弹性扩散行为，因此似乎直接用黏弹性解释数据的做法是有疑问的。另一种解释是由于聚合物—气相界面上的慢速过程引起的界面电阻的存在，导致聚合物膜中的时间依赖性的表面浓度影响吸附等温线的形状。因此，假设玻璃态聚合物在低渗透剂浓度条件下吸附过程可以基于存在弹性、菲克扩散行为的假设，并且可以假设相界面上的慢速行为造成的与时间相关的界面浓度的情况是较为合理的。

一般对于吸附试验进行分析的过程中，会考虑 10.5 节和第 13 章中的内容。这里列出了一些无量纲形式的相关传递方程（即偏微分方程）的解，还有描述扩散过程的合理的边界条件。吸附过程是等温且一维的过程，气相基本上纯净。扩散场从固体壁 $x=0$ 处扩散至 $x=L(t)$ 处的移动相界面。液相中没有化学反应，渗透剂在膜中的重量增加足够小，以致对于特定的吸附实验，样品厚度的变化可以忽略不计。同时，微分吸附实验的浓度变化足够小，因此可以假设每个吸附实验的互扩散系数 D 都是有效恒定的。进一步假设聚合物—溶剂体系在整个吸附过程中处于玻璃态。如果渗透剂浓度很小，则可以假定每个扩散 Deborah 数的值都足够高（明显大于 1），这样扩散过程就是一个弹性菲克扩散过程。最后，平均体积速度的 x 分量实际上为零。

对于这组限制，由以下一组等式来描述微分阶跃吸附实验（Vrentas 和 Vrentas，1999a）：

$$\frac{\partial C}{\partial \tau} = \frac{\partial^2 C}{\partial \xi^2} \tag{6.40}$$

$$C(\xi,\ 0) = 0 \tag{6.41}$$

$$\left(\frac{\partial C}{\partial \xi}\right)_{\xi=0} = 0 \tag{6.42}$$

$$\left(\frac{\partial C}{\partial \xi}\right)_{\xi=1} = \frac{kL}{D}\left[1 - C(1,\ \tau)\right] \tag{6.43}$$

$$C = \frac{\rho_1 - \rho_{10}}{\rho_{1E} - \rho_{10}} \tag{6.44}$$

$$\tau = \frac{Dt}{L^2} \tag{6.45}$$

$$\xi = \frac{x}{L} \tag{6.46}$$

式中，ρ_{1E} 是溶剂的平衡质量密度；ρ_{10} 是初始溶剂质量密度。

聚合物—气体相界面处的速率过程通过质量传递系数 k 表征。方程（6.47）决定聚合物样品增加的质量：

$$\frac{M}{M_\infty} = \int_0^1 C \mathrm{d}\xi \tag{6.47}$$

式中，M 是在时间 t 时通过每单位面积的聚合物膜的溶剂的质量；M_∞ 是无限时间极限的 M 值。

Crank（1975）报道了方程（6.40）至方程（6.43）中的溶液，且提出了 M/M_∞ 的以下方程：

$$\frac{M}{M_\infty} = 1 - \sum_{n=1}^{\infty} \frac{2\left(\dfrac{kL}{D}\right)^2 \exp(-\beta_n^2 \tau)}{\beta_n^2\left[\beta_n^2 + \dfrac{kL}{D} + \left(\dfrac{kL}{D}\right)^2\right]} \tag{6.48}$$

式中，β_n 是方程的正根。

$$\beta_n \tan\beta_n = \frac{kL}{D} \tag{6.49}$$

如果已知质量传递系数 k 的表达式，则可以通过方程（6.48）确定分数权重增量对无量纲时间的依赖性。

通过考虑气体和液体之间分子交换的实际机制（在这种情况下是非平衡液体或玻璃态），可以推导 k 的方程。如果假设相界移动可忽略不计，则在 x 方向上渗透剂的跳跃质量平衡可以按如下方式通过类似于方程（3.77）的表达式得到：

$$-n_1 = k[\rho_{1E} - \rho_1(L,\ t)] \tag{6.50}$$

其中，n_1 是相界面渗透剂的质量通量。通过方程（6.51）还可以关联 n_1 与接口处的速率进程：

$$- n_1 = \Gamma_C - \Gamma_E \tag{6.51}$$

其中，Γ_C 是凝结的气体分子的质量通量；Γ_E 是从液体表面蒸发的渗透分子的质量通量。如果定义 Γ 为每单位时间每单位面积撞击界面的气体质量，则方程（6.52）可给出热平衡气体的 Γ（Jackson，1968）

$$\Gamma = \frac{p_1 M_1^{\frac{1}{2}}}{(2\pi RT)^{\frac{1}{2}}} \tag{6.52}$$

其中，p_1 是气相中的渗透压力。通常，由于界面处的一些限制，只有 θ 部分气体分子可渗入液体中。因此，从气相到液相的传质速率可以表示为：

$$\Gamma_C = \theta\Gamma = \frac{\theta p_1 M_1^{\frac{1}{2}}}{(2\pi RT)^{\frac{1}{2}}} \tag{6.53}$$

此外，假定渗透剂分子从液体表面的蒸发与液体界面处溶解的渗透剂的浓度成比例，则

$$\Gamma_E = \beta\rho_1(L, t) \tag{6.54}$$

其中，β 是比例常数，通过冷凝率和蒸发率在平衡时必须相等来估算。

方程（6.51）、方程（6.53）和方程（6.54）可以合并起来得到渗透剂质量通量的表达式：

$$- n_1 = \frac{\theta p_1 M_1^{\frac{1}{2}}}{(2\pi RT)^{\frac{1}{2}} \rho_{1E}}[\rho_{1E} - \rho_1(L, t)] \tag{6.55}$$

对比方程（6.50）和方程（6.55），可以得到质量传递系数 k 的表达式：

$$k = \frac{\theta p_1 M_1^{\frac{1}{2}}}{(2\pi RT)^{\frac{1}{2}} \rho_{1E}} \tag{6.56}$$

只有当表面分子移动到大量液体中才能获得空间时，撞击液体表面的气体分子才会渗入液体中，基于此可估算参数 θ。因为能量足够大能克服吸引力且孔的尺寸足够可用，所以 θ 等于表面分子跳跃的概率。因此，由方程（5.55）所描述的自由体积传输理论可得出结论：

$$\theta = \frac{D_1}{\overline{D}_{01}} \tag{6.57}$$

由方程（6.56）和方程（6.57）可得，无量纲组 kL/D 可以用方程（6.58）计算：

$$\frac{kL}{D} = \frac{M_1^{\frac{1}{2}} L}{D(2\pi RT)^{\frac{1}{2}}} \left(\frac{p_1}{\rho_{1E}}\right) \left(\frac{D_1}{\overline{D}_{01}}\right) \tag{6.58}$$

如果可通过吸附理论估算方程（6.58）右边的量可通过吸附理论（p_1/ρ_{1E}）、自扩散理论（$D_1/\overline{D}_{01}$）、互扩散理论（D）、体积理论（L）估算（Vrentas 和 Vrentas，1999a），则可以确定这个无量纲组的大小。

一旦估算出 kL/D，可以使用方程（6.48）计算 M/M_∞ 的时间依赖性。Crank（1975）报道了 kL/D 作为参数的 M/M_∞ 与 $\tau^{1/2}$ 的曲线。在他的图中展示的曲线在 kL/D 值较低时具有 S 形，随着 kL/D 增加而朝向菲克极限发展。菲克极限是利用恒定表面浓度（$kL/D=\infty$）计算的曲线，当 $kL/D>10$ 时可以获得。通常，可以预计随着渗透剂浓度的增加，kL/D 应该增加。因此，恒定温度下的吸附曲线在低穿透剂质量分数下应该是 S 形，随着渗透剂浓度增加，形状向菲克极限变化。从方程（6.48）计算得到的一系列微分阶跃吸附实验的理论吸附曲线如图 6.12 所示，这是温度为 40℃ 的聚苯乙烯—乙苯体系。当渗透剂质量分数从 $w_1=0.01$ 增加到 $w_1=0.08$ 时，理论吸附曲线从 S 形向菲克形状变化。在低溶剂浓度下，表 6.4 中列出的前 5 个体系的实验数据表明，吸附曲线最初是 S 形的，随着溶剂质量分数的增加而变为伪菲克形状。

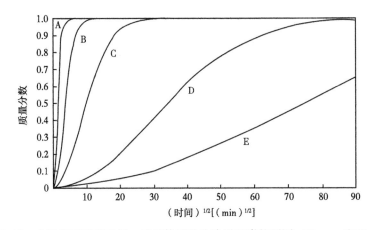

图 6.12 40℃ 时 5 个浓度下聚苯乙烯—乙苯体系微分阶跃吸附的预测（Vrentas 和 Vrentas，1999a）
通过方程（6.48）计算曲线
A—$w_1=0.08$；B—$w_1=0.06$；C—$w_1=0.04$；D—$w_1=0.02$；E—$w_1=0.01$

此外，Billovits 和 Durning（1993）对吸附曲线的一种解释是它们遵循相似的顺序。注意，由于黏弹性效应会影响吸附曲线的形状，这些实验中质量分数较高时，一般不会立即达到菲克极限。对于理论曲线，扩散过程是在所有浓度下进行计算的弹性菲克扩散过程，并且任何与菲克行为的偏差仅由相界处的慢速过程引起。对于实验吸附曲线，相界处会有菲克扩散结合低质量分数和低 kL/D 的慢速过程，但在较高质量分数下的黏弹性效应最终导致在菲克极限之前偏离菲克扩散行为。

似乎所提出的理论解释了渗透剂浓度下 S 形吸附曲线的存在，研究者可以期望观察到弹性扩散过程（如表 6.4 中所列的前 6 个实验）。仍然需要解释的是表 6.4 中最后两次实验中的弹性菲克扩散过程。可以通过比较不同实验的 kL/D 值来解释这种行为差异。对于聚苯乙烯—甲醇和聚苯乙烯—氧气实验，在低渗透浓度下有效实现了 $kL/D\gg10$ 和菲克极限。没有证据表明聚合物—气体界面的速率过程有限性会产生任何影响。注意，Billovits

和 Durning 研究的聚苯乙烯—乙苯体系中所有实验吸附曲线的 kL/D 值均小于 2，因此可以预期吸附曲线为 S 形（接近菲克曲线的最高浓度）。

所提出的模型似乎正确预测了玻璃态聚合物的微分吸附实验中，渗透剂浓度较低、Deborah 数较高时预测吸附曲线为 S 形。此外，所提出的模型还可以预测何时达到了菲克极限，从而可以预期真正的菲克弹性扩散过程。最后，当使用玻璃态聚合物—溶剂混合物时，在聚合物膜内部具有的延迟表面响应以及弹性流体响应不存在概念上的矛盾。

第 7 章　数学方法

分析传质问题所需的主要数学方法包括解决偏微分方程所需的方法。在某些传质问题中，相关的偏微分方程简化为常微分方程。本章讨论了求解这些方程所需的数学方法，并给出了求解方法的例子。因为可以在标准数学文本中找到相关证明，所以本章并没有证明某些结果。

7.1　基本定义

大多数分析传质和流体力学问题过程中所需的微分方程是二阶的，理所当然这意味着这些方程中出现的最高阶导数是二阶的。用以下定义来表征此类等式的边界值和初始值问题：

（1）线性微分方程不包含因变量或其导数大于一次幂，也不包含因变量及其导数的乘积。

（2）如果方程的每一项都包含因变量 u，则微分方程是齐次的；否则，微分方程是非齐次的。例如，偏微分方程（7.1）是齐次的，

$$\frac{\partial u}{\partial t} = \frac{\partial^2 u}{\partial x^2} \tag{7.1}$$

而方程（7.2）是非齐次的：

$$\frac{\partial u}{\partial t} = \frac{\partial^2 u}{\partial x^2} + 2xt \tag{7.2}$$

（3）如果一个区域的边界完全包括了所研究的区域，且在每一部分边界上都有特定的边界条件，即使部分边界是无穷的，那么该区域的边界也是封闭的。边界在无穷远处是开放的，则在无穷远处没有边界条件（Morse 和 Feshbach，1953）。图 7.1 给出了封闭和开放

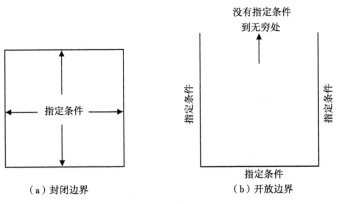

（a）封闭边界　　　　　（b）开放边界

图 7.1　封闭边界和开放边界的图解

边界的例子。

（4）Dirichlet 边界条件将因变量 u 的值固定在边界上。例如，在直线 $y=0$ 上，

$$u(x, \ y=0) = f(x) \tag{7.3}$$

Neumann 边界条件将 u、$\partial u/\partial n$ 的法向导数的值固定在边界上。例如，直线 $y=0$ 上的 u 的法向导数可用于构成以下边界条件：

$$\left(\frac{\partial u}{\partial y}\right)_{y=0} = k(x) \tag{7.4}$$

Robin 边界条件涉及 u 和 $\partial u/\partial n$ 之间的关系。例如，在直线 $y=0$ 上，

$$\left(\frac{\partial u}{\partial y}\right)_{y=0} = hu(x, \ y=0) \tag{7.5}$$

Cauchy 边界条件分别在边界上固定 u 和 $\partial u/\partial n$，例如直线 $y=0$ 上的以下条件：

$$u(x, \ y=0) = f(x) \tag{7.6}$$

$$\left(\frac{\partial u}{\partial y}\right)_{y=0} = k(x) \tag{7.7}$$

在特定边界上的混合边界条件在边界的不同部分包含不同类型的边界条件。例如，可以将 Dirichlet 边界条件施加于直线 $y=0$ 的一部分，将 Neumann 边界条件施加于直线的其余部分。

（5）如果边界条件不包含因变量的幂或其导函数大于一次幂且不包含因变量及其导数的乘积，则边界条件是线性的。方程（7.3）至方程（7.7）给出的边界条件都是线性的。以下边界条件是非线性的：

$$\left(\frac{\partial u}{\partial y}\right)_{y=0} = hu^4(x, \ y=0) \tag{7.8}$$

（6）齐次边界条件在方程中的每个项包含因变量 u；否则，边界条件是非齐次的。例如，以下是 $y=0$ 平面上 $u=u(x, \ y, \ z, \ t)$ 的齐次 Robin 边界条件：

$$\alpha\left(\frac{\partial u}{\partial y}\right)_{y=0} + \beta u(y=0, \ x, \ z, \ t) = 0 \tag{7.9}$$

其中，$\alpha=\alpha(x, \ z, \ t)$ 且 $\beta=\beta(x, \ z, \ t)$。另外，方程（7.10）是一个非齐次 Robin 边界条件的例子。

$$\alpha\left(\frac{\partial u}{\partial y}\right)_{y=0} + \beta u(y=0, \ x, \ z, \ t) = h(x, \ z, \ t) \tag{7.10}$$

如果满足以下 3 个要求，那么边界问题和初值问题是线性的：

（1）偏微分方程（PDE）必须是线性的。

（2）所有的边界条件（BC）必须是线性的。施加在表面 $t=0$（其中 t 是时间）上的条件通常指的是初始条件。

（3）边界面的位置和形状一定不能与所研究区域内的因变量相关。

当考虑围绕着空间区域内的 PDE 都有解时，可能会出现如下情况：

（1）所有边界表面是 RCC 系或标准曲线坐标系的表面，所有边界表面都是静止的（固定在空间中）。如果 PDE 和 BC 是线性的，则这是最简单的线性边界值问题。

（2）边界表面形状不规则且（或）随时间变化，但不规则性和时间依赖性由外部影响，而不是由因变量的行为决定。涉及这些表面的边界值问题可以是线性的，但通常难以解决。

（3）边界表面形状不规则且（或）随时间变化，不规则性和时间依赖性是由所研究区域内因变量的行为引起的。即使 PDE 和 BC 是线性的，这也是一个非线性边界值问题。

图 7.2 和图 7.3 显示了这 3 种类型的问题。图 7.2 中提到了 4 个线性问题。左侧的热传导问题包含规则的固定表面，因此是上述第一类问题的例子。右侧的传质问题包含不规则的表面以及随时间移动的规则表面，即在化学分析的极谱法中使用的滴落汞电极。球形汞滴的增长取决于流体力学因素，而不是浓度场。由于球形液滴尺寸的增加取决于外部影响，因此浓度场的物质连续性方程的解法涉及由于液滴半径的时间依赖性而难以实现的线性问题。右边的两个问题就是上述第二类问题的例子。

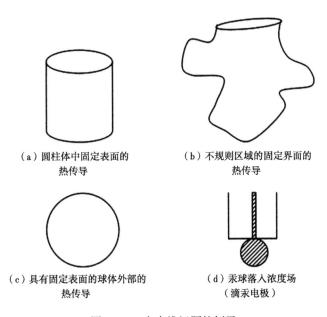

（a）圆柱体中固定表面的　　　　　（b）不规则区域的固定界面的
　　　　热传导　　　　　　　　　　　　　　热传导

（c）具有固定表面的球体外部的　　　（d）汞球落入浓度场
　　　　热传导　　　　　　　　　　　　（滴汞电极）

图 7.2　4 个直线问题的例子

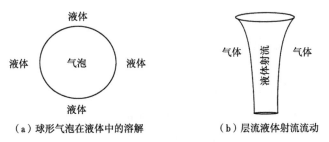

（a）球形气泡在液体中的溶解　　　（b）层流液体射流流动

图 7.3　两个非线性问题

图 7.3 中显示了两个非线性的问题。对于气泡在液体中的等温溶解，相界面的移动依赖于液相中溶解气体的浓度分布。对于液体射流，不规则形状的射流依赖于液体中的速度场。在这两个例子中，因变量要么决定了边界位置随着时间的变化，要么决定了边界面的形状。这两个问题是上述第三种类型问题的例子。

7.2 二阶偏微分方程的分类

确立一个 PDE 的分类方案很重要，因为相同类型的 PDE 有相似的特征。相同类型的边界条件可用于某个类型的所有 PDE，对于给定类型的 PDE 可以采用相似的解法。这里提供的分类方案适用于 3 个自变量的 PDE，也适用于两个自变量的 PDE。

考虑以下含有 3 个自变量的 PDE：

$$\sum_{i=1}^{3} \sum_{j=1}^{3} \alpha_{ij}(x_1, x_2, x_3) \frac{\partial^2 \psi}{\partial x_i \partial x_j} = R\left(x_1, x_2, x_3, \psi, \frac{\partial \psi}{\partial x_1}, \frac{\partial \psi}{\partial x_2}, \frac{\partial \psi}{\partial x_3}\right) \tag{7.11}$$

这个方程的左边是二阶导数的线性组合。因为总是可以写出线性微分算子，所以可以认为实矩阵 a_{ij} 是对称的，因此：

$$a_{ij} = a_{ji} \tag{7.12}$$

方程（7.11）右边可以包含非线性项，但是分类方案仅与二阶导数的系数相关，所以并不会使问题复杂化。

矩阵 a_{ij} 的 3 个特征值是下列特征方程的根 λ：

$$\begin{vmatrix} a_{11} - \lambda & a_{12} & a_{13} \\ a_{21} & a_{22} - \lambda & a_{23} \\ a_{31} & a_{32} & a_{33} - \lambda \end{vmatrix} = 0 \tag{7.13}$$

λ 的 3 个值必须是实数，因为实对称矩阵的特征值是实数。这 3 个特征值可用于构建局部分类方案，因为每个时空点特定的 PDE 不一定是相同类型的。

含 3 个自变量的 PDE 可以使用下面的分类方案（Sneddon，1957）：

（1）如果矩阵 a_{ij} 的特征值在点 x_1、x_2 和 x_3 处都为正，或都为负，那么就说该方程在这点是椭圆型 PDE。

（2）如果矩阵 a_{ij} 的特征值在点 x_1、x_2 和 x_3 处有两个为正，或有两个为负，那么就说这个 PDE 在这点是双曲线型。

（3）如果矩阵 a_{ij} 的特征值在点 x_1、x_2 和 x_3 处为 0，那么就说这个 PDE 在这点是抛物线型。

现举例说明分类方案。拉普拉斯方程的三维形式：

$$\frac{\partial^2 u}{\partial x^2} + \frac{\partial^2 u}{\partial y^2} + \frac{\partial^2 u}{\partial z^2} = 0 \tag{7.14}$$

有特征值 $\lambda_1 = \lambda_2 = \lambda_3 = 1$，因此这个方程是椭圆型方程。波动方程的二维形式：

$$\frac{\partial^2 u}{\partial t} - \beta^2 \frac{\partial^2 u}{\partial x^2} - \beta^2 \frac{\partial^2 u}{\partial y^2} = 0 \tag{7.15}$$

有特征值 $\lambda_1 = 1$，$\lambda_2 = \lambda_3 = -\beta^2$，因此该方程是双曲线型 PDE。不稳定的二维扩散方程：

$$\alpha^2 \frac{\partial^2 u}{\partial x^2} + \alpha^2 \frac{\partial^2 u}{\partial y^2} - \frac{\partial u}{\partial t} = 0 \tag{7.16}$$

有特征值 $\lambda_1 = \lambda_2 = \alpha^2$，$\lambda_3 = 0$，因此该方程是抛物线型 PDE。最后，对于 PDE

$$\frac{\partial^2 u}{\partial x^2} + 2 \frac{\partial^2 u}{\partial y^2} + \frac{\partial^2 u}{\partial z^2} - 2 \frac{\partial^2 u}{\partial x \partial y} - 2 \frac{\partial^2 u}{\partial y \partial z} = 0 \tag{7.17}$$

合适的特征方程形式为以下行列式：

$$\begin{vmatrix} 1-\lambda & -1 & 0 \\ -1 & 2-\lambda & -1 \\ 0 & -1 & 1-\lambda \end{vmatrix} = 0 \tag{7.18}$$

3 个特征值是 $\lambda_1 = 1$，$\lambda_2 = 3$，$\lambda_3 = 0$，因此该方程是抛物线型 PDE。

具有两个自变量的 PDE 的分类又是基于系数矩阵特征值的性质，但是该分类方案不需要真的去计算特征值。有两个自变量的 PDE 可以写作：

$$A(x, y) \frac{\partial^2 \psi}{\partial x^2} + 2B(x, y) \frac{\partial^2 \psi}{\partial x \partial y} + C(x, y) \frac{\partial^2 \psi}{\partial y^2} = Q\left(x, y, \psi, \frac{\partial \psi}{\partial x}, \frac{\partial \psi}{\partial y}\right) \tag{7.19}$$

系数矩阵的行列式是 $AC - B^2$，因此两个特征值 λ_1 和 λ_2 的积是（Noble，1969）：

$$\lambda_1 \lambda_2 = AC - B^2 \tag{7.20}$$

通过方程（7.20）和含有 3 个自变量的 PDE 的分类方案可以得出，含有两个自变量的 PDE 的分类方案可以描述如下：

（1）如果 (x, y) 处的 $B^2 - AC < 0$，则该 PDE 在 (x, y) 处为椭圆型。

（2）如果 (x, y) 处的 $B^2 - AC > 0$，则该 PDE 在 (x, y) 处为双曲线型。

（3）如果 (x, y) 处的 $B^2 - AC = 0$，则该 PDE 在 (x, y) 处为抛物线型。

应用含有两个自变量的 PDE 的分类方案，根据情况，描述扩散过程的物质连续性方程可以是抛物线型、椭圆型或双曲线型。对于不稳定扩散过程，扩散方程可以写作：

$$\frac{\partial u}{\partial t} = D \frac{\partial^2 u}{\partial x^2} \tag{7.21}$$

因为 $B^2 - AC = 0$，抛物线型 PDE 可描述不稳定扩散过程。稳定的扩散过程可用方程（7.22）表示：

$$\frac{\partial^2 u}{\partial x^2} + \frac{\partial^2 u}{\partial y^2} = 0 \tag{7.22}$$

因为 $B^2 - AC < 0$，稳定扩散过程可以通过椭圆型 PDE 来表示。第 15 章中将会展示如果扩散过程是由两种浓度和压力梯度来驱动的话，则可以用以下 PDE 来描述液体膜中的不

稳定扩散过程：

$$\frac{\partial u}{\partial t} = D\frac{\partial^2 u}{\partial x^2} - K\frac{\partial^2 u}{\partial t^2} \tag{7.23}$$

其中，$K>0$。对于该方程有 $B^2-AC>0$，因此 PDE 是双曲线型。也可以看出，稳定 Navier-Stokes 方程是椭圆型，不稳定 Navier-Stokes 方程是抛物线型。

因为分类方案只有在所研究区域的特定的点才决定方程类型，所以当然就可能存在一个 PDE 在同一个区域的不同两点上要用不同的类型进行表征的情况。这样的 PDE 称为混合型方程。例如，考虑这个 PDE：

$$x\frac{\partial^2 u}{\partial x^2} + y\frac{\partial^2 u}{\partial y^2} + 3y^2\frac{\partial u}{\partial x} = 0 \tag{7.24}$$

因为 $B^2-AC=-xy$，方程（7.24）在（$x>0$，$y>0$）和在（$x<0$，$y<0$）时（xy 平面的第一、第三象限）时为椭圆型，在（$x<0$，$y>0$）和在（$x>0$，$y<0$）时（xy 平面的第二、第四象限）时为双曲线型。很明显，当二阶导函数的所有系数都是常数时，可以确定 PDE 的全局分类。这种情况下，在整个研究区域内 PDE 是相同类型的。

7.3 边界条件提法

常微分方程的边界条件可以直接指定，但是偏微分方程边界条件的规范稍微复杂一些。Morse 和 Feshbach（1953）列出了构造椭圆型、双曲线型和抛物线型偏微分方程的唯一确定解所需的边界条件。其结果见表 7.1 和图 7.4。

边界条件的应用可能会有一些限制。例如，如果仅针对区域内部 Laplace 方程的解来指定 Neumann 边界条件，则只有在边界条件满足一致性条件时才存在解（Stakgold，1968b）。当满足一致性条件时，存在一种解法，但它不是唯一的（Stakgold，1968b）。此外，必须注意解决问题的方式。通过利用初始条件并获得在时间上向前推进的解法来解决抛物线问题。通常不能通过向后运行获得有用的解决方案，因为这些问题（例如，后向热方程问题）不适合（Stakgold，1968b）。

表 7.1 边界条件说明

方程类型	边界类型	必要的边界条件
椭圆型	闭式边界	在所有边界上均为 Dirichlet、Neumann 或 Robin 条件
双曲线型	开式边界	除 $t=0$ 的所有边界上均为 Dirichlet、Neumann 或 Robin 条件，$t=0$ 的边界为 Cauchy 条件
抛物线型	开式边界	除 $t=0$ 的所有边界上均为 Dirichlet、Neumann 或 Robin 条件，$t=0$ 的边界为 Dirichlet 条件

还有一个有用的边界条件的分类方法。在任意的球形表面 S 上，考虑通常形式的边界条件：

$$\alpha(t)\frac{\partial u}{\partial n} + \beta(t)u = h(P, t) \tag{7.25}$$

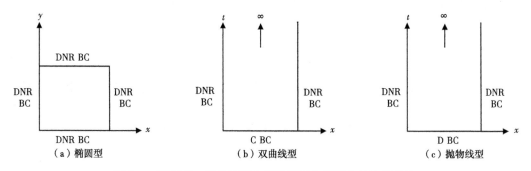

图 7.4　椭圆型、双曲线型和抛物线型方程要求的边界条件

DNR = Dirichlet、Neumann 或 Robin；D = Dirichlet；C = Cauchy

其中，$\partial u/\partial n$ 是法向导数；P 代表 S 上的位置变量。α 和 β 值表述的是考虑到的边界条件的类型：

$$\alpha \neq 0 \qquad \beta \neq 0, \qquad \text{Robin 条件} \tag{7.26}$$

$$\alpha = 0 \qquad \beta \neq 0, \qquad \text{Dirichlet 条件} \tag{7.27}$$

$$\alpha \neq 0 \qquad \beta = 0, \qquad \text{Neumann 条件} \tag{7.28}$$

可以根据球形表面 S 上边界条件的性质来定义 3 个类别的问题。

（1）一个 I 类问题的边界条件中没有时间依赖性，因此方程（7.25）简化为：

$$\alpha \frac{\partial u}{\partial n} + \beta u = h(P) \tag{7.29}$$

其中，α 和 β 是常数。含这种类型边界条件的问题是唯一容易通过变量分离法解决的。

（2）一个 II 类问题在方程（7.25）的非齐次项中有时间依赖关系，所以适用的边界条件是：

$$\alpha \frac{\partial u}{\partial n} + \beta u = h(P, t) \tag{7.30}$$

同样地，α 和 β 是常数。II 类边界条件的问题不容易通过通常的变量分离法求解。然而，I 类和 II 类边界条件的问题可以较易通过积分变换或格林函数法解决。

（3）一个 III 类问题的边界条件一般用方程（7.25）来描述。通常，需要特殊的方法来对这种边界条件的 PDE 进行求解。

7.4　Sturm–Liouville 理论

在求解偏微分方程的变量分离方法中，需要求解受限于齐次边界条件下的二阶线性齐次常微分方程（ODE）。这些 ODE 的一般形式是：

$$a_0(x) \frac{\mathrm{d}^2 y}{\mathrm{d}x^2} + a_1(x) \frac{\mathrm{d}y}{\mathrm{d}x} + [a_2(x) + \lambda a_3(x)] y = 0 \tag{7.31}$$

λ 是问题的参数。这个方程可以求解，例如，受限于一对如下形式的齐次边界条件：

$$A_1y(a) + A_2y'(a) = 0 \tag{7.32}$$

$$A_3y(b) + A_4y'(b) = 0 \tag{7.33}$$

其中，A_1、A_2、A_3 和 A_4 都是不依赖于 λ 的实数。因为对于有限的所研究区间的每个端点有一个条件（$a \leq x \leq b$），所以这两个边界条件称为非混合或纯边界条件（Stakgold，1968a）。以下周期边界条件是齐次混合边界条件的一个例子，也可以应用于上述ODE：

$$y(a) = y(b) \tag{7.34}$$

$$y'(a) = y'(b) \tag{7.35}$$

另外，也有齐次初始条件：

$$y(a) = 0 \tag{7.36}$$

$$y'(a) = 0 \tag{7.37}$$

通过利用适当的积分因子，可以用下面的形式替代方程（7.31）：

$$\frac{d}{dx}\left[p(x)\frac{dy}{dx}\right] + \left[q(x) + \lambda r(x)\right]y = 0 \tag{7.38}$$

其中：

$$p(x) = \exp\left[\int \frac{a_1(x)}{a_0(x)}dx\right] \tag{7.39}$$

$$q(x) = \frac{p(x)a_2(x)}{a_0(x)} \tag{7.40}$$

$$r(x) = \frac{p(x)a_3(x)}{a_0(x)} \tag{7.41}$$

方程（7.31）被称为 Sturm-Liouville 方程，结合该方程和相应的边界条件［方程(7.23)和方程（7.33）或方程（7.34）和方程（7.35）］形成的体系被称为 Sturm-Liouville 问题。解这个问题可得有限区间 $a \leq x \leq b$ 中的特征值 λ 和特征函数 $y(x)$。解受限于方程（7.36）和方程（7.37）的方程（7.31）不产生特征函数，因为当闭区间中 $a_0(x) \neq 0$ 时，这类初始值问题的唯一解是 $y = 0$（Stakgold，1968a）。

Sturm-Liouville 问题的解的性质可以利用伴随算子的概念推导出来。考虑在区间 $a < x < b$ 中由方程（7.42）描述的线性微分算子 L：

$$Lu = a_0(x)u'' + a_1(x)u' + a_2(x)u \tag{7.42}$$

它可以用分部积分法来表示（Stakgold，1968a）：

$$\int_a^b v(Lu)dx - \int_a^b u(L^*v)dx = \left[J(u, v)\right]_a^b \tag{7.43}$$

$$J(u, v) = a_0(vu' - uv') + (a_1 - a_{0'})uv \tag{7.44}$$

146

其中，L^* 是 L 的伴随形式：

$$L^*v = a_0v'' + (2a'_0 - a_1)v' + (a''_0 - a'_1 + a_2)v \tag{7.45}$$

数量 $J(u, v)$ 有时被称为双线性相伴，它可以包含 $u(x)$ 和 $v(x)$ 的边界条件。对于给定的算子 Lu 和边界条件 $Bu = 0$，存在一个带有算子 L^*v 和伴随体系以及选定的伴随边界条件 $B^*v = 0$，因此

$$[J(u, v)]^b_a = 0 \tag{7.46}$$

如果 $L = L^*$ 且 $B = B^*$，则体系 Lu 和 $Bu = 0$ 称为自伴随。

为了阐述伴随体系的构成，考虑下面这个例子：

$$Lu = -\frac{\mathrm{d}^2u}{\mathrm{d}x^2} - \frac{\mathrm{d}u}{\mathrm{d}x}, \ 0 < x < L \tag{7.47}$$

$Bu = 0$ 由方程（7.48）和方程（7.49）给出：

$$u(0) + u'(0) = 0 \tag{7.48}$$

$$u(L) - u'(L) = 0 \tag{7.49}$$

因为 $a_0 = -1$，$a_1 = -1$，$a_2 = 0$，由方程（7.45）可得：

$$L^*v = -\frac{\mathrm{d}^2v}{\mathrm{d}x^2} + \frac{\mathrm{d}v}{\mathrm{d}x} \tag{7.50}$$

同时，

$$[J(u, v)]^L_0 = -[vu' - uv' + uv]^L_0 \tag{7.51}$$

$$[J(u, v)]^L_0 = -[2v(L)u(L) - u(L)v'(L) + u(0)v'(0)] \tag{7.52}$$

因为 $u(0)$ 和 $u(L)$ 未知，只有 $B^*v = 0$ 由方程（7.53）和方程（7.54）给出时才可以令这个表达式为 0：

$$2v(L) = v'(L) \tag{7.53}$$

$$v'(0) = 0 \tag{7.54}$$

因为 $L \neq L^*$ 且 $B \neq B^*$，所以该体系不是自伴随的。

第二个例子，考虑方程（7.38）和方程（7.32）、方程（7.33）或方程（7.34）、方程（7.35）给出的 Sturm-Liouville 问题。Sturm-Liouville 问题的 ODE 可以写作：

$$Ly = -\lambda r(x)y \tag{7.55}$$

其中，$a_0 = p(x)$，$a_1 = \mathrm{d}p/\mathrm{d}x$，$a_2 = q(x)$。由方程（7.45）可得：

$$L^*v = \frac{\mathrm{d}}{\mathrm{d}x}\left[p(x)\frac{\mathrm{d}v}{\mathrm{d}x}\right] + q(x)v \tag{7.56}$$

因此，对 Sturm-Liouville 问题有 $L = L^*$。现在，对于某区间 $a \leq x \leq b$，由方程（7.44）可知：

$$\left[J(y, \ v) \right]_a^b = \left[p(vy' - yv') \right]_a^b \tag{7.57}$$

因为 $a_1 - a_0' = p' - p' = 0$，因此 Sturm-Liouville 体系在 $B = B^*$ 和方程（7.58）成立的情况下为自伴随的：

$$\left[p(vy' - yv') \right]_a^b = 0 \tag{7.58}$$

对于由方程（7.32）和方程（7.33）给出的边界条件，如果方程（7.59）成立，则 $B = B^*$：

$$A_1 v(a) + A_2 v'(a) = 0 \tag{7.59}$$

$$A_3 v(b) + A_4 v'(b) = 0 \tag{7.60}$$

对于周期性边界条件方程（7.34）和方程（7.35），如果方程（7.61）和方程（7.62）成立，则 $B = B^*$：

$$v(a) = v(b) \tag{7.61}$$

$$v'(a) = v'(b) \tag{7.62}$$

例如，当自变量是诸如区间 $(0, 2\pi)$ 上的圆柱坐标中角度 θ 的坐标时，会出现周期性边界条件。

上面的等式表明，基于方程（7.55）的 Sturm-Liouville 问题对于以下 4 种情况是自伴随的（Churchill，1969）。

情况 Ⅰ：边界条件由方程（7.32）和方程（7.33）给出。

情况 Ⅱ：边界条件由方程（7.33）给出。$x = a$ 处没有边界条件，但 $p(a) = 0$。

情况 Ⅲ：边界条件由方程（7.32）给出。$x = b$ 处没有边界条件，但 $p(b) = 0$。

情况 Ⅳ：周期性边界条件由方程（7.34）和方程（7.35）给出，且 $p(a) = p(b)$。

当 Sturm-Liouville 为自伴随体系时，可以证明很多重要的性质，这些性质可以简化 PDE 的求解过程。下列评论应用于自扩散的 Sturm-Liouville 问题：

（1）对于 Sturm-Liouville 问题，存在可数的无穷大特征值 λ_1，λ_2，…，每个特征值都有一个非零解。对于每个特征值 λ_n，存在相应的本征函数 y_n。量 $C_n y_n$ 也是一个特征函数，其中 C_n 是任何不等于零的常数。本征函数只能由乘法常数确定。

（2）如果满足以下条件，则两个函数 $\phi_m(x)$ 和 $\phi_n(x)$ 在区间 (a, b) 关于加权函数 $r(x)$ 正交，其中 $r(x) \geqslant 0$。

$$\int_a^b r(x) \phi_m(x) \phi_n(x) \mathrm{d}x = 0, \ m \neq n \tag{7.63}$$

考虑两个相异特征值 λ_m 和 λ_n 以及相应的特征函数 y_m 和 y_n。对于上述情况 Ⅰ~Ⅳ，y_m 和 y_n 在区间 (a, b) 上关于加权函数 $r(x)$ 正交。

（3）对于 Sturm-Liouville 问题的情况 Ⅰ~Ⅳ，每个特征值都为实数。

Churchill（1969）讨论了上述描述的证明。在 Sturm-Liouville 问题的证明中，通常假定 q、r、p 和 p' 是 x 在区间 $a \leqslant x \leqslant b$ 上的实值连续函数。此外，假设当 $a < x < b$ 时有 $p(x) > 0$ 且 $r(x) > 0$，且如前所述，A_1、A_2、A_3 和 A_4 是不依赖于 λ 的实常数。

下面的自伴随体系说明了求解 Sturm-Liouville 问题的一般方法：

$$\frac{\mathrm{d}^2 y}{\mathrm{d}x^2} + \lambda y = 0 \tag{7.64}$$

$$\frac{\mathrm{d}y}{\mathrm{d}x}(-\pi) = 0 \tag{7.65}$$

$$\frac{\mathrm{d}y}{\mathrm{d}x}(\pi) = 0 \tag{7.66}$$

由于特征值 λ 必须是实数，因此它可以是零、负数或正数。当 $\lambda = 0$ 时，方程（7.64）的解可以写成：

$$y = C_1 x + C_2 \tag{7.67}$$

显然，$C_1 = 0$，因此解

$$y = C_2 \tag{7.68}$$

是一个特征函数。当 $\lambda = -\alpha^2$ 时，方程（7.64）的解有以下形式：

$$y = C_3 \mathrm{e}^{\alpha x} + C_4 \mathrm{e}^{-\alpha x} \tag{7.69}$$

如果方程（7.70）和方程（7.71）成立，则满足边界条件：

$$0 = C_3 \mathrm{e}^{-a\pi} - C_4 \mathrm{e}^{\alpha\pi} \tag{7.70}$$

$$0 = C_3 \mathrm{e}^{\alpha\pi} - C_4 \mathrm{e}^{\alpha\pi} \tag{7.71}$$

只有满足下列条件时，$C_3 \neq 0$ 且 $C_4 \neq 0$ 的这两个方程才可以满足。

$$\begin{vmatrix} \mathrm{e}^{-\alpha\pi} & -\mathrm{e}^{\alpha\pi} \\ \\ \mathrm{e}^{\alpha\pi} & -\mathrm{e}^{-\alpha\pi} \end{vmatrix} = 0 \tag{7.72}$$

可得：

$$\mathrm{e}^{2\alpha\pi} - \mathrm{e}^{-2\alpha\pi} = 0 \tag{7.73}$$

只有当 $\alpha = 0$ 时，才能满足这个等式，这当然又得到了恒定的特征函数。最后，当 $\lambda = \alpha^2$ 时，方程（7.64）的解可表示为：

$$y = C_5 \cos\alpha x + C_6 \sin\alpha x \tag{7.74}$$

如果方程（7.75）和方程（7.76）成立，则可以满足边界条件：

$$0 = C_5 \sin\alpha\pi + C_6 \cos\alpha\pi \tag{7.75}$$

$$0 = -C_5 \sin\alpha\pi + C_6 \cos\alpha\pi \tag{7.76}$$

如果 C_5 或 C_6 是 0，则可以满足这些方程，如果 $C_6 = 0$，

$$\sin\alpha\pi = 0 \tag{7.77}$$

$$\alpha_n = n \quad (n = 0, 1, 2, \cdots) \tag{7.78}$$

特征函数由方程（7.79）给出：

$$y_n = C_n \cos nx \qquad (n = 0, 1, 2, \cdots) \tag{7.79}$$

这包含恒定的特征函数。如果 $C_5 = 0$,

$$\cos \alpha \pi = 0 \tag{7.80}$$

$$\alpha_n = \frac{n}{2} (n = 1, 3, \cdots) \tag{7.81}$$

特征函数是：

$$y_n = D_n \sin \frac{nx}{2} \quad (n = 1, 3, \cdots) \tag{7.82}$$

很容易看出，上述所有的特征方程都可以用方程（7.83）来表示：

$$y_n = E_n \cos \left[\frac{n(\pi + x)}{2} \right] \quad (n = 0, 1, 2, \cdots) \tag{7.83}$$

7.5　函数的级数和积分表示

在 PDE 的解决方案中，能够在有限或无限的时间区间内表示函数是非常重要的。函数 $f(x)$ 可以利用通用正交函数的线性组合在区间 (a, b) 上表示，以形成无限级数。对于正交函数 $\varphi_n(x)$ （$n = 1, 2, \cdots$），可构造以下数列：

$$f(x) = \sum_{n=1}^{\infty} C_n \phi_n(x) \tag{7.84}$$

其中，C_n 是必须为特定 $f(x)$ 确定的常数级数系数。由于 $\phi_n(x)$ 关于加权函数 $r(x)$ 的正交性由方程（7.63）给出，因此可以结合方程（7.84）导出：

$$C_n = \frac{\displaystyle\int_a^b r(x) f(x) \phi_n(x) \, \mathrm{d}x}{\displaystyle\int_a^b r(x) \phi_n^2(x) \, \mathrm{d}x} \tag{7.85}$$

在有限区间内的级数表示的实例之一是区间 $(-L, L)$ 上的傅里叶正弦级数和余弦级数：

$$f(x) = A + \sum_{n=1}^{\infty} \left(a_n \cos \frac{n \pi x}{L} + b_n \sin \frac{n \pi x}{L} \right) \tag{7.86}$$

也可以通过贝塞尔函数编写傅里叶正弦级数和傅里叶余弦级数并形成傅里叶—贝塞尔级数。当然有必要在研究区间内建立函数 $f(x)$ 级数的收敛性。傅里叶收敛定理给出了傅里叶级数确实收敛于所研究函数的条件。Churchill（1969）讨论了傅里叶收敛定理。

由方程（7.86）给出的区间 $(-L, L)$ 的傅里叶级数基于以下特征值问题：

$$\frac{\mathrm{d}^2 y}{\mathrm{d}x^2} + \lambda y = 0 \qquad\qquad (7.87)$$

$$y(-L) = y(L) \qquad\qquad (7.88)$$

$$\frac{\mathrm{d}y}{\mathrm{d}x}(-L) = \frac{\mathrm{d}y}{\mathrm{d}x}(L) \qquad\qquad (7.89)$$

从方程（7.86）看来，除了 $\lambda = 0$ 之外，有两个对应于每个特征值的线性独立特征函数。请注意，Churchill（1969）提出了一个定理，即如果 $p(a) > 0$ 或 $p(b) > 0$，则基于方程（7.32）、方程（7.33）和方程（7.38）的 Sturm-Liouville 问题不具有对应于相同特征值的两个线性无关的特征函数。然而，这个定理并不适用于上述具有周期边界条件的问题。

虽然可以在有限的时间区间内使用函数的级数表示，但需要用积分来表示无限区间 $(-\infty, \infty)$ 上的任意函数。对于 $-\infty < x < \infty$，函数 $f(x)$ 可以表示为（Churchill，1969）：

$$f(x) = \int_0^\infty \left[A(\alpha)\cos\alpha x + B(\alpha)\sin\alpha x \right] \mathrm{d}\alpha \qquad\qquad (7.90)$$

$$A(\alpha) = \frac{1}{\pi} \int_{-\infty}^\infty f(\xi)\cos\alpha\xi \,\mathrm{d}\xi \qquad\qquad (7.91)$$

$$B(\alpha) = \frac{1}{\pi} \int_{-\infty}^\infty f(\xi)\sin\alpha\xi \,\mathrm{d}\xi \qquad\qquad (7.92)$$

Churchill（1969）给出了一个提供 $f(x)$ 条件的定理，在该定理下傅里叶积分公式是有效的。这个定理包含的一个要求是存在 $\int_\infty |f(x)|\,\mathrm{d}x$。对于 $x > 0$ 时，下列方程可用于表示函数 $f(x)$（Churchill，1969）：

$$f(x) = \frac{2}{\pi} \int_0^\infty \cos\alpha x \int_0^\infty f(\xi)\cos\alpha\xi \,\mathrm{d}\xi \,\mathrm{d}\alpha \qquad\qquad (7.93)$$

$$f(x) = \frac{2}{\pi} \int_0^\infty \sin\alpha x \int_0^\infty f(\xi)\sin\alpha\xi \,\mathrm{d}\xi \,\mathrm{d}\alpha \qquad\qquad (7.94)$$

Churchill（1949）也给出了一个定理，它给出了 $f(x)$ 上的条件，在这些条件下，这些公式在 $x > 0$ 区间有效表示了 $f(x)$，其中一个要求是存在 $\int_0^\infty |f(x)|\,\mathrm{d}x$。

如上所述，傅里叶级数表示可以与有限区间内的 Sturm-Liouville 问题结合使用。同样，傅里叶积分公式可以与无限区间上的 Sturm-Liouville 问题结合使用。下面的 Sturm-Liouville 问题对于半无限区间 $0 < x < \infty$ 有很大意义（Churchill，1969）：

$$\frac{\mathrm{d}^2 y}{\mathrm{d}x^2} + \lambda y = 0, \qquad x > 0 \qquad\qquad (7.95)$$

$$y(0) = 0 \qquad\qquad (7.96)$$

$$|y(x)| < M = 正常数 \qquad\qquad (7.97)$$

在 7.4 节中指出，对于有限区间内的自伴随 Sturm-Liouville 问题，可以证明每个特征值一定是实数。对于无限区间内的 Sturm-Liouville 问题，没有类似的定理，λ 可能是实数、虚数或复数。方程（7.95）的解可以表示为：

$$y = C_1 \exp(i\sqrt{\lambda}\,x) + C_2 \exp(-i\sqrt{\lambda}\,x) \qquad (7.98)$$

其中，通常有

$$\sqrt{\lambda} = \alpha + i\beta \qquad (7.99)$$

如果 $C_2 = -C_1$，则满足条件 $y(0) = 0$，所以可以将方程（7.98）写作：

$$y = C_1(e^{-\beta x}e^{\alpha i x} - e^{\beta x}e^{-\alpha i x}) \qquad (7.100)$$

从方程（7.100）可以看出，只有当 $\beta = 0$ 时，在 $x \to \infty$ 时 y 才有界。因此，方程（7.100）采用这种形式：

$$y = C \sin\alpha x \qquad (7.101)$$

其中，$\sqrt{\lambda} = \alpha =$ 实数。在方程（7.101）中，因为 $\alpha = 0$ 给出零特征函数，并且因为 α 的负值没有贡献线性独立的特征函数，所以 α 取所有正实数值。因为考虑了 α 的所有正值，所以特征值 $\lambda = \alpha^2$ 是连续的，而不是离散的。上述特征函数不具有正交性。然而，通过形成这些特征函数的线性组合，可以使用傅里叶积分公式来表示 $x > 0$ 的函数 $f(x)$。

无限的 Sturm-Liouville 问题可以看作有限的 Sturm-Liouville 问题的极限情况。考虑区间 $(0, L)$ 上的特征值问题：

$$\frac{\mathrm{d}^2 y}{\mathrm{d}x^2} + \lambda y = 0 \qquad (7.102)$$

$$y(0) = 0 \qquad (7.103)$$

$$y(L) = 0 \qquad (7.104)$$

这个 Sturm-Liouville 问题的离散特征值是：

$$\alpha_n^2 = \lambda_n = \frac{n^2 \pi^2}{L^2} \quad (n = 1, 2, \cdots) \qquad (7.105)$$

因此，连续特征值之间的 α 间隔是：

$$\Delta\alpha = \alpha_{n+1} - \alpha_n = \frac{\pi}{L} \qquad (7.106)$$

随着 L 增加，$\Delta\alpha$ 减小，且随着 $L \to \infty$，$\Delta\alpha \to 0$。因此，当 L 变得非常大时，有限区间的 Sturm-Liouville 问题的离散特征值接近无限区间上 Sturm-Liouville 问题的连续谱。

另一个半无限区间（$0 < x < \infty$）的特征值问题是（Churchill，1969）：

$$\frac{\mathrm{d}^2 y}{\mathrm{d}x^2} + \lambda y = 0, \ x > 0 \qquad (7.107)$$

$$\frac{\mathrm{d}y}{\mathrm{d}x}(0) = 0 \qquad (7.108)$$

$$|y(x)| < M = 正常数 \tag{7.109}$$

可以证明这个问题的特征函数和特征值为：

$$y = C\cos\alpha x \tag{7.110}$$

$$\sqrt{\lambda} = \alpha = 实数 \tag{7.111}$$

$$\alpha \geqslant 0 \tag{7.112}$$

这里考虑的最终的奇异特征值问题是在无限的时间区间（$-\infty < x < \infty$）上（Churchill，1969）：

$$\frac{\mathrm{d}^2 y}{\mathrm{d}x^2} + \lambda y = 0, \quad -\infty < x < \infty \tag{7.113}$$

$$|y(x)| < M = 正常数 \tag{7.114}$$

对于这个问题，特征方程和特征值为：

$$y = C_1\cos\alpha x + C_2\sin\alpha x \tag{7.115}$$

$$\sqrt{\lambda} = \alpha = 实数 \tag{7.116}$$

$$\alpha \geqslant 0 \tag{7.117}$$

注意，当所研究的区间为无限区间时，特征值问题是奇异值问题。

7.6 偏微分方程的解法

表 7.2 中列出了线性 PDE 和非线性 PDE 可能的解法。列出的用于解非线性方程的方法当然也可以用于求解线性方程。在本章的其余部分将简要讨论大多数方法。本章关注的重点在于精确的解析解和近似的解析解的解法。这里不讨论严格的数值方法（例如，有限差分法）。由于计算机技术的应用，数值方法得到广泛应用，即使具有有限数学能力的人也可以使用。然而，不能低估解析解的价值。

表 7.2 偏微分方程的解法

线性 PDE	非线性 PDE
（1）变量分离	（1）有限差分法
（2）积分变换	（2）加权残差法
（3）相似变换	（3）常规扰动方法
（4）格林函数法	（4）奇异扰动方法
（5）任意非线性方法	

7.7 变量分离法

通过考虑特定的 PDE 是否可以采用分离法来阐述变量分离法的正式应用。考虑二维波动方程：

$$\frac{\partial^2 u}{\partial t^2} = \alpha^2 \left(\frac{\partial^2 u}{\partial x^2} + \frac{\partial^2 u}{\partial y^2} \right) \tag{7.118}$$

假设有如下的分离解法的形式：

$$u(x,\ y,\ t) = X(x)Y(y)T(t) \tag{7.119}$$

将方程（7.119）代入方程（7.118）可得：

$$\frac{1}{a^2 T}\frac{d^2 T}{dt^2} = \frac{1}{X}\frac{d^2 X}{dx^2} + \frac{1}{Y}\frac{d^2 Y}{dy^2} \tag{7.120}$$

因为方程（7.120）的每一项必须等于常数，因此 X、Y 和 T 都可以分别用二阶 ODE 表示，因此二维波动方程的分离方法应用如下：

$$\frac{d^2 X}{dx^2} + \lambda X = 0 \tag{7.121}$$

$$\frac{d^2 Y}{dy^2} + \mu Y = 0 \tag{7.122}$$

$$\frac{d^2 T}{dt^2} + a^2(\lambda + \mu)T = 0 \tag{7.123}$$

常数 λ 和 μ 称为分离常数，通常可以是实数、虚数或复数。某些由变量分离法得到的 ODE 将导致 Sturm-Liouville 问题；在这类问题中，理论往往要求分离常数是实数。

可以证明，变量分离法有时仅适用于更通常的方程的特殊情况。考虑不稳定的二维对流扩散方程：

$$\frac{\partial C}{\partial t} + v_x \frac{\partial C}{\partial x} + v_y \frac{\partial C}{\partial y} = D\left(\frac{\partial^2 C}{\partial x^2} + \frac{\partial^2 C}{\partial y^2}\right) \tag{7.124}$$

其中，v_x 和 v_y 是速度场分量，可具有通常的空间和时间依赖性：

$$v_x = v_x(x,\ y,\ t) \tag{7.125}$$

$$v_y = v_y(x,\ y,\ t) \tag{7.126}$$

代入分离变量解：

$$C(x,\ y,\ t) = X(x)Y(y)T(t) \tag{7.127}$$

到方程（7.124）中，可以得到：

$$\frac{1}{T}\frac{\mathrm{d}T}{\mathrm{d}t} + \frac{v_x(x,\ y,\ t)}{X}\frac{\mathrm{d}X}{\mathrm{d}x} + \frac{v_y(x,\ y,\ t)}{Y}\frac{\mathrm{d}Y}{\mathrm{d}y} = D\left(\frac{1}{X}\frac{\mathrm{d}^2X}{\mathrm{d}x^2} + \frac{1}{Y}\frac{\mathrm{d}^2Y}{\mathrm{d}y^2}\right) \quad (7.128)$$

这清楚地表明，变量分离法不适用于通常的 v_x 和 v_y。但是，它将适用于特殊的 v_x 和 v_y，例如，当 v_x 和 v_y 都是常量时。另一个例子，考虑椭圆型 PDE，它描述了具有流体的层流和恒定的流体特性的加热圆柱管中的导电和对流传热：

$$(1 - r^2)\frac{\partial T}{\partial z} = \frac{1}{Pe}\left[\frac{1}{r}\frac{\partial}{\partial r}\left(r\frac{\partial T}{\partial r}\right) + \frac{\partial^2 T}{\partial z^2}\right] \quad (7.129)$$

这个方程是无量纲形式，Pe 是 Peclet 数。将分量形式：

$$T(r,\ z) = R(r)Z(z) \quad (7.130)$$

代入方程（7.129）中可得到：

$$\frac{1}{Z}\frac{\mathrm{d}Z}{\mathrm{d}z} = \frac{1}{Pe}\left[\frac{1}{r(1 - r^2)R}\frac{\mathrm{d}}{\mathrm{d}r}\left(r\frac{\mathrm{d}R}{\mathrm{d}r}\right) + \frac{1}{Z(1 - r^2)}\frac{\mathrm{d}^2 Z}{\mathrm{d}z^2}\right] \quad (7.131)$$

可以看出，这个椭圆型 PDE 不是可分离的。然而，如果假设轴向传导项足够小而可以忽略的话，PDE 就变为抛物线型，方程（7.131）就化简为可以由变量分离法求解的形式：

$$\frac{1}{Z}\frac{\mathrm{d}Z}{\mathrm{d}z} = \frac{1}{Per(1 - r^2)R}\frac{\mathrm{d}}{\mathrm{d}r}\left(r\frac{\mathrm{d}R}{\mathrm{d}r}\right) \quad (7.132)$$

当 PDE 不能用直接的变量分离法来求解时，有时候可以有效地通过使用条件变量分离法来求解。这里通过考虑二维四级双调和方程来阐述：

$$\frac{\partial^4 u}{\partial x^4} + 2\frac{\partial^4 u}{\partial x^2 \partial y^2} + \frac{\partial^4 u}{\partial y^4} = 0 \quad (7.133)$$

将解的一般形式：

$$u(x,\ y) = X(x)Y(y) \quad (7.134)$$

代入方程（7.133）中可以得到：

$$Y\frac{\mathrm{d}^4 X}{\mathrm{d}x^4} + 2\frac{\mathrm{d}^2 X}{\mathrm{d}x^2}\frac{\mathrm{d}^2 Y}{\mathrm{d}y^2} + X\frac{\mathrm{d}^4 Y}{\mathrm{d}y^4} = 0 \quad (7.135)$$

可以看出，不能用直接的变量分离法求解。然而，假设条件变量分离法的形式如下：

$$u(x,\ y) = X(x)\sin\lambda y \quad (7.136)$$

将方程（7.136）代入方程（7.133）可得到：

$$\sin\lambda y\frac{\mathrm{d}^4 X}{\mathrm{d}x^4} - 2\lambda^2\sin\lambda y\frac{\mathrm{d}^2 X}{\mathrm{d}x^2} + X\lambda^4\sin\lambda y = 0 \quad (7.137)$$

方程（7.137）可以简化为：

$$\frac{d^4 X}{dx^4} - 2\lambda^2 \frac{d^2 X}{dx^2} + \lambda^4 X = 0 \tag{7.138}$$

方程（7.138）可以用于确定 $X(x)$。当然，该方法只有在选择方程（7.136），即条件变量分离法的形式时才能管用，因此可以满足所有的相关边界条件。

7.8 变量解的分离

为便于说明线性二阶偏微分方程变量解的分离，考虑 $u(x_1, x_2, x_3, t)$ 如下形式的偏微分方程：

$$\nabla^2 u = au + b \frac{\partial u}{\partial t} + c \frac{\partial^2 u}{\partial t^2} - f(x_1, x_2, x_3, t) \tag{7.139}$$

通常，该方程用于求解有限和无限的拥有有限表面 S 的三维区域 V。在球形表面 S 上面，施加了情况 I 的边界条件：

$$\alpha \frac{\partial u}{\partial n} + \beta u = h(P) \tag{7.140}$$

参数 a、b、c、α 和 β 都是常数，P 代表 S 上面的位置变量。对于抛物线型的情况 I 这样的问题，$b \neq 0$ 且 $c = 0$，因此 PDE 有以下形式：

$$\nabla^2 u = au + b \frac{\partial u}{\partial t} - f(x_1, x_2, x_3, t) \tag{7.141}$$

方程（7.141）受限于方程（7.140）和 Dirichlet 初始条件，肯定可以求解：

$$u(x_1, x_2, x_3, 0) = H(x_1, x_2, x_3) \tag{7.142}$$

对于椭圆型的情况 I 问题，$b = c = 0$，因此 $u(x_1, x_2, x_3)$ 的 PDE 可以写作：

$$\nabla^2 u = au - f(x_1, x_2, x_3) \tag{7.143}$$

该方程受限于方程（7.140），肯定可以求解。最后，对于双曲线型的情况 I 的问题，$c > 0$ 时，PDE 可以写作：

$$\nabla^2 u = au + b \frac{\partial u}{\partial t} + c \frac{\partial^2 u}{\partial t^2} - f(x_1, x_2, x_3, t) \tag{7.144}$$

这个方程受限于方程（7.140）和如下的柯西初始条件，肯定可以求解：

$$u(x_1, x_2, x_3, 0) = H(x_1, x_2, x_3) \tag{7.145}$$

$$\left(\frac{\partial u}{\partial t}\right)_{t=0} = K(x_1, x_2, x_3) \tag{7.146}$$

通常，上述 PDE 在 PDE 中具有非齐次项、非齐次 BC 和非零初始条件（如果适用的话）。可以方便地分别解决抛物线型、椭圆型和双曲线型 PDE 中的这 3 类问题。可知这些 I 类问题的解法可归纳为以下 4 类问题中的一个或多个的解决方案：

156

（1）抛物线型初始条件（PIC）问题。在齐次 BC 和非 Dirichlet 初始条件下求解齐次抛物线型偏微分方程。

（2）椭圆型初始条件（EBC）问题。在一个或多个非齐次 BC 下求解齐次椭圆型偏微分方程。

（3）双曲线型初始条件（HIC）问题。在齐次 BC 和非零 Cauchy 初始条件下求解齐次双曲线型方程。

（4）非齐次方程（NHE）问题。在齐次 BC 和齐次初始条件（在适用的情况下）下求解非齐次 PDE。

始终可以将具有线性 BC 的线性二阶 PDE 的解法分解为上述 4 个问题中的一个或多个。例如，可以通过考虑 3 个问题得到方程（7.141）、方程（7.140）和方程（7.142）的解：

$$u = u_1 + u_2 + u_3 \tag{7.147}$$

u_1 项是下面 PIC 问题的解：

$$\nabla^2 u_1 = au_1 + b\frac{\partial u_1}{\partial t} \tag{7.148}$$

$$\alpha\frac{\partial u_1}{\partial n} + \beta u_1 = 0 \tag{7.149}$$

$$u_1(x_1, x_2, x_3, 0) = H(x_1, x_2, x_3) \tag{7.150}$$

u_2 项是下面问题的解：

$$\nabla^2 u_2 = au_2 + b\frac{\partial u_2}{\partial t} \tag{7.151}$$

$$\alpha\frac{\partial u_2}{\partial n} + \beta\mu_2 = h(P) \tag{7.152}$$

$$u_2(x_1, x_2, x_3) = 0 \tag{7.153}$$

该问题可以通过分裂 u_2 的解来进一步转化：

$$u_2(x_1, x_2, x_3, t) = v(x_1, x_2, x_3) + w(x_1, x_2, x_3, t) \tag{7.154}$$

得到 EBC 问题和 PIC 问题：

$$\nabla^2 v = av \tag{7.155}$$

$$\alpha\frac{\partial v}{\partial n} + \beta v = h(P) \tag{7.156}$$

$$\nabla^2 w = aw + b\frac{\partial w}{\partial t} \tag{7.157}$$

$$\alpha\frac{\partial w}{\partial n} + \beta w = 0 \tag{7.158}$$

$$w(x_1,\ x_2,\ x_3,\ 0) = -v(x_1,\ x_2,\ x_3) \tag{7.159}$$

最后，u_3 是下面 NHE 问题的解：

$$\nabla^2 u_3 = au_3 + b\frac{\partial u_3}{\partial t} - f(x_1,\ x_2,\ x_3,\ t) \tag{7.160}$$

$$\alpha\frac{\partial u_3}{\partial n} + \beta u_3 = 0 \tag{7.161}$$

$$u_3(x_1,\ x_2,\ x_3,\ 0) = 0 \tag{7.162}$$

类似的方法可以用于求解椭圆型方程和双曲线型方程。通过求解 EBC 问题和 NHE 问题可以求解一般的椭圆型方程。一般的双曲线型方程可以通过求解两个 HIC 问题、一个 EBC 问题和一个 NHE 问题来解决。在求解 EBC 问题时，分离解的过程很方便，因此每个具有非齐次 BC 的边界可以通过不同的解法处理。注意，在解决偏微分方程的格林函数方法中避免了分离解过程，因为这样可在一个步骤中导出完整的解。

现在介绍一些说明变量分离法的例子。为专注于理解求解过程而不是解决问题的数学复杂性，这里只考虑简单的问题。

例 7.1 考虑 I 类型边界条件的抛物线型问题：

$$\frac{\partial^2 v}{\partial x^2} = \frac{\partial v}{\partial t},\ 0 < x < L \tag{7.163}$$

$$v(0,\ t) = v_1 \tag{7.164}$$

$$v(L,\ t) = v_2 \tag{7.165}$$

$$v(x,\ 0) = f(x) \tag{7.166}$$

由于除非零初始条件外，还存在非齐次 BC，因此有必要用下面的替代公式将问题分解为 PIC 问题和 EBC 问题：

$$v(x,\ t) = u(x) + w(x,\ t) \tag{7.167}$$

因此，u 的一维 EBC 问题可以写作：

$$\frac{\mathrm{d}^2 u}{\mathrm{d}x^2} = 0 \tag{7.168}$$

$$u(0) = v_1 \tag{7.169}$$

$$u(L) = v_2 \tag{7.170}$$

w 的 PIC 问题可以表达为如下形式：

$$\frac{\partial^2 w}{\partial x^2} = \frac{\partial w}{\partial t} \tag{7.171}$$

$$w(0,\ t) = 0 \tag{7.172}$$

$$w(L,\ t) = 0 \tag{7.173}$$

$$w(x,\ 0) = f(x) - u(x) \tag{7.174}$$

方程（7.168）至方程（7.170）的解是：

$$u = v_1 + \frac{(v_2 - v_1)x}{L} \tag{7.175}$$

因此

$$w(x,\ 0) = f(x) - \left[v_1 + \frac{(v_2 - v_1)x}{L} \right] = g(x) \tag{7.176}$$

分离解的形式：

$$w(x,\ t) = X(x)T(t) \tag{7.177}$$

简化 PIC 问题为：

$$\frac{\mathrm{d}^2 X}{\mathrm{d}x^2} + \lambda X = 0 \tag{7.178}$$

$$\frac{\mathrm{d}T}{\mathrm{d}t} + \lambda T = 0 \tag{7.179}$$

$$X(0) = 0 \tag{7.180}$$

$$X(L) = 0 \tag{7.181}$$

其中，λ 是分离常数。用方程（7.178）、方程（7.180）和方程（7.181）表达的 Sturm-Liouville 问题有特征值：

$$\lambda_n = \frac{n^2 \pi^2}{L^2} \quad (n = 1,\ 2,\ \cdots) \tag{7.182}$$

相关特征函数：

$$X_n = C_n \sin \frac{n\pi x}{L} \tag{7.183}$$

因此，方程（7.179）的解简化为：

$$T_n = D_n \exp\left(-\frac{n^2 \pi^2 t}{L^2} \right) \tag{7.184}$$

因此，所有的 $X_n T_n$ 线性合并，可以得到解：

$$w = \sum_{n=1}^{\infty} A_n \sin \frac{n\pi x}{L} \exp\left(\frac{-n^2 \pi^2 t}{L^2} \right) \tag{7.185}$$

如果方程（7.186）成立，则满足初始条件：

$$g(x) = w(x,\ 0) = \sum_{n=1}^{\infty} A_n \sin \frac{n\pi x}{L} \tag{7.186}$$

对于上述 Sturm-Liouville 问题，特征函数与 $r(x) = 1$ 正交，由方程（7.186）可得：

$$A_n = \frac{\int_0^L g(x)\sin\frac{n\pi x}{L}\mathrm{d}x}{\int_0^L \sin^2\left(\frac{n\pi x}{L}\right)\mathrm{d}x} = \frac{2}{L}\int_0^L g(x)\sin\frac{n\pi x}{L}\mathrm{d}x \tag{7.187}$$

通过将方程（7.175）和方程（7.185）代入方程（7.167）中得到解 v。

例 7.2　考虑如下半无限区间中的 PIC 问题：

$$\frac{\partial^2 v}{\partial x^2} = \frac{\partial v}{\partial t},\ 0 < x < \infty \tag{7.188}$$

$$v(0,\ t) = 0 \tag{7.189}$$

$$v(x,\ 0) = f(x) \tag{7.190}$$

$$|v(x,\ t)| < M = \text{正常数} \tag{7.191}$$

由方程（7.177）得到的分离解的形式可以得到方程（7.178）至方程（7.180）。

另外，

$$|X(x)| < M_1 = \text{正常数} \tag{7.192}$$

方程（7.178）、方程（7.180）和方程（7.192）相当于之前考虑的半闭半开区间内的 Sturm-Liouville 问题［方程（7.95）至方程（7.97）］。由于存在特征值的连续谱，因此对于所有的 $\alpha > 0$ 存在特征函数，特征值和特征函数为：

$$\lambda = \alpha^2 \tag{7.193}$$

$$X = C(\alpha)\sin\alpha x \tag{7.194}$$

注意，通常不同的常数 $C(\alpha)$ 乘以每个不同的特征函数。方程（7.179）的解可以表达为：

$$T = D(\alpha)\mathrm{e}^{-\alpha^2 t} \tag{7.195}$$

对所有的正 α 进行积分，可以构建所有的 XT 积的线性组合：

$$v(x,\ t) = \int_0^\infty g(\alpha)\mathrm{e}^{-\alpha^2 t}\sin\alpha x\mathrm{d}\alpha \tag{7.196}$$

如果方程（7.197）成立，则可满足初始条件：

$$f(x) = v(x,\ 0) = \int_0^\infty g(\alpha)\sin\alpha x\mathrm{d}\alpha \tag{7.197}$$

在适当限制 $f(x)$ 的情况下，可以通过傅里叶积分定理从方程（7.197）中确定 $g(\alpha)$。对比方程（7.197）与方程（7.94）给出的傅里叶积分公式，得到如下 $g(\alpha)$ 的结果：

$$g(\alpha) = \frac{2}{\pi}\int_0^\infty f(\xi)\sin\alpha\xi\mathrm{d}\xi \tag{7.198}$$

因此，如果积分的顺序可以互换，PDE 的解可以写作如下形式：

$$v(x,\ t) = \frac{2}{\pi}\int_0^\infty f(\xi)\int_0^\infty \mathrm{e}^{-\alpha^2 t}\sin\alpha x\sin\alpha\xi\mathrm{d}\alpha\mathrm{d}\xi \tag{7.199}$$

因为

$$2\sin\alpha x\sin\alpha\xi = \cos\alpha(x-\xi) - \cos\alpha(x+\xi) \tag{7.200}$$

所以可利用积分方程：

$$\int_0^\infty e^{-\alpha^2 b}\cos\alpha rd\alpha = \frac{1}{2}\sqrt{\frac{\pi}{b}}\exp\left(-\frac{r^2}{4b}\right) \tag{7.201}$$

得到 $v(x, t)$ 的最终结果：

$$v(x, t) = \frac{1}{2\sqrt{\pi t}}\int_0^\infty f(\xi)\left\{\exp\left[-\frac{(x-\xi)^2}{4t}\right] - \exp\left[-\frac{(x+\xi)^2}{4t}\right]\right\}d\xi \tag{7.202}$$

例 7.3　考虑 $0\leq x\leq a$ 和 $0\leq y\leq b$ 区间上的 EBC 问题如下：

$$\frac{\partial^2 v}{\partial x^2} + \frac{\partial^2 v}{\partial y^2} = 0 \tag{7.203}$$

$$v(0, y) = 0 \tag{7.204}$$

$$v(a, y) = 0 \tag{7.205}$$

$$v(x, 0) = f(x) \tag{7.206}$$

$$v(x, b) = 0 \tag{7.207}$$

引入分离解的形式：

$$v(x, y) = X(x)Y(y) \tag{7.208}$$

得到如下的一组方程：

$$\frac{d^2 X}{dx^2} + \lambda X = 0 \tag{7.209}$$

$$X(0) = 0 \tag{7.210}$$

$$X(a) = 0 \tag{7.211}$$

$$\frac{d^2 Y}{dy^2} - \lambda Y = 0 \tag{7.212}$$

$$Y(b) = 0 \tag{7.213}$$

因为 x 是齐次方向，Sturm-Liouville 问题由方程（7.209）至方程（7.211）给出。该问题与例 7.1 中的是相同的特征值问题，所以特征值和特征函数很简单：

$$\lambda_n = \frac{n^2\pi^2}{a^2} \qquad (n = 1, 2, \cdots) \tag{7.214}$$

$$X_n = C_n\sin\frac{n\pi x}{a} \tag{7.215}$$

另外，受限于方程（7.213）的方程（7.212）的解可以写作：

$$Y_n = G_n \sinh\left[\frac{n\pi}{a}(b-y)\right] \tag{7.216}$$

将所有的 $X_n Y_n$ 进行线性组合得到解：

$$v(x, y) = \sum_{n=1}^{\infty} A_n \sinh\left[\frac{n\pi}{a}(b-y)\right] \sin\frac{n\pi x}{a} \tag{7.217}$$

如果方程（7.218）成立，则满足 $y=0$ 的条件：

$$f(x) = v(x, 0) = \sum_{n=1}^{\infty} A_n \sinh\frac{n\pi b}{a}\sin\frac{n\pi x}{a} \tag{7.218}$$

利用方程（7.215）得到的本征函数的正交性可得：

$$A_n = \frac{2\int_0^a f(x)\sin\dfrac{n\pi x}{a}\mathrm{d}x}{a\sinh\dfrac{n\pi b}{a}} \tag{7.219}$$

HIC 问题的解法与 PIC 问题的解法非常相似，但有两个重要区别。首先，对于双曲线型方程，必须在 $t=0$ 处施加 Cauchy 条件，而不是抛物线型方程所需的 Dirichlet 条件。其次，由双曲线型方程的变量分离法得到的所有 ODE 都是二阶的，而对于抛物线型方程，其中一个 ODE 必须是一阶的。空间二阶 ODE 得到的是 Sturm-Liouville 问题，而二阶时间 ODE 实际上是一个初始值问题。最好的解决 NHE 问题的方法是使用积分变换或格林函数方法。

7.9　积分变换

多种变换可用于解决偏微分方程（Churchill，1972）。本章实际上只用到拉普拉斯变换、指数傅里叶变换和傅里叶正弦变换，因此本章只讨论这 3 种变换。

拉普拉斯变换可能是最广泛使用的整体变换方法，可能是因为它具有以下特征：

（1）拉普拉斯变换可用于求解具有Ⅰ类或Ⅱ类边界条件的抛物线型和双曲线型 PDE。

（2）拉普拉斯变换方法将抛物线型问题和双曲线型问题简化为具有Ⅰ类边界条件的椭圆型 PDE 问题。

（3）当有两个自变量（x 和 t）时，拉普拉斯变换尤其有用，因为在变换后得到 ODE。对于具有多个空间变量的 PDE，经过变换的方程仍然是一个 PDE，但自变量的数量减少一个，这是因为实际上已从问题中移除了时间这个变量。

（4）拉普拉斯变换法对于求解抛物线型方程和双曲线型方程的 NHE 问题非常有用。

（5）拉普拉斯变换方法可以用来解决因变量及其导数的系数不依赖于时间的线性问题。

拉普拉斯变换由方程（7.220）定义：

$$L\{F(t)\} = \overline{F}(p) = \int_0^{\infty} \mathrm{e}^{-pt}F(t)\,\mathrm{d}t \tag{7.220}$$

其中，参数 p 可以是实数，也可以是复数。对于某些 p 来说，如果上面的积分收敛，则存在 $F(t)$ 的拉普拉斯变换。拉普拉斯变换存在的充分条件是 $F(t)$ 是分段连续且为指数阶。由于拉普拉斯变换是线性算子，可以得到如下结果：

$$L\{C_1 F_1(t) + C_2 F_2(t)\} = C_1 \overline{F}_1(p) + C_2 \overline{F}_2(p) \tag{7.221}$$

同时，如下结果对 $F(x, t)$ 的时间导数有效：

$$L\left\{\frac{\partial F}{\partial t}\right\} = p\overline{F}(x, p) - F(x, 0) \tag{7.222}$$

$$L\left\{\frac{\partial^2 F}{\partial t^2}\right\} = p^2 \overline{F}(x, p) - pF(x, 0) - \frac{\partial F}{\partial t}(x, 0) \tag{7.223}$$

偏空间导数的拉普拉斯变换简化为：

$$L\left\{\frac{\partial F}{\partial x}\right\} = \frac{\partial \overline{F}}{\partial x}(x, p) \tag{7.224}$$

如果

$$L\{F(t)\} = \overline{F}(p) \tag{7.225}$$

可以得到：

$$F(t) = L^{-1}\{\overline{F}(p)\} \tag{7.226}$$

其中，$F(t)$ 是 $\overline{F}(p)$ 的逆变换。可以通过在复平面中进行以下积分来计算变换的逆：

$$F(t) = L^{-1}\{\overline{F}(p)\} = \frac{1}{2\pi i}\int_{\gamma-i\infty}^{\gamma+i\infty} e^{tz}\overline{F}(z)\,dz \tag{7.227}$$

本章将不会使用复合倒置公式。逆变换将通过可用表格或卷积定理来确定。Spiegel（1965）、Carslaw 和 Jaeger（1959）提供了逆拉普拉斯变换的实用表格。

如果已知每个变换的逆，则卷积定理能够反转两个变换的乘积。考虑 $\overline{F}(p)$ 和 $\overline{G}(p)$ 分别是两个函数 $F(t)$ 和 $G(t)$ 的变换，随着 $t\to\infty$，它们在每个闭合的区间上是分段连续的且为指数阶。然后，

$$L\left\{\int_0^t F(\tau)G(t-\tau)\,d\tau\right\} = \overline{F}(p)\overline{G}(p) \tag{7.228}$$

且

$$L^{-1}\{\overline{F}(p)\overline{G}(p)\} = \int_0^t F(\tau)G(t-\tau)\,d\tau \tag{7.229}$$

现在通过考虑 Churchill（1972）提出的一个简单例子来阐述卷积定理。为了估算

$$L^{-1}\left\{\frac{1}{p^2}\frac{1}{p-a}\right\} = L^{-1}\{\overline{F}(p)\overline{G}(p)\} \tag{7.230}$$

163

注意

$$L^{-1}\left\{\frac{1}{p^2}\right\} = t \tag{7.231}$$

$$L^{-1}\left\{\frac{1}{p-a}\right\} = e^{at} \tag{7.232}$$

因此,

$$L^{-1}\left\{\frac{1}{p^2}\frac{1}{p-a}\right\} = \int_0^t \tau\, e^{a(t-\tau)}\, d\tau \tag{7.233}$$

$$L^{-1}\left\{\frac{1}{p^2}\frac{1}{p-a}\right\} = \frac{e^{at} - at - 1}{a^2} \tag{7.234}$$

通过考虑 7.8 节中提出的一般问题（但也有更一般的 II 类边界条件），说明了拉普拉斯变换方法解决 I 类或 II 类 BC 的抛物线型和双曲线型 PDE，以及解决抛物线型和双曲线型 NHE 问题的能力：

$$\nabla^2 u = au + b\frac{\partial u}{\partial t} + c\frac{\partial^2 u}{\partial t^2} - f(x_1,\ x_2,\ x_3,\ t) \tag{7.235}$$

$$\alpha\frac{\partial u}{\partial n} + \beta u = h(P,\ t) \tag{7.236}$$

$$u(x_1,\ x_2,\ x_3,\ 0) = H(x_1,\ x_2,\ x_3) \tag{7.237}$$

$$\left(\frac{\partial u}{\partial t}\right)_{t=0} = K(x_1,\ x_2,\ x_3) \tag{7.238}$$

对于双曲线型问题, $c>0$, 并且方程（7.237）和方程（7.238）都必须用于求解上述方程组。对于抛物线型问题, $b\neq 0$ 且 $c=0$, 只需要方程（7.237）。上述方程的拉普拉斯变换给出：

$$\nabla^2 \bar{u} = a\bar{u} + b[p\bar{u} - u(x_1,\ x_2,\ x_3,\ 0)] + $$
$$c\left[p^2\bar{u} - pu(x_1,\ x_2,\ x_3,\ 0) - \left(\frac{\partial u}{\partial t}\right)_{t=0}\right] - \bar{f}(x_1,\ x_2,\ x_3,\ p) \tag{7.239}$$

$$\nabla^2 \bar{u} = a\bar{u} + b[p\bar{u} - H(x_1,\ x_2,\ x_3)] + $$
$$c[p^2\bar{u} - pH(x_1,\ x_2,\ x_3) - K(x_1,\ x_2,\ x_3)] - \bar{f}(x_1,\ x_2,\ x_3,\ p) \tag{7.240}$$

$$\alpha\frac{\partial \bar{u}}{\partial n} + \beta\bar{u} = \bar{h}(P,\ p) \tag{7.241}$$

现在在下面的抛物型 PDE 上说明拉普拉斯变换的求解方法，下面求解 $x>0$ 区间上这个受到 II 类边界条件限制的抛物型 PDE：

$$\frac{\partial v}{\partial t} = \frac{\partial^2 v}{\partial x^2} \tag{7.242}$$

$$v(0, t) = \phi(t) \tag{7.243}$$

$$v(x, 0) = V \tag{7.244}$$

$$v(\infty, t) = V \tag{7.245}$$

方程（7.242）的拉普拉斯变换可以简化为：

$$p\bar{v}(x, p) - v(x, 0) = \frac{\partial^2 \bar{v}}{\partial x^2} \tag{7.246}$$

因为变换的应用只是将自变量从 (x, t) 改变为 (x, p)，所以严格地说方程（7.246）是一个 PDE。然而，p 只是作为参数出现，因为不涉及 p 的微分。因此，方程（7.246）可以看作一个 ODE，并且可以找到一个对每个 p 都有效的解：

$$\frac{d^2\bar{v}}{dx^2} - p\bar{v} = -V \tag{7.247}$$

这个 ODE 的边界条件是通过方程（7.243）和方程（7.245）的拉普拉斯变换产生的：

$$\bar{v}(0, p) = \bar{\phi}(p) \tag{7.248}$$

$$\bar{v}(\infty, p) = \frac{V}{p} \tag{7.249}$$

方程（7.247）的解可以写作：

$$\bar{v} = C_1 \exp(-\sqrt{p}\,x) + C_2 \exp(\sqrt{p}\,x) + \frac{V}{p} \tag{7.250}$$

因为 $Re(p) > \alpha$（其中，α 是一个固定的正数）通常存在拉普拉斯变换，所以 $Re(p)$ 可以取为正数。因此，方程（7.249）要求 $C_2 = 0$，方程（7.248）要求：

$$C_1 = \bar{\phi}(p) - \frac{V}{p} \tag{7.251}$$

所以方程（7.250）可以写作：

$$\bar{v} = \bar{\phi}(p) \exp(-\sqrt{p}\,x) - \frac{V}{p} \exp(-\sqrt{p}\,x) + \frac{V}{p} \tag{7.252}$$

通过使用适当的表和卷积定理可以找到方程（7.252）的逆。由 Spiegel（1965）的拉普拉斯变换表：

$$L^{-1}\left\{\frac{V}{p}\right\} = V \tag{7.253}$$

$$L^{-1}\left\{\frac{V}{p}\exp(-\sqrt{p}\,x)\right\} = V\,\mathrm{erfc}\left(\frac{x}{2\sqrt{t}}\right) \tag{7.254}$$

$$\mathrm{erfc}\,y = 1 - \mathrm{erf}\,y = \frac{2}{\sqrt{\pi}}\int_y^\infty e^{-\alpha^2}d\alpha \tag{7.255}$$

165

$$L^{-1}\{\exp(-\sqrt{p}\,x)\} = \frac{x}{2\sqrt{\pi}\,t^3}\exp\left(-\frac{x^2}{4t}\right) \tag{7.256}$$

利用卷积定理与方程（7.256）组合可以得到：

$$L^{-1}\{\overline{\phi}(p)\exp(-\sqrt{p}\,x)\} = \frac{x}{2\sqrt{\pi}}\int_0^t \frac{\phi(\tau)\exp\left[-\dfrac{x^2}{4(t-\tau)}\right]}{(t-\tau)^{\frac{3}{2}}}\mathrm{d}\tau \tag{7.257}$$

因此，PDE 的解可以写作：

$$v(x,\ t) = \frac{x}{2\sqrt{\pi}}\int_0^t \frac{\phi(\tau)\exp\left[-\dfrac{x^2}{4(t-\tau)}\right]}{(t-\tau)^{\frac{3}{2}}}\mathrm{d}\tau + V\mathrm{erf}\left(\frac{x}{2\sqrt{t}}\right) \tag{7.258}$$

而拉普拉斯变换通常应用于 PDE 中的时间变量，指数傅里叶变换和傅里叶正弦变换应用于空间变量。如果 $F(x)$ 是在 $(-\infty,\ \infty)$ 上定义的实变量 x 的函数，则 $F(x)$ 的指数傅里叶变换定义为（Churchill，1972）：

$$E_\alpha\{F(x)\} = F_e(\alpha) = \int_{-\infty}^{\infty} F(x)\,\mathrm{e}^{-\mathrm{i}\alpha x}\mathrm{d}x \tag{7.259}$$

其中，$-\infty < \alpha < \infty$。指数傅里叶变换的倒置可以使用 $-\infty < x < \infty$ 的以下等式来进行：

$$F(x) = \frac{1}{2\pi}\int_{-\infty}^{\infty} F_e(\alpha)\,\mathrm{e}^{\mathrm{i}\alpha x}\mathrm{d}\alpha \tag{7.260}$$

同时，如果 $F(\pm\infty) = F'(\pm\infty) = 0$，可以得到：

$$E_\alpha\left\{\frac{\partial F}{\partial x}\right\} = \mathrm{i}\alpha F_e(\alpha) \tag{7.261}$$

$$E_\alpha\left\{\frac{\partial^2 F}{\partial x^2}\right\} = -\alpha^2 F_e(\alpha) \tag{7.262}$$

指数傅里叶变换的卷积积分可以写成：

$$E_\alpha^{-1}\{F_e(\alpha)G_e(\alpha)\} = \int_{-\infty}^{\infty} F(y)G(x-y)\,\mathrm{d}y \tag{7.263}$$

Churchill（1972）提出了指数傅里叶变换表格。

如果 $F(x)$ 是实数变量 x 在 $(0,\ \infty)$ 上的函数，傅里叶正弦变换可以定义为（Churchill，1972）：

$$S_\alpha\{F(x)\} = F_s(\alpha) = \int_0^{\infty} F(x)\sin\alpha x\ \mathrm{d}x \tag{7.264}$$

其中 $\alpha > 0$。$x > 0$ 时傅里叶正弦变换可以使用方程（7.265）进行操作：

$$F(x) = \frac{2}{\pi}\int_0^{\infty} F_s(\alpha)\sin\alpha x\mathrm{d}\alpha \tag{7.265}$$

同时，如果 $F(\infty) = F'(\infty) = 0$，可以得到：

$$S_\alpha\left\{\frac{\partial^2 F}{\partial x^2}\right\} = -\alpha^2 F_s(\alpha) + \alpha F(0) \tag{7.266}$$

Churchill（1972）中的表格展示了傅里叶正弦变换。

作为傅里叶变换应用的例子，请考虑在 $y>0$、$-\infty<x<\infty$ 这个半平面中，受限于 Dirichlet 边界条件的椭圆型方程的解：

$$\frac{\partial^2 v}{\partial x^2} + \frac{\partial^2 v}{\partial y^2} = 0 \tag{7.267}$$

$$v(x, 0) = f(x) \tag{7.268}$$

$$v(x, \infty) = 0 \tag{7.269}$$

$$v(-\infty, y) = 0 \tag{7.270}$$

$$v(\infty, y) = 0 \tag{7.271}$$

引入 $v(x, y)$ 的指数傅里叶变换：

$$v_e(\alpha, y) = \int_{-\infty}^{\infty} v(x, y)e^{-i\alpha x}dx \tag{7.272}$$

得到方程（7.267）至方程（7.269）的如下结果：

$$\frac{d^2 v_e}{dy^2} - \alpha^2 v_e = 0 \tag{7.273}$$

$$v_e(\alpha, 0) = f_e(\alpha) \tag{7.274}$$

$$v_e(\alpha, \infty) = 0 \tag{7.275}$$

引入傅里叶正弦变换：

$$v_{es}(\alpha, \beta) = \int_0^\infty v_e(\alpha, y)\sin\beta y\, dy \tag{7.276}$$

得到方程（7.273）至方程（7.275）的如下结果：

$$-\beta^2 v_{es} + \beta f_e - \alpha^2 v_{es} = 0 \tag{7.277}$$

$$v_{es} = \frac{\beta f_e(\alpha)}{\alpha^2 + \beta^2} \tag{7.278}$$

根据 Churchill 提供的变换表格得到了方程（7.278）的逆。傅里叶正弦变换的逆由方程（7.279）给出：

$$S_\beta^{-1}\left\{\frac{\beta}{\alpha^2 + \beta^2}\right\} = e^{-|\alpha|y} \tag{7.279}$$

将方程（7.278）转换为：

$$v_e = f_e(\alpha)\,e^{-|\alpha|y} \tag{7.280}$$

另外，下列变化：

$$E_\alpha^{-1}\{f_e(\alpha)\} = f(x) \tag{7.281}$$

$$E_\alpha^{-1}\{e^{-|\alpha|y}\} = \frac{y}{\pi(y^2 + x^2)} \tag{7.282}$$

可以用来倒置方程（7.280），结合指数傅里叶变换的卷积积分方程（7.263），给出问题的解决方案。

$$v(x,\,y) = \frac{1}{\pi}\int_{-\infty}^{\infty}\frac{yf(\xi)}{y^2 + (x - \xi)^2}\mathrm{d}\xi \tag{7.283}$$

从方程（7.227）可以明显看出，拉普拉斯变换的直接倒置必然需要在复平面上积分。另外，从方程（7.260）和方程（7.265）得出，指数傅里叶变换或傅里叶正弦变换的直接倒置包含非实数积分。因此，原则上可以避免在空间傅里叶变换的复平面中的积分。然而，通常利用复平面积分来估算非实数积分。

7.10　相似变换

相似变换是一种实用的方法，如满足下面的非稳定一维扩散方程的条件，可简化描述扩散过程的线性和非线性抛物线型偏微分方程的求解：

（1）积分域是双无限区域（−∞，∞）或半无限区域（0，∞）。

（2）两个自变量 x 和 t 可以组合形成一个新的自变量 η。

（3）非稳定的一维二阶抛物线型偏微分方程的求解需要两个边界条件和一个初始条件。自变量的成功转换使得二阶 ODE 只需要两个边界条件。因此，只有将 PDE 的三个辅助条件合并形成 ODE 的两个条件时，相似性转换才能起作用。

很明显，只有当能够找到自变量的成功变换且扩散问题具有适当的边界条件时，相似变换方法才有用。考虑非线性扩散方程：

$$\frac{\partial\rho_1}{\partial t} = \frac{\partial}{\partial x}\left[D(\rho_1)\frac{\partial\rho_1}{\partial x}\right] \tag{7.284}$$

众所周知，以下的相似变换可用于这种类型的方程：

$$\eta = \frac{x}{2t^{\frac{1}{2}}} \tag{7.285}$$

因为初始浓度依赖性 $\rho_1(x,\,t)$ 将被转换为新的浓度依赖性 $\rho_1(\eta)$，因此会用到方程（7.286）至方程（7.288）：

$$\left(\frac{\partial\rho_1}{\partial t}\right)_x = -\frac{\eta}{2t}\frac{\mathrm{d}\rho_1}{\mathrm{d}\eta} \tag{7.286}$$

168

$$\left(\frac{\partial \rho_1}{\partial x}\right)_t = \frac{1}{2t^{\frac{1}{2}}}\frac{d\rho_1}{d\eta} \tag{7.287}$$

$$\frac{\partial}{\partial x}\left(D\frac{\partial \rho_1}{\partial x}\right) = \frac{1}{4t}\frac{d}{d\eta}\left(D\frac{d\rho_1}{d\eta}\right) \tag{7.288}$$

这些结果可以代入方程（7.248）中得到方程（7.289）：

$$-2\eta\frac{d\rho_1}{d\eta} = \frac{d}{d\eta}\left[D(\rho_1)\frac{d\rho_1}{d\eta}\right] \tag{7.289}$$

由方程（7.285）给出的变换似乎是成功的，因为由 η 得到的 ODE 不依赖于 x 和 t。因此，由于非线性 PDE 已转换为非线性 ODE，将求解过程简化。然而，这种方法的实际适用性是有限的，因为只有通过某些类型的 PDE 辅助条件才会得到 ODE 的适当边界条件。例如，考虑具有以下初始条件和边界条件的双重无限域 $(-\infty，\infty)$ 中的自由扩散过程：

$$\rho_1(x, 0) = \rho_{10}, \ x < 0 \tag{7.290}$$

$$\rho_1(x, 0) = \rho_{1\infty}, \ x > 0 \tag{7.291}$$

$$\rho_1(-\infty, \ t) = \rho_{10} \tag{7.292}$$

$$\rho_1(\infty, \ t) = \rho_{1\infty} \tag{7.293}$$

显然，用 η 边界条件可以表达方程（7.290）和方程（7.292）：

$$\rho_1(-\infty) = \rho_{10} \tag{7.294}$$

通过 η 边界条件可以表达方程（7.291）和方程（7.293）：

$$\rho_1(\infty) = \rho_{1\infty} \tag{7.295}$$

因此，对于这个自由扩散问题，由二阶非线性 ODE 方程（7.289）和两个边界条件描述浓度场，方程（7.294）和方程（7.295）施加在 η 域的两端。非线性 ODE 的解应比原始非线性 PDE 的解更简单。

对于半无限区域 $(0，\infty)$，可以根据 x 和 t 变量的下列辅助条件来求解方程（7.289）：

$$\rho_1(x, 0) = 0 \tag{7.296}$$

$$\rho_1(\infty, \ t) = 0 \tag{7.297}$$

$$\rho_1(0, \ t) = \rho_{10} \tag{7.298}$$

显然，方程（7.296）和方程（7.297）都可以通过 η 边界条件表达：

$$\rho_1(\infty) = 0 \tag{7.299}$$

由方程（7.298）可以得到二阶 η 边界条件：

$$\rho_1(0) = \rho_{10} \tag{7.300}$$

因为 3 个条件可以合并形成两个条件，所以由相似性转换再次得到了一个更简单的问题。对于特殊情况 $D = D_0 =$ 常数，方程（7.289）可写作：

$$\frac{\mathrm{d}^2\rho_1}{\mathrm{d}\xi^2} + 2\xi\frac{\mathrm{d}\rho_1}{\mathrm{d}\xi} = 0 \qquad (7.301)$$

其中：

$$\xi = \frac{\eta}{D_0^{\frac{1}{2}}} \qquad (7.302)$$

求解该线性 ODE，得到浓度场的以下表达式：

$$\frac{\rho_1}{\rho_{10}} = 1 - \frac{2}{\sqrt{\pi}}\int_0^\xi e^{-\lambda^2}\mathrm{d}\lambda = 1 - \mathrm{erf}\left(\frac{x}{2\sqrt{D_0 t}}\right) \qquad (7.303)$$

注意，这里如果方程（7.296）被 $\rho_1(x, 0) = f(x)$ 替代，那么就不能使用相似变化法，其中 $f(x)$ 是某个 $f(0) = \rho_{10}$ 且 $f(\infty) = 0$ 的通用函数。

7.11 常微分方程的格林函数

由于格林函数法为解上述偏微分方程提供了一个实用的方法，本章接下来的三节将重点介绍该方法。因为通常用常微分方程求解偏微分方程，所以本节考虑确定格林函数的 ODE 函数。7.12 节和 7.13 节分别描述了椭圆型和抛物线型偏微分方程的求解方法，因为这些方程常用于解决大多数扩散问题。这里描述的格林函数分析遵循 Stakgold 法（1968a，1968b）。

格林函数法的一个重要方面是狄拉克函数 $\delta(x-x_0)$（Stakgold，1968a），该函数具有图形性质和筛选性质：

$$\delta(x - x_0) = \begin{cases} 0, & x \neq x_0 \\ \infty, & x = x_0 \end{cases} \qquad (7.304)$$

$$\int_a^b u(x)\delta(x - x_0)\mathrm{d}x = \begin{cases} 0, & x_0 = (a, b) \\ u(x_0), & x_0 \neq (a, b) \end{cases} \qquad (7.305)$$

方程（7.305）的一个重要特例为：

$$\int_a^b \delta(x - x_0)\mathrm{d}x = \begin{cases} 0, & x_0 \neq (a, b) \\ 1, & x_0 = (a, b) \end{cases} \qquad (7.306)$$

上述的狄拉克函数的性质对于本章来说足够用了，但是还有其他的补充（Stakgold，1968a）。

考虑完全非齐次的 ODE 问题：

$$Lu = f(x), \quad a < x < b \qquad (7.307)$$

$$B_1(u) = \alpha \tag{7.308}$$

$$B_2(u) = \beta \tag{7.309}$$

其中，L 是线性微分算子：

$$L = a_0(x)\frac{\mathrm{d}^2}{\mathrm{d}x^2} + a_1(x)\frac{\mathrm{d}}{\mathrm{d}x} + a_2(x) \tag{7.310}$$

$B_1(u)$ 和 $B_2(u)$ 是两个边界条件算子。α 和 β 是常数，通常这两个数都不是 0。上述的边界条件算子可以定义为（Stakgold，1968a）：

$$B_1(u) = \alpha_{11}u(a) + \alpha_{12}u'(a) + \beta_{11}u(b) + \beta_{12}u'(b) \tag{7.311}$$

$$B_2(u) = \alpha_{21}u(a) + \alpha_{22}u'(a) + \beta_{21}u(b) + \beta_{22}u'(b) \tag{7.312}$$

其中，所有的系数都是实数。当 $\beta_{11} = \beta_{12} = \alpha_{21} = \alpha_{22} = 0$ 时，可得到方程（7.32）和方程（7.33）的非混合边界条件或纯边界条件的形式。当 $\alpha_{12} = \beta_{11} = \beta_{12} = \alpha_{21} = \beta_{21} = \beta_{22} = 0$ 时，可得到方程（7.36）和方程（7.37）初始条件的形式。方程（7.397）至方程（7.309）的两个特例是非齐次方程问题和初始值问题。

非齐次方程问题：

$$Lu = f(x) \tag{7.313}$$

$$B_1(u) = 0 \tag{7.314}$$

$$B_2(u) = 0 \tag{7.315}$$

初始值问题：

$$Lu = f(x) \tag{7.316}$$

$$u(a) = \alpha \tag{7.317}$$

$$u'(a) = \beta \tag{7.318}$$

获得方程（7.307）至方程（7.309）解的一种方法就是利用格林函数法。可以将关于方程（7.307）至方程（7.309）的格林函数问题构建成以下形式：

$$Lg(x|x_0) = \delta(x - x_0), \quad a < x, x_0 < b \tag{7.319}$$

$$B_1g = 0 \tag{7.320}$$

$$B_2g = 0 \tag{7.321}$$

与 $g(x|x_0)$ 的问题相关联的是伴随格林函数问题：

$$L^*g^*(x|x_0) = \delta(x - x_0), \quad a < x, x_0 < b \tag{7.322}$$

$$B_1^*(g^*) = 0 \tag{7.323}$$

$$B_2^*(g^*) = 0 \tag{7.324}$$

通过方程（7.319）和方程（7.322）可以看出：

$$g(x \,|\, x_0) = g^*(x_0 \,|\, x) \qquad (7.325)$$

如果格林函数问题是自伴随的，那么就有

$$g(x \,|\, x_0) = g(x_0 \,|\, x) \qquad (7.326)$$

这是格林函数的对称性质。最后，如果完全齐次体系

$$Lu = 0 \qquad (7.327)$$

$$B_1 u = 0 \qquad (7.328)$$

$$B_2 u = 0 \qquad (7.329)$$

只有平凡解（$u=0$），然后就存在体系的格林函数，并且是唯一的（Stakgold，1968a）。注意，所有的格林函数问题都有齐次边界条件。

通过格林函数法获得 ODE 和 PDE 的解包括以下两步：

（1）关联所研究的微分方程的解和相关的格林函数问题的解；

（2）构建所研究条件的合适的格林函数。

对于方程（7.307）至方程（7.309）描述的 ODE 问题，可以用伴随格林函数问题以及方程（7.43）和方程（7.325）来导出 $u(x)$ 关于 $g(x \,|\, x_0)$ 的方程（7.330）（Stakgold，1968a）：

$$u(x) = \int_a^b g(x \,|\, x_0) f(x_0)\, \mathrm{d}x_0 - \left[J\{u(x_0),\ g(x \,|\, x_0)\} \right]_{x_0=a}^{x_0=b} \qquad (7.330)$$

其中：

$$J\{u(x_0),\ g(x \,|\, x_0)\} = a_0(x_0)\left\{ g(x \,|\, x_0)\frac{\mathrm{d}u(x_0)}{\mathrm{d}x_0} - u(x_0)\frac{\mathrm{d}g(x \,|\, x_0)}{\mathrm{d}x_0} \right\} +$$
$$\left\{ a_1(x_0) - \frac{\mathrm{d}a_0(x_0)}{\mathrm{d}x_0} \right\} \{u(x_0)g(x \,|\, x_0)\} \qquad (7.331)$$

在非齐次方程问题的例子中，方程（7.313）至方程（7.315），方程（7.330）右侧的第二项是 0。对于由方程（7.316）至方程（7.318）给出的初始值问题，用 $b=\infty$ 估算方程（7.330）。

对以下 3 种类型的边界条件构建 ODE 的格林函数：

（1）非混合边界条件；

（2）初始值条件；

（3）通用混合边界条件。

注意，对由方程（7.319）至方程（7.321）给出的格林函数问题，显然 $g(x \,|\, x_0)$ 必须满足由方程（7.320）和方程（7.321）给出的边界条件。同时，对 $a \leqslant x < x_0$ 且 $x_0 < x \leqslant b$ 必须满足方程 $Lg=0$。另外，$x=x_0$ 时必须满足以下条件：

$$g(x_0^- \,|\, x_0) = g(x_0^+ \,|\, x_0) \qquad (7.332)$$

$$\left.\frac{\mathrm{d}g}{\mathrm{d}x}\right|_{x=x_0^+} - \left.\frac{\mathrm{d}g}{\mathrm{d}x}\right|_{x=x_0^-} = \frac{1}{a_0(x_0)} \qquad (7.333)$$

稍后本章会对这种问题中含边界条件的不同案例的格林函数进行讨论。

对于案例中的混合边界条件,可以看出格林函数由以下结果给出(Stakgold,1968a):

$$g(x \mid x_0) = \begin{cases} \dfrac{u_1(x) u_2(x_0)}{a_0(x_0) W(u_1, u_2, x_0)}, & a \leq x < x_0 \\[3mm] \dfrac{u_2(x) u_1(x_0)}{a_0(x_0) W(u_1, u_2, x_0)}, & x_0 < x \leq b \end{cases} \tag{7.334}$$

其中,$u_1(x)$ 是满足 $x=a$ 时的边界条件 $Lu=0$ 的非平凡解,$u_2(x)$ 是满足 $x=b$ 时的边界条件 $Lu=0$ 非平凡解。此外,$W(u_1, u_2, x_0)$ 是在 x_0 处估算的 u_1 和 u_2 的 Wronskian 函数。

$$W(u_1, u_2, x_0) = \begin{vmatrix} u_1 & u_2 \\ u_1' & u_2' \end{vmatrix}_{x = x_0} \tag{7.335}$$

为了阐述非混合边界条件 $g(x \mid x_0)$ 的估算方法,考虑格林函数问题:

$$-\frac{\mathrm{d}^2 g}{\mathrm{d} x^2} - \frac{\mathrm{d} g}{\mathrm{d} x} = \delta(x - x_0), \ 0 < x, \ x_0 < 1 \tag{7.336}$$

$$g(0 \mid x_0) = 0 \tag{7.337}$$

$$\frac{\mathrm{d} g}{\mathrm{d} x}(1 \mid x_0) = 0 \tag{7.338}$$

解的通用形式为:

$$-\frac{\mathrm{d}^2 u}{\mathrm{d} x^2} - \frac{\mathrm{d} u}{\mathrm{d} x} = 0 \tag{7.339}$$

化简为:

$$u = A + B \mathrm{e}^{-x} \tag{7.340}$$

这是因为 $u_z(0) = 0$,且 $u'_2(1) = 0$。

$$u_1(x) = 1 - \mathrm{e}^{-x} \tag{7.341}$$

$$u_2(x) = 1 \tag{7.342}$$

注意,u_1 和 u_2 不包括乘法常数。因此,得到

$$W(u_1, u_2, x_0) = \begin{vmatrix} 1 - \mathrm{e}^{-x} & 1 \\ \mathrm{e}^{-x} & 0 \end{vmatrix}_{x = x_0} = -\mathrm{e}^{-x_0} \tag{7.343}$$

可以通过 $a_0(x_0) = -1$ 的方程(7.334)来计算得到所需的格林函数:

$$g(x \mid x_0) = \begin{cases} (1 - \mathrm{e}^{-x}) \mathrm{e}^{x_0}, & 0 \leq x < x_0 \\[3mm] (1 - \mathrm{e}^{-x_0}) \mathrm{e}^{x_0}, & x_0 < x \leq 1 \end{cases} \tag{7.344}$$

因为上述格林函数问题不是自伴随的，所以 $g(x|x_0) \neq g(x_0|x)$。

对于初值问题，可以得到如下形式的格林函数：

$$g(x|x_0) = \begin{cases} 0, & a \leqslant x < x_0 \\ \\ Au_1(x) + Bu_2(x), & x_0 < x \end{cases} \tag{7.345}$$

这个 $g(x|x_0)$ 满足初始条件 $g(a|x_0) = 0$ 和 $\mathrm{d}g(a|x_0)/\mathrm{d}x = 0$。由于必须要满足$x = x_0$处的连续性和阶跃条件［方程（7.332）和方程（7.333）］，可以得到初值问题的格林函数的如下结果（Stakgold，1968a）：

$$g(x|x_0) = \begin{cases} 0, & a \leqslant x < x_0 \\ \\ \dfrac{u_1(x_0)u_2(x) - u_1(x)u_2(x_0)}{a_0(x_0)W(u_1, u_2, x_0)}, & x_0 < x \end{cases} \tag{7.346}$$

其中，u_1 和 u_2 是 $Lu = 0$ 的两个线性独立解。

为了阐述初始值问题中估算 $g(x|x_0)$ 的过程，考虑格林函数问题：

$$\frac{\mathrm{d}^2 g}{\mathrm{d}x^2} + \lambda^2 g = \delta(x - x_0), \quad x, \ x_0 > 0 \tag{7.347}$$

$$g(0|x_0) = 0 \tag{7.348}$$

$$\frac{\mathrm{d}g}{\mathrm{d}x}(0|x_0) = 0 \tag{7.349}$$

因为方程（7.350）

$$\frac{\mathrm{d}^2 u}{\mathrm{d}x^2} + \lambda^2 u = 0 \tag{7.350}$$

的通用解是：

$$u = A\sin\lambda x + B\cos\lambda x \tag{7.351}$$

得到

$$u_1 = \sin\lambda x \tag{7.352}$$

$$u_2 = \cos\lambda x \tag{7.353}$$

因此，

$$W(u_1, u_2, x_0) = \begin{vmatrix} \sin\lambda x & \cos\lambda x \\ \\ \lambda\cos\lambda x & -\lambda\sin\lambda x \end{vmatrix}_{x=x_0} = -\lambda \tag{7.354}$$

所求格林函数可以由 $a_0(x_0)$ 时的方程（7.346）来计算：

$$g(x \mid x_0) = \begin{cases} 0, & 0 \leqslant x < x_0 \\[2ex] \dfrac{\sin\lambda x_0 \cos\lambda x - \sin\lambda x \cos\lambda x_0}{-\lambda}, & x_0 < x \end{cases} \tag{7.355}$$

这个结果可以化简为如下形式:

$$g(x \mid x_0) = \begin{cases} 0, & 0 \leqslant x < x_0 \\[2ex] \dfrac{\sin\lambda(x - x_0)}{\lambda}, & x_0 < x \end{cases} \tag{7.356}$$

对于通用混合边界条件的情况,每个问题都应该用上面描述的相同的通用方法进行单独处理。

在椭圆型和抛物线型 PDE 的求解过程中,格林函数的二阶 ODE 一般在空间方向上产生。另外,可以得到抛物线型 PDE 的求解过程以及包含时间变量的狄拉克函数的一阶 ODE。为了阐述这个问题,考虑一阶 ODE

$$a\frac{\mathrm{d}w}{\mathrm{d}t} + bw = \delta(t - t_0) \tag{7.357}$$

其中,a 和 b 是常数。这个 ODE 在受限于以下几个限制条件的情况下求解:

$$w = 0, \quad t < t_0 \tag{7.358}$$

$$w(t_0^+) - w(t_0^-) = \frac{1}{a} \tag{7.359}$$

使用与上述格林函数相似的步骤来解决上述问题:

$$w = \frac{H(t - t_0)\exp\left[-\dfrac{b}{a}(t - t_0)\right]}{a} \tag{7.360}$$

其中,$H(t - t_0)$ 是过程函数:

$$H(t - t_0) = 1, \quad t > t_0 \tag{7.361}$$

$$H(t - t_0) = 0, \quad t < t_0 \tag{7.362}$$

7.12　椭圆型方程的格林函数

在提出针对偏微分方程的格林函数解法之前,有必要引入一些常用符号并讨论估算依赖于多个自变量的拉格函数的过程。在 n 维空间中的一个点 x 可表示为:

$$x = (x_1, \cdots, x_n) \tag{7.363}$$

其中，n 可以是 1、2 或 3。符号 x_0 或 ξ 有时将用于表示多达 3 个空间坐标。例如，对于 RCC 系，x 可以表示 (x, y, z)，x_0 或 ξ 可以表示 (x_0, y_0, z_0)。一维以上的狄拉克函数具有与一维狄拉克函数相同的属性，但必须这样写，以便于包含所有的坐标。例如，对于 RCC 系

$$\delta(x \,|\, \xi) = \delta(x, y, z \,|\, x_0, y_0, z_0) = \delta(x - x_0)\delta(y - y_0)\delta(z - z_0) \tag{7.364}$$

必须对曲线坐标系进行进一步的修正（Stakgold, 1968b），从而分别得到 δ 函数圆柱坐标和球坐标的形式：

$$\delta(r, \theta, z \,|\, r_0, \theta_0, z_0) = \frac{\delta(r - r_0)\delta(\theta - \theta_0)\delta(z - z_0)}{r} \tag{7.365}$$

$$\delta(r, \theta, \phi \,|\, r_0, \theta_0, \phi_0) = \frac{\delta(r - r_0)\delta(\theta - \theta_0)\delta(\phi - \phi_0)}{r^2 \sin\theta} \tag{7.366}$$

最后，狄拉克函数可以包含时间变量：

$$\delta(x, y, z, t \,|\, x_0, y_0, z_0, t_0) = \delta(x - x_0)\delta(y - y_0)\delta(z - z_0)\delta(t - t_0) \tag{7.367}$$

现在考虑如下的通常边界条件下的椭圆型 PDE：

$$-\nabla^2 u(x) + k(x)u(x) = f(x) \qquad x \in V \tag{7.368}$$

$$u(x) = p(x), \qquad\qquad\qquad x \in \partial V_D \tag{7.369}$$

$$\frac{\partial u}{\partial n} + c(x)u(x) = h(x), \qquad\quad x \in \partial V_R \tag{7.370}$$

$$k(x) \geqslant 0 \tag{7.371}$$

$$c(x) \geqslant 0 \tag{7.372}$$

其中，法向导数是单位法矢量方向上的梯度：

$$\frac{\partial u}{\partial n} = \boldsymbol{n} \cdot \nabla u \tag{7.373}$$

上述偏微分方程需要在 ∂V 作为区域边界的空间区域 V 中求解。证明 u 和 g 之间的关系时，比较有利的做法是将边界曲面划分为两部分，即 ∂V_D 和 ∂V_R。椭圆型偏微分方程在 ∂V_D 上有 Dirichlet 边界条件，而在 ∂V_R 上，$c = 0$ 时有 Neumann 边界条件，$0 < c < \infty$ 时有 Robin 边界条件。

相应的格林函数问题可以表示为：

$$-\nabla^2 g(x \,|\, \xi) + k(x)g(x \,|\, \xi) = \delta(x - \xi), \qquad\quad x, \xi \in V \tag{7.374}$$

$$g = 0, \qquad\qquad\qquad\qquad\qquad x \in \partial V_D \tag{7.375}$$

$$\frac{\partial g}{\partial n} + c(x)g = 0, \qquad\qquad\qquad\qquad x \in \partial V_R \tag{7.376}$$

由于这个椭圆型格林函数问题是自伴随的，因此不需要解伴随格林函数问题。

与 ODE 的情况一样，使用格林函数的椭圆型偏微分方程的解法涉及两步过程。求解椭圆型偏微分方程的第一步是将 u 和 g 关联起来。该推导过程可以先通过众所周知的方法（Stakgold，1968b）：

$$\int_V (v\nabla^2 u - u\nabla^2 v)\,\mathrm{d}V = \int_{\partial V}\left(v\,\frac{\partial u}{\partial n} - u\,\frac{\partial v}{\partial n}\right)\mathrm{d}S \tag{7.377}$$

结合方程（7.374）至方程（7.376）来证明：

$$g(x\,|\,\xi) = g(\xi\,|\,x) \tag{7.378}$$

然后，由方程（7.368）至方程（7.370）和方程（7.374）至方程（7.378）可知，u 可以与 g 通过方程（7.379）相关联：

$$u(x) = \int_V g(x\,|\,\xi)f(\xi)\,\mathrm{d}V_\xi + \int_{\partial V_R} g(x\,|\,\xi)h(\xi)\,\mathrm{d}S_\xi - \int_{\partial V_D} p(\xi)\,\frac{\partial g}{\partial n_\xi}(x\,|\,\xi)\,\mathrm{d}S_\xi \tag{7.379}$$

式中，n_ξ 表示使用 ξ 变量计算外向法向导数；$\mathrm{d}V_\xi$ 和 $\mathrm{d}S_\xi$ 表示对 ξ 变量的积分。

注意使用方程（7.379）可以得到方程的解，该方程受限于两种不同类型的非齐次边界条件，有一个非齐次项。所有这些都可以通过单个格林函数来完成。

表 7.3　椭圆型方程的格林函数解法

方法	限制	评价
积分变换	至少一个空间维度是无限的	如果所有空间尺寸都是无限的，则可以对它们全部使用积分变换
全特征函数展开	域必须是有界的	给出二维问题的双级数
部分特征函数展开	对二维问题使用一个特征函数展开	给出二维问题的单级数

获得椭圆型偏微分方程解的第二步是构造适当的格林函数。有许多方法可以解椭圆型偏微分方程的格林函数。本节将介绍并说明积分变换、全特征函数展开和部分特征函数展开这 3 种方法（表 7.3）。

下面这个椭圆型问题阐述了如何利用积分变换方法解决格林函数问题，这个问题的区间是 $x>0$，$-\infty<y<\infty$：

$$-\frac{\partial^2 g}{\partial x^2} - \frac{\partial^2 g}{\partial y^2} = \delta(x-x_0)\delta(y-y_0) \tag{7.380}$$

$$g = 0, \qquad x = 0, \qquad -\infty < y < \infty \tag{7.381}$$

$$g = 0, \qquad x = \infty, \qquad -\infty < y < \infty \tag{7.382}$$

$$g = 0, \qquad y = \infty, \qquad x \geq 0 \tag{7.383}$$

$$g = 0, \qquad y = -\infty, \qquad x \geq 0 \tag{7.384}$$

可以对 y 变量使用指数傅里叶变换，对 x 变量使用傅里叶正弦变换。g 的指数傅里叶变换可以定义为：

$$g_e(x, \alpha) = \int_{-\infty}^{\infty} g(x, y \mid x_0, y_0) e^{-i\alpha y} dy \tag{7.385}$$

对方程（7.380）至方程（7.384）运用这种变换可得到：

$$\frac{d^2 g_e}{dx^2} - \alpha^2 g_e = -\delta(x - x_0) \exp(-i\alpha y_0) \tag{7.386}$$

$$g_e = 0, \quad x = 0 \tag{7.387}$$

$$g_e = 0, \quad x = \infty \tag{7.388}$$

g_e 的傅里叶正弦变换可以定义为：

$$g_{es} = \int_0^{\infty} g_e(x, \alpha) \sin\beta x \, dx \tag{7.389}$$

对方程（7.386）至方程（7.388）应用这种变换可得到：

$$g_{es} = \frac{\exp(-i\alpha y_0) \sin\beta x_0}{\alpha^2 + \beta^2} \tag{7.390}$$

对这种变换求逆可得到：

$$g(x, y \mid x_0, y_0) = \frac{1}{\pi^2} \int_{-\infty}^{\infty} \int_0^{\infty} \frac{\sin\beta x \sin\beta x_0 \exp(-i\alpha y_0) \exp(i\alpha y) d\beta d\alpha}{\alpha^2 + \beta^2} \tag{7.391}$$

估算双重无穷积分指数积，并利用奇偶函数性质可得：

$$g(x, y \mid x_0, y_0) = \frac{2}{\pi^2} \int_0^{\infty} \int_0^{\infty} \frac{\sin\beta x \sin\beta x_0}{\alpha^2 + \beta^2} \cos\alpha(y - y_0) d\beta d\alpha \tag{7.392}$$

可以化简为：

$$g(x, y \mid x_0, y_0) = \frac{1}{2\pi} \int_0^{\infty} \frac{\cos\alpha(y - y_0)}{\alpha} \{\exp(-\alpha \mid x - x_0 \mid) - \exp[-\alpha(x + x_0)]\} d\alpha \tag{7.393}$$

对这个积分进行估算可得：

$$g(x, y \mid x_0, y_0) = \frac{1}{2\pi} \{\ln[(x + x_0)^2 + (y - y_0)^2]^{\frac{1}{2}} - \ln[(x - x_0)^2 + (y - y_0)^2]^{\frac{1}{2}}\} \tag{7.394}$$

因为这两个维度都是无限的，所以只能用积分变换来解这个问题。

全特征函数展开法通常只对有界域有效。考虑由方程（7.395）至方程（7.398）描述的格林函数问题：

$$-\nabla^2 g(x \mid \xi) = \delta(x - \xi), \quad x, \xi \in V \tag{7.395}$$

$$\frac{\partial g}{\partial n} + cg = 0, \quad x \in \partial V_R \tag{7.396}$$

178

$$g = 0, \qquad\qquad x \in \partial V_D \tag{7.397}$$

$$c \geqslant 0 \tag{7.398}$$

其中，c 是实数，假设边界上的 $\partial g / \partial n$ 并不都是 0。同时，考虑相关的特征值问题：

$$\nabla^2 \phi_i + \lambda_i \phi_i = 0, \qquad x \in V \tag{7.399}$$

$$\frac{\partial \phi_i}{\partial n} + c\phi_i = 0, \qquad x \in \partial V_R \tag{7.400}$$

$$\phi_i = 0, \qquad\qquad x \in \partial V_D \tag{7.401}$$

其中，λ_i 是特征值；ϕ_i 是相应的特征函数。对于这个问题，特征值很简单（只有一个特征函数 ϕ_i 对应于每个特征值 λ_i）。方程（7.377）和方程（7.399）至方程（7.401）可用于证明上述特征值问题的以下定理：

（1）关联不同特征值的特征函数是正交的。

$$\int_V \phi_i \phi_j \mathrm{d}V = 0, \quad i \neq j \tag{7.402}$$

（2）特征值 λ_i 是实数。

（3）上述问题的特征值是正的，即 $c>0$ 时 $\lambda_i > 0$。

假设变量分离法可以用于确定所有的之后会标准化的正交特征函数，则

$$\int_V \phi_i \phi_j \mathrm{d}V = \delta_{ij} \tag{7.403}$$

因此，格林函数 $g(x \mid \xi)$ 可以如下的正交特征函数 $\phi_i(x)$ 的形式表示：

$$g(x \mid \xi) = \sum_{i=1}^{\infty} a_i \phi_i(x) \tag{7.404}$$

可得到 a_i 的表达式如下：

$$a_i = \int_V g(x \mid \xi) \phi_i(x) \mathrm{d}V \tag{7.405}$$

因此，利用方程（7.377）、方程（7.395）至方程（7.397）、方程（7.399）至方程（7.401）和方程（7.405）可得：

$$a_i = \frac{\phi_i(\xi)}{\lambda_i} \tag{7.406}$$

因此有（Stakgold，1968b）：

$$g(x \mid \xi) = \sum_{i=1}^{\infty} \frac{\phi_i(\xi)\phi_i(x)}{\lambda_i} \tag{7.407}$$

下面的例子阐述了单位面积上的全特征函数展开法，区间为 $0 \leqslant x \leqslant 1$，$0 \leqslant y \leqslant 1$：

$$-\frac{\partial^2 g}{\partial x^2} - \frac{\partial^2 g}{\partial y^2} = \delta(x - x_0)\delta(y - y_0) \tag{7.408}$$

$$g = 0, \qquad x = 0, \qquad 0 \leqslant y \leqslant 1 \qquad (7.409)$$

$$g = 0, \qquad x = 1, \qquad 0 \leqslant y \leqslant 1 \qquad (7.410)$$

$$g = 0, \qquad y = 0, \qquad 0 \leqslant x \leqslant 1 \qquad (7.411)$$

$$g = 0, \qquad y = 1, \qquad 0 \leqslant x \leqslant 1 \qquad (7.412)$$

相关特征值问题：

$$\nabla^2 \phi_{mn} + \lambda_{mn} \phi_{mn} = 0 \qquad (7.413)$$

在平方侧受限于 $\phi_{mn} = 0$，可以通过分离变量来求解，得到如下特征值和 m，$n = 1$，2，$\cdots$ 时的归一化特征函数：

$$\lambda_{mn} = m^2 \pi^2 + n^2 \pi^2 \qquad (7.414)$$

$$\phi_{mn} = 2 \sin m\pi x \sin n\pi y \qquad (7.415)$$

因此，由方程(7.407)、方程(7.414)和方程(7.415)可得格林函数解(Stakgold，1968b)：

$$g(x, y \mid x_0, y_0) = \sum_{m=1}^{\infty} \sum_{n=1}^{\infty} \frac{4 \sin m\pi x \sin n\pi y \sin m\pi x_0 \sin n\pi y_0}{m^2 \pi^2 + n^2 \pi^2} \qquad (7.416)$$

当可以通过全特征函数展开法来求解方程（7.395）至方程（7.397）定义的格林函数问题时，会在求解过程中用到方程（7.399）至方程（7.401）描述的特征值问题。求解格林函数问题的替代方法之一是利用如下的特征值问题：

$$\nabla^2 v = 0, \qquad x \in V \qquad (7.417)$$

$$\frac{\partial v}{\partial n} + cv = 0, \qquad x \in \partial V_R \qquad (7.418)$$

$$v = 0, \qquad x \in \partial V_D \qquad (7.419)$$

这种部分特征函数展开方法是通过变量分离法获得每个空间方向的一维特征值问题。解决一维问题可得到每个方向上的特征函数。接下来，例如，对于两个空间维度上的问题，可以根据两个一维问题中的任何一个的本征函数来扩展格林函数 g。一维问题既可以是有限区间上的典型 Sturm-Liouville 问题，也可以是无限区间上的奇异 Sturm-Liouville 问题。对于后者由于奇异问题涉及傅里叶积分，因此可以将傅里叶变换用于无限空间维度。

为了说明部分本征函数展开法，考虑 $0 \leqslant y \leqslant 1$，$-\infty < x < \infty$ 的下列格林函数问题 (Stakgold，1968b)：

$$-\frac{\partial^2 g}{\partial x^2} - \frac{\partial^2 g}{\partial y^2} = \delta(x - x_0) \delta(y - y_0) \qquad (7.420)$$

$$g = 0, \qquad y = 0, \qquad -\infty < x < \infty \qquad (7.421)$$

$$g = 0, \qquad y = 1, \qquad -\infty < x < \infty \qquad (7.422)$$

$$g = 0, \qquad x = 0, \qquad 0 \leqslant y \leqslant 1 \qquad (7.423)$$

$$g = 0, \qquad x = -\infty, \qquad 0 \leqslant y \leqslant 1 \qquad (7.424)$$

由 $\nabla^2 v$ 的变量分离可得到 y 方向上的特征函数 $\sin n\pi y$。因此，易得 g 的展开式：

$$g(x,\ y\,|\,x_0,\ y_0) = \sum_{n=1}^{\infty} g_n(x)\sin n\pi y \tag{7.425}$$

可知

$$g_n(x) = 2\int_0^1 g\sin n\pi y\,\mathrm{d}y \tag{7.426}$$

因此，可将积分 $2\displaystyle\int_0^1 \sin n\pi y(\,\cdot\,)\mathrm{d}y$ 应用到方程 (7.420)、方程 (7.423) 和方程 (7.424) 中，得到如下的一维格林函数问题：

$$\frac{\mathrm{d}^2 g_n}{\mathrm{d}x^2} - n^2\pi^2 g_n = -2\sin n\pi y_0\delta(x - x_0) \tag{7.427}$$

$$g_n(\infty) = 0 \tag{7.428}$$

$$g_n(-\infty) = 0 \tag{7.429}$$

这个格林函数问题有非混合边界条件，利用在 7.11 节中提到的解决这类 ODE 问题的方法可得解：

$$g_n = \frac{\sin n\pi y_0}{n\pi}\begin{cases} \exp[\,n\pi(x - x_0)\,], & -\infty < x < x_0 \\[2mm] \exp[\,-n\pi(x - x_0)\,], & x_0 < x < \infty \end{cases} \tag{7.430}$$

因为

$$\exp(-n\pi\,|x - x_0|) = \begin{cases} \exp[\,-n\pi(x - x_0)\,], & x > x_0 \\[2mm] \exp[\,n\pi(x - x_0)\,], & x < x_0 \end{cases} \tag{7.431}$$

由方程 (7.425)、方程 (7.430) 和方程 (7.431) 可得到格林函数问题的解：

$$g(x,\ y\,|\,x_0,\ y_0) = \sum_{n=1}^{\infty} \frac{\sin n\pi y\sin n\pi y_0}{n\pi}\exp(-n\pi\,|x - x_0|) \tag{7.432}$$

一旦得到特定问题的格林函数，将这个格林函数代入方程 (7.379) 并获得原始 PDE 的解就很简单了。

7.13　抛物线型方程的格林函数

考虑如下形式的受限于通用边界条件和初始条件的抛物线型 PDE：

$$-\nabla^2 u + \frac{\partial u}{\partial t} = q(x,\ t), \qquad x \in V, \qquad t > 0 \tag{7.433}$$

$$u(x,\ 0)=f(x),\qquad\qquad x\in V,\qquad\quad t=0 \tag{7.434}$$

$$u(x,\ t)=h_1(x,\ t),\qquad\quad x\in\partial V_D,\qquad t>0 \tag{7.435}$$

$$\frac{\partial u}{\partial n}+cu=h_2(x,\ t),\qquad\quad x\in\partial V_R,\qquad t>0 \tag{7.436}$$

$$c\geqslant 0 \tag{7.437}$$

相关格林函数问题可以写作（Stakgold，1968b）：

$$-\nabla^2 g(x,\ t\,|\,x_0,\ t_0)+\frac{\partial g}{\partial t}(x,\ t\,|\,x_0,\ t_0)=\delta(x-x_0)\delta(t-t_0),$$

$$x,\ x_0\in V,\qquad 0<t,\ t_0<\tau \tag{7.438}$$

$$g(x,\ t\,|\,x_0,\ t_0)=0,\qquad x,\ x_0\in V,\qquad t<t_0 \tag{7.439}$$

$$g=0,\qquad\qquad x\in\partial V_D,\qquad t>t_0 \tag{7.440}$$

$$\frac{\partial g}{\partial n}+cg=0,\qquad\qquad x\in\partial V_R,\qquad t>t_0 \tag{7.441}$$

抛物线型方程的格林函数分析也要求有伴随格林函数问题（Stakgold，1968b）：

$$-\nabla^2 g^*(x,\ t\,|\,x_0,\ t_0)-\frac{\partial g^*}{\partial t}(x,\ t\,|\,x_0,\ t_0)=\delta(x-x_0)\delta(t-t_0),$$

$$x,\ x_0\in V,\qquad 0<t,\ t_0<\tau \tag{7.442}$$

$$g^*(x,\ t\,|\,x_0,\ t_0)=0,\qquad x,\ x_0\in V,\qquad t>t_0 \tag{7.443}$$

$$g^*=0,\qquad\qquad x\in\partial V_D,\qquad t<t_0 \tag{7.444}$$

$$\frac{\partial g^*}{\partial n}+cg^*=0,\qquad\qquad x\in\partial V_R,\qquad t<t_0 \tag{7.445}$$

抛物线型 PDE 的格林函数解法也是分两步。同样地，第一步要求构建 u 和 g 之间的方程式。通过利用方程（7.446）来推导（Stakgold，1968b）：

$$\int_0^\tau\!\!\int_V\left[v\left(\nabla^2 u-\frac{\partial u}{\partial t}\right)-u\left(\nabla^2 v+\frac{\partial v}{\partial t}\right)\right]\mathrm{d}V\mathrm{d}t$$

$$=\int_0^\tau\!\!\int_{\partial V}\left(v\,\frac{\partial u}{\partial n}-u\,\frac{\partial v}{\partial n}\right)\mathrm{d}S\mathrm{d}t+\int_V\left[(uv)_{t=0}-(uv)_{t=\tau}\right]\mathrm{d}V \tag{7.446}$$

其中，$\partial V=\partial V_D\cup\partial V_R$。利用方程（7.438）至方程（7.446）可先得到：

$$g(x,\ t\,|\,x_0,\ t_0)=g^*(x_0,\ t_0\,|\,x,\ t) \tag{7.447}$$

也可以关联 u 和 g^*，因此利用方程（7.433）至方程（7.436）、方程（7.442）至方程（7.447）得到 u 和 g 的如下形式：

$$u(x,\ t) = \int_0^t \int_V q(x_0,\ t_0) g(x,\ t \,|\, x_0,\ t_0) \mathrm{d}V_0 \mathrm{d}t_0 \ -$$

$$\int_0^t \int_{\partial V_D} h_1(x_0,\ t_0) \frac{\partial g(x,\ t \,|\, x_0,\ t_0)}{\partial n_0} \mathrm{d}S_0 \mathrm{d}t_0 \ +$$

$$\int_0^t \int_{\partial V_R} h_2(x_0,\ t_0) g(x,\ t \,|\, x_0,\ t_0) \mathrm{d}S_0 \mathrm{d}t_0 \ +$$

$$\int_V f(x_0) g(x,\ t \,|\, x_0,\ 0) \mathrm{d}V_0$$

(7.448)

上面使用的法向矢量是 ∂V_D 的外向单位法矢量。通过方程（7.448）可得到方程的解，该方程包含非齐次项，受限于两种不同类型的非齐次边界条件和非齐次初始条件。如果已知特定问题的格林函数，那么将这个格林函数代入方程（7.448）可以得到抛物线型偏微分方程的解。

推导抛物线型 PDE 解决方案的第二步涉及确定合适的格林函数。有界和无界空间域用到的方法不同。对于有界区域，请考虑以下格林函数问题：

$$-\nabla^2 g + \frac{\partial g}{\partial t} = \delta(x - x_0)\delta(t - t_0)$$

(7.449)

$$g = 0, \qquad\qquad t < t_0$$

(7.450)

$$g = 0, \qquad\qquad x \in \partial V_D$$

(7.451)

$$\frac{\partial g}{\partial n} + cg = 0, \qquad x \in \partial V_R$$

(7.452)

$$c \geqslant 0$$

(7.453)

同时，考虑方程（7.399）至方程（7.401）给出的相应的特征值问题。可以用正交本征函数 $\phi_i(x)$ 来扩展格林函数 $g(x,\ t \,|\, x_0,\ t_0)$：

$$g(x,\ t \,|\, x_0,\ t_0) = \sum_{i=0}^{\infty} a_i(t)\phi_i(x)$$

(7.454)

因此

$$a_i(t) = \int_V g(x,\ t \,|\, x_0,\ t_0)\phi_i(x)\mathrm{d}V$$

(7.455)

它可以从方程（7.377）、方程（7.399）至方程（7.401）、方程（7.449）至方程（7.452）、方程（7.454）和方程（7.455）得到（Stakgold，1968b）：

$$g(x,\ t \,|\, x_0,\ t_0) = H(t - t_0) \sum_{i=0}^{\infty} \phi_i(x)\phi_i(x_0)\mathrm{e}^{-\lambda_i(t-t_0)}$$

(7.456)

其中，$H(t-t_0)$ 是阶跃函数。为求解该结果，需用方程（7.360）来求解时间变量中的一阶 ODE。请注意，如果方程（7.452）中 $c=0$ 且任何边界部分都没有 Dirichlet 边界条件，那么 $\lambda = 0$ 是一个特征值，它对应于 $\phi_0 =$ 常数。抛物线型问题可以接受这种可能性。

为了说明确定有界区域的格林函数的过程，考虑 $0<x$，$x_0<1$ 区域中的以下问题：

$$-\frac{\partial^2 g}{\partial x^2} + \frac{\partial g}{\partial t} = \delta(x - x_0)\delta(t - t_0) \tag{7.457}$$

$$g = 0, \quad t < t_0 \tag{7.458}$$

$$g = 0, \quad x = 0 \tag{7.459}$$

$$g = 0, \quad x = 1 \tag{7.460}$$

相关特征值问题：

$$\frac{\mathrm{d}^2\phi_n}{\mathrm{d}x^2} + \lambda_n\phi_n = 0 \tag{7.461}$$

$$\phi_n(0) = 0 \tag{7.462}$$

$$\phi_n(1) = 0 \tag{7.463}$$

有由方程（7.464）和方程（7.465）给出的特征值和归一化的特征函数：

$$\lambda_n = n^2\pi^2 \tag{7.464}$$

$$\phi_n = \sqrt{2}\sin n\pi x \tag{7.465}$$

$n=1$，2，$\cdots$。因此，由方程（7.456）可得到如下的格林函数：

$$g(x, t\,|\,x_0, t_0) = 2H(t - t_0)\sum_{n=1}^{\infty}\sin n\pi x\sin n\pi x_0\exp[-n^2\pi^2(t - t_0)] \tag{7.466}$$

对于在至少一个空间维度上无界的空间域，至少有两个可用于确定格林函数的方法。第一种方法的步骤如下：

（1）通过空间转换将 PDE 及时降级到一阶 ODE。

（2）解一阶 ODE。

（3）反转空间变换。

第二种方法的步骤如下：

（1）在时间域上使用拉普拉斯变换导出椭圆型格林函数问题。

（2）解决椭圆型问题。

（3）反转拉普拉斯变换。

通过考虑区间 $0<x$，$x_0<\infty$ 上的格林函数问题来详述这两种方法：

$$-\frac{\partial^2 g}{\partial x^2} + \frac{\partial g}{\partial t} = \delta(x - x_0)\delta(t - t_0) \tag{7.467}$$

$$g = 0, \quad t < t_0 \tag{7.468}$$

$$g = 0, \quad x = 0 \tag{7.469}$$

$$g = 0, \quad x = \infty \tag{7.470}$$

对于第一种方法，由方程（7.264）定义的傅里叶正弦变换可以用于上述方程，可得到如下结果：

$$\frac{\mathrm{d}g_s}{\mathrm{d}t} + \alpha^2 g_s = \sin\alpha x_0 \delta(t - t_0) \tag{7.471}$$

$$g_s = 0, \qquad t < t_0 \tag{7.472}$$

受限于方程（7.472）的方程（7.471）的解是方程（7.360）的形式，因此可以表示为：

$$g_s = H(t - t_0)\exp[-\alpha^2(t - t_0)]\sin\alpha x_0 \tag{7.473}$$

利用方程反转上述结果得到：

$$g(x, t \mid x_0, t_0) = \frac{2H(t - t_0)}{\pi}\int_0^\infty \sin\alpha x \sin\alpha x_0 \exp[-\alpha^2(t - t_0)]\mathrm{d}\alpha \tag{7.474}$$

可以写作：

$$g(x, t \mid x_0, t_0) = \frac{H(t - t_0)}{\pi}\left\{\int_0^\infty \cos\alpha(x - x_0)\exp[-\alpha^2(t - t_0)]\mathrm{d}\alpha - \right.$$
$$\left. \int_0^\infty \cos\alpha(x + x_0)\exp[-\alpha^2(t - t_0)]\mathrm{d}\alpha\right\} \tag{7.475}$$

通过估算定积分得到了格林函数问题的期望解：

$$g(x, t \mid x_0, t_0) = \frac{H(t - t_0)}{2\sqrt{\pi(t - t_0)}}\left\{\exp\left[-\frac{(x - x_0)^2}{4(t - t_0)}\right] - \exp\left[-\frac{(x + x_0)^2}{4(t - t_0)}\right]\right\} \tag{7.476}$$

第二种方法，对方程（7.467）至方程（7.470）应用拉普拉斯变换得到如下的一维格林函数问题：

$$\frac{\mathrm{d}^2\overline{g}}{\mathrm{d}x^2} - p\overline{g} = -\mathrm{e}^{-pt_0}\delta(x - x_0) \tag{7.477}$$

$$\overline{g} = 0, \qquad x = 0 \tag{7.478}$$

$$\overline{g} = 0, \qquad x = \infty \tag{7.479}$$

可以通过 7.11 节中讨论的步骤来解决非混合边界条件情况下的格林函数问题。解可以写作如下形式：

$$\overline{g} = \frac{\mathrm{e}^{-pt_0}}{2\sqrt{p}}\left\{\exp(-\sqrt{p}\,|x - x_0|) - \exp[-\sqrt{p}(x + x_0)]\right\} \tag{7.480}$$

$t < t_0$ 时，利用拉普拉斯变换的性质（Mickley 等，1957）和乘以方程（7.480）（Spiegel，1965）中 e^{-pt_0} 的量的逆变换给出：

$$g = 0 \tag{7.481}$$

对于 $t > t_0$，

$$g = \frac{1}{2\sqrt{\pi(t - t_0)}}\left\{\exp\left[-\frac{(x - x_0)^2}{4(t - t_0)}\right] - \exp\left[-\frac{(x + x_0)^2}{4(t - t_0)}\right]\right\} \tag{7.482}$$

方程（7.481）和方程（7.482）相当于方程（7.476）。

7.14 扰动法

4.3 节中，下列问题被列为解决传质问题的困难来源：与浓度相关的扩散系数、扩散方程中的对流项、移动相界和二阶反应。这些困难中的 3 个必然会使扩散问题非线性化。第四个难题是扩散方程中的对流项，可能会导致难以解决的线性问题或非线性问题。扰动法的目标是通过考虑该问题中的某些参数很小的事实来将一个难题简化为实际上无限的一组相对简单的线性问题。扰动问题既可以是正则扰动问题，也可以是奇异扰动问题。

以下通过一组线性方程来说明扰动法，该线性方程组可用于求解扩散性与浓度相关的扩散方程的近似解。在第 10 章中，考虑了在传质中经常遇到的移动边界问题的扰动解。Van Dyke（1975）已经说明了如何使用扰动法来处理表面上边界条件的问题，该表面要么是空间扭曲的，要么是上面的边界条件在空间上扭曲或随时间变化。另外，通过扰动法可得到对流扩散方程的低 Peclet 数解。

考虑下面修正版的方程（7.289）、方程（7.299）和方程（7.300）呈现的非线性扩散问题：

$$\frac{D(C)}{D_0}\frac{d^2 C}{d\xi^2} + \frac{d(D/D_0)}{dC}\left(\frac{dC}{d\xi}\right)^2 + 2\xi\frac{dC}{d\xi} = 0 \tag{7.483}$$

$$C(0) = 1 \tag{7.484}$$

$$C(\infty) = 1 \tag{7.485}$$

这些方程表示扩散系数随无量纲浓度 C 变化的半无限区域中的非线性扩散。进一步假定 D 对 C 线性相关：

$$D = D_0(1 + kC) \tag{7.486}$$

其中，k 是无量纲的常数；D_0 是 $C = 0$ 时的扩散系数。D 的浓度相关性的特殊选择由方程（7.483）给出：

$$(1 + kC)\frac{d^2 C}{d\xi^2} + k\left(\frac{dC}{d\xi}\right)^2 + 2\xi\frac{dC}{d\xi} = 0 \tag{7.487}$$

因为随着 $k\to 0$，有 $D\to D_0$，k 值较小时的扰动级数如下：

$$C = C_0 + kC_1 + k^2 C_2 + \cdots \tag{7.488}$$

将方程（7.488）代入方程（7.484）、方程（7.485）和方程（7.487）和类似 k 的幂的系数方程，得到以下两组可用于求解 C_0 和 C_1 的方程：

$$\frac{d^2 C_0}{d\xi^2} + 2\xi\frac{dC_0}{d\xi} = 0 \tag{7.489}$$

$$C_0(0) = 1 \tag{7.490}$$

$$C_0(\infty) = 0 \tag{7.491}$$

$$\frac{\mathrm{d}^2 C_1}{\mathrm{d}\xi^2} + 2\xi \frac{\mathrm{d}C_1}{\mathrm{d}\xi} + C_0 \frac{\mathrm{d}^2 C_0}{\mathrm{d}\xi^2} + \left(\frac{\mathrm{d}C_0}{\mathrm{d}\xi}\right)^2 = 0 \tag{7.492}$$

$$C_1(0) = 0 \tag{7.493}$$

$$C_1(\infty) = 0 \tag{7.494}$$

因为在微扰分析的阶段已知 C_0，方程（7.489）至方程（7.491）表示 C_0 的线性体系，而方程（7.492）至方程（7.494）是 C_1 的线性体系。解这两组等式只需要适量的计算，但是当计算方程（7.488）中的高阶项时，工作量就会很大。扰动法已将非线性问题转化为一系列线性问题。然而，计算结果的效用局限于较小的 k（充其量对于 D 的中等浓度依赖性也适用）。

7.15　加权残差法

加权残差法提供了一种简单但有效的方法来获得描述传递过程的微分方程的解。本节通过一个试验解来逼近未知解，这个试验解是在一组试验函数中进行扩展的，因此它们包含常数和函数，它们给出了可接受的微分方程的解。当将试验解代入 PDE 时，会形成残差，因为试验解通常不是 PDE 的精确解。然而，可以令残差为零，并且研究者可以自由选择加权函数，这将很好地减少 PDE 中的平均误差。通常，即使试验解不能准确地满足PDE，试验解的选择仍然准确地满足边界条件。修正的试验解当然会为 PDE 提供更好的解。

通过考虑将溶剂蒸气瞬时吸收到聚合物薄片中的例子来说明加权残留法。扩散场从 $x=0$ 处的实壁延伸到 $x=L$ 处的相边界。扩散过程是一维的，并且假定聚合物和溶剂的微分比体积与组成无关。同样，相界只有很小的移动，气相是纯溶剂，聚合物薄膜最初不含溶剂。在 10.5 节中，可以看出这个传质过程可以用方程（7.495）至方程（7.498）描述：

$$\frac{\partial \rho_1}{\partial t} = \frac{\partial}{\partial x}\left(D \frac{\partial \rho_1}{\partial x}\right) \tag{7.495}$$

$$\frac{\partial \rho_1}{\partial x} = 0, \qquad x = 0 \tag{7.496}$$

$$\rho_1(x, 0) = 0 \tag{7.497}$$

$$\rho_1(L, t) = p_{1E} \tag{7.498}$$

可以引入下面的无量纲变量：

$$\eta = \frac{x}{L} \tag{7.499}$$

$$\tau = \frac{D_0 t}{L^2} \tag{7.500}$$

$$C = \frac{\rho_1}{\rho_{1E}} \tag{7.501}$$

其中，D_0 是 $\rho_1 = 0$ 处的限制扩散性。因此，扩散过程可以用无量纲方程来描述：

$$\frac{\partial C}{\partial \tau} = \frac{\partial}{\partial \eta}\left(\frac{D}{D_0}\frac{\partial C}{\partial \eta}\right) \tag{7.502}$$

$$\frac{\partial C}{\partial \eta} = 0, \qquad \eta = 0 \tag{7.503}$$

$$C(\eta, 0) = 0 \tag{7.504}$$

$$C(1, \tau) = 1 \tag{7.505}$$

在此利用满足所有边界条件的试验解，并且使用矩量法将 PDE 残差加权积分设置为等于零。矩量法的权重函数为 1，x，x^2，…，所以当只有一个空间维度时，矩量法是最有用的。对于目前的问题，零时刻的情况由方程（7.506）给出：

$$\int_0^1\left[\frac{\partial C}{\partial \tau} - \frac{\partial}{\partial \eta}\left(\frac{D}{D_0}\frac{\partial C}{\partial \eta}\right)\right]\mathrm{d}\eta = 0 \tag{7.506}$$

可以得到：

$$\frac{\mathrm{d}}{\mathrm{d}\tau}\int_0^1 C\mathrm{d}\eta = \left[\frac{D}{D_0}\frac{\partial C}{\partial \eta}\right]_{\eta=1} \tag{7.507}$$

由于这里研究的是扩散过程的早期阶段，因此选择以下试验解分析浓度分布过程：

$$C = 0, \qquad\qquad 0 \leqslant \eta < \eta_0 \tag{7.508}$$

$$C = \frac{(\eta - \eta_0)^2}{(1 - \eta_0)^2}, \qquad \eta_0 < \eta \leqslant 1 \tag{7.509}$$

其中，$1 - \eta_0$ 是穿透深度，即可观察到溶剂浓度的距离。在扩散过程早期，浓度分布从 $\eta = \eta_0$ 处的 $C = 0$ 到 $\eta = 1$ 处的 $C = 1$ 平滑地变化。对于 $\eta < \eta_0$，浓度非常小，因此令其为零。所提出的试验解法满足边界条件方程（7.503）至方程（7.505）。试验解中唯一未知的参数是穿透参数 η_0。注意，在 $\tau = 0$ 时 $\eta_0 = 1$，在 $\eta = \eta_0$ 时 $\partial C/\partial \eta = 0$。

将方程（7.508）至方程（7.509）引入方程（7.507）可得：

$$\frac{\mathrm{d}(1 - \eta_0)}{\mathrm{d}\tau} = \frac{6}{1 - \eta_0}\frac{D(C=1)}{D_0} \tag{7.510}$$

从 $\tau = 0$（此时 $\eta_0 = 1$）到 $\tau = \tau$ 积分可得到简单的结果：

$$1 - \eta_0 = \left[12\tau\frac{D(C=1)}{D_0}\right]^{\frac{1}{2}} \tag{7.511}$$

时间 t 时，膜中的吸取溶剂质量由方程（7.512）给出：

$$M = \int_0^L \rho_1\mathrm{d}x \tag{7.512}$$

无限时间处的质量增加为：

$$M_\infty = \rho_{1E}L \tag{7.513}$$

因此，

$$\frac{M}{M_\infty} = \frac{\int_0^L \rho_1 dx}{\rho_{1E}L} = \int_0^1 C d\eta \tag{7.514}$$

由方程（7.508）、方程（7.509）和方程（7.514）可得：

$$\frac{M}{M_\infty} = \frac{1 - \eta_0}{3} \tag{7.515}$$

最后，结合方程（7.511）和方程（7.515）得到在吸附过程的早期阶段，聚合物膜中的溶剂质量吸收随时间变化的等式：

$$\frac{M}{M_\infty} = \frac{2\left[3\tau\dfrac{D(C=1)}{D_0}\right]^{\frac{1}{2}}}{3} \tag{7.516}$$

由加权残差法的该分析结果得到了涉及浓度依赖性扩散系数吸附的 M/M_∞ 的早期时间依赖性的相当好的结果。与用方程（7.486）描述 D 的情况下数值结果的比较表明，对于 $k=0$（恒定扩散系数）的情况，方程（7.516）与数值结果（Crank，1956）有效地一致，方程（7.516）的预测与 $k=10$ 的数值结果（D 的 11 倍变化）相比，差别小于 30%。如果使用更好的试验解和更高的矩量，可以期望加权残差结果更接近数值结果。加权残差法成功的关键是选择合适的试验解。

第 8 章 质量传递问题的解决策略

本书的其余部分将主要关注各种传质问题的解决方法。因此，非常需要制定可用于解决这些问题的一般策略。这种策略有两个方面：

（1）确定可用于解决传质问题的一组方程。

（2）确定这个方程组如何最好地用于传质问题的构建和解决。

2.10 节讨论了第一个方面，其中考虑了两个可能的用于解传质问题的方程组。对于由组分 A 和组分 B 组成的二元体系，更好地确定等温传质问题的办法是解 w_A、p 和 3 个速度分量这 5 个场变量的 5 个方程（组分 A 的物质连续性方程、总体连续性方程和混合物的 3 个运动方程）。本章的目标是考虑第二个方面，即确定使用该方程组进行求解的最有效的方法。

8.1 提出的解决方法

质量传递过程分析中有两种类型的传质问题：

（1）由于存在浓度变量的梯度而建立流场的传质问题。

（2）许多传递问题的流场部分由浓度梯度决定，部分由外部影响如外部施加的压力梯度、重力效应和（或）由固体壁运动引起的阻力造成。

第一类问题的一个例子，考虑一个由固体屏障隔开的由两个舱室组成的容器。一个舱室包含纯气体 A，另一个舱室充满纯气体 B。如果移除阻隔物，则存在运动并且仅仅由两个室之间的浓度差造成组分 A 和组分 B 的混合。如果两个室中的组分浓度最初是相同的，那么将不存在容器中气体的净移动（注意浓度梯度在这样的体系中也会产生压力梯度，所产生的压力梯度会影响速度场和扩散流量。但是，预计此类情况中这种影响应该很小）。为了说明第二种类型的问题，考虑当气相与垂直流向固定固体壁下方的液膜接触时发生的质量传递。液膜中的浓度梯度可以产生 t 时水平方向的速度分量，但重力效应主要是垂直方向的速度。

基于上述两类传质问题的分类，在分析扩散和传质过程时应遵循以下规则：

（1）对于包括浓度梯度和外部诱导流动效应的传质过程，请始终使用物质连续性方程（SCE）和平均质量速度 v。

（2）对于仅通过浓度梯度（在两个或三个方向上）设置流场的二维和三维过程，始终使用平均质量速度 v 的物质连续性方程。

（3）对于只通过浓度梯度建立流场的一维过程，根据问题的特殊性可能会用到有不同平均速度的不同形式的物质连续性方程。表 8.1 中列出了各种不同条件的选择。选择不同的平均速度也会导致用不同形式的总体连续性要求表示的等式。

（4）不要在没有明确证明的情况下设置质量传递问题中的平均速度等于零矢量。只要

190

扩散通量不等于零矢量，那么有可能特定的平均速度也不等于零矢量。

下面讨论制定这些规则的原因。

对于结合浓度梯度效应和外部引起的流动效应的质量传递过程，运动方程必须与总体连续性方程一起求解，二元体系必须求解单个物质连续性方程。因此，由于运动方程用 v 表达，使用带 v 的物质连续性方程是最有效的。对于仅通过浓度梯度形成流场的二维或三维传质过程，如果要解这个物质连续性方程，那么必须已知出现在物质连续性方程中的两个或三个速度分量。因此，因为运动方程的两个或三个分量必须与物质连续性方程一起求解，所以物质连续性方程中使用 v 又是最高效的。对于仅由浓度梯度建立流场的一维传质过程，运动方程的一个分量必须是与一个选定的平均速度的物质连续性方程，以及表示总体连续性要求的方程一起求解，其中这个总体连续性方程的形式基于所选择的平均速度。解这三个方程得到 w_A、p 和一个速度分量。由于由非均匀浓度场引起的任何压力梯度都很小，可以求解物质连续性方程，该方程的解代表了高度恒压条件下的总体连续性要求，以求得 w_A 和平均速度。然后，由该运动方程的单一分量可知，该体系中的压力梯度确实很小。压力梯度对于二维和三维问题是必要的，因为要求解不止一个运动方程。

表 8.1　由浓度梯度驱动的一维过程的平均速度或通量选择

平均磁通速度	过程限制	整体连续性方程	一维速度或通量依赖性
v	ρ 为常数。 (1) $\hat{V}_A = \hat{V}_B = $ 常数（异构体和同位素混合物）。 (2) 质量稀释体系（$w_A \to 0$）	$\nabla \cdot v = 0$	$v_x = f(t)$
v^m	c 为常数且无反应。 (1) 恒温恒压下的理想气体混合物。 (2) 摩尔稀释体系（$x_A \to 0$）	$\nabla \cdot v^m = 0$	$v_x^m = f(t)$
v^V	$\hat{V}_A = \hat{V}_B$ 为常数，且无反应。 (1) 恒温恒压下的理想气体混合物。 (2) 大量液体混合物	$\nabla \cdot v^V = 0$	$v_x^V = f(t)$
N_I 和 n_I （$I = A$ 和 B）	稳态且无反应	$\nabla \cdot N_I = 0$ $\nabla \cdot n_I = 0$	N_{Ix} 为常数 n_{Ix} 为常数

表 8.1 中列出了一维过程，3 种平均速度都只是时间的函数。因此，如果在扩散场中存在不透水的固体，则会使结果更加简化。对于这种情况，显然方程（8.1）在组分 A 和组分 B 的二元体系的固态壁上是有效的：

$$v_{Ax} = v_{Bx} = 0 \tag{8.1}$$

方程（8.1）表明，方程（8.2）和方程（8.3）也可以应用于固体边界上：

$$v_x = v_x^m = v_x^V = 0 \tag{8.2}$$

$$N_{Ax} = N_{Bx} = n_{Ax} = n_{Bx} = 0 \tag{8.3}$$

由于 3 种平均速度都是时间函数，因此任意时间方程（8.2）在流场中都是有效的。

因此，这种情况的扩散场中没有对流流动。此外，固体边界处的组分 A 的以下浓度边界条件遵循表 2.3 以及方程（4.142）、方程（4.146）和方程（4.150）中给出的通量定义：

$$\frac{\partial w_A}{\partial x} = \frac{\partial x_A}{\partial x} = \frac{\partial \rho_A}{\partial x} = 0 \tag{8.4}$$

由表 8.1 可见，在没有化学反应的情况下，在扩散场中一维稳态扩散中所有组分的质量和摩尔通量都是恒定的。

由表 8.1 可知，恒温恒压下，如果不存在反应，可通过 v^m 或 v^V 分析理想气体中的扩散过程。在 2.5 节中展示了这种情况下的 v^m 和 v^V。

对于运动方程和总体连续性方程这些必须与需要的任何物质连续性方程同时求解的传质过程，集中在多于一个组分中的流体混合物的溶解过程可能是很复杂的。在这种情况下，流体力学问题（3 个运动方程和总体连续性方程）和质量传递问题（所有相关的物质连续性方程）之间存在双边耦合，这是因为该问题可能与浓度相关，例如密度和黏度。毫不奇怪，似乎很少有研究考虑过这些问题。如果将注意力局限于由溶剂和 $w_I \to 0$ 的 $N-1$ 溶质组成的稀溶液，混合流体力学和传质问题将更容易解决。这种稀溶液中如果溶剂是牛顿流体，则可以应用以下简化：

（1）实际上，密度 ρ 和黏度 μ 是恒定的。

（2）由于实际上恒定的溶剂浓度很大，二阶反应变成伪一阶。

（3）由于流体混合物的稀释特性，传质足够小，因此可以忽略相界的运动。

（4）每个溶质和溶剂形成具有实际上恒定的二元互扩散系数的伪二元体系。

这个溶解的案例中质量传递过程可以通过以下一系列的方程来描述：

$$\nabla \cdot v = 0 \tag{8.5}$$

$$\rho\left(\frac{\partial v}{\partial t} + v \cdot \nabla v\right) = \rho F - \nabla p + \mu \nabla^2 v \tag{8.6}$$

$$\frac{\partial \rho_I}{\partial t} + v \cdot \nabla \rho_I = D\nabla^2 \rho_I + R_I, \quad I = 1, 2, \cdots, N-1 \tag{8.7}$$

有 $N-1$ 个组分，每个溶质有一个物质连续性方程。由于溶质密度不会出现在总体连续性方程和运动方程中，存在流体力学和传质问题的单边耦合，因此这些方程可以独立于物质连续性方程解出 v 和 p。然后，可以将计算出的速度场代入物质连续性方程中，并且可以针对 $N-1$ 的 ρ_I 求解这些方程。

8.2 诱导对流

对于不存在外部影响以产生速度场（并且因此产生相应的传质对流分量）的情况，对流过程中可能会存在由浓度梯度引起体系的扩散通量变化。该行为在 3.6 节的第一个例子中就有说明，涉及纯净气相的平面表面溶解成二元体系的无限液相。该问题中由方程（3.49）描述诱导对流速度，由方程（3.50）描述相界面速度。这些方程表明，扩散通量可以产生对流速度和相界移动。将 j_I^V [方程（4.150）] 的本构表达式引入这两个方程中得到

$$v^{\text{V}} = \frac{(1 - \hat{V}_I \bar{\rho})}{\bar{\rho}(1 - \hat{V}_I \rho_{IE})} D\left(\frac{\partial \rho_I}{\partial x}\right)_{x=X} \qquad (8.8)$$

$$\frac{\mathrm{d}X}{\mathrm{d}t} = \frac{D\left(\dfrac{\partial \rho_I}{\partial x}\right)_{x=X}}{\bar{\rho}(1 - \hat{V}_I \rho_{IE})} \qquad (8.9)$$

其中，D 是液相中的二元互扩散系数。方程（8.8）表明，速度 v^{V} 直接由扩散场中存在的浓度梯度推导。

对于这里考虑的不稳定、一维过程，结合方程（2.74）和方程（4.151）可以得到组分 I 的物质连续性方程：

$$\frac{\partial \rho_I}{\partial t} + v^{\text{V}} \frac{\partial \rho_I}{\partial x} = D \frac{\partial^2 \rho_I}{\partial x^2} \qquad (8.10)$$

这里，假设 D 独立于 ρ_I 存在，并且体系中没有反应。结合方程（8.8）和方程（8.10）得到以下单一因变量 ρ_I 的物质连续性方程形式：

$$\frac{\partial \rho_I}{\partial t} + \frac{(1 - \hat{V}_I \bar{\rho})}{\bar{\rho}(1 - \hat{V}_I \rho_{IE})} D\left(\frac{\partial \rho_I}{\partial x}\right)_{x=X} \left(\frac{\partial \rho_I}{\partial x}\right) = D \frac{\partial^2 \rho_I}{\partial x^2} \qquad (8.11)$$

有趣的是，在此条件下，与扩散贡献相比，该方程中对流对传质的贡献较小。由方程（8.9）和方程（8.11）描述的传质过程可根据以下边界条件和初始条件来求解：

$$\rho_I(x, 0) = \rho_{I0}, \qquad x > X(0) \qquad (8.12)$$

$$\rho_I[X(t), t] = \rho_{IE}, \qquad t > 0 \qquad (8.13)$$

$$\rho_I(\infty, t) = \rho_{I0}, \qquad t \geqslant 0 \qquad (8.14)$$

$$X(0) = X_0 \qquad (8.15)$$

式中，ρ_{I0} 是液相中组分 I 的初始质量密度；X_0 是移动边界的初始位置。

如果使用以下无量纲变量将方程式变为无量纲形式，则可以更好地估算上述物质连续性方程中扩散项和对流项的相对贡献：

$$\rho_I^* = \frac{\rho_I - \rho_{I0}}{\rho_{IE} - \rho_{I0}} \qquad (8.16)$$

$$t^* = \frac{Dt}{X_0^2} \qquad (8.17)$$

$$x^* = \frac{x}{X_0} \qquad (8.18)$$

$$X^* = \frac{X}{X_0} \qquad (8.19)$$

将方程（8.16）至方程（8.19）代入方程（8.9）和方程（8.11）至方程（8.15），得到一系列无量纲的方程（为了方便起见，已经删除了星号）：

$$\frac{\partial \rho_I}{\partial t} + (N_a - N_b)\left(\frac{\partial \rho_I}{\partial x}\right)\left(\frac{\partial \rho_I}{\partial x}\right)_{x=X} = \frac{\partial^2 \rho_I}{\partial x^2} \tag{8.20}$$

$$\rho_I(x,\ 0) = 0, \qquad x > 1 \tag{8.21}$$

$$\rho_I(X,\ t) = 1, \qquad t > 0 \tag{8.22}$$

$$\rho_I(\infty,\ t) = 0, \qquad t \geq 0 \tag{8.23}$$

$$\frac{dX}{dt} = N_a\left(\frac{\partial \rho_I}{\partial x}\right)_{x=X} \tag{8.24}$$

$$X(0) = 1 \tag{8.25}$$

$$N_a = \frac{\rho_{IE} - \rho_{I0}}{\bar{\rho}(1 - \hat{V}_1 \rho_{IE})} \tag{8.26}$$

$$N_b = \frac{(\rho_{IE} - \rho_{I0})\hat{V}_I}{1 - \hat{V}_I \rho_{IE}} \tag{8.27}$$

方程（8.20）至方程（8.25）构成了一个具有两个非线性源的非线性问题：PDE 中对流项的质量密度导数与液体区域边界位置的乘积，其取决于依赖变量 ρ_I 的质量密度导数。在10.1 节中，通过相似变换获得了上述问题的精确解，并给出了该问题的扰动解。

由方程（8.20）可知，当（N_a-N_b）值较小时，物质连续性方程中的对流项将小于扩散项和非稳定项。由方程（8.26）和方程（8.27）可得：

$$N_a - N_b = \frac{\rho_{IE} - \rho_{I0}}{1 - \hat{V}_I \rho_{IE}}\left(\frac{1}{\bar{\rho}} - \hat{V}_I\right) \tag{8.28}$$

有两种方法可以使（N_a-N_b）值变小。第一种方法是考虑（$\rho_{IE}-\rho_{I0}$）→0 的传质过程。如果液相中溶解气体的初始质量密度 ρ_{I0} 与 ρ_{IE}（相界面处溶解气体的平衡质量密度）稍有不同，那么对流项比扩散项略小，因此，对液体中的质量密度分布没有显著贡献。当（$\rho_{IE}-\rho_{I0}$）→0 时，显然 N_a 和 N_b 都很小。因此，对于涉及浓度水平相对较小变化的传质过程，预期扩散传质将比对流传质更重要。

使（N_a-N_b）→0 的第二种方法是要求方程（8.28）中的（$1/\bar{\rho}$）→$\hat{V}_I$。这对于气液体系来说并不是真的，因为通常这种体系的（$1/\bar{\rho}$）≫$\hat{V}_I$。然而，考虑将纯固相溶解成液相，其中 ρ 是纯组分 I 的液体密度。这种情况下 $\hat{V}_I=1-\rho$，方程（8.28）可以改写作：

$$N_a - N_b = \frac{\rho_{IE} - \rho_{I0}}{\rho - \rho_{IE}}\left(\frac{\rho - \bar{\rho}}{\bar{\rho}}\right) \tag{8.29}$$

显然随着 $\rho\to\bar{\rho}$，（N_a-N_b）→0，这可能是固体溶解成液体的情况。当 $\rho=\bar{\rho}$ 时，物质连续性方程中没有对流项。

194

第9章 通用溶液的质量传递问题

本章的目的是通过解决通用溶液的各种传质问题阐明前面各个章节的一些观点（具有特殊性质的溶液传质问题将会在第 10 章至第 17 章介绍）。应用第 8 章讨论的解决策略，尽可能应用表 8.1 和方程（8.1）至方程（8.4）的结果解决一维问题。解释了所有问题的表述，并解决了多数情况下描述扩散和传质过程的边界值问题。应用扰动方法或加权残值法解决一些非线性问题。正如 7.6 节所述，并没有建立起严格的解决传质问题的数值方法。在 9.1 节中，为比较两种解法，分别应用其推导了线性问题的解析解。

9.1 两种理想气体的混合

首先考虑两种气体组分 A 和 B 的混合，它们被放置在如图 9.1 所示的两个封闭圆筒隔离区域。分离两个区域的隔离物在 $t=0$ 时被移除，扩散发生。气体是理想气体，扩散发生在常温 T 和基本恒定压力 p 条件下。此处的目的是确定容器内的浓度分布随着时间的变化情况。

基于以下假定分析该问题：

（1）既然理想气体混合物在常温和常压下，则总的摩尔密度 c 恒定。

（2）没有化学反应。

（3）既然发生的是一维扩散，则 $c_A = c_A(x, t)$。

（4）D 为常数。

（5）器壁无渗透。

由方程（4.147）和表 8.1 可得，对于 A 组分的摩尔密度和平均摩尔速率的一维问题可由如下的方程进行描述：

$$\frac{\partial C_A}{\partial t} + v_x^m \frac{\partial c_A}{\partial x} = D \frac{\partial^2 c_A}{\partial x^2} \tag{9.1}$$

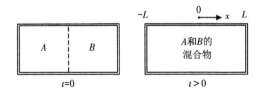

图 9.1　密闭容器中两种气体的混合

$$\frac{\partial v_x^m}{\partial x} = 0 \tag{9.2}$$

$$v_x^m = f(t) \tag{9.3}$$

既然器壁在 $x = \pm L$ 处无渗透，则 8.1 节和方程（9.3）展示的结果可表示成：

$$v_x^m = 0, \qquad -L \leqslant x \leqslant L, \qquad t > 0 \tag{9.4}$$

$$\frac{\partial c_A}{\partial x} = 0, \qquad x = \pm L, \qquad t > 0 \tag{9.5}$$

因此，方程（9.1）可以简化为：

$$\frac{\partial c_A}{\partial t} = D \frac{\partial^2 c_A}{\partial x^2} \tag{9.6}$$

此方程是抛物线型偏微分方程，可以将其代入方程（9.5）并遵循如下起始条件进行求解：

$$c_A = c_{A0}, \qquad t = 0, \qquad -L \leqslant x < 0 \tag{9.7}$$

$$c_A = 0, \qquad t = 0, \qquad 0 \leqslant x < L \tag{9.8}$$

此外，可由表 2.4 得出

$$v^m = \frac{N_A + N_B}{c} \tag{9.9}$$

因此，对于此处所研究的体系：

$$(N_A)_x = -(N_B)_x \tag{9.10}$$

两种气体非稳定内扩散是一个等物质的量互扩散的例子。

如果通过引入如下无量纲变量对其进行无量纲化，则方程（9.5）至方程（9.8）即可得到求解。

$$c_A^* = \frac{c_A}{c_{A0}}, \quad x^* = \frac{x}{L}, \quad t^* = \frac{Dt}{L^2} \tag{9.11}$$

因此，质量传递问题遵循如下无量纲形式：

$$\frac{\partial c_A}{\partial t} = \frac{\partial^2 c_A}{\partial x^2} \tag{9.12}$$

$$\frac{\partial c_A}{\partial x} = 0, \qquad x = \pm 1 \tag{9.13}$$

$$c_A = 1, \qquad t = 0, \qquad -1 \leqslant x < 0 \tag{9.14}$$

$$c_A = 0, \qquad t = 0, \qquad 0 < x \leqslant 1 \tag{9.15}$$

此处为了方便，已将星号去掉。这个质量传递问题可以由如下两种方法进行求解：标准的变量分离法和基于拉普拉斯变换与常微分方程的格林函数相结合的方法。

在变量分离法中，解的形式为：

$$c_A(x,\ t) = X(x)\ \tau(t) \tag{9.16}$$

通过此解可得到如下的常微分方程和边界条件：

$$\frac{\mathrm{d}\tau}{\mathrm{d}t} = -\lambda\tau \tag{9.17}$$

$$\frac{\mathrm{d}^2 X}{\mathrm{d}x^2} + \lambda X = 0 \tag{9.18}$$

$$\frac{\mathrm{d}X}{\mathrm{d}x} = 0, \quad x = \pm 1 \tag{9.19}$$

其中，λ 是常数。方程（9.17）可以进行积分，得到如下形式的解：

$$\tau_n = A_n \mathrm{e}^{-\lambda_n t} \tag{9.20}$$

方程（9.18）和方程（9.19）代表一个与由方程（7.64）至方程（7.66）描述的 Sturm-Liouville 问题相类似的 Sturm-Liouville 问题。因此，适当修正方程（7.83），给出方程（9.18）和方程（9.19）的解：

$$X_n = C_n \cos\left[\frac{n(1+x)\pi}{2}\right], \quad n = 0,\ 1,\ 2,\ \cdots \tag{9.21}$$

$$\lambda_n = \frac{n^2 \pi^2}{4} \tag{9.22}$$

因此，偏微分方程的解可以写成上述所有解的线性组合。

$$c_A = \sum_{n=0}^{\infty} H_n \cos\left[\frac{n(1+x)\pi}{2}\right]\exp\left(-\frac{n^2\pi^2 t}{4}\right) \tag{9.23}$$

因为此处考虑的 Sturm-Liouville 体系是自轭的，这一系列特征函数在（-1，1）区间内是正交的，且很容易由起始条件［方程（9.14）和方程（9.15）］给出系数 H_n 的如下解：

$$c_A(x,\ t) = \frac{1}{2} + \sum_{n=1}^{\infty} \frac{2}{n\pi}\sin\left(\frac{n\pi}{2}\right)\cos\left[\frac{n(1+x)\pi}{2}\right]\exp\left(-\frac{n^2\pi^2 t}{4}\right) \tag{9.24}$$

该方程在 $-1 < x < 1$ 区间可以重新整理如下：

$$c_A(x,\ t) = \frac{1}{2} - \sum_{n=1}^{\infty} \frac{2}{(2n-1)\pi}\sin\left[\frac{(2n-1)\pi x}{2}\right]\exp\left[-\frac{(2n-1)^2\pi^2 t}{4}\right] \tag{9.25}$$

方程（9.5）和方程（9.6）的拉普拉斯变换可以表示成：

$$\frac{\mathrm{d}^2 \bar{c}_A}{\mathrm{d}x^2} - p\bar{c}_A = -f(x) \tag{9.26}$$

$$\frac{\mathrm{d}\bar{c}_A}{\mathrm{d}x} = 0, \qquad x = \pm 1 \tag{9.27}$$

$$f(x) = 1, \qquad -1 \leqslant x < 0 \tag{9.28}$$

$$f(x) = 0, \qquad 0 < x \leqslant 1 \tag{9.29}$$

其中，$\bar{c}_A$ 是 c_A 的拉普拉斯变换。方程（9.26）是受到齐次边界条件约束的非齐次 ODE 方程，合理地预期这个 ODE 方程代入方程（9.27）可以应用格林函数方法求解。但是，对于这样的问题，在进行求解之前有必要检验是否存在唯一解。这可以考虑通过择一性定理（Stakgold, 1968a）进行检验。

考虑如下非齐次方程问题：

$$Lu = f, \qquad a < x < b \tag{9.30}$$

对于齐次问题：

$$Lu_H = 0, \qquad a < x < b \tag{9.31}$$

对于共轭齐次问题：

$$L^* u_H^* = 0, \qquad a < x < b \tag{9.32}$$

其中，L 是线性微分算子；L^* 是 L 伴随形式的微分算子。这 3 个问题具有适宜的齐次边界条件。如果 $u_H = 0$ 是方程（9.31）的唯一解，则方程（9.32）的唯一解是 $u_H^* = 0$，且方程（9.30）存在唯一解 $u_H(x)$。如果方程（9.31）有一个或多个非零解 $u_H^*(x) \neq 0$，则方程（9.32）有一个或多个非零解 $u_H^*(x) \neq 0$，或者除非每个 $u_H^*(x)$ 满足如下一致的条件，否则方程（9.30）没有解：

$$\int_a^b f(x) u_H^*(x) \, dx = 0 \tag{9.33}$$

对应于方程（9.30）的格林函数问题可写成：

$$Lg(x|x_0) = \delta(x - x_0) \tag{9.34}$$

代入适宜的齐次边界条件可以求解方程（9.34）。值得一提的是，在 7.11 节中，如果齐次体系仅有零解，则方程（9.34）的格林函数存在且有唯一解。但是，如果齐次体系有解 $u_H \neq 0$，则 $g(x|x_0)$ 不存在，这是因为

$$\int_a^b \delta(x - x_0) u_H^*(x_0) \, dx_0 = u_H^*(x) \neq 0 \tag{9.35}$$

由此可以看出，方程（9.26）[具有 $f(x) = 0$] 和方程（9.27）描述的齐次体系具有唯一零解，以至于方程（9.26）[具有 $f(x) = 0$] 和方程（9.27）存在唯一解。可以由如下体系确定的格林函数得出此解。

$$\frac{d^2 g(x|x_0)}{dx^2} - pg(x|x_0) = \delta(x - x_0), \qquad -1 < x, \ x_0 < 1 \tag{9.36}$$

$$\frac{dg(-1|x_0)}{dx} = 0 \tag{9.37}$$

$$\frac{\mathrm{d}g(1\,|\,x_0)}{\mathrm{d}x} = 0 \tag{9.38}$$

既然 $\bar{c}_A$ 的边界条件是齐次的，则 $\bar{c}_A$ 的解可以仅用方程（7.330）的第一项表示：

$$\bar{c}_A = -\int_{-1}^{1} g(x\,|\,x_0) f(x_0)\,\mathrm{d}x_0 \tag{9.39}$$

可用 7.11 节和方程（7.334）阐述的方法来计算 $g(x\,|\,x_0)$：

$$g(x\,|\,x_0) = \begin{cases} -\dfrac{\cosh[\sqrt{p}\,(x+1)]\cosh[\sqrt{p}\,(x_0-1)]}{\sqrt{p}\sinh(2\sqrt{p})}, & -1 \leqslant x < x_0 \\[4mm] -\dfrac{\cosh[\sqrt{p}\,(x_0+1)]\cosh[\sqrt{p}\,(x-1)]}{\sqrt{p}\sinh(2\sqrt{p})}, & x_0 < x \leqslant 1 \end{cases} \tag{9.40}$$

同样，$x<0$ 时，方程（9.39）可写成：

$$\bar{c}_A = -\int_{-1}^{x} g(x\,|\,x_0)\,\mathrm{d}x_0 - \int_{x}^{0} g(x\,|\,x_0)\,\mathrm{d}x_0 \tag{9.41}$$

并且，$x>0$ 时，方程（9.39）可写成：

$$\bar{c}_A = -\int_{-1}^{0} g(x\,|\,x_0)\,\mathrm{d}x_0 \tag{9.42}$$

$x<0$ 时，结合方程（9.40）和方程（9.41）给出：

$$\bar{c}_A = \frac{1}{p} - \frac{\cosh[\sqrt{p}\,(x+1)]}{2p\cosh(\sqrt{p})}, \quad x \leqslant 0 \tag{9.43}$$

并且，$x>0$ 时，结合方程（9.40）和方程（9.42）可得出如下结果：

$$\bar{c}_A = \frac{\cosh[\sqrt{p}\,(x-1)]}{2p\cosh\sqrt{p}}, \quad x \geqslant 0 \tag{9.44}$$

可应用 Spiegel（1965）的逆变换进行方程（9.43）和方程（9.44）的倒置。$x<0$ 时遵循如下逆变换：

$$c_A(x,\ t) = \frac{1}{2} - \frac{2}{\pi}\sum_{n=1}^{\infty}\frac{(-1)^n}{2n-1}\cos\left[\frac{(2n-1)\pi(1+x)}{2}\right]\exp\left[-\frac{(2n-1)^2\pi^2 t}{4}\right] \tag{9.45}$$

$x>0$ 时，则遵循如下逆变换：

$$c_A(x,\ t) = \frac{1}{2} + \frac{2}{\pi}\sum_{n=1}^{\infty}\frac{(-1)^n}{2n-1}\cos\left[\frac{(2n-1)\pi(x-1)}{2}\right]\exp\left[-\frac{(2n-1)^2\pi^2 t}{4}\right] \tag{9.46}$$

对于$-1<x<1$，这两个逆变换结果可以由如下结果进行修正：

$$c_A(x,\ t) = \frac{1}{2} - \sum_{n=1}^{\infty} \frac{2}{(2n-1)\pi}\sin\left[\frac{(2n-1)\pi x}{2}\right]\exp\left[-\frac{(2n-1)^2\pi^2 t}{4}\right] \quad (9.47)$$

这与可分离变量解方程（9.25）相同。

9.2 液体在管内的稳定挥发

考虑管内纯液体A向组分A和B组成的理想混合物气体的稳态挥发。组分B在液体A中不溶。当挥发发生时，液相A加入管内从而使气液界面稳定。当组成为x_{AL}的气相物质穿过管子的顶部，在气液界面的平衡气相摩尔分数为x_{AE}。整个体系温度恒定，压力基本恒定。Sherwood 和 Pigford（1952）指出，可以用这种类型的装置测定在气体中的扩散系数，如图9.2所示。本节旨在得到在气相中摩尔分数分布和气液界面传质速率的方程。气体中的扩散系数也可以由传质速率方程得出。

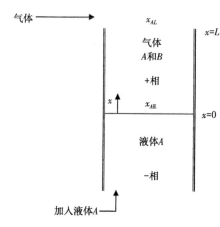

图9.2 管内的稳态挥发

对于9.1节中讨论的混合问题，理想气体混合物具有恒摩尔密度c，不发生化学反应，并且可以假定D恒定。此外，具有一维稳态的扩散以至于$x_A = x_A(x)$。根据这些条件，方程（2.86）可用于气相：

$$\nabla \cdot N_A = 0 \quad (9.48)$$

方程的一维形式可简化为：

$$\frac{\mathrm{d}(N_A)_x}{\mathrm{d}x} = 0 \quad (9.49)$$

组分B的对应连续方程为：

$$\frac{\mathrm{d}(N_B)_x}{\mathrm{d}x} = 0 \quad (9.50)$$

由稳态条件得出如下简单结果：

$$(N_B)_x = 常数 \quad (9.51)$$

可以得到$x=0$的气液界面处的跳跃质量平衡，并且这通常可以很简单地用于在两相中都不存在组分（此处指的是组分B）的跳跃质量平衡：

$$\rho_B^+[(v_B^+)_x - U_x^*] = \rho_B^-[(v_B^-)_x - U_x^*] = 0 \quad (9.52)$$

值得注意的是，由于$\rho_{\bar{B}}=0$，方程（9.52）的第二个等式成立。因此，

$$(v_B^+)_x| = U_x^* = 0, \quad x = 0 \quad (9.53)$$

由于界面稳定，因此有：

$$(N_B)_x = c_B (v_B^+)_x = 0, \quad x = 0 \tag{9.54}$$

由方程（9.51）和方程（9.54）得：

$$(N_B)_x = 0, \quad x \geqslant 0 \tag{9.55}$$

因此，由方程（4.162）和方程（9.55）可得：

$$(N_A)_x - \frac{cD}{1 - x_A} \frac{\mathrm{d}x_A}{\mathrm{d}x} \tag{9.56}$$

因为 c 和 D 均为常数，由此结合方程（9.49）和方程（9.56）可得如下微分方程：

$$\frac{\mathrm{d}}{\mathrm{d}x}\left(\frac{1}{1 - x_A} \frac{\mathrm{d}x_A}{\mathrm{d}x} \right) = 0 \tag{9.57}$$

将方程（9.57）代入如下边界条件：

$$x_A = x_{AE}, \quad x = 0 \tag{9.58}$$

$$x_A = x_{AL}, \quad x = L \tag{9.59}$$

进行求解，得出气相中 A 组分的摩尔分数分布的表达式（$0 \leqslant x \leqslant L$）：

$$\frac{1 - x_A}{1 - x_{AE}} = \left(\frac{1 - x_{AL}}{1 - x_{AE}} \right)^{\frac{x}{L}} \tag{9.60}$$

可用方程（9.56）的如下形式计算气液界面的传质速率（组分 A 的挥发速率）：

$$\left[(N_A)_x \right]_{x=0} = -\frac{cD}{1 - x_{AE}} \left(\frac{\mathrm{d}x_A}{\mathrm{d}x} \right)_{x=0} \tag{9.61}$$

利用方程（9.60）和方程（9.61）得出：

$$\left[(N_A)_x \right]_{x=0} = \frac{cD}{L} \ln\left(\frac{1 - x_{AL}}{1 - x_{AE}} \right) \tag{9.62}$$

因此，如果可以测得挥发速率，则气相扩散系数 D 即可由此方程计算得出。这个问题不需要应用跳跃质量平衡，已由 Bird 等（2002）解出。

原则上，挥发速率可以通过测定必须将液体加入管内以保证存在稳定界面时的速率。实际上，很难设计出保持界面位置固定的实验。因此，通常允许界面移动，通过测定液体在管内的降落得到挥发速率（Sherwood 和 Pigford，1952；Lee 和 Wilke，1954）。这种情况下，稳态分析并不严格有效，Lee 和 Wilke 证实可以假定存在拟稳态条件，应用稳态结果，从而可应用平均扩散长度确定 D。Bird 等（2002）表明，通过准确地利用在现实值的位置通过稳态挥发速率估算的准稳态逼近可以关联扩散和界面移动距离。因此，可以通过估算界面位置随时间的变化而得到扩散系数。Slattery（1999）通过降低界面求解出上述问题的非稳态形式，并阐明如何应用估算的界面位置求解扩散系数。

由于一种气体［组分 A 具有 $(N_A)_x \neq 0$］通过第二种停滞气体［组分 B 具有 $(N_B)_x = 0$］，

因此本节考虑的稳态问题通常被定义为通过滞留气膜的扩散（Bird 等，2002）。此问题遵循方程（9.9）、方程（9.55）和方程（9.56）：

$$v_x^m = -\frac{D}{1-x_A}\frac{\mathrm{d}x_A}{\mathrm{d}x} \tag{9.63}$$

对于此问题，因为有 $\mathrm{d}x_A/\mathrm{d}x<0$，所以很显然 $v_x^m>0$。对于任意组分 I，遵循表 2.3 和方程（4.146），$(N_I)_x$ 结果表示如下：

$$(N_I)_x = c_I v_x^m - cD\frac{\mathrm{d}x_I}{\mathrm{d}x} \tag{9.64}$$

此方程将总通量分成对流和扩散两部分。对于停滞气膜问题，两种气体的对流项均为正值，但组分 A 的扩散项为正值，组分 B 的扩散项为负值。不难看出，B 组分的对流项和扩散项符号相反，数值相等。由于组分 B 的扩散通量由该组分受 $(N_A)_x \neq 0$ 影响产生的对流通量相抵消，因此 $(N_B)_x=0$。最后，在此处的传质问题上，可忽略管壁的影响。

9.3 非稳态挥发

考虑如图 9.3 所示的纯液体（组分 A）向空气（组分 B）中的挥发。空气不溶于液体 A，组分 A 在气相中的起始摩尔分数为零。假定空气是单组分，空气和组分 A 形成理想气体混合物，在气相中没有强制对流。同时，假定体系温度恒定、气相扩散系数恒定。组分 A 在气液相界面达到平衡时有 $c_A=c_{AE}=$ 常数，质量传递过程是一维的。由此，可得出气相中 $c_A(x,t)$ 的表达式以及气液界面位置 X 随时间的变化。在后续的分析中，上划线表明液相的性质。

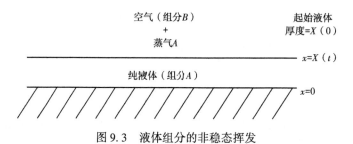

图 9.3　液体组分的非稳态挥发

因为可以假定 $\bar{c}$ 和 c 为常数，由方程（2.69）可以得出 $\bar{v}^m$ 和 v^m 的表达式：

$$\frac{\partial \bar{v}_x^m}{\partial x} = 0, \qquad \bar{v}_x^m = 0, \qquad 0 \leqslant x \leqslant X(t) \tag{9.65}$$

$$\frac{\partial v_x^m}{\partial x} = 0, \qquad v_x^m = f(t), \qquad x \geqslant X(t) \tag{9.66}$$

方程（9.65）中的第二项是在 $x=0$ 处具有非渗透固相边界层的结果。可以用方程（3.4）写出组分 B 的跳跃质量平衡方程：

$$\rho_B\left[\,(v_B)_x - U_x^*\,\right] = \bar{\rho}_B\left[\,(\bar{v}_B)_x - U_x^*\,\right] = 0 \tag{9.67}$$

其中, $\bar{\rho}_B = 0$。同时, 由于:

$$c_B(v_B)_x = c_B v_x^{\mathrm{m}} - cD\frac{\partial x_B}{\partial x} \tag{9.68}$$

结合方程 (9.67) 和方程 (9.68) 可以得出:

$$\frac{\mathrm{d}X}{\mathrm{d}t} = (v_B)_x = v_x^{\mathrm{m}} + \frac{D}{1 - x_{AE}}\frac{\partial x_A}{\partial x} \tag{9.69}$$

组分 A 的跳跃质量平衡可表示成:

$$\rho_A\left[\,(v_A)_x - U_x^*\,\right] = \bar{\rho}_A\left[\,(\bar{v}_A)_x - U_x^*\,\right] \tag{9.70}$$

结合方程 (9.65) 的第二个等式和方程 (9.68) (对于组分 A 而言) 以及方程 (9.70), 可得:

$$c_{AE}v_x^{\mathrm{m}} - cD\frac{\partial x_A}{\partial x} = (c_{AE} - \bar{c})\frac{\mathrm{d}X}{\mathrm{d}t} \tag{9.71}$$

方程 (9.69) 和方程 (9.71) 均与 $\mathrm{d}X/\mathrm{d}t$ 和 v_x^{m} 呈线性关系, 由此可求解得到:

$$v_x^{\mathrm{m}} = \frac{(c - \bar{c})D}{\bar{c}(c - c_{AE})}\left(\frac{\partial c_A}{\partial x}\right)_{x = X(t)} \tag{9.72}$$

$$\frac{\mathrm{d}X}{\mathrm{d}t} = \frac{cD}{\bar{c}(c - c_{AE})}\left(\frac{\partial c_A}{\partial x}\right)_{x = X(t)} \tag{9.73}$$

虽然方程 (9.72) 是由在 $x = X(t)$ 处的跳跃质量平衡得出, 但由于方程 (9.66) 的第二个等式, 因此该方程对所有 $x > X(t)$ 都有效。

描述该一维挥发过程组分 A 的物质连续性方程可简单由方程 (9.1) 和方程 (9.72) 结合成:

$$\frac{\partial c_A}{\partial t} + \frac{(c - \bar{c})D}{\bar{c}(c - c_{AE})}\left(\frac{\partial c_A}{\partial x}\right)_{x = X(t)}\frac{\partial c_A}{\partial x} = D\frac{\partial^2 c_A}{\partial x^2} \tag{9.74}$$

该抛物线型偏微分方程可根据以下边界条件求解:

$$c_A = 0, \qquad t = 0, \qquad x > X(0) \tag{9.75}$$

$$c_A = 0, \qquad x = \infty, \qquad t \geq 0 \tag{9.76}$$

$$c_A = c_{AE}, \qquad x = X(t), \qquad t > 0 \tag{9.77}$$

边界值问题来源于两种非线性值: 方程 (9.74) 中对流浓度项导数积以及液相边界位置取决于浓度场 [方程 (9.73)] 导数的事实。值得注意的是, 在 $c = \bar{c}$ 时第一非线性源消失, 但该等式并不普遍适用于气液体系。引入一个新的空间自变量, 上述问题可以简化为:

$$y = x - X(t) \tag{9.78}$$

方程（9.78）能有效固定移动边界。引入该新的空间自变量，得到以下边界值问题的修正形式：

$$\frac{\partial c_A}{\partial t} - \frac{D}{(c - c_{AE})}\left(\frac{\partial c_A}{\partial y}\right)_{y=0} \frac{\partial c_A}{\partial y} = D\frac{\partial^2 c_A}{\partial y^2} \tag{9.79}$$

$$c_A = 0, \qquad t = 0, \qquad y > 0 \tag{9.80}$$

$$c_A = 0, \qquad y = \infty, \qquad t \geq 0 \tag{9.81}$$

$$c_A = c_{AE}, \qquad y = 0, \qquad t > 0 \tag{9.82}$$

通过产生带有固定空间区域的边界值问题固定移动边界，可以简化 SCE 求解，但边界值问题仍是非线性的。虽然此问题的非线性本质不能改变，但可以把偏微分方程中的非线性行为转换成代数方程，有效降低非线性。应用新的自变量可以引入一相似变换，从而实现上述转换：

$$\eta = \frac{y}{2\sqrt{Dt}} \tag{9.83}$$

描述挥发问题的偏微分方程可以写成常微分方程：

$$\frac{\mathrm{d}^2 c_A}{\mathrm{d}\eta^2} + (2\eta + A)\frac{\mathrm{d}c_A}{\mathrm{d}\eta} = 0 \tag{9.84}$$

其中：

$$A = \frac{1}{(c - c_{AE})}\left(\frac{\mathrm{d}c_A}{\mathrm{d}\eta}\right)_{\eta=0} \tag{9.85}$$

对于上述微分方程，方程（9.80）至方程（9.82）的 3 个附加条件可以减为两个边界条件：

$$c_A = c_{AE}, \qquad \eta = 0 \tag{9.86}$$

$$c_A = 0, \qquad \eta = \infty \tag{9.87}$$

此常微分方程是线性方程，其解为：

$$c_A = \frac{c_{AE}\mathrm{erfc}\left(\eta + \frac{A}{2}\right)}{\mathrm{erfc}\left(\frac{A}{2}\right)} \tag{9.88}$$

现在有必要得到 $X(t)$ 和 A 的方程。由方程（9.73）、方程（9.78）、方程（9.83）和方程（9.85）得到：

$$\frac{\mathrm{d}X}{\mathrm{d}t} = \frac{Ac}{2c}\sqrt{\frac{D}{t}} \tag{9.89}$$

对其由 $t=0$ 到 $t=t$ 积分得到方程（9.90），此方程可以由已知的 A 求取 $X(t)$。

$$X(t) = X(0) + \frac{Ac\sqrt{Dt}}{\bar{c}} \qquad (9.90)$$

另外，还可以明显看出，如果 A 已知，由方程（9.78）、方程（9.83）、方程（9.88）和方程（9.90）可被用来确定 $c_A(x, t)$。变量 A 的表达式可以由 A 定义式［方程（9.85）］和方程（9.88）的合适导数式得到。这可得出 A 的非线性代数方程：

$$A\exp\left(\frac{A^2}{4}\right)\mathrm{erfc}\left(\frac{A}{2}\right) = -\frac{2c_{AE}}{\sqrt{\pi}\,(c - c_{AE})} \qquad (9.91)$$

值得注意的是，$A<0$。由于非线性代数方程可以仅应用一个方法求解，上述方法本质上是一种精确解析解法。

Slattery（1999）考虑了在很长的管内的非稳态挥发，其交界面不断下降。这和此处考虑的问题基本相同。然而，求解方法有所不同。Slattery 没有固定移动边界，因而选择同时求解两个代数方程。

9.4　自由扩散实验分析

自由扩散实验是一维扩散过程，发生在不同浓度的两种溶液中，最初有明显的边界层将两者分开。在扩散场作用下，可以观察到最终溶液没有浓度变化，这是因为扩散过程在一个无限长度的扩散池内有效发生。扩散池的一端和固体边界接触。在图 9.4 中描绘了自由扩散过程的扩散池。$X=0$ 处代表了明显起始边界的位置。随着自由扩散过程的进行，可用光学干涉方法测量与自由扩散实验相关的折射率分布。因此，在扩散场中依赖于时间的浓度分布可用性决定了能否确定单次实验等温条件下二元体系中依赖于浓度的互扩散系数。本节旨在得到用以通过实验浓度分布确定 D 的方程。该分析手段可用于液体组分的微分比体积通常取决于溶液组成的情况下，这样混合溶液后会有体积改变。

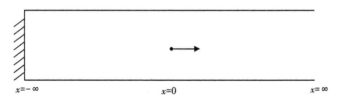

$$x=-\infty \qquad\qquad x=0 \qquad\qquad\qquad x=\infty$$

图 9.4　自由扩散实验扩散池

由没有反应发生的方程（4.143）的一维形式得到用以描述组分 1 的一维自由扩散过程中二元扩散的物质连续性方程，表示如下：

$$\rho\frac{\partial w_1}{\partial t} + \rho v_x\frac{\partial w_1}{\partial x} = \frac{\partial}{\partial x}\left(\rho D\frac{\partial w_1}{\partial x}\right) \qquad (9.92)$$

应用于自由扩散过程的边界条件可写为：

$$w_1(x, 0) = w_{10}, \qquad x < 0 \qquad (9.93)$$

$$w_1(x, 0) = w_{1\infty}, \qquad x > 0 \qquad (9.94)$$

$$w_1(-\infty, t) = w_{10}, \qquad t \geqslant 0 \qquad (9.95)$$

$$w_1(\infty, t) = w_{1\infty}, \qquad t \geqslant 0 \qquad (9.96)$$

$\partial v_x / \partial x$ 的方程可写成以下形式。方程（9.92）乘以 $\mathrm{d}\rho / \mathrm{d}w_1$ 得到：

$$\rho \frac{\mathrm{d}\rho}{\mathrm{d}w_1} \frac{\partial w_1}{\partial t} + \rho v_x \frac{\mathrm{d}\rho}{\mathrm{d}w_1} \frac{\partial w_1}{\partial x} = \frac{\mathrm{d}\rho}{\mathrm{d}w_1} \frac{\partial}{\partial x}\left(\rho D \frac{\partial w_1}{\partial x}\right) \qquad (9.97)$$

由于

$$\frac{\partial \rho}{\partial t} = \frac{\mathrm{d}\rho}{\mathrm{d}w_1} \frac{\partial w_1}{\partial t}, \qquad \frac{\partial \rho}{\partial x} = \frac{\mathrm{d}\rho}{\mathrm{d}w_1} \frac{\partial w_1}{\partial x} \qquad (9.98)$$

方程（9.97）可以重写成：

$$\rho \frac{\partial \rho}{\partial t} + \rho v_x \frac{\partial \rho}{\partial x} = \frac{\mathrm{d}\rho}{\mathrm{d}w_1} \frac{\partial}{\partial x}\left(\rho D \frac{\partial w_1}{\partial x}\right) \qquad (9.99)$$

由整体连续性方程即方程（2.45）明显看出：

$$\frac{\partial \rho}{\partial t} + v_x \frac{\partial \rho}{\partial x} = -\rho \frac{\partial v_x}{\partial x} \qquad (9.100)$$

由此，结合方程（9.99）和方程（9.100）得到如下结果：

$$\frac{\partial v_x}{\partial x} = -\frac{1}{\rho^2} \frac{\mathrm{d}\rho}{\mathrm{d}w_1} \frac{\partial}{\partial x}\left(\rho D \frac{\partial w_1}{\partial x}\right) \qquad (9.101)$$

此外，由于在 $x = -\infty$ 存在一个不可移动的固体边界，方程（9.101）的边界条件为：

$$v_x(-\infty, t) = 0 \qquad (9.102)$$

引入新的自变量

$$\eta = \frac{x}{2\sqrt{t}} \qquad (9.103)$$

到上述方程组中，可得到如下方程组的修正形式：

$$-2\rho\eta \frac{\mathrm{d}w_1}{\mathrm{d}\eta} + 2\rho v_x \sqrt{t} \frac{\mathrm{d}w_1}{\mathrm{d}\eta} = \frac{\mathrm{d}}{\mathrm{d}\eta}\left(\rho D \frac{\mathrm{d}w_1}{\mathrm{d}\eta}\right) \qquad (9.104)$$

$$w_1(-\infty) = w_{10} \qquad (9.105)$$

$$w_1(\infty) = w_{1\infty} \qquad (9.106)$$

$$\frac{\mathrm{d}(v_x \sqrt{t})}{\mathrm{d}\eta} = -\frac{1}{2\rho^2} \frac{\mathrm{d}\rho}{\mathrm{d}w_1} \frac{\mathrm{d}}{\mathrm{d}\eta}\left(\rho D \frac{\mathrm{d}w_1}{\mathrm{d}\eta}\right) \qquad (9.107)$$

$$v_x \sqrt{t}(-\infty) = 0 \qquad (9.108)$$

由上述方程可知，w_1 和 $v_x\sqrt{t}$ 都仅是 η 的函数。方程（9.107）的积分受到方程（9.108）约束，得到：

$$v_x\sqrt{t} = -\int_{-\infty}^{\eta} \frac{1}{2\rho^2}\frac{d\rho}{dw_1}\frac{d}{d\eta'}\left(\rho D\frac{dw_1}{d\eta'}\right)d\eta' \tag{9.109}$$

将方程（9.109）代入方程（9.104），除以 $\rho dw_1/d\eta$，得到关于 η 的微分式：

$$-2\rho = \frac{d}{d\eta}\left[\frac{d}{dw_1}\left(\rho D\frac{dw_1}{d\eta}\right)\right] \tag{9.110}$$

对方程（9.110）在 $\eta=-\infty$ 到 $\eta=\eta$ 分部积分得到：

$$-2\rho\eta + \int_{\rho_0}^{\rho}2\eta d\rho' = \frac{d}{dw_1}\left(\rho D\frac{dw_1}{\partial\eta}\right) -$$
$$\lim_{\eta\to-\infty}\left[\frac{d}{dw_1}\left(\rho D\frac{dw_1}{\partial\eta}\right)+2\rho\eta\right] \tag{9.111}$$

同方程（9.104）一样，上限为 0。第二个积分从 $w_1=w_{10}$ 到 $w_1=w_1$ 分部积分得到：

$$D = \frac{1}{\rho}\frac{d\eta}{dw_1}\left(-\int_{\rho_{10}}^{\rho_1}2\eta d\rho'_1 + w_1\int_{\rho_0}^{\rho}2\eta d\rho'\right) \tag{9.112}$$

方程（9.112）可由实验质量分数分布数据（在自由扩散实验中使用光学干涉方法得到）和溶液密度—质量分数关系（由分离实验得到）计算得到 D。

方程（9.112）对某些实验有效，这些实验中包含具有依赖于浓度的微分比体积的组分，还会在混合时产生体积的变化。该方程还可以用如下方程（2.36）的替代形式和结果 $\rho_1\hat{V}_1=\rho_2\hat{V}_2$ 写成：

$$D = \frac{d\eta}{d\rho_1}\left[-\int_{\rho_{10}}^{\rho_1}2\eta d\rho'_1 + \rho_1(\hat{V}_1-\hat{V}_2)\int_{\rho_{10}}^{\rho_1}2\eta d\rho'_1 + \rho_1\hat{V}_2\int_{\rho_0}^{\rho}2\eta d\rho'\right] \tag{9.113}$$

由于微分比体积独立于浓度，因此等价于纯组分比体积时，混合无体积变化。对恒定微分比体积，方程（9.113）可以简化为（Crank，1975）：

$$D = -\frac{d\eta}{d\rho_1}\left(\int_{\rho_{10}}^{\rho_1}2\eta d\rho'_1\right) \tag{9.114}$$

很明显，方程（9.113）中第二项和第三项是为了修正混合体积变化的影响而加在第一项之后。可以看出，混合影响的体积变化会导致在特定情况下计算扩散系数的较大误差（Duda 和 Vrentas，1965）。对恒定微分比体积的情况，由方程（2.74）和 $x=-\infty$ 时 v_x^V 明显看出，在扩散场任意位置都有 $v_x^V=0$。因此，相对于基于平均体积速度的质量扩散通量的大小，以平均体积速度 $\rho_1 v_x^V$ 计算的对流质量通量的大小应该确定混合时的体积变化对估算扩散系数的影响。有必要进行实验分析，从而减小对流流量与扩散流量的比值。特别是，在同一区域 ρ_1 和 v_x^V 不能同时太大，否则会产生较大误差（Duda 和 Vrentas，1965）。

在许多自由扩散实验中，两个无限介质的初始界面的确切位置是一个实验测定的量。然而在一些实验中，必须要使用浓度分布以确定初始接触的位置。Duda 和 Vrentas（1966）

已经提出确定界面的步骤，虽然存在混合效应引起的体积变化。

9.5　橡胶态聚合物的溶解

大量技术上的重要过程涉及橡胶态聚合物和玻璃态聚合物溶解生成液体溶剂。这里只考虑一种橡胶态聚合物溶解，但研究者认为本节阐述的橡胶态聚合物溶解的分析仍然适用于其他地方（Vrentas 和 Vrentas，1998b）玻璃态聚合物的溶解过程。纯橡胶态聚合物与纯溶剂接触时，如果产生单液相，就发生溶解过程，如果产生两互不相溶液相，则发生吸附过程。聚合物溶解过程，如图 9.5 所示，在扩散场中不存在移动边界层，也不需要考虑所

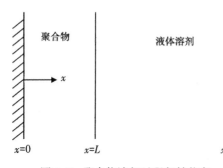

图 9.5　聚合物溶解过程起始状态

谓的橡胶态—溶剂或玻璃态—橡胶态界面。聚合物溶解涉及两种液体，一种溶剂和平衡橡胶态聚合物液体或非平衡玻璃态聚合物液体。聚合物溶解是复杂扩散过程，包含溶剂渗透和聚合链的断链。

以下假设用于构建图 9.5 所示的溶解过程的模型：

（1）扩散过程是等温过程，不存在化学反应。

（2）橡胶态聚合物和溶剂的微分比体积与组成无关，并且压力对液体密度的影响可以忽略。

（3）聚合物和溶剂完全互溶，整个体系是由溶剂和橡胶态聚合物的二元液体混合物组成的单相。

（4）在矩形结构中的聚合物溶解是一维传递过程。在 $t=0$ 时纯溶剂和初始厚度为 L 的聚合物薄片接触，扩散场从固体壁 $x=0$ 处延伸到 $x=\infty$。聚合物球体浸在无限液体中将是另一个一维溶解过程，然而长宽比接近 1 的聚合物圆柱的溶解过程涉及至少两个空间方向的扩散。

（5）在扩散场的部分没有外部诱导流，实际上是纯溶剂。这里只考虑无搅拌限制的情况。

（6）通常二元体系的互扩散系数取决于聚合物的浓度。

根据方程（4.151）和表 8.1 得出，这种一维问题可以用以下聚合物质量密度 ρ_2 和体积平均速度 v_x^V 的方程进行描述：

$$\frac{\partial \rho_2}{\partial t} + \frac{\partial(\rho_2 v_x^V)}{\partial x} = \frac{\partial}{\partial x}\left(D\frac{\partial \rho_2}{\partial x}\right) \tag{9.115}$$

$$\frac{\partial v_x^V}{\partial x} = 0 \tag{9.116}$$

$$v_x^V = f(t) \tag{9.117}$$

由于在 $x=0$ 处有固体壁，在 8.1 节和方程（9.117）中展示的结果可用于表示：

$$v_x^V = 0, \qquad 0 \leqslant x \leqslant \infty, \ t \geqslant 0 \tag{9.118}$$

$$\frac{\partial \rho_2}{\partial x} = 0, \qquad x = 0, \qquad t \geq 0 \tag{9.119}$$

应用以上结果可简化方程（9.115）得：

$$\frac{\partial \rho_2}{\partial t} = \frac{\partial}{\partial x}\left(D\,\frac{\partial \rho_2}{\partial x}\right) \tag{9.120}$$

该非线性抛物线型偏微分方程可代入方程（9.119），在以下附加辅助条件下进行求解：

$$\rho_2 = 0, \qquad x = \infty, \qquad t \geq 0 \tag{9.121}$$

$$\rho_2 = \rho_{20}, \qquad t = 0, \qquad 0 \leq x < L \tag{9.122}$$

$$\rho_2 = 0, \qquad t = 0, \qquad L < x \leq \infty \tag{9.122}$$

其中，ρ_{20} 是纯聚合物的质量密度。考虑为了对后续计算 M 有用，在任意时间 t 时的 $0 \leq x \leq L$ 区域，每单位面积的聚合物质量为：

$$M = \int_0^L \rho_2\,\mathrm{d}x \tag{9.124}$$

质量 M 就是每单位面积不溶聚合物的质量。因此，在 $0 \leq x \leq L$ 区域内每单位面积聚合物的初始质量为 $M_0 = \rho_{20}L$，不溶聚合物的质量分数可表达为：

$$\frac{M}{M_0} = \frac{\int_0^L \rho_2\,\mathrm{d}x}{\rho_{20}L} \tag{9.125}$$

并且 $1 - (M/M_0)$ 是溶解的聚合物所占分率。

可通过引入以下无量纲变量将方程（9.119）至方程（9.123）和方程（9.125）转化为无量纲形式：

$$\xi = \frac{x}{L}, \quad C = \frac{\rho_2}{\rho_{20}}, \quad \tau = \frac{D_s t}{L^2} \tag{9.126}$$

其中，D_s 是在纯溶剂限制（$\rho_2 = 0$）时的二元互扩散系数。因此，浓度场可表示成以下方程组：

$$\frac{\partial C}{\partial \tau} = \frac{\partial}{\partial \xi}\left(\frac{D}{D_s}\,\frac{\partial C}{\partial \xi}\right) \tag{9.127}$$

$$\frac{\partial C}{\partial \xi} = 0, \qquad \xi = 0, \qquad \tau \geq 0 \tag{9.128}$$

$$C = 0, \qquad \xi = \infty, \qquad t \geq 0 \tag{9.129}$$

$$C = 1, \qquad \tau = 0, \qquad 0 \leq \xi < 1 \tag{9.130}$$

$$C = 0, \qquad \tau = 0, \qquad 1 < \xi \leq \infty \tag{9.131}$$

$$\frac{M}{M_0} = \int_0^1 C \mathrm{d}\xi \tag{9.132}$$

因为扩散系数通常是浓度 C 的函数，上述边界值问题是非线性的，因此可以用加权残值法进行求解。然而，对于 $D = D_s = $ 常数，可以得到准确的解析解，并且线性偏微分方程中的解将被用于非线性问题中测试函数的基础。

当扩散系数与聚合物浓度无关时，扩散过程可用线性抛物线型偏微分形式进行描述：

$$\frac{\partial C}{\partial \tau} = \frac{\partial^2 C}{\partial \xi^2} \tag{9.133}$$

根据方程（9.128）至方程（9.131）可求解方程（9.133）。此问题可用下列方程组定义的格林函数求解得出：

$$-\frac{\partial^2 g}{\partial \xi^2} + \frac{\partial g}{\partial \tau} = \delta(\xi - \xi_0)\delta(\tau - \tau_0), \quad 0 < \xi, \xi_0 < \infty, \quad 0 < \tau, \tau_0 \tag{9.134}$$

$$\frac{\partial g}{\partial \xi} = 0, \qquad \xi = 0 \tag{9.135}$$

$$g = 0, \qquad \xi = \infty \tag{9.136}$$

$$g = 0, \qquad \tau < \tau_0 \tag{9.137}$$

应用拉普拉斯变换可得到一维格林函数问题：

$$-\frac{\mathrm{d}^2 G}{\mathrm{d}\xi^2} + pG = \delta(\xi - \xi_0) \tag{9.138}$$

$$\frac{\mathrm{d}G}{\mathrm{d}\xi} = 0, \qquad \xi = 0 \tag{9.139}$$

$$G = 0, \qquad \xi = \infty \tag{9.140}$$

其中，G 和 g 的变换形式 $\bar{g}$ 关联如下：

$$\bar{g} = G \mathrm{e}^{-p\tau_0} \tag{9.141}$$

值得注意的是，在拉普拉斯变换求解中，由于方程（9.137）得到 g（$\tau = 0$）$= 0$。通过在 7.11 节和方程（7.334）中展示的基本方法可得到 $\bar{g}$（$\xi|\xi_0$）的结果：

$$\bar{g}(\xi|\xi_0) = \frac{\mathrm{e}^{-p\tau_0}}{2\sqrt{p}}\left\{\exp(-\sqrt{p}|\xi - \xi_0|) + \exp\left[-\sqrt{p}(\xi + \xi_0)\right]\right\} \tag{9.142}$$

该结果仅与方程（7.480）中一个符号不同，由此得到方程（9.142）的逆为：

$$g(\xi, \tau|\xi_0, \tau_0) = \frac{H(\tau - \tau_0)}{2\sqrt{\pi(\tau - \tau_0)}}\left\{\exp\left[-\frac{(\xi - \xi_0)^2}{4(\tau - \tau_0)}\right] + \exp\left[-\frac{(\xi + \xi_0)^2}{4(\tau - \tau_0)}\right]\right\}$$

$$\tag{9.143}$$

既然偏微分方程是齐次的，且有齐次空间边界条件，它就遵循方程（7.448）、方程（9.130）和方程（9.131），得到偏微分方程的解为：

$$C(\xi,\ \tau) = \int_0^1 g(\xi,\ \tau \mid \xi_0,\ 0)\mathrm{d}\xi_0 \tag{9.144}$$

因此，将方程（9.143）代入方程（9.144）和相应的积分得到线性问题的解：

$$C = \frac{1}{2}\left[\mathrm{erf}\left(\frac{\xi+1}{2\sqrt{\tau}}\right) - \mathrm{erf}\left(\frac{\xi-1}{2\sqrt{\tau}}\right)\right] \tag{9.145}$$

此外，将方程（9.145）代入方程（9.132）得到：

$$\frac{M}{M_0} = \sqrt{\frac{\tau}{\pi}}\left[\exp\left(-\frac{1}{\tau}\right) - 1\right] + \mathrm{erf}\left(\frac{1}{\sqrt{\tau}}\right) \tag{9.146}$$

短时间内溶解的聚合物质量分数表示为：

$$1 - \frac{M}{M_0} = \left(\frac{\tau}{\pi}\right)^{\frac{1}{2}} \tag{9.147}$$

用第5章中介绍的物质可以获得橡胶态聚合物—溶剂体系和玻璃态聚合物—溶剂体系与浓度有关的互扩散系数充分表达式。然而，为了简单起见，这里利用了指数浓度相关性，因为其可提供聚合物—溶剂体系观测到典型行为的充分近似解。用到了方程（9.148）：

$$\frac{D}{D_s} = \mathrm{e}^{-kC}, \quad k \geqslant 0 \tag{9.148}$$

扩散系数比例 r 可用于表示表观浓度相关性的强度：

$$r = \frac{D(C=0)}{D(C=1)} = \mathrm{e}^k \tag{9.149}$$

由方程（9.149）可知，扩散系数随聚合物浓度的降低而增加，该行为类型是聚合物—溶剂混合物预期的行为类型。利用方程（9.148）通过应用矩量法可求解物质连续性方程（9.127）。当然，这种加权残值方法仅能提供一种求解扩散问题的近似方法。

方程（9.127）的0力矩可简单看作：

$$\frac{\mathrm{d}}{\mathrm{d}\tau}\int_0^\infty C\mathrm{d}\xi = 0 \tag{9.150}$$

这是由于在 $x=0$ 和 $x=\infty$ 时浓度梯度均为0。方程积分得到全时间范围内的预期结果：

$$\int_0^\infty C\mathrm{d}\xi = 1 \tag{9.151}$$

由第一力矩得到如下结果：

$$\frac{\mathrm{d}}{\mathrm{d}\tau}\int_0^\infty \xi C\mathrm{d}\xi = \int_0^{C_0}\frac{D}{D_s}\mathrm{d}C \tag{9.152}$$

211

其中，C_0 是 C 在 $\xi = 0$ 时的值。只有适当引入测试函数时才可以应用方程（9.151）和方程（9.152）。

下面的试验函数是这个问题的方便选择，因为它是通过在 C 的线性表达式中引入函数 $\beta(\tau)$ 修改线性问题的解，即方程（9.145）来构造的：

$$C = \frac{1}{2}\left[\mathrm{erf}\left(\frac{\xi+1}{2\sqrt{\tau}\beta}\right) - \mathrm{erf}\left(\frac{\xi-1}{2\sqrt{\tau}\beta}\right) \right] \tag{9.153}$$

函数 $\beta(\tau)$ 可由矩阵方程确定。可以看出，对任意函数 $\beta(\tau)$，假定的测试函数能满足 0 力矩结果［方程（9.151）］。如果时间相关的 β 满足方程（9.155），第一力矩结果［方程（9.152）］也可以满足方程（9.148）中表达的扩散系数浓度相关性。

$$\int_0^\gamma \frac{k\,\mathrm{erf}\left(\frac{1}{2\bar{\gamma}^{\frac{1}{2}}}\right)}{1 - \exp\left[-k\,\mathrm{erf}\left(\frac{1}{2\bar{\gamma}^{\frac{1}{2}}}\right)\right]}\mathrm{d}\bar{\gamma} = \tau \tag{9.154}$$

$$\gamma = \beta^2 \tau \tag{9.155}$$

因此，可以用直接数值积分来确定 $\gamma(\tau)$ 和 $\beta(\tau)$。当浓度相关的互扩散系数可以用方程（9.150）计算得出时，可求解出聚合物质量分数：

$$1 - \frac{M}{M_0} = 1 - \mathrm{erf}\left(\frac{1}{\beta\sqrt{\tau}}\right) - \left(\frac{\tau}{\pi}\right)^{\frac{1}{2}}\beta\left[\exp\left(-\frac{1}{\beta^2\tau}\right) - 1\right] \tag{9.156}$$

由方程（9.154）和方程（9.155）可得出短时间内：

$$\beta = \frac{(1 - \mathrm{e}^{-k})^{\frac{1}{2}}}{k^{\frac{1}{2}}} \tag{9.157}$$

另外，方程（9.156）可以简化为：

$$1 - \frac{M}{M_0} = \left[\frac{(1 - \mathrm{e}^{-k})\,\tau}{k\pi}\right]^{\frac{1}{2}} \tag{9.158}$$

溶解的聚合物部分取决于溶解过程早期的时间平方根。

图 9.6 揭示了恒定的扩散系数情况下浓度场随时间的变化。在 $0 \leq \xi \leq 1$ 情况下，聚合物浓度随时间单调递减，直至 C 最终接近零值。然而，对于 $\xi > 1$ 情况，聚合物浓度先增加，到达某最大值，再递减至 0。图 9.7 中显示了在 4 个 r 值下的溶解曲线，扩散系数比例由方程（9.149）定义。对于高 r 值，曲线反映出较低的传质速率，这是因为体系的平均扩散系数随 r 的增加而递减。从图 9.7 的曲线明显看出，$r=1$ 和 $r=10$ 时，溶解的部分存在预期的时间依赖性的初始平方根，然后溶解曲线的斜率随时间增加而减小。然而，对于 $r=10^6$ 和 $r=10^8$，在长时间曲线变平缓之前，溶解曲线斜率有所增加。

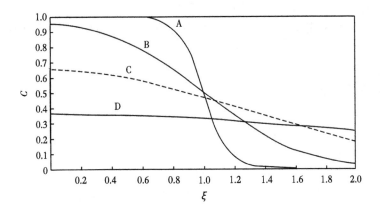

图 9.6　扩散系数恒定时不同时间下聚合物的浓度分布（Vrentas 和 Vrentas，1988b）

曲线 A，$\tau = 0.1$；曲线 B，$\tau = 0.353$；曲线 C，$\tau = 0.75$；曲线 D，$\tau = 1.5$

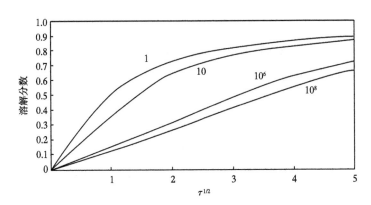

图 9.7　4 种 r 值下的溶解曲线（Vrentas 和 Vrentas，1988b）

9.6　从零尺寸开始的气泡生长

在很多技术问题中，受分子扩散控制的球形颗粒的生长或溶解至关重要。多种类型过程装备的设计包含气泡、微滴或固体颗粒的生长或溶解等。描述生长或溶解过程的传递过程问题是非线性的，可以通过微扰、加权残值或有限差分的方法分析传递问题。在第 10 章将讨论应用微扰方法处理传质过程移动边界问题。在特定情况下，可以用相似转化方法求解此类问题。本节阐述了此方法在气泡从零尺寸非等温生长问题上的应用。这里阐述的求解方法与 Scriven（1959）开发的方法相类似，不同点在于其结合了相似转换方法进行了边界固定化。

考虑用溶解气体（组分 I）过饱和的无限液体（组分 J）。溶解气体的初始质量密度为 ρ_{I0}，气体在液体中的平衡溶解度为 ρ_{IE}。在 $t = 0$ 时，气泡从 0 初始尺寸开始生长。以下假设用于分析该移动边界传质问题：

（1）浓度场是球形对称的，速度场在两相中是纯径向分布的。

（2）所有引力影响均可忽略，坐标体系的原点就是停留的颗粒中心。

213

（3）颗粒是孤立在无限大体相中的完美球体。

（4）惯性、黏性和表面张力的影响均很小。因此，预测压力的体系运动方程在空间上在整个体系中均匀一致，且数值与时间无关。

（5）外相中的初始浓度分布一致，在相界处存在浓度平衡。

（6）质量传递为非等温过程，没有化学反应。

（7）球形气泡是单组分相态，密度恒定。

（8）外相中二元互扩散系数恒定。

（9）由于气体溶解度相对较低，外界相密度恒定。

第 10 章中讨论的球形移动边界问题也用到了很多相同的假设。

由表 2.5 可知，在气泡和液相中恒定密度的总体连续性方程可写成：

$$\frac{\partial}{\partial r}(r^2 \bar{v}_r) = 0 \tag{9.159}$$

$$\frac{\partial}{\partial r}(r^2 v_r) = 0 \tag{9.160}$$

其中，上划线表示气相性质。上述方程积分得：

$$\bar{v}_r = \frac{g(t)}{r^2} \tag{9.161}$$

$$v_r = \frac{f(t)}{r^2} \tag{9.162}$$

因为 $\bar{v}_r$ 必须限制在 $r=0$ 条件下，所以根据方程（9.161）得出在气相中任何位置皆符合方程（9.163）：

$$\bar{v}_r = 0 \tag{9.163}$$

另外，由方程（9.162）可知：

$$v_r = \frac{v_r(R) R^2}{r^2} \tag{9.164}$$

其中，R 是任何时间 t 下的气泡半径。对于恒定的 ρ 值，液相中的物质连续性方程的球面坐标系形式可用方程（4.143）、方程（A.108）和方程（9.164）表示：

$$\frac{\partial \rho_I}{\partial t} + \frac{v_r(R) R^2}{r^2} \frac{\partial \rho_I}{\partial r} = D\left(\frac{\partial^2 \rho_I}{\partial r^2} + \frac{2}{r} \frac{\partial \rho_I}{\partial r}\right) \tag{9.165}$$

对于起始气泡半径为 0 的情况，代入如下起始条件和边界条件可求解出该方程：

$$R(0) = 0 \tag{9.166}$$

$$\rho_I(r, 0) = \rho_{I0}, \ 0 < r \leqslant \infty \tag{9.167}$$

$$\rho_I[R(t), t] = \rho_{IE} \tag{9.168}$$

$$\rho_I(\infty, t) = \rho_{I0} \tag{9.169}$$

在 $r=R$ 处的跳跃质量平衡必须用于估算 $\mathrm{d}R/\mathrm{d}t$ 和 $v_r(R)$。总体跳跃质量平衡可写作：

$$\rho\left(v_r - \frac{\mathrm{d}R}{\mathrm{d}t}\right) = \bar{\rho}\left(\bar{v}_r - \frac{\mathrm{d}R}{\mathrm{d}t}\right) \tag{9.170}$$

结合方程（9.163）可得：

$$v_r(R) = \left(\frac{\rho - \bar{\rho}}{\rho}\right)\frac{\mathrm{d}R}{\mathrm{d}t} \tag{9.171}$$

同样，组分 I 的跳跃质量平衡可表示成：

$$\rho_{IE}\left[(v_r)_I - \frac{\mathrm{d}R}{\mathrm{d}t}\right] = \bar{\rho}_I\left[(\bar{v}_r)_I - \frac{\mathrm{d}R}{\mathrm{d}t}\right] \tag{9.172}$$

方程（9.172）可重写作：

$$\rho_{IE}v_r - D\left(\frac{\partial\rho_I}{\partial r}\right)_{r=R} = (\rho_{IE} - \bar{\rho})\frac{\mathrm{d}R}{\mathrm{d}t} \tag{9.173}$$

因为

$$(\bar{v}_r)_I = \bar{v}_r = 0 \tag{9.174}$$

$$\bar{\rho}_I = \bar{\rho} \tag{9.175}$$

$$\rho_{IE}(v_r)_I = \rho_{IE}v_r - D\left(\frac{\partial\rho_I}{\partial r}\right)_{r=R} \tag{9.176}$$

因此，对于边界移动，结合方程（9.171）和方程（9.173）可得到如下结果：

$$\frac{\mathrm{d}R}{\mathrm{d}t} = \frac{\rho D\left(\frac{\partial\rho_I}{\partial r}\right)_{r=R}}{\bar{\rho}(\rho - \rho_{IE})} \tag{9.177}$$

为方便起见，此处引入无量纲浓度变量 C：

$$C = \frac{\rho_I - \rho_{I0}}{\rho_{IE} - \rho_{I0}} \tag{9.178}$$

由此，方程（9.165）、方程（9.167）至方程（9.169）、方程（9.171）和方程（9.177）可进行修正，得到以下方程组：

$$\frac{\partial C}{\partial t} + \frac{DN_J(\rho - \bar{\rho})}{\rho}\frac{R^2}{r^2}\left(\frac{\partial C}{\partial r}\right)_{r=R}\frac{\partial C}{\partial r} = D\left(\frac{\partial^2 C}{\partial r^2} + \frac{2}{r}\frac{\partial C}{\partial r}\right) \tag{9.179}$$

$$C(r,\ 0) = 0 \tag{9.180}$$

$$C[R(t),\ t] = 1 \tag{9.181}$$

$$C(\infty,\ t) = 0 \tag{9.182}$$

$$\frac{\mathrm{d}R}{\mathrm{d}t} = DN_J\left(\frac{\partial C}{\partial r}\right)_{r=R} \tag{9.183}$$

$$N_I = \frac{\rho(\rho_{IE} - \rho_{I0})}{\bar{\rho}(\rho - \rho_{IE})}$$

(9.184)

引入新自变量，可进一步转化上述方程：

$$\xi = \frac{r}{R(t)}$$

(9.185)

方程（9.185）固定了移动边界，也可用于影响相似变换。当引入变量 ξ 时，该问题可用以下方程组描述：

$$\frac{d^2C}{d\xi^2} + \frac{2}{\xi}\frac{dC}{d\xi} = N_J B \frac{dC}{d\xi}\left(\frac{\rho - \bar{\rho}}{\rho \xi^2} - \xi\right)$$

(9.186)

$$C(1) = 1$$

(9.187)

$$C(\infty) = 0$$

(9.188)

$$B = \left(\frac{dC}{d\xi}\right)_{\xi=1}$$

(9.189)

$$R\frac{dR}{dt} = DN_J B$$

(9.190)

值得注意的是，只有在 $R(0) = 0$ 时，相似的变换法才有效；否则，3 个辅助条件 [方程（9.180）至方程（9.182）] 不会减为两个条件。将方程（9.190）积分并代入方程（9.166），可得：

$$R = (2N_J BDt)^{\frac{1}{2}}$$

(9.191)

将线性常微分方程 [方程（9.186）] 代入方程（9.187）和方程（9.188），可求解该方程，并生成如下液相浓度分布的表达式：

$$C(\xi) = \frac{\int_{\infty}^{\xi} x^{-2}\exp\left[-BN_J\left(\frac{x^2}{2} + \frac{\lambda}{x}\right)\right]dx}{\int_{\infty}^{1} x^{-2}\exp\left[-BN_J\left(\frac{x^2}{2} + \frac{\lambda}{x}\right)\right]dx}$$

(9.191)

$$\lambda = \frac{\rho - \bar{\rho}}{\rho}$$

(9.193)

当已知 B 时，可再分别由方程（9.192）和方程（9.191）算得浓度场 $C(\xi)$ 和气泡尺寸 $R(t)$。由方程（9.189）和方程（9.191）可知，对于给定的 N_J 和 λ 值，可由如下非线性代数方程确定 B 值：

$$B = \frac{\exp\left[-BN_J\left(\lambda + \frac{1}{2}\right)\right]}{\int_{\infty}^{1} x^{-2}\exp\left[-BN_J\left(\frac{x^2}{2} + \frac{\lambda}{x}\right)\right]dx}$$

(9.194)

虽然相似变换法可用于特定气泡生长问题，但它不适用于气泡溶解问题。

9.7　三元体系中的稳定行为和负浓度

对由方程（4.163）和方程（4.164）描述的三元体系扩散通量，可以用方程（4.174）表示扩散系数矩阵。三元体系的扩散行为取决于扩散系数矩阵 D 的两个特征值。以下结果如 4.4 节中所示。

（1）如果 $(\mathrm{tr}D)^2 - 4|D| \geqslant 0$，则 D 的特征值 λ_1 和 λ_2 是正实数。如果认为 Onsager 倒数关系［方程（4.180）］有效，则可保证 D 存在正实数的特征值。

（2）如果 $(\mathrm{tr}D)^2 - 4|D| < 0$，则 D 的特征值 λ_1 和 λ_2 是具有正实部的复数。

因为以上两种情况都可以得到正实部的特征值，所以对于任何平衡分量浓度，三元扩散体系总能对微小扰动保持稳定。仍然需要确定三元体系中任何组分扰动衰退的确切性质。

可以考虑通过适宜的扩散过程研究三元体系平衡状态的稳定性。此处，扩散过程可以看成 $x=0$ 到 $x=L$ 的范围内的等温一维扩散过程，且其边界为不可渗透固体壁（Vrentas 和 Vrentas，2015）。体系内组分浓度受到一个适宜的微小扰动，从而质量密度 ρ 以及扩散系数 D_{11}、D_{12}、D_{21} 和 D_{22} 都与浓度无关。由 8.1 节分析可知，在扩散场内任意位置的质量平均流速均为 0，且以下边界条件适用于组分 1 和组分 2 的扩散情况：

$$\frac{\partial w_1}{\partial x} = \frac{\partial w_2}{\partial x} = 0, \quad x = 0 \tag{9.195}$$

$$\frac{\partial w_1}{\partial x} = \frac{\partial w_2}{\partial x} = 0, \quad x = L \tag{9.196}$$

同时，扩散过程的两物质连续性方程可简单写作：

$$\frac{\partial w_1}{\partial t} = D_{11} \frac{\partial^2 w_1}{\partial x^2} + D_{12} \frac{\partial^2 w_2}{\partial x^2} \tag{9.197}$$

$$\frac{\partial w_2}{\partial t} = D_{21} \frac{\partial^2 w_1}{\partial x^2} + D_{22} \frac{\partial^2 w_2}{\partial x^2} \tag{9.198}$$

最后，研究体系在小质量分数扰动下的稳定性时可利用以下初始条件：

$$w_1(x, 0) = w_{10} + \varepsilon \cos \frac{\pi x}{L} \tag{9.199}$$

$$w_2(x, 0) = w_{20} \tag{9.200}$$

其中，用合适的小参数 ε 描述其中某一组分质量分数的微小扰动，w_{10} 和 w_{20} 是体系的平衡质量分数。

在以上 w_1 和 w_2 的方程组的求解中，需要考虑两种情况：第一种，假定方程（4.176）适用，则特征值为正实数；第二种，假定方程（4.181）适用，从而得到具有正实部的复数解。两种情况都可采用如下方程求解：

$$w_1(x,\ t) = w_{10} + \varepsilon T_1(t)\cos\frac{\pi x}{L} \tag{9.201}$$

$$T_1(0) = 1 \tag{9.202}$$

$$w_2(x,\ t) = w_{20} + \varepsilon T_2(t)\cos\frac{\pi x}{L} \tag{9.203}$$

$$T_2(0) = 0 \tag{9.204}$$

当特征值为正实数时，将上述方程代入方程（9.197）和方程（9.198），利用拉普拉斯变换法求解常微分方程，从而得出以下 $T_1(t)$ 和 $T_2(t)$ 的结果：

$$T_1 = \frac{\overline{\lambda}_1\exp(-\overline{\lambda}_1 t) - \overline{\lambda}_2\exp(-\overline{\lambda}_2 t)}{\frac{\pi^2}{L^2}Q^{\frac{1}{2}}} - \frac{D_{22}[\exp(-\overline{\lambda}_1 t) - \exp(-\overline{\lambda}_2 t)]}{Q^{\frac{1}{2}}} \tag{9.205}$$

$$T_2 = \frac{D_{21}[\exp(-\overline{\lambda}_1 t) - \exp(-\overline{\lambda}_2 t)]}{Q^{\frac{1}{2}}} \tag{9.206}$$

$$\overline{\lambda}_{1,\ 2} = \frac{\pi^2}{L^2}\lambda_{1,\ 2} \tag{9.207}$$

$$Q = (D_{11} + D_{22})^2 - 4(D_{11}D_{22} - D_{12}D_{21}) \tag{9.208}$$

此种情况下，$Q>0$（正实数特征值）。由方程（9.201）、方程（9.203）、方程（9.205）和方程（9.206）可知，当时间 t 趋向于无穷大，w_1 和 w_2 非周期性衰减至 $w_1 = w_{10}$ 和 $w_2 = w_{20}$。当 $Q<0$ 时，特征值为具有正实部的复数解，可以得到下列结果：

$$T_1 = e^{-\gamma t}\left[\cos\left(\frac{\pi^2\xi t}{2L^2}\right) - \frac{D_{11}}{\xi}\sin\left(\frac{\pi^2\xi t}{2L^2}\right) + \frac{D_{22}}{\xi}\sin\left(\frac{\pi^2\xi t}{2L^2}\right)\right] \tag{9.209}$$

$$T_2 = -\frac{2D_{21}}{\xi}\sin\left(\frac{\pi^2\xi t}{2L^2}\right)e^{-\gamma t} \tag{9.210}$$

$$\gamma = \frac{\pi^2}{2L^2}(D_{11} + D_{22}) \tag{9.211}$$

$$\xi = (-Q)^{\frac{1}{2}} \tag{9.212}$$

由方程（9.201）、方程（9.203）、方程（9.209）和方程（9.210）可知，由于阻尼项 exp（$-\gamma t$）的存在，随着时间趋向于无穷大，w_1 和 w_2 非周期性衰减至 $w_1 = w_{10}$ 和 $w_2 = w_{20}$。对于 $Q>0$ 或 $Q<0$，其解都是实数，则无论是非周期递减还是周期递减，体系溶液对于浓度扰动均保持稳定。然而，由于 Onsager 倒数关系是非周期性递减的充分条件，如果 Onsager 关系适用，则体系只能是非周期递减。

三元扩散的一个有趣方面是观察到两项研究报道了在某些三元扩散问题的解决方案中出现负浓度（Nauman 和 Savoca，2001；Price 和 Romadhane，2003）。这里有兴趣进一步研究此异常结果。考虑具有恒定质量密度 ρ 以及恒定扩散系数 D_{11}、D_{12}、D_{21} 和 D_{22} 的等温一维自由扩散。自由扩散过程发生在区域$-\infty < x < \infty$内，且在$x = -\infty$处存在不可渗透的实心壁。因此，同样遵循 8.1 节讨论结果，在扩散场任意位置处平均质量速度为 0。另外，对组分 1 和组分 2，初始质量分数分布曲线呈阶跃变化。可以进一步假设$D_{11} > 0$，$D_{22} > 0$，$D_{12} = D_{21} = 0$，因此满足方程（4.176）至方程（4.178）。通常，$D_{11} \neq D_{22}$，因此只有在特殊情况$D_{11} = D_{22}$时，才能满足方程（4.180）即 Onsager 倒数关系。

下列方程描述了组分 1 和组分 2 的不稳定扩散过程：

$$\frac{\partial w_1}{\partial t} = D_{11} \frac{\partial^2 w_1}{\partial x^2} \tag{9.213}$$

$$\frac{\partial w_2}{\partial t} = D_{22} \frac{\partial^2 w_2}{\partial x^2} \tag{9.214}$$

$$w_1(\infty, \ t) = w_2(-\infty, \ t) = W \tag{9.215}$$

$$w_1(-\infty, \ t) = w_2(\infty, \ t) = 0 \tag{9.216}$$

$$w_1(x, \ 0) = W, \qquad x > 0 \tag{9.217}$$

$$w_1(x, \ 0) = 0, \qquad x < 0 \tag{9.218}$$

$$w_2(x, \ 0) = 0, \qquad x > 0 \tag{9.219}$$

$$w_2(x, \ 0) = W, \qquad x < 0 \tag{9.217}$$

参数W（$0 < W < 1$）是恒定质量分数。组分 1 和组分 2 没有交互扩散影响。用上述方程组可以得到描述组分 3 扩散过程的下列方程：

$$\frac{\partial w_3}{\partial t} = D_{22} \frac{\partial^2 w_3}{\partial x^2} + (D_{22} - D_{11}) \frac{\partial^2 w_1}{\partial x^2} \tag{9.221}$$

$$w_3(\infty, \ t) = w_3(-\infty, \ t) = 1 - W \tag{9.222}$$

$$w_3(x, \ 0) = 1 - W, \qquad -\infty < x < \infty \tag{9.223}$$

值得注意的是，组分 3 存在交互扩散（除了在$D_{11} = D_{22}$这种特殊情况下），且其最初质量分数均匀一致。

上述方程组的解可表示成：

$$w_1 = \frac{w}{2} \left\{ 1 + \mathrm{erf} \left[\frac{x}{2(D_{11}t)^{\frac{1}{2}}} \right] \right\} \tag{9.224}$$

$$w_2 = \frac{w}{2} \left\{ 1 - \mathrm{erf} \left[\frac{x}{2(D_{22}t)^{\frac{1}{2}}} \right] \right\} \tag{9.225}$$

$$w_3 = 1 - W - \frac{W}{2} \left\{ \mathrm{erf} \left[\frac{x}{2(D_{11}t)^{\frac{1}{2}}} \right] - \mathrm{erf} \left[\frac{x}{2(D_{22}t)^{\frac{1}{2}}} \right] \right\} \tag{9.226}$$

由方程（9.224）至方程（9.226）可知，w_1和w_2恒正或为 0，且对$D_{11} = D_{22}$这种特殊情况（当组分 3 没有交互扩散时），$w_3 > 0$。然而，当$D_{11} \neq D_{22}$时，组分 3 存在交互扩散，

在扩散场某位置可能出现 $w_3<0$。对于 $D_{11}>D_{22}$ 的情况，当方程（9.227）成立时，可以得到浓度的负值（Vrentas 和 Vrentas，2005）。

$$W > \frac{2}{\beta + 2} \tag{9.227}$$

其中：

$$\beta = \mathrm{erf}\left(\frac{\alpha\ln\alpha}{\alpha^2-1}\right) - \mathrm{erf}\left(\frac{\ln\alpha}{\alpha^2-1}\right) \tag{9.228}$$

$$\alpha = \left(\frac{D_{11}}{D_{22}}\right)^{\frac{1}{2}} \tag{9.229}$$

由这些结果可知，扩散矩阵的特点（由 α 得出）和自由扩散过程的初始条件（由 W 得出）都决定了解析解是否得到负浓度。图 9.8 显示了从数值解中将正解完全分离的质量分数 W 值如何取决于 α 值。由图 9.8 可知，对于所有有限的 $\alpha>1$ 都存在负浓度，但仅对较大 W（组分 3 相对较小的初始质量分数）存在负浓度。因此，存在这样的解：即使大多数解始终在扩散场中的任何地方得到正 w_3 值，但在特定时间的扩散场的特定位置，还是存在数值解可产生负的 w_3 值。

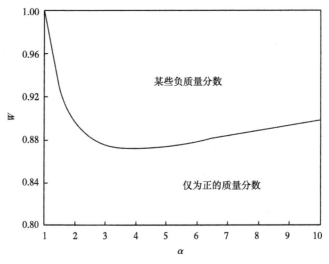

图 9.8　质量分数 W 对 $\alpha=(D_{11}/D_{22})^{1/2}$ 的依赖性（Vrentas 和 Vrentas，2005）
W 为完全将 w_3 正解与 w_3 负解分离的质量分数

不清楚是什么因素造成了这种反常行为。对于特定扩散系数矩阵和特定初始条件，不可能出现纯正溶液，这意味着不可能在这种条件下做出有意义的实验。如果以某种方式引入约束条件 $w_1\geq0$，$w_2\geq0$，$w_3\geq0$，也可能得到不同的纯正数解。最后，既然对 $D_{11}=D_{22}$［对 Onsager 倒数关系，即方程（4.180）有效］没有负浓度，不论何时将 Onsager 倒数关系用于分析中，都可能得到纯正数解。应用 Onsager 倒数关系，则对任意，元扩散过程只有 3 个独立扩散系数，因此，必须以特定方式关联 4 个扩散系数。

9.8　塑料容器中杂质迁移的分析

塑料容器中有害物质迁移一直是持续关注的话题，特别是当容器中装的是食物或药物时。这些杂质是在聚合过程中残留下来的单体、溶剂或催化剂残余物。杂质的迁移是一个复杂且非稳态的扩散过程。当塑料容器初次成型时，在容器器壁上通常杂质浓度均一。在容器装满后，挥发性杂质（比如单体）会迁移到器壁的内外表面。杂质再从外表面挥发到周围空气中，同时扩散到容器内器壁中，从里面进入容器盛装的物质中。最终，容器中物质所含杂质浓度会达到最大值。随着杂质继续迁移到外表面，迁出到空气中，杂质浓度会逐渐衰减到 0。

上述传质过程重要的一个方面是容器内物质可通过器壁迁移，并影响杂质的迁移。比如，考虑保存水溶液的塑料容器中单体的迁移。很容易想象到的是，水迁移到外表面会建立起整体速度，这将明显影响单体的迁移速度。因此，在水扩散和单体扩散之间存在联系，以至于水扩散的存在将可能明显降低迁移到容器内的单体数量。确定水对流流量会抑制多少单体向内的迁移并促进杂质向外壁的迁移至关重要。通常，小分子（如水分子）相对于大的单体分子扩散较快，因此会产生与杂质向内扩散流速相反的较大对流速度。

本节的目的是对杂质迁移过程进行数学分析，并确定水扩散对容器内物质单体浓度的影响。图 9.9 显示了塑料容器—单体—水体系的几何结构。传质问题的分析基于以下假设：

（1）既然容器厚度相比于其他维度数值较小，传质过程可看成一维过程。

（2）不发生化学反应，扩散为等温且基本等压过程。

（3）既然聚合物相中单体和水的质量分数小，假设聚合物和单体以及聚合物和水是两个准二元体系，由此可以分析聚合物中的扩散过程。每个二元体系的扩散通量可以用一阶基本方程［无压力时方程（4.110）］和二元有效扩散系数进行描述。

（4）既然水的任何塑化作用都很小，可假设在聚合物相的所有扩散系数都与浓度无关。

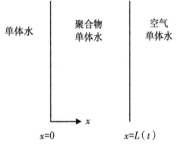

图 9.9　聚合物—单体—
水体系的几何结构

（5）当容器内充满水时，容器壁内单体和水分布均一。可以假设成型和充满容器这段时间内，容器内单体的损失量很小。

（6）由于单体和水浓度小，且在周围空气中单体和水的浓度恒定，聚合物相的密度可认为是恒定的。

（7）假设空间上容器内表面静止，所以描述有限平板结构的坐标系问题可固定在此表面。因此，平板上由于相变产生的任何体积变化都反映为容器外表面位置的变化。

（8）容器中只存在单体和水，且容器中最初没有单体存在。此外，由于流体传质比塑料中传质更快，假设在任何时候容器内组成完全均一。由于水相中更高的扩散系数和自然对流可能性，其传质更快。

（9）分配系数与浓度无关，且用于描述某组分在容器内表面聚合物相和容器内物质质量分数的平衡。

以下变量用于杂质迁移过程的数学描述，单体、水和聚合物分别为组分 1、组分 2 和组分 3：

D_{IM} 为混合物中组分 I 的有效二元扩散系数；j_I 为组分 I 关于 v 的质量扩散通量；k_I 为组分 I 在塑料和流体中的分配系数；$L(t)$ 为容器壁厚度；L_0 为容器壁初始厚度；M_I 为流体物质内组分 I 的质量；M_0 为流体物质初始质量；n_I 为组分 I 关于固定坐标的质量流速；r 为扩散系数比为 D_{2M}/D_{1M}；S 为容器表面积；t 为时间；v 为在 x 方向上的平均质量速度；v_3 为在 x 方向上的聚合物速度；x 为在传质方向上的空间坐标；ρ 为聚合物相密度；ρ_3 为聚合物质量密度；w_I 为组分 I 在器壁内质量分数；w_{I0} 为组分 I 在器壁内初始质量分数；w_{IL} 为组分 I 在容器外表面质量分数；$\overline{w_I}$ 为组分 I 在容器内质量分数。

由于聚合物相密度基本恒定，且传质过程是一维过程，因为总连续方程可简化为方程（9.230），则聚合物相中 x 组分的平均质量速度仅取决于时间：

$$\frac{\partial v}{\partial x} = 0 \tag{9.230}$$

另外，遵循方程（4.143），对于恒定的 ρ、D_{1M} 和 D_{2M} 而言，单体和水的物质连续性方程可表示为：

$$\frac{\partial w_1}{\partial t} + v\frac{\partial w_1}{\partial x} = D_{1M}\frac{\partial^2 w_1}{\partial x^2} \tag{9.231}$$

$$\frac{\partial w_2}{\partial t} + v\frac{\partial w_2}{\partial x} = D_{2M}\frac{\partial^2 w_2}{\partial x^2} \tag{9.232}$$

对于聚合物相的扩散，边界和初始条件可写作：

$$w_1(0,\ t) = k_1\overline{w_1} \tag{9.233}$$

$$w_2(0,\ t) = k_2\overline{w_2} \tag{9.234}$$

$$w_1(x,\ 0) - w_{10} \tag{9.235}$$

$$w_2(x,\ 0) = w_{20} \tag{9.236}$$

$$w_1[L(t),\ t] = w_{1L} \tag{9.237}$$

$$w_2[L(t),\ t] = w_{2L} \tag{9.238}$$

许多情况下，$w_{20} = w_{1L} = w_{2L} = 0$。

因为聚合物不存在于容器内，由聚合物在 $x=0$ 跳跃质量平衡可得到：

$$\rho_3 v_3 = 0 \tag{9.239}$$

所以

$$v = -\frac{j_3}{\rho_3} = \frac{j_1 + j_2}{\rho_3} \tag{9.240}$$

最终

$$v(x,\ t) = v(0,\ t) = -\left(\frac{D_{1M}\dfrac{\partial w_1}{\partial x} + D_{2M}\dfrac{\partial w_2}{\partial x}}{1 - w_1 - w_2}\right)_{x=0} \tag{9.241}$$

另外，因为聚合物不存在于周围空气中，在 $x = L(t)$ 处的跳跃质量平衡为：

$$v_3 = \frac{\mathrm{d}L}{\mathrm{d}t} \tag{9.242}$$

由方程 (9.242) 可得：

$$\frac{\mathrm{d}L}{\mathrm{d}t} = v + \frac{j_3}{\rho_3} = v - \frac{j_1 + j_2}{\rho_3} \tag{9.243}$$

因此

$$\frac{\mathrm{d}L}{\mathrm{d}t} = v + \frac{\left(D_{1M}\dfrac{\partial w_1}{\partial x} + D_{2M}\dfrac{\partial w_2}{\partial x}\right)_{x=L}}{1 - w_{1L} - w_{2L}} \tag{9.244}$$

方程 (9.244) 的初始条件为：

$$L(0) = L_0 \tag{9.245}$$

方程 (9.231) 至方程 (9.238)、方程 (9.241)、方程 (9.244) 和方程 (9.245) 可用于求解 w_1、w_2、v 和 L。

在聚合物相中任意位置的单体和水的质量通量可表示为：

$$n_1 = \rho w_1 v - \rho D_{1M}\frac{\partial w_1}{\partial x} \tag{9.246}$$

$$n_2 = \rho w_2 v - \rho D_{2M}\frac{\partial w_2}{\partial x} \tag{9.247}$$

所以可得容器内物质相中单体和水的宏观质量平衡：

$$M_1 = -S\int_0^t n_1(0,\ t')\,\mathrm{d}t' \tag{9.248}$$

$$M_2 = M_0 - S\int_0^t n_2(0,\ t')\,\mathrm{d}t' \tag{9.249}$$

另外，

$$\overline{w_1} = \frac{M_1}{M_1 + M_2} \tag{9.250}$$

$$\overline{w_2} = 1 - \overline{w_1} \tag{9.251}$$

上述方程组可转化为无量纲形式，对于不同的参数值，如 r 和 k_I，可以用有限差分求解方法确定 w_I、$\overline{w_I}$ 和 M_I 数值 (Wang 等，1980)。Wang 等也推导了一个迁移过程中初始条件下的分析方法，这个方程涉及的容器是一个半无限的媒介。随着 r 由 1 升高到 1000，容器物质中存在的初始单体分数的最大值降低了 90%。另外，Wang 等 (1980) 也表明了容器物质中单体质量分数在初期如何随时间增加而增加，到达最大值，然后再随时间增加衰减直至为 0。

9.9　格林函数求解方法的效率

在描述扩散和传质偏微分方程的解法中，所有求解方法都需处理在初始条件、边界条件和偏微分方程自身可能的非均相性问题。格林函数方法在构造具有多个非均匀性源的解法时特别有效。本节的目的是说明格林函数法同时处理非均匀初始条件和非均匀边界条件的效率。这种效率是因为在格林函数方法中，PDE 的解法是用格林函数功能问题的解法来表达的，这个问题本身就是一个几乎同质的问题。

考虑以下扩散问题：

$$\frac{\partial C}{\partial t} = \frac{\partial^2 C}{\partial x^2}, \ 0 < x < \infty, \ t > 0 \tag{9.252}$$

$$C(x, \ 0) = f(x) \tag{9.253}$$

$$C(0, \ t) = \phi(t) \tag{9.254}$$

$$C(\infty, \ t) = 0 \tag{9.255}$$

与此扩散问题对应的近均质格林函数问题，可应用方程（7.467）至方程（7.470）、方程（7.476）得到的 g，以及与如下方程（7.448）的化简式得到 g 关联的 C 进行描述。

$$C(x, \ t) = \int_0^t \phi(t_0) \frac{\partial g(x, \ t \mid 0, \ t_0)}{\partial x} \mathrm{d}t_0 + \int_0^\infty f(x_0) g(x, \ t \mid x_0, \ 0) \mathrm{d}x_0 \tag{9.256}$$

既然法向向量是向外法线，法线方向是在 $x_0 = 0$ 处的（$-x_0$）方向。由方程（7.476）可得：

$$\frac{\partial g(x, \ t \mid 0, \ t_0)}{\partial x_0} = \frac{x}{2\sqrt{\pi}(t - t_0)^{\frac{3}{2}}} \exp\left[-\frac{x^2}{4(t - t_0)} \right] \tag{9.257}$$

$$g(x, \ t \mid x_0, \ 0) = \frac{1}{2\sqrt{\pi t}} \left\{ \exp\left[-\frac{(x - x_0)^2}{4t} \right] - \exp\left[-\frac{(x + x_0)^2}{4t} \right] \right\} \tag{9.258}$$

因此，将方程（9.257）和方程（9.258）代入方程（9.256），得到上述边界值问题的解如下：

$$\begin{aligned} C(x, \ t) = {} & \frac{x}{2\sqrt{\pi}} \int_0^t \frac{\phi(t_0) \exp\left[-\dfrac{x^2}{4(t - t_0)} \right]}{(t - t_0)^{\frac{3}{2}}} \mathrm{d}t_0 + \\ & \frac{1}{2\sqrt{\pi t}} \int_0^\infty f(x_0) \left\{ \exp\left[-\frac{(x - x_0)^2}{4t} \right] - \exp\left[\frac{(x + x_0)^2}{4t} \right] \right\} \mathrm{d}x_0 \end{aligned} \tag{9.259}$$

该解法与由 Carslaw 和 Jaeger（1959）分别推导得到两种解法相结合构建的解相同。

读者需要证明方程（9.259）的解确实能满足方程（9.253）和方程（9.254）。

9.10 管中流体的传质

一类重要的对流传质问题涉及圆管中传质的分析。比如，考虑如图9.10所示的传质过程。对于图9.10中所显示的体系，在内壁$z>0$处，管内壁被溶质所覆盖，溶质溶解在流动的溶剂中。需要确定管内溶质浓度随着管中位置变化的函数。基于以下假设分析该传质问题：

（1）管无限长，所以没有末端效应，可以正确分析轴向扩散的影响。

（2）溶剂（组分2）是不可压缩牛顿流体。

（3）溶液中溶质（组分1）含量少，所以ρ、D和μ基本恒定。当ρ_1趋近于0时，可以有效预测ρ、D和μ。

（4）流场为完全发展、稳态的层流场，没有径向或角速度，所以在z轴方向为平行流动。

（5）流场和浓度场是轴对称的，且没有化学反应。

（6）管的方向任意。

（7）流体从$z=-\infty$处进入管内，溶质质量密度均一，为$\rho_1=0$。

（8）从$z=-\infty$到$z=0$，管壁都是不可渗透的，所以在流体和壁之间区域没有传质。

（9）从$z=0$到$z=\infty$，管壁附着的溶质溶解在流体中形成二元溶液。溶质具有平衡溶解度$\rho_1=\rho_{1E}$。溶质的溶解导致管径的变化可以忽略，且浓度梯度引起的径向速度很小。

（10）因为在$z=\infty$处达到溶解平衡，所以在$z=\infty$处，溶质浓度为$\rho_1=\rho_{1E}$。

（11）由于溶质—溶剂体系浓度较稀，因此总体连续性方程和运动方程不受溶质影响，速度场通常是抛物线型速度分布：

$$v_z = v_z(\max)\left(1 - \frac{r^2}{R^2}\right) \tag{9.260}$$

此结果反映出速度场和浓度场之间的单面耦合关系。

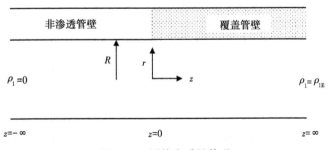

图9.10 圆管中质量传递

因为$\rho_1=\rho_1(r, z)$，由方程（4.143）、方程（A.104）和方程（A.105）可知，溶质的物质连续性方程可表示为：

$$v_z(\max)\left(1 - \frac{r^2}{R^2}\right)\frac{\partial \rho_1}{\partial z} = D\left[\frac{1}{r}\frac{\partial}{\partial r}\left(\frac{r\partial \rho_1}{\partial r}\right) + \frac{\partial^2 \rho_1}{\partial z^2}\right] \tag{9.261}$$

椭圆型偏微分方程的边界条件可以用封闭区域的边界表示如下：

$$\rho_1 = 0, \qquad z = -\infty, \qquad 0 \leqslant r \leqslant R \qquad (9.262)$$

$$\rho_1 = \rho_{1E}, \qquad z = \infty, \qquad 0 \leqslant r \leqslant R \qquad (9.263)$$

$$\rho_1 = \text{finite}, \qquad r = 0, \qquad -\infty \leqslant z \leqslant \infty \qquad (9.264)$$

$$\frac{\partial \rho_1}{\partial r} = 0, \qquad r = R, \qquad -\infty \leqslant z < 0 \qquad (9.265)$$

$$\rho_1 = \rho_{1E}, \qquad r = R, \qquad 0 < z \leqslant \infty \qquad (9.266)$$

值得注意的是，方程（9.264）实际上是曲线坐标体系所需要的连续性条件。引入无量纲变量：

$$r^* = \frac{r}{R}, \qquad z^* = \frac{z}{R}, \qquad C = \frac{\rho_1}{\rho_{1E}} \qquad (9.267)$$

得到以下无量纲方程组：

$$(1 - r^2)\frac{\partial C}{\partial z} = \frac{1}{Pe}\left[\frac{1}{r}\frac{\partial}{\partial r}\left(r\frac{\partial C}{\partial r}\right) + \frac{\partial^2 C}{\partial z^2}\right] \qquad (9.268)$$

$$C = 0, \qquad z = -\infty, \qquad 0 \leqslant r \leqslant 1 \qquad (9.269)$$

$$C = 1, \qquad z = \infty, \qquad 0 \leqslant r \leqslant 1 \qquad (9.270)$$

$$C = \text{finite}, \qquad r = 0, \qquad -\infty \leqslant z \leqslant \infty \qquad (9.271)$$

$$\frac{\partial C}{\partial r} = 0, \qquad r = 1, \qquad -\infty \leqslant z < 0 \qquad (9.272)$$

$$C = 1, \qquad r = 1, \qquad 0 < z \leqslant \infty \qquad (9.273)$$

这里为方便起见，已经删掉星号。Peclet 数定义为：

$$Pe = \frac{Rv_z(\max)}{D} \qquad (9.274)$$

Peclet 数代表着对流与扩散传质的比例。因此，当 $Pe \to \infty$ 时，传质过程由对流主导，当 $Pe \to 0$ 时传质过程则由扩散主导。然而，值得注意的是，因为对此特殊问题的径向传质是唯一可行的机理，所以径向扩散对 $Pe \to \infty$ 时的圆管内流动也很重要。

上述问题是对于 Peclet 准数为任意值、圆管层流传质的例子，其中轴向扩散很重要，管壁处为混合类型的边界条件（Neumann-Dirichlet 条件）。Papoutaskis 等（1980）和 Jones（1971）得出对于 Neumann-Dirichlet 边界条件（原书错误，应为 Neumann-Dirichlet——译者注）此类问题的解析解。另外，Sorenson 和 Stewart（1974）、Michelsen 和 Villadsen（1974）、Tan 和 Hsu（1972）研究了应用数值方法解决 Neumann-Dirichlet 问题。这些问题的解表明，对于所有 $z<0$ 和 $Pe \to \infty$ 的情况，溶质浓度接近 0。虽然下游浓度场向上流浓度场发送信号，说明前面具有不同的浓度，但由于 Peclet 数较高，流体流动太快以至于无法

进行重大调整。然而, 对于 $Pe \to 0$, 因为流体流动足够慢, 从而可以对下游流体发出的信号进行反馈, 则在 $z<0$ 的区域存在大量溶质。这些所谓的信号是由体系中轴向浓度梯度传递的。

　　尽管这个解法可用于所有 Pe 值的管内质量传递过程, 但对于两种极限情况, 管道传质问题特别有趣: $Pe \to \infty$ 和 $Pe \to 0$。前面情况的重要性是因为很多在管内流动中的传质问题其 Pe 值较高。后者的重要性是因为其从下游区域对上游区域的浓度场产生最大的轴向扩散效应。由此, $Pe \to 0$ 的结果可以和 $Pe \to \infty$ 的结果进行比较, 此情况下, 下游条件对上游区域产生可以忽略的轴向扩散。

　　对于 $Pe \to \infty$ 的情况, 由方程 (9.268) 可知所有二阶导数都丢失了, 在 Peclet 数无穷大附近, 任何扰动都是异常的。在比较轴向和径向扩散项时的一个问题就是它们基于不同的长度尺度。轴向项实际上具有无限长度尺度, 而径向项具有等于 1 的无量纲参考长度。通过在轴向上定义新的无量纲变量, 可以减小较大 Pe 值的轴向长度的尺寸。

$$\bar{z} = \frac{z}{Pe} \tag{9.275}$$

由此, 方程 (9.268) 现在可以采用如下形式:

$$(1 - r^2) \frac{\partial C}{\partial \bar{z}} = \frac{1}{r} \frac{\partial}{\partial r}\left(r \frac{\partial C}{\partial r}\right) + \frac{1}{Pe^2} \frac{\partial^2 C}{\partial \bar{z}^2} \tag{9.276}$$

　　因为在高 Pe 值时, 方程 (9.276) 保留了轴向上的对流项和径向上的扩散项, 所以在每个方向存在一些传质机制, 上述变换看起来较为合理。对于 $Pe \to \infty$, 方程 (9.276) 显然可以简化为:

$$(1 - r^2) \frac{\partial C}{\partial \bar{z}} = \frac{1}{r} \frac{\partial}{\partial r}\left(r \frac{\partial C}{\partial r}\right) \tag{9.277}$$

　　因为当 Peclet 数变大时, 轴向扩散应该比轴向对流小, 则预期当 $Pe \to \infty$, 扩散项将会丢失。因此, PDE 已经从椭圆型偏微分方程转换为抛物线型偏微分方程, 现在必须将边界条件施加于具有时间方向 (在这种情况下为 $\bar{z}$ 方向) 的开放边界的区域。因此对于 $\bar{z}<0$, 方程 (9.227) 的边界条件是:

$$C = 0, \qquad \bar{z} = -\infty, \qquad 0 \leqslant r \leqslant 1 \tag{9.278}$$

$$C = \text{finite}, \qquad r = 0, \qquad -\infty \leqslant \bar{z} \leqslant 0 \tag{9.279}$$

$$\frac{\partial C}{\partial r} = 0, \qquad r = 0, \qquad -\infty \leqslant \bar{z} \leqslant 0 \tag{9.280}$$

　　对于 $\bar{z}<0$、$0 \leqslant r \leqslant 1$ 的区域, 方程 (9.277) 至方程 (9.280) 的解很显然为 $C=0$。因此, 对 $\bar{z}>0$ 的传质问题可以用方程 (9.277) 进行描述, 以下为边界条件:

$$C = 0, \qquad \bar{z} = 0, \qquad 0 \leqslant r < 1 \tag{9.281}$$

$$C = \text{finite}, \qquad r = 0, \qquad \bar{z} \geqslant 0 \tag{9.282}$$

$$C = 1, \qquad r = 1, \qquad \bar{z} > 0 \tag{9.283}$$

因此，对于 $\bar{z}>0$ 的浓度场，可以通过将开放边界上的 Dirichlet 条件代入抛物线型偏微分方程进行求解。在 $Pe \to \infty$ 极限条件下，椭圆型偏微分方程已经转化为抛物线型偏微分方程（初值问题），并且 $\bar{z}=\infty$ 处的边界条件已经降低。最后一个问题是著名的 Graetz 问题，这个问题的解法已经讨论过，例如 Brown（1960）已经讨论过。

对于 $Pe \to 0$，方程（9.268）可简化为椭圆型偏微分方程：

$$\frac{1}{r}\frac{\partial}{\partial r}\left(r\frac{\partial C}{\partial r}\right) + \frac{\partial^2 C}{\partial z^2} = 0 \tag{9.284}$$

方程（9.284）可以应用方程（9.269）至方程（9.273）作为辅助条件进行求解。因为包含了 $r=1$ 时混合类型的边界条件，所以这个问题难以求解。另外，由于上游区域的连续轴向扩散，当 $Pe \to 0$ 时，也不能完全忽略对流项。Acrivos（1980）已经注意到方程（9.284）代入方程（9.269）至方程（9.273）并没有稳态解。溶质的这种扩散最终使得方程（9.269）不可能得到满足。Acrivos 为这种情况构建了一个渐近的求解方案。然而，当上游边界条件改变时，可能获得 $Pe=0$ 的解。例如，如果从 $z=-\infty$ 到 $z=0$ 的管壁与恒定溶质质量密度的环境进行质量交换，并且质量交换是基于质量传递系数，则该问题可以求解。这是一个 Robin-Dirichlet 问题，最近通过使用格林函数和 Wiener-Hopf 程序来求解 Fredholm 积分方程（Vrentas 和 Vrentas，2007a），最终导出了这个问题的解决方案。此外，如果方程（9.272）（其中 $z<0$ 的管壁上的边界条件）由 Dirichlet 条件代替，则可以在 $Pe=0$ 极限条件下求解该问题：

$$C = 0, \qquad r = 1, \qquad -\infty \leqslant z < 0 \tag{9.285}$$

现在，既然问题变为 Dirichlet-Dirichlet 问题，而不是混合类型边界条件问题，边界值问题更容易解决。

方程（9.284）的解可以利用椭圆型方程的格林函数法根据方程（9.269）至方程（9.271）、方程（9.273）和方程（9.285）求解得到。此类椭圆型边界值的格林函数问题可以表示为：

$$\frac{1}{r}\frac{\partial}{\partial r}\left[r\frac{\partial g(r, z|r_0, z_0)}{\partial r}\right] + \frac{\partial^2 g(r, z|r_0, z_0)}{\partial z^2} = -\frac{\delta(r-r_0)\delta(z-z_0)}{2\pi r},$$
$$-\infty \leqslant z \leqslant \infty, \qquad 0 \leqslant r \leqslant 1 \tag{9.286}$$

$$g(r, -\infty|r_0, z_0) = 0, \qquad 0 \leqslant r \leqslant 1 \tag{9.287}$$

$$g(r, \infty|r_0, z_0) = 0, \qquad 0 \leqslant r \leqslant 1 \tag{9.288}$$

$$g(0, z|r_0, z_0) = \text{finite}, \qquad -\infty \leqslant z \leqslant \infty \tag{9.289}$$

$$g(1, z|r_0, z_0) = 0, \qquad -\infty \leqslant z \leqslant \infty \tag{9.290}$$

当通用格林函数方程从 $\theta=0$ 到 $\theta=2\pi$ 积分时，需要引入因子 2π。另外，因为所有修正边界值问题的非齐次边界条件是 Dirichlet 条件，则遵循方程（7.379）可以得到修正问题的解：

$$C(r, z) = -2\pi \int_{-\infty}^{\infty} h(1, z_0)\frac{\partial g(r, z|1, z_0)}{\partial r_0}\mathrm{d}z_0 \tag{2.291}$$

其中：

$$h(1, z_0) = 0, \quad z_0 < 0 \tag{9.292}$$

$$h(1, z_0) = 1, \quad z_0 > 0 \tag{9.293}$$

7.12 节讨论的局部特征函数扩展法可以用来解决上述格林函数问题。从变量分离分析，可以合理利用下面的扩展：

$$g(r, z \mid r_0, z_0) = \sum_{n=1}^{\infty} g_n(z) J_0(\alpha_n r) \tag{9.294}$$

其中，$J_p(x)$ 是第一种 p 级的贝塞尔函数；α_n 是方程（9.295）的正数零点：

$$J_0(\alpha_n) = 0 \tag{9.295}$$

利用贝塞尔函数的如下性质：

$$\int_0^1 r J_0(\alpha_m r) J_0(\alpha_n r) \, \mathrm{d}r = 0, \qquad \alpha_n \neq \alpha_m \tag{9.296}$$

$$\int_0^1 r J_0^2(\alpha_n r) \, \mathrm{d}r = \frac{J_1^2(\alpha_n)}{2} \tag{9.297}$$

得到下列结果：

$$g_n = \frac{1}{[J_1(\alpha_n)]^2} \int_0^1 r g J_0(\alpha_n r) \, \mathrm{d}r \tag{9.298}$$

现在，积分算子 $2\int_0^1 r J_0(\alpha_n r)(\cdot) \mathrm{d}r / [J_1(\alpha_n)]^2$ 可以应用于方程（9.286）的每一项以及方程（9.287）和方程（9.288），以得到如下一维格林函数问题：

$$\frac{\mathrm{d}^2 g_n}{\mathrm{d}z^2} - \alpha_n^2 g_n = -\frac{J_0(\alpha_n r_0) \delta(z - z_0)}{\pi [J_1(\alpha_n)]^2}, \quad -\infty < z < \infty \tag{9.299}$$

$$g_n(-\infty) = 0 \tag{9.300}$$

$$g_n(\infty) = 0 \tag{9.301}$$

利用 7.11 节中给出的格林函数常微分方程的方法推导得到如下结果：

$$g_n = \frac{J_0(\alpha_n r_0) \mathrm{e}^{-\alpha_n |z - z_0|}}{2\pi \alpha_n [J_1(\alpha_n)]^2} \tag{9.302}$$

结合方程（9.294）和方程（9.302），可得到格林函数偏微分方程的目标解：

$$g(r, z \mid r_0, z_0) = \frac{1}{2\pi} \sum_{n=1}^{\infty} \frac{J_0(\alpha_n r_0) J_0(\alpha_n r) \mathrm{e}^{-\alpha_n |z - z_0|}}{\alpha_n [J_1(\alpha_n)]^2} \tag{9.303}$$

方程（9.303）可用于提供方程（9.291）所需的径向导数，得到以下边界值问题的解：

$$C(r,\ z) = \sum_{n=1}^{\infty} \frac{J_0(\alpha_n r)}{J_1(\alpha_n)} \int_{-\infty}^{\infty} h(1,\ z_0) e^{-\alpha_n |z-z_0|} dz_0 \qquad (9.304)$$

当将方程（9.292）和方程（9.293）代入方程（9.304）中时，边界值问题的最终解可表示为：

$$C(r,\ z) = \sum_{n=1}^{\infty} \frac{J_0(\alpha_n r) e^{\alpha_n z}}{\alpha_n J_1(\alpha_n)}, \qquad z < 0 \qquad (9.305)$$

$$C(r,\ z) = 1 - \sum_{n=1}^{\infty} \frac{J_0(\alpha_n r) e^{\alpha_n z}}{\alpha_n J_1(\alpha_n)}, \qquad z > 0 \qquad (9.306)$$

该特殊的 Dirichlet–Dirichlet 问题对于传热应用很重要，但对于传质不是很重要。Carslaw 和 Jaeger（1959）用截然不同的方法解决了这个同样的问题。

9.11 与时间相关的界面阻力

在 6.4 节中，假设在微分阶跃吸附实验中，溶剂蒸气和玻璃态聚合物之间的界面处没有平衡。假定界面传质阻力是由在相边界上慢速过程造成的。对于这种情况，假设聚合物和玻璃相中渗透分子缓慢移动导致滞后的表面响应。对给定的微分吸附实验，在传质过程中界面传质系数 k 实际上保持恒定。

另一种可能的界面阻力来源是存在于分离两相界面上的少量表面活性材料。表面活性剂溶解在液体中并迁移到界面以形成阻碍相间传质的屏障。例如，当在气体相和含有溶解的表面活性物质的液体之间形成新鲜表面时，随着气体吸收过程的进行，表面活性剂将扩散到界面。随着表面老化，表面活性剂的表面浓度将随着接近平衡过量表面浓度而增加。由于预期界面阻力随着表面活性剂表面浓度的增加而增加是合理的，则可以预期通过老化界面的质量传递必然涉及依赖于时间的界面传质系数 $k(t)$。在这种情况下，界面阻力是由表面活性剂改变气液界面性能以适应气体分子撞击而引起的。一般来说，表面活性剂会导致界面传质系数随时间而降低。

本节的目的是确定具有时间依赖性的 k 对传质过程的影响。此处考察具有时间依赖性的界面传质系数的半无限介质中的扩散。考虑物质从纯气相到由溶剂组成的半无限液体的传递过程，扩散气体在液相（组分1）中，可溶性表面活性剂能够阻碍气体向界面传递。该体系为等温体系，没有化学反应，且传质过程是一维的。组分1和表面活性剂的浓度足够低，以至于在三元液体体系中这两种组分的扩散过程之间不存在耦联。因此，溶解气体的扩散通量可以用恒定的伪二元互扩散系数来表示。同样，对于稀溶液，微分比体积恒定，溶液密度 ρ 实际上是恒定的，并且在传质时可以忽略相体积变化。扩散场从 $x=0$ 处的基本上固定的界面延伸到 $x=\infty$ 处的不可渗透的固体边界，因此扩散场中质量平均速度处处为零。

对于气体扩散，传质过程可用下列方程组描述：

$$\frac{\partial \rho_1}{\partial t} = D \frac{\partial^2 \rho_1}{\partial x^2}, \qquad 0 \leq x \leq \infty, \qquad t \geq 0 \qquad (9.307)$$

230

$$\rho_1(x,\ 0) = \rho_{10}, \qquad x > 0 \tag{9.308}$$

$$\rho_1(\infty,\ t) = \rho_{10} \tag{9.309}$$

$$-D\left(\frac{\partial \rho_1}{\partial x}\right)_{x=0} = k(t)\left[\rho_{1E} - \rho_1(0,\ t)\right] \tag{9.310}$$

式中，ρ_{1E} 是与纯气相平衡的溶解气体的液相质量密度；ρ_{10} 是溶解气体的初始液相质量密度。

引入如下无量纲变量：

$$C = \frac{\rho_1(x,\ t) - \rho_{10}}{\rho_{1E} - \rho_{10}} \tag{9.311}$$

$$\tau = \frac{k_0^2 t}{D} \tag{9.312}$$

$$\xi = \frac{k_0 x}{D} \tag{9.313}$$

$$\lambda = \frac{k}{k_0} \tag{9.314}$$

得到以下无量纲方程组：

$$\frac{\partial C}{\partial \tau} = \frac{\partial^2 C}{\partial \xi^2} \tag{9.315}$$

$$C(\xi,\ 0) = 0, \quad \xi > 0 \tag{9.316}$$

$$C(\infty,\ \tau) = 0 \tag{9.317}$$

$$-\left(\frac{\partial C}{\partial \xi}\right)_{\xi=0} = \lambda(\tau)\left[1 - C(0,\ \tau)\right] \tag{9.318}$$

式中，k_0 是合适的参考传质系数。

由方程（9.318）可知，上述方程组是一个Ⅲ类问题（7.3节）。因此，不能以常用方式应用标准求解方法。然而，有可能利用拉普拉斯变换方法最终导出积分方程，其解可以得到浓度场的表达式。对以上方程组应用拉普拉斯变换可得：

$$\frac{\mathrm{d}^2 \overline{C}}{\mathrm{d}\xi^2} - p\overline{C} = 0 \tag{9.319}$$

$$\overline{C}(\infty) = 0 \tag{9.320}$$

$$-\left(\frac{\mathrm{d}\overline{C}}{\mathrm{d}\xi}\right)_{\xi=0} = L\{\lambda(\tau)\} - L\{\lambda(\tau)C(0,\ \tau)\} \tag{9.321}$$

方程（9.319）至方程（9.321）的解可表示为：

$$\overline{C} = \frac{\left[L\{\lambda(\tau)\} - L\{\lambda(\tau)C(0,\ \tau)\}\right]\exp(-\sqrt{p}\,\xi)}{\sqrt{p}} \tag{9.322}$$

因为

$$L^{-1}\left\{\frac{\exp(-\sqrt{p}\,\xi)}{\sqrt{p}}\right\} = \frac{\exp\left(-\dfrac{\xi^2}{4\,\tau}\right)}{\sqrt{\pi\,\tau}} \tag{9.323}$$

有可能使用卷积定理倒置方程（9.322），以得到如下解：

$$C(\xi,\ \tau) = \frac{1}{\sqrt{\pi}} \int_0^\tau \frac{\lambda(s)\left[1 - C(0,\ s)\right]}{\sqrt{\tau - s}} \exp\left[-\frac{\xi^2}{4(\tau - s)}\right] ds \tag{9.324}$$

因为方程（9.234）包含未知函数 $C(0,\ \tau)$，并不是该问题的显式解。因此，必须找到求解 $C(0,\ \tau)$ 的方法，以便可以由方程（9.234）获得 $C(\xi,\ \tau)$ 的显式解形式。

对于 $k = k_0$、$\lambda = 1$ 此特定情况，方程（9.322）可写作：

$$\overline{C}(\xi) = \left[\frac{1}{p^{\frac{3}{2}}} - \frac{\overline{C}(0)}{p^{\frac{1}{2}}}\right] \exp(-\sqrt{p}\,\xi) \tag{9.325}$$

所以

$$\overline{C}(0) = \frac{1}{p(1 + \sqrt{p})} \tag{9.326}$$

将方程（9.325）和方程（9.326）结合，随后倒置得到：

$$C(\xi,\ \tau) = \mathrm{erfc}\left(\frac{\xi}{2\sqrt{\tau}}\right) - \exp(\xi + \tau)\,\mathrm{erfc}\left(\frac{\xi}{2\sqrt{\tau}} + \sqrt{\tau}\right) \tag{9.327}$$

对于 $k = k(t)$ 的一般情况，可以通过在 $\xi = 0$ 处估算方程（9.324）以得到：

$$C(0,\ \tau) = \frac{1}{\sqrt{\pi}} \int_0^\tau \frac{\lambda(s)}{\sqrt{\tau - s}} ds - \frac{1}{\sqrt{\pi}} \int_0^\tau \frac{\lambda(s)C(0,\ s)}{\sqrt{\tau - s}} ds \tag{9.328}$$

这个方程是 $C(0,\ \tau)$ 的第二类 Volterra 积分方程。虽然有可能获得某些 $k(t)$ 的封闭形式解，但通常需要通过应用逐次逼近法来生成这些积分方程的级数解。例如，考虑以下关于 $k(t)$ 的表达式：

$$k = k_0 - ht \tag{9.329}$$

式中，k_0 是 0 时刻的界面传质系数；h 可以用来描述短时间内 k 随时间减少的情况。

随着溶解在溶剂中的表面活性剂向界面扩散并开始在表面积聚，界面传质系数将随着时间推移而降低。方程（9.329）的无量纲形式为：

$$\lambda = 1 - a\,\tau \tag{9.330}$$

$$a = \frac{hD}{k_0^3} \tag{9.331}$$

Duda 和 Vrentas（1967a）讨论了逐次逼近法的细节和此法通常应用的收敛证明。一旦推导出 $C(0,\ \tau)$ 的级数解，就可以将其代入方程（9.324）来确定 $C(\xi,\ \tau)$，即溶解气体的浓度分布。最后，可以用方程（9.332）计算界面处的瞬时质量通量 n_1。

$$\frac{n_1}{k_0(\rho_{1E} - \rho_{10})} = \lambda(\tau)[1 - C(0, \tau)] \tag{9.332}$$

对于由方程（9.330）描述的传质系数，$C(0, \tau)$ 的解可以表示为：

$$C(0, \tau) = \sum_{n=1}^{\infty} E_n \tau^{\frac{n}{2}} \tag{9.333}$$

其中，E_n 的表达式由 Duda 和 Vrentas（1967a）列出。

如上所述，这类问题有时可能得到封闭形式的解。例如，考虑方程（9.334）情况。

$$\lambda = \frac{b}{\tau^{\frac{1}{2}}} \tag{9.334}$$

其中，b 为无量纲常数。对于此种情况，扩散问题可以由方程（9.315）至方程（9.317）和方程（9.318）的如下修正形式进行描述：

$$-\left(\frac{\partial C}{\partial \xi}\right)_{\xi=0} = \frac{b}{\tau^{\frac{1}{2}}}[1 - C(0, \tau)] \tag{9.335}$$

引入类似变量：

$$\eta = \frac{\xi}{2\tau^{\frac{1}{2}}} \tag{9.336}$$

将其代入方程（9.315）至方程（9.317）和方程（9.335），即得到如下常微分方程和描述 $C(\eta)$ 的相关边界条件：

$$\frac{d^2 C}{d\eta^2} + 2\eta \frac{dC}{d\eta} = 0 \tag{9.337}$$

$$C(\infty) = 0 \tag{9.338}$$

$$\left(\frac{dC}{d\eta}\right)_{\eta=0} = -2b[1 - C(0)] \tag{9.339}$$

这组方程组的封闭形式解为：

$$C(\xi, \tau) = \frac{b\sqrt{\pi}}{1 + b\sqrt{\pi}}\mathrm{erfc}\left(\frac{\xi}{2\tau^{\frac{1}{2}}}\right) \tag{9.340}$$

9.12　层流液体射流扩散分析

　　气体向层流液体射流的扩散提供了确定溶解气体在液体中扩散系数的有效方法。对层流射流扩散问题的分析需要求解流体力学问题以及分析传质过程。因为气体的溶解度相对较低，液体射流的黏度和密度实际上是恒定的，并且由于传质而引起的任何相变都非常小。因此，运动方程和总体连续性方程不受质量传递过程的影响，传质和流体力学问题之间存在单边耦合。

对于相对较高雷诺数的层流液体射流的速度场，可以使用非正交曲线坐标系之一（Duda 和 Vrents，1967b）的 Protean 坐标系来计算。Protean 坐标系的形成基于流场的性质，由于希腊神话中的海神 Proteus 存在不同的形态，该坐标系以其名字 Proteus 来命名。同时，也可以利用 Protean 坐标系分析与流体力学问题耦合的传质问题。由于对这两个问题的分析需要对非正交坐标系使用曲线向量和张量分析，因此其细节在其他地方（Duda 和 Vrentas，1967b，1968c）予以给出，而在这里仅给出最终结果。

在层流射流实验中，可以使用皂膜仪测量给定温度下每单位时间吸收的气体质量 Q。质量 Q 与气液溶解体系的二元互扩散系数 D 有关：

$$\frac{Q}{4\pi^{\frac{1}{2}}R_0^{\frac{3}{2}}u_a^{\frac{1}{2}}Re^{\frac{1}{2}}(\rho_{1E}-\rho_{I0})} = D^{\frac{1}{2}}\tau^{\frac{1}{2}} \tag{9.341}$$

式中，R_0 为射流喷嘴半径；u_a 为射流喷嘴平均轴向速度；ρ_{IE} 为气液界面溶解气的平衡浓度；ρ_{I0} 为溶解气的入口浓度；Re 为雷诺数，$Re = 2R_0u_a\rho/\mu$。

另外，τ 定义为：

$$\tau = \int_0^\zeta R_s^2 u_s \mathrm{d}\zeta' \tag{9.342}$$

其中，R_s 为射流半径/喷嘴半径；u_s 为圆柱体坐标射流轴向表面速度/u_a；$\zeta = \xi/Re$；ξ＝轴向 Protean 坐标距离变量/R_0。

可以通过流体力学的数值解法求得变量 u_s 和 R_s。

由方程（9.341）可知，可由 Q 对 $\sqrt{\tau}$ 图的斜率确定特殊气液体系的 D 值。可以通过设定不同的射流速度和射流长度收集此图中数据。通过假设射流速度分布在任意长度处均一可简化方程（9.341），由此可得：

$$R_s^2 u_s = 1 \tag{9.343}$$

$$\tau = \zeta \tag{9.344}$$

该情况下，方程（9.341）可简化为：

$$\frac{Q}{4\pi^{\frac{1}{2}}R_0^{\frac{3}{2}}u_\alpha^{\frac{1}{2}}(\rho_{1E}-\rho_{I0})} = D^{\frac{1}{2}}\xi^{\frac{1}{2}} \tag{9.345}$$

通过保持形成的边界层在喷嘴圆柱形喉口处尽可能小并且通过使用较长喷射长度，可以接近由方程（9.345）表示的这种理想情况。射流必须足够长，从而使速度分布基本上完全在整个射流长度的一小部分中释放。如果满足上述条件，则方程（9.345）可代替方程（9.341）用以确定 D。

9.13 隔膜池分析

通常认为隔膜池技术是一种方便、准确的测量液体体系扩散系数的方法。Tyrrell 和

Harris（1984）讨论了隔膜池技术的实验细节和实验分析的相关方面。本节旨在对传质过程数学分析进行更加细致的讨论。

典型的隔膜池如图 9.11 所示。两个充分混合的储液池由一薄且多孔的隔层隔开。多孔膜中的扩散是一维恒温过程。因为随着传质过程的进行，两室中浓度随时间变化，所以严格上说该实验是非稳态传质过程。然而，由于两室中液体体积比多孔膜中液体体积大得多，室中浓度变化缓慢。另外，因为隔膜内液体体积相对较小，相对于储液器中的浓度变化，膜内浓度分布的变化较为迅速。因此，在给定瞬间，多孔隔膜的浓度分布是与储层浓度一致的稳态分布。因此，虽然总过程是非稳态过程，但隔膜内液层经过了一系列稳态，且在任意时间可以用稳态方程描述在那一瞬时的扩散过程。

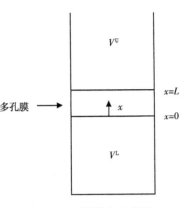

图 9.11　隔膜池示意图

考虑厚度为 L 的隔膜池内经过准稳态扩散过程的由组分 1、组分 2 组成的二元体系。假设两组分的微分比体积与组成无关，所以混合不会引起体积变化。由于下部储室的总体积 V^L 和多孔膜内液体体积必然恒定，体系混合没有体积变化，那么上室的总体积 V^U 不随时间变化。下室体积表示为：

$$V^L = m_1^L \hat{V}_1 + m_2^L \hat{V}_2 \tag{9.346}$$

其中，m_I^L 是组分 I 在下室内的质量。方程微分得到：

$$0 = \frac{\mathrm{d}V^L}{\mathrm{d}t} = \hat{V}_1 \frac{\mathrm{d}m_1^L}{\mathrm{d}t} + \hat{V}_2 \frac{\mathrm{d}m_2^L}{\mathrm{d}t} \tag{9.347}$$

两组分在下室的质量平衡可表示为：

$$\frac{\mathrm{d}m_1^L}{\mathrm{d}t} = -n_1 A \tag{9.348}$$

$$\frac{\mathrm{d}m_2^L}{\mathrm{d}t} = -n_2 A \tag{9.349}$$

式中，n_I 是组分 I 在隔膜入口 $x=0$ 处的质量通量；A 是扩散横截面积。

将方程（9.348）和方程（9.349）代入方程（9.347）得到：

$$0 = \hat{V}_1 n_1 + \hat{V}_2 n_2 \tag{9.350}$$

因为组分 x 在隔膜内的 n_1 和 v^V 可表示为：

$$n_1 = \rho_1 v^V - D \frac{\partial \rho_1}{\partial x} \tag{9.351}$$

$$v^V = \hat{V}_1 n_1 + \hat{V}_2 n_2 \tag{9.352}$$

在隔膜 $x=0$ 处一维扩散可用方程（9.353）描述：

$$n_1 = \rho_1(\hat{V}_1 n_1 + \hat{V}_2 n_2) - D\frac{\partial \rho_1}{\partial x} \tag{9.353}$$

另外，隔膜内组分 1 一维、准稳态过程的物质连续性方程可简写为：

$$\frac{\partial n_1}{\partial_x} = 0 \tag{9.354}$$

因此

$$n_1 = n_1(t) \tag{9.355}$$

适用于隔膜内扩散路径上。因此，可知方程（9.353）描述了隔膜内任意位置的扩散通量。结合方程（9.350）和方程（9.353）可得：

$$n_1 = -D\frac{\partial \rho_1}{\partial x} \tag{9.356}$$

因此

$$-n_1 = \left(D\frac{\partial \rho_1}{\partial x}\right)_{x=0} - \left(D\frac{\partial \rho_1}{\partial x}\right)_{x=L} = \left(D\frac{\partial \rho_1}{\partial x}\right)_{x=x} \tag{9.357}$$

两室的质量平衡可写作：

$$V^{L}\frac{d\rho_1^{L}}{dt} = -n_1 A \tag{9.358}$$

$$V^{U}\frac{d\rho_1^{U}}{dt} = -n_1 A \tag{9.359}$$

因此

$$d\rho_1^{U} = -\frac{V^{L}}{V^{U}}d\rho_1^{L} \tag{9.360}$$

方程（9.358）和方程（9.359）可改写为：

$$\frac{d\rho_1^{L}}{dt} = \frac{A}{V^{L}}D\frac{\partial \rho_1}{\partial x} \tag{9.361}$$

$$\frac{d\rho_1^{U}}{dt} = \frac{A}{V^{U}}D\frac{\partial \rho_1}{\partial x} \tag{9.362}$$

方程（9.361）与方程（9.362）作差得：

$$\frac{d(\rho_1^{L}-\rho_1^{U})}{dt} = A\left(\frac{1}{V^{L}}+\frac{1}{V^{U}}\right)D\frac{\partial \rho_1}{\partial x} \tag{9.363}$$

从 $x=0$ 到 $x=L$ 积分，产生任一瞬时结果如下：

$$\frac{d(\rho_1^L - \rho_1^U)}{dt} = \frac{A}{L}\left(\frac{1}{V^L} + \frac{1}{V^U}\right)\int_{\rho_1^L}^{\rho_1^U} D d\rho_1 \tag{9.364}$$

如果在整个实验浓度区间把 D 看作常数，再将方程（9.364）从 $t=0$ 到 $t=t$ 积分得：

$$\ln\left[\frac{\rho_1^L(t) - \rho_1^U(t)}{\rho_1^L(0) - \rho_1^U(0)}\right] = -Dt\beta \tag{9.365}$$

其中：

$$\beta = \frac{A}{L}\left(\frac{1}{V^L} + \frac{1}{V^U}\right) \tag{9.366}$$

这个通常是分析隔膜池实验的简单结果（Tyrrell 和 Harris，1984）。参数 β 是隔膜池常数。通常，很难准确获得有效扩散面积 A 和隔膜池有效厚度 L，而且必须通过校准实验确定 β。当假定 D 为常数时，只应用扩散实验的初始浓度和终止浓度，由方程（9.365）可直接确定扩散系数。值得注意的是，假设 β 中包括隔膜内的曲折效应。

当不能忽略 D 的浓度依赖性时，必须进行扩展以确定 $D(\rho_1)$。通常要利用迭代法进行（Robinson 等，1965；Tyrrell 和 Harris，1984）。然而，如果可由实验确定与时间相关的 ρ_1^L 和 ρ_1^U，可能直接计算平均扩散系数。该情况下，用方程（9.364）可直接确定 $\overline{D}(t)$：

$$\overline{D}(t) = \frac{\int_{\rho_1^L}^{\rho_1^U} D d\rho_1}{\rho_1^U - \rho_1^L} \tag{9.367}$$

很明显，$\overline{D}(t)$ 是在 ρ_1^L 和 ρ_1^U 浓度区间与时间相关的积分扩散系数。方程（9.367）可确定 $D(\rho_1)$ 的起始点。值得注意的是，使用 $t=0$ 的数据，则方程（9.360）可用于得到 ρ_1^L 和 ρ_1^U 之间如下的关联式：

$$\rho_1^U = \rho_1^U(0) + \frac{V^L}{V^U}\rho_1^L(0) - \frac{V^L}{V^U}\rho_1^L \tag{9.368}$$

9.14　海洋水族馆去除溶解有机碳

去除海洋水族馆水中不同有机杂质是成功维护水族馆的重要方面。长期以来，一直将粒状活性炭（GAC）应用于图 9.12 所示的系统，以去除海洋水族馆中的溶解有机碳。在该系统中，将固定床吸附塔连接到假定为搅拌釜的水族箱上。吸附塔装有 GAC，水族箱中的水连续循环通过该吸附塔。此传质问题的分析必须要有两个步骤：首先，将已知浓度的有机杂质添加到釜中，并且在时间 $t=0$ 时开始循环水。监测作为时间函数的溶解有机碳浓度，建立起吸附塔和搅拌釜中非稳态传质过程理论。采用数据和理论确定正在使用的 GAC 类型和存在的有机杂质类型的吸附速率常数。一旦完成，采用稳态分析得出关联水族箱中溶解有机碳的稳态浓度与系统操作变量的方程。

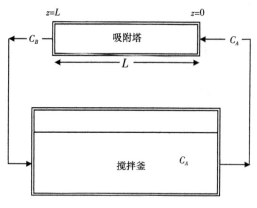

图 9.12　海洋水族馆体系

图 9.12 所示的体系传质分析基于应用以下假设：

（1）搅拌釜型水族箱内的搅拌非常均匀。

（2）假定吸附塔中速度和浓度分布均一。

（3）可以忽略吸附塔中轴向扩散。

（4）GAC 上溶解有机碳的吸附不可逆，假设总时间段内，空吸附活性位数量不会明显变化，所以吸附速率为 kC。此处，k 为吸附速率常数，C 是水族箱水中溶解有机碳的质量密度。

吸附塔中传质过程可用如下一阶偏微分方程和辅助条件描述：

$$\frac{\partial C}{\partial t} + u\frac{\partial C}{\partial z} = -kC \tag{9.369}$$

$$C(0,\ t) = C_A(t) \tag{9.370}$$

$$C(z,\ 0) = 0 \tag{9.371}$$

其中，u 是吸附塔中均一轴向速度。值得注意的是，吸附塔内开始没有有机杂质。对上述方程组进行拉普拉斯变换，得到：

$$u\frac{\mathrm{d}\overline{C}}{\mathrm{d}z} = -\overline{C}(k+p) \tag{9.372}$$

$$\overline{C}(0) = \overline{C}_A \tag{9.373}$$

可求解得到：

$$\overline{C}(z) = \overline{C}_A\exp\left[-\frac{(k+p)}{u}z\right] \tag{9.374}$$

方程（9.374）倒置得到如下解：

$$C(z,\ t) = 0, \qquad t < \frac{z}{u} \tag{9.375}$$

$$C(z,\ t) = C_A\left(t - \frac{z}{u}\right)\exp\left(-\frac{kz}{u}\right), \qquad t > \frac{z}{u} \tag{9.376}$$

其遵循：

$$C_B(t) = C(L,\ t) = 0, \qquad t < \frac{L}{u} \tag{9.377}$$

$$C_B(t) = C(L,\ t) = C_A\left(t - \frac{L}{u}\right)\exp\left(-\frac{kL}{u}\right), \qquad t > \frac{L}{u} \tag{9.378}$$

搅拌釜的质量平衡可简单表示为以下常微分方程：

$$\frac{\mathrm{d}C_A}{\mathrm{d}t} = \frac{Q}{V}(C_B - C_A) \tag{9.379}$$

式中，Q 是体系中的体积流速；V 是水族箱内流体体积。

将水族箱中溶解有机碳的初始质量密度表示的初始条件代入，即可求解出方程（9.379）。

$$C_A(t = 0) = C_I \tag{9.380}$$

代入方程（9.380）并结合方程（9.377）和方程（9.379），可以得到水族箱中杂质浓度的表达式：

$$C_A(t) = C_I \mathrm{e}^{-\frac{Qt}{V}}, \quad t < \frac{L}{u} \tag{9.381}$$

当 $t > L/u$ 时，结合方程（9.378）和方程（9.379）得到以下微分差值方程：

$$\frac{\mathrm{d}C_A}{\mathrm{d}t} = \frac{Q}{V}\left[C_A\left(t - \frac{L}{u}\right)\exp\left(-\frac{kL}{u}\right) - C_A(t)\right] \tag{9.382}$$

假设其解的形式为 $C_A = K\exp(-\lambda t)$，要求 $t < L/u$ 和 $t > L/u$ 的解与 $t = L/u$ 的解相匹配，由此得到方程（9.382）的解：

$$C_A = C_I \mathrm{e}^{-\frac{QL}{Vu}} \mathrm{e}^{\frac{\lambda L}{u}} \mathrm{e}^{-\lambda t} \tag{9.383}$$

$$\lambda = \frac{Q}{A}(1 - \mathrm{e}^{-\frac{kL}{u}} \mathrm{e}^{\frac{\lambda L}{u}}) \tag{9.384}$$

既然已知 Q、V、L 和 u，由 $\ln C_A$ 与 t 的关系图得到 λ，然后由方程（9.384）计算得到 k。

如果 G 是水族箱内每单位体积溶解有机碳质量的恒定生成速率，可在水族箱内达到稳态浓度，釜内稳定质量平衡简单地表示为：

$$0 = Q(C_B - C_A) + GV \tag{9.385}$$

另外，吸附塔的稳态方程为：

$$u\frac{\mathrm{d}C}{\mathrm{d}z} = -kC \tag{9.386}$$

其具有

$$C(0) = C_A \tag{9.387}$$

因此，吸附塔的质量密度可由方程（9.388）得到：

$$C(z) = C_A \mathrm{e}^{-\frac{kz}{u}} \tag{9.388}$$

可知

$$C_B = C(L) = C_A e^{-\frac{kL}{u}} \tag{9.389}$$

因此，结合方程（9.385）和方程（9.389）得到：

$$C_A = \frac{GV}{Q(1 - e^{-\frac{kL}{u}})} \tag{9.390}$$

对已知的 G 和 V，通过合适选择操作变量 Q、u 和 L 来控制 C_A，可以使水族箱内溶解有机碳达到稳定值。值得注意的是，如果水族箱在新的 GAC 负荷下运行，上述稳态分析仅对空置活跃地点数量变化不大的时期有效。随着更多杂质被吸收，空活性位数量明显下降，必须分析复杂非稳态过程。

9.15 嵌段共聚物的非稳定扩散

有时通过形成非均相嵌段共聚物可得到复合聚合物材料。通常需要将这类聚合物材料的传质性能与嵌段聚合物的形态联系起来。对于有高度定向层状形态的嵌段共聚物，可以直接采用这种方式。比如，可以准确分析片状共聚物的扩散过程，其聚合物薄片由平行于聚合物样品中主扩散方向取向的薄片制备而成。

考虑将溶质气体等温二维扩散到聚合物 B—聚合物 S 嵌段共聚物中的过程，如图 9.13 所示。希望确定该系统的溶质浓度场和溶质重量作为时间的函数。引入以下假设进行分析：

（1）聚合物 B 相中溶质的质量密度 C_B 和聚合物 S 相中溶质的质量密度 C_S 足够小，所以实际上两个聚合物相中的互扩散系数 D_B 和 D_S 保持恒定不变。

（2）随着传质过程的发展，每一相的尺寸变化量可忽略不计，由扩散通量引起的任何诱导对流都很小（8.2 节），在扩散场的任何位置质量平均速度都基本为 0。

（3）两聚合物相完全不互溶，所以每个聚合物相都含有一个单一的聚合物和溶质。因此，在 $x=L_B$ 层间界面很明显。

（4）在 y–0 处，共聚物薄片接触溶质气体，每一聚合物相溶质表面浓度都与位置和时间无关。在与气相平衡的聚合物 B 相的溶质质量密度为 C_0。

（5）聚合物相质量密度基本恒定，且没有化学反应发生。

（6）相边界的溶质分配系数 K 与组成无关，且在 $x=L_B$ 处溶质存在相平衡。

（7）开始体系中没有溶质。

（8）在 $y=L$ 处有不可渗透的固体壁，图 9.13 所示的几何结构在此聚合物薄片中重复出现。

引入以下无量纲变量，将描述二维扩散过程的相关方程写成无量纲形式：

$$Q = \frac{C_B}{C_0}, \qquad q = \frac{C_S}{C_0} \tag{9.391}$$

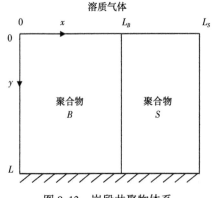

图 9.13 嵌段共聚物体系

$$\xi = \frac{x}{L}, \qquad \eta = \frac{y}{L}, \qquad \tau = \frac{D_B t}{L^2} \tag{9.392}$$

$$h_1 = \frac{L_B}{L}, \qquad h_2 = \frac{L_S}{L}, \qquad \beta = \frac{D_S}{D_B} \tag{9.393}$$

聚合物 B 和聚合物 S 中扩散的物质连续性方程可写作：

$$\frac{\partial Q}{\partial \tau} = \frac{\partial^2 Q}{\partial \xi^2} + \frac{\partial^2 Q}{\partial \eta^2}, \qquad 0 < \eta < 1, \qquad 0 < \xi < h_1 \tag{9.394}$$

$$\frac{\partial q}{\partial \tau} = \beta \left(\frac{\partial^2 q}{\partial \xi^2} + \frac{\partial^2 q}{\partial \eta^2} \right), \qquad 0 < \eta < 1, \qquad h_1 < \xi < h_2 \tag{9.395}$$

两相初始条件可简单写作：

$$Q = 0, \qquad \tau = 0, \qquad 0 < \eta \leq 1, \qquad 0 \leq \xi \leq h_1 \tag{9.396}$$

$$q = 0, \qquad \tau = 0, \qquad 0 < \eta \leq 1, \qquad h_1 \leq \xi \leq h_2 \tag{9.397}$$

$\eta = 1$ 处固体壁的不可渗透性要求：

$$\frac{\partial Q}{\partial \eta} = 0, \qquad \eta = 1, \qquad 0 \leq \xi \leq h_1 \tag{9.398}$$

$$\frac{\partial q}{\partial \eta} = 0, \qquad \eta = 1, \qquad h_1 \leq \xi \leq h_2 \tag{9.399}$$

气体—聚合物界面的平衡条件可表示如下：

$$Q = 1, \qquad \eta = 0, \qquad 0 \leq \xi \leq h_1 \tag{9.400}$$

$$q = K, \qquad \eta = 0, \qquad h_1 \leq \xi \leq h_2 \tag{9.401}$$

聚合物 B—聚合物 S 界面的平衡条件可写作：

$$q = QK, \qquad \xi = h_1, \qquad 0 < \eta < 1 \tag{9.402}$$

溶质在此边界的跳跃质量平衡可简化为：

$$\beta \frac{\partial q}{\partial \xi} = \frac{\partial Q}{\partial \xi}, \qquad \xi = h_1, \qquad 0 < \eta < 1 \tag{9.403}$$

最终，共聚物薄片的周期性质要求应用以下边界条件：

$$\frac{\partial Q}{\partial \xi} = 0, \qquad \xi = 0, \qquad 0 < \eta < 1 \tag{9.404}$$

$$\frac{\partial q}{\partial \xi} = 0, \qquad \xi = h_2, \qquad 0 < \eta < 1 \tag{9.405}$$

一旦用以上方程组计算出浓度场，可用方程（9.406）计算共聚物薄片中与时间相关的溶质质量变化：

$$\frac{M}{M_\infty} = \frac{\int_0^1 \int_0^{h_1} Q \mathrm{d}\xi \mathrm{d}\eta + \int_0^0 \int_{h_1}^{h_2} q \mathrm{d}\xi \mathrm{d}\eta}{h_1 + (h_2 - h_1)K} \qquad (9.406)$$

式中，M 和 M_∞ 分别是时间 t 和无穷大时间处对应的进入单位长度共聚物薄片的溶质质量。

可以使用许多方法来推导出上述边界值问题的精确解。可以用变量分离法，考虑一个具有不连续系数运算的特征值问题（Ramkrishna 和 Amundson，1985）。或者，可以应用转换方法。该方法利用拉普拉斯变换法和有限傅里叶变换，并且需要在复变量平面积分以转化拉普拉斯变换。此处只展示第一种方法。Vrentas 和 Vrentas（1997）讨论了第二种方法和第一种方法的其他细节。

变量分离法利用不连续系数微分运算的频谱分析。对方程（9.394）至方程（9.405），利用以下分离解形式：

$$Q = 1 + \sum_{p=1}^\infty \sum_{m=1}^\infty A_{mp} \sin\left[\frac{(2p+1)\pi\eta}{2}\right] \exp(-\lambda_{mp}\tau) Q_{mp}(\xi) \qquad (9.407)$$

$$q = K + \sum_{p=1}^\infty \sum_{m=1}^\infty A_{mp} \sin\left[\frac{(2p+1)\pi\eta}{2}\right] \exp(-\lambda_{mp}\tau) q_{mp}(\xi) \qquad (9.408)$$

这两个解的形式与方程（9.398）至方程（9.401）一致，采用适当的特征函数系数 A_{mp} 的值以满足初始条件以及方程（9.396）和方程（9.397）。另外，以下 λ_{mp} 特征值问题的解可保证满足方程（9.394）、方程（9.395）和方程（9.402）至方程（9.405）：

$$\frac{\mathrm{d}^2 Q_{mp}}{\mathrm{d}\xi^2} + (\lambda_{mp} - \mu_p^2) Q_{mp} = 0, \qquad 0 < \xi < h_1 \qquad (9.409)$$

$$\mu_p = \frac{(2p+1)\pi}{2} \qquad (9.410)$$

$$\beta \frac{\mathrm{d}^2 q_{mp}}{\mathrm{d}\xi^2} + (\lambda_{mp} - \beta\mu_p^2) q_{mp} = 0, \qquad h_1 < \xi < h_2 \qquad (9.411)$$

$$q_{mp} = KQ_{mp}, \qquad \xi = h_1 \qquad (9.412)$$

$$\beta \frac{\mathrm{d}q_{mp}}{\mathrm{d}\xi} = \frac{\mathrm{d}Q_{mp}}{\mathrm{d}\xi}, \qquad \xi = h_1 \qquad (9.413)$$

$$\frac{\mathrm{d}Q_{mp}}{\mathrm{d}\xi} = 0, \qquad \xi = 0 \qquad (9.414)$$

$$\frac{\mathrm{d}q_{mp}}{\mathrm{d}\xi} = 0, \qquad \xi = h_2 \qquad (9.415)$$

用一个自变量 W_{mp} 可以方便表述以上特征值问题，在 $\xi = h_1$ 的系数 $w(\xi)$ 中，其解 L 具有不连续性：

$$LW_{mp} + \lambda_{mp} W_{mp} \big| = 0 \qquad (9.416)$$

$$L = w(\xi)\frac{\mathrm{d}^2}{\mathrm{d}\xi^2} - \mu_p^2 w(\xi) \tag{9.417}$$

$$w(\xi) = 1, \qquad 0 < \xi < h_1 \tag{9.418}$$

$$w(\xi) = \beta, \qquad h_1 < \xi < h_2 \tag{9.419}$$

$$W_{mp}(h_1^+) = K W_{mp}(h_1^-) \tag{9.420}$$

$$\beta \frac{\mathrm{d}W_{mp}}{\mathrm{d}\xi}(h_1^+) = \frac{\mathrm{d}W_{mp}}{\mathrm{d}\xi}(h_1^-) \tag{9.421}$$

$$\frac{\mathrm{d}W_{mp}}{\mathrm{d}\xi} = 0, \ \xi = 0 \tag{9.422}$$

$$\frac{\mathrm{d}W_{mp}}{\mathrm{d}\xi} = 0, \ \xi = h_2 \tag{9.423}$$

对于这里所研究的函数 u 和 v，其在区间 $[0, h_2]$ 上是平方可积的，可以将内积定义为：

$$\langle u, v \rangle = \int_0^{h_1} u(\xi)v(\xi)\mathrm{d}\xi + \frac{1}{K}\int_{h_1}^{h_2} u(\xi)v(\xi)\mathrm{d}\xi \tag{9.424}$$

可以看出：

$$\langle Lu, v \rangle - \langle u, Lv \rangle = 0 \tag{9.425}$$

因此，体系的微分算子是自轭的。特征值 λ_{mp} 为正实数，且对应不同特征值的特征函数都是正交的（Vrentas 和 Vrentas，1997）。

可以得到以上问题特征值的定义方程，也可以用方程（9.416）至方程（9.423）得到相关特征函数的表达式。特征值的特征方程可写作：

$$-\frac{K\beta d_{mp}}{D_{mp}} = \frac{\tan(D_{mp}h_1)}{\tan[d_{mp}(h_2 - h_1)]} \tag{9.426}$$

$$D_{mp} = (\lambda_{mp} - \mu_p^2)^{\frac{1}{2}} \tag{9.427}$$

$$d_{mp} = \left(\frac{\lambda_{mp}}{\beta} - \mu_p^2\right)^{\frac{1}{2}} \tag{9.428}$$

特征函数可表示为：

$$W_{mp} = \cos(D_{mp}\xi) = Q_{mp}, \qquad 0 < \xi < h_1 \tag{9.429}$$

$$W_{mp} = \frac{K\cos(D_{mp}h_1)\cos[d_{mp}(h_2 - \xi)]}{\cos[d_{mp}(h_2 - h_1)]} = q_{mp}, \qquad h_1 < \xi < h_2 \tag{9.430}$$

最终，可用特征函数的正交性质计算得到特征函数系数 A_{mp}：

$$A_{mp} = \frac{\langle g_p, W_{mp} \rangle}{\langle W_{mp}^2 \rangle} \tag{9.431}$$

$$g_p = -\frac{4}{(2p+1)\pi}, \qquad 0 < \xi < h_1 \tag{9.432}$$

$$g_p = -\frac{4K}{(2p+1)\pi}, \qquad h_1 < \xi < h_2 \tag{9.433}$$

由这些方程直接得到 A_{mp} 的如下结果：

$$A_{mp} = \frac{(\mathrm{NUM})_{mp}}{(\mathrm{DEN})_{mp}} \tag{9.434}$$

$$(\mathrm{NUM})_{mp} = \frac{2\mu_p \sin(D_{mp}h_1)(\beta-1)}{D_{mp}(\lambda_{mp} - \beta\mu_p^2)} \tag{9.435}$$

$$(\mathrm{DEN})_{mp} = \frac{h_1}{2} + \frac{K(h_2 - h_1)}{2}\frac{\cos^2(D_{mp}h_1)}{\cos^2[d_{mp}(h_2 - h_1)]} -$$
$$\frac{\sin(D_{mp}h_1)\cos(D_{mp}h_1)\mu_p^2(\beta-1)}{2D_{mp}(\lambda_{mp} - \beta\mu_p^2)} \tag{9.436}$$

由方程（9.407）和方程（9.408）可描述该物理环境的浓度场，由方程（9.426）至方程（9.430）可得到特征值和特征函数，由方程（9.434）至方程（9.436）可确定特征函数系数。以上求解形式对全时间、全方面比例和两相中任意溶质扩散系数都有效。之前对嵌段共聚物非稳态扩散的研究仅适用于较小 β 值情况（Faridi 等，1995）。最终，可与实验数据对比的重要量 M/M_∞ 可通过方程（9.406）推导得到以下结果：

$$\frac{M}{M_\infty} = 1 + \sum_{p=1}^{\infty}\sum_{m=1}^{\infty}\frac{A_{mp}\exp(-\lambda_{mp}\tau)\pi(2p+1)(1-\beta)\sin(D_{mp}h_1)}{2D_{mp}[h_1 + K(h_2 - h_1)][\lambda_{mp} - \beta\mu_p^2]} \tag{9.437}$$

9.16 溶剂包覆聚合物膜的干燥

人造纤维、黏合剂和各种其他聚合物产品的生产通常涉及聚合物溶液的干燥。镀膜和干燥过程是把聚合物溶液的连续膜沉积在以恒定速度 v 移动的适宜基质上。当涂层穿过烘箱时，通过强制对流连续干燥涂层。溶剂涂覆的聚合物膜的这种干燥过程涉及许多热量、质量和动量的传递过程，包括从涂层表面溶剂蒸发、涂层的对流热和膜收缩。

干燥过程通常是连续稳态过程，Vrentas 和 Vrentas（1994d）已经开发出传热和传质以及流体力学的稳态模型。然而，对于移动穿过无孔基底上干燥箱的聚合物溶液包，有可能将这种稳态分析转换为不稳定传热和扩散分析。除了本节介绍的前两个方程之外，其他所有方程都描述了非稳态过程。Vrentas 和 Vrentas（1944d）详细考虑了稳态方程及其向非稳态方程的转换。

干燥过程的稳态形式如图 9.14 所示。聚合物层初始厚度为 L。对于此流体力学问题，假定密度具有恒定的平均值，并且由于聚合物膜中变形率低，聚合物溶液表现为牛顿流体。此外，假定气体是无黏性的，因此不会对聚合物膜产生阻力，且每个气相中的压力基本均一。另外，聚合物—溶剂混合物并不是在聚合物膜中任何位置都处于玻璃态。由此表明，聚合物相中质量平均速度的 x 分量和 y 分量 v_x^P 和 v_y^P 可简单表示为以下结果（Vrentas 和 Vrentas，1994d）：

$$v_x^P = 0 \tag{9.438}$$

$$v_y^P = V \tag{9.439}$$

其中，上标 P 代表聚合物相。由于聚合物薄片较薄，可以忽略引力效应，因此聚合物相压力基本均一。值得注意的是，因为聚合物薄片宽度远比厚度大，所以在 z 方向没有速度或梯度。

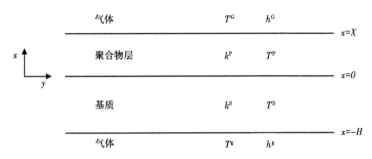

图 9.14　干燥过程几何结构示意图（Vrentas 和 Vrentas，1994d）

因为可以忽略轴向扩散和轴向传导，上述流体力学结果使得可将干燥过程当作不稳定的一维传质问题进行处理。假设在传热问题中可以将平均常数值用于热能方程中的密度、热容量和热导率。此外，聚合物膜中不存在黏性耗散，且辐射传热量可忽略不计。最后，假定气相对流传热阻力远大于聚合物和基质层中的热传导阻力。因此，聚合物膜和基底层实际上是单一均匀温度。从热能方程得出，聚合物和基质相中的热传递可通过方程（9.440）和方程（9.441）描述：

$$\rho^P \hat{C}_p^P \frac{\partial T^P}{\partial t} = k^P \frac{\partial^2 T^P}{\partial x^2} \tag{9.440}$$

$$\rho^S \hat{C}_p^S \frac{\partial T^S}{\partial t} = k^S \frac{\partial^2 T^S}{\partial x^2} \tag{9.441}$$

式中，k 是热传导系数；$\hat{C}_p$ 是恒压比热容；上标 S 表示基质相。

值得注意的是，现在二维稳态问题已经转化为一维非稳态问题。

对于涉及聚合物和单一溶剂的传质问题，有必要令聚合物相中的聚合物和溶剂的微分比体积不同，因此总质量密度成为组成的函数。然而，假定在每个温度下微分比体积与组成无关，所以二元溶液在混合时不存在体积变化。假定微分比体积的温度依赖性可以忽略不计。在上述条件下，平均体积速度应该应用在溶剂的物质连续性方程中，其中溶剂是二元混合物中的组分 1。因为平均体积速度矢量的散度为零，且假定基质是不可渗透的，所以在聚合物膜中各处的平均体积速度的 x 分量为零。因此，聚合物相中溶剂的物质连续性方程可写作：

$$\frac{\partial \rho_1^P}{\partial t} = \frac{\partial}{\partial x}\left(D^P \frac{\partial \rho_1^P}{\partial x}\right) \tag{9.442}$$

需要注意的是，D^P 通常是二元聚合物相中与浓度和温度密切相关的函数。

现在，可以构建出在 $x=-H$ 处的气体—基质界面，在 $x=0$ 处的聚合物—基质界面和在 $x=X(t)$ 的气体—聚合物界面等处的边界条件。假设温度场相界面处存在跳跃能量平衡，且在相界面处温度保持连续。如果相界面的动能效应可以忽略不计，则在分隔任何 A 和 B 两相相边界的跳跃能量平衡可以表示如下（Slattery，1999）：

$$\rho^A \hat{U}^A(v^A \cdot n^* - U^* \cdot n^*) + q^A \cdot n^* - v^A \cdot (T^A \cdot n^*)$$
$$= \rho^B \hat{U}^B(v^B \cdot n^* - U^* \cdot n^*) + q^B \cdot n^* - v^B \cdot (T^B \cdot n^*) \tag{9.443}$$

式中，$\hat{U}^J$ 是 J 相的比内能；q^J 是 J 相的导热通量矢量。

另外，在这里可以根据传热传质系数表示气相中复杂的传热传质过程。比如，气相—聚合物相界面适用以下传热结果：

$$q^G \cdot n^* = h^G(T^P - T^G) \tag{9.444}$$

其中，单位法矢量 n^* 指向气相。另外，假设界面处达到相平衡，则关联方程气相中组分 1 的界面分压 p_{1i}^G 与聚合物相组分 1 的质量密度 ρ_1^P 表示如下：

$$p_{1i}^G = f(\rho_1^P) \tag{9.445}$$

最后，可通过方程（3.77）确定气相的溶剂流量：

$$\rho_1^G(v_1^G \cdot n^* - U^* \cdot n^*) = k_1^G(\rho_{1i}^G - \rho_{1b}^G) \tag{9.446}$$

式中，k_1^G 是组分 1 气相中传质系数；p_{1b}^G 是组分 1 的气相主体平均分压。

在 $x=-H$ 处，相边界是固定的，且总跳跃质量平衡要求 x 组分的气相速度为 0。此外，根据傅里叶导热定律关联任意 J 相的导热通量向量与 J 相的温度 T^J，表示如下：

$$q^J = -k^J \nabla T^J \tag{9.447}$$

因此，由于在界面上所有法向速度为 0，则结合方程（9.443）、方程（9.447）以及方程（9.444）形式的一个方程，得到在 $x=-H$ 处如下的温度边界条件：

$$k^S \frac{\partial T^S}{\partial x} = h^g(T^S - T^g) \tag{9.448}$$

由于所有法向速度为 0，在 $x=0$ 处跳跃能量守恒化简为：

$$k^P \frac{\partial T^P}{\partial x} = k^S \frac{\partial T^S}{\partial x} \tag{9.449}$$

另外，在 $x=0$ 处温度的连续性要求，在相界面有方程（9.450）成立：

$$T^P = T^S \tag{9.450}$$

在 $x=X(t)$ 处，跳跃能量守恒，总跳跃质量守恒，方程（9.444）、方程（9.447）可与跳跃线性动量方程相结合，从而得到以下结果：

$$k^{\mathrm{P}} \frac{\partial T^{\mathrm{P}}}{\partial x} = \Delta \hat{H}_{\mathrm{v}} \rho^{\mathrm{P}} \frac{\mathrm{d}X}{\mathrm{d}t} + h^{\mathrm{G}}(T^{\mathrm{G}} - T^{\mathrm{P}}) \tag{9.451}$$

式中，$\Delta \hat{H}_{\mathrm{v}}$ 是体系比蒸发焓。

只有聚合物相需要浓度边界条件。方程（9.445）表示了聚合物相溶剂质量密度和在 $x = X(t)$ 处溶剂分压之间的关系。另外，由于基质不可渗透，$x = 0$ 处的边界条件为：

$$\frac{\partial \rho_1^{\mathrm{P}}}{\partial x} = 0 \tag{9.452}$$

该边界条件由 8.1 节的讨论推导得到。结合溶剂（组分 1）的跳跃质量平衡与方程（9.446）可得到在 $x = X(t)$ 处边界条件如下：

$$-D^{\mathrm{P}} \frac{\partial \rho_1^{\mathrm{P}}}{\partial x} - \rho_1^{\mathrm{P}} \frac{\mathrm{d}X}{\mathrm{d}t} = k_1^{\mathrm{G}}(p_{1\mathrm{i}}^{\mathrm{G}} - p_{1\mathrm{b}}^{\mathrm{G}}) \tag{9.453}$$

最后，可由聚合物跳跃质量平衡得到相边界移动方程：

$$\frac{\mathrm{d}X}{\mathrm{d}t} = \left[\frac{D^{\mathrm{P}} \hat{V}_1^{\mathrm{P}}}{1 - \rho_1^{\mathrm{P}} \hat{V}_1^{\mathrm{P}}} \frac{\partial \rho_1^{\mathrm{P}}}{\partial x} \right]_{x=X} \tag{9.454}$$

此结果的推导需要利用表 2.4 中的方程（E）。因此，可将方程（9.445）、方程（9.452）和方程（9.453）以及非稳态问题的适宜初始条件代入方程（9.442），从而计算出溶剂质量密度分布函数 $\rho_1(x, t)$。如果假设涂膜以均一组成 ρ_{10}^{P} 开始干燥过程，初始条件简化为：

$$\rho_1^{\mathrm{P}}(0, x) = \rho_{10}^{\mathrm{P}} \tag{9.455}$$

显然，溶剂质量密度分布的求解取决于体系 $X(t)$ 和温度的可获得性。根据如下初始条件求解方程（9.454），可计算得到界面位置 $X(t)$：

$$X(0) = L \tag{9.456}$$

可以推导出如下形式温度分布的简单方程。因为聚合物膜和基质层都有单一的均匀温度，由方程（9.450）得到：

$$T^{\mathrm{P}} = T^{\mathrm{S}} = T \tag{9.457}$$

其中，温度 T 应用于基质和聚合物膜中。对方程（9.440）从 $x = 0$ 到 $x = X(t)$ 积分，对方程（9.441）从 $x = -H$ 到 $x = 0$ 积分，将得到的方程相加，并利用方程（9.448）、方程（9.449）、方程（9.451）和方程（9.457）得到以下关于温度 T 的方程：

$$\frac{\mathrm{d}T}{\mathrm{d}t} = \frac{h^{\mathrm{G}}(T^{\mathrm{G}} - T) - h^{\mathrm{g}}(T - T^{\mathrm{g}}) + \Delta \hat{H}_{\mathrm{v}} \rho^{\mathrm{P}} \dfrac{\mathrm{d}X}{\mathrm{d}t}}{H \rho^{\mathrm{S}} \hat{C}_p^{\mathrm{S}} + X \rho^{\mathrm{P}} \hat{C}_p^{\mathrm{P}}} \tag{9.458}$$

因为可以合理预期涂膜在均匀温度 T_0 下进入干燥箱，所以可以根据以下初始条件求解方程（9.458）：

$$T(0) = T_0 \tag{9.459}$$

必须利用数值方法求解以上非线性方程组。将方程组转化为无量纲形式，引入以下转化式可很方便地固定相界面：

$$\eta = \frac{x}{X(t)} \tag{9.460}$$

应用显式有限差分法可方便地求解溶剂质量密度的非线性抛物线型偏微分方程。显式形式也可用于其他时间导数。Vrentas 和 Vrentas（1994d）描述了传递方程的无量纲形式和数值法。对传递问题应用平均体积速度的优势在于溶剂的物质连续性方程可包含具有浓度依赖性的总密度，且在溶剂的物质连续性方程中仍然没有对流项。

9.17 通过伴随固体溶解平板的流动和扩散

考虑组分 B 沿着无限宽平板流动，该无限宽平板涂覆有微溶于流体 B 的物质 A。将该板浸入无限宽且无限厚的组分 B 流中。流体速度分布为

$$v_x = Ky \qquad y_y = 0 \qquad v_z = 0 \tag{9.461}$$

其中，K 是常数（图 9.15）。组分 A 溶解在流体中并通过对流和扩散穿过流体。因为存在少量组分 A，那么实际上总质量密度、速度和互扩散系数恒定。体系处于稳态，该问题的轴向扩散可以忽略，所以组分 A 浓度可设为 $x = 0$。组分 A 在流体 B 的溶解度为 $\rho_A = \rho_{AE}$，入口物流中没有组分 A。假设因组分 A 的溶解导致涂层平板厚度变化可以忽略，体系浓度梯度引起的法向速度很小。9.10 节考虑的管流传质问题中引入了同样的两个假设。

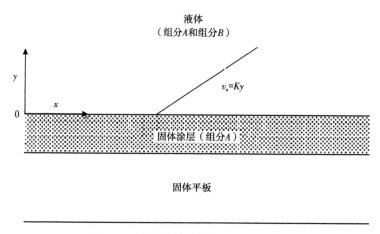

图 9.15 通过伴随固体溶解平板的流动

上述问题可以看作从圆柱形管壁原料释放的短接触时间解法（Truskey 等，2009）。除了 Truskey 等人之外的许多作者都曾在书中提出这个问题的解法。这里再次考虑这个问题，是因为它提供了扩散问题不同类型的相似变换的例子，且涉及固体溶解的问题中可以建立

忽略边界运动和诱导对流的数学条件。对于此问题，组分 A 的物质连续性方程是方程（4.143）的一个特例，当忽略轴向扩散时，可写成如下形式：

$$v_x \frac{\partial \rho_A}{\partial x} = D \frac{\partial^2 \rho_A}{\partial y^2} \tag{9.462}$$

抛物线型偏微分方程的边界条件可写作：

$$\rho_A(0, y) = 0, \qquad y > 0 \tag{9.463}$$

$$\rho_A(x, 0) = \rho_{AE}, \qquad x > 0 \tag{9.464}$$

$$\rho_A(x, \infty) = 0, \qquad x \geqslant 0 \tag{9.465}$$

因为上述为线性方程组，可应用许多方法求解该问题，需要选择最简单的求解方法。相似变换方法得到的求解形式相对简单，因此此处利用该方法。Truskey 等（2009）提出一种分析方法考虑以下变量的组合：

$$\eta = \frac{y}{x^{\frac{1}{3}}} \tag{9.466}$$

由此得到了此问题的相关偏导数结果：

$$\frac{\partial \rho_A}{\partial x} = -\frac{\eta}{3x} \frac{d\rho_A}{d\eta} \tag{9.467}$$

$$\frac{\partial \rho_A}{\partial y} = \frac{1}{x^{\frac{1}{3}}} \frac{d\rho_A}{d\eta} \tag{9.468}$$

$$\frac{\partial^2 \rho_A}{\partial y^2} = \frac{1}{x^{\frac{2}{3}}} \frac{d^2 \rho_A}{d\eta^2} \tag{9.469}$$

因此，将方程（9.461）、方程（9.467）和方程（9.469）代入方程（9.462）得到常微分方程：

$$\frac{d^2 \rho_A}{d\eta^2} + \frac{\eta^2}{3\alpha} \frac{d\rho_A}{d\eta} = 0 \tag{9.470}$$

$$\alpha = \frac{D}{K} \tag{9.471}$$

另外，化简方程（9.463）至方程（9.465）的 3 个边界条件为以下两个边界条件：

$$\rho_A(0) = \rho_{AE} \tag{9.472}$$

$$\rho_A(\infty) = 0 \tag{9.473}$$

对方程（9.470）的第一步积分得到：

$$\frac{d\rho_A}{d\eta} = C_1 \exp\left(-\frac{\eta^3}{9\alpha}\right) \tag{9.474}$$

进行第二步积分并应用方程（9.472）和方程（9.473），可得如下结果：

$$\frac{\rho_A}{\rho_{AE}} = \frac{\displaystyle\int_q^\infty \exp\left[-\frac{\eta^3}{9\alpha}\right]\mathrm{d}\eta}{\displaystyle\int_0^\infty \exp\left(-\frac{\eta^3}{9\alpha}\right)\mathrm{d}\eta} \tag{9.475}$$

$$q = \frac{y}{x^{\frac{1}{3}}} \tag{9.476}$$

其可重新写作：

$$\frac{\rho_A}{\rho_{AE}} = \frac{\displaystyle\int_u^\infty \mathrm{e}^{-\sigma^3}\mathrm{d}\sigma}{\displaystyle\int_0^\infty \mathrm{e}^{-\sigma^3}\mathrm{d}\sigma} \tag{9.477}$$

$$u = \frac{y}{(9\alpha x)^{\frac{1}{3}}} \tag{9.478}$$

利用相似变换法可成功得到相对简单的解。值得注意的是，应用伽马函数的定义，可将方程（9.477）的分母进行简化（Spiegel，1968）：

$$\int_0^\infty \mathrm{e}^{-\sigma^3}\mathrm{d}\sigma = \frac{\Gamma\left(\dfrac{1}{3}\right)}{3} \tag{9.479}$$

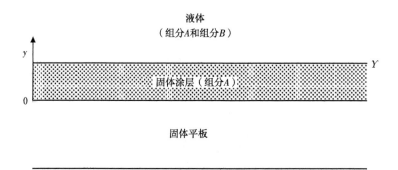

图 9.16　固液体系的相界面

通过跳跃质量平衡分析可得到图（9.16）中显示的固液界面行为。假设固体溶质在液相溶解度较低，固体溶质不可渗透到溶剂中。因为组分 A 固体涂层的密度恒定，且涂层底部速度为 0，所以固体涂层任意位置速度必须为 0。相界面的总跳跃质量平衡可写作：

$$\rho^{\mathrm{S}}\left(v^{\mathrm{S}} - \frac{\mathrm{d}Y}{\mathrm{d}t}\right) = \rho^{\mathrm{L}}\left(v^{\mathrm{L}} - \frac{\mathrm{d}Y}{\mathrm{d}t}\right) \tag{9.480}$$

式中，上标 S 和 L 分别代表固相和液相；Y 是相界面位置。

既然 $v^{\mathrm{S}} = 0$，则方程（9.480）可简化为：

$$v^{L} = \frac{\rho^{L} - \rho^{S}}{\rho^{L}} \frac{dY}{dt} \tag{9.481}$$

当然，跳跃平衡的所有质量都由相界面处的估算得到。溶剂组分 B 的跳跃质量平衡可写作：

$$\rho_{B}^{S}\left(v_{B}^{S} - \frac{dY}{dt}\right) = \rho_{B}^{L}\left(v_{B}^{L} - \frac{dY}{dt}\right) \tag{9.482}$$

化简为：

$$\frac{dY}{dt} = v^{L} + \frac{j_{B}^{L}}{\rho_{B}^{L}} \tag{9.483}$$

由于固相中没有组分 B，则 $\rho_{B}^{S} = 0$。因为

$$j_{B}^{L} = -j_{A}^{L} = D\left(\frac{\partial \rho_{A}^{L}}{\partial y}\right)_{y=Y} \tag{9.484}$$

方程（9.483）可重新写作：

$$\frac{dY}{dt} = v^{L} + \frac{D}{\rho_{B}^{L}}\left(\frac{\partial \rho_{A}^{L}}{\partial y}\right)_{y=Y} \tag{9.485}$$

结合方程（9.481）和方程（9.485）得到：

$$v^{L} = \left(\frac{\rho^{L}}{\rho_{S}} - 1\right)\frac{D}{\rho_{B}^{L}}\left(\frac{\partial \rho_{A}^{L}}{\partial y}\right)_{y=Y} \tag{9.486}$$

这是固液边界处平均质量速度的法向分量。此外，结合方程（9.485）和方程（9.486）得到描述相界面移动的方程如下：

$$\frac{dY}{dt} = \frac{\rho^{L}}{\rho^{S}}\frac{D}{\rho_{B}^{L}}\left(\frac{\partial \rho_{A}^{L}}{\partial y}\right)_{y=Y} \tag{9.487}$$

通过下列无量纲变量，将方程（9.486）和方程（9.487）转化为无量纲形式，则可评估相界面移动和法向速度分量的重要性，其中 Y_{0} 是平板初始厚度：

$$(\rho_{A}^{L})^{*} = \frac{\rho_{A}^{L}}{\rho_{AE}} \tag{9.488}$$

$$Y^{*} = \frac{Y}{Y_{0}}, \quad y^{*} = \frac{y}{Y_{0}} \tag{9.489}$$

$$t^{*} = \frac{Dt}{Y_{0}^{2}}, \quad (v^{L})^{*} = \frac{v^{L}Y_{0}}{D} \tag{9.490}$$

方程（9.486）和方程（9.487）可转化为下列无量纲方程：

$$v^{L} = \left(\frac{\rho^{L}}{\rho^{S}} - 1\right)\frac{\rho_{AE}}{\rho_{B}^{L}}\left(\frac{\partial \rho_{A}^{L}}{\partial y}\right)_{y=Y} \tag{4.491}$$

$$\frac{dY}{dt} = \frac{\rho^L}{\rho^S} \frac{\rho_{AE}}{\rho_B^L} \left(\frac{\partial \rho_A^L}{\partial y}\right)_{y=Y} \tag{9.492}$$

其中为了方便，省略了星号。因为假设组分 A 在溶剂（组分 B）中溶解度很低，ρ_{AE}/ρ_B^L 的值很小，所以 v_L 和 dY/dt 都很小。仅当 $v_L = 0$ 和 $dY/dt = 0$ 时，方程（9.461）描述的速度场是运动方程的解。对于组分 A 涂层的低溶解度，上述两个条件接近，因此方程（9.461）是适合固体溶解问题的速度场。

通常，对涉及流体混合物的流场，可以用两种方法耦合流体力学和传质问题。第一种，牛顿流体的总质量密度和速度通常是溶质浓度的函数，因此连续性方程和运动方程直接耦合以解决传质问题。第二种，传质效应导致相界面移动和边界处的诱导法向速度。这种情况下，流体力学问题的边界条件取决于浓度场。对于足够稀的流体混合物，总质量密度和速度实际上都与溶质浓度无关，由此连续方程和运动方程实际上无法耦合到物质连续性方程。另外，对于足够稀的溶液，边界移动和诱导法向速度很小，因此流体力学问题的边界条件与浓度场无关。对于本节考虑的问题和 9.10 节讨论的问题，需要考虑稀溶液，因此这些问题的流体力学结果与浓度场无关。

9.18　垂直层状液体射流的气体吸附

9.12 节分析了用于确定溶剂气液体系互扩散系数的层状流体射流扩散实验。应用 Protean 坐标系（Duda 和 Vrentas，1968c）进行的分析对液体射流中溶解气可忽略的轴向扩散以及液相中气体相对小渗透深度（短接触时间）均有效。该分析适用于射流中心基本不受射流表面吸附影响的接触时间。在该分析中，不需要假定射流的轴向速度分布在每个射流长度处处均匀。

通过假定射流的轴向速度分布在每个射流长度处处均匀，可以对垂直、层流、牛顿液体射流中的气体吸收进行稍微不同的分析，以延长接触时间。对于轴向速度分布基本上完全在总射流长度的一小部分中弛豫的情况，这种假设可以导致较大的变化结果。该分析可以用于低气体溶解度、可忽略的轴向扩散和可忽略的相体积变化的情况。9.12 节的分析并不要求均匀的轴向速度分布，但其仅限于短接触时间。本节中的分析假定每个射流长度处的轴向速度分布均匀，但没有接触时间限制。

对于从圆形喷嘴排出的液体射流，浓度和速度场是轴对称的，角速度在任何地方均为零，且假定没有化学反应。此外，该体系处于稳定状态，并且由于溶解气体的较低溶解度，总质量密度 ρ 和二元互扩散系数 D 基本恒定。因此，从表 2.5 可得，圆柱坐标系的总体连续性方程可写作：

$$\frac{1}{r}\frac{\partial}{\partial r}(rv_r) + \frac{\partial v_z}{\partial z} = 0 \tag{9.493}$$

与液体射流体相邻的基本上纯净的气相会对液体表面施加可忽略的曳力，因此可能出现平面轴向速度分布。Vrentas 和 Vrentas（2004a）已经证明，平面轴向速度分布充分逼近不可压缩牛顿流体的细长轴对称射流。这个结果可以用跳跃线性动量方程表示。因此，方程（9.493）可以写作：

$$\frac{\partial(rv_r)}{\partial r} = -r\frac{\mathrm{d}u_{\mathrm S}}{\mathrm{d}z} \tag{9.494}$$

其中，$u_{\mathrm S}(z)$ 是因重力作用而加速的垂直射流在给定轴向位置的均一轴向速度，轴向速度由引力效应积累。因为 $v_r\,(r=0)=0$，从 $r=0$ 到 $r=r$ 对方程（9.494）积分得到 r 处径向速度的表达式：

$$v_r = -\frac{r}{2}\frac{\mathrm{d}u_{\mathrm S}}{\mathrm{d}z} \tag{9.495}$$

如果假设可以忽略轴向扩散，遵循方程（4.143）、方程（A.104）和方程（A.105），物质连续性方程可写作：

$$v_r\frac{\partial\rho_I}{\partial r} + v_z\frac{\partial\rho_I}{\partial z} = \frac{D}{r}\frac{\partial}{\partial r}\left(r\frac{\partial\rho_I}{\partial r}\right) \tag{9.496}$$

其中，ρ_I 是溶解气质量密度。结合方程（9.495）和方程（9.496）得到如下的线性 SCE 形式，方程左侧是空间自变量的函数：

$$-\frac{r}{2}\frac{\mathrm{d}u_{\mathrm S}}{\mathrm{d}z}\frac{\partial\rho_I}{\partial r} + u_{\mathrm S}\frac{\partial\rho_I}{\partial z} = \frac{D}{r}\frac{\partial}{\partial z}\left(r\frac{\partial\rho_I}{\partial r}\right) \tag{9.497}$$

为了简化方程（9.497），需引入以下自变量：

$$\eta = rf(z),\qquad \xi = z \tag{9.498}$$

其中，$f(z)$ 是后面选择的任意函数。利用这些新自变量，方程（9.497）表示为如下形式：

$$\frac{\partial\rho_I}{\partial\eta}\left(-\frac{r}{2}f\frac{\mathrm{d}u_{\mathrm S}}{\mathrm{d}z} + u_{\mathrm S}r\frac{\mathrm{d}f}{\mathrm{d}z}\right) + u_{\mathrm S}\frac{\partial\rho_I}{\partial\xi} = Df^2\left[\frac{1}{\eta}\frac{\partial}{\partial\eta}\left(\eta\frac{\partial\rho_I}{\partial\eta}\right)\right] \tag{9.499}$$

如果令方程（9.499）左侧括号里的项为 0，则可简化为方程（9.500）：

$$\frac{u_{\mathrm S}}{f^2}\frac{\partial\rho_I}{\partial\xi} = D\left[\frac{1}{\eta}\frac{\partial}{\partial\eta}\left(\eta\frac{\partial\rho_I}{\partial\eta}\right)\right] \tag{9.500}$$

由方程（9.499）可知，如果满足方程（9.501），则括号中的项为 0：

$$f = u_{\mathrm S}^{\frac{1}{2}} \tag{9.501}$$

所以描述气体吸附到射流的偏微分方程简化为：

$$\frac{\partial\rho_I}{\partial\xi} = D\left[\frac{1}{\eta}\frac{\partial}{\partial\eta}\left(\eta\frac{\partial\rho_I}{\partial\eta}\right)\right] \tag{9.502}$$

其中：

$$\eta = ru_{\mathrm S}^{\frac{1}{2}} \tag{9.503}$$

现在可以方便地引入下述无量纲变量：

$$C = \frac{\rho_{IE} - \rho_I}{\rho_{IE} - \rho_{I0}} \tag{9.504}$$

$$\xi^* = \frac{\xi}{R_0} \tag{9.505}$$

$$\eta^* = \frac{\eta}{R_0 u_a^{\frac{1}{2}}} = \frac{r u_S^{\frac{1}{2}}}{R_0 u_a^{\frac{1}{2}}} \tag{9.506}$$

其中，ρ_{I0} 是射流内溶解气的入口质量密度；ρ_{IE} 是气液界面溶解气的平衡质量密度；R_0 是喷嘴半径；u_a 是喷嘴平均轴向速度。

由宏观质量平衡可得：

$$R_S^2 u_S = R_0^2 u_a \tag{9.507}$$

其中，R_S 是给定射流长度的喷嘴半径。因此，当 $r = R_S$ 时 $\eta^* = 1$。因此，方程（9.502）的无量纲形式可写作：

$$\frac{\partial C}{\partial \xi} = \beta \left[\frac{1}{\eta} \frac{\partial}{\partial \eta} \left(\eta \frac{\partial C}{\partial \eta} \right) \right] \tag{9.508}$$

$$\beta = \frac{D}{R_0 U_a} \tag{9.509}$$

其中，为了简便，省略了星号。因为当 $r = 0$ 时 $\eta^* = 0$，所以 $r = R_s$ 时 $\eta^* = 1$，无量纲边界条件可写作：

$$C(\eta, 0) = 1 \tag{9.510}$$

$$C(0, \xi) = \text{边界} \tag{9.511}$$

$$C(1, \xi) = 0 \tag{9.512}$$

其中，星号再次被省略。

用变量分离法求解上述边界值问题。利用 $C = N(\eta)S(\xi)$ 解形式得到具有分离常数 k^2 的下列结果：

$$\frac{1}{N} \left[\frac{1}{\eta} \frac{d}{d\eta} \left(\eta \frac{dN}{d\eta} \right) \right] = \frac{1}{\beta S} \frac{dS}{d\xi} = -k^2 \tag{9.513}$$

根据方程（9.513）得到 Sturm-Liousville 问题和一阶常微分方程：

$$\frac{d}{d\eta} \left(\eta \frac{dN}{d\eta} \right) + k^2 \eta N = 0 \tag{9.514}$$

$$N(1) = 0, \qquad N(0) = \text{边界} \tag{9.515}$$

$$\frac{dS}{d\xi} + k^2 \beta S = 0 \tag{9.516}$$

比较具有基本 Sturm-Liouville 形式 ［方程(7.38)］ 的方程（9.514），得到下列鉴定式：

$$\rho(\eta) = \eta, \quad q(\eta) = 0, \quad r(\eta) = \eta, \quad \lambda = k^2 \tag{9.517}$$

注意，不要混淆应用 Sturm-Liouville 理论的 r 和径向坐标系变量 r。

方程（9.514）是贝塞尔方程的解（Churchill，1969）：

$$N(\eta) = C_1 J_0(k\eta) + C_2 Y_0(k\eta) \tag{9.518}$$

其中，$J_0(k\eta)$ 是第一类零阶贝塞尔函数，$Y_0(k\eta)$ 是第二类零阶贝塞尔函数。因为 $Y_0(k\eta)$ 在 $\eta = 0$ 处不受限制，有必要令 $C_2 = 0$，由此可得：

$$N(\eta) = C_1 J_0(k\eta) \tag{9.519}$$

如果选定的 k 能满足边界条件 $N(1) = 0$，则

$$J_0(k) = 0 \tag{9.520}$$

因此，此 Sturm-Liouville 问题的特征值可写作 $\lambda_j = k_j^2$，相应特征值函数为 $J_0(k_j\eta)$。由 7.4 节的讨论可知，有可数的无穷大特征值 λ_1、λ_2 等，且每个特征值 $\lambda_j = k_j^2$ 均为实数。另外，已知方程（9.520）有无限多实根，如果 k_j 为其根，则 $-k_j$ 也是其根（Churchill，1969）。最后，在 $\eta = 0$ 到 $\eta = 1$ 区间内，当 $k_p \neq k_q$ 时，特征函数 $J_0(k_p\eta)$ 和 $J_0(k_q\eta)$ 与加权函数 $r(\eta) = \eta$ 正交：

$$\int_0^1 \eta J_0(k_p\eta) J_0(k_q\eta) \, d\eta = 0 \tag{9.521}$$

对此 Sturm-Liouville 问题，在 $\eta = 0$ 处没有边界条件，但 $p(0) = 0$。

由方程（9.519）得到特征函数：

$$N_j(\eta) = C_j J_0(k_j\eta), \qquad j = 1, 2, \cdots \tag{9.522}$$

其中，因为负根不能给出线性无关的特征函数，所以只使用方程（9.520）的正根。另外，方程（9.516）的解简化为：

$$S_j = D_j \exp(-\beta k_j^2 \xi) \tag{9.523}$$

因此，用所有的 N_j 和 S_j 可以得出所有解的叠加结果：

$$C = \sum_{j=1}^{\infty} A_j J_0(k_j\eta) \exp(-\beta k_j^2 \xi) \tag{9.524}$$

如果方程（9.525）成立，则满足入口条件：

$$1 = C(\eta, 0) = \sum_{j=1}^{\infty} A_j J_0(k_j\eta) \tag{9.525}$$

利用特征函数的正交性质得到：

$$A_j = \frac{\displaystyle\int_0^1 \eta J_0(k_j\eta) \, d\eta}{\displaystyle\int_0^1 \eta J_0^2(k_j\eta) \, d\eta} \tag{9.526}$$

对于特征函数系数，两个积分估算的结果如下：

$$A_j = \frac{2}{k_j J_1(k_j)} \tag{9.527}$$

因此,层状射流浓度场可用方程(9.528)表示:

$$\frac{\rho_{IE} - \rho_I}{\rho_{IE} - \rho_{I0}} = 2\sum_{j=1}^{\infty} \frac{J_0\left(\dfrac{k_j r u_S^{\frac{1}{2}}}{R_0 u_a^{\frac{1}{2}}}\right)\exp\left(-\dfrac{D k_j^2 z}{R_0^2 u_a}\right)}{k_j J_1(k_j)} \tag{9.528}$$

由射流的流体力学得到速度 u_s,由于气体溶解度低,因此射流的流体力学没有与传质问题耦合。

层状射流的形状可以通过仅求解流体力学问题确定。由于液体射流的不规则形状取决于液体中的速度场,因此此流体力学问题是非线性的(见 7.1 节)。然而,由于此浓度场不影响稀释极限条件下射流的形状,因此浓度场的边界值问题是线性的。

9.19　药物传输中聚合物的应用

可记录的历史中,药物一直都用于预防和治疗疾病。药物传输到身体中可分为施用、吸收、分配和消除 4 步(Tozer,1997)。

本节旨在简要介绍这 4 步,并对如何利用聚合物提高药物治疗过程的效率给出建议。施用是将药物引入身体的过程;这可通过不同方法完成。吸收是将药物引入血液流动的过程,分配是使药物运送到特定位置的过程,而消除是药物通过排泄或通过身体的化学改变离开身体的过程。

因为口服给药方便且通常安全无痛,似乎是摄入药物的最普遍路线。口服给药的药物从胃肠道(GI)吸收,大部分在小肠中吸收。药物必须通过肠壁进入总循环系统。药物可以通过其低 pH 值和消化酶在 GI 中发生化学变化,因此吸收量可以显著降低。药物也可以通过静脉注射给药,使药物不必通过肠壁就能进入总循环。由于将针头直接插入静脉进行注射,因此静脉注射是快速准确给药的好方法。然而,静脉注射可能不够方便且存在痛苦,因此趋向于降低患者依从性。药物吸收进入血流的速度和程度都很重要。如果药物释放得太快,活性药物的血液水平可能导致过度反应。如果药物释放得太慢,大部分药物可能会被消除而没有被吸收。然而,可以配制在较长的时间内缓慢释放药物活性组分的药物产品。将这样的可控释放的产品设计成在体内接近恒定的药物释放速度。

分配过程发生在药物吸收到血流之后。一旦进入血流中,药物在体内循环,平均循环时间为 1min(Tozer,1977)。然后,该药物可以与一个或多个目标位点相互作用。某些药物能够作用于许多不同的组织或器官,而其他药物只能作用于身体的特定部位。因为药物可以不同速度穿透身体的不同区域,所以药物的生物半衰期可以对其有效性产生重要影响。使用半衰期较长的药物时可应用较低药物浓度和较低剂量,从而获得更好的治疗效果。为达到有效的药物分配,有必要通过增加对这些位点的运送和减少运送到不需要的位点,即靶式给药到特殊位点。如果药物具有能够结合位点细胞表面上受体的构型,则可以增加到达靶位点的药物量。

如上所述，药物通过药物代谢或排泄被消除。肝脏是药物化学改变的主要部位，而肾脏是排泄的主要器官。肾脏过滤的程度取决于被消除分子的尺寸。因此，通过将适宜的分子共价连接到药物上可以显著增加药物半衰期。

有几种聚合物可以促进药物输送。对药物的修饰会影响给药方法的选择。例如，药物可以掺入聚合物颗粒中，因此在 GI 系统的恶劣环境中它可以受到一定程度的保护。因此，低 pH 值和消化酶对药物的影响较小，药物主要在更加有利的环境中释放。此外，将药物掺入仔细选择的聚合物颗粒中可以对药物吸收进入血流的速度施加一定的控制。组合聚合物和药物可得到可控缓释的产品，如果配制适当，其可以在接近恒定的药物释放速率下进入血流。最后，聚合物可用于延长药物的生物半衰期。例如，聚乙二醇与蛋白质的共价结合可以显著增加蛋白质产品的半衰期。

在本节中，研究了应用聚合物—药物组合来达到恒定药物释放速率的可行性。因为聚合物可以用来控制释放速率，可以使用不同的聚合物和不同的聚合物分子量来尝试达到基本恒定的药物释放速率。聚合物基质可以用作黏结剂，使目标药物可被溶解或使其分子分散。假设药物释放速率可以通过无定形、非交联聚合物的溶解行为来控制，该聚合物在其玻璃态和橡胶态区域中始终没有晶体。应用液体溶剂溶解聚合物—药物体系的分析，与 9.5 节中应用的研究橡胶态聚合物溶解于液体溶剂中的分析类似。通过如下假设和限制构建此过程的传质模型：

（1）扩散过程为等温过程，且没有化学反应。任何压力对液体混合物密度的影响均可以忽略。

（2）聚合物、药物和溶剂完全混溶，由此体系表现为单一的三元液相。另外，药物必须在低于溶解度下限的浓度下就开始溶解于聚合物基质。

（3）为方便起见，在时间 $t = 0$ 时使用初始厚度为 L 的聚合物膜，以分析溶解过程。对于该矩形几何结构，扩散场从 $x = 0$ 处的固定固体壁延伸到 $x = \infty$，并且传质过程是一维过程。实际的药物溶解过程中，会考虑聚合物球在无限液体中的溶解。球形几何结构的扩散过程也是一维过程，并且可以给出与应用矩形几何结构获得的结果相类似的结果。然而，由于长宽比接近 1 的聚合物圆柱体的扩散过程不是一维过程，其溶解分析要困难得多，因此必须应用运动方程进行分析。

（4）在药物传递体系中使用的聚合物通常具有玻璃态和橡胶态区域。在橡胶态区域中，假设聚合物—药物—溶剂体系的微分比体积与浓度无关。在玻璃态区域中，溶剂的添加导致聚合物基质中的结构重排。因此，玻璃态区域的体系微分比体积实际上变为具有浓度依赖性（见 5.5 节和 6.1 节）。因此，橡胶态区域的体系一维传质过程的平均体积速度由方程（9.529）描述：

$$\frac{\partial v_x^{\mathrm{V}}}{\partial x} = 0 \tag{9.529}$$

然而，对于玻璃态区域有：

$$\frac{\partial v_x^{\mathrm{V}}}{\partial x} \neq 0 \tag{9.530}$$

然而，Vrentas 和 Vrentas（1998b）讨论了玻璃态范围内可以忽略诱导速度效应，由此方程（9.529）可充分描述体系玻璃态和橡胶态区域内溶解过程平均体积速度的变化。因为在 $x=0$ 处固体壁可看作不可渗透的，所以任意时刻在 $x=0$ 处有 $v_x^{\mathrm{v}}=0$，因此方程（9.529）要求，$t\geqslant0$ 时在扩散场任意位置有 $v_x^{\mathrm{v}}=0$。

（5）Vrentas 和 Vrentas（1998b）指出，对于大多数扩散场来说，因为扩散 Deborah 数要么高要么低，所以黏弹性扩散过程在整个溶解过程中起着微不足道的作用。因此，这里假定具有浓度依赖性扩散系数的菲克扩散过程（弹性或黏性菲克扩散）在扩散场任意位置均有效。

（6）包围溶解聚合物—药物膜的流体没有外部流动。由于不同类型的流场可用于溶解过程，因此不可能对具有外部流场的溶解过程进行通用分析。此处的分析仅限于静态外部体系，因为此问题的求解方案将为特定溶解过程提供最大的溶解时间。

（7）药物—聚合物—溶剂三元体系的传质过程可以用 4 种互扩散系数进行分析：$\overline{D}_{11}$、$\overline{D}_{12}$、$\overline{D}_{21}$ 和 $\overline{D}_{22}$［见方程（4.165）和方程（4.166）］。下标 1、2 和 3 分别表示药物、聚合物和溶剂组分。此处假设交互扩散系数 $\overline{D}_{12}$ 和 $\overline{D}_{21}$ 都足够小，因此可从扩散分析排除，由此

$$\overline{D}_{12} \approx 0 \tag{9.531}$$

$$\overline{D}_{21} \approx 0 \tag{9.532}$$

另外，主系数项 $\overline{D}_{11}$ 和 $\overline{D}_{22}$ 通常取决于体系浓度：

$$\overline{D}_{11} = \overline{D}_{11}(\rho_1, \rho_2) \tag{9.533}$$

$$\overline{D}_{22} = \overline{D}_{22}(\rho_1, \rho_2) \tag{9.534}$$

对于药物—聚合物—溶剂体系的扩散过程，可以忽略压力的影响，所以由药物和聚合物的一维物质连续性方程可以直接得到 ρ_1 和 ρ_2。这两个方程都没有对流项（因为 $v_x^{\mathrm{v}}=0$）且只有单个扩散项（由于已经排除交互扩散影响）。物质连续性方程的无量纲形式以及相关边界和初始条件可写成：

$$\frac{\partial C_1}{\partial \tau} = \frac{\partial}{\partial \xi}\left(\frac{\overline{D}_{11}}{D_{\mathrm{S}2}}\frac{\partial C_1}{\partial \xi}\right) \tag{9.535}$$

$$\frac{\partial C_1}{\partial \xi} = 0, \qquad \xi = 0, \qquad \tau \geqslant 0 \tag{9.536}$$

$$C_1 = 0, \qquad \xi = \infty, \qquad \tau \geqslant 0 \tag{9.537}$$

$$C_1 = 0, \qquad \tau = 0, \qquad 0 \leqslant \xi < 1 \tag{9.538}$$

$$C_1 = 0, \qquad \tau = 0, \qquad 1 < \xi \leqslant \infty \tag{9.539}$$

$$\frac{\partial C_2}{\partial \tau} = \frac{\partial}{\partial \xi}\left(\frac{\overline{D}_{22}}{D_{\mathrm{S}2}}\frac{\partial C_2}{\partial \xi}\right) \tag{9.540}$$

$$\frac{\partial C_2}{\partial \xi} = 0, \qquad \xi = 0, \qquad \tau \geqslant 0 \tag{9.541}$$

$$C_2 = 0, \qquad \xi = \infty, \qquad \tau \geqslant 0 \tag{9.542}$$

$$C_2 = 1, \qquad \tau = 0, \qquad 0 \leqslant \xi < 1 \tag{9.543}$$

$$C_2 = 0, \qquad \tau = 0, \qquad 1 < \xi \leqslant \infty \tag{9.544}$$

$$\overline{D}_{11} = \overline{D}_{11}(C_1, C_2) \tag{9.545}$$

$$\overline{D}_{S1} = \overline{D}_{11}(0, 0) \tag{9.546}$$

$$\overline{D}_{22} = \overline{D}_{22}(C_1, C_2) \tag{9.547}$$

$$\overline{D}_{S2} = \overline{D}_{22}(0, 0) \tag{9.548}$$

$$C_1 = \frac{\rho_1}{\rho_{10}} \tag{9.549}$$

$$C_2 = \frac{\rho_2}{\rho_{20}} \tag{9.550}$$

$$\xi = \frac{x}{L} \tag{9.551}$$

$$\tau = \frac{\overline{D}_{S2} t}{L^2} \tag{9.552}$$

式中，ρ_{10} 和 ρ_{20} 分别是聚合物膜中药物和聚合物的初始质量密度；$\overline{D}_{S1}$ 和 $\overline{D}_{S2}$ 是无限溶剂中 $\overline{D}_{12}$ 和 $\overline{D}_{22}$ 的值。

如果 $\overline{D}_{11}/\overline{D}_{S2}$ 和 $\overline{D}_{22}/\overline{D}_{S2}$ 的浓度依赖性已知，可应用合适的数值方法确定 $C_1(\xi, t)$ 和 $C_2(\xi, t)$。可以应用扩散自由体积理论推测上述两个扩散系数的浓度相关性形式，并且可以通过 9.5 节中引入的加权残差分析获得此问题的近似解析解。

可通过聚合物类型和聚合物分子量控制药物释放速度。药物和聚合物的互扩散系数取决于体系中可获得的孔自由体积，且聚合物互扩散系数取决于聚合物分子量。不同的聚合物可以向体系中加入不同量的孔自由体积，所以聚合物类型能够显著影响扩散过程。另外，因为聚合物互扩散系数取决于聚合物分子量，所以可以选择聚合物分子量：

$$\overline{D}_{S2} = \overline{D}_{S2} = \overline{D}_S \tag{9.553}$$

因此，可对聚合物溶解和药物释放的时间尺度进行比较。Vrentas 和 Vrentas (2004b) 应用自由体积分析提出了 $\overline{D}_{11}$ 和 $\overline{D}_{22}$ 的下列近似形式：

$$\frac{\overline{D}_{11}}{\overline{D}_S} = \frac{\overline{D}_{22}}{\overline{D}_S} = \exp[-(A_1 C_1 + A_2 C_2)] \tag{9.554}$$

其中，A_1 和 A_2 都是正的常数。由方程（9.535）至方程（9.544）至方程（9.553）和方程（9.554）可知：

$$C_1(\xi, \tau) = C_2(\xi, \tau) \tag{9.555}$$

因此有

$$\frac{\overline{D}_{11}}{\overline{D}_S} = \frac{\overline{D}_{22}}{\overline{D}_S} = \exp(-kC_1) \tag{9.556}$$

其中，正的常数 k 简化为：

$$k = A_1 + A_2 \tag{9.557}$$

因为药物和聚合物的无量纲浓度场是相同的，已经释放的部分药物和溶解的部分聚合物一致，且一旦由加权残值分析确定出 $\beta(\tau)$，则用方程（9.156）可计算出这两个分数。方程（9.153）表示了加权残值分析的试函数，应用方程（9.154）和方程（9.155）可以确定 $\beta(\tau)$。

图 9.17 中显示了在两个 r 值下，药物释放分数和聚合物溶解分数随着无量纲时间 τ 的变化。扩散系数比率定义为：

$$r = \frac{\overline{D}_{11}(C_1 = 0)}{\overline{D}_{11}(C_1 = 1)} = e^k \tag{9.558}$$

$r=1$ 的曲线表示的是恒定扩散系数的药物释放分数和聚合物溶解分数的行为，而 $r = 10^8$ 的曲线表示的是对于扩散系数强烈依赖于各自浓度的药物和聚合物的行为。如果药物释放分数与时间的关系曲线是线性的，可能达到恒定药物释放速率（零阶输送）。由图 9.17 可明显看出，曲线随 k 和 r 的增加而变得更加趋于线性，而且对于较大的 k 和 r 值，在特定时间溶解的药物释放分数小，聚合物溶解度也小。通过适宜的聚合物选型可以获得较大的

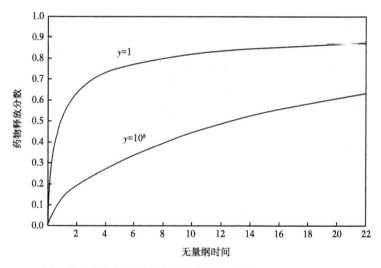

图 9.17 两个 r 值下药物释放分数和聚合物溶解分数（Vrentas 和 Vrentas，2004b）
扩散系数比率定义由方程（9.558）定义

k 值。因为当高孔自由体积的溶剂与低孔自由体积的药物和聚合物混合时，药物—聚合物—溶剂体系的孔自由体积分数会有明显的变化，从而聚合物和孔自由体积分数小的药物可能导致得到大的 k 值。采用孔自由体积分数小、无定形、不交联的聚合物可得到恒定药物释放速率，且选用合适分子量的聚合物可得到药物释放和聚合物溶解的可比较的时间尺度。由方程（9.535）至方程（9.552）可明显看出，分析需要的唯一输入数据为扩散系数 $\bar{D}_{11}$ 和 $\bar{D}_{22}$。对于各种各样的药物—聚合物—溶剂体系，扩散系数数据有效性使得应用偏微分方程的数值技术来求解方程（9.535）至方程（9.552）成为可能。

目前看来并没有公布的实验数据可以对所提出的理论预测与药物释放和聚合物溶出数据进行严格的比较。然而，可以将理论预测与应用的药物—聚合物—溶剂体系收集的数据的一般趋势进行比较。Ju 等（1995a，1995b）使用由药物［阿地唑仑甲磺酸盐（ADM）］、聚合物［（羟丙基）甲基纤维素（HPMC）］、溶剂（水）、润滑剂（硬脂酸镁）和填充剂（乳糖）组成的体系进行药物释放和聚合物溶解实验。使用的实验原料含有 2.5%ADM 和 0.5%硬脂酸镁，HPMC/乳糖从 80/17 变化至 20/17。假设 HPMC/乳糖为 80/17 的与 20/77 的组合相比，前者具有更小的孔自由体积是合理的。因此，80/17 组合药物释放曲线比 20/17 药物释放曲线随时间更具线性化。另外，在给定时间 80/17 组合应该比 20/77 组合具有更低的药物释放分数。Ju 等（1995a）的实验数据与基于理论分析的上述预期相一致。另外，在最低聚合物分子量下药物和聚合物的分数释放曲线几乎相同（Ju 等，1995b）。在理论分析中，假设可以选择聚合物分子量，以使药物和聚合物分数释放曲线相同。两种较高分子量中聚合物和药物曲线明显不同，这可能是因为药物释放和聚合物释放的时间尺度不同。

Coutts-Lendon 等（2003）用 FT-IR 光谱成像技术研究睾丸素—聚环氧乙烷—水体系的药物输送和聚合物溶解。既然聚合物为半晶形，其可能与完全无定形聚合物具有一些不同的溶解性能。Coutts-Lendo 等（2003）展示的聚合物溶解和药物释放分数曲线彼此相类似，并且与图 9.17 中的理论结果也类似。Coutts-Lendon 等也检验了药物输送的 5 种半经验模型。其中 4 种有单一的未知常数，而 Peppas（1985）模型具有两个常数。5 个模型都提供了相当好的数据拟合，由于 Peppas 模型多一个常数，当然 Peppas 模型提供了最好的拟合结果。然而，当用不同的药物负载时，模型的常数有明显变化。因此，这 5 个被检测的模型没有预测能力，也没有提出在药物输送过程中应该做什么改变，以便可以接近恒定的药物释放速率。

9.20 气体吸收和扩散进入下降液膜

在下降液膜中气体吸收、扩散和对流的分析很好地说明了流场如何影响扩散过程。Bird 等（2002）分析了 4.2 节描述的一阶扩散理论和气体短穿透距离的问题。方程（4.135）描述了此情况下的质量扩散通量，假设压力梯度分布可以忽略，且方程（4.143）删除反应项即是物质连续性方程。本节旨在考虑与 4.5 节中介绍的特殊二级理论相同的问题。方程（4.189）和方程（4.190）描述了该理论的质量扩散通量，且对于此情形，具有 $\chi=0$ 的方程（4.202）就是二级理论的物质连续性方程。

考虑如图 9.18 所示的纯气体 A 在液体 B 的层状下降膜中的吸收。液膜由 $y=-\infty$ 向

$y=\infty$ 垂直延伸，气液界面由 $z=0$ 水平向固体壁 $z=\delta$ 延伸。液膜在 $y=0$ 处首先接触气体 A。该传质问题受到以下限制和假设的约束，其与 4.5 节中用于构建特殊二级理论的限制和假设一致：

（1）二元液混合物在 A 中稀释，所以 ρ、μ、D 和 ψ 基本恒定。

（2）气体总传质很小，由此可忽略气液界面的移动。因此，液膜厚度 δ 基本恒定。

（3）二级理论的流体可认为是流变学上不可压缩的牛顿流体。应力张量的构造方程基于液膜基本为纯组分 B 的假定。因此，速度场呈如下抛物线型速度分布：

$$v_y = v_m \left[1 - \left(\frac{z}{\delta} \right)^2 \right] \qquad (9.559)$$

式中，v_m 是抛物线型分布的最大速度。

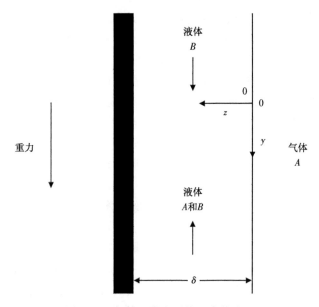

图 9.18　气体吸附在层状下降薄片上

在 $z=0$ 处，假定下降液膜与光滑气体在均压从 $y=-\infty$ 到 $y=\infty$ 接触。从 $y=-\infty$ 到 $y=0$，气体不吸附；从 $y=0$ 到 $y=\infty$，纯气 A 吸附在薄膜上。$z=\delta$ 时，从 $y=-\infty$ 到 $y=\infty$ 薄膜与固体壁接触

（1）压力梯度对扩散通量、物质性质的影响很小。

（2）没有化学反应。

（3）因为 Peclet 数足够大，y 方向上的轴向扩散可以忽略。

（4）传递过程是稳态过程。

（5）在 $y=0$ 处气体吸收过程从零溶质浓度开始，在气液界面液体中气体的平衡质量分数为 w_{AE}。

（6）仅分析短接触时间内的传质过程，所以组分 A 不会扩散进入液膜很远距离。在气液界面（$z=0$）：

$$v_y(0) = v_m \qquad (9.560)$$

$$\frac{\partial v_y}{\partial z}(0) = 0 \tag{9.561}$$

$$D(0) = 0 \tag{9.562}$$

$$\frac{\partial^2 v_y}{\partial z^2}(0) = -\frac{2v_{\mathrm{m}}}{\delta^2} \tag{9.563}$$

短接触时间内气体仅扩散进入液膜较短距离，因此，可以合理假设方程（9.560）至方程（9.563）在扩散场任意位置近似有效。

（7）与膜厚相比，因为组分 A 的有效穿透距离较小，所以可认为液膜无限厚。另外，因为固体壁距离太远，不会影响扩散过程，所以在 $z = \delta$ 的零扩散通量条件可用 $z = \infty$ 处组分 A 质量分数不变的要求代替。

受到以上假设约束，二级理论的物质连续性方程，即方程（4.202）可写作：

$$\frac{v_{\mathrm{m}}}{D}\left(1 + \frac{\psi}{\delta^2}\right)\frac{\partial w_A}{\partial y} = \frac{\partial^2 w_A}{\partial z^2} \tag{9.564}$$

根据以下附加条件可以求解：

$$w_A = 0, \qquad y = 0, \qquad 0 < z \leqslant \infty \tag{9.565}$$

$$w_A = 0, \qquad z = \infty, \qquad y \geqslant 0 \tag{9.566}$$

$$w_A = w_{AE}, \qquad z = 0, \qquad y > 0 \tag{9.567}$$

方程（9.564）至方程（9.567）的解可通过适当修正 7.10 节中展示的相似解获得，可表示为：

$$\frac{w_A}{w_{AE}} = \mathrm{erfc}\left\{\frac{z}{\left[4Dy \Big/ \left(1 + \dfrac{\psi}{\delta^2}\right)v_{\mathrm{m}}\right]^{\frac{1}{2}}}\right\} \tag{9.568}$$

由方程（9.568）可明显看出，二级理论方程的求解可以简化为由 Bird 等（2002）给出的一阶理论（在 $\psi = 0$ 时）的求解。值得注意的是，当考虑流动效应时，需要修正溶质质量分数场。特别是，因为在 $z = 0$ 附近速度场的二阶导数取决于液膜厚度，所以短接触时间内二级理论的质量分数分布取决于液膜厚度 δ。一阶理论不包括质量分数分布表达式中的膜厚度 δ。

第 10 章　传质移动边界层问题的扰动求解

传质过程中许多问题涉及相边界的运动。正如 7.1 节提及的，在所研究的范围内，如果边界层移动是由因变量行为决定的，则此类问题为非线性问题。对其他移动边界层问题，边界层移动是由外部影响而不是因变量行为造成的。虽然这类问题为线性问题，但通常也很难求解。

有时可以用合适的相似变换得到传质中边界层移动问题的解析解。当偏微分方程以及所有相关初始条件和边界条件可由单一自变量表示时，此方法很容易实现。9.6 节将相似变换法应用于气泡从零初始尺寸长大问题，并建立出分析方法。然而，很多问题并不能采用类似的求解方法。比如，不能用相似变换法分析有限初始尺寸球体的生长、球体的溶解或蒸气吸附于聚合物薄膜问题。另外，相似变换方法通常不适用于传质的初始浓度分布不均一和具有通常依赖于时间的边界层条件等传质问题。

可以应用数值方法获得移动边界问题的解，如采用有限差分法，但这类求解方法需要对每组不同条件单独求解。另外，解析解通常很紧凑，并能用最小计算量提供各种各样条件的数值结果。可用扰动方法来获得涉及快速或缓慢的边界层移动的移动边界传质问题的解析解。比如，引入所谓准稳定或准稳态假设处理缓慢移动界面的情况。对于准稳态方法，在确定体系浓度场时，扩散方程中的对流项和边界运动都要忽略。下面将会明显看到，准稳定求解是本质上完全移动边界问题扰动求解的零阶近似。对于准稳态方法，扩散方程中时间导数也可忽略。因为准稳态法的合理性较差，通常不考虑该方法。

可以用 10.1 节至 10.3 节中扰动法求解涉及低和高界面速度的非线性移动边界问题。可以用两种不同方法求解这些边界层问题。通过固定移动边界以集中偏微分方程中问题的非线性，从而执行体积扰动方案。或者使用表面—体积扰动方案。在该方案中，除非可获得相似解，否则所考察范围的时间相关边界层和偏微分方程体积的非线性使得该问题难以准确求解。因此，需要利用扰动级数解决边界层位置和浓度问题。在 10.1 节，用这两种方法求解类似相似解问题。通过此节可知，相似解级数展开与扰动法得到的级数展开相同。10.1 节利用的扰动分析是正则扰动问题。10.3 节中考虑的问题需要对缓慢生长或溶解速率采用双重奇异扰动分析，并对快速生长或溶解速率采用单一扰动分析。在 10.4 节中考虑了线性移动边界问题。该问题涉及汞滴周围的传质，其具有随时间变化的体积。汞滴半径取决于汞下落的流速，且受浓度场的影响可以忽略不计。虽然可以证明该问题是线性的，但偏微分方程具有与时间相关的系数。因此，很难得到该问题的精确解，由此必须用扰动法求解。

10.1　纯气相平面的溶解

在 3.6 节和 8.2 节中曾考虑过该特殊传质问题。方程（8.20）至方程（8.27）给出了描述此传质过程的无量纲方程组。当然，这些方程能描述生长过程和溶解过程。正如 8.2 节中提到的，在此方程组中存在两个非线性来源：方程（8.20）的对流项和方程（8.24）需要与时间有关的气液边界层位置取决于液体浓度场的事实。可以使用类似 9.6 节中的步骤得到气泡生长问题的精确解。由相似变换法可得到以下无量纲质量密度分布和无量纲边界层位置的方程：

$$\rho_I = \frac{\mathrm{erfc}\left[\dfrac{x-1}{2\sqrt{t}} + \dfrac{A}{2}(N_b - N_a)\right]}{\mathrm{erfc}\left(\dfrac{N_b A}{2}\right)} \tag{10.1}$$

$$X = 1 + N_a A\sqrt{t} \tag{10.2}$$

生长常数 A 可由下列非线性代数方程算得：

$$A\,\mathrm{erfc}\left(\frac{N_b A}{2}\right)\exp\left(\frac{N_b^2 A^2}{4}\right) = -\frac{2}{\sqrt{\pi}} \tag{10.3}$$

对于小的 $|N_a|$ 和 $|N_b|$ 值，ρ_1、X 和 A 的级数展开式可写作如下形式：

$$\rho_I = \mathrm{erfc}\left(\frac{x-1}{2\sqrt{t}}\right) + \frac{2}{\pi}(N_b - N_a)\exp\left[-\frac{(x-1)^2}{4t}\right] - \frac{2N_b}{\pi}\mathrm{erfc}\left(\frac{x-1}{2\sqrt{t}}\right) + \cdots \tag{10.4}$$

$$X = 1 - 2N_a\sqrt{\frac{t}{\pi}} + \frac{4N_a N_b \sqrt{t}}{\pi^{\frac{3}{2}}} + \cdots \tag{10.5}$$

$$A = -\sqrt{\frac{2}{\pi}} + \frac{4N_b}{\sqrt{\pi}^{\frac{3}{2}}} + \left(\frac{2\pi - 16}{\pi^{\frac{5}{2}}}\right)N_b^2 + \cdots \tag{10.6}$$

本节的目的是通过构造对较小 $|N_a|$ 和 $|N_b|$ 值有效的 ρ_I 和 X 的扰动级数，获得与方程（10.4）和方程（10.5）相同的级数展开式。对此特殊问题，扰动法当然不会得出新结果。然而，因为可以再用这类扰动法得到很难获得精确解析解的广义移动边界层问题的渐进级数解，所以考察如何应用扰动分析是很有益的。应用表面—体积方案和体积扰动分析可获得该问题的扰动解。

表面—体积扰动方案中假设用以下两种双扰动级数表示 $\rho_I(x, t)$ 和 $X(t)$：

$$\rho_I(x, t) = \rho_I^0 + N_a \rho_I^1 + N_b \rho_I^2 + N_a N_b \rho_I^3 + N_a^2 \rho_I^4 + N_b^2 \rho_I^5 + \cdots \tag{10.7}$$

$$X(t) = 1 + N_a X_1 + N_b X_2 + N_a N_b X_3 + N_a^2 X_4 + N_b^2 X_5 + \cdots \tag{10.8}$$

此外，由方程（8.20）、方程（8.22）和方程（8.24）明显看出，必须找到评估相界

面 $x=X(t)$ 处的量的有效表达式。Van Dyke（1975）建议可以使用在基础值 $x=1$ 附近的泰勒级数展开式消除在 $x=X(t)$ 处的估算量：

$$\rho_I^i[X(t),\ t] = \rho_I^i(1,\ t) + \left(\frac{\partial \rho_I^i}{\partial x}\right)_{x=1}(X-1) + \left(\frac{\partial^2 \rho_I^i}{\partial x^2}\right)_{x=1}\frac{(X-1)^2}{2} + \cdots \quad (10.9)$$

$$\left(\frac{\partial \rho_I^i}{\partial x}\right)_{x=X} = \left(\frac{\partial \rho_I^i}{\partial x}\right)_{x=1} + \left(\frac{\partial^2 \rho_I^i}{\partial x^2}\right)_{x=1}(X-1) + \left(\frac{\partial^3 \rho_I^i}{\partial x^3}\right)_{x=1}\frac{(X-1)^2}{2} + \cdots \quad (10.10)$$

当将方程（10.8）引入分析时，这两个方程中包括扰动参数。

将方程（10.7）、方程（10.8）和方程（10.10）代入方程（8.20），均衡 N_a 和 N_b 的等幂系数，直接得到以下结果：

$$\frac{\partial \rho_I^0}{\partial t} = \frac{\partial^2 \rho_I^0}{\partial x^2} \quad (10.11)$$

$$\frac{\partial \rho_I^1}{\partial t} + \frac{\partial \rho_I^0}{\partial x}\left(\frac{\partial \rho_I^0}{\partial x}\right)_{x=1} = \frac{\partial^2 \rho_I^1}{\partial x^2} \quad (10.12)$$

$$\frac{\partial \rho_I^2}{\partial t} - \frac{\partial \rho_I^0}{\partial x}\left(\frac{\partial \rho_I^0}{\partial x}\right)_{x=1} = \frac{\partial^2 \rho_I^2}{\partial x^2} \quad (10.13)$$

另外，将方程（10.7）代入方程（8.21）和方程（8.23），均衡 N_a 和 N_b 的等幂系数，得到以下条件：

$$\rho_I^0(x,\ 0) = 0, \quad \rho_I^1(x,\ 0) = 0, \quad \rho_I^2(x,\ 0) = 0 \quad (10.14)$$

$$\rho_I^0(\infty,\ t) = 0, \quad \rho_I^1(\infty,\ t) = 0, \quad \rho_I^2(\infty,\ t) = 0 \quad (10.15)$$

另外，将方程（10.7）代入方程（8.22），在均衡 N_a 和 N_b 的等幂系数后，利用方程（10.8）和方程（10.9）得到相界面处的以下方程：

$$\rho_I^0(1,\ t) = 1 \quad (10.16)$$

$$\rho_I^1(1,\ t) = -X_1\left(\frac{\partial \rho_I^0}{\partial x}\right)_{x=1} \quad (10.17)$$

$$\rho_I^2(1,\ t) = -X_2\left(\frac{\partial \rho_I^0}{\partial x}\right)_{x=1} \quad (10.18)$$

根据方程（8.25）对方程（8.24）进行积分，得到：

$$X = 1 + \int_0^t N_a\left(\frac{\partial \rho_I}{\partial x}\right)_{x=X}\mathrm{d}t' \quad (10.19)$$

如果将方程（10.8）代入方程（10.19）左侧，将方程（10.7）、方程（10.8）和方程（10.10）代入右侧，在均衡 N_a 和 N_b 的等幂系数后，得到以下结果：

$$X_1 = \int_0^t\left(\frac{\partial \rho_I^0}{\partial x}\right)_{x=1}\mathrm{d}t' \quad (10.20)$$

$$X_2 = 0 \tag{10.21}$$

$$X_3 = \int_0^t \left(\frac{\partial \rho_I^2}{\partial x} \right)_{x=1} \mathrm{d}t' \tag{10.22}$$

$$X_4 = \int_0^t \left[X_1 \left(\frac{\partial^2 \rho_I^0}{\partial x^2} \right)_{x=1} + \left(\frac{\partial \rho_I^1}{\partial x} \right)_{x=1} \right] \mathrm{d}t' \tag{10.23}$$

$$X_5 = 0 \tag{10.24}$$

扰动级数中的较低级数项可通过依次求解以上方程组确定。

根据方程（10.14）至方程（10.16），将方程（10.11）的解表示为如下形式：

$$\rho_I^0 = \mathrm{erfc}\left(\frac{x-1}{2\sqrt{t}} \right) \tag{10.25}$$

因此，方程（10.12）和方程（10.13）采用如下形式：

$$\frac{\partial \rho_I^1}{\partial t} + \frac{\exp\left[-\dfrac{(x-1)^2}{4t} \right]}{\pi t} = \frac{\partial^2 \rho_I^1}{\partial x^2} \tag{10.26}$$

$$\frac{\partial \rho_I^2}{\partial t} + \frac{\exp\left[-\dfrac{(x-1)^2}{4t} \right]}{\pi t} = \frac{\partial^2 \rho_I^2}{\partial x^2} \tag{10.27}$$

此外，方程（10.17）、方程（10.18）和方程（10.20）可明显化简为：

$$\rho_I^1(1, \ t) = -\frac{2}{\pi} \tag{10.28}$$

$$\rho_I^2(1, \ t) = 0 \tag{10.29}$$

$$X_1 = -2\sqrt{\frac{t}{\pi}} \tag{10.30}$$

根据方程（10.14）、方程（10.15）和方程（10.28），方程（10.26）的解可表示为：

$$\rho_I^1 = -\frac{2}{\pi}\exp\left[-\frac{(x-1)^2}{4t} \right] \tag{10.31}$$

根据方程（10.14）、方程（10.15）和方程（10.29），方程（10.27）的解可写作：

$$\rho_I^2 = \frac{2}{\pi}\exp\left[-\frac{(x-1)^2}{4t} \right] - \frac{2}{\pi}\mathrm{erfc}\left(\frac{x-1}{2\sqrt{t}} \right) \tag{10.32}$$

应用拉普拉斯变换法得到以上 3 个偏微分方程的解。最终，方程（10.22）和方程（10.23）可简化为以下结果：

$$X_3 = \frac{4\sqrt{t}}{\pi^{\frac{3}{2}}} \tag{10.33}$$

$$X_4 = 0 \qquad (10.34)$$

由方程（10.7）、方程（10.25）、方程（10.31）和方程（10.32）明显看出，$\rho_I(x, t)$ 的扰动级数与相似求解的级数展开式即方程（10.4）等同。此外，由方程（10.8）、方程（10.21）、方程（10.24）、方程（10.30）、方程（10.33）和方程（10.34）可知，$X(t)$ 导出的扰动级数与方程（10.5）给出的相似解级数展开相同。

当然，对于体积扰动方案，必须通过引入如下形式的空间变量转换式固定其移动边界：

$$\xi = \frac{x}{X(t)} \qquad (10.35)$$

变量的改变导致方程（8.20）和方程（8.24）的偏导数有如下变化：

$$\left(\frac{\partial \rho_I}{\partial x}\right)_t = \frac{1}{X}\left(\frac{\partial \rho_I}{\partial \xi}\right)_t \qquad (10.36)$$

$$\left(\frac{\partial^2 \rho_I}{\partial x^2}\right)_t = \frac{1}{X^2}\left(\frac{\partial^2 \rho_I}{\partial \xi^2}\right)_t \qquad (10.37)$$

$$\left(\frac{\partial \rho_I}{\partial t}\right)_x = \left(\frac{\partial \rho_I}{\partial t}\right)_\xi - \frac{\xi}{X}\frac{dX}{dt}\left(\frac{\partial \rho_I}{\partial \xi}\right)_t \qquad (10.38)$$

将这些结果代入方程（8.20）和方程（8.24）得到：

$$X^2\left(\frac{\partial \rho_I}{\partial t}\right)_\xi - \xi X\frac{dX}{dt}\frac{\partial \rho_I}{\partial \xi} + (N_a - N_b)\left(\frac{\partial \rho_I}{\partial \xi}\right)_{\xi=1}\frac{\partial \rho_I}{\partial \xi} = \frac{\partial^2 \rho_I}{\partial \xi^2} \qquad (10.39)$$

$$X\frac{dX}{dt} = N_a\left(\frac{\partial \rho_I}{\partial \xi}\right)_{\xi=1} \qquad (10.40)$$

应用方程（8.25）作初始条件，对方程（10.40）积分得到：

$$X^2 = 1 + 2N_a\int_0^t \left(\frac{\partial \rho_I}{\partial \xi}\right)_{\xi=1} dt' \qquad (10.41)$$

应用方程（10.40）和方程（10.41）转化方程（10.39），得到以下形式：

$$\frac{\partial \rho_I}{\partial t}\left[1 + 2N_a\int_0^t \left(\frac{\partial \rho_I}{\partial \xi}\right)_{\xi=1} dt'\right] + \frac{\partial \rho_I}{\partial \xi}\left(\frac{\partial \rho_I}{\partial \xi}\right)_{\xi=1}\left[N_a(1-\xi) - N_b\right] = \frac{\partial^2 \rho_I}{\partial \xi^2} \qquad (10.42)$$

边界条件，即方程（8.21）至方程（8.23），可写作：

$$\rho_I(\xi, 0) = 0, \qquad \xi > 1 \qquad (10.43)$$

$$\rho_I(1, t) = 1, \qquad t > 0 \qquad (10.44)$$

$$\rho_I(\infty, t) = 0, \qquad t \geqslant 0 \qquad (10.45)$$

将与方程（10.7）相同形式的双扰动级数代入以上方程，并且均衡 N_a 和 N_b 的等幂系数，从而得到描述扰动级数前 3 项的方程：

$$\frac{\partial \rho_I^0}{\partial t} = \frac{\partial^2 \rho_I^0}{\partial \xi^2} \tag{10.46}$$

$$\rho_I^0(\xi, \, 0) = \rho_I^0(\infty, \, t) = 0 \tag{10.47}$$

$$\rho_I^0(1, \, t) = 1 \tag{10.48}$$

$$\frac{\partial \rho_I^1}{\partial t} + 2 \frac{\partial \rho_I^0}{\partial t} \int_0^t \left(\frac{\partial \rho_I^0}{\partial \xi} \right)_{\xi=1} \mathrm{d}t' + (1 - \xi) \frac{\partial \rho_I^0}{\partial \xi} \left(\frac{\partial \rho_I^0}{\partial \xi} \right)_{\xi=1} = \frac{\partial^2 \rho_I^1}{\partial \xi^2} \tag{10.49}$$

$$\rho_I^1(\xi, \, 0) = \rho_I^1(\infty, \, t) = \rho_I^1(1, \, t) = 0 \tag{10.50}$$

$$\frac{\partial \rho_I^2}{\partial t} - \frac{\partial \rho_I^0}{\partial \xi} \left(\frac{\partial \rho_I^0}{\partial \xi} \right)_{\xi=1} = \frac{\partial^2 \rho_I^2}{\partial \xi^2} \tag{10.51}$$

$$\rho_I^2(\xi, \, 0) = \rho_I^2(\infty, \, t) = \rho_I^2(1, \, t) = 0 \tag{10.52}$$

再用拉普拉斯变换法求解以上 3 个方程组。方程（10.46）至方程（10.48）的解可简写作：

$$\rho_I^0 = \mathrm{erfc}\left(\frac{\xi - 1}{2\sqrt{t}} \right) \tag{10.53}$$

因此，方程（10.49）和方程（10.51）可转化为下列形式：

$$\frac{\partial \rho_I^1}{\partial \tau} - \frac{3(\xi - 1)}{\pi t} \exp\left[-\frac{(\xi - 1)^2}{4t} \right] = \frac{\partial^2 \rho_I^1}{\partial \xi^2} \tag{10.54}$$

$$\frac{\partial \rho_I^2}{\partial t} - \frac{\exp\left[-\dfrac{(\xi - 1)^2}{4t} \right]}{\pi t} = \frac{\partial^2 \rho_I^2}{\partial \xi^2} \tag{10.55}$$

方程（10.50）和方程（10.54）的解为：

$$\rho_I^1 = \frac{2(\xi - 1)}{\pi} \exp\left[-\frac{(\xi - 1)^2}{4t} \right] \tag{10.56}$$

方程（10.52）和方程（10.55）的解可写作：

$$\rho_I^2 = \frac{2}{\pi} \exp\left[-\frac{(\xi - 1)^2}{4t} \right] - \frac{2}{\pi} \mathrm{erfc}\left(\frac{\xi - 1}{2\sqrt{t}} \right) \tag{10.57}$$

将方程（10.53）、方程（10.56）和方程（10.57）代入 $\rho_I(\xi, \, t)$ 的双扰动级数，得到以下结果：

$$\rho_I(\xi, \, t) = \mathrm{erfc}\left(\frac{\xi - 1}{2\sqrt{t}} \right) + \frac{2N_a(\xi - 1)}{\pi} \exp\left[-\frac{(\xi - 1)^2}{4t} \right] + \\ \frac{2N_b}{\pi} \left\{ \exp\left[-\frac{(\xi - 1)^2}{4t} \right] - \mathrm{erfc}\left(\frac{\xi - 1}{2\sqrt{t}} \right) \right\} + \cdots \tag{10.58}$$

可以证明，方程（10.58）等同于同阶扰动参数，等同于方程（10.4）即相似求解的级数展开式。此外，根据方程（10.41）、方程（10.53）、方程（10.56）和方程（10.57），可给出如下边界移动：

$$X^2 = 1 - 4N_a \sqrt{\frac{t}{\pi}} + \frac{4N_a{}^2 t}{\pi} + \frac{8N_a N_b \sqrt{t}}{\pi^{\frac{3}{2}}} + \cdots \tag{10.59}$$

可以看出，方程（10.59）与相似求解的级数展开式即方程（10.5）等同。

由方程（10.11）和方程（10.16）明显看出，表面—体积扰动方案的零阶近似有效地忽略了物质连续性方程中的对流项和相边界的移动。因此，如前所述，该零阶解实质上是移动边界层问题的准稳态解。Van Dyke（1975）称准稳态近似为不合理近似，是因为并没有形式化构造连续近似的系统方案，该近似值揭示其渐进本质，并为其提供了更准确和有效的结果。因为随着扰动参数接近于0，扰动解更加准确，所以扰动求解是渐进有理逼近结果。

10.2　气泡溶解

在9.6节中，使用相似变换法开发解决方案，该解决方案描述了气泡半径对于从零初始尺寸生长的气泡的浓度场和时间的依赖性。此处，考虑与9.6节中气泡长大问题相同的基本条件下的球体气泡的溶解，但有两个例外：初始气泡大小明显不为0，液相中初始溶解的气体浓度小于平衡浓度。对溶解问题，方程（9.179）至方程（9.184）仍然适用，但方程（9.166）必须用方程（10.60）代替：

$$R(0) = R_0 \tag{10.60}$$

其中，R_0 是气泡初始半径。值得注意的是，本节得到的解可用于描述非0初始尺寸的气泡的增长。引入下列附加无量纲变量，则可将方程（9.179）至方程（9.183）和方程（10.60）转化为无量纲形式：

$$R^* = \frac{R}{R_0}, \quad r^* = \frac{r}{R_0}, \quad t^* = \frac{Dt}{R_0^2} \tag{10.61}$$

完全无量纲方程可写作：

$$\frac{\partial C}{\partial t} + \frac{\lambda N_J R^2}{r^2} \frac{\partial C}{\partial r}\left(\frac{\partial C}{\partial r}\right)_{r=R} = \frac{\partial^2 C}{\partial r^2} + \frac{2}{r} \frac{\partial C}{\partial r} \tag{10.62}$$

$$C(r, 0) = 0 \tag{10.63}$$

$$C(R, t) = 1 \tag{10.64}$$

$$C(\infty, t) = 0 \tag{10.65}$$

$$\frac{\mathrm{d}R}{\mathrm{d}t} = N_J \left(\frac{\partial C}{\partial r}\right)_{r=R} \tag{10.66}$$

$$R(0) = 1 \qquad (10.67)$$

其中，为了方便省略了星号，如前所述，λ 被定义为：

$$\lambda = \frac{\rho - \bar{\rho}}{\rho} \qquad (10.68)$$

典型溶解过程的 $\lambda = 1$，N_J 小于 0.1。

由于 $R(0) = 1$，不可能进行相似变换，因此要用体积扰动方案求解溶解问题。应用固定的坐标系形式

$$\xi = \frac{r}{R(t)} \qquad (10.69)$$

以及 10.1 节中类似的程序以得到下述方程：

$$R^2 \left(\frac{\partial C}{\partial t}\right)_\xi - \xi R \frac{dR}{dt} \frac{\partial C}{\partial \xi} + \frac{\lambda N_J}{\xi^2} \frac{\partial C}{\partial \xi}\left(\frac{\partial C}{\partial \xi}\right)_{\xi=1} = \frac{\partial^2 C}{\partial \xi^2} + \frac{2}{\xi} \frac{\partial C}{\partial \xi} \qquad (10.70)$$

$$C(\xi, 0) = 0 \qquad (10.71)$$

$$C(1, t) = 1 \qquad (10.72)$$

$$C(\infty, t) = 0 \qquad (10.73)$$

$$R \frac{dR}{dt} = N_J \left(\frac{\partial C}{\partial \xi}\right)_{\xi=1} \qquad (10.74)$$

结合由方程（10.67）得到的初始条件，对方程（10.74）进行积分得到：

$$R^2 = 1 + 2N_J \int_0^t \left(\frac{\partial C}{\partial \xi}\right)_{\xi=1} dt' \qquad (10.75)$$

将方程（10.75）代入方程（10.70），并和方程（10.74）一起得到以下溶解气的物质连续性方程形式：

$$\frac{\partial C}{\partial t}\left[1 + 2N_J \int_0^t \left(\frac{\partial C}{\partial \xi}\right)_{\xi=1} dt'\right] + N_J \frac{\partial C}{\partial \xi}\left(\frac{\partial C}{\partial \xi}\right)_{\xi=1}\left(\frac{\lambda}{\xi^2} - \xi\right) = \frac{\partial^2 C}{\partial \xi^2} + \frac{2}{\xi} \frac{\partial C}{\partial \xi} \qquad (10.76)$$

值得注意的是，虽然固定程序消除了边界上边界条件的移动边界层效应相关的非线性，但由方程（10.62）和方程（10.76）明显看出，已经在偏微分方程中添加了附加项。而且，因为物质连续性方程中消除了 R，可以用方程（10.71）至方程（10.73）和方程（10.76）来求解 $C(\xi, t)$，再用方程（10.75）直接计算得到 $R(t)$。

在开发的这个阶段，可以合理地预期上述问题可应用常规的扰动分析进行求解，这是基于 N_J 数目较小，以至于气泡溶解速率低的事实。因此，假设用以下扰动级数描述溶解过程：

$$C = C_0 + N_J C_1 + N_J^2 C_2 + \cdots \qquad (10.77)$$

将方程（10.77）代入方程（10.71）至方程（10.73）以及方程（10.75）和方程（10.76），

均衡 N_J 的等幂系数得到最低级数：

$$\frac{\partial C}{\partial t} = \frac{\partial^2 C_0}{\partial \xi^2} + \frac{2}{\xi}\frac{\partial C_0}{\partial \xi} \tag{10.78}$$

$$C_0(\xi,\ 0) = 0 \tag{10.79}$$

$$C_0(1,\ t) = 1 \tag{10.80}$$

$$C_0(\infty,\ t) = 0 \tag{10.81}$$

$$R^2 = 1 + 2N_J\int_0^t \left(\frac{\partial C_0}{\partial \xi}\right)_{\xi=1} \mathrm{d}t' \tag{10.82}$$

此处只考虑零阶解决方案。虽然这种零阶解决方案始终表现良好，但可以证明（Duda 和 Vrentas，1969b；Vrentas 和 Shin，1980a），一阶解决方案在长时间内不受限制。因此，扰动展开式并不是一律有效，必须考虑奇异扰动问题。10.3 节中考虑了对于移动边界问题的奇异扰动分析公式。

利用因变量的以下变化（Carslaw 和 Jaeger，1959）可方便求解方程（10.78）至方程（10.81）：

$$F_0 = C_0\xi \tag{10.83}$$

应用方程（10.83），方程（10.78）至方程（10.82）转化为以下方程组：

$$\frac{\partial F_0}{\partial t} = \frac{\partial^2 F_0}{\partial \xi^2} \tag{10.84}$$

$$F_0(\xi,\ 0) = 0 \tag{10.85}$$

$$F_0(1,\ t) = 1 \tag{10.86}$$

$$F_0(\infty,\ t) = 0 \tag{10.87}$$

$$R^2 = 1 - 2N_Jt + 2N_J\int_0^t \left(\frac{\partial F_0}{\partial \xi}\right)_{\xi=1} \mathrm{d}t' \tag{10.88}$$

方程（10.84）至方程（10.87）的解可表示为：

$$C_0(\xi,\ t) = \frac{F_0(\xi,\ t)}{\xi} = \frac{1 - \mathrm{erf}\left(\frac{\xi-1}{2\sqrt{t}}\right)}{\xi} \tag{10.89}$$

因此，可用方程（10.88）确定 R^2：

$$R^2 = 1 - 2N_Jt - 4N_J\sqrt{\frac{t}{\pi}} \tag{10.90}$$

方程（10.89）代表 $C(\xi,\ t)$ 的一项近似，方程（10.90）是 R^2 的最低阶结果。方程（10.90）合理预测了足够低的 N_J 的 R^2。

注意，9.6 节中的气泡溶解和气泡生长的求解对两相中的恒定总质量密度有效。这些问题的通常解法取决于两个参数，即 N_J 和 λ。10.1 节的平面几何结构解法对外部相的恒定微分比体积有效，也取决于两个参数，即 N_a 和 N_b。如果微分比体积恒定且相等（使得总密度恒定），则可得到 $N_a = N_J$ 且 $N_a - N_b = N_J \lambda$。如果 ρ_{IE} 很小，则 $N_a \approx N_J$。

10.3　移动边界层问题中的奇异扰动

本节中，考虑了孤立球体（气泡、液滴或固体颗粒）在无限域流体中的生长和溶解的通用问题。这里应用了 9.6 节中介绍的用于定义气泡生长问题的相同假设，但还有一个重要例外。本分析中假设外部相中两组分的微分比体积是恒定的。9.6 节和 10.2 节中，由于液相中溶解气浓度低，假设外部相的总密度恒定。通过应用 3.6 节和 8.2 节中平面几何结构程序以及应用 9.6 节中程序修正此方法，以应用于球体结构，可以得到描述该传质过程的相关方程。

可以看出，以上由传质控制的生长或溶解过程可由下列无量纲方程组描述：

$$\frac{\partial C}{\partial t} + \frac{R^2}{r^2}(N_a - N_b)\frac{\partial C}{\partial r}\left(\frac{\partial C}{\partial r}\right)_{r=R} = \frac{\partial^2 C}{\partial r^2} + \frac{2}{r}\frac{\partial C}{\partial r} \tag{10.91}$$

$$C(r, 0) = 0, \qquad r > 0 \tag{10.92}$$

$$C(R, t) = 1, \qquad t > 0 \tag{10.93}$$

$$C(\infty, t) = 0, \qquad t \geq 0 \tag{10.94}$$

$$\frac{\mathrm{d}R}{\mathrm{d}t} = N_a\left(\frac{\partial C}{\partial r}\right)_{r=R} \tag{10.95}$$

$$R(0) = 1 \tag{10.96}$$

方程（9.178）和方程（10.61）定义了 C、R、r 和 t，方程（8.26）和方程（8.27）定义了 N_a 和 N_b。Duda 和 Vrentas（1971a）也列举了此问题的假设，且给出了无量纲变量和参数的定义。无量纲变量 N_a 与界面速率和浓度边界层生长速率的比率成正比。对于缓慢移动的相边界，$|N_a|$ 是一个很小的数字。

$$N_b = N_a V_I \bar{\rho} \tag{10.97}$$

显然，当 $|N_a|$ 较小时 $|N_b|$ 的数值也较小，且 $\hat{V}_I \bar{\rho}$ 也不太大。对于涉及孤立球体的传质，当 N_a 为负数时，球体尺寸将增大；当 N_a 为正数时，球体尺寸将减小。

对于缓慢生长或溶解速率，可以通过再次引入径向变量 $\xi = r/R$ 方便地固定移动边界层。然后，再通过下列无量纲方程组描述传质问题：

$$\frac{\partial C}{\partial t}\left[1 + 2N_a\int_0^t\left(\frac{\partial C}{\partial \xi}\right)_{\xi=1}\mathrm{d}t'\right] + \frac{(N_a - B_b)}{\xi^2}\left[\frac{\partial C}{\partial \xi}\left(\frac{\partial C}{\partial \xi}\right)_{\xi=1}\right]$$

$$- N_a\xi\frac{\partial C}{\partial \xi}\left(\frac{\partial C}{\partial \xi}\right)_{\xi=1} = \frac{\partial^2 C}{\partial \xi^2} + \frac{2}{\xi}\frac{\partial C}{\partial \xi} \tag{10.98}$$

$$C(\xi, 0) = 0, \qquad \xi > 1 \tag{10.99}$$

$$C(1, t) = 1, \qquad t > 0 \tag{10.100}$$

$$C(\infty, t) = 0, \qquad t \geqslant 0 \tag{10.101}$$

$$R^2 = 1 + 2N_a \int_0^t \left(\frac{\partial C}{\partial \xi} \right)_{\xi=1} \mathrm{d}t' \tag{10.102}$$

对于较小的 $|N_a|$ 和 $|N_b|$，以上问题可以合理地用正则扰动进行分析。Duda 和 Vrentas（1969b）以及 Vrentas 和 Shin（1980a）报道了该正则扰动分析的零阶解和一阶解。正如之前在 10.2 节所提到的，浓度级数展开中的一阶求解长时间内不受限制。正则扰动展开式应该一律有效，因此展开式的第 n 项比每个 n 的前一项小（Nayfeh，1973）。对此处研究的扰动展开式，随着 $\xi \to \infty$，可以证明（Vrentas 和 Shin，1980a）：

$$\frac{\text{一阶项}}{\text{零阶项}} = O(N_a \xi^2) \tag{10.103}$$

随着 $t \to \infty$，有

$$\frac{\text{一阶项}}{\text{零阶项}} = O(N_a \sqrt{t}) \tag{10.104}$$

显然，由正则扰动展开式可得到时间维度和空间维度的奇异解。因此，必须考虑包括内外时间解和空间解的奇异扰动分析。

方程（10.103）建议引入收缩径向变量构建外部空间解：

$$y = |N_a|^{\frac{1}{2}} (\xi - 1) \tag{10.105}$$

方程（10.104）建议应用如下形式的收缩时间变量表示外部时间解：

$$\tau = |N_a|^p t \tag{10.106}$$

结果显示，$p = 1$ 的值促进问题分析。因此，内部时间—内部空间展开为以下形式：

$$C^{ii}(\xi, t) = C_0^{ii} + N_a C_1^{ii} + N_b C_2^{ii} + \cdots \tag{10.107}$$

内部时间—外部空间展开式可表示为：

$$C^{io}(y, t) = C_0^{io} + |N_a|^{\frac{1}{2}} C_1^{io} + N_b C_2^{io} + \cdots \tag{10.108}$$

此外，外部时间—内部空间展开式可写作：

$$C^{oi}(\xi, \tau) = C_0^{oi} + |N_a|^{\frac{1}{2}} C_1^{oi} + N_b C_2^{oi} + \cdots \tag{10.109}$$

外部时间—外部空间展开有以下形式：

$$C^{oo}(y, \tau) = C_0^{oo} + |N_a|^{\frac{1}{2}} C_1^{oo} + N_b C_2^{oo} + \cdots \tag{10.110}$$

外部时间—内部空间解对应于所谓的准稳态解。以上 4 个级数展开式可代入方程（10.98）或代入该方程适宜的修正形式，以及代入产生 4 个偏微分方程组的边界条件和能求解得到 4 个扰动级数中较低级数项的边界条件。值得注意的是，该奇异扰动问题在某些方面类似于分析低雷诺数流经球体的非均匀性（Van Dyke，1975）。

内部解和外部解必须匹配，此问题的空间—时间匹配方案图解如图 10.1 所示（Vrentas 和 Shin，1980a）。在内部空间范围匹配内部和外部时间解涉及扰动参数 N_a 的不同幂次的渐进序列（Van Dyke，1975）。图 10.1 还显示，可用常规方法（Van Dyke，1975）构建外部时间范围、内部时间范围、内部空间范围和外部空间范围的复合展开式。复合展开式都不适用于所有时空。

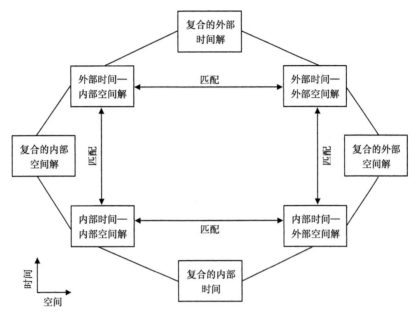

图 10.1　空间—时间匹配图解（Vrentas 和 Shin，1980a）

Vrentas 和 Shin（1980a）提供了较低增长速率或溶解速率（所有级数展开式各项的计算）扰动分析的细节。球体颗粒与时间有关的半径可用方程（10.11）确定：

$$R^2 = 1 - 2N_a\left(t + \sqrt{\frac{t}{\pi}}\right) + N_a^2\left(2t + \frac{8t^{\frac{1}{2}}}{\pi^{\frac{3}{2}}} - 2I_1(t)\right) +$$
$$N_a B_b[t + 2I_1(t)] + G(t) \tag{10.111}$$

其中：

$$G(t) = \sqrt{\frac{2N_a}{\pi}}(2N_a t - 1)\tanh^{-1}(\sqrt{2N_a t}), \qquad N_a > 0 \tag{10.112}$$

$$G(t) = \sqrt{\frac{2|N_a|}{\pi}}(1 + 2|N_a|t)\tan^{-1}(\sqrt{2t|N_a|t}), \qquad N_a > 0 \tag{10.113}$$

用内部空间区域的复合时间展开式得到方程（10.111）。Duda 和 Vrentas（1969b）定义了函数 $I_1(t)$，该文献中图 1 和图 2 用于获得给定时间 t 下 $I_1(t)$ 的值。对于 $N_a < 0$ 的情况，方程（10.111）和方程（10.113）预测 R^2 对 t 在长时间内呈线性关系，该结果与球体从 0 初始尺寸增长的相似解一致。以上复合扰动结果可能代表了适用于低速移动界面经典球体移动边界层问题的最通用扰动解。

值得注意的是，由方程（10.112）可明显看出 $G(t)$ 在 $t = 1/2N_a$ 处无界限，因此对于 $2N_at \geqslant 1$ 的情况，不能用方程（10.111）确定 R^2。然而，既然不等式 $N_at < 1/2$ 可以满足大部分低 N_a 和 N_b 值的球体溶解问题，那说明该限制较小。方程（10.111）的预测与有限差分和相似求解（Vrentas 和 Shin，1980a；Vrentas 等，1983b）对比可见，当 $0 \leqslant |N_a| \leqslant 0.5$、$0 \leqslant |N_b| \leqslant 0.5$ 时，通常该方程可很好地预测 R 相对 t 的曲线结果。方程（10.111）比内部时间—内部空间解法提供的结果更加显著。总体而言，在以上范围内复合扰动法可得到有用的结果。然而，当 N_a 和 N_b 均到达上限 0.5 时，在溶解过程结束附近复合展开式不能给出较好结果。

对于较快的增长或溶解速率，$|N_a|$ 是一个较大的数，由此对于目前分析，可以推测 $|N_a| \gg |N_b|$。由方程（10.97）可见，当 $\hat{V}_l \bar{\rho} \ll 1$ 时，即为此情形，比如蒸气气泡的生长或破裂。因此，此处考虑的快速生长或溶解过程可由方程（10.91）至方程（10.96）进行描述，且方程（10.91）中 $N_b = 0$。如果移动边界固定，时间变量延伸，并且从物质连续性方程移除球体半径，那么很容易求解此方程组。因此，引入以下自变量组：

$$\xi = \frac{r}{R} \tag{10.114}$$

$$\tau = |N_a| t \tag{10.115}$$

$$\zeta = \int_0^\tau \frac{\mathrm{d}\tau'}{R^2(\tau')} \tag{10.116}$$

现在，传质问题可由以下方程组进行描述：

$$|N_a| \frac{\partial C}{\partial \zeta} + N_a \frac{\partial C}{\partial \xi} \left(\frac{\partial C}{\partial \xi}\right)_{\xi=1} \left(\frac{1-\xi^3}{\xi^2}\right) = \frac{\partial^2 C}{\partial \xi^2} + \frac{2}{\xi} \frac{\partial C}{\partial \xi} \tag{10.117}$$

$$C(\xi, 0) = 0, \qquad \xi > 1 \tag{10.118}$$

$$C(1, \zeta) = 1, \qquad \zeta > 0 \tag{10.119}$$

$$C(\infty, \zeta) - 0, \qquad \zeta \geqslant 0 \tag{10.120}$$

$$R(\zeta) = \exp\left[(\operatorname{sgn} N_a) \int_0^\zeta \left(\frac{\partial C}{\partial \xi}\right)_{\xi=1} \mathrm{d}\zeta' \right] \tag{10.121}$$

$$t = \frac{1}{|N_a|} \int_0^\zeta R^2(\zeta') \mathrm{d}\zeta' \tag{10.122}$$

由方程（10.117）明显看出，应用由 $1/N_a$ 做小量级参数的参数扰动方案可表示出以上传递问题。不需要引入相对于球体半径的浓度边界层尺寸的假设。因此，扰动分析对球体溶解和球体长大都有效。如果方程（10.117）除以 $|N_a|$，得到的方程有一个较小量 $(1/|N_a|)$ 乘以偏微分方程中最高阶导数的参数，这是空间变量 ξ 中奇异行为的典型特征。因此，必须对问题构建外部和内部空间解，并进行合适的匹配程序。外部空间扰动展开式可写作：

$$C^o(\xi, \zeta) = C_0^o + \frac{C_1^o}{N_a} + \cdots \tag{10.123}$$

既然没有二阶导数，描述零阶项和一阶项的偏微分方程都是一阶，球体表面边界条件必须省略，因为这些条件无法执行。因此，在球体边界层附近不能进行外部空间扰动展开。

为研究该区域 C 的行为，通常必须用以下转换式扩展空间变量 ξ：

$$\eta = |N_a|(\xi - 1) \tag{10.124}$$

另外，用如下转换式可以改变时间变量：

$$\lambda = |N_a|\zeta \tag{10.125}$$

引入这些变换，使得在描述内部空间扰动扩展项的每个偏微分方程中存在至少一个非定常项、一个扩散项和一个相同阶的对流项。内部空间扰动扩展可表示为：

$$C^i(\eta, \lambda) = C_0^i + \frac{C_1^i}{N_a} + \cdots \tag{10.126}$$

将方程（10.123）和方程（10.126）代入方程（10.117）或代入该方程适宜的修正形式中，以及代入任意边界条件中，都可以得到两组偏微分方程和可用于求解扰动级数的低级数项。很容易证明：

$$C_0^o = C_1^o = 0 \tag{10.127}$$

且外部空间的解可与内部空间的解相匹配。Vrentas 和 Shin（1980b）提出了内部空间的解和该解的具体求解过程。

将零阶项和一阶项代入方程（10.121）和方程（10.122），得到孤立球体的半径—时间行为的如下表达式，写成具有参数 x 的参数形式：

$$R = \left[1 - (\operatorname{sgn}N_a)\sqrt{x}\right]^{\frac{1}{3}}\exp\left[\frac{I(x)}{18|N_a|\sqrt{x}}\right] \tag{10.128}$$

$$t = \frac{\pi}{36N_a^2}\int_0^x \left[1 - (\operatorname{sng}N_a)y^{\frac{1}{2}}\right]^{-\frac{4}{3}}\exp\left[\frac{I(y)}{9|N_a|\sqrt{y}}\right]dy \tag{10.129}$$

$I(x)$ 量是 Vrentas 和 Shin（1980b）定义的一个积分，他们展示了 $N_a>0$ 和 $N_a<0$ 时的 $I(x)$ 值。因为不可能从方程（10.128）和方程（10.129）中消除参数 x，可由方程（10.128）计算 R，从而确定一阶 R-t 结果，且可通过数值积分由方程（10.129）得到相应的 t。对于较小的时间值，可能消除 x，得到以下结果（Vrentas 等，1983b）：

$$R = 1 - 2N_a\sqrt{\frac{t}{\pi}} + \left(\frac{4}{3\pi} - \frac{1}{N_a}\right)N_a^2 t + N_a^3 t^{\frac{3}{2}}\left(\frac{4}{9\pi^{\frac{3}{2}}} + \frac{10}{3\pi^{\frac{1}{2}}N_a} - \frac{64}{5N_a\pi^{\frac{3}{2}}}\right) \tag{10.130}$$

这是对较大 $|N_a|$ 和较小 $N_a^2 t$ 的有效早期解。通过写出这些方程的零阶形式并消除参数 x，可由方程（10.128）和方程（10.129）得到精确的零阶结果：

$$R = 2\left(1 + \frac{4N_a^2 t}{\pi}\right)^{\frac{1}{2}}\cos\left\{\frac{1}{3}\cos^{-1}\left[-\left(1 + \frac{4N_a^2 t}{\pi}\right)^{-\frac{3}{2}}\right] + \left(\frac{(1 + \operatorname{sgn}N_a)}{2}\right)240°\right\} \tag{10.131}$$

277

零阶结果与 Skinner 和 Bankoff（1964）以及 Florschuetz 和 Chao（1965）得到的方程相同。当描述球体快速生长或分解时考虑一阶解很重要，而不仅是零阶结果，这是因为正像如下讨论中，用一阶结果进行预测准确性会大大提高。

在此，将零阶、一阶和早期求解［方程（10.130）］的预测结果与基于有限差分解法和相似解法的计算结果进行比较（Vrentas 和 Shin，1980b；Vrentas 等，1983b）。研究者认为正确进行的有限差分解法与精确解非常近似，从 0 初始尺寸长大的相似解法在足够长时间内可以提供较好结果。9.6 节描述的相似解法［方程（9.191）至方程（9.194）］可写成彻底的无量纲形式，并修正成包含外部项中微分比体积为常数，而不是总质量密度为常数的情况。对于此情况，方程（9.191）和方程（9.194）可用以下方程代替：

$$R = (2N_aBt)^{\frac{1}{2}} \tag{10.132}$$

$$B = \frac{\exp\left[-BN_a\left(\dfrac{N_a - N_b}{N_a} + \dfrac{1}{2}\right)\right]}{\displaystyle\int_\infty^1 x^{-2}\exp\left[-BN_a\left(\dfrac{x^2}{2} + \dfrac{N_a - N_b}{xN_a}\right)\right]\mathrm{d}x} \tag{10.133}$$

对于 $N_a = 1$ 和 $N_b = 0$，零阶解法不能很好地描述溶解过程，而一阶解法提供了有限差分解法很好的近似（Vrentas 等，1983b）。此外，对于这种情况，早期时间解法为溶解过程的早期阶段提供了良好的近似值（$R>0.4$）。球体颗粒溶解过程中，对于 $N_a \geqslant 100$ 和 $N_b = 0$ 情况，应用零阶解法，对于 $0.5 \leqslant N_a \leqslant 100$ 和 $N_b = 0$ 情况，应用一阶解法（Vrentas 和 Shin，1980b）。对于 $N_a = -1$ 和 $N_b = 0$ 情况，零阶解法和一阶解法有很大差别（Vrentas 和 Shin，1980b）。一阶解法在足够长时间下接近相似解法。对于球体颗粒生长，零阶解法可用于 $|N_a| \geqslant 10$ 和 $N_b = 0$ 的情况，一阶解法可用于 $0.5 \leqslant |N_a| \leqslant 10$ 和 $N_b = 0$ 的情况（Vrentas 等，1983b）。并且，对于 $0.5 \leqslant |N_a| \leqslant 10$ 的情况，也可能结合早期解法和相似解法预测整个半径—时间曲线（Vrentas 等，1983b）。最终，通过结合低 N_a 下复合扰动解法和高 N_a 下一阶解法，在整个 N_a 范围（小 N_b）内，确定溶解过程的颗粒寿命。由图 10.2 明显看出，

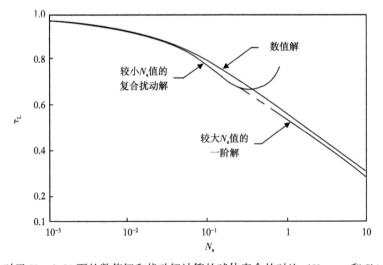

图 10.2　对于 $N_b = 0.01$ 下的数值解和扰动解计算的球体寿命的对比（Vrentas 和 Shin，1980b）

这两种求解方法之间的差距可以通过最小插值法来估算。如图 10.2 所示，可以通过使用修补程序以及对参数的低值和高值有效的解决方案在整个参数范围内描述传输过程。图 10.2 中 τ_L 与球体的无量纲寿命 t_L 相关，其可表示为：

$$\tau_L = \frac{2N_a t_L \ln(1 + N_b)}{N_b} \tag{10.134}$$

10.4　滴汞电极

滴汞电极构成了化学分析极谱法的基础。该方法需要解释在滴汞电极处物质电解时获得的电流—电压曲线。可以用已知浓度的溶液校正极谱仪，因此可以在无须详细描述极谱法过程细节的情况下进行化学分析。极谱法也可用于测量溶液中电活性材料的扩散系数。为确定扩散系数，必须建立扩散系数和瞬时电流之间的数学关系，且需要获得汞滴的生长特征。

Ilkovic（1934）和 Koutecky（1953）提出极谱技术的早期分析。极谱法标准模型考虑了初始尺寸为 0 的膨胀球体电极的非稳态扩散，其中电活性材料初始浓度场均一，汞流速恒定。极谱法过程的完整分析应该考虑以下附加的复合效应（Duda 和 Vrentas，1968a）：耗尽效应、伪对流效应、扩散场的不对称性、汞流速可变性和非 0 初始液滴尺寸。可通过适宜的实验修正使前面 3 个复杂性最小化，非 0 液滴尺寸引发的误差很小，且只在最早期内较为重要。然而，实验抑制流体速度的可变效应并不总是尽如人意。本节的两个目的是说明如何利用形式扰动分析滴汞电极周围的扩散过程，以及如何求解考虑汞流速随时间变化的扩散方程。此外，也可能将非 0 初始液滴尺寸引入方程用以描述扩散过程。

滴汞电极的非稳态扩散问题与 9.6 节考虑的气泡生长问题类似。此处，分析了完全被电活性剂溶液包围的球体汞滴的生长。电活性剂扩散到汞滴表面，在表面被电解。汞从半径为 R_0 的毛细管中流出，假设汞滴的初始半径为 R_0。传质为等温过程，没有化学反应发生，假设液滴的中心静止。浓度场是球对称的，两相中的速度场为纯径向的，假设电活性剂的初始浓度分布是均一的。忽略所有的引力效应，粒子是在无限体相中孤立的完美球体。因为汞滴是单组分相，所以它有恒定密度 $\bar{\rho}$。因为电活性剂的浓度低，外部相的二元互扩散系数 D 和密度 ρ 实际上是恒定的。而且，假设电极过程的速率比扩散速率快得多，使得扩散过程控制电活性剂的转移。另外，认为从溶液到液滴的质量传递太小，而不能明显影响液滴生长。

基于上述条件，9.6 节中使用的程序可用于液相电活性剂的物质连续性方程，可表示为：

$$\frac{\partial \rho_I}{\partial t} + \frac{v_r(R) R^2}{r^2} \frac{\partial \rho_I}{\partial r} = D \left(\frac{\partial^2 \rho_I}{\partial r^2} + \frac{2}{r} \frac{\partial \rho_I}{\partial r} \right) \tag{10.135}$$

其中，$v_r(R)$ 是液滴表面液相中的径向速度。两个辅助条件可表示如下：

$$\rho_I(r, 0) = \rho_{I0} \tag{10.136}$$

$$\rho_I(\infty, t) = \rho_{I0} \tag{10.137}$$

另外，在电解过程中，液滴表面的质量密度恒定为 ρ_{IE}，因此其边界条件可表示为：

$$\rho_I[R(t), t] = \rho_{IE} \tag{10.138}$$

其中，ρ_{IE} 可能为 0。汞滴表面的跳跃质量平衡简单表示为：

$$\bar{v}_r(R) - \frac{\mathrm{d}R}{\mathrm{d}t} = 0 \tag{10.139}$$

其中，$\bar{v}_r(R)$ 是汞相中液滴表面的径向速度。由于液滴的生长是质量流量 $m(t)$ 进入液滴的结果，因此液滴的总质量平衡可写作：

$$m = \frac{\mathrm{d}}{\mathrm{d}t}\left(\frac{4}{3}\pi R^3\bar{\rho}\right) + 4\pi R^2\bar{\rho}\left[\bar{v}_r(R) - \frac{\mathrm{d}R}{\mathrm{d}t}\right] \tag{10.140}$$

因此，结合方程（10.139）和方程（10.140）得到：

$$R^2\frac{\mathrm{d}R}{\mathrm{d}t} = \beta m(t) \tag{10.141}$$

其中：

$$\beta = \frac{1}{4\pi\bar{\rho}} \tag{10.142}$$

方程（10.141）的初始条件为：

$$R(0) = R_0 \tag{10.143}$$

另外，液滴表面处外部流体的跳跃质量平衡为：

$$v_r(R) - \frac{\mathrm{d}R}{\mathrm{d}t} = 0 \tag{10.144}$$

由此，结合方程（10.135）、方程（10.141）和方程（10.144）得到以下物质连续性方程式：

$$\frac{\partial\rho_I}{\partial t} + \frac{\beta m}{r^2}\frac{\partial\rho_I}{\partial r} = D\left(\frac{\partial^2\rho_I}{\partial r^2} + \frac{2}{r}\frac{\partial\rho_I}{\partial r}\right) \tag{10.145}$$

对于给定外部流速 $m(t)$，如果引入以下无量纲变量，方程（10.136）至方程（10.138）和方程（10.145）将易于求解：

$$\rho_I^* = \frac{\rho_I - \rho_{IE}}{\rho_{I0} - \rho_{IE}}, \quad m^* = \frac{m}{m_0}, \quad R^* = \frac{R}{R_0} \tag{10.146}$$

$$t^* = \frac{tm_0\beta}{R_0^3} \tag{10.147}$$

其中，m_0 是毛细管中汞的特征质量流速，毛细管将汞输送到液滴中。另外，引入下列无量纲径向变量：

$$\eta = \frac{1}{\sqrt{N_p}}\left(\frac{r}{R} - 1\right) \tag{10.148}$$

其中：

$$N_p = \frac{DR_0}{\beta m_0} \tag{10.149}$$

此转化固定移动边界层，且因为 $1/\sqrt{N_p}$ 通常很大，其可以有效延展浓缩边界层。因此，方程（10.136）至方程（10.138）和方程（10.145）可转化为下列方程组（为了方便，已省略星号）：

$$\left(\frac{\partial \rho_I}{\partial t}\right)_\eta - \frac{m(1 + \eta\sqrt{N_p})}{R^3\sqrt{N_p}}\frac{\partial \rho_I}{\partial \eta} + \frac{m}{R^3\sqrt{N_p}(1 + \eta\sqrt{N_p})^2}\frac{\partial \rho_I}{\partial \eta}$$
$$= \frac{1}{R^2}\left(\frac{\partial^2 \rho_I}{\partial \eta^2} + \frac{2\sqrt{N_p}}{1 + \eta\sqrt{N_p}}\frac{\partial \rho_I}{\partial \eta}\right) \tag{10.150}$$

$$\rho_I(\eta, 0) = 1 \tag{10.151}$$

$$\rho_I(\infty, t) = 1 \tag{10.152}$$

$$\rho_I(0, t) = 0 \tag{10.153}$$

因为 m 由外部影响而不是质量密度场的性质确定，所以可以确定给定 $m(t)$ 的 $\rho_I(\eta, t)$ 的此方程组是线性的。然而，由于偏微分方程中导数的系数取决于自变量 η 和 t，该线性问题很难准确求解。因此，既然 N_p 是较小参数，扰动方法提供了一条获得解析解的可能路径。对于变流速 m，扰动方法可用于求解此问题，但其必须在汞流速恒定时应用扰动级数。

如果液滴寿命不是太长，浓度边界层薄并在液滴寿命内局限在下列不等式有效的区域内：

$$\eta\sqrt{N_p} < 1 \tag{10.154}$$

该情况下，可通过引入方程（10.150）两个系数的如下级数展开式来简化此方程：

$$\frac{1}{1 + \eta\sqrt{N_p}} = 1 - \eta\sqrt{N_p} + (\eta\sqrt{N_p})^2 - \cdots \tag{10.155}$$

$$\frac{1}{(1 + \eta\sqrt{N_p})^2} = 1 - 2\eta\sqrt{N_p} + 3(\eta\sqrt{N_p})^2 - \cdots \tag{10.156}$$

将方程（10.155）和方程（10.156）代入方程（10.150），得到以下结果：

$$\left(\frac{\partial \rho_I}{\partial t}\right)_\eta - \frac{3m\eta}{R^3}\frac{\partial \rho_I}{\partial \eta} + \frac{3m\eta^2\sqrt{N_p}}{R^3}\frac{\partial \rho_I}{\partial \eta} = \frac{1}{R^2}\left(\frac{\partial^2 \rho_I}{\partial \eta^2} + 2\sqrt{N_p}\frac{\partial \rho_I}{\partial \eta}\right) + O(N_p) \tag{10.157}$$

根据较小参数 $N_p^{1/2}$ 的升幂，方程（10.157）的正则扰动展开式写作：

$$\rho_I(\eta,\ t) = \rho_I^0(\eta,\ t) + \sqrt{N_p}\rho_I^1(\eta,\ t) + N_p\rho_I^2(\eta,\ t) + \cdots \tag{10.158}$$

当 $N_p^{1/2}$ 的等幂系数相同时，将方程（10.158）代入方程（10.151）至方程（10.153）和方程（10.157），得到以下零阶和一阶扰动展开项方程组：

$$\frac{\partial \rho_I^0}{\partial t} - \frac{3m\eta}{R^3}\frac{\partial \rho_I^0}{\partial \eta} = \frac{1}{R^2}\frac{\partial^2 \rho_I^0}{\partial \eta^2} \tag{10.159}$$

$$\rho_I^0(\eta,\ 0) = 1 \tag{10.160}$$

$$\rho_I^0(\infty,\ t) = 1 \tag{10.161}$$

$$\rho_I^0(0,\ t) = 0 \tag{10.162}$$

$$\frac{\partial \rho_I^1}{\partial t} - \frac{3m\eta}{R^3}\frac{\partial \rho_I^1}{\partial \eta} + \frac{3m\eta^2}{R^3}\frac{\partial \rho_I^0}{\partial \eta} = \frac{1}{R^2}\frac{\partial^2 \rho_I^1}{\partial \eta^2} + \frac{2}{R^2}\frac{\partial \rho_I^0}{\partial \eta} \tag{10.163}$$

$$\rho_I^1(\eta,\ 0) = \rho_I^1(\infty,\ t) = \rho_I^1(0,\ t) = 0 \tag{10.164}$$

为便于确定零阶解，引入以下新的空间自变量和时间自变量：

$$\zeta = \eta R^3 \tag{10.165}$$

$$\tau = \int_0^t R^4 dt' \tag{10.166}$$

并且，方程（10.141）和方程（10.143）的无量纲形式可简写为：

$$R^2\frac{dR}{dt} = m \tag{10.167}$$

$$R(0) = 1 \tag{10.168}$$

因此，方程（10.159）至方程（10.162）可转化为以下方程组：

$$\frac{\partial \rho_I^0}{\partial \tau} - \frac{\partial^2 \rho_I^0}{\partial \zeta^2} \tag{10.169}$$

$$\rho_I^0(\zeta,\ 0) = 1 \tag{10.170}$$

$$\rho_I^0(\infty,\ \tau) = 1 \tag{10.171}$$

$$\rho_I^0(0,\ \tau) = 0 \tag{10.172}$$

其可以求解给出零阶解：

$$\rho_I^0 = \text{erf}\left(\frac{\zeta}{2\sqrt{\tau}}\right) \tag{10.173}$$

对任意给定的汞滴半径—时间关系，由方程（10.165）和方程（10.166）可算得 ζ 和 τ，由此可直接计算出零阶项。零阶解可用于确定方程（10.163）的显式形式，一阶解可由该线性偏微分方程导出。Duda 和 Vrentas（1968a）给出了求解程序和一阶结果。

将零阶解和一阶解代入方程（10.158），以给出对可变流速 $m(t)$ 有效的 $\rho_I(\eta,\ t)$ 两项展开表达式。进料体系中汞滴的非稳态行为是由膨胀汞滴（界面张力现象导致）产生的背压和毛细管中流体惯性效应所致。背压是液滴半径的函数。Duda 和 Vrentas（1968b）详细考虑了进料体系的流体力学问题。Levich（1962）将变量 m 的两项解简化为恒定 m 和汞滴初始半径为 0 的两项解。一旦已知外部相中电活性材料的质量密度分布，就可以得出通过电极表面的瞬时电流的时间依赖性表达式。表达式包含扩散系数 D，因此可由电流时间数据确定该材料的性质（Duda 和 Vrentas，1968a）。对比理论预测和实验电流—时间数据表明，变量 m 理论的预测明显优于常数 m 理论的预测（Duda 和 Vrentas，1968b）。最后，应用具有恒定质量流速的汞和 0 初始液滴尺寸的零阶解法可得到最简单的极谱法结果。对于此情况，

$$m = 1 \tag{10.174}$$

所以

$$R = (3t)^{\frac{1}{3}} \tag{10.175}$$

$$\tau = \frac{(3t)^{\frac{7}{3}}}{7} \tag{10.176}$$

且

$$\rho_I^0 = \mathrm{erf}\left[\frac{\eta\sqrt{7}}{2(3t)^{\frac{1}{6}}}\right] \tag{10.177}$$

10.5　薄膜吸附

　　吸附过程包括吸附/脱附和具有相变的溶质扩散到有限区域。液体薄膜（通常是聚合物膜）沉积于固体基质上，且暴露于纯流体相（气体或液体）中。

　　吸附的几何结构如图 10.3 所示。流体相通常无限大，但也可以有一限度。对于图 10.3 中描述的吸附过程，组分 A 的纯流体相与组分 A 和组分 B 的二元液相间存在传递过程。基于以下假设，可以构建该特殊非稳态扩散过程：

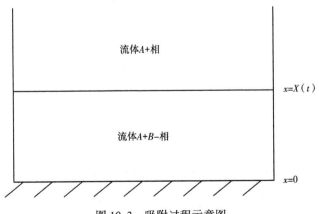

图 10.3　吸附过程示意图

(1) 一维扩散，$\rho_A = \rho_A(x, t)$。

(2) $\hat{V}_A$ 和 $\hat{V}_B$ 在液相中保持恒定。

(3) 没有反应发生。

(4) 总体而言，D 是组分 A 质量密度的函数，但此处的分析限于较小浓度变化的吸附过程，所以 D 恒定。

(5) 初始状态下，液相质量密度 ρ_{A0} 均一且厚度为 L。

既然微分比体积恒定，平均体积速度的分歧为 0。因此，对于一维扩散过程，由于存在固体壁，体积平均速度在扩散场任意处为 0（8.1 节）。因此，根据方程（4.151），物质连续性方程可写作：

$$\frac{\partial \rho_A}{\partial t} = D \frac{\partial^2 \rho_A}{\partial x^2} \tag{10.178}$$

初始条件可写作：

$$\rho_A = \rho_{A0}, \quad t = 0, \quad 0 \leqslant x < L \tag{10.179}$$

$$X(0) = L \tag{10.180}$$

由 8.1 节看出，在 $x = 0$ 处边界条件采用如下形式：

$$\frac{\partial \rho_A}{\partial x} = 0, \qquad x = 0, \quad t \geqslant 0 \tag{10.181}$$

在 $x = X(t)$ 处，施加的边界层条件的类型取决于吸附过程的细节。此处考虑了提供恒定平衡表面质量密度 ρ_{AE} 的无限纯流体相。例如，当流体是具有恒定压力的纯气体时就是这种情况。此情况下相平衡条件为：

$$\rho_A = \rho_{AE}, \quad x = X(t), \qquad t > 0 \tag{10.182}$$

当流体相范围有限，或气相压力与时间相关时，相边界处需要不同的边界条件。值得注意的是，因为忽略组分 B 的蒸气压，所以此问题气相中没有组分 B。

可应用组分 B 的跳跃质量平衡描述相边界的移动：

$$\rho_B^+ \left[(v_B^+)_x - U_x^* \right] = \rho_B^- \left[(v_B^-)_x - u_x^* \right] \tag{10.183}$$

因为 $\rho_B^+ = 0$，所以此方程化简为：

$$u_x^* = \frac{\mathrm{d}X}{\mathrm{d}t} = (v_B^-)_x \tag{10.184}$$

此外，由于 $v_x^V = 0$，因此很明显有：

$$\rho_B(v_B)_x = -D \frac{\partial \rho_B}{\partial x} \tag{10.185}$$

另外，由表 2.4 中的方程（E）和表 2.2 中的方程（A），得到：

$$D\hat{V}_A \frac{\partial \rho_A}{\partial x} + D\hat{V}_B \frac{\partial \rho_B}{\partial x} = 0 \tag{10.186}$$

$$\rho_B \hat{V}_B = 1 - \rho_A \hat{V}_A \tag{10.187}$$

因此，结合方程（10.184）至方程（10.187）可得出相边界移动的如下方程：

$$\frac{\mathrm{d}X}{\mathrm{d}t} = \frac{D\left(\dfrac{\partial \rho_A}{\partial x}\right)_{x=X(t)}}{\dfrac{1}{\hat{V}_A} - \rho_{AE}} \tag{10.188}$$

方程（10.180）提供了方程（10.188）的初始条件。

将如下无量纲变量代入方程（10.178）至方程（10.182）和方程（10.188）：

$$\rho_A^* = \frac{\rho_A - \rho_{A0}}{\rho_{AE} - \rho_{A0}} \tag{10.189}$$

$$t^* = \frac{Dt}{L^2}, \quad x^* = \frac{x}{L}, \quad X^* = \frac{X}{L} \tag{10.190}$$

代入新自变量 $\xi = x^*/X^*$ 得到以下方程组（此处为了方便，省略了星号）：

$$X^2 \left(\frac{\partial \rho_A}{\partial t}\right)_\xi - \xi N_b \frac{\partial \rho_A}{\partial \zeta} \left(\frac{\partial \rho_A}{\partial \xi}\right)_{\xi=1} = \frac{\partial^2 \rho_A}{\partial \xi^2} \tag{10.191}$$

$$\rho_A(\xi, 0) = 0 \tag{10.192}$$

$$\rho_A(1, t) = 1 \tag{10.193}$$

$$\left(\frac{\partial \rho_A}{\partial \xi}\right)_{\xi=0} = 0 \tag{10.194}$$

$$X^2 = 1 + 2N_b \int_0^t \left(\frac{\partial \rho_A}{\partial \xi}\right)_{\xi=1} \mathrm{d}t' \tag{10.195}$$

注意，方程（8.27）再次定义了 N_b。M_A 是组分 A 在时间 t 时进入薄膜的单位面积质量，$M_{A\infty}$ 是组分 A 在无限时间进入薄膜的单位面积质量，两者之比可用方程（10.196）确定：

$$\frac{M_A}{M_{A\infty}} = \frac{\displaystyle\int_0^1 \rho_A \mathrm{d}\xi}{1 + N_b - N_b \displaystyle\int_0^1 \rho_A \mathrm{d}\xi} \tag{10.196}$$

可应用体积扰动方案获得 $\rho_A(\xi, t)$ 的解，从而得到 $X(t)$ 和 $M_A/M_{A\infty}$。将单参数渐进展开式

$$\rho_A(\xi, t) = \rho_A^0(\xi, t) + N_b \rho_A^1(\xi, t) + \cdots \tag{10.197}$$

代入方程（10.191）至方程（10.195），得到以下确定零阶解的方程组：

$$\frac{\partial \rho_A^0}{\partial t} = \frac{\partial^2 \rho_A^0}{\partial \xi^2} \tag{10.198}$$

$$\rho_A^0(\xi,\ 0) = 0 \tag{10.199}$$

$$\rho_A^0(1,\ t) = 1 \tag{10.200}$$

$$\left(\frac{\partial \rho_A^0}{\partial \xi}\right)_{\xi=0} = 0 \tag{10.201}$$

$$X^2 = 1 + 2N_b\int_0^t \left(\frac{\partial \rho_A^0}{\partial \xi}\right)_{\xi=1} \mathrm{d}t' \tag{10.202}$$

此外，$M_A/M_{A\infty}$ 的零阶结果简写为：

$$\left(\frac{M_A}{M_{A\infty}}\right)^0 = \int_0^1 \rho_A^0 \mathrm{d}\xi \tag{10.203}$$

虽然方程（10.198）是抛物线型偏微分方程，但因为该问题不是一个 PIC 问题（7.8 节），不能用参数分离法直接解决以上方程组。然而，引入新因变量 $y(\xi,\ t)$，可以方便此问题求解：

$$\rho_A^0(\xi,\ t) = 1 + y(\xi,\ t) \tag{10.204}$$

由此产生以下 PIC 问题：

$$\frac{\partial y}{\partial t} = \frac{\partial^2 y}{\partial \xi^2} \tag{10.205}$$

$$y(\xi,\ 0) = -1 \tag{10.206}$$

$$y(1,\ t) = 0 \tag{10.207}$$

$$\left(\frac{\partial y}{\partial \xi}\right)_{\xi=0} = 0 \tag{10.208}$$

分离解形式 $y(\xi,t) = Y(\xi)T(t)$ 代入以上方程组，可得到以下常微分方程和边界条件：

$$\frac{\mathrm{d}^2 Y}{\mathrm{d}\xi^2} + \lambda Y = 0 \tag{10.209}$$

$$\frac{\mathrm{d}T}{\mathrm{d}t} + \lambda T = 0 \tag{10.210}$$

$$Y(1) = 0 \tag{10.211}$$

$$\left(\frac{\mathrm{d}Y}{\mathrm{d}\xi}\right)_{\xi=0} = 0 \tag{10.212}$$

式中，λ 是分离常数。

方程（10.209）、方程（10.211）和方程（10.212）表示的 Sturm-Liouville 问题具有特征值：

$$\lambda_n = \frac{(2n+1)^2\pi^2}{4} \quad (n = 0,\ 1,\ \cdots) \tag{10.213}$$

相应的正交特征函数简写作：

$$Y_n = C_n \cos\beta_n \xi \tag{10.214}$$

$$\beta_n = \frac{(2n+1)\pi}{2} \tag{10.215}$$

由此方程（10.210）的解可表示为：

$$T_n = D_n e^{-\beta_n^2 t} \tag{10.216}$$

因此，所有乘积 $Y_n T_n$ 的线性组合给出零阶扰动级数的如下级数解：

$$\rho_A^0(\xi, t) = 1 + \sum_{n=1}^{\infty} A_n \cos\beta_n \xi e^{-\beta_n^2 t} \tag{10.217}$$

此解满足初始条件，如果

$$-1 = \sum_{n=1}^{\infty} A_n \cos\beta_n \xi \tag{10.218}$$

其中，用特征函数的正交性质来表示：

$$A_n = -\frac{2(-1)^n}{\beta_n} \tag{10.219}$$

最终，由方程（10.203）和方程（10.217）可知，可由方程（10.220）确定分数权重拾取的时间依赖性：

$$\left(\frac{M_A}{M_{A\infty}}\right)^0 = 1 - \sum_{n=1}^{\infty} \frac{2}{\beta_n^2} e^{-\beta_n^2 t} \tag{10.220}$$

可通过方程（10.202）和方程（10.217）确定边界移动。

当然，质量密度分布和分数权重拾取的结果是众所周知的（Crank，1975）。此处包含推导式，因为该推导式和13.1节中的推导式阐释了求解过程本质是如何得到适用于长时间（本节结果）的解的形式以及适用于短时间（13.1 节得到）的解的形式。零阶结果对较小的 $|N_b|$ 数值有效，但适用性范围当然也可通过得到扰动级数的一阶结果延展。Duda 和 Vrentas（1969a）给出了一阶项及其解的方程。

10.6　传质移动边界问题的数值分析

在本章前面 5 节中，应用了扰动法建立传质移动边界问题的解析解。扰动解析解很简洁，并且可以立即应用于在扰动级数有效范围内的扰动参数值。相反的是，在每组新条件下必须产生数值解，由此其不如扰动级数的求解简洁。当然，通常任意扰动参数值均可获得数值解，而截断扰动级数通常限制在特定扰动参数值范围内。而某些情况下，正如图 10.2 所示，在完整扰动参数范围内可有效获得扰动结果。

很多科学家偏爱用数值分析求解移动边界问题，有两个主要原因：第一，如上所述，由于假设数值求解对于所有扰动参数值有效，因此建立的数值解的有效范围通常没有任何问题。因为通常不知道扰动级数的数学性质，所以不能立即得到扰动级数的有效性范围。实际上，通常通过针对所研究问题选定数量的数值结果来确定扰动级数的有效范围。研究者偏爱数值求解的第二个原因是与构建扰动级数相比，构建解析解似乎更加容易，尤其是对奇异扰动问题而言。然而，如下面将要讨论的，在构建某些移动边界层传质问题的数值解时必须解决许多重大难题。

数值求解中出现的问题示例之一，即考虑球体对称条件下无限液体中孤立球体的生长或溶解。Cable 和 Evans（1967）研究了该类问题，使用有限差分法得到孤立球体的半径—时间结果。处理这个问题时，研究者没有固定移动边界层，在无限范围内用有限差分网格，且没有准确描绘较高生长和溶解速率的球体表面的浓度梯度。在考察孤立球体的生长和溶解问题时，Duda 和 Vrentas（1969b，1971a）指出对于此类传质问题在表达准确数值解时有三大困难：相边界的移动、外部液相的无限域，以及球体颗粒表面附近高浓度梯度的通常不充分表示。

Duda 和 Vrentas（1969b，1971a）的研究表明，应用在径向方向引入新坐标变量的适宜坐标系转换可解决以上 3 个困难。这类转换需要固定移动边界，也必须将无限范围映射入有限范围。另外，必须选择坐标系转换，用以解释在移动边界附近浓度梯度很大的事实。因此，必须利用球体表面附近的紧密间隔的空间网格点，对大部分液相用粗网格，以准确表示微分方程的有限差分。

应用以下径向转化式求解气泡生长问题：

$$\eta = 1 - \exp\left[-\beta\left(\frac{r}{R} - 1\right)\right] \tag{10.221}$$

式中，η 是新无量纲径向变量；r 是球体坐标系中的无量纲径向位置变量；R 是无量纲球体半径；β 是合适选择的任何给定解的常数。

将参数 β 引入坐标变换中以提供网格点分布的灵活性，由此能足够精确地表示微分方程。应用方程（10.222）求解气泡溶解问题：

$$\psi = 1 - \exp\left[-\beta(r - R)\right] \tag{10.222}$$

其中，ψ 是新的无量纲径向变量；显然，转化问题有新的解域，孤立球体生长的新解范围为 $0 \leqslant \eta \leqslant 1$，溶解过程则为 $0 \leqslant \psi \leqslant 1$。Duda 和 Vrentas（1969b，1971a）介绍了物质连续性方程、边界移动方程和边界条件的适宜转化形式。

Duda 和 Vrentas（1969b）建立的基于坐标系转换方法的半径—时间行为计算与 Cable 和 Evans（1967）报道的结果有明显差别。Zana 和 Leal（1975）采用类似径向坐标系转换计算球体气泡破裂的半径—时间曲线。计算的气泡寿命与 Zana 和 Leal（1975）报道的结果并不一致，但气泡寿命结果和其半径—时间曲线与 Duda 和 Vrentas（1971a）的数值结果非常一致。值得注意的是，只有在构建精确求解程序时，数值解法才有较大用处。

第 11 章 扩散和反应

虽然本书中化学反应是次要研究内容，但是考虑这些反应对传质过程的影响也极为重要。本章的目标是考虑均相反应和非均相反应的例子，并观察物质连续性方程中另一附加项如何影响传质问题的求解。此处并不讨论确定特定反应的适当动力学机理的方法。此外，对所有反应速率项应用简单的本构方程。

11.1 管式聚合反应器的设计

管式反应器广泛应用于化学过程，当涉及简单流体时，这类反应器的分析通常很明确。然而，当用管式反应器进行聚合反应时，情况完全不同。虽然管式反应器应该是简单经济的生产聚合产物的方法，但聚合物链的形成造成了管式反应器的可操作性和性能的很多问题。比如，溶液黏度发生很大变化，在主体聚合时经常观察到溶液黏度的数量级增加。溶液黏度的这种变化导致轴向速度分布有很大改变。管壁附近颗粒的停留时间更长，由于此处黏度增大，管壁附近聚合反应更多，流速更慢。沿管式聚合反应器向下流动的轴向速度分布的变化如图 11.1 所示。

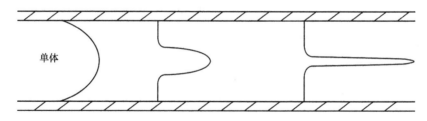

单体

图 11.1 管式聚合反应器轴向速度分布变化

因为进行典型管式聚合反应器分析很重要，相比于详细分析特殊聚合器，研究模型问题更加方便。模型问题将会考虑实际管式聚合反应器的大部分重要特点，包括黏度变化影响，因此分析模型问题需要描述可预期的一般行为类型。然而，既然不考虑特殊体系的特定细节，所以不期望模型问题能够精确描述特殊管式聚合反应器。通过以下假设和限制描述长为 L、半径为 R 的管式聚合反应器的模型问题：

（1）虽然完整的管式聚合反应器分析应该包括温度效应和能量方程，但因为传热足够快，此处假定反应器等温。当反应器在等壁温下进料，黏性加热和反应热足够小时，达到该条件。

（2）反应器处于稳态，角速度处处为 0，反应器方位对称。

（3）典型的聚合反应器包括大量聚合物组分（具有不同链长）、单体、引发剂和可能的溶剂。此处假设反应器中液体是由单体和单一聚合物组分组成的二元溶液。

（4）假设单体和聚合物的微分比体积与组成无关，且彼此相等。因此，混合物的质量密度与组成无关。此外，假设密度的压力相关性也可忽略。

（5）假设反应器中的剪切速率足够低，因此可以合理假设聚合物—单体混合物是不可压缩的牛顿流体，其黏度具有浓度依赖性。

（6）溶液的 0 剪切黏度和聚合物—单体体系的互扩散系数通常取决于组成、温度和聚合物分子量。由于温度恒定，且只有单一聚合物分子量，因此仅须考虑组成依赖性。黏度和扩散的浓度依赖性较强，且浓度依赖性可通过自由体积理论和稀释溶液理论确定。

（7）单体（组分 1）形成聚合物的反应可用一阶速率表达式描述：

$$\frac{R_1}{M_1} = -k_1 c_1 \qquad (11.1)$$

可改写作如下形式：

$$R_1 = -k_1 \rho w_1 \qquad (11.2)$$

注意，因为 ρ 恒定，所以不包括方程（4.113）的第二项。

（8）纯聚合物的黏度很大，且对于典型的聚合反应器有如下关系：

$$L \gg R \qquad (11.3)$$

此外，因为纯聚合物的黏度很大，所以雷诺数 Re 较小。

反应器内传递过程可用总连续性方程、单体的连续性方程和 3 个运动方程描述：

$$\frac{\partial v_r}{\partial r} + \frac{v_r}{r} + \frac{\partial v_z}{\partial z} = 0 \qquad (11.4)$$

$$v_r \frac{\partial w_1}{\partial r} + v_z \frac{\partial w_1}{\partial z} = \frac{1}{r}\frac{\partial}{\partial r}\left(rD\frac{\partial w_1}{\partial r}\right) + \frac{\partial}{\partial z}\left(D\frac{\partial w_1}{\partial z}\right) - k_1 w_1 \qquad (11.5)$$

$$\rho\left(v_r \frac{\partial v_r}{\partial r} + v_z \frac{\partial v_r}{\partial z}\right) = -\frac{\partial p}{\partial r} + 2\frac{\partial}{\partial r}\left(\mu\frac{\partial v_r}{\partial r}\right) + \frac{\partial}{\partial z}\left[\mu\left(\frac{\partial v_r}{\partial z} + \frac{\partial v_z}{\partial r}\right)\right] + \frac{2\mu}{r}\frac{\partial v_r}{\partial r} - \frac{2\mu v_r}{r^2} \qquad (11.6)$$

$$0 = \frac{\partial p}{\partial \theta} \qquad (11.7)$$

$$\rho\left(v_r \frac{\partial v_z}{\partial r} + v_z \frac{\partial v_z}{\partial z}\right) = -\frac{\partial p}{\partial z} + 2\frac{\partial}{\partial z}\left(\mu\frac{\partial v_z}{\partial z}\right) + \frac{1}{r}\frac{\partial}{\partial r}\left[\mu r\left(\frac{\partial v_r}{\partial z} + \frac{\partial v_z}{\partial r}\right)\right] \qquad (11.8)$$

注意，p 是 2.6 节引入的修正压力。上述可变黏度 μ 的运动方程来源于 Hughes 和 Gaylord（1964）的研究结果。

方程（11.7）要求 $p = p(r, z)$，因此方程（11.4）至方程（11.6）和方程（11.8）是可用于求解 4 个未知量 v_r、v_z、w_1 和 p 的 4 个传递方程。方程（11.5）、方程（11.6）和方程（11.8）是二级椭圆型偏微分方程，因此，由于质量和动量的轴向扩散，不可能在通常被认为是反应区域起点的 $z = 0$ 处设置边界条件。椭圆型偏微分方程必须在 $z = -\infty$ 到 $z = \infty$ 封闭区域内设置轴向边界条件，才能适宜地考虑轴向扩散效应。管式聚合反应器的轴向扩散效应与 9.10 节讨论的质量轴向扩散类似。

引入以下无量纲变量，以将传递方程转化为无量纲形式：

$$u = \frac{v_z}{u_a}, \qquad V = \frac{v_r L}{u_a R} \tag{11.9}$$

$$z^* = \frac{z}{L}, \qquad r^* = \frac{r}{R} \tag{11.10}$$

$$\mu^* = \frac{\mu(w_1)}{\mu_p}, \; D^* = \frac{D(w_1)}{D_0} \tag{11.11}$$

$$p^* = \frac{pR^2}{Lu_a\mu_p} \tag{11.12}$$

其中，u_a 是管内平均速度；μ_p 是纯聚合物黏度；D_0 是 $w_1 = 1$ 处的互扩散系数。选择无量纲变量，则所有无量纲距离和速度有统一的级数。通过每个方向应用合适的长度尺度、轴向上应用 u_a 作为参考速度、径向上应用 $u_a R/L$ 作为参考速度来实现这一点。轴向参考速度明显比径向参考速度大得多。选择定义无量纲修正压力以最小化无量纲群的数量。传递方程的无量纲形式写作（为了方便，省略星号）

$$\frac{\partial V}{\partial r} + \frac{V}{r} + \frac{\partial u}{\partial z} = 0 \tag{11.13}$$

$$V\frac{\partial w_1}{\partial r} + u\frac{\partial w_1}{\partial z} = \frac{1}{Pe}\left[\frac{1}{r}\frac{\partial}{\partial r}\left(rD\frac{\partial w_1}{\partial r}\right) + \varepsilon^2\frac{\partial}{\partial z}\left(D\frac{\partial w_1}{\partial z}\right)\right] - Daw_1 \tag{11.14}$$

$$\frac{\partial p}{\partial r} = -Re\varepsilon^3\left(V\frac{\partial V}{\partial r} + u\frac{\partial V}{\partial z}\right) + \frac{2\varepsilon^2}{r}\frac{\partial}{\partial r}\left(\mu r\frac{\partial V}{\partial r}\right) - \frac{2\varepsilon^2 V\mu}{r^2} + \varepsilon^4\frac{\partial}{\partial z}\left(\mu\frac{\partial V}{\partial z}\right) + \varepsilon^2\frac{\partial}{\partial z}\left(\mu\frac{\partial u}{\partial r}\right) \tag{11.15}$$

$$Re\varepsilon\left(V\frac{\partial u}{\partial r} + u\frac{\partial u}{\partial z}\right) = -\frac{\partial p}{\partial z} + \frac{1}{r}\frac{\partial}{\partial r}\left(\mu r\frac{\partial u}{\partial r}\right) + \frac{\varepsilon^2}{r}\frac{\partial}{\partial r}\left(\mu r\frac{\partial V}{\partial z}\right) + 2\varepsilon^2\frac{\partial}{\partial z}\left(\mu\frac{\partial u}{\partial z}\right) \tag{11.16}$$

方程中无量纲群定义如下：

$$\varepsilon = \frac{R}{L} \tag{11.17}$$

$$Re = \frac{Ru_a\rho}{\mu_p} \tag{11.18}$$

$$Pe = \frac{R^2 u_a}{D_0 L} \tag{11.19}$$

$$Da = \frac{k_1 L}{u_a} \tag{11.20}$$

以上方程组包括 3 个非线性方程，数值方法似乎是求解这些方程的最佳途径。然而，在应用数值程序前，以上方程组可通过引入润滑理论并利用以下适用于典型聚合反应器的不等式，以化简为更简化的形式：

$$\varepsilon \ll 1 \tag{11.21}$$

$$Re\varepsilon \ll 1 \tag{11.22}$$

$$\frac{\varepsilon^2}{Pe} \ll 1 \tag{11.23}$$

因此，对 ε 的最低级数，方程（11.13）不受应用润滑近似理论的影响，而方程（11.14）至方程（11.16）简化为以下形式：

$$V\frac{\partial w_1}{\partial r} + u\frac{\partial w_1}{\partial z} = \frac{1}{Pe}\left[\frac{1}{r}\frac{\partial}{\partial r}\left(Dr\frac{\partial w_1}{\partial r}\right)\right] - Da\,w_1 \tag{11.24}$$

$$\frac{\partial p}{\partial r} = 0 \tag{11.25}$$

$$\frac{\partial p}{\partial z} = \frac{1}{r}\frac{\partial}{\partial r}\left(\mu r\frac{\partial u}{\partial r}\right) \tag{11.26}$$

显然，润滑近似理论导致如下结果，并在原有方程组中引起变化：

（1）修正压力不是径向位置的函数。

（2）运动方程的 z 分量中的非线性惯性项已被消除。

（3）运动方程的 z 分量中的轴向扩散动量效应已被消除，由此该椭圆型偏微分方程转化为抛物线型偏微分方程，因此可以从 $z=0$ 开始计算。

（4）单体的物质连续性方程中的单体浓度效应的轴向扩散已被消除，因此，椭圆型偏微分方程转化为抛物线型偏微分方程，因此也可以从 $z=0$ 开始计算。

（5）运动方程中的所有径向速度项都已被消除，但并没有从物质连续性方程中消除。

对以上方程组可进一步修正，得到直接求解该问题的方程，对方程（11.13）积分得到如下结果：

$$V = -\frac{1}{r}\int_0^r r'\frac{\partial u}{\partial z}dr' \tag{11.27}$$

当已知 u 时，方程（11.27）可用来计算 V。对方程（11.25）相对于 z 微分，对方程（11.26）相对于 r 微分给出：

$$\frac{\partial^2 p}{\partial z\partial r} = 0 \tag{11.28}$$

和

$$\frac{\partial^2 p}{\partial r\partial z} = \frac{\partial}{\partial r}\left[\frac{1}{r}\frac{\partial}{\partial r}\left(\mu r\frac{\partial u}{\partial r}\right)\right] \tag{11.29}$$

由此

$$\frac{\partial}{\partial r}\left[\frac{1}{r}\frac{\partial}{\partial r}\left(\mu r\frac{\partial u}{\partial r}\right)\right] = 0 \tag{11.30}$$

对方程（11.30）的第一步径向积分可得：

$$\frac{1}{r} \frac{\partial}{\partial r}\left(\mu r \frac{\partial u}{\partial r}\right) = f(z) \tag{11.31}$$

对方程从 $r=0$ 到 $r=r$ 的第二步积分得到结果：

$$\mu \frac{\partial u}{\partial r} = \frac{f(z)r}{2} \tag{11.32}$$

对方程从 $r=0$ 到 $r=r$ 的第三步径向积分，得到轴向速度 u 的表达式：

$$u = \frac{f(z)}{2} \int_1^r \frac{r'}{\mu} \mathrm{d}r' \tag{11.33}$$

因为

$$2 \int_0^1 ur\mathrm{d}r = 1 \tag{11.34}$$

结合方程（11.33）和方程（11.34）得到：

$$1 = f(z) \int_0^1 r \left(\int_1^r \frac{r'}{\mu} \mathrm{d}r' \right) \mathrm{d}r \tag{11.35}$$

分部积分得到：

$$\frac{f(z)}{2} = -\frac{1}{\displaystyle\int_0^1 \frac{r^3}{\mu}\mathrm{d}r} \tag{11.36}$$

因此，将方程（11.36）代入方程（11.33），得到 u 的理想结果：

$$u = \frac{\displaystyle\int_r^1 \frac{r'}{\mu}\mathrm{d}r'}{\displaystyle\int_0^1 \frac{r^3}{\mu}\mathrm{d}r} \tag{11.37}$$

如果已知 w_1，既然 $\mu = \mu(w_1)$，则可计算得到 u。Morrette 和 Gogos（1968）用不同推导方法得到方程（11.37）。

模型问题最初必须假设反应器管无限长，因此如果有必要，则应该考虑组分质量和动量的轴向扩散。因为从物质连续性方程和运动方程中要省略所有轴向扩散项，可假设在反应器入口（$z=0$）处，即反应开始的位置，聚合物质量分数为 0，且速度分布为抛物线型。虽然需要以上无量纲变量进行有意义的润滑近似，对两个距离变量和两个速度组分，应用相同比例计算将更佳。因此，保持了先前径向距离和轴向速度的量纲化，但轴向距离和径向速度现在定义为：

$$\bar{z} = \frac{z}{R}, \quad \bar{V} = \frac{v_r}{u_a} \tag{11.38}$$

新的无量纲压力定义为：

$$\bar{p} = \frac{pR}{u_a \mu_p} \tag{11.39}$$

此外，Peclet 数和 Damköhler 数现在定义为：

$$\bar{Pe} = \frac{Ru_a}{D_0} \tag{11.40}$$

$$\bar{Da} = \frac{k_1 R}{u_a} \tag{11.41}$$

引入以上列举的新的无量纲变量组和无量纲变量组不会影响方程（11.37），但方程（11.24）、方程（11.26）和方程（11.27）转化为如下形式：

$$\bar{V}\frac{\partial w_1}{\partial r} + u\frac{\partial w_1}{\partial \bar{z}} = \frac{1}{\bar{Pe}}\left[\frac{1}{r}\frac{\partial}{\partial r}\left(Dr\frac{\partial w_1}{\partial r}\right)\right] - \bar{Da}w_1 \tag{11.42}$$

$$\frac{\partial \bar{p}}{\partial \bar{z}} = \frac{1}{r}\frac{\partial}{\partial r}\left(\mu r\frac{\partial u}{\partial r}\right) \tag{11.43}$$

$$\bar{V} = -\frac{1}{r}\int_0^r r'\frac{\partial u}{\partial \bar{z}}dr' \tag{11.44}$$

值得注意的是，分析中新的标准化不再考虑反应器长度 L。此结果与方程（11.42）是抛物线型偏微分方程的事实相一致，且该问题是步进类型的问题。既然此 PDE 方程在 $\bar{z}$ 方向上是开放边界，方程（11.42）的解中可用以下边界条件：

$$w_1 = 1, \qquad \bar{z} = 0 \tag{11.45}$$

$$\frac{\partial w_1}{\partial r} = 0, \qquad r = 0 \tag{11.46}$$

$$\frac{\partial w_1}{\partial r} = 0, \qquad r = 1 \tag{11.47}$$

因管壁不可渗透，遵循第三边界条件。

可应用以下程序求解 w_1、u、$\bar{V}$ 和 $\bar{p}$：

（1）使用 u 值和 $\bar{V}$ 以及来自先前轴向位置的 $D(w_1)$ 的信息，并应用隐式有限差分方法在给定的 z 处求解 w_1 的方程（11.42）。这给出了新轴向位置处 w_1 的第一个估值。

（2）对方程（11.37）进行数值积分，得到 u。

（3）对方程（11.44）进行数值积分，得到 $\bar{V}$。

（4）用方程（11.43）得到修正压降。

（5）用迭代法得到速度场和新轴向位置处 $D(w_1)$ 的收敛结果。

Vrentas 和 Huang（1986）、Vrentas 和 Chu（1987b）提供了模型问题的某些结果，讨论了聚合反应器的计算行为。

294

11.2　低压化学蒸汽沉积反应器中的传递效应

在半导体工业中，化学蒸汽沉积（CVD）提供了沉积微电子材料薄固体膜的重要方法。因为可以经济且重复地加工大量具有均匀膜厚的晶片，所以认为低压 CVD 是生长薄膜的良好方法。典型低压 CVD 反应器（图 11.2）。该反应器中的晶片垂直放置于气流的主要流动方向，晶片同心地插入加热圆管中。由于环形区域中流场性质通常对此传质—反应过程是次要的，因此通常晶片间的扩散和流动对管内多晶反应器中薄层的形成起主要作用。

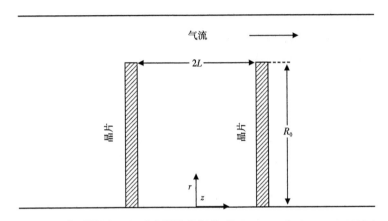

图 11.2　典型低压 CVD 反应器的几何构型（Vrentas 和 Vrentas，1988a）

在某些情况下，可以选择操作条件（温度、压力、流速和几何结构），因此速率控制步骤是晶片表面的化学反应，而不是传质效应。在这些情况下，可在每个单一晶片和晶片之间获得良好的厚度均一性。然而，在其他情况下，沉积的薄片中存在很多非均一性。这些情况下，必须分析传质—反应过程，由此通过选择合适的加工条件减小晶片上生长速率变化。仔细分析低压 CVD 反应器可用于达到现有 CVD 反应器的最佳且经济的加工条件，也可为设计反应器提供信息，比如设计用于生产大晶片的反应器。此处的目的是建造合适的反应器模型，这将建立反应器参数空间下可接受性能的范围。

本节的目的是提供一组通用的方程和边界条件，这些方程和边界条件可以很好地描述晶片管式反应器中质量传递—反应问题。考虑包括很多但不是所有的典型晶片管式反应器特征的模型问题较为方便。该模型问题代表实际 CVD 过程的简化，因此通常不能描述特殊 CVD 过程。然而，其应足够整体地描述反应器传质—反应过程的重要特征。

利用图 11.2 所示的几何结构中以下假设和限制，构建此模型问题的方程：

（1）因为所有传热过程足够快，所以反应器等温。很多 CVD 过程非等温，且有时可以利用温度变化提高反应器内的均一生长速率。

（2）反应器处于稳态，气相是组分 A 和组分 B 的二元理想气体混合物。气相中很多 CVD 过程不只有两个组分参与。

（3）气体混合物是不可压缩牛顿流体，黏度系数 μ 和 λ 基本恒定。

（4）气相中无均相反应，扩散通量不取决于压力梯度。通常在气相中存在均相反应。

（5）反应器方位对称，角速度处处为 0，可忽略引力效应。

（6）晶片间距离足够大，因此不存在 Knudsen 扩散过程。

（7）环形空间气流足够快，因此可以合理假设相邻晶片间空间上气体浓度均一。此外，也可以假定忽略环形空间气流对速度场施加的影响。然而，即使假设外部气体不穿透进入晶片空间，外部流体仍在晶片空间诱导一个明显的环流，并对传质过程有很重要影响。因此，环形空间速度和浓度场不影响晶片间传质的假定在一定程度上值得质疑。对于刚开始尝试对反应器建模的情况，忽略外部气流对晶片空间传递现象的影响较为合理。

（8）对于组分 A 和组分 B，互扩散系数基本与浓度无关，且与压力成反比，所以有

$$pD = 常数 \tag{11.48}$$

对于表 5.1 列出的气体混合物，方程（11.48）是基于与 D 的压力相关性。

（9）虽然组分 C 沉积在晶片表面 $z = \pm L$ 处，假设这些表面真实位置只改变一小部分。实际上，这是准稳态问题，而不是移动边界层问题。

（10）以下总反应发生在化学反应表面：

$$A(气) \longrightarrow nB(气) + C(固) \tag{11.49}$$

对于气相反应中 $1 \text{mol} A$ 反应，在晶片表面上沉积 1mol 组分 C，并在气相中生成 $n \text{mol} B$。表面反应不可逆，且它是组分 C 形成的速率决定步骤，因此存在吸附平衡。

对于方程（11.49），表面动力学的一阶速率表达式用方程（3.52）给出。应用化学反应表面的总跳跃质量平衡以及组分 A、组分 B 和组分 C 的跳跃质量平衡，得到该特殊非均相化学反应的边界条件。对于图 13.5 所示的几何结构，结合这些跳跃平衡可以导出方程（3.62）至方程（3.64）。方程（3.62）可写作：

$$\rho^G v_x^G = k_1 c x_A M_C \tag{11.50}$$

结合方程（3.63）、方程（3.64）和方程（4.162），可得到图 3.5 所示几何结构的如下结果：

$$N_{Ax} = -\frac{cD\frac{\partial x_A}{\partial x}}{1 + (n-1)x_A} = k_1 c x_A \tag{11.51}$$

方程（11.50）和方程（11.51）是在图 11.2 所示的 CVD 反应器的晶片表面上形成边界条件所需的方程类型。通常，典型 CVD 反应器的总反应流程比方程（11.49）描述的更复杂。

可用运动方程、总体连续方程、组分 A 的物质连续性方程以及理想气体混合物热量状态方程来描述 CVD 反应器晶片空间中的传输。根据方程（4.138），如果排除引力效应，可压缩牛顿流体稳定流动的运动方程可表示为：

$$\rho v \cdot \nabla v = -\nabla p + \mu \nabla^2 v + (\lambda + \mu)\nabla(\nabla \cdot v) \tag{11.52}$$

此外，由方程（2.45）明显看出，总体连续方程的稳定形式可简单写作：

$$\nabla \cdot (\rho v) = 0 \tag{11.53}$$

当没有均相化学反应时，由方程（4.143）得出组分 A 的连续性方程的稳定形式变为：

$$\rho v \cdot \nabla w_A = \nabla \cdot (\rho D \nabla w_A) \tag{11.54}$$

理想气体混合物的理想气体定律可写作：

$$c = \frac{p}{RT} \tag{11.55}$$

将表 2.2 中的方程（C）代入方程（11.55），得到如下理想气体混合物的热量状态方程式：

$$\rho = \frac{p}{RT\left(\dfrac{w_A}{M_A} + \dfrac{1-w_A}{M_B}\right)} \tag{11.56}$$

当规定适宜的边界条件，由 $v_\theta = 0$，方程（11.52）至方程（11.54）和方程（11.56）构成一组 5 个方程组成的方程组，可用于求解 5 个未知量（v_r、v_z、ρ、p 和 w_A）（Vrentas 和 Vrentas，1988a）。

现在呈现图 11.2 所示的几何结构问题的边界条件。假设 $r=R_0$ 处的环形空间的气流对晶片空间的速度场存在较小影响，因此在 $r=R_0$ 处，轴向速度和径向速度均可设第一近似值为 0。此外，假设在 $r=R_0$ 处，压力 p_0 均一且组分 A 的质量分数 w_{A0} 均一。这些假设均充当 $r=R_0$ 处相关行为的第一近似值。在 $r=0$ 处，可利用管流的通用条件。因此，$r=0$ 和 $r=R_0$ 处的相关边界条件可表示为：

在 $r=0$ 处，$-L<z<L$

$$\frac{\partial w_A}{\partial r} = 0 \tag{11.57}$$

$$\frac{\partial v_z}{\partial r} = 0 \tag{11.58}$$

$$v_r = 0 \tag{11.59}$$

在 $r=R_0$ 处，$-L<z<L$

$$w_A = w_{A0} \tag{11.60}$$

$$p = p_0 \tag{11.61}$$

$$v_r = 0 \tag{11.62}$$

$$v_z = 0 \tag{11.63}$$

在 $z=\pm L$ 处，使用法向速度分量的跳跃质量平衡和切向速度分量的无滑移条件构建边界条件。

使用与得到图 3.5 所示几何结构的方程（11.50）和方程（11.51）同样的方法，可以导出 $z=\pm L$ 处的条件。$z=\pm L$ 处边界条件写作：

在 $z=L$ 处，$0<r<R_0$

$$-\frac{D\dfrac{\partial x_A}{\partial z}}{1+(n-1)x_A}=k_1 x_A \tag{11.64}$$

$$v_r = 0 \tag{11.65}$$

$$\rho v_z = k_1 M_C c x_A \tag{11.66}$$

在 $z=-L$ 处，$0<r<R_0$

$$\frac{D\dfrac{\partial x_A}{\partial z}}{1+(n-1)x_A}=k_1 x_A \tag{11.67}$$

$$v_r = 0 \tag{11.68}$$

$$\rho v_z = -k_1 M_C c x_A \tag{11.69}$$

注意，用表 2.2 的方程（D）可关联 x_A 和 w_A：

$$x_A = \frac{\dfrac{w_A}{M_A}}{\dfrac{w_A}{M_A}+\dfrac{1-w_A}{M_B}} \tag{11.70}$$

上述问题是多维问题的一个例子，其中运动方程和总体连续方程必须与物质连续性方程（8.1 节）一起求解。该类型的问题当然不容易解决，此处不考虑求解方法。由方程（11.66）和方程（11.69）明显看出，反应表面规定邻近每晶片的平均质量速度的轴向分量为非 0 值。因此，严格意义上来讲，任何假设在晶片空间中平均质量速度为 0，质量传递模型都是不正确的。

11.3 一阶反应的反应问题求解

有时可通过关联所研究的问题求解与较为简单传递问题求解，从而促进复杂传递问题的求解。比如，具有传质和一级均相化学反应的二元体系的浓度分布通常可以与相应的非反应体系的浓度分布相关联。可以使用更简单的非反应问题的求解方法。上述方法的基本特征就是推导出一个方程，该方程直接将所研究问题的求解与更简单问题的求解关联起来。

考虑组分 A 在组分 A 和组分 B 的二元液相中的不稳定扩散和反应，其中组分 A 在一级反应中或在 A、B 和 C 的相态中生成 B，其可被视为两个参与伪一级反应的伪二元对。在后者情况下，A 和 C 反应生成 B，组分 A 和组分 B 含量少。反应在等温条件下进行。体系压力实际上是恒定的，一级反应不可逆。体系所有物理性质（总质量密度、黏度和互扩散系数）基本恒定，可以忽略相边界任何移动。速度场与浓度场无关，因此该非稳定扩散—反应问题存在单边耦合。

以上讨论的非稳定传质可用以下方程组描述：

$$\frac{\partial c_A}{\partial t} + v \cdot \nabla c_A = D\nabla^2 c_A - k_1 c_A + Q(\xi, t), \quad \xi \in V, \ t > 0 \tag{11.71}$$

$$c_A(\xi, 0) = q(\xi), \qquad \xi \in V \tag{11.72}$$

$$c_A(\xi, t) = h_1(\xi, t), \quad \xi \in \partial V_D, \quad t > 0 \tag{11.73}$$

$$\frac{\partial c_A}{\partial n} + Kc_A = h_2(\xi, t), \quad \xi \in \partial V_R, \quad t > 0 \tag{11.74}$$

$$v = v(\xi, t) \tag{11.75}$$

$$K = K(\xi, t) \tag{11.76}$$

$$\nabla \cdot v = 0 \tag{11.77}$$

式中，V 是液相体积；ξ 是以 3 个距离自变量为特征的空间点。

方程（11.71）是方程（4.143）包含 $Q(\xi, t)$ 源项的修正形式。对于典型传质问题，通常没有物理原因（除了零阶反应存在的情况）在物质连续性方程中包含这样一项，但此处考虑的是展示拟定解法更大的普遍性。不可逆一阶反应的本构方程通常由方程（4.113）给出。然而，由于总质量密度恒定，$\mathrm{tr}D = \nabla \cdot v = 0$，令等式中的 $\mathrm{tr}D$ 为 0。注意，以上问题中可能包括非稳定速度场，因为 $K = K(\xi, t)$，传递问题可看作Ⅲ类问题（7.3 节）。

本节的目的是找到方程（11.71）至方程（11.77）的解和 $k_1 = 0$ 的简单问题解之间的联系。$k_1 = 0$ 的最简单问题可能是格林函数问题，因为这近似为均相问题。无化学反应的格林函数 $G(\xi, t|\xi_0, t_0)$ 遵循以下方程组：

$$\frac{\partial G}{\partial t} + v \cdot \nabla G = D\nabla^2 G + \delta(\xi - \xi_0)\delta(t - t_0), \quad \xi, \xi_0 \in V, \ 0 < t, \ t_0 < \tau \tag{11.78}$$

$$G(\xi, t|\xi_0, t_0) = 0, \qquad \xi, \xi_0 \in V, \qquad t < t_0 \tag{11.79}$$

$$G = 0, \qquad \xi \in \partial V_D, \qquad t > t_0 \tag{11.80}$$

$$\frac{\partial G}{\partial n} + KG = 0, \qquad \xi \in \partial V_R, \qquad t > t_0 \tag{11.81}$$

为了获得 c_A、扩散—反应问题的解和 G 之间关系，必须引入 c_A 问题的因果关系格林函数 $g(\xi, t|\xi_0, t_0)$：

$$\frac{\partial g}{\partial t} + v \cdot \nabla g = D\nabla^2 g - k_1 g + \delta(\xi - \xi_0)\delta(t - t_0), \quad \xi, \xi_0 \in V, \ 0 < t, \ t_0 < \tau \tag{11.82}$$

$$g(\xi, t|\xi_0, t_0) = 0, \qquad \xi, \xi_0 \in V, \qquad t < t_0 \tag{11.83}$$

$$g = 0, \qquad \xi \in \partial V_D, \qquad t > t_0 \tag{11.84}$$

$$\frac{\partial g}{\partial n} + Kg = 0, \qquad \xi \in \partial V_R, \qquad t > t_0 \tag{11.85}$$

另外，c_A 问题的共轭格林函数 $g^*(\xi,\ t\,|\,\xi_0,\ t_0)$：

$$\frac{\partial g^*}{\partial t} + v \cdot \nabla g^* = D\nabla^2 g^* - k_1 g^* + \delta(\xi - \xi_0)\delta(t - t_0)\ ,\quad \xi,\ \xi_0 \in V,\ 0 < t,\ t_0 < \tau$$

$$(11.86)$$

$$g^*(\xi,\ t\,|\,\xi_0,\ t_0) = 0,\qquad\qquad \xi,\ \xi_0 \in V,\qquad t > t_0 \qquad (11.87)$$

$$g^* = 0,\qquad\qquad\qquad \xi \in \partial V_D,\qquad t < t_0 \qquad (11.88)$$

$$D\frac{\partial g^*}{\partial n} + DKg^* + v \cdot ng^* = 0,\quad \xi \in \partial V_R,\qquad t < t_0 \qquad (11.89)$$

必须获得以上 4 个问题的解之间的关系。可通过利用两个通用函数 u 和 w 来获得 4 个问题的解之间的关系：

$$\int_0^\tau \int_V \left[w\left(D\nabla^2 u - \frac{\partial u}{\partial t}\right) - u\left(D\nabla^2 w + \frac{\partial w}{\partial t}\right) \right] dVdt$$

$$= \int_0^\tau \int_{\partial V_D} D\left(w\frac{\partial u}{\partial n} - u\frac{\partial w}{\partial n}\right) dSdt +$$

$$\int_0^\tau \int_{\partial V_R} D\left(w\frac{\partial u}{\partial n} - u\frac{\partial w}{\partial n}\right) dSdt +$$

$$\int_V \left[(uw)_{t=0} - (uw)_{t=\tau} \right] dV \qquad (11.90)$$

将方程（11.82）至方程（11.85）和方程（11.86）至方程（11.89）代入方程（11.90），得出 g 和 g^* 间的关系如下：

$$g(\xi,\ t\,|\,\xi_0,\ t_0) = g^*(\xi_0,\ t_0\,|\,\xi,\ t) \qquad (11.91)$$

修正的共轭格林函数 $\bar{g}^*$ 定义为：

$$\bar{g}^*(\xi,\ t\,|\,\xi_0,\ t_0) = e^{-k_1 t} g^*(\xi_0,\ t\,|\,\xi_0,\ t_0) \qquad (11.92)$$

由此，$\bar{g}^*$ 满足以下方程：

$$-\frac{\partial \bar{g}^*}{\partial t} - v \cdot \nabla \bar{g}^* = D\nabla^2 \bar{g}^* + e^{-k_1 t}\delta(\xi - \xi_0)\delta(t - t_0),\quad \xi,\ \xi_0 \in V,\ 0 < t,\ t_0 < \tau$$

$$(11.93)$$

$$\bar{g}^*(\xi,\ t\,|\,\xi_0,\ t_0) = 0,\qquad\qquad \xi,\ \xi_0 \in V,\qquad t > t_0 \qquad (11.94)$$

$$\bar{g}^* = 0,\qquad\qquad\qquad \xi \in \partial V_D,\qquad t < t_0 \qquad (11.95)$$

$$D\frac{\partial \bar{g}^*}{\partial n} + DK\bar{g}^* + v \cdot n\bar{g}^* = 0,\quad \xi \in \partial V_R,\qquad t < t_0 \qquad (11.96)$$

因此，将方程（11.78）至方程（11.81）和方程（11.93）至方程（11.96）代入方程（11.90），并利用方程（11.91）和方程（11.92）得到结果：

$$\bar{g}(\xi,\ t\,|\,\xi_0,\ t_0) = e^{-k_1(t-t_0)} G(\xi,\ t\,|\,\xi_0,\ t_0) \qquad (11.97)$$

最后，将方程（11.71）至方程（11.74）和方程（11.86）至方程（11.89）引入方程（11.90），并替换方程（11.91）和方程（11.97）得到所需的关系式：

$$c_A(\xi, t) = \int_0^t \int_V Q(\xi_0, t_0) e^{-k_1(t-t_0)} G(\xi, t|\xi_0, t_0) dV_0 dt_0 -$$

$$\int_0^t \int_{\partial V_D} Dh_1(\xi_0, t_0) e^{-k_1(t-t_0)} \frac{\partial G}{\partial n_0}(\xi, t|\xi_0, t_0) dS_0 dt_0 +$$

$$\int_0^t \int_{\partial V_R} Dh_2(\xi_0, t_0) e^{-k_1(t-t_0)} G(\xi, t|\xi_0, t_0) dS_0 dt_0 +$$

$$\int_V q(\xi_0) e^{-k_1 t} G(\xi, t|\xi_0, t_0) dV_0 \qquad (11.98)$$

如果方程（11.78）至方程（11.81）的格林函数解 G 可用，则可以很容易确定扩散—反应问题的解 c_A。由于格林函数问题是一个几乎齐次的问题，因此除非 v 和 k 都取决于 ξ 和 t，否则确定 G 是相对简单的。以上研究是 Vrentas 和 Vrentas（1988c）分析的略微扩展的版本。Stewart（1968，1969）实际上用了格林函数方法解决上述问题，虽然他同样并未鉴定此方法。在 Stewart 的格林函数方法中，必须解决两个格林函数问题，以得到扩散—反应问题的目的解。在现今方法中，要确定 $k_1 = 0$ 的基本解 G，只要解决一个格林函数问题，而不是两个。

在难以确定格林函数 G 的情况下，可能将 c_A 与不同的无化学反应的相应扩散问题关联起来。同样，如果能够导出联系解决方案的适当公式，则此方法就会成功。此处，对于比上述考虑的扩散—反应问题稍微不那么普遍的情况提出了一种求解方法。方程（11.71）至方程（11.74）将再次被求解，但要引入以下简化式：

$$Q(\xi, t) = 0 \qquad (11.99)$$

$$v = v(\xi) \qquad (11.100)$$

$$K = K(\xi) \qquad (11.101)$$

为了获得关联方程（11.71）至方程（11.74）的修正式和更简单问题的合适公式，可以方便地先引入由下述方程定义的函数 f 到方程（11.71）至方程（11.74）中，

$$c_A(\xi, t) = f(\xi, t) e^{-k_1 t} \qquad (11.102)$$

得到以下方程组：

$$\frac{\partial f}{\partial t} + v \cdot \nabla f = D \nabla^2 f, \qquad \xi \in V, \qquad t > 0 \qquad (11.103)$$

$$f(\xi, 0) = q(\xi), \qquad \xi \in V \qquad (11.104)$$

$$f(\xi, t) = h_1(\xi, t) e^{k_1 t}, \qquad \xi \in \partial V_D, \qquad t > 0 \qquad (11.105)$$

$$\frac{\partial f}{\partial n} + K(\xi)f = h_2(\xi, t) e^{k_1 t}, \qquad \xi \in \partial V_R, \qquad t > 0 \qquad (11.106)$$

可在时间 λ 处估算方程（11.105）和方程（11.106）右侧的函数，由此对 $f(\xi, t)$ 的方程组转化为对 $g(\xi, \lambda, t)$ 的方程组：

$$\frac{\partial g}{\partial t} + v \cdot \nabla g = D \nabla^2 g, \qquad\qquad \xi \in V, \qquad t > 0 \qquad\qquad (11.107)$$

$$g(\xi, 0) = q(\xi), \qquad\qquad \xi \in V \qquad\qquad (11.108)$$

$$g(\xi, t) = h_1(\xi, \lambda) e^{k_1 \lambda}, \qquad\qquad \xi \in \partial V_D, \qquad t > 0 \qquad\qquad (11.109)$$

$$\frac{\partial g}{\partial n} + K(\xi) g = h_2(\xi, \lambda) e^{k_1 \lambda}, \qquad \xi \in \partial V_R, \qquad t > 0 \qquad\qquad (11.110)$$

最后，通过方程（11.111）引入函数 $w(\xi, \lambda, t)$：

$$g(\xi, \lambda, t) = w(\xi, \lambda, t) e^{k_1 \lambda} \qquad\qquad (11.111)$$

因此，g 的方程组转化为 $w(\xi, \lambda, t)$ 的方程组：

$$\frac{\partial w}{\partial t} + v \cdot \nabla w = D \nabla^2 w, \qquad\qquad \xi \in V, \qquad t > 0 \qquad\qquad (11.112)$$

$$w(\xi, 0) = q(\xi) e^{-k_1 \lambda}, \qquad\qquad \xi \in V \qquad\qquad (11.113)$$

$$w(\xi, t) = h_1(\xi, \lambda), \qquad\qquad \xi \in \partial V_D, \qquad t > 0 \qquad\qquad (11.114)$$

$$\frac{\partial w}{\partial n} + K(\xi) w = h_2(\xi, \lambda), \qquad\qquad \xi \in \partial V_R, \qquad t > 0 \qquad\qquad (11.115)$$

现在，必须关联扩散—反应问题的解 c_A 与更简单的非反应问题的解 w。通过方程（11.102）、方程（11.111）以及 f、g 关联的合适方程可以实现。

可应用 Duhamel 定理（Carslaw 和 Jaeger，1959）关联函数 f 和 g。关系式可写作：

$$f(\xi, t) = \frac{\partial}{\partial t} \int_0^t g(\xi, \lambda, t - \lambda) d\lambda \qquad\qquad (11.116)$$

或

$$f(\xi, t) = q(\xi) + \int_0^t \frac{\partial g(\xi, \lambda, t - \lambda)}{\partial t} d\lambda \qquad\qquad (11.117)$$

因此，方程（11.102）、方程（11.111）结合以上两个方程中任意一个，可得到所需的结果：

$$c_A = e^{-k_1 t} \frac{\partial}{\partial t} \int_0^t w(\xi, \lambda, t - \lambda) e^{k_1 \lambda} d\lambda \qquad\qquad (11.118)$$

$$c_A = q(\xi) e^{-k_1 t} + e^{-k_1 t} \int_0^t \frac{\partial w(\xi, \lambda, t - \lambda)}{\partial t} e^{k_1 \lambda} d\lambda \qquad\qquad (11.119)$$

以上结果的推导是由 Vrentas 和 Vrentas（1987）建立的方法扩展而来。Danckwerts（1951）和 Laightfoot（1964）提出了反应和非反应体系关联浓度分布的转化方程，Danckwerts 考虑了非流动体系，Laightfoot 考虑了稳态流场。此外，Slattery（1999）也提出了不同类型边界条件的转化公式。以上 3 篇文献中报道的结果看起来都不能用于解决边界条件中依赖于时间的非齐次项问题。可以应用方程（11.118）或方程（11.119）求解这类问题。

第二种解法可以用于求解含有 1 阶反应、非 0 起始条件和具有时间依赖性的非齐次项的表面边界条件的非稳态扩散问题。然而，速度场和 K 必须与时间无关。因此，该方法没有格林函数法通用。由此看出，前面引出的问题的解法是此处展示方法的特例。

为说明本节描述的两种方法，考虑如下扩散—反应问题：

$$\frac{\partial c_A}{\partial t} = D \frac{\partial^2 c_A}{\partial x^2} - k_1 c_A, \qquad 0 < x < \infty \qquad (11.120)$$

$$c_A(x, 0) = 0 \qquad (11.121)$$

$$c_A(\infty, t) = 0 \qquad (11.122)$$

$$c_A(0, t) = e^{-bt} \qquad (11.123)$$

其中 $b>0$，$k_1>b$。该问题的格林函数 G 是稍微修正后的方程（7.482）的形式：

$$G(x, t \mid x_0, t_0) = \frac{1}{2\sqrt{\pi D(t - t_0)}} \left\{ \exp\left[-\frac{(x - x_0)^2}{4D(t - t_0)} \right] - \exp\left[-\frac{(x + x_0)^2}{4D(t - t_0)} \right] \right\}$$

$$(11.124)$$

同时，根据方程（11.98），该问题的 $c_A(x, t)$ 可简单表示为：

$$c_A(x, t) = \int_0^t Dh_1(0, t_0) e^{-k_1(t-t_0)} \frac{\partial G}{\partial x_0}(x, t \mid 0, t_0) dt_0 \qquad (11.125)$$

和

$$h_1(0, t_0) = e^{-bt_0} \qquad (11.126)$$

在方程（11.125）中使用方程（11.124）中的导数可得到结果：

$$c_A(x, t) = e^{-k_1 t} \int_0^t \frac{x}{2\sqrt{\pi D}} \frac{\exp\left[-\dfrac{x^2}{4D(t - t_0)} \right]}{(t - t_0)^{\frac{3}{2}}} \exp\left[(k_1 - b)t_0 \right] dt_0 \qquad (11.127)$$

根据拉普拉斯变换卷积定理，方程（11.127）等同于：

$$c_A(x, t) = e^{-k_1 t} L^{-1} \left[\frac{\exp\left(-\sqrt{\dfrac{p}{D}} x \right)}{p - (k_1 - b)} \right] \qquad (11.128)$$

采用 Carslaw 和 Jaeger（1959）的公式进行以上转化，以得到所需的解：

$$c_A(x, t) = \frac{e^{-bt}}{2} \left\{ \exp\left(-\sqrt{\frac{k_1 - b}{D}} x \right) \operatorname{erfc}\left[\frac{x}{2\sqrt{Dt}} - \sqrt{(k_1 - b)t} \right] + \right.$$

$$\left. \exp\left(\sqrt{\frac{k_1 - b}{D}} x \right) \operatorname{erfc}\left[\frac{x}{2\sqrt{Dt}} + \sqrt{(k_1 - b)t} \right] \right\} \qquad (11.129)$$

也可以应用上述第二种方法，通过确定 $w(\xi, \lambda, t)$ 并利用方程（11.118）或方程（11.119）

求得该问题的解。此处所研究的问题中可用如下方程组描述 w：

$$\frac{\partial w}{\partial t} = D\frac{\partial^2 w}{\partial x^2}, \qquad 0 < x < \infty \tag{11.130}$$

$$w(x, 0) = 0 \tag{11.131}$$

$$w(\infty, t) = 0 \tag{11.132}$$

$$w(0, t) = e^{-b\lambda} \tag{11.133}$$

其有下列解：

$$w(x, \lambda, t) = e^{-b\lambda}\operatorname{erfc}\left(\frac{x}{2\sqrt{Dt}}\right) \tag{11.134}$$

如果上述 w 表达式中用 $t-\lambda$ 代替 t，且得到的量根据时间 t 进行微分并代入方程（11.119），将获得以下解：

$$c_A = e^{-k_1 t}\int_0^t \frac{x}{2\sqrt{\pi D}}\frac{\exp\left[-\dfrac{x^2}{4D(t-\lambda)}\right]}{(t-\lambda)^{\frac{3}{2}}}\exp\left[(k_1 - b)\lambda\right]\mathrm{d}t \tag{11.135}$$

该结果当然与方程（11.127）等同，因此再次给出方程（11.129）作为此问题的解。

11.4　具有可变质量密度的平推流反应器

平推流反应器是具有均一速度分布、沿流动路径上无混合或扩散的理想流动反应器。本节的目的是当密度并不恒定时，构建用于分析该反应器的方程。对于方程（4.111）所描述的恒温液相一阶反应，反应速率的一阶本构方程由方程（4.113）给出：

$$\frac{R_A}{M_A} = -k_1 c_A (1 + k_2 \nabla \cdot v) \tag{11.136}$$

此稳定、一维流动问题的总体连续性方程可表示为（对于 $x>0$ 情况）：

$$\frac{\mathrm{d}(\rho v_x)}{\mathrm{d}x} = 0 \tag{11.137}$$

在 $x=0$ 处，$\rho = \rho_0$，$v_x = v_0$，所以方程（11.137）积分得到：

$$\rho v_x = \rho_0 v_0 \tag{11.138}$$

根据方程（11.137）和方程（11.138）得到：

$$\nabla \cdot v = \frac{\mathrm{d}v_x}{\mathrm{d}x} = -\frac{\rho_0 v_0}{\rho^2}\frac{\mathrm{d}p}{\mathrm{d}x} \tag{11.139}$$

同时，对于由组分 A 和组分 B 构成的二元体系有：

$$\frac{1}{\rho} = \hat{V} = w_A \hat{V}_A + (1 - w_A) \hat{V}_B \tag{11.140}$$

因此,如果 $\hat{V}_A$ 和 $\hat{V}_B$ 与等温反应器组成无关,则有:

$$-\frac{1}{\rho^2} \frac{dp}{dx} = (\hat{V}_A - \hat{V}_B) \frac{dw_A}{dx} \tag{11.141}$$

注意,假设忽略液体密度对压力的影响。因此,结合方程 (11.136)、方程 (11.139)、方程 (11.141) 和方程 (4.118) 得到以下反应速率本构方程的形式:

$$R_A = -\rho w_A k_1 \left[1 + k_2 \rho_0 v_0 (\hat{V}_A - \hat{V}_B) \frac{dw_A}{dx} \right] \tag{11.142}$$

平推流反应器中组分 A 的连续性方程可写作:

$$\rho v_x \frac{dw_A}{dx} = R_A \tag{11.143}$$

结合方程 (11.138)、方程 (11.140)、方程 (11.142) 和方程 (11.143) 得到以下物质连续性方程:

$$\rho_0 v_0 \left[w_A \hat{V}_A + (1 - w_A) \hat{V}_B + k_1 k_2 w_A (\hat{V}_A - \hat{V}_B) \right] \frac{dw_A}{dx} = -k_1 w_A \tag{11.144}$$

该物质连续性方程描述了平推流反应器中变密度流场的质量分数分布。$x = 0$ 处的入口条件为:

$$w_A(x = 0) = 1 \tag{11.145}$$

根据方程 (11.145),方程 (11.144) 的解可写作:

$$\rho_0 v_0 \left[(w_A - 1)(\hat{V}_A - \hat{V}_B)(1 + k_1 k_2) + \hat{V}_B \ln w_A \right] = -k_1 x \tag{11.146}$$

当 $k_2 = 0$ [忽略方程 (11.136) 左侧第二项的影响] 时,$\hat{V}_A \neq \hat{V}_B$ (变密度),其解化简为:

$$\rho_0 v_0 \left[(w_A - 1)(\hat{V}_A - \hat{V}_B) + \hat{V}_B \ln w_A \right] = -k_1 x \tag{11.147}$$

方程左侧括号里的第一项代表了对于密度 ρ 变化的修正。当 $\hat{V}_A = \hat{V}_B$ (恒定密度) 且 $k_2 \neq 0$ 时,因为这个例子中的 $\rho_0 \hat{V}_B = 1$,所以其解化简为:

$$w_A = \exp\left(-\frac{k_1 x}{v_0} \right) \tag{11.148}$$

对于平推流反应器,即使 $k_2 = 0$,变密度也将影响质量分数场。对于 4.2 节讨论的间歇反应器,当 $k_2 = 0$ 时也没有变密度的影响。

11.5 气泡溶解和化学反应

10.2 节中考虑了在无限液体中气泡溶解问题。该问题在本节扩展为考虑当组分 I 在液

305

相中，溶解气经过不可逆一阶化学反应的情况。比如，组分 I 溶解在液体组分 J 中，反应生成组分 K。假设组分 I 和组分 K 的量少，所以不可逆反应实际上是伪一阶反应。因为组分 I 和组分 K 的浓度很低，液相总质量密度基本恒定。并且，组分 I 和组分 J 形成拟二元对经历扩散，该扩散过程可用恒定二元互扩散系数 D 描述。本节的目的是推导得到当组分在液相中反应，液相中组分 I 的质量密度分布表达式。

根据 9.6 节和 10.2 节列出的假设解决该球形传质问题，但有两个例外。第一，现在液相中有化学反应发生。因为液相中密度恒定，所以反应速率的本构方程即方程（4.113）可简化为：

$$R_I = -k_1 \rho_I \tag{11.149}$$

必须将该项加进组分 I 的物质连续性方程中。第二个例外是，先前方程（9.178）定义的无量纲质量密度现在定义为：

$$C = \frac{\rho_I}{\rho_{IE}} \tag{11.150}$$

既然开始液相中没有组分 $I(\rho_{I0}=0)$，则组分 I 的物质连续性方程的正确形式为方程（10.76）的修正形式，如下所示：

$$R^2 \frac{\partial C}{\partial t} + N_J \left(\frac{\partial C}{\partial \xi}\right)\left(\frac{\partial C}{\partial \xi}\right)_{\xi=1}\left(\frac{\lambda}{\xi^2} - \xi\right) = \frac{\partial^2 C}{\partial \xi^2} + \frac{2}{\xi}\frac{\partial C}{\partial \xi^2} - \frac{k_1 R_0^2 C R^2}{D} \tag{11.151}$$

$$R^2 = 1 + 2N_J \int_0^t \left(\frac{\partial C}{\partial \xi}\right)_{\xi=1} dt' \tag{11.152}$$

参数 N_J 由方程（9.184）在 $\rho_{I0}=0$ 条件下定义。代入如下边界条件，解出方程（11.151）：

$$C(\xi, 0) = 0 \tag{11.153}$$

$$C(1, t) = 1 \tag{11.154}$$

$$C(\infty, t) = 0 \tag{11.155}$$

这些是与 10.2 节中采用的同样的边界条件，因为这些条件不受均相化学反应的影响。

因为 N_J 通常是气泡溶解的较小数量，则可以用方程（10.77）给出的扰动级数，应用如下方程组获得 C 的零阶近似解：

$$\frac{\partial C_0}{\partial t} = \frac{\partial^2 C_0}{\partial \xi^2} + \frac{2}{\xi}\frac{\partial C_0}{\partial \xi} - \beta C_0 \tag{11.156}$$

$$C_0(\xi, 0) = 0 \tag{11.157}$$

$$C_0(1, t) = 1 \tag{11.158}$$

$$C_0(\infty, t) = 0 \tag{11.159}$$

$$\beta = \frac{k_1 R_0^2}{D} \tag{11.160}$$

因为典型气泡溶解过程的 N_J 很小，该问题的解可以提供 $C(\xi, t)$ 的合理近似值。

应用 11.3 节中提出的用于解决包含齐次一级反应速率项的问题的第二种方法，似乎可以高效求解上述偏微分方程。由方程（11.112）至方程（11.115），$\omega(\xi, \lambda, t)$ 是该问题以下方程组的解：

$$\frac{\partial w}{\partial t} = \frac{\partial^2 w}{\partial \xi^2} + \frac{2}{\xi}\frac{\partial w}{\partial \xi} \tag{11.161}$$

$$w(\xi, 0) = 0 \tag{11.162}$$

$$w(1, t) = 1 \tag{11.163}$$

$$w(\infty, t) = 0 \tag{11.164}$$

方程（11.161）至方程（11.164）的解简写作：

$$w(\xi, \lambda, t) = \frac{\text{erfc}\left(\frac{\xi - 1}{2\sqrt{t}}\right)}{\xi} \tag{11.165}$$

另外，

$$w(\xi, \lambda, t - \lambda) = \frac{\text{erfc}\left(\frac{\xi - 1}{2\sqrt{t - \lambda}}\right)}{\xi} \tag{11.166}$$

将方程（11.166）关于 t 进行微分，并将结果代入方程（11.119）得到解：

$$C_0 = \frac{e^{-\beta t}}{\xi}\int_0^t e^{\beta\lambda}\frac{\xi - 1}{2\sqrt{\pi}(t - \lambda)^{\frac{3}{2}}}\exp\left[-\frac{(\xi - 1)^2}{4(t - \lambda)}\right]d\lambda \tag{11.167}$$

方程（11.167）的积分与方程（11.127）形式相同，由此可再利用拉普拉斯变换卷积定理给出以下解：

$$C_0 = \frac{1}{2\xi}\left\{\exp\left[-(\xi - 1)\sqrt{\beta}\right]\text{erfc}\left(\frac{\xi - 1}{2\sqrt{t}} - \sqrt{\beta t}\right) + \right.$$
$$\left. \exp\left[(\xi - 1)\sqrt{\beta}\right]\text{erfc}\left(\frac{\xi - 1}{2\sqrt{t}} + \sqrt{\beta t}\right)\right\} \tag{11.168}$$

该结果是液体中浓度分布的零阶近似，对足够小的 N_J 有效。对于较大的 N_J 值，其结果可以通过确定扰动级数的较高级数项得到。对较低反应速率（$\beta \to 0$），方程（11.168）接近方程（10.89），后者就是无反应的结果。对较高反应速率（$\beta \to \infty$），$C_0 \to 0$，液相中所有溶解气体基本瞬时反应。可应用方程（11.152）计算任意时间 t 下的气泡半径。

11.6　化学反应器的 Danckwerts 边界条件

当流动反应器中传质过程包括分子扩散时，通常考虑图 11.3 所示的结构，弄清楚在 $z=0$ 和 $z=L$ 分成 3 个区域的平面处所表示特定的正确边界条件。3 个区域的扩散系数不同。在化学工程文献中，早期由 Danckwerts（1953）尝试构建合适的边界条件。Wehner 和 Wilhelm（1956）、Bischofff（1961）和 Van Cauwenberghe（1966）后来做出重要贡献。不幸的是，对于何为合适边界条件有些分歧，某些结果的确切本质还有些疑问。本节的目的是尝试给出对先前工作的合适观点。

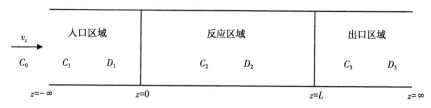

图 11.3　有轴向扩散的流动反应器示意图

因为图 11.3 中稳定平面将区域进行了分隔，可通过在两边界利用跳跃质量平衡得到合适的边界条件。这将在图 11.3 所示的体系中完成。假设混合物密度恒定，每个 z 值处的浓度分布均一，且每个 z 值处的质量平均速度分布均一。体系也处于稳态，组分 A 在一阶反应中反应生成组分 B，产生二元混合物。当然，所需的边界条件形式与反应级数无关。因为密度在体系中处处恒定，轴向速度 v_z 也是如此（处处恒定），所以总体连续性方程可简化为：

$$\frac{\mathrm{d}v_z}{\mathrm{d}z} = 0 \tag{11.169}$$

因此，总跳跃质量平衡自动满足。在 $z=0$ 和 $z=L$ 处组分 A 的跳跃质量平衡可写作下列形式。当然，因为分离区域的边界平面的速度为 0，所以有：

$$C_1(0^-)u - D_1\frac{\mathrm{d}C_1(0^-)}{\mathrm{d}z} = C_2(0^+)u - D_2\frac{\mathrm{d}C_2(0^+)}{\mathrm{d}z} \tag{11.170}$$

$$C_2(L^-)u - D_2\frac{\mathrm{d}C_2(L^-)}{\mathrm{d}z} = C_3(L^+)u - D_3\frac{\mathrm{d}C_3(L^+)}{\mathrm{d}z} \tag{11.171}$$

此处，$u=v_z$，C_1、C_2 和 C_3 分别代表区域 1、区域 2 和区域 3 的质量密度（ρ_A）。另外，$z=0$ 和 $z=L$ 区域间组分 A 的质量密度需要连续：

$$C_1(0^-) = C_2(0^+) \tag{11.172}$$

$$C_2(L^-) = C_3(L^+) \tag{11.173}$$

除了 $z=0$ 和 $z=L$ 处边界条件外，需要规定 $z=-\infty$ 和 $z=\infty$ 处的边界条件。进入反应器的流体中组分 A 的质量密度为 C_0，所以

$$C_1(-\infty) = C_0 \tag{11.174}$$

且下游远处组分 A 的质量密度必须是有限的：

$$C_3(\infty) = 边界 \tag{11.175}$$

$z=\infty$ 时边界条件也可写作：

$$\frac{dC_3(\infty)}{dz} = 0 \tag{11.176}$$

注意，在 $z=0$ 和 $z=L$ 处，结合方程（11.170）至方程（11.173）得到以下可替代的边界条件：

$$D_1 \frac{dC_1(0^-)}{dz} = D_2 \frac{dC_2(0^+)}{dz} \tag{11.177}$$

$$D_2 \frac{dC_2(L^-)}{dz} = D_3 \frac{dC_3(L^+)}{dz} \tag{11.178}$$

以上跳跃和连续条件对稳定和非稳定过程有效，且在与流动方向垂直的平面表面任意位置都施加这些条件。

对于半径恒定和扩散系数恒定管中一维稳态过程的 3 个区域，组分 A 的连续性方程可写作：

$$\frac{d^2C_1}{dz^2} - \frac{u}{D_1} \frac{dC_1}{dz} = 0, \qquad -\infty \leqslant z \leqslant 0 \tag{11.179}$$

$$\frac{d^2C_2}{dz^2} - \frac{u}{D_2} \frac{dC_2}{dz} - \frac{k_1 C_2}{D_2} = 0, \qquad 0 \leqslant z \leqslant L \tag{11.180}$$

$$\frac{d^2C_3}{dz^2} - \frac{u}{D_3} \frac{dC_3}{dz} = 0, \qquad L \leqslant z \leqslant \infty \tag{11.181}$$

值得注意的是，因为 ρ 为常数，方程（4.113）中不包括第二项，即反应速率的本构方程。方程（11.170）至方程（11.175）和方程（11.179）至方程（11.181）等同于 Wehner 和 Wilhelm、Bischoff 应用的方程组。此处精确阐述了如何用反应组分的跳跃质量平衡，保证在任一区域边界组分 A 的质量守恒。

毫无疑问，以上方程组有效描述了所谓开放—开放体系的传质过程，该体系反应区域的上游和下游都发生分子扩散（Fogler，2006）。对于开放—开放体系，方程（11.179）至方程（11.181）的通用解表示为：

$$C_1 = K_1 + K_2 \exp\left(\frac{uz}{D_1}\right), \quad -\infty \leqslant z \leqslant 0 \tag{11.182}$$

$$C_2 = K_5 \exp\left[\frac{uz}{2D_2}(1+A)\right] + K_6 \exp\left[\frac{uz}{2D_2}(1-A)\right], \quad 0 \leqslant z \leqslant L \tag{11.183}$$

$$C_3 = K_3 + K_4 \exp\left(\frac{uz}{D_3}\right), \qquad L \leqslant z \leqslant \infty \tag{11.184}$$

$$A = \sqrt{1 + \frac{4D_2 k_1}{u^2}} \tag{11.185}$$

这 3 种解提供了满足该问题 6 个边界条件［方程（11.170）至方程（11.175）］所需

的 6 个常数。因为详细描述真实体系不应完全不考虑扩散效应，所以开放—开放分析看起来是对该扩散—对流—反应问题最合理的描述。Wehner 和 Wilhelm 提出了开放—开放问题的解。

开放—开放分析中 $z=0$ 和 $z=L$ 处的边界条件似乎与 Danckwerts（1953）针对此问题提出的以下边界条件不同，使用本节的命名法编写：

$$C_0 = C_2(0^+) - \frac{D_2}{u}\frac{dC_2(0^+)}{dz} \qquad (11.186)$$

$$\frac{dC_2(L^-)}{dz} = 0 \qquad (11.187)$$

比较方程（11.170）和方程（11.186）看出，在入口区域没有扩散，且在 $z=0$ 处组分 A 的质量密度不连续。Fogler（2006）阐释了该现象。Wehner 和 Wilhelm（1956）、Deckwer 和 Mählmann（1976）也总结出，当应用 Danckwerts 边界条件时，在 $z=0$ 处浓度不连续。这一观察结果使 Fogler（2006）认为 Danckwerts 提出的条件是基于这样的假设，即反应堆是一个封闭—封闭体系，因此在反应段的上游或下游没有分子扩散。封闭—封闭体系的方程（11.179）和方程（11.181）简化为一阶常微分方程，由此只有 4 个常数可以满足 6 个边界条件。因此，这将可能满足所有边界条件，比如，Folgler、Wehner、Wilhelm 和 Decker、Mählmann 总结出，如果 Danckwerts 边界条件用于求解反应器传递问题，将不会满足方程（11.172）。

然而，Danckwerts（1953）曾做以下说明："进料物流中反应物的浓度为 c^*；由于扩散，只在反应器入口 $y=0$ 处的浓度比 c^* 小。"这意味着 Danckwerts 考虑的体系在 $y=0$ 处开放，也说明在 $y=L$ 处开放。此外，开放—开放体系根据 Bischoff（1961）提出的程序很容易得到著名的 Danckwerts 边界条件。该程序的结果显示，通过结合方程（11.170）、方程（11.171）和方程（11.173）至方程（11.175）（即开放—开放体系的边界条件）与方程（11.182）、方程（11.184）（即入口出口段物质连续性方程的稳定解），可以满足 Danckwerts 边界条件。

根据方程（11.174）和方程（11.182）得到：

$$C_0 = C_1(-\infty) = K_1 \qquad (11.188)$$

由此方程（11.182）可写作：

$$C_1 = C_0 + K_2\exp\left(\frac{uz}{D_1}\right) \qquad (11.189)$$

因此

$$C_1(0^-) = C_0 + K_2 \qquad (11.190)$$

对方程（11.189）进行微分得到：

$$\frac{dC_1(0^-)}{dz} = \frac{u}{D_1}K_2 \qquad (11.191)$$

结合方程（11.170）、方程（11.190）和方程（11.191），得到结果：

$$C_0 = C_2(0^+) - \frac{D_2}{u}\frac{dC_2(0^+)}{dz} \tag{11.192}$$

其仅是方程（11.186）第一个 Danckwerts 边界条件。用类似程序可得到 $z=L$ 处修正的边界条件。根据方程（11.175）和方程（11.184），$K_4 = 0$，所以：

$$C_3 = K_3 \tag{11.193}$$

且

$$\frac{dC_3(L^+)}{dz} = 0 \tag{11.194}$$

因此，结合方程（11.171）、方程（11.173）和方程（11.194）得到结果：

$$\frac{dC_2(L^-)}{dz} = 0 \tag{11.195}$$

这仅是第二个 Danckwerts 边界条件，即方程（11.187）。

总之，Danckwerts 边界条件可与开放—开放体系一同使用，且这些边界条件不会导致 $z=0$ 处浓度的不连续性。此外，利用 Danckwerts 边界条件找到的反应部分的解与 Wehner 和 Wilhelm 用方程（11.170）至方程（11.175）导出的解一致。因为 Danckwerts 边界条件是利用特殊稳态解得出的，所以它不像用 Wehner 和 Wilhelm 使用的条件一样通用。因此，方程（11.170）和方程（11.171）可用于分析非稳态流动反应器，但需要进行其他分析来判断是否可应用 Danckwerts 边界条件。van Cauwenberghe（1966）解决了上面考虑的管式反应器非稳态行为的某些方面。下面考虑非稳态情况更普遍的结果。

对于稳定问题，Bischoff 注意到如果将方程（11.186）和方程（11.187）作为边界条件，则可有效求解反应段的微分方程，不受入口和出口区域方程的影响。该结果对于反应段为非线性方程的情况极其有效，因为它避免了必须对 3 个同步常微分方程进行数值求解。由此可证，Danckwerts 边界条件也可在非稳态条件下导出。

3 个所研究区域中，非稳态情况下一阶反应的组分 A 的物质连续性方程可表示如下：

$$\frac{\partial C_1}{\partial t} + u\frac{\partial C_1}{\partial z} = D_1\frac{\partial^2 C_1}{\partial z^2}, \qquad -\infty \leqslant z \leqslant 0 \tag{11.196}$$

$$\frac{\partial C_2}{\partial t} + u\frac{\partial C_2}{\partial z} = D_2\frac{\partial^2 C_2}{\partial z^2} - k_1 C_2, \qquad 0 \leqslant z \leqslant L \tag{11.197}$$

$$\frac{\partial C_3}{\partial t} + u\frac{\partial C_3}{\partial z} = D_3\frac{\partial^2 C_3}{\partial z^2}, \qquad L \leqslant z \leqslant \infty \tag{11.198}$$

且非稳态情况下边界条件也可写作：

$$D_1\frac{\partial C_1}{\partial z}(0^-,\ t) = D_2\frac{\partial C_2}{\partial z}(0^+,\ t) \tag{11.199}$$

$$D_2\frac{\partial C_2}{\partial z}(L^-,\ t) = D_3\frac{\partial C_3}{\partial z}(L^+,\ t) \tag{11.200}$$

$$C_1(0^-,\ t) = C_2(0^+,\ t) \tag{11.201}$$

$$C_2(L^-,\ t) = C_3(L^+,\ t) \tag{11.202}$$

$$C_1(-\infty,\ t) = C_0 \tag{11.203}$$

$$\frac{\partial C_3}{\partial z}(\infty,\ t) = 0 \tag{11.204}$$

最后，需要考虑 3 个区域的初始条件。可以使用许多不同的真实初始条件。这里，假设 $t<0$ 时，固体界限将 $z>0$ 范围和 $z<0$ 区域分开。$z<0$ 区域具有初始反应物浓度 $C=C_0$，而 $z>0$ 区域的初始反应物浓度为 0。因此，如果在 $t=0$ 时移除界限，初始条件可表示为：

$$C_1(z,\ 0) = C_0, \qquad -\infty \leqslant z < 0 \tag{11.205}$$

$$C_2(z,\ 0) = 0, \qquad 0 < z \leqslant L \tag{11.206}$$

$$C_3(z,\ 0) = 0, \qquad L \leqslant z \leqslant \infty \tag{11.207}$$

对此非稳态问题，体系由反应物 A、产物 B 和溶剂 S 组成，其中 A 和 B 的量较少。方程（11.196）的拉普拉斯变换式可写作：

$$\frac{\mathrm{d}^2 \overline{C}_1}{\mathrm{d}z^2} - \frac{u}{D_1}\frac{\mathrm{d}\overline{C}_1}{\mathrm{d}z} - \frac{p\overline{C}_1}{D_1} = -\frac{C_0}{D_1} \tag{11.208}$$

并且常微分方程的解可写作：

$$\overline{C}_1 = K_1 e^{a_1 z} + K_2 e^{b_1 z} + \frac{C_0}{p} \tag{11.209}$$

$$a_1 = \frac{u}{2D_1}(1 + q_1) \tag{11.210}$$

$$h_1 = \frac{u}{2D_1}(1 - q_1) \tag{11.211}$$

$$q_1 = \left(1 + \frac{4pD_1}{u^2}\right)^{\frac{1}{2}} \tag{11.212}$$

类似地，对方程（11.198）进行拉普拉斯变换得到以下常微分方程：

$$\frac{\mathrm{d}^2 \overline{C}_3}{\mathrm{d}z^2} - \frac{u}{D_3}\frac{\mathrm{d}\overline{C}_3}{\mathrm{d}z} - \frac{p\overline{C}_3}{D_3} = 0 \tag{11.213}$$

其具有解：

$$\overline{C}_3 = K_3 e^{a_3 z} + K_4 e^{b_3 z} \tag{11.214}$$

$$a_3 = \frac{u}{2D_3}(1 + q_3) \tag{11.215}$$

$$b_3 = \frac{u}{2D_3}(1 - q_3) \tag{11.216}$$

$$q_3 = \left(1 + \frac{4pD_3}{u^2}\right)^{\frac{1}{2}} \tag{11.217}$$

边界条件即方程（11.199）至方程（11.204）的拉普拉斯变换可写作：

$$D_1 \frac{\mathrm{d}\overline{C}_1}{\mathrm{d}z}(0^-) = D_2 \frac{\mathrm{d}\overline{C}_2}{\mathrm{d}z}(0^+) \tag{11.218}$$

$$D_2 \frac{\mathrm{d}\overline{C}_2}{\mathrm{d}z}(L^-) = D_3 \frac{\mathrm{d}\overline{C}_3}{\mathrm{d}z}(L^+) \tag{11.219}$$

$$\overline{C}_1(0^-) = \overline{C}_2(0^+) \tag{11.220}$$

$$\overline{C}_2(L^-) = \overline{C}_3(L^+) \tag{11.221}$$

$$\overline{C}_1(-\infty) = \frac{C_0}{p} \tag{11.222}$$

$$\frac{\mathrm{d}\overline{C}_3}{\mathrm{d}z}(\infty) = 0 \tag{11.223}$$

由方程（11.209）和方程（11.222）可得：

$$\overline{C}_1 = K_1 \mathrm{e}^{a_1 z} + \frac{C_0}{p} \tag{11.224}$$

且由方程（11.214）和方程（11.223）可得：

$$\overline{C}_3 = K_4 \mathrm{e}^{b_3 z} \tag{11.225}$$

现在，对于拉普拉斯变换域，可利用方程（11.218）至方程（11.221）、方程（11.224）和方程（11.225）构建 Danckwerts 边界条件。结合方程（11.218）和方程（11.220）得到结果：

$$\frac{D_1 \dfrac{\mathrm{d}\overline{C}_1}{\mathrm{d}z}(0^-)}{\overline{C}_1(0^-) - \dfrac{C_0}{p}} = \frac{D_2 \dfrac{\mathrm{d}\overline{C}_2}{\mathrm{d}z}(0^+)}{\overline{C}_2(0^+) - \dfrac{C_0}{p}} \tag{11.226}$$

因此，应用方程（11.224），该结果可写作：

$$\overline{C}_2(0^+) - \frac{D_2}{a_1 D_1} \frac{\mathrm{d}\overline{C}_2}{\mathrm{d}z}(0^+) = \frac{C_0}{p} \tag{11.227}$$

并且，结合方程（11.219）和方程（11.221）可给出：

$$\frac{D_2 \dfrac{\mathrm{d}\overline{C_2}}{\mathrm{d}z}(L^-)}{\overline{C_2}(L^-)} = \frac{D_3 \dfrac{\mathrm{d}\overline{C_3}}{\mathrm{d}z}(L^+)}{\overline{C_3}(L^+)} \qquad (11.228)$$

且引入方程（11.225）可得到以下结果：

$$\overline{C_2}(L^-) - \frac{D_2}{D_3 b_3}\frac{\mathrm{d}\overline{C_2}}{\mathrm{d}z}(L^-) = 0 \qquad (11.229)$$

方程（11.227）和方程（11.229）可视为非稳态问题拉普拉斯域中的 Danckwerts 边界条件，因为其可能有效求解反应段偏微分方程，而与入口、出口段方程无关。此外，这两个方程与方程（11.186）和方程（11.187）的形式类似，方程（11.186）和方程（11.187）即稳定情况下的 Danckwerts 边界条件。当反应段偏微分方程为线性时（对一阶反应情况如此），可用拉普拉斯变换法求解此问题，方程（11.227）和方程（11.229）可直接用于问题求解。当反应段偏微分方程为非线性时，必须用数值解法求解，且在求解前，需要转置方程（11.227）和方程（11.229）。转置过程中要利用卷积积分。

第 12 章 无孔膜中的传递

穿过薄膜的传质过程是一个重要的质量传递过程。工业上，膜可用于进行气体分离，以及用反渗透和超滤实现液体混合物分离。另外，因为活细胞有一个或多个膜，所以膜在自然过程中很重要。对于生命体系，重要的是确定穿过细胞膜的分子和离子移动如何影响细胞生物。通常，膜间浓度、压力和电势差促使膜间传递。

膜可用至少两种方法表征。膜要么多孔，要么无孔（致密），要么均相（对称），要么非均相（不对称）。多孔膜通过层流流动和努森扩散（Kesting 和 Fritzsche，1993）进行质量传递。无孔（致密）膜通过膜传递的组分分子实际上溶解在致密膜基质中，再扩散通过基质（Kesting 和 Fritzsche，1993）。膜也可能有多孔和无孔两种区域。比如，对于生物膜，一些非电解质分子在脂类膜双层区域通过溶解和扩散进行传递，而主体水流穿过膜内连续的含水通道或孔道。均质膜的膜结构中厚度均一，而非均质膜最简单，也由两种结构不同的层组成，所以在深度上明显不对称。比如，有时是一层薄且稠密的聚合物屏障，第二层是厚且多孔的聚合物基质（Kesting 和 Fritzsche，1993）。

本章中只考虑薄、均质、无孔聚合物膜中的传质。然而，此处呈现的结果可应用于分析不对称膜中薄、均质、无孔聚合物层的传递。这类稠密聚合物层为非均质膜结构的传质提供主要阻力。此外，以下提出的理论可用于分析生物膜脂类双层区域内非电解质和溶剂的传递。本章的主要目的是建立膜传递理论，其仅基于已知的可由独立实验测得或分子基理论估算出的物理参数。膜传递预测理论可将针对膜的直接实验普遍用于检测理论的预测结果。

12.1 用于膜传递理论的假设

本章中考虑二元体系和三元体系的膜传递。二元体系中溶质为组分 1，聚合物是组分 3。三元体系中溶质是组分 1，溶剂是组分 2，聚合物是组分 3。三元体系的溶剂是膜内具有较大质量分数的渗透剂，且其通常是外部相的主要组分。本章提出的理论框架利用以下假设和限制：

（1）传递过程等温，没有化学反应发生。

（2）由于传递过程只涉及中性介质，因此没有电解效应。

（3）膜通过外部支撑（比如，金属丝网）在空间上固定。

（4）传质过程可以是稳定或非稳定过程，在 x 方向上是一维的。稳定过程的流体膜界面在 $x=0$ 和 $x=L$ 处，因为膜厚度不变，其中 L 恒定。非稳定过程因为其膜厚度通常随时间变换，所以流体膜界面在 $x=0$ 和 $x=X(t)$ 处。假设在 $x=0$ 处膜以某种方式支撑，则任何厚度的改变可看作只发生在 $x=X(t)$ 处。

（5）膜无孔。因此，既然孔道或通道内没有传递，溶剂和溶质分子必须在聚合物基质中溶解和扩散。

（6）两外部相中实际上没有聚合物，所以在 $x = X(t)$ 相边界处聚合物跳跃质量平衡简化为：

$$\rho_3 \left(v_3 - \frac{\mathrm{d}X}{\mathrm{d}t} \right) = 0 \qquad (12.1)$$

其中，ρ_3 和 v_3 表示聚合物相的数量且任何矢量组分是 x 组分。因此，在 $x = X(t)$ 处根据方程（12.1）有：

$$v_3 = \frac{\mathrm{d}X}{\mathrm{d}t} \qquad (12.2)$$

且在 $x = 0$ 处，$v_3 = 0$。稳态下，方程（12.2）简化为：

$$v_3 = 0 \qquad (12.3)$$

因此，此情况下在每个膜—流体界面处有 $v_3 = 0$。

（7）考虑橡胶态聚合物膜，其溶质—溶剂—聚合物混合物是纯黏性液体混合物。假设用一阶或线性扩散理论可描述这类混合物（见 4.2 节）。黏性液体膜中扩散过程可表示为黏性菲克扩散过程（见 4.6 节）。玻璃态聚合物膜的溶质—溶剂—聚合物混合物在低溶质溶剂浓度下保持弹性，所以在稀渗透限制下，扩散过程可看作弹性菲克扩散过程（见 4.6 节）。考虑稀释条件为玻璃态聚合物薄层是不变非平衡液相。如果传质驱动力只是浓度梯度，以下得到的溶剂和溶质流动方程可以描述橡胶态聚合物膜和玻璃态聚合物膜中的传质。如果传质由浓度和压力梯度驱动，得到的方程只对于橡胶态聚合物膜严格有效。

（8）假设在两个膜—流体界面中，压力和浓度恒定。假设可调整外部相，使得溶质和溶剂浓度、膜界面体系压力不随时间变化。另外，膜相通常提供膜体系传质的主要阻力。因此，在这类情况中，外部相中浓度可认为基本均一。更普遍来说，膜传质阻力是多个可对较系列阻力之一。对于这类情况，必须考虑整个体系的传质，以确定膜—流体界面间浓度和压力的常数值。

（9）本章的膜传递分析在溶质、溶剂较稀释的膜溶液中进行，由此

$$w_1 \ll 1 \qquad (12.4)$$

$$w_2 \ll 1 \qquad (12.5)$$

另外，定义的溶剂浓度比溶质浓度高：

$$w_1 < w_2 \qquad (12.6)$$

注意，以上溶质和溶剂质量分数的限制对膜传递理论框架的构建不重要。然而，这些限制的确可以简化传递方程组。

（10）此处考虑的膜传递分析中，假设用适中的压力差，并且膜所在的溶质和溶剂浓度较低。因此，可以合理假设所有互扩散系数和微分比体积实际上都与压力和组成无关。比如，对于三组分膜相，有

$$\frac{1}{\rho} = \hat{V} = w_1 \hat{V}_1 + w_2 \hat{V}_2 + w_3 \hat{V}_3 \qquad (12.7)$$

对于小 w_1 和 w_2 值，由方程（12.7）得到如下近似结果：

$$\rho \approx \frac{1}{\hat{V}_3} \qquad (12.8)$$

$$\rho_3 \approx \rho \qquad (12.9)$$

另外，由于溶质和溶剂质量分数低，可通过假设膜由两个拟二元混合物组成，以简化此问题的传质和热力学分析。特别地，聚合物中拟二元混合物的溶质（组分 1）的量较少，其溶剂（组分 2）的量也较少。

（11）Flory-Huggins 理论（Flory，1953）提供了分析小分子量组分和高分子量聚合物稀溶液的热力学相互作用的方法。通过以下组分 1 和组分 3 的二元体系方程，可给出单位质量溶液（微分比吉布斯自由能）中组分 1 的化学势：

$$\mu_1 = \mu_1^0 + \frac{RT}{M_1}\left[\ln\phi_1 + (1-\phi_1) + \chi_1(1-\phi_1)^2\right] - \frac{RT}{M_1}(1-\phi_1)\frac{\widetilde{V}_1}{\widetilde{V}_3} \qquad (12.10)$$

式中，μ_1^0 是单位质量纯组分 1 的化学势；$\widetilde{V}_I$ 是组分 I（$Z=1$，2，3）的摩尔体积；χ_1 是 Flory-Huggins 理论的相互作用参数。

对于分子量足够大的聚合物，$\widetilde{V}_1/\widetilde{V}_3/\approx 0$，方程（12.10）最后一项可忽略。因此，此情况下，对方程（12.10）的修正式进行微分，得到恒温下组分 1 和组分 3 的拟二元体系的结果如下：

$$\left(\frac{\partial\mu_1}{\partial w_1}\right)_p = \frac{RT(1-\phi_1)^2(1-2\chi_1\phi_1)}{M_1 w_1 w_3} \qquad (12.11)$$

对于组分 2 和组分 3 的拟二元体系的等同结果同样有效：

$$\left(\frac{\partial\mu_2}{\partial w_2}\right)_p = \frac{RT(1-\phi_2)^2(1-2\chi_2\phi_2)}{M_2 w_2 w_3} \qquad (12.12)$$

在稀溶质溶剂限制下，这两个方程简化为以下形式：

$$\left(\frac{\partial\mu_1}{\partial w_1}\right)_p = \frac{RT}{M_1 w_1} \qquad (12.13)$$

$$\left(\frac{\partial\mu_2}{\partial w_2}\right)_p = \frac{RT}{M_2 w_2} \qquad (12.14)$$

注意，方程（12.13）和方程（12.14）仅对橡胶态聚合物膜有效。方程（12.13）和方程（12.14）用于表示扩散流表达式的压力梯度项。

（12）渗透膜体系的每个扩散通量取决于质量分数梯度和方程（4.135）描述的二元体系压力梯度。因此，如对于三元膜，溶质和聚合物的拟二元混合物中溶质质量扩散通量可表示为：

$$j_1 = -\rho D_{11} \frac{\partial w_1}{\partial x} + \frac{\rho D_{11}(\hat{V}_3 - \hat{V}_1)w_3}{(\partial \mu_1 / \partial w_1)_p} \frac{\partial p}{\partial x} \qquad (12.15)$$

相同地，溶剂和聚合物的准二元混合物中溶剂的质量扩散通量可表示为：

$$j_2 = -\rho D_{22} \frac{\partial w_2}{\partial x} + \frac{\rho D_{22}(\hat{V}_3 - \hat{V}_2)w_3}{(\partial \mu_2 / \partial w_2)_p} \frac{\partial p}{\partial x} \qquad (12.16)$$

注意，D_{11} 和 D_{22} 不是三元扩散系数。这些参数分别代表溶质—聚合物体系和溶剂—聚合物体系的二元扩散系数。在较低溶质和溶剂质量分数下，方程（12.4）、方程（12.5）、方程（12.8）、方程（12.13）和方程（12.14）可用于方程（12.15）和方程（12.16）中，给出以下扩散通量的表达式：

$$j_1 = -\frac{D_{11}}{\hat{V}_3} \frac{\partial w_1}{\partial x} + \frac{D_{11}M_1 w_1}{RT} \frac{(\hat{V}_3 - \hat{V}_1)}{\hat{V}_3} \frac{\partial p}{\partial x} \qquad (12.17)$$

$$j_2 = -\frac{D_{22}}{\hat{V}_3} \frac{\partial w_2}{\partial x} + \frac{D_{22}M_2 w_2}{RT} \frac{(\hat{V}_3 - \hat{V}_2)}{\hat{V}_3} \frac{\partial p}{\partial x} \qquad (12.18)$$

方程（12.17）和方程（12.18）说明了如何由质量分数梯度和压力梯度得到膜间质量流量。由方程（4.127），可得到 $D_{11} \geq 0$，$D_{22} \geq 0$，而且正如 4.2 节中提到的，浓度驱动的扩散从高质量分数到低质量分数进行。同样如 4.2 节提到的，压力驱动的扩散使浓稠流体沿 p 增加的方向扩散。注意，如果 $\hat{V}_3 = \hat{V}_1$，$\hat{V}_3 = \hat{V}_2$，则没有压力驱动的扩散。

（13）扩散的压力效应仅在已知 $\partial p / \partial x$ 条件下才可确定，可以合理预期可用线性动量的总平衡确定膜内压力分布。支撑聚合物膜的线性动量平衡必须包括惯性、黏性力、重力、压力和外部力，用以维持聚合物膜稳定。因为黏性很小，看起来可忽略惯性效应。因此，外加作用力用于平衡黏性力、引力和压力。因为线性动量平衡取决于外部支撑的性质，通过膜薄的性质推断压力分布的方式更加可取。

对于从 $x=0$ 到 $x=L$ 延展的膜，如果膜较薄，以下两项泰勒展开式应该足够描述 $0 \leq x \leq L$ 内压力分布：

$$p(x) = p(0) + \left(\frac{\partial p}{\partial x}\right)_{x=0} x + O(x^2) \qquad (12.19)$$

因此，在膜内存在线性压力分布和恒定压力梯度，且有

$$\left(\frac{\partial p}{\partial x}\right)_{x=x} = \left(\frac{\partial p}{\partial x}\right)_{x=0} = \frac{p(L) - p(0)}{L} \qquad (12.20)$$

12.2 二元膜内的稳定传质

考虑在厚度为 L、$\partial p / \partial x = 0$ 的聚合物膜内溶质的稳定扩散。因为每个相边界处 $v_3 = 0$，所以在两个流体—膜界面有：

$$n_3 = 0 \tag{12.21}$$

稳定、一维扩散过程的溶质和聚合物方程（2.85）可写作：

$$\frac{\mathrm{d}n_1}{\mathrm{d}x} = 0 \tag{12.22}$$

$$\frac{\mathrm{d}n_3}{\mathrm{d}x} = 0 \tag{12.23}$$

n_1 和 n_3 在膜内恒定。因此，由方程（12.21）和方程（12.23）可得，在膜内任意位置满足：

$$n_3 = 0 \tag{12.24}$$

$$v_3 = 0 \tag{12.25}$$

因此

$$n_1 = \rho_1 v_3 + j_1^3 = j_1^3 \tag{12.26}$$

结合方程（12.22）和方程（12.26）给出：

$$\frac{\mathrm{d}j_1^3}{\mathrm{d}x} = 0 \tag{12.27}$$

由方程（4.155），很明显当前问题 j_1^3 的本构方程可写作：

$$j_1^3 = -\frac{\rho D}{1 - w_1}\frac{\mathrm{d}w_1}{\mathrm{d}x} \tag{12.28}$$

因此，结合方程（12.27）和方程（12.28）给出以下常微分方程：

$$\frac{\mathrm{d}}{\mathrm{d}x}\left(\frac{\rho D}{1 - w_1}\frac{\mathrm{d}w_1}{\mathrm{d}x}\right) = 0 \tag{12.29}$$

对于这个膜传递问题，膜—流体界面处都有固定的溶质质量分数，因此，以上常微分方程的边界条件简单写作：

$$w_1 = w_{10}, \qquad x = 0 \tag{12.30}$$

$$w_2 = w_{1L}, \qquad x = L \tag{12.31}$$

可求解出方程（12.29）至方程（12.31），并得到以下膜内质量分数分布的表达式：

$$x = \frac{L\int_{w_{10}}^{w_1} F(w_1')\,\mathrm{d}w_1'}{\int_{w_{10}}^{w_{1L}} F(w_1)\,\mathrm{d}w_1} \tag{12.32}$$

$$F(w_1) = \frac{\rho(w_1)D(w_1)}{1 - w_1} \tag{12.33}$$

对于低溶解度（$w_1 \to 0$）的溶质，

$$F(w_1) \approx \rho(0)D(0) = 常数 \tag{12.34}$$

因此，由方程（12.32）得出该限制条件下的线性质量分数分布：

$$\frac{x}{L} = \frac{w_1 - w_{10}}{w_{1L} - w_{10}} \tag{12.35}$$

膜间溶质质量通量的表达式可通过先结合方程（12.26）和方程（12.28）给出结果：

$$n_1 = -\frac{\rho D}{1 - w_1}\frac{dw_1}{dx} \tag{12.36}$$

因为 $n_1 =$ 常数，该结果从 $x = 0$ 到 $x = L$ 积分，得到以下溶质通量的表达式：

$$n_1 = -\frac{\int_{w_{10}}^{w_{1L}} F(w_1)\,dw_1}{L} \tag{12.37}$$

方程（12.32）和方程（12.37）中的积分可通过已知的 $\rho(w_1)$ 和 $D(w_1)$ 估算出来。低溶解度溶质有 $w_1 \rightarrow 0$，$F(w_1) = \rho(0)$，$D(0) = \rho_0 D_0$，对于此情况，方程（12.37）简化为：

$$n_1 = -\frac{\rho_0 D_0 (w_{1L} - w_{10})}{L} = \frac{D_0(\rho_{10} - \rho_{1L})}{L} \tag{12.38}$$

方程（12.38）说明了众所周知的结果，即对于已知厚度为 L 和微溶溶质的膜，溶质质量通量取决于膜内溶质溶解度和体系的二元互扩散系数。

12.3 三元体系的稳定传质

考虑溶质和溶剂通过厚度为 L 的聚合物膜的稳定扩散。膜内扩散过程可由质量分数梯度和压力梯度驱动。由 12.2 节的分析得出，在膜内任意位置有 $n_3 = 0$，$v_3 = 0$。另外，由方程（2.85）得：

$$\frac{dn_1}{dx} = \frac{dn_2}{dx} = 0 \tag{12.39}$$

因此，膜内的 n_1 和 n_2 恒定。由表 2.3 可明显看出，关于固定参考系的组分 I 的质量通量可表示为：

$$n_I = \rho_I v_I = \rho_I v + j_I \tag{12.40}$$

由方程（12.25）和方程（12.40）可得，对于 $I = 3$ 有，

$$v = -\frac{j_3}{\rho_3} \tag{12.41}$$

其可写作：

$$v = \frac{j_1 + j_2}{\rho_3} \tag{12.42}$$

因为

$$j_1 + j_2 + j_3 = 0 \tag{12.43}$$

对于 $I = 1$，有

$$n_1 = \rho_1 v + j_1 \tag{12.44}$$

所以结合方程（12.42）和方程（12.44）得到：

$$n_1 = j_1\left(1 + \frac{\rho_1}{\rho_3}\right) + \frac{\rho_1}{\rho_3}j_2 \tag{12.45}$$

n_2 相应的方程为：

$$n_2 = j_2\left(1 + \frac{\rho_2}{\rho_3}\right) + \frac{\rho_2}{\rho_3}j_1 \tag{12.46}$$

方程（12.45）和方程（12.46）可重写作：

$$n_1 = j_1\left(1 + \frac{w_1}{w_3}\right) + \frac{w_1}{w_3}j_2 \tag{12.47}$$

$$n_2 = j_2\left(1 + \frac{w_2}{w_3}\right) + \frac{w_2}{w_3}j_1 \tag{12.48}$$

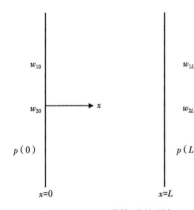

图 12.1　三元膜体系的图解

用方程（12.4）和方程（12.5），这些确切方程可重写作稀浓度范围的以下合适形式：

$$n_1 = j_1 + w_1 j_2 \tag{12.49}$$

$$n_2 = j_2 + w_2 j_1 \tag{12.50}$$

j_1 和 j_2 的本构方程可由方程（12.17）和方程（12.18）给出，并结合方程（12.17）、方程（12.18）、方程（12.49）和方程（12.50）得到两个非线性一阶常微分方程，其必须由 w_1 和 w_2 解出。两个常微分方程的边界条件是基于图 12.1 所示的在两膜—流体界面处，溶质和溶剂的质量分数特定的事实。由图 12.1 可得出 4 个边界条件：

$$w_1 = w_{10}, \qquad x = 0 \tag{12.51}$$

$$w_2 = w_{1L}, \qquad x = L \tag{12.52}$$

$$w_2 = w_{20}, \qquad x = 0 \tag{12.53}$$

$$w_2 = w_{2L}, \qquad x = L \tag{12.54}$$

另外，膜间恒定压力梯度可由方程（12.20）应用两个膜—流体界面处特定的压力算得。4 个常数需要满足 4 个质量分数边界条件。在两个一阶常微分方程通用解中出现的两个常数 n_1 和 n_2，即未知的溶质和溶剂恒定质量流量，可提供另外两个需要计算的常数。

因此，两个常微分方程的解提供溶质和溶剂质量分数分布 $w_1(x)$ 和 $w_2(x)$，以及两个未知质量流量 n_1 和 n_2。

虽然可能引入额外的近似值并获得这些方程的解析解，但通常必须用数值方法得到两个非线性一阶常微分方程的解（Vrentas 和 Vrentas，2002）。然而，可通过假设膜内质量分数的线性分布，并假定出现在微分方程的质量分数 w_1 和 w_2 可用的平均值近似，从而得到 n_1 和 n_2 的结果。虽然这些方程没有给出确切数值，但这些假设能得到描述膜传递质量的本构方程。以上通量的结果可用于分析以下膜传递稳态过程：气体分离、溶剂拖拽和渗透效应。

12.3.1　气体分离

在两气体的混合物中，由于一种组分比另一种组分更易渗透，就会发生分离。气体混合物鼓进膜的一侧，在溶解—扩散过程后，在膜的另一侧组分被移除。如果一个组分在聚合物中扩散系数和溶解度更高，则此组分比另一个组分更易渗透。

考虑 $w_{1L}=0$、$w_{2L}=0$ 和 $\mathrm{d}p/\mathrm{d}x=0$ 的两种气体的分离。此时，方程（12.17）和方程（12.18）简化为：

$$j_1 = -\frac{D_{11}}{\hat{V}_3}\frac{\mathrm{d}w_1}{\mathrm{d}x} = \frac{D_{11}w_{10}}{\hat{V}_3 L} \tag{12.55}$$

$$j_2 = -\frac{D_{22}}{\hat{V}_3}\frac{\mathrm{d}w_2}{\mathrm{d}x} = \frac{D_{22}w_{20}}{\hat{V}_3 L} \tag{12.56}$$

且由方程（12.49）和方程（12.50）得：

$$n_1 = j_1 + \frac{w_{10}}{2}j_2 \tag{12.57}$$

$$n_2 = j_2 + \frac{w_{20}}{2}j_1 \tag{12.58}$$

因此，

$$\frac{n_1}{n_2} = \frac{\dfrac{D_{11}w_{10}}{\hat{V}_3 L} + \dfrac{w_{10}}{2}\dfrac{D_{22}w_{20}}{\hat{V}_3 L}}{\dfrac{D_{22}w_{20}}{\hat{V}_3 L} + \dfrac{w_{20}}{2}\dfrac{D_{11}w_{10}}{\hat{V}_3 L}} \tag{12.59}$$

且其写作：

$$\frac{n_1}{n_2} = \frac{\dfrac{D_{11}w_{10}}{D_{22}w_{20}} + \dfrac{w_{10}}{2}}{1 + \dfrac{w_{10}}{2}\dfrac{D_{11}}{D_{22}}} \tag{12.60}$$

过程的分离效率由比率 n_1/n_2 表征，其大小取决于 D_{11}/D_{22}、w_{10}/w_{20} 和 w_{10}。既然 $w_{10}\ll 1$，

当 $D_{11}w_{10}/(D_{22}w_{20})$ 较小时，气体很好分离，因为在此情况下 n_1/n_2 很小。在该条件下，三元体系的组分 2 比组分 1 更易渗透。

如果 $D_{11}/D_{22}\rightarrow 0$（忽略组分 1 的扩散），则

$$\frac{n_1}{n_2}=\frac{w_{10}}{2} \tag{12.61}$$

即使忽略组分 1 的扩散通量，组分 2 的传递在对流中也携带一部分组分 1。溶剂（组分 2）带动一些溶质（组分 1）穿过膜。该效应称为溶剂拖拽，将在 12.3.2 详细考虑。

12.3.2 溶剂拖拽

考虑三元膜中 $\mathrm{d}p/\mathrm{d}x=0$ 的扩散传递，并检验图 12.2 所示的两种情况。对于图 12.2 所示的两种情况，应该确定溶剂流动会对溶质流动具有什么样的影响。通过将带有 $\mathrm{d}p/\mathrm{d}x=0$ 的方程（12.17）和方程（12.18）代入方程（12.49）得到溶质通量的方程：

$$n_1=-\frac{D_{11}}{\hat{V}_3}\frac{\mathrm{d}w_1}{\mathrm{d}x}=-w_1\frac{D_{22}}{\hat{V}_3}\frac{\mathrm{d}w_2}{\mathrm{d}x} \tag{12.62}$$

对于情况 1，方程（12.62）可近似为：

$$n_1=-\frac{D_{11}}{\hat{V}_3}\left(\frac{w_{1L}-0}{L}\right)-\frac{w_{1L}}{2}\frac{D_{22}}{\hat{V}_3}\left(\frac{0-w_{20}}{L}\right) \tag{12.63}$$

方程（12.63）可写作：

$$n_1=\frac{D_{22}w_{20}w_{1L}}{\hat{V}_3 L}\left(-\frac{D_{11}}{D_{22}w_{20}}+\frac{1}{2}\right) \tag{12.64}$$

由图 12.2（a）预测，溶质由 $x=L$ 向 $x=0$ 传递（$n_1<0$），但溶质传递可能会受溶剂流动影响。如果

$$\frac{D_{11}}{D_{22}w_{20}}>\frac{1}{2} \tag{12.65}$$

则 $n_1<0$，情况 1 的溶质由高质量分数向低质量分数传递，这种情况也是溶质流动的预期方向。然而，如果

$$\frac{D_{11}}{D_{22}w_{20}}<\frac{1}{2} \tag{12.66}$$

则 $n_1>0$，溶质从 $x=0$ 向 $x=L$ 传递。该情况下，由相反的溶剂流产生的溶质的对流流动压倒了溶质的扩散流，并产生了与溶质流的预期方向相反的净溶质流。溶质转移受到溶剂快速转移促进的对流流动的影响。

对于情况 2，方程（12.62）基于图 12.2（b）有以下形式：

$$n_1=-\frac{D_{11}}{\hat{V}_3}\left(\frac{0-w_{10}}{L}\right)-\frac{w_{10}}{2}\frac{D_{22}}{\hat{V}_3}\left(\frac{0-w_{20}}{L}\right) \tag{12.67}$$

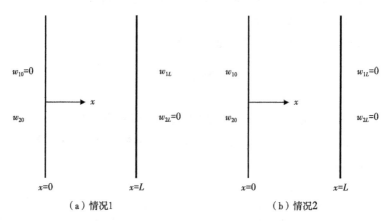

（a）情况1　　　　　　　　　（b）情况2

图 12.2　溶剂拖拽的两种可能情况

该结果可写成：

$$n_1 = \frac{D_{22} w_{20} w_{10}}{\hat{V}_3 L}\left(\frac{D_{11}}{D_{22} w_{20}} + \frac{1}{2}\right) \tag{12.68}$$

对于情况 2，n_2 明显一直为正。因为溶质的对流和扩散流动在同一方向，则溶剂拖拽总是增强溶质传递。

比较方程（12.45）和方程（12.49）可明显看出，方程（12.49）的第一项明显描述了溶质扩散，第二项描述了溶剂传质造成的溶质对流项。因此，可用溶剂流动导致的溶质对流定义溶剂拖拽。由以上例子证明，溶剂拖拽要么抵抗溶质对流，要么增强溶质对流，这取决于质量分数差如何施加在体系上。

12.3.3　渗透效应

渗透是液体从一个溶液穿过隔膜移动到另一溶液的过程。此处，要用渗透效应项代表在膜体系中浓度驱动扩散和压力驱动扩散的相互作用。考虑一种膜体系，其中溶质不通过膜，溶剂转移通常由质量分数梯度和压力梯度驱动。溶质严格不可渗透的膜适用于以下条件：

$$n_1 = 0, \quad j_1 = 0, \quad \frac{\mathrm{d}w_2}{\mathrm{d}x} < 0, \quad \frac{\mathrm{d}p}{\mathrm{d}x} \neq 0 \tag{12.69}$$

因此，在此处考虑所有的情况下，$w_{20} > w_{2L}$。因为 $w_2 \ll 1$，由方程（12.48）有

$$n_2 = j_2 \tag{12.70}$$

因此，利用方程（12.18）可得到结果：

$$n_2 = -\frac{D_{22}}{\hat{V}_3}\frac{\mathrm{d}w_2}{\mathrm{d}x} + \frac{D_{22} M_2 w_2 q_2}{RT}\frac{\mathrm{d}p}{\mathrm{d}x} \tag{12.71}$$

$$q_2 = \frac{\hat{V}_3 - \hat{V}_2}{\hat{V}_3} \tag{12.72}$$

当 $\mathrm{d}p/\mathrm{d}x = 0$ 时，显然 $n_2 > 0$，即溶剂从高质量分数到低质量分数流动，这是一个普通渗透的限制情形。

当 $\mathrm{d}p/\mathrm{d}x \neq 0$ 时，要考虑 4 种情况，这取决于是 $\mathrm{d}p/\mathrm{d}x > 0$ 还是 $\mathrm{d}p/\mathrm{d}x < 0$，是 $q_2 > 0$ 还是 $q_2 < 0$。当 $q_2 < 0$（$\hat{V}_3 < \hat{V}_2$）时，聚合物膜由比溶剂更致密材料组成。通常，聚合膜材料比溶剂更致密，所以通常 $q_2 < 0$。当 $q_2 > 0$（$\hat{V}_3 > \hat{V}_2$）时，溶剂比聚合物膜材料更致密。表 12.1 中显示了 4 种情况的结果。表 12.1 中，第四列和第五列分别表示方程（12.71）中的第一项和第二项的符号。

表 12.1　反渗透膜传递的 4 种情况

序号	q_2 符号	$\dfrac{\mathrm{d}p}{\mathrm{d}x}$ 符号	第一项符号	第二项符号	n_2 符号	评论
1	−	+	+	−	+或−	反渗透可能性
2	−	−	+	+	+	增强正常渗透
3	+	+	+	+	+	增强正常渗透
4	+	−	+	−	+或−	负反渗透可能性

注：$\dfrac{\mathrm{d}w_2}{\mathrm{d}x} < 0$。

对于情况 2 和情况 3，方程（12.71）的两项为正，因此压力梯度对流量的作用仅简单地增强了质量分数梯度的贡献。另外，对于情况 1 和情况 4，压力梯度对流量的作用与质量分数的作用有不同的符号。对于情况 1，$q_2 < 0$（通常情况），通过在较低溶剂质量分数的膜一侧施加超压可以得到反渗透，由此可得 $\mathrm{d}w_2/\mathrm{d}x < 0$、$\mathrm{d}p/\mathrm{d}x > 0$。图 12.3 显示了通过在膜海水侧施加高压获得纯净水的过程。反渗透通常在溶剂浓度低的膜侧施加高压时发生。这种配置可以颠倒溶剂流动方向，并因此产生反渗透过程。对于情况 4，$q_2 > 0$（非典型情况），通过在膜的高溶剂质量分数侧施加超压，以至于 $\mathrm{d}w_2/\mathrm{d}x < 0$、$\mathrm{d}p/\mathrm{d}x < 0$，产生反渗透。图 12.4 显示了该构造。这种 $q_2 > 0$ 的特殊情况也可颠倒溶剂流动方向，并再次产生

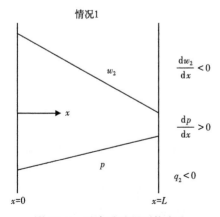

图 12.3　反渗透过程可能发生

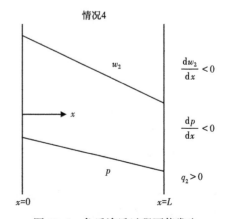

图 12.4　负反渗透过程可能发生

反渗透过程。然而，既然情况 4 的压力梯度是情况 1 的负值，情况 4 也称为负反渗透。负反渗透在无孔膜中的中性溶剂的传递还未见报道。

对于上面提及的情况 2 和情况 3，应用压差仅仅是为了增强质量分数驱动的溶剂流动。对于情况 1 和情况 4，压力驱动的溶剂流动与质量分数驱动的溶剂流动相反。因此，溶剂流动方向是由压力和质量分数效应的相对大小决定的。只有在 $|q_2\, dp/dx|$ 值足够高的情况下，溶剂与浓度驱动的流动方向相反。图 12.5 显示了情况 1 和情况 4。对于较小的 $|q_2\, dp/dx|$ 值，溶剂流动是具有 $n_2>0$ 的正常渗透过程。随着压力梯度增加，$|q_2\, dp/dx|$ 值达到无溶剂流动（$n_2=0$）。$|q_2\, dp/dx|$ 值的进一步增加就产生了 $n_2<0$ 的反渗透过程。

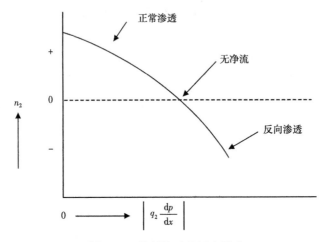

图 12.5　溶剂流动的压力影响

本章中提出的无孔膜的分析基于溶解—扩散模型（Wijmans 和 Baker，1995；Paul，2004）。对于此模型，当应用浓度和（或）压力梯度时，溶质和溶剂在膜中溶解，并在膜基质中扩散。溶解—扩散模型的质量分数边界条件由方程（12.51）至方程（12.54）给出，这些方程中的质量分数是溶质与外部流体相中溶剂平衡时膜中的质量分数。压力梯度由方程（12.20）表示。当在膜上施加一个可忽略的压差时，膜的传质分析很直观。然而，存在两个不同的模型描述压力梯度的影响。这两个模型在 12.6 节中讨论。

12.4　二元膜的非稳定传质

二元膜体系中非稳定扩散过程的一个重要实例是膜渗透实验，其通常用于测量聚合物中气体的扩散系数。气相渗透剂进入膜的一侧（一开始膜内不含该渗透剂），且该气体在气体—膜界面处建立平衡质量分数 w_{1E}。然后，将气体从膜的低浓度侧完全移除，使得该表面保持在 $w_1=0$。可以测得在 t 时间处透过膜的气体总量 Q（质量/面积）。本节的目的在于分析该非稳态膜体系，并说明如何使用实验数据确定聚合物—气体体系的互扩散系数。

膜体系如图 12.6 所示。气体是组分 1，聚合物是组分 3。等温一维扩散存在于空间固定的无孔膜中。没有化学反应，在 $x=0$ 和 $x=X(t)$ 处质量分数恒定，气相中无聚合物，穿过膜的压降可以忽略。最终，因为如下不等式成立，所以聚合物中气体为稀溶液，使得 ρ

和 D 在膜内有效恒定，且 $\rho \approx \rho_3$。

$$w_1 \ll 1 \tag{12.73}$$

此外，对于该非稳态过程，如果在 $x=0$ 处支撑膜，根据 12.1 节可得到方程（12.74）和方程（12.75）：

$$v_3 = 0, \qquad x = 0 \tag{12.74}$$

$$v_3 = \frac{\mathrm{d}X}{\mathrm{d}t}, \qquad x = X(t) \tag{12.75}$$

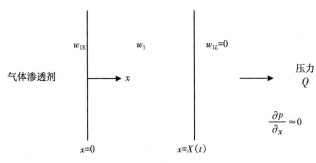

图 12.6　膜渗透实验

由图 12.6 明显看出，如果 L 是膜的初始厚度，该问题合适的辅助条件可写作：

$$w_1 = 0, \qquad t = 0, \qquad 0 < x \leqslant L \tag{12.76}$$

$$w_1 = 0, \qquad x = X(t), \qquad t \geqslant 0 \tag{12.77}$$

$$w_1 = w_{1E}, \qquad x = 0, \qquad t > 0 \tag{12.78}$$

现在此问题只剩下推导出 v 和 $\mathrm{d}X/\mathrm{d}t$ 的方程，并建立其物质连续性方程的合适形式。因为膜密度基本恒定，总体连续性方程简化为：

$$\frac{\partial v}{\partial x} = 0 \tag{12.79}$$

所以

$$v = f(t) \tag{12.80}$$

另外，

$$\rho_3 v_3 = \rho_3 v + j_3 = \rho_3 v - j_1 \tag{12.81}$$

因为在 $x=0$ 处 $v_3=0$，对于膜内任意位置的 v，由方程（12.81）可得以下结果：

$$v = - D \frac{\partial w_1}{\partial x}(x = 0) \tag{12.82}$$

另外，在 $x=X(t)$ 处，方程（12.75）、方程（12.81）和方程（12.82）给出：

$$\frac{\mathrm{d}X}{\mathrm{d}t} = D \left[\frac{\partial w_1}{\partial x}(x = X) - \frac{\partial w_1}{\partial x}(x = 0) \right] \tag{12.83}$$

引入以下无量纲变量以便于分析：

$$x^* = \frac{x}{L}, \quad X^* = \frac{X}{L}, \quad w_1^* = \frac{w_1}{w_{1E}}, \quad t^* = \frac{Dt}{L^2} \qquad (12.84)$$

由此方程（12.83）变为（其中为了方便，省略了星号）：

$$\frac{dX}{dt} = w_{1E}\left[\frac{\partial w_1}{\partial x}(x = X) - \frac{\partial w_1}{\partial x}(x = 0)\right] \qquad (12.85)$$

方程（12.85）的无量纲初始条件简化为：

$$X(0) = 1 \qquad (12.86)$$

因为 $w_{1E} \ll 1$，显然方程（12.85）的右侧数值很小，通过以上两个方程看出：

$$X(t) \approx 1, \qquad t \geqslant 0 \qquad (12.87)$$

因此，该问题的无量纲辅助条件可写作：

$$w_1(x, 0) = 0, \qquad w_1(1, t) = 0, \qquad w_1(0, t) = 1 \qquad (12.88)$$

由于 $R_A = 0$，ρ 和 D 都恒定，引入以上无量纲变量，并结合方程（4.143）和方程（12.82），可得到该问题的物质连续性方程。物质连续性方程的无量纲形式可写作：

$$\frac{\partial w_1}{\partial t} - w_{1E}\frac{\partial w_1}{\partial x}\frac{\partial w_1}{\partial x}(x = 0) = \frac{\partial^2 w_1}{\partial x^2} \qquad (12.89)$$

对于稀溶液体系（$w_{1E} \to 0$），对流项比其他两项小，方程（12.89）简化为：

$$\frac{\partial w_1}{\partial t} = \frac{\partial^2 w_1}{\partial x^2} \qquad (12.90)$$

气相组分通过膜的质量流率可表示成无量纲形式：

$$n_1 = \rho w_1 v - \rho D\frac{\partial w_1}{\partial x} \qquad (12.91)$$

其中，v 由方程（12.82）给出。引入包括如下无量纲质量分数的无量纲变量：

$$n_1^* = \frac{n_1 L}{w_{1E}\rho D} \qquad (12.92)$$

可得以下质量流量的无量纲方程（其中已省略星号）：

$$n_1 = -w_{1E}w_1\frac{\partial w_1}{\partial x}(x = 0) - \frac{\partial w_1}{\partial x} \qquad (12.93)$$

对于稀溶液体系（$w_1 \to 0$），采用以下近似形式：

$$n_1 = -\frac{\partial w_1}{\partial x} \qquad (12.94)$$

另外，在时间 t 时穿过膜的每单位面积气体总量 Q 的无量纲表达式为：

$$Q = \int_0^t n_1(x=L)\mathrm{d}\,\tau = -\int_0^t \rho D\left(\frac{\partial w_1}{\partial x}\right)_{x=L}\mathrm{d}\,\tau \tag{12.95}$$

引入包括以下无量纲 Q^* 表达式的无量纲变量：

$$Q^* = \frac{Q}{\rho L} \tag{12.96}$$

得到以下结果（再次省略星号）：

$$Q = -w_{1E}\int_0^t \left(\frac{\partial w_1}{\partial x}\right)_{x=1}\mathrm{d}\,\tau \tag{12.97}$$

根据方程（12.88）表示的初始条件和边界条件，得到的方程（12.90）的解可通过拉普拉斯变换法建立。方程（12.90）的拉普拉斯变换式为：

$$\frac{\mathrm{d}^2\overline{w}_1}{\mathrm{d}x^2} - p\overline{w}_1 = 0 \tag{12.98}$$

方程（12.98）的解可写作：

$$\overline{w}_1 = C_1\sinh(\sqrt{p}\,x) + C_2\cosh(\sqrt{p}\,x) \tag{12.99}$$

两个边界条件的拉普拉斯变换式简写作：

$$\overline{w}_1(0) = \frac{1}{p} \tag{12.100}$$

$$\overline{w}_1(1) = 0 \tag{12.101}$$

这些边界条件用于确定 C_1 和 C_2，因此得到 $\overline{w}_1$ 的解如下：

$$\overline{w}_1 = \frac{1}{p}\left[\frac{\sinh(\sqrt{p}\,)\cosh(\sqrt{p}\,x) - \cosh(\sqrt{p}\,)\sinh(\sqrt{p}\,x)}{\sinh(\sqrt{p}\,)}\right] \tag{12.102}$$

由此可得：

$$\left(\frac{\mathrm{d}\overline{w}_1}{\mathrm{d}x}\right)_{x=1} = -\frac{1}{\sqrt{p}\,\sinh(\sqrt{p}\,)} \tag{12.103}$$

该结果转置得到表达式：

$$\left(\frac{\partial w_1}{\partial x}\right)_{x=1} = -\left[1 + 2\sum_{n=1}^{\infty}(-1)^n \mathrm{e}^{-n^2\pi^2 t}\right] \tag{12.104}$$

将方程（12.104）代入方程（12.97），并积分得到：

$$\frac{Q}{w_{1E}} = t - \frac{2}{\pi^2}\sum_{n=1}^{\infty}\frac{(-1)^n}{n^2}\mathrm{e}^{-n^2\pi^2 t} + \frac{2}{\pi^2}\sum_{n=1}^{\infty}\frac{(-1)^n}{n^2} \tag{12.105}$$

因为

$$\frac{2}{\pi^2}\sum_{n=1}^{\infty}\frac{(-1)^n}{n^2}=-\frac{1}{6} \tag{12.106}$$

方程（12.105）的无量纲形式可表示为：

$$\frac{Q}{L\rho w_{1E}}=\frac{Dt}{L^2}-\frac{1}{6}-\frac{2}{\pi^2}\sum_{n=1}^{\infty}\frac{(-1)^n}{n^2}\exp\left(-\frac{n^2\pi^2Dt}{L^2}\right) \tag{12.107}$$

当 $t\rightarrow\infty$ 时，方程（12.107）采用如下形式：

$$Q=\frac{D\rho_{1E}}{L}\left(t-\frac{L^2}{6D}\right) \tag{12.108}$$

因此，由 Q—t 图上时间轴的截距可得时滞 t_L：

$$t_L=\frac{L^2}{6D} \tag{12.109}$$

图 12.7 显示了如何确定 t_L。因此，如果已知 L，聚合物—气体体系的互扩散系数 D 可由 Q—t 数据确定。另外，在渗透实验的稳定限制下，可测量出 n_1 和 L，并根据方程（12.38）的如下形式计算 $D\rho_{1E}$：

$$n_1=\frac{D\rho_{1E}}{L} \tag{12.110}$$

由于可由非稳定实验确定 D，因此可用稳态数据计算出 ρ_{1E}。结合非稳定和稳定渗透实验，可用于测量渗透剂的平衡溶解度和聚合物—渗透剂体系的互扩散系数。当然，以上分析仅限于稀聚合物—气体体系。

通过引入一些直接修正，以上分析膜内非稳态、二元扩散的方法可扩展到渗透剂浓度更高的体系中。

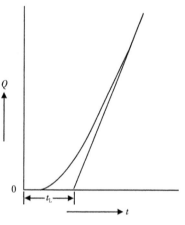

图 12.7　时间差 t_L 的确定

对于浓缩渗透剂体系，ρ 和 D 不恒定，ρ_3 与 ρ 明显不同，必须分析移动边界问题，并应用平均体积速度。因此，浓缩体系的传质为非线性问题，需要用数值法求解。

12.5　形成非对称膜的相转变过程

形成非对称膜的相转化过程的重要部分是淬火步骤。该步骤中，在将聚合物溶液薄膜浇铸到固体壁上之后，将其浸入凝固浴中。该薄膜是非溶剂（组分 1）、溶剂（组分 2）和聚合物（组分 3）的溶液。因为假设聚合物溶解在凝固浴的量可忽略，所以凝固浴中仅含有非溶剂和溶剂。在淬火期间，两相之间有非溶剂和溶剂转移，最终聚合物沉淀。最终的膜结构取决于淬火步骤中传质过程的细节。淬火浴体系结构如图 12.8 所示。

Tsay 和 McHugh（1990）分析了在形成非对称膜的相转化过程的淬火步骤中发生的传质过程。本节的目的是提出问题公式的修正式。在此处的传质分析中，假设存在等温、一维传质，且其没有反应发生。同时假设微分比体积与组成无关。然而，二元体系和三元体

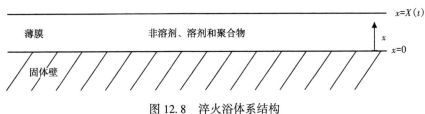

图 12.8　淬火浴体系结构

系的互扩散系数通常是组成的函数。铸制薄膜的领域有限，尽管不是必需的，但是将凝固浴作为无限域处理是很方便的。下标 b 和 p 分别用于表示在浴相和聚合物相中的量。

因为所有组分的微分比体积恒定，所以由该一维体系的方程（2.74）可得：

$$\frac{\mathrm{d}v_{x\mathrm{b}}^{\mathrm{V}}}{\mathrm{d}x} = 0, \qquad \frac{\mathrm{d}v_{x\mathrm{p}}^{\mathrm{V}}}{\mathrm{d}x} = 0 \tag{12.111}$$

在 $x=0$ 处存在固体壁，要求 $v_{x\mathrm{p}}^{\mathrm{V}}=0$，因此

$$v_{x\mathrm{p}}^{\mathrm{V}} = 0 \tag{12.112}$$

在聚合物相各处适用。另外，

$$v_{x\mathrm{b}}^{\mathrm{V}} = f(t) \tag{12.113}$$

适用于浴相，且必须通过合适的跳跃条件确定该相中的空间均一平均体积速度。应用方程（4.165）和方程（4.166），可写出三元聚合物相的质量扩散流量为：

$$j_{1x\mathrm{p}}^{\mathrm{V}} = -\,\overline{D}_{11}\,\frac{\partial \rho_{1\mathrm{p}}}{\partial x} - \overline{D}_{12}\,\frac{\partial \rho_{2\mathrm{p}}}{\partial x} \tag{12.114}$$

$$j_{2x\mathrm{p}}^{\mathrm{V}} = -\,\overline{D}_{21}\,\frac{\partial \rho_{1\mathrm{p}}}{\partial x} - \overline{D}_{22}\,\frac{\partial \rho_{2\mathrm{p}}}{\partial x} \tag{12.115}$$

由方程（4.150）可得二元浴相的质量扩散流量为：

$$j_{1x\mathrm{b}}^{\mathrm{V}} = -\,D\,\frac{\partial \rho_{1\mathrm{b}}}{\partial x} \tag{12.116}$$

可以看出，应用方程（2.71）、方程（12.112）、方程（12.114）和方程（12.115），则聚合物相的两个物质连续性方程可写作：

$$\frac{\partial \rho_{1\mathrm{p}}}{\partial t} = \frac{\partial}{\partial x}\left(\overline{D}_{11}\,\frac{\partial \rho_{1\mathrm{p}}}{\partial x}\right) + \frac{\partial}{\partial x}\left(\overline{D}_{12}\,\frac{\partial \rho_{2\mathrm{p}}}{\partial x}\right) \tag{12.117}$$

$$\frac{\partial \rho_{2\mathrm{p}}}{\partial t} = \frac{\partial}{\partial x}\left(\overline{D}_{21}\,\frac{\partial \rho_{1\mathrm{p}}}{\partial x}\right) + \frac{\partial}{\partial x}\left(\overline{D}_{22}\,\frac{\partial \rho_{2\mathrm{p}}}{\partial x}\right) \tag{12.118}$$

另外，结合方程（4.151）和方程（12.113）得到凝固浴的单一物质连续性方程：

$$\frac{\partial \rho_{1b}}{\partial t} + v_{xb}^{v} \frac{\partial \rho_{1b}}{\partial x} = \frac{\partial}{\partial x}\left(D \frac{\partial \rho_{1b}}{\partial x}\right) \tag{12.119}$$

这 3 个偏微分方程的初始条件是 3 个均一的质量密度：

$$\rho_{1p} = \rho_{10p}, \qquad t = 0, \qquad 0 \leqslant x < L \tag{12.120}$$

$$\rho_{2p} = \rho_{20p}, \qquad t = 0, \qquad 0 \leqslant x < L \tag{12.121}$$

$$\rho_{1b} = \rho_{10b}, \qquad t = 0, \qquad L < x \leqslant \infty \tag{12.122}$$

其中，L 是聚合物相的初始厚度。也可应用以下边界条件：

$$\frac{\partial \rho_{1p}}{\partial x} = 0, \qquad\qquad x = 0, \qquad t \geqslant 0 \tag{12.123}$$

$$\frac{\partial \rho_{2p}}{\partial x} = 0, \qquad\qquad x = 0, \qquad t \geqslant 0 \tag{12.124}$$

$$\rho_{1b} = \rho_{10b}, \qquad\qquad x = \infty, \qquad t \geqslant 0 \tag{12.125}$$

$$\mu_{1b}(\rho_{1b}) = \mu_{1p}(\rho_{1p}, \rho_{2p}), \qquad x = X(t), \quad t > 0 \tag{12.126}$$

$$\mu_{2b}(\rho_{1b}) = \mu_{2p}(\rho_{1p}, \rho_{2p}), \qquad x = X(t), \quad t > 0 \tag{12.127}$$

正如 8.1 节中讨论的，因为在 $x = 0$ 处有固体壁，所以满足方程（12.123）和方程（12.124）。方程（12.125）是初始条件在无限远距离处不变的事实的结果，方程（12.126）和方程（12.127）是非溶剂和溶剂相界处的简单平衡条件。应用合适的化学势可构建特殊的平衡条件。

方程（12.123）至方程（12.127）为这 3 个偏微分方程提供了 5 个边界条件；共需要 6 个边界条件。有 3 个独立跳跃质量平衡可提供第六个边界条件，可得到确定 $\mathrm{d}X/\mathrm{d}t$（相边界移动）和 v_{xp}^{v}（凝固浴中未知速度）的方程。

因为 $v_{xp}^{v} = 0$，3 个组分跳跃质量平衡可写作：

$$j_{1xp}^{v} - \rho_{1p} \frac{\mathrm{d}X}{\mathrm{d}t} = \rho_{1b} v_{xb}^{v} + j_{1xb}^{v} - \rho_{1b} \frac{\mathrm{d}X}{\mathrm{d}t} \tag{12.128}$$

$$j_{2xp}^{v} - \rho_{2p} \frac{\mathrm{d}X}{\mathrm{d}t} = \rho_{2b} v_{xb}^{v} + j_{2xb}^{v} - \rho_{2b} \frac{\mathrm{d}X}{\mathrm{d}t} \tag{12.129}$$

$$j_{3xp}^{v} = \rho_{3p} \frac{\mathrm{d}X}{\mathrm{d}t} \tag{12.130}$$

方程（12.131）至方程（12.134）是基于表 2.2 中的方程（A）和表 2.4 中的方程（E），可利用这些方程对 3 个跳跃平衡进行修正和处理：

$$\rho_{1b} \hat{V}_1 + \rho_{2b} \hat{V}_2 = 1 \tag{12.131}$$

$$\rho_{1p} \hat{V}_1 + \rho_{2p} \hat{V}_2 + \rho_{3p} \hat{V}_3 = 1 \tag{12.132}$$

$$\hat{V}_1 \, j_{1xb}^{\text{v}} + \hat{V}_2 \, j_{2xb}^{\text{v}} = 0 \tag{12.133}$$

$$\hat{V}_1 \, j_{1xp}^{\text{v}} + \hat{V}_2 \, j_{2xp}^{\text{v}} + \hat{V}_3 \, j_{3xp}^{\text{v}} = 0 \tag{12.134}$$

根据方程（12.130）、方程（12.132）和方程（12.134），可用方程（12.135）表示边界移动：

$$\frac{\mathrm{d}X}{\mathrm{d}t} = - \frac{\hat{V}_1 \, j_{1xp}^{\text{v}} + \hat{V}_2 \, j_{2xp}^{\text{v}}}{1 - \rho_{1p}\hat{V}_1 - \rho_{2p}\hat{V}_2} \tag{12.135}$$

方程（12.135）的初始条件为：

$$X(0) = L \tag{12.126}$$

另外，如果方程（12.128）乘 $\hat{V}_1$，方程（12.129）乘 $\hat{V}_2$，得到的方程相加，并引入方程（12.131）至方程（12.134），可得到以下结果：

$$- \hat{V}_3 \, j_{3xp}^{\text{v}} - v_{xb}^{\text{v}} = - \rho_{3p}\hat{V}_3 \frac{\mathrm{d}X}{\mathrm{d}t} \tag{12.137}$$

将方程（12.130）代入方程（12.137）可得到简单结果：

$$v_{xb}^{\text{v}} = 0 \tag{12.138}$$

其意味着方程（12.119）可化简为：

$$\frac{\partial \rho_{1b}}{\partial t} = \frac{\partial}{\partial x}\left(D \frac{\partial \rho_{1b}}{\partial x} \right) \tag{12.139}$$

Tsay 和 McHugh 没有证明 $v_{xb}^{\text{v}} = 0$，且有效假设该速度为 0。然而，必须用跳跃质量平衡证明该结果。既然可预见当混合没有体积变化时没有主体流动速度，方程（12.138）可被预测出来。

当 $v_{xb}^{\text{v}} = 0$ 时，方程（12.128）和方程（12.129）可改为：

$$\frac{j_{1xp}^{\text{v}} - j_{1xb}^{\text{v}}}{\rho_{1p} - \rho_{1b}} = \frac{\mathrm{d}X}{\mathrm{d}t} \tag{12.140}$$

$$\frac{j_{2xp}^{\text{v}} - j_{2xb}^{\text{v}}}{\rho_{2p} - \rho_{2b}} = \frac{\mathrm{d}X}{\mathrm{d}t} \tag{12.141}$$

因此，结合这些结果可得偏微分方程的第六个边界条件：

$$\frac{- \overline{D}_{11}\dfrac{\partial \rho_{1p}}{\partial x} - \overline{D}_{12}\dfrac{\partial \rho_{2p}}{\partial x} + D\dfrac{\partial \rho_{1b}}{\partial x}}{\rho_{1p} - \rho_{1b}} = \frac{- \overline{D}_{21}\dfrac{\partial \rho_{1p}}{\partial x} - \overline{D}_{22}\dfrac{\partial \rho_{2p}}{\partial x} - \dfrac{\hat{V}_1}{\hat{V}_2}D\dfrac{\partial \rho_{1b}}{\partial x}}{\rho_{2p} - \rho_{2b}} \tag{12.142}$$

因此，方程（12.135）、方程（12.138）和方程（12.142）代表了用 3 个组分跳跃质量平衡得到的结果。由于 Tsay 和 McHugh 在没有证据的情况下假设 $v_{xb}^{\text{v}} = 0$，表明这里提出的方程等价于 Tsay 和 McHugh 提出的方程组。该方程组可用于确定浓度分布、传质路径、沉淀时间和膜结构。Tsay 和 McHugh 用有限差分法解决了形成膜的非线性移动边界问题。

12.6　膜内压力影响

正如 12.3 节所述，提出了两个不同的模型用于描述当施加压差时膜内的传质。在 12.3 节中介绍的第一个模型表明，膜中的溶剂传递由质量分数梯度和压力梯度驱动。假设膜内压力线性分布，压力梯度恒定。两个外部相压力不同，可以合理假设膜内存在连续压力变化，且薄膜的压力线性分布。当压力连续分布时，两个外部流体—膜界面的平衡条件不受压差的热力学影响。此模型基于质量分数梯度和压力梯度产生扩散流量的事实。连续介质力学的等效原理允许这种可能性（4.1 节）。还应注意，依赖于压力梯度的质量扩散流量可用于解释沉淀（15.5 节）和超速离心机（17.3 节）中的平衡浓度分布。当膜严格不溶于溶质时，如果同时有质量分数梯度和压力梯度，则方程（12.71）可描述低溶剂质量分数下的溶剂流量。

Rosenbaum（1968）、Rosenbaum 和 Cotton（1969）描述了第二个描述膜内压力效应的模型。该模型假设膜内的压力施加在一个流体—膜界面处的高压值是均匀的，使得在第二个流体—膜界面处的低压值压力有阶跃变化。该情况下的膜内压力明显比第二个流体—膜界面流体相的压力高。因此，在第二个界面处，压力对化学势关系有影响，压力的不连续性降低了膜内该界面处的活性和溶剂浓度。该热力学效应产生了更大的浓度梯度，因此产生附加压力诱导的扩散。

该模型的有效性取决于假设膜内压力均一和在流体—膜界面处的压力最后的阶跃变化的合理性。均匀的压力膜似乎没有理论上的合理性。Paul（1972，2004）提出机械平衡条件需要膜中的压力均匀，但没有给出数学证明，也没有考虑跳跃线性动量方程。至少有两个探索性实验证明，需要均匀的膜压产生诱导浓度梯度，膜流量浸入纯溶剂中并施加压力梯度。当然，这会产生溶剂通量，但只有用预膨胀复合膜才能观察到浓度分布；如果迅速分离并称量单一膜，则可测量浓度分布。Rosenbaum 和 Cotton（1969）、Paul 和 Ebra-Lima（1971）报告了膨胀膜的这些数据，并考虑实验困难性，看起来可为浓度梯度的存在提供合理证据，他们认为，除非引入膜—流体界面的压力阶跃，否则不存在浓度梯度。

叠层膜实验的成功看起来可以证明第二个模型的有效性。然而，Peterlin（1971）、Peterlin 和 Yasuda（1974）指出，在膜体系中引入压力后，膨胀膜可被压缩，为可压缩性的膜。他们提出这种压实的情况会导致溶剂有明显的浓度梯度。因为膜压实会产生非均相，不能用膨胀膜测试第二个模型。因此，Rosenbaum 和 Cotton（1969）、Paul 和 Ebra-Lima（1971）报道的结果可能没有提供第二个模型有效性的总结性证据。看起来，目前还无法得到无孔膜压力效应的确切解释。

第 13 章　吸附和脱附分析

如 10.5 节中提到的，吸附过程包括吸附/脱附和扩散，其相变为有限程度的区域。该区域是单一流体或聚合物流体的矩形薄层、圆柱形或球形区域。渗透剂形成了有效纯流体相（气相或液相），其可具有有限或无限范围。因为有移动相边界层，体系中扩散系数对浓度场可能有影响，还可能存在非零平均速度，传质问题是非线性的。因此，吸附问题通常要用扰动法、加权残值法或数值法（比如有限差分法）求解。

有很多实际应用涉及流体的吸附，该类型传质问题可通过求解描述吸附过程的传质方程进行分析。正如 10.5 节所述，求解方法可得到组分 A 的浓度场，$\rho_A(\xi, t)$ 和数量 $M_A/M_{A\infty}$，其中 M_A 是组分 A 在时间 t 时进入每单位面积薄层的质量，$M_{A\infty}$ 是吸附平衡时无限时间下的 M_A 值。

吸附过程数学描述不仅必须对很多实际应用进行分析，还要确定发生在有限范围内扩散过程的本质。当压力梯度或温度梯度可忽略或不存在时，二元体系的菲克扩散过程可用质量扩散流量为线性或一阶的本构方程进行描述。因此，弹性菲克扩散和黏性菲克扩散的菲克本构方程简单表示为忽略压力梯度项的方程（4.110）。因此，任何可由方程（4.110）的一项形式描述的扩散过程都可称为菲克扩散过程。非菲克扩散过程可简单地由质量扩散流量的不同本构方程描述。

应用 $M_A/M_{A\infty}$ 对 $t^{1/2}$ 的曲线可很好地帮助确定一个特殊阶跃吸附过程是否可以归为菲克扩散。基于扩散流量的菲克本构方程的阶跃吸附过程，通常可观察到以下行为：

（1）在吸附的初始阶段，$M_A/M_{A\infty}$ 对 $t^{1/2}$ 的曲线为线性。

（2）$M_A/M_{A\infty}$ 对 $t^{1/2}$ 的曲线在线性段以上是关于横轴 $t^{1/2}$ 的凹形曲线。此外，吸附曲线稳定趋近于最终平衡值。

（3）对于组分 A 固定的初始浓度和最终浓度，在制作 $M_A/M_{A\infty}$ 对 $t^{1/2}$ 曲线时，初始薄层厚度 L 所有值的吸附曲线都应该形成单一曲线。

尽管上述 3 个条件是特定吸附实验归类为菲克扩散过程的充分条件，但它们不是必要条件。比如，膜的表面浓度可能不会立即达到与气相中渗透剂压力一致的平衡值（见 6.4 节）。因此，虽然质量传递过程是由菲克本构方程描述的扩散通量，但因为气液相界面的非平衡效应，整体传质问题并没有表现出以上 3 种经典的菲克扩散过程的行为。通常情况下，仅当 Deborah 数足够低或高［以至于方程（4.110）的一项可适用］且反应相界面达到瞬时平衡，聚合物—溶剂体系的吸附实验表现出以上 3 个充分条件表现的经典行为。有些时候，在气液界面有非平衡效应，并且因此产生与以上 3 个条件不一致吸附曲线的吸附实验表现出非菲克行为。因为扩散过程可以是菲克扩散过程，而质量传递过程的另一个方面导致非经典行为，所以这样的分类并不严格准确。

可以定义反常吸附过程为不存在以上 3 个特征的任何吸附过程。所有的非菲克扩散过程都显示反常行为，但一些菲克扩散过程也会展示出与理想菲克行为完全不同的行为。如果以下的一种或多种现象存在，菲克扩散过程会表现出反常行为：（1）界面阻力；（2）压力梯度；（3）非矩形几何结构；（4）移动相界面；（5）非零平均体积速度。

6.4 节讨论了菲克吸附过程界面阻力的影响，7.2 节提出了描述浓度梯度和压力梯度驱动的非稳态扩散过程的偏微分方程，可能为双曲线型而不是抛物线型。S 形吸附曲线用于预测橡胶态聚合物积分吸附的球体几何结构（Rossi 和 Mazich 1993），该反常影响是由球形几何结构、足够高的质量密度和大的移动边界影响相结合造成的（见 13.6 节）。玻璃态聚合物中传质情况 2 是菲克扩散过程，其由于存在平均体积速度，互扩散系数受浓度影响较大，且移动相边界而较为复杂（见 13.5 节）。

在 10.5 节中检验了薄层的吸附，并应用 N_b 作为扰动参数改进扰动法。扰动解法适用于组分 A 浓度变化小的情况，并且 10.5 节得到的解形式对较长时间值特别有效。在 13.1 节中，应用拉普拉斯变换法建立较短时间值下的求解形式。在 13.2 节和 13.3 节中进一步检测了薄层中的吸附。

注意，薄层中的吸附可分为微分吸附（较小浓度变化）或积分吸附（较大浓度变化）。微分吸附的目的是保持最大浓度变化足够小，以至于相体积变化小，微分比体积和互扩散系数基本恒定。因为聚合物—溶剂体系 D 通常表现出非常强的浓度依赖性，对于这类体系进行理想的微分吸附实验很困难。在 13.4 节中考虑了用阶跃吸附实验确定 D，而在 13.7 节中则考虑了应用振荡吸附法。

13.1　薄层吸附的短时间求解形式的推导

薄层中阶跃吸附的零阶扰动问题解法可由拉普拉斯变换法得到，其适用于短时间值。零阶扰动问题可由方程（10.198）至方程（10.201）描述，由该方程组的拉普拉斯变换式得到以下常微分方程和边界条件：

$$\frac{d^2\bar{\rho}_A^0}{d\xi^2} - p\bar{\rho}_A^0 = 0 \tag{13.1}$$

$$\bar{\rho}_A^0(1) - \frac{1}{p} \tag{13.2}$$

$$\left(\frac{d\bar{\rho}_A^0}{d\xi}\right)_{\xi=0} = 0 \tag{13.3}$$

方程组的解可表示为：

$$\bar{\rho}_A^0 = \frac{\cosh q\xi}{p\cosh q} \tag{13.4}$$

其中：

$$q = \sqrt{p} \tag{13.5}$$

可用与 Carslaw 和 Jaeger（1963）一样的方式得到：

$$\bar{\rho}_A^0 = \left[\frac{e^{-q(1-\xi)} + e^{-q(1+\xi)}}{p}\right] \sum_{n=0}^{\infty} (-1)^n e^{-2nq} \tag{13.6}$$

这是基于引入级数展开式：

$$\frac{1}{1 + e^{-2q}} = \sum_{n=0}^{\infty} (-1)^n e^{-2nq} \tag{13.7}$$

倒置方程（13.6），得到以下薄层中零阶浓度场的表达式：

$$\rho_A^0 = \sum_{n=0}^{\infty} (-1)^n \left[\operatorname{erfc}\left(\frac{2n+1-\xi}{2\sqrt{t}}\right) + \operatorname{erfc}\left(\frac{2n+1+\xi}{2\sqrt{t}}\right) \right] \tag{13.8}$$

$(M_A/M_{A\infty})^0$ 的表达式可先由方程（10.203）的拉普拉斯变换式得到：

$$\overline{\left(\frac{M_A}{M_{A\infty}}\right)^0} = \int_0^1 \overline{\rho_A^0} \, \mathrm{d}\xi \tag{13.9}$$

再将方程（13.6）代入方程（13.9），得到：

$$\overline{\left(\frac{M_A}{M_{A\infty}}\right)^0} = \sum_{n=0}^{\infty} \frac{(-1)^n e^{-2nq}}{p^{\frac{3}{2}}} - \sum_{n=0}^{\infty} \frac{(-1)^n e^{-2q(n+1)}}{p^{\frac{3}{2}}} \tag{13.10}$$

处理方程（13.10）得到：

$$\overline{\left(\frac{M_A}{M_{A\infty}}\right)^0} = \frac{1}{p^{\frac{3}{2}}} + 2 \sum_{n=1}^{\infty} \frac{(-1)^n e^{-2qn}}{p^{\frac{3}{2}}} \tag{13.11}$$

其可转化为：

$$\left(\frac{M_A}{M_{A\infty}}\right)^0 = 2t^{\frac{1}{2}} \left[\frac{1}{\sqrt{\pi}} + 2 \sum_{n=1}^{\infty} (-1)^n \operatorname{ierfc}\left(\frac{n}{\sqrt{t}}\right) \right] \tag{13.12}$$

其中：

$$\operatorname{ierfc} w = \int_w^{\infty} \operatorname{erfc} \lambda \, \mathrm{d}\lambda \tag{13.13}$$

由 $t \to 0$ 可知，方程（13.12）可以无量纲形式近似为：

$$\left(\frac{M_A}{M_{A\infty}}\right)^0 = \frac{2t^{\frac{1}{2}}}{\pi^{\frac{1}{2}}} \tag{13.14}$$

13.2 有限体积纯流体吸附进薄层

10.5 节和 13.1 节中分析了薄层吸附过程，这些章节中得到的解对流体相无限大的特殊情况很有效。该情况下，流体相中组分 A 的浓度基本恒定，因此流体—薄层界面组分 A 的浓度也恒定。该分析解法基于以下假设：膜内组分 A 的浓度变化足够小，使得互扩散系数 D 基本恒定，并且可由体积扰动法分析边界移动。薄膜中的吸附分析可扩展到薄膜周围存在有限体积流体的情况。该情况下的吸附过程中，随着流体进入薄层，外部流体的浓度减小，流体—薄层界面处组分 A 的浓度随时间减小。

本节应用 10.5 节和 13.1 节中引入的大部分相同假设，分析了有限体积纯流体吸附进入薄层的过程；同时假设开始时的薄膜不包含任意的组分 A。必须用流体相组分 A 的质量平衡确定纯外部流体组分 A 的质量密度。Carslaw 和 Jaeger（1959）、Crank（1975）提出了该类薄层问题的解法。另外，Truskey 等（2009）用拉普拉斯变换法获得了扩散进球体的解。Crank（1975）提出应用拉普拉斯变换法最容易求解这类问题。虽然可以用拉普拉斯变换得到解，也可能要用变量分离法，该方法会得到包括其中一个边界条件特征值的 Sturm-Liouville 问题。本节的目的是阐明变量分离法，其优势是不需要计算在复杂平面上的倒置积分。

有限体积外部相的吸附过程用在 $0 \leqslant x \leqslant X(t)$ 区域的方程组进行描述：

$$\frac{\partial \rho_A}{\partial t} = D \frac{\partial^2 \rho_A}{\partial x^2} \tag{13.15}$$

$$\rho_A(x, 0) = K\rho_{Af}(0)H(x - L) \tag{13.16}$$

$$\frac{\partial \rho_A}{\partial x} = 0, \qquad x = 0, \qquad t \geqslant 0 \tag{13.17}$$

$$X(0) = L \tag{13.18}$$

$$\frac{\mathrm{d}X}{\mathrm{d}t} = \frac{D\left(\frac{\partial \rho_A}{\partial x}\right)_{x=X(t)}}{\frac{1}{\hat{V}_A} - \rho_A[x = X(t)]} \tag{13.19}$$

$$\frac{V_f}{K}\left(\frac{\partial \rho_A}{\partial t}\right)_{x=X(t)} = -DA\left(\frac{\partial \rho_A}{\partial x}\right)_{x=X(t)} \tag{13.20}$$

可用流体相组分 A 的质量平衡得到方程（13.20）表示的边界条件。因为推导出的零阶扰动法不需要相边界移动，所以方程（13.20）不包括相边界的移动。K 是分配系数，它关联流体—薄层界面处的质量密度 ρ_A 和流体相中组分 A 的质量密度 ρ_{Af}：

$$\rho_A[X(t), t] = K\rho_{Af}(t) \tag{13.21}$$

并且，$\rho_{Af}(0)$ 是初始流体相浓度，V_f 是流体相体积，A 是薄层面积，$H(x-L)$ 是阶跃函数，定义为：

$$H(x - L) = \begin{cases} 0, & x < L \\ 1, & x \geqslant L \end{cases} \tag{13.22}$$

假设 V_f 实际上是恒定的。因为边界条件均一且具有非零 Dirichlet 初始条件，所以上述方程组表示 PIC 问题。

此传质过程的方程可通过引入以下无量纲变量写成无量纲形式：

$$\rho_A^* = \frac{\rho_A}{K\rho_{Af}(0)}, \qquad \rho_{Af}^* = \frac{\rho_{Af}}{\rho_{Af}(0)} \tag{13.23}$$

$$x^* = \frac{x}{L}, \quad X^* = \frac{X}{L}, \quad t^* = \frac{Dt}{L^2}, \quad \xi = \frac{x^*}{X^*} \tag{13.24}$$

方程转化为无量纲形式后，应用 10.5 节中类似的扰动法进行分析，如下方程组可用来推导该传递问题的零阶扰动解（为了方便，忽略星号）：

$$\frac{\partial \rho_A^0}{\partial t} = \frac{\partial^2 \rho_A^0}{\partial \xi^2} \tag{13.25}$$

$$\rho_A^0(\xi, 0) = H(\xi - 1) \tag{13.26}$$

$$\left(\frac{\partial \rho_A^0}{\partial \xi} \right)_{\xi = 0} = 0 \tag{13.27}$$

$$\beta \left(\frac{\partial \rho_A^0}{\partial t} \right)_{\xi = 1} = - \left(\frac{\partial \rho_A^0}{\partial \xi} \right)_{\xi = 1} \tag{13.28}$$

$$\beta = \frac{V_f}{KLA} \tag{13.29}$$

$$\left(\frac{M_A}{M_{A\infty}} \right)^0 = \frac{\int_0^1 \rho_A^0 \, \mathrm{d}\xi}{\int_0^1 \rho_{A\infty}^0 \, \mathrm{d}\xi} \tag{13.30}$$

其中，$\rho_{A\infty}^0$ 是无限时间下均一质量密度分布。如果方程（13.28）用等价结果代替，可方便求解：

$$\beta \left(\frac{\partial^2 \rho_A^0}{\partial \xi^2} \right)_{\xi = 1} = - \left(\frac{\partial \rho_A^0}{\partial \xi} \right)_{\xi = 1} \tag{13.31}$$

将解的形式

$$\rho_A^0(\xi, t) = Y(\xi) T(t) \tag{13.32}$$

代入方程（13.25）、方程（13.27）和方程（13.31）得到以下 Sturm-Liouville 问题：

$$\frac{\mathrm{d}^2 Y}{\mathrm{d}\xi^2} + \lambda Y = 0 \tag{13.33}$$

$$\left(\frac{\mathrm{d}Y}{\mathrm{d}\xi} \right)_{\xi = 0} = 0 \tag{13.34}$$

$$\left(\frac{\mathrm{d}Y}{\mathrm{d}\xi} \right)_{\xi = 1} = \beta \lambda Y(\xi = 1) \tag{13.35}$$

与时间相关的一阶方程可简单表示为：

$$\frac{\mathrm{d}T}{\mathrm{d}t} + \lambda T = 0 \tag{13.36}$$

注意，特征值 λ 出现在 $Y(\xi)$ 的其中一个边界条件中。

很容易看出：

$$Y_n = C_n\cos\alpha_n\xi \tag{13.37}$$

$$-\beta\alpha_n = \tan\alpha_n \tag{13.38}$$

$$\alpha_n = \sqrt{\lambda_n} \tag{13.39}$$

$$T_n = E_n e^{-\alpha_n^2 t} \tag{13.40}$$

因为 $\alpha_0 = 0$ 是该问题的一个特征值，所以问题的解可表示为：

$$\rho_A^0(\xi,\ t) = A_0 + \sum_{n=1}^{\infty} A_n\cos\alpha_n\xi e^{-\alpha_n^2 t} \tag{13.41}$$

对于 $n \geqslant 1$，如果特征值为实数，则 α_n 是方程（13.38）的正根。

必须选择 A_n 以满足初始条件。结合方程（13.26）和方程（13.41）得到：

$$\rho_A^0(\xi,\ 0) = H(\xi - 1) = \sum_{n=0}^{\infty} A_n\cos\alpha_n\xi \tag{13.42}$$

可用合适正交条件确定 A_n。为获得这样的条件，考虑方程（13.33）的以下两种形式：

$$\frac{\mathrm{d}^2 Y_m}{\mathrm{d}\xi^2} + \lambda_m Y_m = 0 \tag{13.43}$$

$$\frac{\mathrm{d}^2 Y_n}{\mathrm{d}\xi^2} + \lambda_n Y_n = 0 \tag{13.44}$$

用 Y_n 乘方程（13.43），再从 $\xi = 0$ 到 $\xi = 1$ 应用分部积分并引入方程（13.334）和方程（13.35）的两个边界条件。类似地，用 Y_m 乘方程（13.44），并如上积分。两个方程相减得到：

$$(\lambda_m - \lambda_n)\left[\int_0^1 Y_m Y_n \mathrm{d}\xi + \beta Y_m(1)Y_n(1)\right] = 0 \tag{13.45}$$

如果 $Y_m = \overline{Y}_n$，$\lambda_m = \overline{\lambda}_n$（上横杠表示复杂共轭），则方程（13.45）可改写作：

$$(\overline{\lambda}_n - \lambda_n)\left[\int_0^1 \overline{Y}_n Y_n \mathrm{d}\xi + \beta \overline{Y}_n(1)Y_n(1)\right] = 0 \tag{13.46}$$

如果括号项为正，则其符合

$$\overline{\lambda}_n - \lambda_n = 0 \tag{13.47}$$

因此，所有特征值为实数。如果认为 λ_m 和 λ_n 是对应于特征函数 Y_m 和 Y_n 的两个不同的实数特征值，由方程（13.45）可知，对于 $m \neq n$ 有

$$\int_0^1 Y_m Y_n \mathrm{d}\xi + \beta Y_m(1)Y_n(1) = 0 \tag{13.48}$$

认为方程（13.48）是方程（7.63）扩展的正交关系式，而方程（7.63）是自轭 Sturm-Liouville 体系的正交结果。由于该问题的 Sturm-Liouville 体系不是自轭的，正交结果与方程（7.63）的形式不同。

由方程（13.42）可以导出以下两个结果：

$$\int_0^1 H(\xi - 1) Y_m \mathrm{d}\xi = \sum_{n=0}^{\infty} \int_0^1 A_n Y_n Y_m \mathrm{d}\xi \tag{13.49}$$

$$\beta Y_m(1) H(0) = \sum_{n=0}^{\infty} \beta A_n Y_n(1) Y_m(1) \tag{13.50}$$

其中 $H(0) = 1$，$Y_n = \cos\alpha_n\xi$。方程（13.49）和方程（13.50）相加得到：

$$\beta Y_m(1) + \int_0^1 Y_m H(\xi - 1) \mathrm{d}\xi = \sum_{n=0}^{\infty} A_n \left[\beta Y_n(1) Y_m(1) + \int_0^1 Y_m Y_n \mathrm{d}\xi \right] \tag{13.51}$$

利用方程（13.48）和事实

$$\int_0^1 Y_m H(\xi - 1) \mathrm{d}\xi = 0 \tag{13.52}$$

得到 A_m 的表达式如下：

$$A_m = \frac{\beta Y_m(1)}{\beta Y_m^2(1) + \int_0^1 Y_m^2 \mathrm{d}\xi} \tag{13.53}$$

由方程（13.53）可以看出：

$$A_0 = \frac{\beta}{1 + \beta} \tag{13.54}$$

$$A_m = \frac{2\beta}{\cos\alpha_m(1 + \beta + \beta^2\alpha_m^2)}, \quad m \geq 1 \tag{13.55}$$

浓度场的零阶结果可表示为：

$$\rho_A^0(\xi, t) = \frac{\beta}{1 + \beta} + \sum_{n=1}^{\infty} \frac{2\beta\cos\alpha_n\xi\, \mathrm{e}^{-\alpha_n^2 t}}{\cos\alpha_n(1 + \beta + \beta^2\alpha_n^2)} \tag{13.56}$$

既然

$$\rho_{A\infty}^0 = \frac{\beta}{1 + \beta} \tag{13.57}$$

由该结果和方程（13.30）有：

$$\left(\frac{M_A}{M_{A\infty}}\right)^0 = 1 - \sum_{n=0}^{\infty} \frac{2\beta(1 + \beta)\mathrm{e}^{-\alpha_n^2 t}}{1 + \beta + \beta^2\alpha_n^2} \tag{13.58}$$

方程（13.58）与 Crank（1975）发现的相同。对于此问题，变量分离法的主要困难是 Sturm-Liouville 体系不是自轭的，但可以用以上扩展正交条件如前所做的那样解决该困难。

13.3 薄层吸附的通用分析

在对薄矩形层内吸附进行的通用分析中，控制方程的以下 3 个方面会造成传递问题呈非线性：

（1）受浓度影响的二元互扩散系数。

（2）相边界移动。

（3）体系平均速度的非零值。

对于 10.5 节和 13.1 节分析的吸附问题，考虑微小的浓度变化，由此 D 才基本恒定，且可用体积扰动方案描述相边界移动。并且，因为微分比体积基本恒定，平均体积速度为 0。

本节中提出的分析方法用于求解浓度或小或大变化的吸附问题。对于此通用问题，必须考虑所有的 3 个非线性行为来源，但在用所述方法分析时，相边界的移动和非 0 的平均速度不会加大求解过程的难度。通用吸附问题可如下定性：

（1）组分 A 的纯流体相传递进入二元组分 A 和 B 的流体相中。

（2）x 方向上有一维扩散，所以 $\rho_A = \rho_A(x, t)$。薄层从 $x = 0$ 固体壁延伸到流体—薄层界面 $x = X(t)$ 处。在 $x = 0$ 处，速度处处为 0。

（3）吸附过程为等温过程，没有化学反应，扩散驱动的流动产生微小的压力变化，对薄层密度的影响可以忽略。

（4）在 $t = 0$ 时，液膜经历渗透剂浓度的阶跃变化，假设渗透剂瞬时在膜表面达到其平衡浓度，并在吸附过程中保持该浓度。

（5）扩散 Deborah 数很低，所以扩散过程发生在纯黏性流体混合物中。因此，膜内的扩散是经典黏性菲克扩散过程，具有依赖于浓度的二元互扩散系数。

（6）流体—薄膜界面处组分 A 的平衡质量密度为 ρ_{AE}。薄膜中组分 A 的初始均匀质量密度为 ρ_{A0}，初始薄膜厚度为 L。

（7）纯黏性液体薄膜有 3 种可能的体积行为类型：密度可能与浓度无关；微分比体积可能与浓度无关；微分比体积可能与浓度有关，使得二元混合物在混合时经历体积变化。对于 ρ 恒定的情况，

$$\frac{\partial v_x}{\partial x} = 0 \tag{13.59}$$

且薄层处各处 $v_x = 0$。对于恒定 $\hat{V}_A$ 和 $\hat{V}_B$：

$$\frac{\partial v_x^V}{\partial x} = 0 \tag{13.60}$$

且薄层处各处 $v_x^V = 0$。当 $\hat{V}_A$ 和 $\hat{V}_B$ 取决于浓度时，遵循方程（9.101）有：

$$\frac{\partial v_x}{\partial x} = -\frac{1}{\rho^2} \frac{\mathrm{d}\rho}{\mathrm{d}w_A} \frac{\partial}{\partial x}\left(\rho D \frac{\partial w_A}{\partial x}\right) \tag{13.61}$$

因此

$$v_x = - \int_0^x \frac{1}{\rho^2} \frac{\mathrm{d}\rho}{\mathrm{d}w_A} \frac{\partial}{\partial x'} \left(\rho D \frac{\partial w_A}{\partial x'} \right) \mathrm{d}x' \tag{13.62}$$

通用吸附过程可用方程（4.143）的一维形式描述：

$$\rho \left(\frac{\partial w_A}{\partial t} + v_x \frac{\partial w_A}{\partial t} \right) = \frac{\partial}{\partial x} \left(\rho D \frac{\partial w_A}{\partial x} \right) \tag{13.63}$$

$\rho = \rho(w_A)$ 时，由方程（13.62）可得 v_x。该问题边界条件为：

$$w_A(x, 0) = w_{A0} \tag{13.64}$$

$$w_A[X(t), t] = w_{AE} \tag{13.65}$$

$$\frac{\partial w_A}{\partial x}(0, t) = 0 \tag{13.66}$$

相边界的移动可用方程（13.67）和方程（13.68）描述：

$$\frac{\mathrm{d}X}{\mathrm{d}t} = v_x[x = X(t)] + \frac{\left(D \frac{\partial w_A}{\partial x} \right)_{x = X(t)}}{1 - w_{AE}} \tag{13.67}$$

$$X(0) = L \tag{13.68}$$

方程（13.62）至方程（13.68）是一组非线性方程，可用合适的数值法求解得到组分 A 的质量分数分布和质量拾取。依赖于浓度的 D 使得方程（13.63）右侧扩散项变为非线性，而由于在方程（13.62）中显示 v_x 对 w_A 的非线性相关性，因此左侧对流项也是非线性的。方程（13.65）和方程（13.67）描述的边界移动引入了非线性行为的第三种来源。边界可以固定，但该过程只是将这种非线性转移到方程（13.63）的左侧 [比如，将方程（10.178）和方程（10.182）与方程（10.191）和方程（10.193）比较]。虽然方程（13.62）至方程（13.68）可进行数值求解，但更容易求解包含具有浓度依赖性的 D 的分子扩散，没有对流项，没有移动边界的方程组。

为建立此可替代的方法，考虑组分 A 和组分 B 的物质连续性方程：

$$\frac{\partial \rho_A}{\partial t} + \frac{\partial (\rho_A v_A)}{\partial x} = 0 \tag{13.69}$$

$$\frac{\partial \rho_B}{\partial t} + \frac{\partial (\rho_B v_B)}{\partial x} = 0 \tag{13.70}$$

组分 A 的流量关系：

$$\rho_A v_A = \rho_A v_B + j_A^B \tag{13.71}$$

结合方程（13.69）和方程（13.71），并引入新的浓度变量

$$q_A = \frac{\rho_A}{\rho_B \hat{V}_B^0} \tag{13.72}$$

得到：

$$\rho_B \hat{V}_B^0 \frac{\partial q_A}{\partial t} + \rho_B \hat{V}_B^0 v_B \frac{\partial q_A}{\partial x} + q_A \hat{V}_B^0 \left[\frac{\partial \rho_B}{\partial t} + \frac{\partial (\rho_B v_B)}{\partial x} \right] + \frac{\partial j_A^B}{\partial x} = 0 \tag{13.73}$$

方程（13.73）可结合方程（13.70）得到：

$$\frac{\partial q_A}{\partial t} + v_B \frac{\partial q_A}{\partial x} + \frac{1}{\rho_B \hat{V}_B^0} \frac{\partial j_A^B}{\partial x} = 0 \tag{13.74}$$

式中，$\hat{V}_B^0$ 是组分 B 在 ρ_{A0} 时的微分比体积。

新的长度变量可定义为：

$$\xi(x, t) = \int_0^x \hat{V}_B^0 \rho_B(x', t) \mathrm{d}x' \tag{13.75}$$

所以

$$\left(\frac{\partial \xi}{\partial t} \right)_x = \int_0^x \hat{V}_B^0 \frac{\partial \rho_B}{\partial t} \mathrm{d}x' = - \int_0^x \hat{V}_B^0 \frac{\partial (\rho_B v_B)}{\partial x'} \mathrm{d}x' = - \hat{V}_B^0 \rho_B v_B \tag{13.76}$$

且

$$\left(\frac{\partial \xi}{\partial x} \right)_t = \hat{V}_B^0 \rho_B(x, t) \tag{13.77}$$

因此，对于任意因变量 H，

$$\left(\frac{\partial H}{\partial t} \right)_x = \left(\frac{\partial H}{\partial t} \right)_\xi - \hat{V}_B^0 \rho_B v_B \left(\frac{\partial H}{\partial \xi} \right)_t \tag{13.78}$$

$$\left(\frac{\partial H}{\partial x} \right)_t = \rho_B \hat{V}_B^0 \left(\frac{\partial H}{\partial \xi} \right)_t \tag{13.79}$$

且方程（13.74）可因此转化成如下形式：

$$\left(\frac{\partial q_A}{\partial t} \right)_\xi = - \left(\frac{\partial j_A^B}{\partial \xi} \right)_t \tag{13.80}$$

根据方程（4.155）有

$$j_A^B = - \frac{\rho D}{w_B} \frac{\partial w_A}{\partial x} \tag{13.81}$$

如果

$$w_A = \frac{q_A \hat{V}_B^0}{1 + q_A \hat{V}_B^0} \tag{13.82}$$

$$w_B = \frac{1}{1 + q_A \hat{V}_B^0} \tag{13.83}$$

则通过方程（13.81）至方程（13.83）可将方程（13.80）转化为：

$$\left(\frac{\partial q_A}{\partial t}\right)_\xi = \frac{\partial}{\partial \xi}\left[F(q_A)\frac{\partial q_A}{\partial \xi}\right] \tag{13.84}$$

其中：

$$F(q_A) = D(w_A)\rho_B^2(\hat{V}_B^0)^2 \tag{13.85}$$

由方程（13.82）和方程（13.86）可明显看出，函数 F 可仅表示为 q_A 的函数。

$$D(w_A)\rho_B^2(\hat{V}_B^0)^2 = \frac{(1-w_A)^2(\hat{V}_B^0)^2 D(w_A)}{\left[w_A\hat{V}_A(w_A) + (1-w_A)\hat{V}_B(w_A)\right]^2} \tag{13.86}$$

用于求解抛物线型非线性偏微分方程（13.84）的以下边界条件，可通过应用方程（13.82）从方程（13.64）至方程（13.66）推导得出：

$$q_A(\xi, 0) = q_{A0} \tag{13.87}$$

$$q_A(\xi_L, t) = q_{AE} \tag{13.88}$$

$$\left(\frac{\partial q_A}{\partial \xi}\right)_{\xi=0} = 0 \tag{13.89}$$

注意，ξ_L 被定义为：

$$\xi_L[X(t), t] = \int_0^{X(t)} \hat{V}_B^0 \rho_B(x, t)\mathrm{d}x \tag{13.90}$$

ξ_L 是常数，这是因为薄膜内组分 B 的质量不变。并且，因为组分 B 的初始质量密度为 ρ_{B0}，所以有

$$\xi_L = \int_0^L \hat{V}_B^0 \rho_{B0}\mathrm{d}x = \hat{V}_B^0 \rho_{B0}L \tag{13.91}$$

组分 A 的质量拾取为：

$$M_A = \int_0^{X(t)} \rho_A \mathrm{d}x - \int_0^L \rho_{A0}\mathrm{d}x \tag{13.92}$$

其也可写作：

$$M_A = \int_0^{\xi_L}(q_A - q_{A0})\mathrm{d}\xi \tag{13.93}$$

明显有

$$(M_{A\infty}) = \xi_L(q_{AE} - q_{A0}) \tag{13.94}$$

并且也明显看出，可由方程（13.95）计算出最终薄膜的厚度：

$$X(\infty) = \frac{\rho_{B0}L}{\rho_{BE}} \tag{13.95}$$

吸附问题的浓度场可用合适数值法求解满足于方程（13.87）至方程（13.89）的方程（13.83）进行确定。

因为变量的改变已经消除了移动边界和非零平均速度造成的对流项的影响，所以吸附

问题的修正形式具有简单的非稳定分子扩散问题形式。由偏微分方程的解得出 $q_A(\xi, t)$ 和 M_A，并且可以将此信息转换为 $w_A(x, t)$ 或 $\rho_A(x, t)$。可直接考虑方程（13.84）的偏微分方程形式的数值解。方程（13.84）可用于从未假定扩散系数—浓度关系形式的单吸附实验得到依赖于浓度的互扩散系数（Duda 和 Vrentas，1971c）。该方法的缺点是需要利用数据分析中的数值微分。

13.4　阶跃吸附实验的分析

阶跃吸附实验可能是最常用的测量聚合物—溶剂体系扩散系数的方法。与特定溶剂蒸气压平衡的聚合物样品暴露在一个阶跃变化的蒸气压中，可测定被聚合物膜吸附或脱附的渗透剂的量作为时间的函数。可以通过直接称量聚合物样品并遵循此方法得到新平衡态。吸附实验的分析基于吸附曲线，即逼近最终平衡态的分数作为对时间的平方根的函数作图。

如果实验的溶剂浓度变化足够小，那么混合时热效应和体积变化、相体积变化应该很小，扩散系数基本与溶剂浓度无关。对于此情况，吸附曲线的短时间行为可用 13.1 节中由方程（13.14）描述的短时间分步逼近最终平衡态的分析确定，方程（13.14）用无量纲时间写作：

$$\left(\frac{M_A}{M_{A\infty}}\right)^0 = \frac{2}{L}\sqrt{\frac{Dt}{\pi}} \tag{13.96}$$

明显可以看出，可通过测量 $(M_A/M_{A\infty})_0$ 对 t 曲线的初始斜率确定 D。以上方程对于仅一侧暴露于蒸气中的聚合物—溶剂液相有效。

对于聚合物—溶剂体系，互扩散系数通常与浓度强烈相关。因此，在足够小的浓度区间内进行吸附实验很重要。对于一些聚合物—溶剂体系，因为最小化变量 D 需要的合适浓度区间可能很小，很难得到准确的吸附曲线。在此情况下，必须使用浓度区间进行吸附实验，在该浓度区间内必须考虑扩散性的浓度依赖性。因此，必须开发可行的方法分析这类实验，由此可以得到 D 的有意义信息。Vrentas 等（1977）提出了一系列可能的方法。由于所有方法都从每个吸附曲线中提取一条信息，必须用一系列差分吸附实验确定 D 在宽浓度范围内的浓度依赖性。

本节提出通过单吸附实验在特定溶剂浓度下获得 D 值的方法。提出的方法从单吸附曲线初始梯度导出平均扩散系数 $\bar{D}$，并假设指数扩散系数—浓度关系有效。吸附实验的浓度间隔必须足够小，以便可以很好地用指数表达式表示扩散系数—浓度关系，但若浓度区间足够大，可以获得准确的吸附数据。虽然用方程（13.96）可直接确定 $\bar{D}$，但还必须在特定溶剂浓度下将计算的 $\bar{D}$ 与真实互扩散系数 D 等同。扩散系数 D 具有以下假定的浓度依赖性：

$$D(\rho_A^*) = D(0)\exp(k\rho_A^*) \tag{13.97}$$

其中，无量纲溶剂质量密度 ρ_A^* 可定义为：

$$\rho_A^* = \frac{\rho_A - \rho_{A0}}{\rho_{AE} - \rho_{A0}} \tag{13.98}$$

其中，ρ_{A0}是吸附实验溶剂的初始质量密度；ρ_{AE}是溶剂的平衡质量密度。并且，$D(0)$是溶剂初始质量密度（$\rho_A = \rho_{A0}$，$\rho_A^* = 0$）下的扩散系数，k是可为0、正数或负数的无量纲常数。另外，$D(1)$表示聚合物层表面（$\rho_A = \rho_{AE}$，$\rho_A^* = 1$）的互扩散系数。

Vrentas 等（1977）描述了用值确定在特定 ρ_A^* 情况下 D 值的方法。在 $D(1)/D(0)$ 宽范围内，显示 $\overline{D}$ 与初始质量密度和最终质量密度之间某处溶剂质量密度下的互扩散系数等同，其中 $\overline{D}$ 值是从吸附实验中得到的。对于正的 k 值，在 $\rho_A^* = 0.7$ 情况下，$D(1)/D(0)$ 范围在 1~20 之间（误差小于 5%）时，$\overline{D}$ 提供极好的 D 近似值。对于负的 k 值，在 $\rho_A^* = 0.56$，$D(1)/D(0)$ 范围在 0.1~1 之间（误差小于 5%）时，$\overline{D}$ 可用来近似 D 值。对于特定吸附实验，可通过 $(M_A/M_{A\infty})^0$ 对 $\sqrt{t}$ 曲线的线性范围确定 k 的符号。$(M_A/M_{A\infty})^0$ 值在线性范围的末段作为 $D(1)/D(0)$ 的函数显示在图 13.1 中（Vrentas 等，1977）。对于给定的聚合物—溶剂体系的特定实验，通常 k 的符号已知，没必要使用图 13.1。

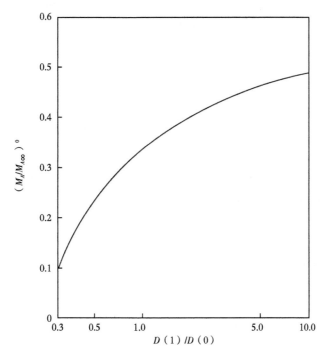

图 13.1　在线性范围的终段，$(M_A/M_{A\infty})^0$ 值是 $D(1)/D(0)$ 的函数

上述通过分析阶跃变化吸附实验而确定特定 ρ_A^* 下单一 D 值的方法，可总结如下：

（1）用阶跃变化吸附实验得到$(M_A/M_{A\infty})^0$ 对$\sqrt{t}$ 的数据。利用不大于获得准确吸附数据所需的浓度区间进行实验。

（2）由$(M_A/M_{A\infty})^0$ 对$\sqrt{t}$曲线的初始斜率，应用方程（13.96）得到平均互扩散系数 D。

（3）如果必要，应用图 13.1 和$(M_A/M_{A\infty})^0$ 对$\sqrt{t}$ 的曲线确定 k 是否为正、负或零；如

果 $D(1)/D(0)>1$，则 $k>0$；如果 $D(1)/D(0)<1$，则 $k<0$；如果 $D(1)/D(0)=1$，则 $k=0$。

（4）对于 $k>0$，$D(\rho_A^*=0.7)=\overline{D}$；对于 $k<0$，$D(\rho_A^*=0.56)=\overline{D}$；对于 $k=0$，且 $0\leqslant\rho^*\leqslant1$，$D=\overline{D}$。

13.5 玻璃态聚合物的积分吸附

对于玻璃态聚合物—溶剂体系的微分吸附，如果吸附过程在较小渗透剂浓度情况下进行，且温度明显低于纯聚合物玻璃态转变温度，则扩散 Deborah 数将会较大。在这类情况下，应该是弹性扩散过程，可用菲克本构方程描述。正如 6.4 节中提及的，氧气和甲醇的玻璃态吸附曲线表现出菲克行为。虽然溶剂苯和甲基乙基酮的吸附曲线确实是异常的，但是 6.4 节中讨论出这些扩散过程确实是菲克扩散过程，且吸附曲线的异常本质是相边界低流速造成的界面阻力的结果。

聚合物—溶剂体系的积分吸附实验已经观察到更复杂的行为。虽然如 13.6 节中讨论的，预测橡胶态球体吸附过程有异常吸附曲线，对于橡胶态聚合物矩形薄层，但是其初始质量增量和时间平方根之间呈现线性关系。然而，玻璃态聚合物层的积分吸附实验表明，初始质量增量和时间之间通常存在线性关系。这种明显的异常扩散过程称为情况Ⅱ扩散或情况Ⅱ传递。

虽然观察到的玻璃态聚合物积分吸附的异常行为通常归因于弛豫控制的传递过程，但可以证明该行为可通过具有体积平均速度非零，D 与浓度强烈相关，还有移动边界的菲克扩散过程进行描述。对于典型积分吸附实验，干燥的玻璃态聚合物样品突然暴露于溶剂的蒸气相或液体溶剂本身。当聚合物膜暴露于液体溶剂时，重要的是确定其存在真实吸附过程（两个互不相溶液相），而不是溶解过程（单一液相）。考虑两组实验观察结果，有利于玻璃态聚合物中溶剂的积分吸附传质问题的分析。一组可用于帮助构建并求解传递模型，另一组可用于检验提出的理论模型的预测。以下实验观察结果可用于推导描述玻璃态聚合物中积分吸附的解：

（1）Thomas 和 Windlc（1980）的实验表明，即使当整个聚合物—溶剂薄膜保持玻璃态（实验温度低于聚合物—溶剂混合物最低玻璃态转变温度）时，也会发生情况Ⅱ行为。这类情况下整个聚合物层的扩散 Deborah 数应该很大，可基于弹性菲克扩散过程的假设进行传质分析。

（2）分析传质过程时，传递模型中必须包含运动相界。然而，情况Ⅱ扩散的出现不需要膜厚度的较大变化，因此，假设薄层厚度存在相对较小的变化。

（3）似乎有证据表明表面非平衡效应和情况Ⅱ吸附是不同的问题，即使当相边界处存在溶剂平衡时，情况Ⅱ吸附也发生。因此，可再假设在积分吸附过程中可能存在相平衡。

（4）Thomas 和 Windle（1978，1980，1982）报道了玻璃态甲醇—聚甲基丙烯酸甲酯体系的积分液体吸附的浓度分布。这些分布包括了明显的边界，其将渗透剂浓度基本为 0 的内核与渗透剂浓度基本均一的外部区域分开。当然，在传递分析中不需要该观察结果，但其对推导问题的解很有用。由于该非线性问题可用加权残值法求解，因此应用与观察到行为一致的浓度试函数是有利的。

Vrentas 和 Vrentas（1998c）介绍了更多该组实验观察结果的细节。

第二组实验观察结果可用于检查此处考虑的拟构建理论的预测。Vrentas 和 Vrentas（1998c）列举了 10 个实验观察结果，以下是 3 个最重要的结果：

（1）Thomas 和 Windle（1978）报道了情况 Ⅱ 传递相关的数据，表明质量增加和明显边界位置均随时间线性增加。

（2）通常，许多蒸气吸附增重对时间曲线在 $t=0$ 处开始呈现线性。然而，Jacques 等（1974）报道的吸附数据显示，存在初始的快速渗透剂摄取，其本质上看起来是菲克扩散。然而，初始菲克扩散区域之后增重呈时间线性变化。

（3）吸附过程被定性为情况 Ⅱ 传递的条件下，有证据表明脱附过程实际上为菲克过程（Hopfenberg 等，1969；Holley 等，1970；Baird 等，1971；Jacques 等，1973）。因此，看起来可以忽略脱附过程的异常效应，当然其可简单表示为异常吸附过程的倒置。

描述玻璃态聚合物中积分吸附的方程是基于 13.3 节中提到的对纯黏性液体薄膜中扩散的相同假设和限制，具有以下变化：

（1）由于玻璃态聚合物—溶剂体系的扩散 Deborah 数高，因此扩散过程是弹性菲克扩散过程。假设聚合物—溶剂体系总是处于玻璃态。

（2）玻璃态聚合物—溶剂体系的微分比体积取决于浓度，这是因为在聚合物基质中会发生结构重排。玻璃态聚合物—稀释剂混合物的比体积取决于分子结构、温度、压力和组成，应用 5.5 节和 6.1 节中介绍的方法可得到以下结果：

$$\hat{V} = w_1\hat{V}_1^0 + w_2\hat{V}_2^0[1 + k_1(\alpha_{2g} - \alpha_2)(T - T_{g2} + \bar{A}w_1)] \tag{13.99}$$

溶剂是组分 1，聚合物是组分 2。方程（13.99）描述了吸附和脱附实验，其结合了 $\hat{V}_2^0(T_{g2})$ 代替 $\hat{V}_2^0(T)$ 且包含无量纲参数 k_1 的方程（6.2）和方程（6.3）。对于 $k_1=1$ 的吸附，Vrentas 和 Vrentas（1996）给出了 k_1 的脱附表达式。$\hat{V}_2^0$ 是纯聚合物的平衡比体积，$\hat{V}_1^0$ 是纯溶剂的比体积，其并不等于混合物中溶剂微分比体积 $\hat{V}_1$。

（3）因为加入的渗透剂量相对较小且薄膜厚度变化相对较小，描述传递问题的方程组可简化。

该传质问题的物质连续性方程可写作：

$$\frac{\partial\rho_1}{\partial t} + \frac{\partial(\rho_1 v^v)}{\partial x} = \frac{\partial}{\partial x}\left(D\frac{\partial\rho_1}{\partial x}\right) \tag{13.100}$$

以下边界条件描述了具有平衡浓度 ρ_{1E} 的溶剂吸附进干燥聚合物薄膜的过程，聚合物薄膜范围从 $x=0$ 扩展到 $x=L(t)$：

$$\frac{\partial\rho_1}{\partial x} = 0, \quad x=0 \tag{13.101}$$

$$\rho_1(x, 0) = 0 \tag{13.102}$$

$$\rho_1[L(t), t] = \rho_{1E} \tag{13.103}$$

$$L(0) = L_0 \qquad (13.104)$$

式中，$L(t)$ 是聚合物层瞬时厚度；L_0 是初始厚度。

相关脱附过程涉及具有初始浓度为 ρ_{1E} 的溶剂用不含溶剂的外部流体脱除。脱附过程的边界条件为方程（13.101）以及方程（13.105）和方程（13.106）。

$$\rho_1(x, 0) = \rho_{1E} \qquad (13.105)$$

$$\rho_1[L(t), t] = 0 \qquad (13.106)$$

最终，聚合物的跳跃质量平衡可用于推导以下常微分方程，其描述了吸附和脱附过程的边界运动：

$$\frac{dL}{dt} = v^{\mathrm{V}} + \frac{D\hat{V}_1}{1 - \hat{V}_1\rho_1}\frac{\partial \rho_1}{\partial x}, \qquad x = L(t) \qquad (13.107)$$

方程（13.104）给出了方程（13.107）的初始条件。

由方程（13.99）容易看出，聚合物—溶剂体系的微分比体积取决于浓度，所以方程（13.108）当然不适用。

$$\nabla \cdot v^{\mathrm{V}} = 0 \qquad (13.108)$$

然而，可以应用方程（2.80）。该方程的一维形式为：

$$\frac{\partial v^{\mathrm{V}}}{\partial x} = -\frac{D}{\rho_2 \hat{V}_2}\frac{\partial \rho_1}{\partial x}\frac{\partial \hat{V}_1}{\partial x} \qquad (13.109)$$

如果引入方程（2.30）和方程（2.36），方程（13.109）可改写作：

$$\frac{\partial v^{\mathrm{V}}}{\partial x} = -\frac{D}{\rho^3 \hat{V}_2^2}\left(\frac{\partial \rho_1}{\partial x}\right)^2 \frac{\partial^2 \hat{V}}{\partial w_1^2} \qquad (13.110)$$

最终，将方程（13.99）代入方程（13.110）中，得到微分方程·

$$\frac{\partial v^{\mathrm{V}}}{\partial x} = -\frac{2\bar{A}D\hat{V}_2^0 k_1(\alpha_2 - \alpha_{2g})}{\rho^3 \hat{V}_2^2}\left(\frac{\partial \rho_1}{\partial x}\right)^2 \qquad (13.111)$$

根据施加在固体壁上以下边界条件求解该微分方程：

$$v^{\mathrm{V}}(0, t) = 0 \qquad (13.112)$$

上述方程组可引入无量纲变量，提出一个无量纲问题并固定移动边界：

$$C(\text{sorption}) = \frac{\rho_1}{\rho_{1E}}, \quad C(\text{desorption}) = 1 - \frac{\rho_1}{\rho_{1E}} \qquad (13.113)$$

$$\eta = \frac{x}{L}, \qquad \tau = \frac{D_{\mathrm{S}}t}{L_0^2} \qquad (13.114)$$

$$X = \frac{L}{L_0}, \qquad v = \frac{v^{\mathrm{v}} L_0}{D_{\mathrm{S}}} \tag{13.115}$$

式中，D_{S} 是相边界处二元互扩散系数值。

吸附过程的物质连续性方程的无量纲形式可写作：

$$X^2 \frac{\partial C}{\partial \tau} - \eta \frac{\partial C}{\partial \eta} \left[v_{\mathrm{S}} X + q \left(\frac{\partial C}{\partial \eta} \right)_{\eta=1} \right] + X \frac{\partial (Cv)}{\partial \eta} = \frac{\partial}{\partial \eta} \left(\frac{D}{D_{\mathrm{S}}} \frac{\partial C}{\partial \eta} \right) \tag{13.116}$$

相应的脱附过程结果可写作：

$$X^2 \frac{\partial C}{\partial \tau} - \eta \frac{\partial C}{\partial \eta} \left[v_{\mathrm{S}} X - q \left(\frac{\partial C}{\partial \eta} \right)_{\eta=1} \right] + X \frac{\partial [v(C-1)]}{\partial \eta} = \frac{\partial}{\partial \eta} \left(\frac{D}{D_{\mathrm{S}}} \frac{\partial C}{\partial \eta} \right) \tag{13.117}$$

其中，v_{S} 是 v 在相边界的值。吸附过程的 q 可定义为：

$$q = \frac{\hat{V}_1 \rho_{1\mathrm{E}}}{1 - \hat{V}_1 \rho_{1\mathrm{E}}} \tag{13.118}$$

而脱附过程的 $q = \hat{V}_1 \rho_{1\mathrm{E}}$；$\hat{V}_1$ 是相边界处溶剂微分比体积的常数值。注意，用方程（13.122）和方程（13.123）得到方程（13.116）和方程（13.117）的最终形式。吸附和脱附过程的边界条件可表示为：

$$\frac{\partial C}{\partial \eta} = 0, \qquad \eta = 0 \tag{13.119}$$

$$C(\eta, 0) = 0 \tag{13.120}$$

$$C(1, \tau) = 1 \tag{13.121}$$

吸附过程和脱附过程的跳跃质量平衡的无量纲形式可分别写作如下形式：

$$X = \frac{\mathrm{d}X}{\mathrm{d}\tau} = v_{\mathrm{S}} X + q \left(\frac{\partial C}{\partial \eta} \right)_{\eta=1} \tag{13.122}$$

$$X = \frac{\mathrm{d}X}{\mathrm{d}\tau} = v_{\mathrm{S}} X - q \left(\frac{\partial C}{\partial \eta} \right)_{\eta=1} \tag{13.123}$$

且初始条件简化为：

$$X(0) = 1 \tag{13.124}$$

最终，对于吸附和脱附过程，描述速度场的方程（13.111）可写作：

$$X \frac{\partial v}{\partial \eta} = -\frac{2D}{D_{\mathrm{S}}} \left(\frac{\partial C}{\partial \eta} \right)^2 \frac{E}{F} \tag{13.125}$$

其具有边界条件 $v(0, \tau) = 0$。无量纲参数 E 和 F 可定义为：

$$E = \bar{A} k_1 (\alpha_2 - \alpha_{2\mathrm{g}})(\rho_{1\mathrm{E}})^2 (\hat{V}_2^0)^2 \tag{13.126}$$

$$F = \rho^3 \hat{V}_2^2 \hat{V}_2^0 \tag{13.127}$$

无量纲参数 E 是较小数值的常数。无量纲参数 F 在扩散场内近似为 1，因此，F 在之后的方程中设为 1。并且因为溶剂浓度通常相对较小，q 也较小，层厚改变不大，所以 $X \approx 1$。

虽然以上方程组可用于解出 C（聚合物层的浓度分布）、X（移动相边界的位置）和 v（膜中无量纲平均体积速度），最重要的是解得 M（在给定无量纲时间 τ 下进入或离开聚合物层的每单位面积溶剂质量）。吸附的无量纲增重可用方程（13.128）表示：

$$\frac{M}{\rho_{1E}L_0} = X(\tau) \int_0^1 C \mathrm{d}\eta \qquad (13.128)$$

而脱附的无量纲减重可用方程（13.129）计算：

$$\frac{M}{\rho_{1E}L_0} = 1 - X + X \int_0^1 C \mathrm{d}\eta \qquad (13.129)$$

对于微小膜厚变化的情况，$X \approx 1$，所以两个方程均化简为：

$$\frac{M}{\rho_{1E}L_0} = \int_0^1 C \mathrm{d}\eta \qquad (13.130)$$

依赖于浓度的互扩散系数是分析玻璃态聚合物积分吸附很重要的因素。可用扩散的自由体积理论推导得到 D 的表达式；由该理论可得到 D 的指数相关性。然而，如果用以下 D 的线性浓度相关性进行分析，可简化求解过程的数学因素：

$$\frac{D}{D_0} = 1 + \frac{\overline{B}\rho_1}{\rho_{1E}} \qquad (13.131)$$

式中，D_0 是零渗透剂浓度的二元扩散系数；$\overline{B}$ 是无量纲常数，玻璃态聚合物中的渗透剂扩散，其值较大。

对于吸附实验，有

$$\frac{D}{D_S} = \frac{1 + \overline{B}C}{1 + \overline{B}} \qquad (13.132)$$

$$\int_0^1 \frac{D}{D_S} \mathrm{d}C = \frac{1 + \dfrac{\overline{B}}{2}}{1 + \overline{B}} \qquad (13.133)$$

对于脱附实验，有

$$\frac{D}{D_S} = 1 + \overline{B}(1 - C) \qquad (13.134)$$

$$\int_0^1 \frac{D}{D_S} \mathrm{d}C = 1 + \frac{\overline{B}}{2} \qquad (13.135)$$

以上传质问题为非线性，因此用加权残值法得到较大 $\overline{B}$ 的吸附和脱附问题的解析解的方法看起来是合理的，参数 $\overline{B}$ 表征 D 的浓度相关性。物质连续性方程的零阶矩和一阶矩可计算得到，由此吸附和脱附的最终方程仅含有浓度分布的积分。这类积分比空间浓度导数对浓度试函数的敏感性更低。吸附的零阶矩和一阶矩写作：

$$\frac{\mathrm{d}}{\mathrm{d}\tau}\left(\int_0^1 C\mathrm{d}\eta\right) + v_\mathrm{S}\int_0^1 C\mathrm{d}\eta = \left(\frac{\partial C}{\partial \eta}\right)_{\eta=1} \tag{13.136}$$

$$\frac{\mathrm{d}}{\mathrm{d}\tau}\left(\int_0^1 \eta C\mathrm{d}\eta\right) + 2v_\mathrm{S}\int_0^1 \eta C\mathrm{d}\eta - \int_0^1 Cv\mathrm{d}\eta + \int_0^1 \frac{D}{D_\mathrm{S}}\mathrm{d}C = \left(\frac{\partial C}{\partial \eta}\right)_{\eta=1} \tag{13.137}$$

结合这些结果，得到以下吸附的加权残值结果：

$$\frac{\mathrm{d}}{\mathrm{d}\tau}\left[\int_0^1 C(1-\eta)\mathrm{d}\eta\right] = -2v_\mathrm{S}\int_0^1 C(1-\eta)\mathrm{d}\eta + \int_0^1 (v_\mathrm{S}-v)C\mathrm{d}\eta + \int_0^1 \frac{D}{D_\mathrm{S}}\mathrm{d}C \tag{13.138}$$

类似地，脱附的零阶矩和一阶矩可写作：

$$\frac{\mathrm{d}}{\mathrm{d}\tau}\left(\int_0^1 C\mathrm{d}\eta\right) + v_\mathrm{S}\left(\int_0^1 C\mathrm{d}\eta - 1\right) = \left(\frac{\partial C}{\partial \eta}\right)_{\eta=1} \tag{13.139}$$

$$\frac{\mathrm{d}}{\mathrm{d}\tau}\left(\int_0^1 \eta C\mathrm{d}\eta\right) - v_\mathrm{S}\left(1 - 2\int_0^1 \eta C\mathrm{d}\eta\right) - \int_0^1 v(C-1)\mathrm{d}\eta + \int_0^1 \frac{D}{D_\mathrm{S}}\mathrm{d}C = \left(\frac{\partial C}{\partial \eta}\right)_{\eta=1} \tag{13.140}$$

结合这两个结果，得到脱附的加权残值结果：

$$\frac{\mathrm{d}}{\mathrm{d}\tau}\left[\int_0^1 (C(1-\eta)\mathrm{d}\eta\right] = -2v_\mathrm{S}\int_0^1 C(1-\eta)\mathrm{d}\eta + \int_0^1 v\mathrm{d}\eta + \int_0^1 (v_\mathrm{S}-v)C\mathrm{d}\eta + \int_0^1 \frac{D}{D_\mathrm{S}}\mathrm{d}C \tag{13.141}$$

注意，以上结果基于 $X \approx 1$ 和 $q \ll 1$ 的假设。

至少对于吸附过程的早期范围，浓度场的合适试函数为：

$$C = 0, \quad 0 \leqslant \eta < \eta_0 \tag{13.142}$$

$$C = \frac{1 - \exp\left[-\sigma\left(\frac{\eta-\eta_0}{1-\eta_0}\right)^2\right]}{1 - \mathrm{e}^{-\sigma}}, \quad \eta_0 < \eta \leqslant 1 \tag{13.143}$$

参数 $\eta_0(\tau)$ 是渗透坐标，其基本上表征了从壁面上 C 基本为 0 的距离。参数 σ 可定义为：

$$\sigma = \frac{D(\eta=1)}{D(\eta=0)} \tag{13.144}$$

很明显，对于 $\overline{B}$ 值较大的吸附过程，$\sigma \gg 1$；而对于 $\overline{B}$ 值大的脱附过程，$\sigma \ll 1$。对于较大 σ 的吸附过程，浓度分布在 $\eta=\eta_0$ 处从 $C=0$ 到 $C=1$ 接近阶跃变化。该行为与 D 有 200 倍变化的吸附曲线（Crank，1975）一致。对于较小 σ 值的脱附过程，有 200 倍变化的 D（Crank，1975）的浓度分布相对渐进变化，这与多项式型试函数一致。低 σ 值的脱附过程的方程（13.143）有以下形式：

$$C = \frac{(\eta - \eta_0)^2}{(1 - \eta_0)^2}, \qquad \eta_0 < \eta \leqslant 1 \tag{13.145}$$

由以上试函数可得 C 所需的行为，即在 $\eta = 1$ 处 $C = 1$，$\eta = \eta_0$ 处 C 和 $\partial C / \partial \eta$ 均为 0。

引入方程（13.142）和方程（13.143）给定的试函数以及方程（13.132）至方程（13.125），并根据 $v(0, \tau) = 0$ 积分，得到对于 $\eta_0 < \eta \leqslant 1$ 的较大 σ 值和 $\bar{B}$ 值（吸附）的表达式：

$$v = -\frac{2E\bar{B}^{\frac{1}{2}}\pi^{\frac{1}{2}}}{(1 - \eta_0)}\left(\frac{2^{\frac{1}{2}}}{4} - \frac{3^{\frac{1}{2}}}{9}\right) \tag{13.146}$$

对于 $\eta_0 < \eta \leqslant 1$，用方程（13.125）、方程（13.134）、方程（13.142）和方程（13.145）可得到较小 σ 值和大值（脱附）明显不同的表达式：

$$v = -8E\bar{B}\left[\frac{(\eta - \eta_0)^3}{3(1 - \eta_0)^4} - \frac{(\eta - \eta_0)^5}{5(1 - \eta_0)^6}\right] \tag{13.147}$$

利用方程（13.138）中的方程（13.133）、方程（13.142）、方程（13.143）和方程（13.146）得到以下吸附过程的常微分方程：

$$(1 - \eta_0)\frac{\mathrm{d}(1 - \eta_0)}{\mathrm{d}\tau} = \frac{G}{2}(1 - \eta_0) + \frac{1}{2} \tag{13.148}$$

其中：

$$G = 4E\bar{B}^{-\frac{1}{2}}\pi^{\frac{1}{2}}\left(\frac{2^{\frac{1}{2}}}{4} - \frac{3^{\frac{1}{2}}}{9}\right) \tag{13.149}$$

此外，将方程（13.135）、方程（13.142）、方程（13.145）和方程（13.147）代入方程（13.141），得到以下脱附过程的常微分方程：

$$\frac{\mathrm{d}\left[(1 - \eta_0)^2\right]}{\mathrm{d}\tau} = 6\bar{B} \tag{13.150}$$

方程（13.141）左侧的前三项涉及速度，均包括乘积 $E\bar{B}$，因此它们与仅包括 $\bar{B}$ 的第四项比起来更小。

应用如下初始条件可求解方程（13.148）和方程（13.150）：

$$\eta_0 = 1, \qquad \tau = 0 \tag{13.151}$$

得到以下吸附过程的解：

$$(1 - \eta_0) - \frac{\ln[G(1 - \eta_0) + 1]}{G} = \frac{G\tau}{2} \tag{13.152}$$

与脱附过程完全不同的解：

$$1 - \eta_0 = (6\bar{B}\tau)^{\frac{1}{2}} \tag{13.153}$$

$(1 - \eta_0)$ 为渗透坐标距相界面的简单距离。该数直接给出聚合物薄膜的质量变化，因为吸附过程有如下关系：

$$\frac{M}{\rho_{1E}L_0} = 1 - \eta_0 \tag{13.154}$$

且脱附过程有如下关系:

$$\frac{M}{\rho_{1E}L_0} = \frac{1 - \eta_0}{3} \tag{13.155}$$

所以对于较大 $\overline{B}$ 值的脱附过程,由方程 (13.153) 和方程 (13.155) 明显看出:

$$\frac{M}{\rho_{1E}L_0} = \frac{(6\overline{B}\tau)^{\frac{1}{2}}}{3} \tag{13.156}$$

因此,减重与时间的平方根成正比。这是经典菲克结果,并且此理论预测与上面展示的第二组实验的第三个观察结果相一致。由常微分方程或常微分方程的解可知,对于较大 $\overline{B}$ 值的吸附过程,以至于对足够大的 $G(1-\eta_0)/2$ 值,有如下结果:

$$1 - \eta_0 = \frac{G}{2}\tau \tag{13.157}$$

因此

$$\frac{M}{\rho_{1E}L_0} = \frac{G}{2}\tau \tag{13.158}$$

该结果对除短时间情况 $[(1-\eta_0)\to 0]$ 的其他情况都有效。方程 (13.158) 预测增重随时间线性增加,此结果与第二组实验的第一个观察结果相一致。当 $\overline{B}$ 值很大,但 $G(1-\eta_0)/2$ 值小时,由于 $(1-\eta_0)\to 0$,可知常微分方程或常微分方程的解有如下形式:

$$1 - \eta_0 = \tau^{\frac{1}{2}} \tag{13.159}$$

因此

$$\frac{M}{\rho_{1E}L_0} = \tau^{\frac{1}{2}} \tag{13.160}$$

该结果仅在短时间内有效,在短时间范围内的增重与时间的平方根成正比,在长时间范围内增重随时间线性增加。该结果与上面第二组实验的第二个观察结果一致。

吸附过程无量纲增重对无量纲时间的曲线如图 13.2 和图 13.3 所示。对于较大的 $\overline{B}$ 值(以及由此的 G 值),由图 13.2 可明显看出,在 $\tau=0$ 附近有小的菲克区域,然后对于余下的时间间隔是线性区域。当 G 从 20(图 13.2)增加到 200(图 13.3)时,整个曲线随着 τ 呈现线性变化,因为菲克范围很小,以至于在图 13.3 中不明显。因此,似乎可以合理地说,所提出的理论预测了上面提及的 3 个实验观察结果。该理论与其他 7 个没有列出的实验观察结果一致(Vrentas 和 Vrentas,1998c)。可能这 7 个其他实验观察结果中最有趣的就是 Hopfenberg 等(1969)提出的两个实验结果,当渗透剂浓度在恒定温度下降低或随着温度在恒定渗透分压下增加时,吸附机制从情况 Ⅱ 限制变为菲克限制。

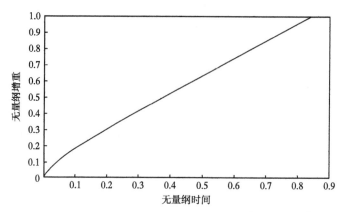

图 13.2　无量纲增重$[M/(\rho_{1E}L_0)]$对无量纲时间$(G\tau/2)$在 $G=20$ 时的积分吸附图

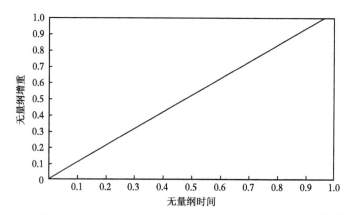

图 13.3　无量纲增重$[M/(\rho_{1E}L_0)]$对无量纲时间$(G\tau/2)$在 $G=200$ 时的积分吸附图

13.6　橡胶态聚合物的积分吸附

在分析橡胶态聚合物中的溶剂扩散时，通常可以假设扩散过程是黏性菲克扩散过程。对于聚合物薄层中溶剂的微分吸附和积分吸附，实验数据显示，初始质量变化和时间的平方根通常呈线性关系。然而，Rossi 和 Mazich（1993）进行了橡胶态聚合物球体中溶剂积分吸附的数值分析，得到异常 S 形吸附曲线。他们提出这种 S 形吸附行为归因于移动边界导致的非线性，并与非菲克行为无关。Rossi 和 Mazich 的结果对互扩散系数是否为恒定或强烈依赖于溶剂浓度的敏感性不大。对于最初不含溶剂的球体吸附溶剂，当 D 为常数时，Rossi 和 Mazich 确定 S 形吸附行为的临界溶剂体积分数大约为 0.64。最终，这些研究人员发现球状积分吸附中没有异常的 S 形吸附行为。

本节中，为确认 Rossi 和 Mazich 的数值分析，并进一步研究移动边界和几何结构对溶剂在橡胶态聚合物中的积分吸附和脱附的影响，对球形结构进行 D 为常数的积分吸附和脱附的早期阶段验证。由矩形层结构（Vrentas 和 Vrentas，1998d）中积分吸附和脱附可以看出，在早期阶段质量变化和时间的平方根存在线性关系。这是预期的行为表现，因此这里不考虑这些传质过程的分析，反而更直接关注对于球体几何结构分析上。构建描述橡胶态聚合物球体的积分吸附和脱附的方程是基于 13.3 节对于纯黏性流体层中扩散相同的假设和限制，其具有以下 3 种修正形式：

（1）初始半径 R_0 的球体中只有径向扩散。在任意给定瞬时时间下，扩散场从球体中心 $r=0$ 处延伸到移动相边界 $r=R(t)$ 处。此处，r 是径向坐标变量，$R(t)$ 是时间 t 时球体的瞬时半径。体系内的微分比体积与组成无关，所以 $\nabla \cdot v^{\mathrm{V}} = 0$。由于径向速度必须在 $r=0$ 处有界，因此球体内各处平均体积速度的径向分量必须为 0。

（2）假设互扩散系数 D 与溶剂浓度无关。预期任何 D 的浓度相关性不影响吸附曲线的形状。

（3）吸附过程初始时球体中没有溶剂（组分 1），球体表面平衡质量密度为 ρ_{1E}。脱附过程溶剂的初始浓度为 ρ_{1E}，蒸汽相中不含溶剂。

球体结构的吸附过程中，溶剂的物质连续性方程和相关辅助条件可写作：

$$\frac{\partial \rho_1}{\partial t} = \frac{D}{r^2} \frac{\partial}{\partial r}\left(r^2 \frac{\partial \rho_1}{\partial r}\right) \tag{13.161}$$

$$\rho_1(0, t) = 边界 \tag{13.162}$$

$$\rho_1(r, 0) = 0 \tag{13.163}$$

$$\rho_1[R(t), t] = \rho_{1E} \tag{13.164}$$

聚合物的跳跃质量平衡可写作：

$$\frac{\mathrm{d}R}{\mathrm{d}t} = \frac{D\hat{V}_1}{1 - \hat{V}_1 \rho_{1E}} \frac{\partial \rho_1}{\partial r}, \qquad r = R(t) \tag{13.165}$$

其中：

$$R(0) = R_0 \tag{13.166}$$

如果引入无量纲变量，且移动边界固定，可较为方便地得到以上方程组的解。利用以下无量纲自变量和无量纲因变量可得：

$$\psi = \frac{r}{R}, \qquad \tau = \frac{Dt}{R_0^2} \tag{13.167}$$

$$Y = \frac{R}{R_0}, \qquad Q = \frac{\psi \rho_1}{\rho_{1E}} \tag{13.168}$$

因此，以上方程组转化为以下无量纲方程组：

$$Y^2 \frac{\partial Q}{\partial t} - k_1 \left[\left(\frac{\partial Q}{\partial \psi}\right)_{\psi=1} - 1\right]\left[\psi \frac{\partial Q}{\partial \psi} - Q\right] = \frac{\partial^2 Q}{\partial \psi^2} \tag{13.169}$$

$$Q(0, \tau) = 0 \tag{13.170}$$

$$Q(\psi, 0) = 0 \tag{13.171}$$

$$Q(1, \tau) = 1 \tag{13.172}$$

357

$$Y \frac{\mathrm{d}Y}{\mathrm{d}\tau} = k_1 \left[\left(\frac{\partial Q}{\partial \psi} \right)_{\psi=1} - 1 \right] \tag{13.173}$$

$$Y(0) = 1 \tag{13.174}$$

$$k_1 = \frac{\hat{V}_1 \rho_{1E}}{1 - \hat{V}_1 \rho_{1E}} \tag{13.175}$$

溶剂在时间 t 时进入球体的质量为:

$$M_1 = \int_0^{R(t)} 4\pi r^2 \rho_1 \mathrm{d}r \tag{13.176}$$

其可写作:

$$\frac{M_1}{\frac{4}{3}\pi R_0^3 \rho_{1E}} = 3Y^3 \int_0^1 \psi Q \mathrm{d}\psi \tag{13.177}$$

如上所述,本节的目的之一是获得球体结构中在前期阶段吸附的解析解。对于球体,前期阶段可定义为在 $\psi = 0$ 时溶剂浓度与球体初始溶剂浓度基本相同的时间间隔。加权残值法提供了获得以上非线性问题解析解的合理途径。特别的是,矩量法应当提供聚合物球体质量变化的较好的解析近似值,因此也应当提供 M_1 的时间变化较好的解析近似值。

方程(13.169)的零阶矩可表示为:

$$Y^2 \frac{\mathrm{d}}{\mathrm{d}\tau} \left(\int_0^1 Q \mathrm{d}\psi \right) = k_1 \left[\left(\frac{\partial Q}{\partial \psi} \right)_{\psi=1} - 1 \right] \left(1 - 2\int_0^1 Q \mathrm{d}\psi \right) + \left(\frac{\partial Q}{\partial \psi} \right)_{\psi=1} \tag{13.178}$$

如果分析中引入方程(13.173),一阶矩采用如下形式:

$$Y^2 \frac{\mathrm{d}}{\mathrm{d}\tau} \left(\int_0^1 Q\psi \mathrm{d}\psi \right) = Y \frac{\mathrm{d}Y}{\mathrm{d}\tau} \left(\frac{1 + k_1 - 3k_1 \int_0^1 \psi Q \mathrm{d}\psi}{k_1} \right) \tag{13.179}$$

根据方程(13.174)对方程(13.179)进行积分,可得到如下结果:

$$Y^3 = \frac{1}{1 - 3k_2 \int_0^1 \psi Q \mathrm{d}\psi} \tag{13.180}$$

$$k_2 = \hat{V}_1 \rho_{1E} \tag{13.181}$$

在吸附过程的早期阶段,Q 的合适试函数为:

$$Q = 0, \qquad 0 \leqslant \psi < \psi_0 \tag{13.182}$$

$$Q = \frac{(\psi - \psi_0)^2}{(1 - \psi_0)^2}, \qquad \psi_0 < \psi \leqslant 1 \tag{13.183}$$

该试函数仅有一个未知参数 ψ_0,即渗透坐标。$(1-\psi_0)$ 值是相界面处渗透坐标的距离。对于以上试函数,$\psi = 1$ 时 $Q = 1$,$\psi = \psi_0$ 时 $Q = 0$,$\psi = \psi_0$ 时 $\partial Q/\partial \psi = 0$。对于 $\psi < \psi_0$,既然 Q

在该区域内很小，假设 $Q=0$。将试函数代入零次矩方程（13.178）中，得到（$1-\psi_0$）的如下方程：

$$Y^2(1-\psi_0)\frac{\mathrm{d}(1-\psi_0)}{\mathrm{d}\tau} = 6(1+k_1) - 7k_1(1-\psi_0) + 2k_1(1-\psi_0)^2 \qquad (13.184)$$

$\tau=0$ 时（$1-\psi_0$）$=0$，且其也符合：

$$3\int_0^1 \psi Q\mathrm{d}\psi = (1-\psi_0)\left[1 - \frac{(1-\psi_0)}{4}\right] \qquad (13.185)$$

方程（13.177）可写作：

$$\frac{M_1}{\frac{4}{3}\pi R_0^3 \rho_{1E}} = \frac{3\int_0^1 \psi Q\mathrm{d}\psi}{1 - 3k_2\int_0^1 \psi Q\mathrm{d}\psi} \qquad (13.186)$$

将方程（13.185）代入方程（13.186）中，如果 $A=(1-\psi_0)$ 在前期阶段是较小值，则可通过级数展开式得到如下结果：

$$\frac{M_1}{\frac{4}{3}\pi R_0^3 \rho_{1E}} = A\left(1 - \frac{A}{4}\right) + k_1 A^2 + \cdots \qquad (13.187)$$

并且，如果对于方程（13.184）左侧的 Y_2 用级数展开式，可得到以下常微分方程（对足够小的 A 有效）：

$$A\left(1 + \frac{2k_2 A}{3}\right)\frac{\mathrm{d}A}{\mathrm{d}T} = 6 - 7k_2 A + 2k_2 A^2 \qquad (13.188)$$

$$T = (1+k_1)\tau \qquad (13.189)$$

方程（13.188）可通过展开级数中的 A 解出：

$$A = A_1 T^{\frac{1}{2}} + A_2 T + \cdots \qquad (13.190)$$

其中，$T=0$ 时 A 为 0，因为零时刻 $\psi_0=1$。将方程（13.190）代入方程（13.188）得到以下 A 的二项近似式：

$$A = 2(3)^{\frac{1}{2}}T^{\frac{1}{2}} - \frac{22}{3}k_2 T + \cdots \qquad (13.191)$$

由此结合方程（13.187）和方程（13.191）给出：

$$Z = \frac{M_1}{\frac{4}{3}\pi R_0^3 \rho_{1E}} = 2(3)^{\frac{1}{2}}T^{\frac{1}{2}} + \left(\frac{14}{3}k_2 - 3\right)T + \cdots \qquad (13.192)$$

在前期阶段，根据方程（13.192），有

$$\frac{d^2 Z}{d\theta^2} = 2\left(\frac{14}{3}k_2 - 3\right) \qquad (13.193)$$

$$\theta = T^{\frac{1}{2}} \qquad (13.194)$$

因此，吸附曲线斜率($dZ/d\theta$)明显随时间增加而下降，当

$$k_2 < \frac{9}{14} \qquad (13.195)$$

这是可预期的菲克表现，当溶剂体积分数小于 9/14 时（$k_2 = \rho_{1E}\hat{V}_1 = $ 溶剂体积分数），得到该结果。当

$$k_2 > \frac{9}{14} \qquad (13.196)$$

吸附曲线的斜率随时间增加而增加，当溶剂体积分数大于 9/14（0.64）时，观察到 S 形吸附行为。S 形吸附行为开始的临界值与 Rossi 和 Mazich（1993）基于数值解报道的结果一致。最终，对于橡胶态聚合物中的积分脱附，有

$$Z = \frac{2 \times 3^{\frac{1}{2}} T^{\frac{-1}{2}}}{1 - k_2} - \frac{\left[\frac{14k_2}{3(1-k_2)} + 3\right]\overline{T}}{1 - k_2} + \cdots \qquad (13.197)$$

$$\overline{T} = \tau(1 - k_2) \qquad (13.198)$$

对于脱附过程，可明显看出对所有 k_2 值，脱附曲线的斜率（$dZ/d\theta$）在前期阶段都随时间的增加而减小，所以橡胶态聚合物的积分脱附没有 S 形吸附行为。本节的解析分析结果与 Rossi 和 Mazich 数值分析结果一致。并且，数值分析和解析分析显示，即使扩散过程可以用质量扩散通量的菲克本构方程来描述，球形结构、移动边界和足够高的溶剂质量密度会导致异常吸附行为。

13.7　振荡扩散和扩散波

注意本章前几节中，阶跃吸附实验可用于测量 D，也可用于确定发生在聚合物—溶剂体系薄层中的扩散过程的性质。虽然已经证实阶跃变化实验是研究聚合物—溶剂体系的好方法，但它至少有两个不足之处。第一，阶跃变化实验当然是非稳态实验，因此总是会由于启动程序的不完善，前期数据存在些许不确定性的情况。第二，阶跃变化吸附实验中，聚合物分子在聚合物膜表面附近浓度与远离聚合物表面的聚合物链浓度有显著差异，所以单个特征扩散时间不能准确表征吸附过程。因此，阶跃变化实验通常不是研究聚合物—溶剂膜内耦合的扩散—弛豫过程的最佳手段。

振荡吸附实验有周期性稳态，因此没有启动困难。并且，振荡实验存在单一的特征时间 $1/w$，其中 w 是以 rad/s 为单位的振荡的角频率。本节中，构建并求解了描述振荡实验的方程，并且可确定聚合物基质中渗透剂的扩散系数和溶解度表达式。Carslaw 和 Jaeger

(1959)、Evnochides 和 Henley（1970）考虑了该传质问题的解，但此处将展示更加细节的形式。

考虑振荡吸附实验，其中薄聚合物膜的一个面受到正弦变化的渗透剂压力，该渗透剂形成基本上纯的气相。假设在二元液相中存在渗透剂的一维等温扩散，且没有化学反应发生。微分比体积与组成和压力无关，聚合物膜的区域是从固体壁 $x=0$ 到气液界面位置 $x=L(t)$。如果压力波的振幅足够小（且因此浓度波的振幅足够小），则由于相体积变化引起的样品的厚度变化可忽略。另外，在所研究的相对窄的浓度范围内，互扩散系数近似不变，可假设气相的渗透剂压力和界面渗透剂浓度呈线性关系。如果振荡实验的压力波频率足够低，则与吸附过程的时间尺度相比，聚合物分子的弛豫和重排非常快。这种情况下，用方程（4.211）确定的扩散 Deborah 数将会很低，所以扩散过程是黏性菲克扩散过程。并且，在气液界面任意时刻始终保持渗透剂的平衡。注意，振荡实验始于具有初始均一渗透剂质量密度的非稳定实验。

以下周期性压力变化可用于聚合物膜：

$$p = p_i + A_p \sin wt \tag{13.199}$$

式中，p_i 是初始压力；A_p 是压力振荡的振幅。

在有限的浓度范围内，压力—浓度平衡关系采用如下形式：

$$\rho_1 = K_1 p + K_2 \tag{13.200}$$

式中，ρ_1 为渗透剂的质量密度；K_1 和 K_2 是任意特定温度下的常数。

因此，在气液界面处，渗透剂的质量密度可写作：

$$\rho_1(L,\ t) = \rho_{10} + A_C \sin wt \tag{13.201}$$

其中，ρ_{10} 是膜内初始均一渗透剂质量密度；A_C 是质量密度波的振幅，可写作：

$$A_C = K_1 A_p \tag{13.202}$$

大约 p_i 的振荡压力在 $t=0$ 时开始。

用方程（13.201）和以下方程组描述振荡吸附过程：

$$\frac{\partial \rho_1}{\partial t} = D \frac{\partial^2 \rho_1}{\partial x^2} \tag{13.203}$$

$$\frac{\partial \rho_1}{\partial x} = 0, \quad x = 0 \tag{13.204}$$

$$\rho_1(x,\ 0) = \rho_{10} \tag{13.205}$$

引入无量纲变量：

$$\xi = \frac{x}{L}, \quad C = \frac{\rho_1 - \rho_{10}}{\rho_{10}} \tag{13.206}$$

$$\tau = \frac{Dt}{L^2}, \quad W = \frac{wL^2}{D} \tag{13.207}$$

得到以下无量纲传递方程组：

$$\frac{\partial C}{\partial \tau} = \frac{\partial^2 C}{\partial \xi^2} \tag{13.208}$$

$$\frac{\partial C}{\partial \xi} = 0, \quad \xi = 0 \tag{13.209}$$

$$C(\xi, 0) = 0 \tag{13.210}$$

$$C(1, \tau) = B_C \sin W \tau \tag{13.211}$$

$$B_C = \frac{A_C}{\rho_{10}} \tag{13.212}$$

为解以上方程组，可方便写出：

$$C(\xi, \tau) = U(\xi, \tau) + P(\xi, \tau) \tag{13.213}$$

并得到以下两个问题的解：

$$\frac{\partial U}{\partial \tau} = \frac{\partial^2 U}{\partial \xi^2} \tag{13.214}$$

$$\frac{\partial U}{\partial \xi} = 0, \quad \xi = 0 \tag{13.215}$$

$$U(\xi, 0) = -P(\xi, 0) \tag{13.216}$$

$$U(1, \tau) = 0 \tag{13.217}$$

$$\frac{\partial P}{\partial \tau} = \frac{\partial^2 P}{\partial \xi^2} \tag{13.218}$$

$$\frac{\partial P}{\partial \xi} = 0, \quad \xi = 0 \tag{13.219}$$

$$P(1, \tau) = B_C \sin(W \tau) \tag{13.220}$$

$P(\xi, \tau)$ 代表解的周期性稳态部分，$U(\xi, \tau)$ 包括解的瞬时部分。

周期性贡献 P 通常可假设为：

$$P(\xi, \tau) = Q(\xi) \exp[i(W \tau + \varepsilon)] \tag{13.221}$$

式中，ε 是后面可被选择的常数。

因此，$Q(\xi)$ 是常微分方程的解：

$$\frac{d^2 Q}{d \xi^2} - iWQ = 0 \tag{13.222}$$

方程（13.222）的解可写作：

$$Q = C_1 \exp[(1 + i)\beta \xi] + C_2 \exp[-(1 + i)\beta \xi] \tag{13.223}$$

$$\beta = \left(\frac{W}{2}\right)^{\frac{1}{2}} \tag{13.224}$$

引入边界条件方程（13.219）和方程（13.220）得到：

$$P(\xi, \tau) = \frac{B_C \cosh[(1+i)\beta\xi]}{\cosh[(1+i)\beta]}\exp[i(W\tau + \varepsilon)] \tag{13.225}$$

合适地处理方程（13.225），估算所得方程的实数解部分，并设 $\varepsilon = -\pi/2$ 得到如下结果：

$$P(\xi, t) = \frac{B_C(\cosh\beta \cosh\beta\xi \cos\beta \cos\beta\xi + \sinh\beta \sinh\beta\xi \sin\beta \sin\beta\xi)\sin W\tau}{\cosh^2\beta + \cos^2\beta - 1} +$$
$$\frac{B_C(\cos\beta \cosh\beta \sin\beta\xi \sinh\beta\xi - \cos\beta\xi \cosh\beta\xi \sin\beta \sinh\beta)\cos W\tau}{\cosh^2\beta + \cos^2\beta - 1} \tag{13.226}$$

根据方程（13.226），有

$$P(\xi, 0) = \frac{B_C(\cos\beta \cosh\beta \sin\beta\xi \sinh\beta\xi - \cos\beta\xi \cosh\beta\xi \sin\beta \sinh\beta)}{\cosh^2\beta + \cos^2\beta - 1} \tag{13.227}$$

因为 $U(\xi, \tau)$ 问题是 PIC 问题，根据合适的格林函数，可用方程（7.448）得到解：

$$U(\xi, \tau) = -\int_0^1 P(\xi_0, 0)g(\xi, \tau | \xi_0, 0)\mathrm{d}\xi_0 \tag{13.228}$$

格林函数是以下方程组的解：

$$-\frac{\partial^2 g}{\partial \xi^2} + \frac{\partial g}{\partial \tau} = \delta(\xi - \xi_0)\delta(\tau - \tau_0) \tag{13.229}$$

$$g = 0, \qquad \tau < \tau_0 \tag{13.230}$$

$$\frac{\partial g}{\partial \xi} = 0, \qquad \xi = 0 \tag{13.231}$$

$$g = 0, \qquad \xi = 1 \tag{13.232}$$

相关特征值问题为：

$$\frac{\mathrm{d}^2 \phi_n}{\mathrm{d}\xi^2} + \lambda_n \phi_n = 0 \tag{13.233}$$

$$\frac{\mathrm{d}\phi_n}{\mathrm{d}\xi}(0) = 0 \tag{13.234}$$

$$\phi_n(1) = 0 \tag{13.235}$$

对于 $n = 0, 1 \cdots$ 特征值和归一化特征函数为：

$$\lambda_n = \frac{(2n+1)^2 \pi^2}{4} \tag{13.236}$$

$$\phi_n = \sqrt{2}\cos\left[\frac{(2n+1)\pi\xi}{2}\right] \tag{13.237}$$

因此，根据方程（7.456），格林函数可表示为：

$$g(\xi,\tau\,|\,\xi_0,\tau_0) = 2H(\tau-\tau_0)\sum_{n=0}^{\infty}\cos\left[\frac{(2n+1)\pi\xi}{2}\right]\cos\left[\frac{(2n+1)\pi\xi_0}{2}\right]\times$$

$$\exp\left[-\frac{(2n+1)^2\pi^2(\tau-\tau_0)}{4}\right] \tag{13.238}$$

因此，将方程（13.227）和方程（13.238）代入方程（13.228）中，得到如下 $U(\xi,\tau)$ 的表达式：

$$U(\xi,\tau) = B_C\sum_{n=0}^{\infty}\frac{16\pi W(-1)^n(2n+1)}{(2n+1)^4\pi^4+16W^2}\cos\left[\frac{(2n+1)\pi\xi}{2}\right]\exp\left[-\frac{(2n+1)^2\pi^2\tau}{4}\right]$$
$$\tag{13.239}$$

聚合物中的无量纲渗透剂质量密度分布可用方程（13.226）和方程（12.239）代入方程（13.213）计算得出。

无量纲量 M 是任意时间 t 下附加于聚合物膜上渗透剂的每单位面积净质量，可用方程（13.240）确定：

$$M = \int_0^L \rho_1\mathrm{d}x - \int_0^L \rho_{10}\mathrm{d}x \tag{13.240}$$

其可被写成无量纲形式：

$$\frac{M}{\rho_{10}L} = \int_0^1 C\mathrm{d}\xi \tag{13.241}$$

将方程（13.213）、方程（13.226）和方程（13.239）引入方程（13.241）中得到：

$$\frac{M}{\rho_{10}L} = 32B_C\sum_{n=0}^{\infty}\frac{W\exp\left[\dfrac{(2n+1)^2\pi^2\tau}{4}\right]}{(2n+1)^4\pi^4+16W^2} + B_C\left[\frac{\cosh\beta\sinh\beta+\sin\beta\cos\beta}{2\beta(\cosh^2\beta+\cos^2\beta-1)}\right]\sin W\tau +$$

$$B_C\left[\frac{\cos\beta\sin\beta-\sinh\beta\cosh\beta}{2\beta(\cosh^2\beta+\cos^2\beta-1)}\right]\cos W\tau \tag{13.242}$$

以上表达式的第二项和第三项是对质量变化的周期性稳态贡献［其可写作 $M_P/(\rho_{10}L)$］，它们可根据无量纲变量改写作如下形式：

$$\frac{M_P}{A_pK_1L} = \left[\frac{\sin2L\zeta+\sinh2L\zeta}{4L\zeta(\cosh^2L\zeta+\cos^2L\zeta-1)}\right]\sin wt + \left[\frac{\sin2L\zeta-\sinh2L\zeta}{4L\zeta(\cosh^2L\zeta+\cos^2L\zeta-1)}\right]\cos wt$$
$$\tag{13.243}$$

$$\zeta = \left(\frac{w}{2D}\right)^{\frac{1}{2}} \tag{13.244}$$

此时写出以下 M_P 的表达式将很有用：

$$M_P = A_M \sin(wt + \psi) \qquad (13.245)$$

式中，A_M 是质量变化的振幅；ψ 是质量变量和压力波之间的相角度。

由方程（13.243）和方程（13.245）得到以下结果：

$$\tan\psi = \frac{\sin 2\zeta L - \sinh 2\zeta L}{\sin 2\zeta L + \sinh 2\zeta L} \qquad (13.246)$$

$$\frac{A_M}{A_p L} = \frac{K_1 \sqrt{2} \left(\sinh^2 2\zeta L + \sin^2 2\zeta L\right)^{\frac{1}{2}}}{2L\zeta \left(\cos 2\zeta L + \cosh 2\zeta L\right)} \qquad (13.247)$$

所有以上得到的结果与 Carslaw 和 Jaeger（1959）、Evnochides 和 Henley（1970）得到的结果相一致。

明显可以看出，方程（13.246）仅包括扩散系数 D，而方程（13.247）包括 D 和 K_1（溶解度系数之一）。因此，可先用相位角 ψ 确定 D，再用质量变化和压力曲线振幅的比值 A_M/A_P 确定 K_1。第二个溶解度系数 K_2 可用方程（13.200）和值 ρ_{10}、p_i 的测量值计算得出。Evnochides 和 Henley、Vrentas 等（1984a）介绍了由实验数据估算的扩散系数和溶解度结果。他们还提供了振荡实验的其他细节。这些研究数据表明，由振荡吸附实验和阶跃变化实验得到的扩散系数和溶解度结果通常有很好的一致性。振荡法通过单一实验可获得扩散系数和溶解度的数据。如果利用 13.4 节中介绍的程序，由单一阶跃变化吸附实验也可得到扩散系数和溶解度数据。如果在配置和进行实验时足够谨慎，阶跃变化吸附实验和振荡吸附实验都能得到很好的数据。

注意，振荡实验是由谐波边界条件引起的扩散波形成的示例。Mandelis（2000，2001）详细考虑了扩散波及其用途。扩散波由抛物线型偏微分方程形成，其具有一阶时间导数，而波方程通常含有二阶时间导数。

第 14 章　分散和色谱

许多重要的传质过程涉及流动和扩散的相互作用。耦合流动和扩散的一个实例是分散,分散的理论分析可用来描述空气污染和水污染时发生的混合问题。本章考察了层流管流中分散的数学分析。这也就是所谓的泰勒分散问题(Taylor,1953,1954),由于该问题不像其他分散现象那么复杂,因此可得到分散过程准确的描述。

涉及流动和扩散耦合的另一过程是气相色谱。反相气相色谱(IGC)实验是获得聚合物—渗透剂体系溶解度和扩散系数数据很好的方法。对于此实验,聚合物被用作色谱柱中的固定相,溶质挥发,并注入流过色谱柱的载气中。注入的溶质被聚合物吸收,因此通过吸收过程被阻挡形成薄的聚合物层。色谱峰的形状可用于确定溶质在聚合物中的溶解度和扩散率。本章也包括对 IGC 实验的分析。

对于泰勒分散问题和 IGC 实验,通常可以假设溶质浓度很低。如 8.1 节所述,相关流体相的密度和黏度实际上是恒定的,因此溶质浓度并不出现在运动方程和总体连续性方程中。这些方程可独立于相关物质连续性方程而被解出。因为必须将计算的速度场代入描述传质问题的物质连续性方程中,从而确定浓度场,所以流体力学和传质问题之间的这种单侧耦合会简化分析。

14.1　泰勒分散问题的构建

利用以下假设构建描述圆管中层状分散问题的方程:

(1) 该流动在半径为 R (从 $z=-\infty$ 扩展到 $z=+\infty$)的加倍无限圆管中为层流、轴向和等温的过程。

(2) 管中流体为不可压缩的两组分牛顿流体。

(3) 假设体系的溶质量很小,所以可认为体系的所有物性基本恒定。

(4) 使用被动溶质,所以没有化学反应。

(5) 将少量额外溶质加入体系中,使得在管内横截面 $z=0$ 处,存在均匀分布的浓缩初始溶质进样。

根据以上条件,对流分散用以下方程组描述:

$$\frac{\partial \rho_1}{\partial t} + u_C\left(1 - \frac{r^2}{R^2}\right)\frac{\partial \rho_1}{\partial z} = D\left[\frac{1}{r}\frac{\partial}{\partial r}\left(r\frac{\partial \rho_1}{\partial r}\right) + \frac{\partial^2 \rho_1}{\partial z^2}\right] \tag{14.1}$$

$$\frac{\partial \rho_1}{\partial r}(0,\ z,\ t) = 0 \tag{14.2}$$

$$\frac{\partial \rho_1}{\partial r}(R,\ z,\ t) = 0 \tag{14.3}$$

$$\rho_1(r, -\infty, t) = \rho_{1i} \tag{14.4}$$

$$\rho_1(r, +\infty, t) = \rho_{1i} \tag{14.5}$$

$$\rho_1(r, z, 0) = \rho_{1i} + \frac{M_0 \delta(z)}{\pi R^2} \tag{14.6}$$

式中，ρ_1 是溶质的质量密度；ρ_{1i} 是进样前混合物中溶质的质量密度；u_C 是管中心的速度；M_0 是进样溶质的质量。

此问题中需要引入轴向坐标 λ，其定义为使得其具有以流动的平均速度移动的原点。可以用无量纲变量，将以上方程组写成无量纲形式：

$$t^* = \frac{Dt}{R^2}, \; r^* = \frac{r}{R}, \; \lambda = \frac{z - \dfrac{u_C t}{2}}{R}, \; C = \frac{\rho_1 - \rho_{1i}}{\rho_{1f} - \rho_{1i}} \tag{14.7}$$

其中，ρ_{1f} 定义为：

$$\rho_{1f} = \rho_{1i} + \frac{M_0}{\pi R^3} \tag{14.8}$$

引入这组变量得到无量纲方程组（为了方便，省略星号）：

$$\frac{\partial C}{\partial t} + Pe\left(\frac{1}{2} - r^2\right)\frac{\partial C}{\partial \lambda} = \frac{1}{r}\frac{\partial}{\partial r}\left(r\frac{\partial C}{\partial r}\right) + \frac{\partial^2 C}{\partial \lambda^2} \tag{14.9}$$

$$Pe = \frac{Ru_C}{D} \tag{14.10}$$

$$\frac{\partial C}{\partial r}(0, \lambda, t) = 0 \tag{14.11}$$

$$\frac{\partial C}{\partial r}(1, \lambda, t) = 0 \tag{14.12}$$

$$C(r, -\infty, t) = 0 \tag{14.13}$$

$$C(r, +\infty, t) = 0 \tag{14.14}$$

$$C(r, \lambda, 0) = \delta(\lambda) \tag{14.15}$$

此方程组用于获得分散问题浓度场的确定结果。

虽然以上描述的层流管流中分散的边界值问题［方程（14.9）至方程（14.15）］是线性的，但似乎不存在局部浓度场或平均浓度的简单确切解析解。已经进行的理论分析可分为数值解、级数解和渐近解 3 种通用类型。Vrentas 和 Vrentas（1988b）讨论了某些早期的理论研究。最简单的解法是渐近解，本章研究了 3 种渐近解：14.2 节中低 Pelect 数的渐近解，14.3 节中长分散时间的渐近解和 14.4 节中短分散时间的渐近解。

可用物质连续性方程的不同形式确定泰勒分散方程中各项的相对大小。通过修正的无量纲轴向距离和时间变量替换上面定义的无量纲轴向距离和时间变量：

$$\bar{t} = \frac{DtPe^2}{L^2} \tag{14.16}$$

$$\bar{\lambda} = \frac{Pe\left(z - \dfrac{u_C t}{2}\right)}{L} \tag{14.17}$$

其中，L 是管长度，得到物质连续性方程的如下形式：

$$\frac{R^2 Pe^2}{L^2} \frac{\partial C}{\partial t} + \frac{Pe^2 R}{L}\left(\frac{1}{2} - r^2\right)\frac{\partial C}{\partial \bar{\lambda}} = \frac{1}{r}\frac{\partial}{\partial r}\left(r\frac{\partial C}{\partial r}\right) + \frac{R^2 Pe^2}{L^2} - \frac{\partial^2 C}{\partial \lambda^2} \tag{14.18}$$

连续性方程的这种形式可用于确定长时间和短时间限制。可通过考虑相对分散时间构建描述以上两种限制的方程，相对分散时间定义为轴向对流维度的时间与径向扩散维度的时间的比率。可以针对该特定的分散问题计算相对分散时间：

$$\frac{对流维度的时间}{扩散维度的时间} = \frac{L/u_C}{R^2/D} = \frac{L}{PeR} \tag{14.19}$$

当对流传输时间长于减少径向浓度变量所需时间时，达到长时间限制。该情况下，

$$\frac{RPe}{L} \ll 1 \tag{14.20}$$

因此，可省略方程（14.18）的两个最小项，以得到方程（14.9）的长时间渐近解方程形式：

$$Pe\left(\frac{1}{2} - r^2\right)\frac{\partial C}{\partial \lambda} = \frac{1}{r}\frac{\partial}{\partial r}\left(r\frac{\partial C}{\partial r}\right) \tag{14.21}$$

当对流传递引起的浓度变化在一个时间间隔内发生时达到短时限，该时间间隔太短以至于可忽略径向扩散效应。该情况下，

$$\frac{RPe}{L} \gg 1 \tag{14.22}$$

因此，可省略方程（14.18）的最小项，即径向扩散项，方程（14.9）可简化为以下短时间渐进方程：

$$\frac{\partial C}{\partial t} + Pe\left(\frac{1}{2} - r^2\right)\frac{\partial C}{\partial \lambda} = \frac{\partial^2 C}{\partial \lambda^2} \tag{14.23}$$

14.3 节和 14.4 节中用方程（14.21）和方程（14.23）分别得到层流管流中分散的平均浓度的长时间解和短时间解。

有用的是确定 Pe 和 t 的范围，在该范围内，分子扩散或对流在短时间区域中控制分散过程。正如 Ananthakrishnan 等（1965）所建议的那样，比较扩散长度 d_D 和对流长度 d_C 可得到该范围。用方程（14.24）估算扩散长度：

$$\frac{Dt}{d_{\mathrm{D}}^2} = 1 \qquad\qquad (14.24)$$

用方程（14.25）估算对流长度：

$$d_{\mathrm{C}} = u_{\mathrm{C}}t \qquad\qquad (14.25)$$

其中，t 时无量纲时间。对流长度与扩散长度的比值为（其中 t 是无量纲时间）：

$$\frac{d_{\mathrm{C}}}{d_{\mathrm{D}}} = Pe\sqrt{t} \qquad\qquad (14.26)$$

因此，对于 $Pe\sqrt{t}<1$ 情况，分子扩散应为主导；对于 $Pe\sqrt{t}>1$ 的情况，对流是分散的主要来源。对于短时间范围内的纯分子扩散，方程（14.23）可简化为：

$$\frac{\partial C}{\partial t} = \frac{\partial^2 C}{\partial \lambda^2} \qquad\qquad (14.27)$$

根据方程（14.13）至方程（14.15）解方程（14.27），得到：

$$C = \frac{\exp\left(-\dfrac{\lambda^2}{4t}\right)}{2\sqrt{\pi t}} \qquad\qquad (14.28)$$

平均溶质浓度可定义为：

$$\overline{C} = \int_0^1 Cr\,\mathrm{d}r \qquad\qquad (14.29)$$

由此，对于此情况，

$$\overline{C} = \frac{\exp\left(-\dfrac{\lambda^2}{4t}\right)}{4\sqrt{\pi t}} \qquad\qquad (14.30)$$

引入 $\overline{C}$ 是因为分析泰勒分散问题时，通常需要建立平均浓度的表达式。对于短时间范围内的纯对流，方程（14.23）化简为：

$$\frac{\partial C}{\partial t} + Pe\left(\frac{1}{2} - r^2\right)\frac{\partial C}{\partial \lambda} = 0 \qquad\qquad (14.31)$$

根据方程（14.15）求解方程（14.31）得到：

$$C = \delta\left[\lambda - Pe\left(\frac{1}{2} - r^2\right)t\right] \qquad\qquad (14.32)$$

因此，

$$2Pet\,\overline{C} = 1, \qquad 1 > \frac{2\lambda}{Pet} > -1 \qquad\qquad (14.33)$$

$$2Pet\overline{C} = 0, \qquad \left| \frac{2\lambda}{Pet} \right| > 1 \tag{14.34}$$

14.2 低 Peclet 数下层流管流中的分散

由方程（14.9）明显看出，如果移除对流项，则可得到该方程的简单解析解。由于对流项在 Pe 接近于 0 时消失，可用 Pe 作为扰动参数通过引入假定的级数而进行扰动分析。或者，可用迭代程序不断计算基本解的近似值，并因此产生扰动级数。在此情况下，纯扩散解可作为迭代程序中的初始近似值。当物质连续性方程的对流项与扩散项的比值足够小时，由迭代程序产生的扰动展开式应该有效。扰动展开式不仅在 Pe 较小时适用，也在 $Pe\sqrt{t}$ 较小时适用，因此当 Peclet 数较小时，可得到短时间和长时间情况下的合理结果。另外，展开式对于足够小的时间值都可得到任意 Pe 值的较好结果。

可通过省略方程（14.9）的对流项，然后根据方程（14.11）至方程（14.15）求解 C_0 下面的方程，从而计算出 C 的初始近似解或零阶近似解：

$$\frac{1}{r}\frac{\partial}{\partial r}\left(r\frac{\partial C_0}{\partial r}\right) + \frac{\partial^2 C_0}{\partial \lambda^2} - \frac{\partial C_0}{\partial t} = 0 \tag{14.35}$$

根据 C_{n-1} 通过求解方程（14.36）计算 C_n，而进行迭代：

$$\frac{1}{r}\frac{\partial}{\partial r}\left(r\frac{\partial C_n}{\partial r}\right) + \frac{\partial^2 C_n}{\partial \lambda^2} - \frac{\partial C_n}{\partial t} = Pe\left(\frac{1}{2} - r^2\right)\frac{\partial C_{n-1}}{\partial \lambda} \tag{14.36}$$

在迭代过程每个阶段必须施加完整的边界条件，因此对每一次迭代都要计算完整解。

方程（14.36）是非齐次抛物线型偏微分方程，方程（14.15）是非齐次初始条件。因此，根据方程（14.11）至方程（14.15），可用格林函数法很容易求解出方程（14.36）。通过方程（7.448）得到该方程组的解为：

$$C_n(r, \lambda, t) = \int_0^t\int_0^1\int_{-\infty}^{\infty} q_{n-1}(r_0, \lambda_0, t_0)g(r, \lambda, t \mid r_0, \lambda_0, t_0)r_0 \, d\lambda_0 dr_0 dt_0 +$$
$$\int_0^1 g(r, \lambda, t \mid r_0, 0, 0)r_0 dr_0 \tag{14.37}$$

其中：

$$q_{n-1}(r, \lambda, t) = -Pe\left(\frac{1}{2} - r^2\right)\frac{\partial C_{n-1}}{\partial \lambda} \tag{14.38}$$

注意，因子 2π 已被并入 $g(r, \lambda, t \mid r_0, \lambda_0, t_0)$。由方程（7.438）至方程（7.441）明显看出，必须选择以上问题的格林函数以满足以下方程组：

$$-\frac{1}{r}\frac{\partial}{\partial r}\left(r\frac{\partial g}{\partial r}\right) - \frac{\partial^2 g}{\partial \lambda^2} + \frac{\partial g}{\partial t} = \frac{\delta(r-r_0)\delta(\lambda-\lambda_0)\delta(t-t_0)}{r},$$
$$-\infty < \lambda < \infty, \qquad 0 \leqslant r \leqslant 1, \qquad t, t_0 > 0 \tag{14.39}$$

$$\frac{\partial g}{\partial r}(0, \lambda, t) = 0 \tag{14.40}$$

$$\frac{\partial g}{\partial r}(1,\ \lambda,\ t) = 0 \tag{14.41}$$

$$g(r,\ -\infty,\ t) = 0 \tag{14.42}$$

$$g(r,\ +\infty,\ t) = 0 \tag{14.43}$$

$$g(r,\ \lambda,\ t\,|\,r_0,\ \lambda_0,\ t_0) = 0,\quad t < t_0 \tag{14.44}$$

为得到 g 的表达式，提出如下解的形式：

$$g(r,\ \lambda,\ t\,|\,r_0,\ \lambda_0,\ t_0) = \sum_{n=0}^{\infty} g_n(\lambda,\ t) J_0(\alpha_n r) \tag{14.45}$$

其中，α_n 是 $J_1(\alpha_n) = 0$ 的零解（包括 0）。因为

$$\int_0^1 r J_0(\alpha_n r) J_0(\alpha_m r)\,\mathrm{d}r = 0,\ \alpha_n \neq \alpha_m \tag{14.46}$$

$$\int_0^1 r [J_0(\alpha_n r)]^2\,\mathrm{d}r = \frac{[J_0(\alpha_n)]^2}{2} \tag{14.47}$$

由方程（14.45）看出：

$$g_n(\lambda,\ t) = \frac{2}{[J_0(\alpha_n)]^2}\int_0^1 r g J_0(\alpha_n r)\,\mathrm{d}r \tag{14.48}$$

积分算子 $2\int_0^1 r J_0(\alpha_n r)(\cdot)\,\mathrm{d}r/[J_0(\alpha_n)]^2$ 可应用于方程（14.39）的每一项中，并应用于方程（14.42）至方程（14.44）中得到格林函数问题：

$$-\frac{\partial^2 g_n}{\partial \lambda^2} + \frac{\partial g_n}{\partial t} + \alpha_n^2 g_n = \frac{2\delta(\lambda - \lambda_0)\delta(t - t_0)J_0(\alpha_n r_0)}{[J_0(\alpha_n)]^2} \tag{14.49}$$

$$g_n(-\infty,\ t) = 0 \tag{14.50}$$

$$g_n(+\infty,\ t) = 0 \tag{14.51}$$

$$g_n = 0,\qquad t < t_0 \tag{14.52}$$

将指数傅里叶变换应用于方程（14.49）至方程（14.52），得到常微分方程和条件：

$$Q(\alpha_n,\ \alpha,\ r_0,\ z_0)\left[\frac{\mathrm{d}g_{ne}}{\mathrm{d}t} + (\alpha_n^2 + \alpha^2)g_{ne}\right] = \delta(t - t_0) \tag{14.53}$$

$$Q(\alpha_n,\ \alpha,\ r_0,\ z_0) = \frac{[J_0(\alpha_n)]^2}{2J_0(\alpha_n r_0)\,\mathrm{e}^{-i\alpha z_0}} \tag{14.54}$$

$$g_{ne} = 0,\ t < t_0 \tag{14.55}$$

方程（14.53）和方程（14.55）的解符合方程（7.360）：

$$g_{ne} = \frac{2H(t - t_0)J_0(\alpha_n r_0)\,\mathrm{e}^{-i\alpha\lambda_0}\exp[-(\alpha_n^2 + \alpha^2)(t - t_0)]}{[J_0(\alpha_n)]^2} \tag{14.56}$$

将指数傅里叶变换倒置得到表达式：

$$g_n(\lambda, t) = \frac{H(t - t_0)}{\sqrt{\pi(t - t_0)}} \frac{\exp\left[-\dfrac{(\lambda - \lambda_0)^2}{4(t - t_0)}\right] J_0(\alpha_n r_0) \exp\left[-\alpha_n^2(t - t_0)\right]}{\left[J_0(\alpha_n)\right]^2} \tag{14.57}$$

最终，对于以上层流分散问题，结合方程（14.45）和方程（14.57）是所需要的格林函数。

方程（14.35）的解为：

$$C_0 = \frac{\exp\left(-\dfrac{\lambda^2}{4t}\right)}{2\sqrt{\pi t}} \tag{14.58}$$

因此，$\overline{C}_0 = C_0/2$ 且

$$q_0 = \frac{Pe\left(\dfrac{1}{2} - r^2\right)\lambda \exp\left(-\dfrac{\lambda^2}{4t}\right)}{4\pi^{\frac{1}{2}} t^{\frac{3}{2}}} \tag{14.59}$$

注意，当忽略对流时，没有径向扩散。将方程（14.59）和此问题的格林函数代入方程（14.37）并适宜积分，得到以下 C_1 和 $\overline{C}_1$ 的表达式：

$$C_1 = C_0\left[1 - \frac{2Pe\lambda}{t}\sum_{n=1}^{\infty} \frac{J_0(\alpha_n r)(1 - e^{-\alpha_n^2 t})}{J_0(\alpha_n)\alpha_n^4}\right] \tag{14.60}$$

$$\overline{C}_1 = \overline{C}_0 \tag{14.61}$$

Vrentas 和 Vrentas（1988b）提出 C_2 的表达式。$\overline{C}_2$ 和 $\overline{C}_3$ 的表达式为：

$$\overline{C}_2 = \overline{C}_0\left[1 - Pe^2\left(\frac{8}{t} - \frac{4\lambda^2}{t^2}\right)\sum_{n=1}^{\infty}\frac{1}{\alpha_n^6}\left(t + \frac{e^{-\alpha_n^2 t} - 1}{\alpha_n^2}\right)\right] \tag{14.62}$$

$$\overline{C}_3 = \overline{C}_0\left[1 - Pe^2\left(8 - \frac{4\lambda^2}{t}\right)A + Pe^3\left(\frac{2\lambda^3}{t^2} - \frac{12\lambda}{t}\right)(B - E)\right] \tag{14.63}$$

其中，A、B 和 E 是与时间有关的函数。$\overline{C}_2$ 和 $\overline{C}_3$ 的表达式说明了 $\overline{C}$ 的表达式可能的对称性。如果初始浓度的分布是对称的，在任意时间下，其关于移动坐标体系平均浓度分布是对称的，层状分散问题的解也有对称性。由上面的公式明显看出，第二次迭代 $\overline{C}_2$ 有对称性，但第三次迭代 $\overline{C}_3$ 没有。在图 14.2 中显示了扰动解的对称，将在本节最后讨论。

当然对于平均浓度 $\overline{C}$，可能得到更高级数的近似值（$n \geq 4$）。然而，进行相关计算的付出将更大。上述 $\overline{C}_3$ 扰动级数的应用可通过引入欧拉转换（Van Dyke，1975）以及得到以下方程（14.63）的修正式进行改进。

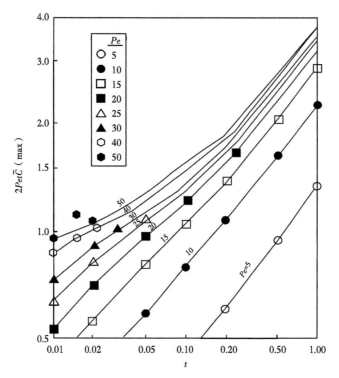

图 14.1 无量纲峰平均浓度对无量纲时间的依赖性

直线是 Yu（1981）的解且单个点是由修正的扰动求解的计算结果

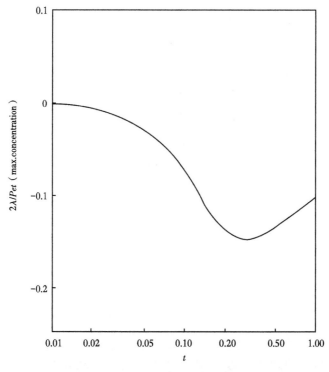

图 14.2 对于 $Pe=15$ 平均浓度分布最大值的轴向位置的时间依赖性

$$\overline{C}_3 = \overline{C}_0\left[1 - \left(1 - \frac{\lambda^2}{2t}\right)\overline{Pe}^2 + \frac{(B-E)}{A^{\frac{3}{2}}8^{\frac{3}{2}}}\left(\frac{2\lambda^3}{t^2} - \frac{12\lambda}{t}\right)\overline{Pe}^3\right] \tag{14.64}$$

有

$$\overline{Pe}^2(t) = \frac{8Pe^2A}{1 + 8Pe^2A} \tag{14.65}$$

正如预期的，方程（14.64）给出的渐进级数比方程（14.63）给出的扰动级数具有更好的收敛性。由方程（14.64）计算的 $\overline{C}_3$ 值可与 Yu（1981）对该问题的级数解结果进行对比。随着级数解中项的数目变大，级数解达到确切解的状态。Yu（1981）公布的计算可能是级数解得到的最全的结果。用修正扰动解[（方程14.64）]得到的无量纲平均浓度峰值与图14.1中 Yu（1981）的级数解比较。从图14.1中可明显看出，对任意 Pe 值，具有时间间隔 $0 \leqslant t \leqslant t_m$，在这段时间内，方程（14.64）很好地估算了在给定时间内其最大平均浓度。当 $Pe \leqslant 15$ 时，对于 $0 \leqslant t \leqslant 1$，扰动解基本与 Yu（1981）的解一致，所以 t_m 至少在 Pe 的该范围内不变。当 $15 \leqslant Pe \leqslant 50$ 时，t_m 的保守估计为：

$$Pe\sqrt{t_m} = 5 \tag{14.66}$$

以上扰动解对于 $Pe \leqslant 15$ 的情况特别有用，这是由于其在与 Yu（1981）得到的 $t \geqslant 0.7$ 的泰勒解的时间间隔相重叠时间间隔内有效。最后，图14.2显示了扰动解表现的对称性（Vrentas 和 Vrentas，1988b）。对于非常短的时间，最大的轴向位置为 $\lambda = 0$，且随时间增加而变为负数，然后再随时间进一步增加而远离负数。最终，最大值变回 $\lambda = 0$。

14.3 长时间内层流管流中的分散

对于一般的层流管流分散问题，可基于应用方程（14.21）求解长时间解。本节中用于获得平均浓度的长时渐近解的方法也在14.4节中用于获得短时渐近解。第一步是根据适当的导数和单次积分得到的精确方程组。如果利用方程（14.11），方程（14.9）和方程（14.13）至方程（14.15）乘以 $r\mathrm{d}r$，并从 $r=0$ 到 $r=1$ 积分可得到以下 $\overline{C}$ 的方程组：

$$\frac{\partial \overline{C}}{\partial t} + Pe\int_0^1 r\left(\frac{1}{2} - r^2\right)\frac{\partial C}{\partial \lambda}\mathrm{d}r = \frac{\partial^2 \overline{C}}{\partial \lambda^2} + \left(\frac{\partial C}{\partial r}\right)_{r=1} \tag{14.67}$$

$$\overline{C}(-\infty, t) = 0 \tag{14.68}$$

$$\overline{C}(+\infty, t) = 0 \tag{14.69}$$

$$\overline{C}(\lambda, 0) = \frac{\delta(\lambda)}{2} \tag{14.70}$$

注意，在构建阶段不适用方程（14.12）。如果长时（或短时）近似代替积分中的轴向导数和管壁处的径向导数，则以上方程组可用于确定 $\overline{C}$。求解过程的第二步是用方程（14.68）和方程（14.69）将指数傅里叶变换应用于方程（14.67）和方程（14.70）中，得到以下确切结果：

$$\frac{\mathrm{d}\overline{C}_e}{\mathrm{d}t} + \alpha^2 \overline{C}_e = -Pei\alpha \int_0^1 r\left(\frac{1}{2} - r^2\right)C_e\mathrm{d}r + \left(\frac{\partial C_e}{\partial r}\right)_{r=1} \tag{14.71}$$

$$\overline{C}_e(0) = \frac{1}{2} \tag{14.72}$$

对于积分中 C_e 和管壁的径向导数，长时间（或短时间）的近似值可代入方程（14.71），得到 $\overline{C}_e$ 的长时间或短时间结果。由于方程（14.71）和方程（14.72）是精确方程，且只有方程（14.71）中某些项可用长时间（或短时间）结果近似，可以合理地预期，这类渐近解 $\overline{C}_e$ 会比在更多限制条件下得到的 C_e 结果应用更广。

由于溶质必须在长时间内与壁面接触，为得到该分散问题的长时间解，必须利用方程（14.12）在壁面处径向求导。因此，根据方程（14.71），用以下精确方程分析长时间分散问题：

$$\frac{\mathrm{d}\overline{C}_e}{\mathrm{d}t} + \alpha^2 \overline{C}_e = -Pei\alpha \int_0^1 r\left(\frac{1}{2} - r^2\right)C_e\mathrm{d}r \tag{14.73}$$

如果 $\overline{C}_e$ 的表达式可由方程（14.21），即分散过程的物质连续性方程的长时间形式导出，则可解出 $\overline{C}_e$ 的方程。

如果导数 $\partial C/\partial\lambda$ 与径向位置 r 无关，则可能导出方程（14.21）的简单解。Brenner 和 Edwards（1993）阐明可预期轴向导数在长时间限制下与径向位置无关。可通过方程（14.21）与 $r\mathrm{d}r$ 相乘，再将结果方程从 $r=0$ 到 $r=1$ 积分，再利用方程（14.11）和方程（14.12）得到方程（14.74）支撑该假设：

$$\int_0^1 r\left(\frac{1}{2} - r^2\right)\frac{\partial C}{\partial\lambda}\mathrm{d}r = 0 \tag{14.74}$$

满足方程（14.74）的充分条件是 $\partial C/\partial\lambda$ 是 r 的函数或是 r 的弱函数，$\partial C/\partial\lambda$ 可用平均值充分近似。当 $\partial C/\partial\lambda$ 基本与 r 无关，方程（14.21）从 $r=0$ 到 $r=r$ 积分，得到解

$$C = C(r=0) + Pe\frac{\partial C}{\partial\lambda}\left(\frac{r^2}{8} - \frac{r^4}{16}\right) \tag{14.75}$$

由于

$$\frac{\partial C}{\partial\lambda} = 2\frac{\partial\overline{C}}{\partial\lambda} \tag{14.76}$$

方程（14.75）可改写作：

$$C = C(r=0) + 2Pe\frac{\partial\overline{C}}{\partial\lambda}\left(\frac{r^2}{8} - \frac{r^4}{16}\right) \tag{14.77}$$

并将指数傅里叶变换应用于方程（14.77），得到以下结果：

$$C_e = C_e(r=0) + 2Pei\alpha\overline{C}_e\left(\frac{r^2}{8} - \frac{r^4}{16}\right) \tag{14.78}$$

将方程（14.78）代入方程（14.73），并评估此方程右侧的积分，得到：

$$\frac{d\overline{C}_e}{dt} + \overline{C}_e\left[\alpha^2\left(1 + \frac{Pe^2}{192}\right)\right] = 0 \tag{14.79}$$

根据初始条件即方程（14.72），对该方程积分，得到：

$$\overline{C}_e = \frac{1}{2}\exp\left[-\alpha^2\left(1 + \frac{Pe^2}{192}\right)t\right] \tag{14.80}$$

其倒置后得到该分散问题的理想解：

$$\overline{C} = \frac{\exp\left[-\dfrac{\lambda^2}{4t\left(1 + \dfrac{Pe^2}{192}\right)}\right]}{4\pi^{\frac{1}{2}}\left[t\left(1 + \dfrac{Pe^2}{192}\right)\right]^{\frac{1}{2}}} \tag{14.81}$$

该解与所谓 Taylor-Aris 解公布的形式一致，是此特殊分散问题的长时间渐近解。

可将方程（14.81）用于测定溶质在简单液体或聚合物液体中扩散系数的实验基础。Chu（1988）给出了测定 D 所需的这类实验的详细讨论和所需的数据分析。

14.4　短时间内层流管流中的分散

为得到短时间内的渐近解，利用方程（14.71），但径向导数项不会按方程（14.12）的要求设为零值。在14.3节中描述的长时间限制的分析中，删除了方程（14.71）的径向导数项，因为溶质必须长时间与管壁相互作用，因此在 $r=1$ 处需要应用适宜的边界条件。在短时间限制时，溶质与管壁相互作用很小（Chatwin，1976），所以可合理假设在 $r=1$ 处施加径向零阶导数的适宜边界条件并不重要。虽然近似解不是在各处都适用，但因为溶质质量总体守恒，所以不会违反质量守恒定律。因此，如果只考虑足够短的时间，则可合理预期利用 $(\partial C/\partial r)_{r=1} \neq 0$，不会引入明显错误。

为得到合适的泰勒分散问题的适宜短时间解，必须应用方程（14.23）获得可代入方程（14.71）近似解。方程（14.23）和方程（14.15）的指数傅里叶变换可简单写作：

$$\frac{dC_e}{dt} + Pe\left(\frac{1}{2} - r^2\right)i\alpha C_e = -\alpha^2 C_e \tag{14.82}$$

$$C_e(0) = 1 \tag{14.83}$$

且此常微分方程的解形式为：

$$C_e = \exp\left\{-\left[\alpha^2 + Pei\alpha\left(\frac{1}{2} - r^2\right)\right]t\right\} \tag{14.84}$$

将方程（14.84）转置，得到溶质在管内的浓度分布的短时间近似值：

$$C = \frac{\exp\left\{-\left[\lambda - Pet\left(\frac{1}{2} - r^2\right)\right]^2 \Big/ 4t\right\}}{2\pi^{\frac{1}{2}} t^{\frac{1}{2}}} \tag{14.85}$$

相比于用方程（14.85）确定 $\overline{C}$，将 C_e 的近似表达式代入方程（14.71）更可取，可得到如下的常微分方程：

$$\frac{\mathrm{d}\overline{C}_e}{\mathrm{d}t} + \alpha^2 \overline{C}_e = \mathrm{e}^{-\alpha^2 t}\left(\frac{\mathrm{e}^{qt} + \mathrm{e}^{-qt}}{4t} + \frac{\mathrm{e}^{-qt} + \mathrm{e}^{qt}}{4qt^2}\right) + 4qt\mathrm{e}^{-\alpha^2 t}\mathrm{e}^{qt} \tag{14.86}$$

$$q = \frac{Pei\alpha}{2} \tag{14.87}$$

根据方程（14.72）求解方程（14.86），得到如下结果：

$$\overline{C}_e = \frac{\mathrm{e}^{-\alpha^2 t}(\mathrm{e}^{qt} - \mathrm{e}^{-qt})}{4qt} + 4\mathrm{e}^{-\alpha^2 t}\left[\mathrm{e}^{qt}\left(t - \frac{1}{q}\right) + \frac{1}{q}\right] \tag{14.88}$$

应用指数和三角函数间的合适关系，方程（14.88）可改写成以下形式：

$$\begin{aligned}
2Pet\overline{C}_e = {} & 2\mathrm{e}^{-\alpha^2 t}\left[\frac{\sin(Pe\alpha t/2)}{\alpha}\right] + 16t\mathrm{e}^{-\alpha^2 t}\left[\frac{1 - \cos(Pe\alpha t/2)}{i\alpha}\right] \\
& - 16t\mathrm{e}^{-\alpha^2 t}\left[\frac{\sin(Pe\alpha t/2)}{\alpha}\right] + 8Pet^2\mathrm{e}^{-\alpha^2 t}\exp\left[\frac{Pei\alpha t}{2}\right]
\end{aligned} \tag{14.89}$$

方程（14.89）可用方程（7.263）进行倒置，即对指数傅里叶变换进行卷积积分，得到 $\overline{C}$ 的理想短时间渐近解：

$$\begin{aligned}
2Pet\overline{C} = {} & \frac{\mathrm{erf}\left(\dfrac{Pet^{\frac{1}{2}}}{4} - \dfrac{\lambda}{2t^{\frac{1}{2}}}\right) + \mathrm{erf}\left(\dfrac{Pet^{\frac{1}{2}}}{4} + \dfrac{\lambda}{2t^{\frac{1}{2}}}\right)}{2} - \\
& 8t\mathrm{erf}\left(\frac{Pet^{\frac{1}{2}}}{4} + \frac{\lambda}{2t^{\frac{1}{2}}}\right) + 8t\mathrm{erf}\left(\frac{\lambda}{2t^{\frac{1}{2}}}\right) + \frac{4Pet^{\frac{3}{2}}}{\pi^{\frac{1}{2}}}\exp\left[-\frac{\left(\lambda + \dfrac{Pet}{2}\right)^2}{4t}\right]
\end{aligned} \tag{14.90}$$

可以合理预期 $\overline{C}$ 的短时间渐近解——方程（14.90）将在初始时间段内提供良好的预测，在初始时间段轴向扩散和轴对流主导分散过程，并且推测径向扩散效应较小。然而，由于存在径向扩散的近似表征，因此其效果并非完全不存在。根据 14.1 节中的讨论，短时间段的较早期部分，轴向扩散将是主要的分散机理，并且在短时间阶段内的后期对流将更加重要。基于方程（14.90）的计算表明，这就是实际的情况。对于特定 Peclet 数 $Pe = 10^4$，可通过计算在 3 个不同无量纲时间值下与平均浓度 $\overline{C}$ 的轴向依赖性以说明以上行为（Vrentas 和 Vrentas，200b）。在图 14.3 中，$t = 10^{-8}$ 和短时间渐近解与方程（14.30）描述的纯轴向扩散解基本相同。当时间增至 $t = 10^{-5}$ 时，由图 14.4 可明显看出，短时间渐近解与方程（14.33）和方程（14.34）描述的纯对流解接近。最终，当时间增至 $t = 10^{-3}$ 时，由图 14.5 可以看出，浓度分布与纯对流解非常类似，但在曲线后部有一个显著的最大值。在图 14.5 中浓度曲线与 Yu（1981）的 $Pe=10^4$ 和 $t=0.02$ 下曲线以及 Shankar 和 Lenhoff（1989）的 $Pe=\infty$ 和 $t=0.02$ 下的曲线非常类似。Yu 与 Shankar 和 Lenhoff 的结果基于其确切级数解。因为大的级数展开式必须用于短时间段，短时间渐近解比级数解更利于计算。

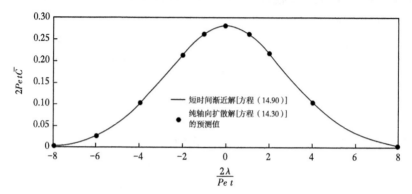

图 14.3　对于 $Pe=10^4$ 和 $t=10^{-8}$，$\overline{C}$ 的轴向相关性

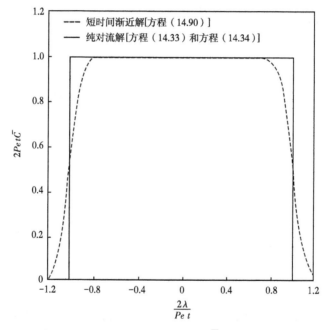

图 14.4　对于 $Pe=10^4$ 和 $t=10^{-5}$，$\overline{C}$ 的轴向相关性

　　由图 14.3 至图 14.5 明显看出，随着时间增加，在 Taylor-Aris 解最终接近对称浓度分布之前，初始对称浓度分布变得不对称。浓度分布的对称性推测是由轴向对流和径向扩散之间相关作用造成的。因此，此处建立的渐近解确实反映了浓度分布对径向扩散的一些影响。最终，只有对于图 14.3 至图 14.5 中所选时间间隔，$\overline{C}$ 的解可以在 14.2 节中讨论的方式与 λ 对称。对于 $t=10^{-8}$ 和 $t=10^{-5}$，平均浓度分布看起来是对称的，但对于 $t=10^{-3}$，此分布明显不对称。检验方程（14.90）显示，只有该方程的第一项对 λ 对称。然而，对于

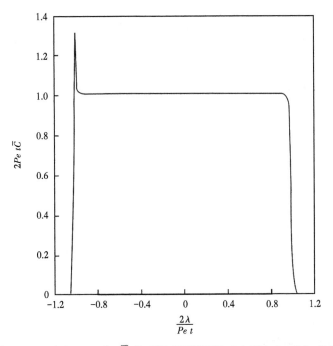

图 14.5　对于 $Pe = 10^4$ 和 $t = 10^{-3}$，$\overline{C}$ 基于短时间渐近解 ［方程(14.90)］ 的轴向相关性

足够小时间 （10^{-8} 和 10^{-5}），方程 （14.90） 最后三项的和可忽略，$\overline{C}$ 的计算结果基本对称。对于 $t = 10^{-3}$，因为方程 （14.90） 最后三项的和并不小，所以 $\overline{C}$ 的计算结果不对称。

14.5　反相色谱实验的分析

　　本节的目的是得到用于分析反相色谱实验所需的方程。如前所述，该实验用于测量聚合物中低分子量溶质的扩散系数和溶解度。虽然用填充色谱柱进行实验，但应用开放毛细管色谱柱更可取。在这类色谱柱里，聚合物环状薄层沉积在圆柱管壁上。由于该几何结构相对简单，利用均一环状聚合物层大大简化了传质过程的分析。此处毛细管柱反相色谱实验分析遵循 Pawlisch 等 （1987） 所用的方法，但有些重要的不同点，接下来会说明。反相色谱毛细管柱如图 14.6 所示。

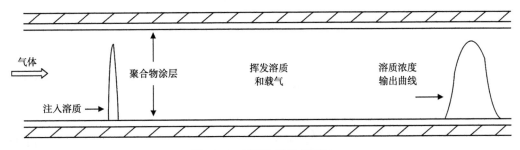

图 14.6　反相色谱毛细管柱

色谱实验的特征基于以下假设：

（1）实验在等温条件下进行，气相或固定聚合物相中没有化学反应。

（2）气相是溶质和载气的二组分混合物。溶质浓度很低，所以气相的总质量密度和扩散系数基本上与溶质浓度无关。

（3）假设气相是在具有抛物线型速度分布层状和非对称流动中的不可压缩牛顿流体。气相从 $r=0$ 延伸到 $r=R$，R 即气体—聚合物界面，范围从 $z=-\infty$ 到 $z=+\infty$。

（4）假设载气不溶于聚合物相，所以该固定相是溶质和聚合物的二组分混合物。聚合物相中溶质的量较少，所以总质量密度和扩散系数基本与溶质浓度无关。聚合物相从 $r=R$ 扩展到管壁半径 $r=R_w$，所以聚合物膜厚度为 $\tau=R_w-R$。假设聚合物膜厚度比气相半径 R 小很多。实验的目的是确定在无限稀释溶质限制下聚合物中溶质的扩散系数。

（5）固定聚合物相的轴向扩散可忽略。

（6）聚合物吸收溶质的量较少，所以 $\mathrm{d}R/\mathrm{d}t\approx0$，因此聚合物膜基本上具有恒定厚度。

（7）在 $r=R$ 处，气相溶质质量密度和聚合物相溶质质量密度之间存在线性平衡关系，其分配系数为 K。

（8）在坐标系的原点 $z=0$ 处，通过在管壁的横截面上均匀分布注入浓缩的初始溶质而将溶质添加到载气中。

（9）聚合物相中开始没有溶质。

根据以上假设，溶质（组分1）的传质问题可用以下方程组描述：

$$\frac{\partial\rho_{1g}}{\partial t}+2u_a\left(1-\frac{r^2}{R^2}\right)\frac{\partial\rho_{1g}}{\partial z}=D_g\left[\frac{1}{r}\frac{\partial}{\partial r}\left(r\frac{\partial\rho_{1g}}{\partial r}\right)+\frac{\partial^2\rho_{1g}}{\partial z^2}\right] \tag{14.91}$$

$$\rho_{1g}(r,\ -\infty,\ t)=0 \tag{14.92}$$

$$\rho_{1g}(r,\ +\infty,\ t)=0 \tag{14.93}$$

$$\frac{\partial\rho_{1g}}{\partial r}=0,\quad r=0 \tag{14.94}$$

$$D_p\frac{\partial\rho_{1p}}{\partial r}=D_g\frac{\partial\rho_{1g}}{\partial r},\quad r=R \tag{14.95}$$

$$\rho_{1p}=K\rho_{1g},\quad r=R \tag{14.96}$$

$$\rho_{1g}(r,\ z,\ 0)=\frac{M_0\delta(z)}{\pi R^2},\quad 0\leqslant r<R \tag{14.97}$$

$$\frac{\partial\rho_{1p}}{\partial t}=D_p\left[\frac{1}{r}\frac{\partial}{\partial r}\left(r\frac{\partial\rho_{1p}}{\partial r}\right)\right] \tag{14.98}$$

$$\frac{\partial\rho_{1p}}{\partial r}=0,\quad r=R_w \tag{14.99}$$

$$\rho_{1p}(r,\ z,\ 0)=0,\quad R<r\leqslant R_w \tag{14.100}$$

式中，ρ_{1g} 和 D_g 分别是气相中溶质质量密度和扩散系数；ρ_{1p} 和 D_p 分别是聚合物相中溶质质量密度和扩散系数；M_0 是注入的溶质质量。

方程（14.95）是由溶质跳跃质量平衡在 $\mathrm{d}R/\mathrm{d}t=0$ 情况下得到的。

通过引入两个附加假设可修正以上方程组。第一，因为 $D_g \gg D_p$，在 $r=R$ 处，由方程（14.95）有 $\partial \rho_{1g}/\partial r \ll \partial \rho_{1p}/\partial r$。另外，可以合理推测气相中径向浓度梯度足够小，由此可假设

$$\rho_{1g}(r,\ z,\ t) = \rho_{1g}^{a}(z,\ t) \tag{14.101}$$

其中，ρ_{1g}^{a} 是 ρ_{1g} 合适的平均值。现在，方程（14.91）与 $r\mathrm{d}r$ 相乘，从 $r=0$ 到 $r=R$ 积分，并利用方程（14.94）、方程（14.95）和方程（14.101）得到以下溶质的物质连续性方程：

$$\frac{\partial \rho_{1g}^{a}}{\partial t} + u_a \frac{\partial \rho_{1g}^{a}}{\partial z} = D_g \frac{\partial^2 \rho_{1g}^{a}}{\partial z^2} + \frac{2D_p}{R}\left(\frac{\partial \rho_{1p}}{\partial r}\right)_{r=R} \tag{14.102}$$

此外，方程（14.92）、方程（14.93）、方程（14.96）和方程（14.97）也可写作：

$$\rho_{1g}^{a}(-\infty,\ t) = 0 \tag{14.103}$$

$$\rho_{1g}^{a}(+\infty,\ t) = 0 \tag{14.104}$$

$$\rho_{1p} = K\rho_{1g}^{a},\ \ r=R \tag{14.105}$$

$$\rho_{1g(z,\ 0)}^{a} = \frac{M_0 \delta(z)}{\pi R^2} \tag{14.106}$$

第二个近似是基于假设聚合物层厚度比 R 小很多。引入新径向变量：

$$y = r - R \tag{14.107}$$

将方程（14.107）代入方程（14.98）至方程（14.100）中，得到 ρ_{1p} 的修正方程组如下：

$$\frac{\partial \rho_{1p}}{\partial t} = D_p\left(\frac{\partial^2 \rho_{1p}}{\partial y^2} + \frac{1}{R+y}\frac{\partial \rho_{1p}}{\partial y}\right) \tag{14.108}$$

$$\frac{\partial \rho_{1p}}{\partial y} = 0,\ \ \ \ \ y = \tau \tag{14.109}$$

$$\rho_{1p}(y,\ z,\ 0) = 0,\ \ \ \ 0 < y \leqslant \tau \tag{14.110}$$

因为 $y \ll R$，方程（14.108）可近似为：

$$\frac{\partial \rho_{1p}}{\partial t} = D_p \frac{\partial^2 \rho_{1p}}{\partial y^2} \tag{14.111}$$

引入以下无量纲变量，方程（14.102）至方程（14.106）和方程（14.109）至方程（14.111）可转化为无量纲形式：

$$Y = \frac{\rho_{1g}^{a} L}{C_0 R}, \quad q = \frac{\rho_{1p} L}{C_0 R K} \tag{14.112}$$

$$\theta = \frac{u_a t}{L}, \qquad x = \frac{z}{L} \tag{14.113}$$

$$\eta = \frac{r - R}{\tau} = \frac{y}{\tau} \tag{14.114}$$

其中：

$$C_0 = \frac{M_0}{\pi R^3} \tag{14.115}$$

L 是从进料点到检测器位置的柱长。无量纲方程组写作：

$$\frac{\partial Y}{\partial \theta} + \frac{\partial Y}{\partial x} = \gamma \frac{\partial^2 Y}{\partial x^2} + \frac{2}{\alpha \beta^2} \left(\frac{\partial q}{\partial \eta} \right)_{\eta = 0} \tag{14.116}$$

$$\alpha = \frac{R}{K \tau}, \quad \beta^2 = \frac{u_a \tau^2}{D_p L}, \quad \gamma = \frac{D_g}{u_a L} \tag{14.117}$$

$$Y(-\infty, \theta) = 0 \tag{14.118}$$

$$Y(+\infty, \theta) = 0 \tag{14.119}$$

$$q = Y, \quad \eta = 0 \tag{14.120}$$

$$Y(x, 0) = \delta(x) \tag{14.121}$$

$$\frac{\partial q}{\partial \theta} = \frac{1}{\beta^2} \frac{\partial^2 q}{\partial \eta^2} \tag{14.122}$$

$$\frac{\partial q}{\partial \eta} = 0, \qquad \eta = 1 \tag{14.123}$$

$$q = 0, \qquad \theta = 0, \qquad 0 < \eta \leqslant 1 \tag{14.124}$$

以上方程组的解的域和施加的辅助条件与 Pawlisch 等（1987）使用的有所不同。在本次研究中所用的轴向域是$-\infty < x < \infty$，而 Pawlisch 等解决的是轴向域为 $x > 0$ 的问题。另外，在两个研究中，气相中溶质初始条件不同。在当前的研究中，采用浓缩的溶质作为抛物线型偏微分方程的初始条件，该偏微分方程用于求解 Y。这看起来是分散理论的通用办法。在 Pawlisch 等的研究中，在 $x = 0$ 处引入注入溶质作为边界条件，有效地假设在整个实验期间以某种方式可以控制 $x = 0$ 处的溶质浓度。然而，$x = 0$ 是扩散场中的内部点，因为在实验过程中轴向扩散必然会改变 $x = 0$ 处的溶质浓度，所以不可能在此处设置溶质浓度。本次研究中所用方程组和区域看起来更加实际，因此更能描述气相中传质过程的物理现象。此处得到的存在轴向扩散的解与 Pawlisch 等提出的解必然不同。

将拉普拉斯变换式应用于方程（14.116）和方程（14.118）至方程（14.124）中，得到：

$$\gamma \frac{d^2 \overline{Y}}{dx^2} - \frac{d\overline{Y}}{dx} - p\overline{Y} = -\delta(x) - \frac{2}{\alpha\beta^2}\left(\frac{d\overline{q}}{d\eta}\right)_{\eta=0} \tag{14.125}$$

$$\overline{Y}(-\infty) = 0 \tag{14.126}$$

$$\overline{Y}(+\infty) = 0 \tag{14.127}$$

$$\overline{q} = \overline{Y}, \quad \eta = 0 \tag{14.128}$$

$$\frac{\mathrm{d}^2\overline{q}}{\mathrm{d}\eta^2} - \beta^2 p\overline{q} = 0 \tag{14.129}$$

$$\frac{\mathrm{d}^2\overline{q}}{\mathrm{d}\eta^2} = 0, \quad \eta = 1 \tag{14.130}$$

根据方程（14.129）和方程（14.130），有

$$\overline{q} = A\cosh\left[(1 - \eta)\beta p^{\frac{1}{2}}\right] \tag{14.131}$$

$$\left(\frac{\mathrm{d}\overline{q}}{\mathrm{d}\eta}\right)_{\eta=0} = -\beta p^{\frac{1}{2}}A\sinh(\beta p^{\frac{1}{2}}) \tag{14.132}$$

其中，A 实际上是变量 x 的函数，将它作为一个参数。由方程（14.128）和方程（14.131）明显看出：

$$A = \frac{\overline{Y}}{\cosh(\beta p^{\frac{1}{2}})} \tag{14.133}$$

并用方程（14.125）、方程（14.132）和方程（114.133）得到分布微分方程：

$$-\gamma\frac{\mathrm{d}^2\overline{Y}}{\mathrm{d}x^2} + \frac{\mathrm{d}\overline{Y}}{\mathrm{d}x} + H\overline{Y} = \delta(x) \tag{14.134}$$

$$H = p + \frac{2p^{\frac{1}{2}}}{\alpha\beta}\tanh(\beta p^{\frac{1}{2}}) \tag{14.135}$$

方程（14.134）的相关边界条件是方程（14.126）和方程（14.127），采用 7.11 节中对常微分方程描述的格林函数法得到以上问题的解：

$$\overline{Y}(x, p) = \frac{\exp\left\{\left[\frac{1 + (1 + 4H\gamma)^{\frac{1}{2}}}{2\gamma}\right]x\right\}}{(1 + 4H\gamma)^{\frac{1}{2}}}, \quad x < 0 \tag{14.136}$$

$$\overline{Y}(x, p) = \frac{\exp\left\{\left[\frac{1 - (1 + 4H\gamma)^{\frac{1}{2}}}{2\gamma}\right]x\right\}}{(1 + 4H\gamma)^{\frac{1}{2}}}, \quad x > 0 \tag{14.137}$$

检测器在 $x = 1$ 处，因此检测器处的浓度转化可表示为：

$$\overline{Y}(1, p) = \frac{\exp\left[\frac{1 - (1 + 4H\gamma)^{\frac{1}{2}}}{2\gamma}\right]}{(1 + 4H\gamma)^{\frac{1}{2}}} \tag{14.138}$$

参数 γ 表征了轴向扩散过程，通常比 10^{-4} 小，所以合理推测出轴向扩散对毛细管柱中分散过程影响很小。随着 γ 趋向于 0，方程（14.138）可简化为：

$$\overline{Y}(1, p) = \exp(-H) \tag{14.139}$$

正如推测的，方程（14.138）显然与 Pawlisch 等（1987）得到的可比方程不同。然而，当 $\gamma = 0$ 且没有轴向扩散时，方程可简化为同一种形式。

正如 Pawlisch 等提到的，似乎不能通过分析方法反演方程（14.139），所以该方程的数值反演提供了一种从色谱实验中获得实时浓度分布的方法。或者，由于实时浓度分布的矩量可与 $\overline{Y}(1, p)$ 得到的结果进行关联，Pawlisch 等提出利用矩量分析。Pawlisch 等列举了关联在检测 τ、R、L、u_a、D_g、D_p 和 K 时得到的测定浓度分布的某些积分的方程。由于两个矩量方程涉及这些变量，且假设前面 5 个变量已知，因此可以直接确定 D_p 和 K。

由 Arnould（1989）提出，以上考虑的分析中存在问题，这是由于对高度倾斜峰尾部的精确测量较为困难。当 $\beta > 1$ 时 $\alpha = 4$，当 $\beta > 2$ 时 $\alpha = 1$，当 $\beta > 5$ 时 $\alpha = 0.2$，数据分析中都存在困难。当 D_p 为低值时，β 值较大。因此，必须采用不同的分析方法获得较大的 β 值。由方程（14.135）和方程（14.139）可知，当 β 较大时，方程（14.140）有效：

$$\overline{Y}(1, p) = \exp(-p) \exp\left(-\frac{2p^{\frac{1}{2}}}{\alpha\beta}\right) \tag{14.140}$$

拉普拉斯变换的变换性质可用于反演方程（14.140）（Mickley 等，1957），得到结果：

$$Y = 0, \quad 0 < \theta < 1 \tag{14.141}$$

$$Y = \frac{1}{\alpha\beta\pi^{\frac{1}{2}}(\theta-1)^{\frac{3}{2}}} \exp\left[-\frac{1}{\alpha^2\beta^2(\theta-1)}\right], \quad \theta > 1 \tag{14.142}$$

用方程（14.143）和方程（14.144）可找到 Y_m（即流出曲线中的 Y 最大值）和 θ_m（即最大值出现的时间）：

$$Y_m = \frac{\alpha^2\beta^2}{\pi^{\frac{1}{2}}}\left(\frac{3}{2}\right)^{\frac{1}{?}} \exp\left(-\frac{3}{2}\right) \tag{14.143}$$

$$\theta_m = 1 + \frac{2}{3\alpha^2\beta^2} \tag{14.144}$$

且根据方程（14.112）和方程（14.113）有

$$Y_m = \frac{(\rho_{1g}^a)_m L}{C_0 R} \tag{14.145}$$

$$\theta_m = \frac{u_a t_m}{L} \tag{14.146}$$

式中，t_m 是流出曲线出现最大值的无量纲时间；$(\rho_{1g}^a)_m$ 是气相中溶质的无量纲最大平均浓度。

因为 t_m 可测且 u_a 和 L 已知，$\alpha^2\beta^2$ 可用方程（14.144）和方程（14.146）确定。或者，由于 $(\rho_{1g}^a)_m$ 可测且 L、R 和 C_0 已知，$\alpha^2\beta^2$ 可用方程（14.143）和方程（14.145）确定。因此，对于较大 β 值和较小 γ 值，可用方程（14.143）和方程（14.144）确定 $\alpha^2\beta^2$ 的两个简单方程，$\alpha^2\beta^2$ 与实验参数有下列关系：

$$\alpha^2\beta^2 = \frac{R^2 u_a}{K^2 D_p L} \tag{14.147}$$

显然，确定 $\alpha^2\beta^2$ 仅提供一个 $K^2 D_p$ 值，且不能仅用色谱数据得到扩散系数和分配系数的分离值。反相气相色谱实验的主要贡献是提供了在相对短时间内在重要温度范围内测量聚合物中无限稀释扩散系数的途径。其他方法（比如蒸气吸附）也可用于确定 K，因此允许由 $\alpha^2\beta^2$ 确定 D_p。

通过比较从方程（14.143）和方程（14.144）获得的 Y_m 和 θ_m 值与从方程（14.139）的数值反演获得的 Y_m 和 θ_m 值，可以确定大 β 值的分析方法的适用范围（Vrentas 等，1993）。该比较表明，当 $\beta^2>1$ 时 $\alpha=4$，当 $\beta_2>1.5$ 时 $\alpha=1$，当 $\beta^2>8$ 时 $\alpha=0.2$，限制解析表达式给出了可接受的结果。如上所述，当 $\beta^2>1$ 时 $\alpha=4$，当 $\beta_2>1.5$ 时 $\alpha=1$，当 $\beta_2>8$ 时 $\alpha=0.2$，Arnould（1989）阐明该矩量法存在问题。显然，对于 α 值由 $\alpha=0.2$ 到 $\alpha=0.4$，将矩量法和此处提出的对较大 β 值的方法相结合覆盖了整个 β 范围。

第 15 章 压力梯度对扩散的影响
——波动行为与沉积

在 12.1 节和 12.3 节中提到，压力梯度有助于膜体系中稳定传质的质量扩散通量。本章介绍了压力梯度如何对二元流体混合物中非稳定传递的波传播起重要作用。此外，本章也考虑沉积过程中压力梯度的重要性。

经典扩散理论的普遍形式存在一个重要的难点，扩散通量仅取决于质量分数梯度。Müller 和 Ruggeri（1998）提出，这样的理论会导致抛物线型偏微分非稳态扩散方程，这意味着浓度干扰以无限速度传播。他们认为这个结果有悖于经典扩散理论。Müller 和 Ruggeri（1998）认为，对于像扩散这样的传质过程需要具有双曲线型方程和有限速度。本章还研究了实现这种结果的可能性。

15.1 二元流体混合物中的波传播

Whitham（1974）将波定义为"任意可识别的信号，以可识别的传播速度从介质的一部分传递到另一部分"。比如，考虑小浓度干扰，通过改变混合物中组分的质量分数引入二元流体混合物中。最初，流体非扰动态是由压力 $p=p_0$、密度 $\rho=\rho_0$、速度 $v=0$ 和组分 1 的质量分数 $w_1=w_{10}$ 表征的，这些数值开始与位置和时间无关。浓度的干扰从 $w_1=w_{10}$ 到 $w_1=w_{1E}$ 改变组分 1 的质量分数，这个改变用较小参数 ε 表征：

$$\varepsilon = w_{1E} - w_{10} \tag{15.1}$$

浓度扰动导致压力、密度和流速的小振幅扰动，这些扰动就是波传播的例子。

在以下条件下，检验了压力、密度、速度和浓度干扰的传播：

（1）在组分 1 和组分 2 的二元流体混合物中，存在等温一维传递，没有化学反应。

（2）所有引力效应很小，可忽略。

（3）流体相假设是非黏性流体混合物，所以 $T=-pI$。

（4）认为扩散流量的本构方程是一阶扩散理论方程，其由方程（4.110）的一维形式给出：

$$j_{1x} = -\rho D \frac{\partial w_1}{\partial x} + \phi^p \frac{\partial p}{\partial x} \tag{15.2}$$

$$\phi^p = \frac{\rho D(\hat{V}_2 - \hat{V}_1)w_2}{(\partial \mu_1/\partial w_1)_p} \tag{15.3}$$

（5）初始环境状态的微小扰动可由如下方程组描述：

$$p = p_0 + \varepsilon p' \tag{15.4}$$

$$\rho = \rho_0 + \varepsilon\rho' \tag{15.5}$$

$$v = \varepsilon v' \tag{15.6}$$

$$w_1 = w_{10} + \varepsilon C \tag{15.7}$$

（6）可用以下泰勒级数确定二元混合物总密度的压力和质量分数相关性：

$$\rho - \rho_0 = \left(\frac{\partial\rho}{\partial w_1}\right)_{w_{10},\,p_0}(w_1 - w_{10}) + \left(\frac{\partial\rho}{\partial p}\right)_{w_{10},\,p_0}(p - p_0) + \cdots \tag{15.8}$$

（7）质量扩散流量的本构方程中的两个参数 D 和 ϕ^p 具有浓度和压力相关性，可表示为：

$$D = D_0 + O(\varepsilon) \tag{15.9}$$

$$\phi^p = \phi_0^p + O(\varepsilon) \tag{15.10}$$

式中，D_0 和 ϕ_0^p 分别是 D 和 ϕ^p 非扰动态的值。

以上体系的传递可由 3 个场方程描述，其遵循方程（2.45）、方程（2.106）、方程（2.62）和方程（15.2）：

$$\frac{\partial\rho}{\partial t} + \frac{\partial(\rho v_x)}{\partial x} = 0 \tag{15.11}$$

$$\rho\left(\frac{\partial v_x}{\partial t} + v_x\frac{\partial v_x}{\partial x}\right) = -\frac{\partial p}{\partial x} \tag{15.12}$$

$$\rho\left(\frac{\partial w_1}{\partial t} + v_x\frac{\partial w_1}{\partial x}\right) = \frac{\partial}{\partial x}\left(\rho D\frac{\partial w_1}{\partial x}\right) - \frac{\partial}{\partial x}\left(\phi^p\frac{\partial p}{\partial x}\right) \tag{15.13}$$

如果将方程（15.4）至方程（15.7）、方程（15.9）和方程（15.10）代入方程（15.8）和方程（15.11）至方程（15.13），得到的方程仅保留 ε 级项且线性化，得到以下线性声学近似的方程，用于描述传递过程：

$$\frac{\partial\rho'}{\partial t} + \rho_0\frac{\partial v'_x}{\partial x} = 0 \tag{15.14}$$

$$\frac{\partial v'_x}{\partial t} = -\frac{1}{\rho_0}\frac{\partial p'}{\partial x} \tag{15.15}$$

$$\frac{\partial C}{\partial t} = D_0\frac{\partial^2 C}{\partial x^2} - \frac{\phi_0^p}{\rho_0}\frac{\partial^2 p'}{\partial x^2} \tag{15.16}$$

$$\rho' = BC + Ap' \tag{15.17}$$

$$A = \left(\frac{\partial\rho}{\partial p}\right)_{w_{10},\,p_0} \tag{15.18}$$

$$B = -\rho_0^2(\hat{V}_1 - \hat{V}_2)_0 \tag{15.19}$$

对于恒定的 A 有

$$A \geqslant 0 \tag{15.20}$$

对于恒定的 B 有

$$\phi_0^p B \geqslant 0 \tag{15.21}$$

方程（15.21）直接遵循方程（4.128）和方程（15.19）。最终，由方程（4.126）得到：

$$\left(\frac{\partial \mu_1}{\partial w_1}\right)_p \geqslant 0 \tag{15.22}$$

方程（15.14）至方程（15.17）描述了包括两个一阶偏微分方程和一个单一的一阶偏微分方程线性声学问题。其也可能通过两个二级偏微分方程描述该波传播问题。在进行合适的微分后，结合方程（15.14）、方程（15.15）和方程（15.17）得到二级偏微分方程：

$$B\frac{\partial^2 C}{\partial t^2} + A\frac{\partial^2 p'}{\partial t^2} = \frac{\partial^2 p'}{\partial x^2} \tag{15.23}$$

该方程可以和方程（15.16）结合，得到另一个二级偏微分方程：

$$\frac{\partial C}{\partial t} = D_0\frac{\partial^2 C}{\partial x^2} - \frac{\phi_0^p B}{\rho_0}\frac{\partial^2 C}{\partial t^2} - \frac{\phi_0^p A}{\rho_0}\frac{\partial^2 p'}{\partial t^2} \tag{15.24}$$

另外，单一四阶偏微分方程可由方程（15.16）和方程（15.23）通过用 $(\phi_0^p/\rho_0)\,\partial^2/\partial x^2$ 处理方程（15.23），用 $A\partial^2/\partial t^2 - \partial^2/\partial x^2$ 处理方程（15.16），并将两结果相减。通过以上操作得到 C 的单一四阶方程：

$$\frac{\partial}{\partial t}\left(\frac{\partial^2 C}{\partial x^2} - A\frac{\partial^2 C}{\partial t^2}\right) = D_0\frac{\partial^2}{\partial x^2}\left[\frac{\partial^2 C}{\partial x^2} - \left(A + \frac{B\phi_0^p}{\rho_0 D_0}\right)\frac{\partial^2 C}{\partial t^2}\right] \tag{15.25}$$

使用同样的方程可描述 p'。

Whitham（1974）提出存在两类主要的波动。第一类包含双曲波，由于这种波在数学上根据双曲偏微分方程方法构造出来，因此其被称为双曲波。双曲波的偏微分方程的形式比解的形式更重要。常见的波方程如下：

$$\frac{\partial^2 Y}{\partial t^2} = \frac{\partial^2 Y}{\partial x^2} \tag{15.26}$$

方程（15.26）是双曲线型的，且产生双曲波。第二类波称为分散波，该波的分类基于问题解的类型而不是描述波方程的类型。满足该形式的解的线性体系：

$$Y = Y^* \mathrm{e}^{\mathrm{i}\omega t}\mathrm{e}^{-\mathrm{i}kx} \tag{15.27}$$

能产生分散波，如果 $\omega = \omega(k)$ 关系满足：

$$\frac{\mathrm{d}^2\omega}{\mathrm{d}k^2} \neq 0 \tag{15.28}$$

在方程（15.27）中，ω 是实数频率，k 是复数波数，Y^* 是复数振幅。波传播用分散关系 $\omega = \omega(k)$ 表征，其与频率和波数联系在一起。

可以找到双曲线型方程且也同时符合方程（15.27）形式的解的情况，方程（15.27）满足方程（15.28）给定的条件。Whitham（1974）提出产生波动方程的例子，此波动表现出双曲和分散行为：

$$\frac{\partial^2 Y}{\partial t^2} - \frac{\partial^2 Y}{\partial x^2} + Y = 0 \tag{15.29}$$

该方程明显是双曲线型，且可知这是方程（15.27）具有 $\omega^2 = 1 + k^2$ 的解的形式，由此可满足方程（15.28）中的条件。

然而，通常波并不必须是双曲线型和分散型。比如，方程（15.26）产生双曲波，因此该方程可被分为双曲线型。将方程（15.27）代入方程（15.26）中，符合 $\omega = \pm k$，且因为没有满足方程（15.28）给出的条件，所以波不是分散型的。

基于由方程（15.14）至方程（15.17）描述的传递问题的方程将用于判断这些方程中的扰动传播产生的波是双曲波还是分散波。15.2 节中考虑了双曲波，15.3 节中研究了分散波。对于双曲波和分散波，本将会对参数 A 和 B 的 4 种组合检验波传播的本质：$A \neq 0$，$B \neq 0$；$A = 0$，$B \neq 0$；$A \neq 0$，$B = 0$；$A = 0$，$B = 0$。由方程（15.3）和方程（15.19）明显看出，当 $B = 0$ 时，ϕ_0^{p} 必须设为 0。

15.2　双曲波

如果把方程（15.14）至方程（15.17）写成一阶偏微分方程的线性体系，则描述扰动传递的方程体系分类将较为便利。如果分析中引入以下变量：

$$u_1 = v_x' \tag{15.30}$$

$$u_2 = p' \tag{15.31}$$

$$u_3 = -D_0 \frac{\partial C}{\partial x} + \frac{\phi_0^{\mathrm{p}}}{\rho_0} \frac{\partial p'}{\partial x} \tag{15.32}$$

$$u_4 = C \tag{15.33}$$

然后，方程（15.14）至方程（15.17）可改写作：

$$\frac{\partial u_1}{\partial x} + \frac{B}{\rho_0} \frac{\partial u_4}{\partial t} + \frac{A}{\rho_0} \frac{\partial u_2}{\partial t} = 0 \tag{15.34}$$

$$\frac{\partial u_2}{\partial x} + \rho_0 \frac{\partial u_1}{\partial t} = 0 \tag{15.35}$$

$$\frac{\partial u_3}{\partial x} + \frac{\partial u_4}{\partial t} = 0 \tag{15.36}$$

$$\frac{\partial u_4}{\partial x} + \frac{\phi_0^p}{D_0}\frac{\partial u_1}{\partial t} + \frac{u_3}{D_0} = 0 \tag{15.37}$$

以上线性体系可写作紧凑形式：

$$\frac{\partial u_i}{\partial x} + A_{ij}\frac{\partial u_j}{\partial t} + a_i = 0 \tag{15.38}$$

其中，采用 1~4 范围的 i 和 j 进行求和缩写。A_{ij} 和 a_i 的定义直接根据方程（15.34）至方程（15.37）得出。

方程（15.34）至方程（15.37）的双曲线性体系可通过特征理论求解左侧特征向量 l_i，且用 4 个方程求解出上述体系特征值 $1/c$（Whitham，1974）得以确定：

$$l_i\left(A_{ij} - \frac{\delta_{ij}}{c}\right) = 0 \tag{15.39}$$

其中，c 是体系的特征速度。以上方程组在 l_i 上是齐次的，因此可通过消除体系的特征行列式确定特征值 $1/c$：

$$\left| A_{ij} - \frac{\delta_{ij}}{c} \right| = 0 \tag{15.40}$$

这是获得方程（15.39）非零解所需的充分必要条件。根据方程（15.39）的特征值和特征向量的性质，可确定方程（15.34）至方程（15.37）给出的方程组的分类。Whitham（1974）认为，如果有 4 个对应于 4 个实特征值（可能多重）的线性独立实特征向量，则此处所研究体系是双曲线型的。

表 15.1 中显示了参数 A 和 B 的 4 种可能结合的特征值和特征向量结果。由表 15.1 可以看出，当混合物密度恒定（$A=0$，$B=0$），密度取决于压力和浓度（$A\neq0$，$B\neq0$）时，4 个一阶偏微分方程的线性体系不是双曲线型的（$A\neq0$，$B\neq0$），或密度取决于压力，而不是浓度（$A\neq0$，$B=0$）。然而，当密度是浓度函数，而不是压力函数（$A=0$，$B\neq0$）时，将产生双曲波。这些结果表明，双曲波更可能发生在液体混合物中，而不是气体混合物中。

表 15.1 中由一阶偏微分方程的线性体系得到的某些结果，看起来与基丁两个二级偏微分方程［方程（15.24）］之一的检测结果相一致。当 $A=B=0$ 时，方程（15.24）简化为 C 的抛物线型偏微分方程，且由表 15.1 明显看出，所有的 4 个特征速度都是无限的，

表 15.1　一阶线性体系方程的分类（Vrentas 和 Vrentas，2001a）

A	B	特征值 $1/c$	独立特征向量数	分类
0	0	0，0，0，0	2	非双曲线型
0	非 0	$0，0，\pm\left(\dfrac{B\phi_0^p}{\rho_0 D_0}\right)^{\frac{1}{2}}$	4	双曲线型
非 0	0	$0，0，\pm A^{\frac{1}{2}}$	3	非双曲线型
非 0	非 0	$0，0，\pm\left(A+\dfrac{B\phi_0^p}{\rho_0 D_0}\right)^{\frac{1}{2}}$	3	非双曲线型

正如抛物线型方程预期的一样。当 $A=0$，$B \neq 0$ 时，方程（15.24）是方程（7.23）形式的 C 的双曲线型方程，方程（7.23）是描述当扩散流量的表达式中包含压力梯度时非稳态扩散的双曲线型方程。当 $A=0$，$B \neq 0$ 时，正如双曲线型方程预测的，两个特征速度有限。

15.3　分散波

如 15.1 节中所述，分散波通过方程（15.27）形式的解的存在来识别，该解满足方程（15.28）的要求。由于方程（15.25）描述了 15.1 节中考虑的问题存在的浓度扰动，因此解的形式为：

$$C = C^* \mathrm{e}^{\mathrm{i}\omega t} \mathrm{e}^{-\mathrm{i}kx} \tag{15.41}$$

其中，C^*、ω 和 k 是常数，将其代入方程（15.25），可得到：

$$w^2 - w\left(F - \frac{\mathrm{i}}{\omega D_0}\right) - \frac{\mathrm{i}A}{\omega D_0} = 0 \tag{15.42}$$

$$w = \frac{k^2}{\omega^2} \tag{15.43}$$

$$F = A + \frac{B\phi_0^{\mathrm{p}}}{\rho_0 D_0} \tag{15.44}$$

方程（15.42）的解简单写作：

$$w = \left(F - \frac{\mathrm{i}}{\omega D_0}\right)\left[\frac{1 \pm (1 + H)^{\frac{1}{2}}}{2}\right] \tag{15.45}$$

$$H = \frac{4\mathrm{i}A}{\omega D_0\left(F - \dfrac{\mathrm{i}}{\omega D_0}\right)^2} \tag{15.46}$$

随着 $\omega \to \infty$，可通过对高频率限制有效的合适级数展开式得到方程（15.45）的限制形式。当 $\omega \to \infty$ 时，$H \to 0$，可较为便利地得到高频率结果。由此可见，在高频率限制下 k/ω 存在以下可能：

$$\frac{k}{\omega} = \pm F^{\frac{1}{2}}\left[1 + \frac{\mathrm{i}(A - F)}{2\omega F^2 D_0}\right] + O\left(\frac{1}{\omega^2}\right) \tag{15.47}$$

$$\frac{k}{\omega} = \pm \frac{\mathrm{i}^{\frac{3}{2}}}{\omega^{\frac{1}{2}}}\left(\frac{A}{D_0 F}\right)^{\frac{1}{2}} + O\left(\frac{1}{\omega^{\frac{3}{2}}}\right) \tag{15.48}$$

高频率限制的结果对应于短时间范围的波行为。

方程（15.47）和方程（15.48）表示 $\omega \to \infty$ 的 4 种波动解，用方程（15.49）可计算相速度：

$$v_{\mathrm{PH}} = \frac{\omega}{Re(k)} \tag{15.49}$$

由于只有两个明显不同的速度级数，每个级数的速度有正值和负值，虽然有 4 种波动解，但对于 $\omega = \infty$ 时的相速度可用记号 v_{PH}（I）和 v_{PH}（II）表征这 4 种解。

表 15.2 显示了 A 和 B 4 种可能组合的相速度。表 15.2 显示，当 ρ 取决于 p 和 ω_1（$A \neq 0$，$B \neq 0$）、ρ 仅取决于 p（$A \neq 0$，$B = 0$）、ρ 仅取决于 ω_1（$A = 0$，$B \neq 0$）时，存在有限和无限相速度。然而，当密度恒定（$A = 0$，$B = 0$）时，相速度都有无限大的数量级。

表 15.2 波的特性

A	B	$\dfrac{1}{v_{PH}（I）}$	$\dfrac{1}{v_{PH}（II）}$	$\dfrac{1}{c}$	相速度性质
0	0	0	0	0，0，0，0	无限
0	非 0	$\pm \left(\dfrac{B\phi_0^{p}}{\rho_0 D_0} \right)^{\frac{1}{2}}$	0	0，0，$\pm \left(\dfrac{B\phi_0^{p}}{\rho_0 D_0} \right)^{\frac{1}{2}}$	兼具有限和无限
非 0	0	$\pm A^{\frac{1}{2}}$	0	0，0，$\pm A^{\frac{1}{2}}$	兼具有限和无限
非 0	非 0	$\pm \left(A + \dfrac{B\phi_0^{p}}{\rho_0 D_0} \right)^{\frac{1}{2}}$	0	0，0，$\pm \left(A + \dfrac{B\phi_0^{p}}{\rho_0 D_0} \right)^{\frac{1}{2}}$	兼具有限和无限

由表 15.2 明显看出，在 $\omega = \infty$ 限制下，v_{PH}（I）和 v_{PH}（II）与 15.2 节中得到的特征速度一致。Müller 和 Ruggeri（1998）报道的他们分析的线性波问题具有相同的结果。并且，由表 15.1 和表 15.2 可得，既然 $A = 0$，$B \neq 0$ 是唯一有双曲波的情况，所以只有此种情况的波既是双曲线型又是分散型。另外，由方程（15.16）和方程（15.24）明显看出，当 $B = 0$（因此，$\phi_0^{p} = 0$）时，消除压力梯度影响，物质连续性方程是抛物线型。由方程（15.24）可知，如果 $B \neq 0$（因此，$\phi_0^{p} \neq 0$）且如果 $A = 0$，既然方程简化为双曲线型偏微分方程，波将以有限速度传播。因此，如果当 $A = 0$ 时，$B \neq 0$，$\phi_0^{p} \neq 0$，得到 C 的双曲线型扩散方程，那么当存在由压力梯度部分产生的变化密度和扩散流率，所谓扩散悖论得以解决。引入包含压力梯度对质量扩散流率相关性符合等值存在原理。

15.4 抛物线型方程和双曲线型方程的时间效应

在非稳定扩散过程中，检测波传播的有限速度对浓度分布产生什么样的影响很重要。特别地，用物质连续性方程的抛物线型得到的浓度分布将与用物质连续性方程的双曲线型计算的浓度分布相比较。考虑少量组分 1 从纯气相吸收和相继扩散到组分 1 和组分 2 二元液体混合物中的情况。最初，液相从 $x = 0$ 的固体壁延伸到气体—组分 1 的 $x = L$ 的液体界面具有均匀的质量分数 $w_1 = w_{10}$。当界面质量分数从 w_{10} 升高至 w_{1E} 时，扩散过程开始。由于只有少量组分 1 被吸收，假设液相厚度的变化可忽略。因此，假设移动边界效应也可忽略不计。

应用 15.1 节中得到声学近似相同的假设可能构建描述传质问题的方程。因此，可用方程（15.23）和方程（15.24）描述传质过程。如果进一步假设流体密度不取决于压力，然后 $A = 0$，方程（15.24）简化为以下质量分数 C 的偏微分方程：

$$\frac{\partial C}{\partial t} = D_0 \frac{\partial^2 C}{\partial x^2} - \frac{B\phi_0^{\mathrm{p}}}{\rho_0} \frac{\partial^2 C}{\partial t^2} \tag{15.50}$$

由方程（15.1）和方程（15.7）明显看出：

$$C = \frac{w_1 - w_{10}}{w_{1\mathrm{E}} - w_{10}} \tag{15.51}$$

并且无量纲时间和距离变量可定义为：

$$\tau = \frac{D_0 t}{L^2}, \ \xi = \frac{x}{L} \tag{15.52}$$

所以物质连续性方程（15.50）可转化成无量纲形式：

$$\frac{\partial C}{\partial \tau} = \frac{\partial^2 C}{\partial \xi^2} - \beta \frac{\partial^2 C}{\partial \tau^2} \tag{15.53}$$

$$\beta = \frac{\phi_0^{\mathrm{p}} B D_0}{\rho_0 L^2} \tag{15.54}$$

由方程（4.127）得 $D \geqslant 0$，由方程（15.21）得 $\phi_0^{\mathrm{p}} B \geqslant 0$，所以 $\beta \geqslant 0$，因此方程（15.53）是双曲线型偏微分方程。

其中，一个初始条件的无量纲形式为：

$$C = 0, \quad \tau = 0, \quad 0 \leqslant \xi < 1 \tag{15.55}$$

并且无量纲界面边界条件为：

$$C = 1, \quad \xi = 1 \tag{15.56}$$

由于固体壁在 $\xi = 0$ 处不可渗透，组分 1 和组分 2 的速度、质量平均速度和质量扩散流率必须为 0。并且，由方程（15.15）可得，在 $\xi = 0$ 处压力梯度必须为 0，计算在固体壁处的方程（15.2），得到 C 的第二个边界条件：

$$\frac{\partial C}{\partial \xi} = 0, \ \xi = 0 \tag{15.57}$$

最终，由于该问题的初始浓度和压力梯度场均一，则由方程（15.16）有

$$\frac{\partial C}{\partial \tau} = 0, \ \tau = 0, \ 0 \leqslant \xi < 1 \tag{15.58}$$

这就是双曲线型偏微分方程所需 Cauchy 初始条件的第二部分。如 7.3 节所述，求解以上双曲线型偏微分方程需要 4 个辅助条件，即方程（15.55）至方程（15.58）。如果 $\beta = 0$，既然该抛物线型偏微分方程只需要 Dirichlet 初始条件，则浓度场可用抛物线型偏微分方程确定，并且仅需 3 个辅助条件，即方程（15.55）至方程（15.57）。

$$\frac{\partial C}{\partial \tau} = \frac{\partial^2 C}{\partial \xi^2} \tag{15.59}$$

如果以下分离解形式分别用于双曲线型问题和抛物线型问题，其解可以较为便利地得到：

$$C_{\text{H}} = 1 + \sum_{n=0}^{\infty} \zeta_n H_n(\tau) \cos\left[\frac{(2n+1)\pi\xi}{2}\right] \tag{15.60}$$

$$C_{\text{P}} = 1 + \sum_{n=0}^{\infty} \zeta_n P_n(\tau) \cos\left[\frac{(2n+1)\pi\xi}{2}\right] \tag{15.61}$$

$$\zeta_n = -\frac{4(-1)^n}{(2n+1)\pi} \tag{15.62}$$

用 $\cos[(2n+1)\pi\xi/2]$ 乘以方程（15.53），从 $\xi=0$ 到 $\xi=1$ 积分，并代入方程（15.60）得到以下常微分方程问题：

$$\beta\frac{\text{d}^2 H_n}{\text{d}\tau^2} + \frac{\text{d}H_n}{\text{d}\tau} + \gamma_n^2 H_n = 0 \tag{15.63}$$

$$H_n(0) = 1 \tag{15.64}$$

$$\frac{\text{d}H_n}{\text{d}\tau} = 0, \ \tau = 0 \tag{15.65}$$

$$\gamma_n = \frac{(2n+1)\pi}{2} \tag{15.66}$$

抛物线型扩散方程可基于方程（15.59）和方程（15.61）利用的相似方法得到常微分方程问题：

$$\frac{\text{d}P_n}{\text{d}\tau} = -\gamma_n^2 P_n \tag{15.67}$$

$$P_n(0) = 1 \tag{15.68}$$

以上两个常微分方程问题的解可表示为：

$$H_n = \frac{1}{2q_n}\left\{(1+q_n)\exp\left[\frac{(q_n-1)\tau}{2\beta}\right] + (q_n-1)\exp\left[-\frac{(q_n+1)\tau}{2\beta}\right]\right\} \tag{15.69}$$

$$q_n - (1-4\beta\gamma_n^2)^{\frac{1}{2}} \tag{15.70}$$

$$P_n = \exp(-\gamma_n^2\tau) \tag{15.71}$$

双曲线型偏微分方程的完整解包括方程（15.60）和方程（15.69）的组合，而方程（15.61）和方程（15.71）的组合是抛物线型偏微分方程的所需解。

这些双曲线和抛物线体系的时间效应可通过比较方程对 H_n 的时间相关性即方程（15.69），与方程对 P_n 的时间相关性，即方程（15.71）进行检验。由于扰动方程对于抛物线型方程无限快速地传播，因此可以预测 P_n 相对于时间的变化比 H_n 更快。由于在 $\tau=0$ 处有 $\text{d}P_n/\text{d}\tau<0$，而最初 $\text{d}H_n/\text{d}\tau=0$，因此这个预期反映在方程的初始改变上。并且，$H_n(0) =$

$P_n(0)=1$，随着 $\tau \to \infty$，H_n 和 P_n 接近于 0，且因此在 $\tau = \infty$ 时，$(1-H_n)$ 和 $(1-P_n)$ 必达到统一值。另外，$(1-P_n)$ 应该比 $(1-H_n)$ 更无限快地接近这一限制。图 15.1 中说明了对 H_0 和 P_0 的预测（Vrentas 和 Vrentas，2001a），显示 $(1-P_0)$ 比 $(1-H_0)$ 更快接近统一值。对于典型流体层厚度 L 值，其显示 $\beta \ll 1$。因此，对于足够长时间，$\tau/\beta \gg 1$，并且在 $4\beta\gamma_n^2 \ll 1$ 情况下，仅 H_n 可能明显贡献 C_H。对于这类 H_n，显示有

$$H_n \approx \exp(-\gamma_n^2 \tau) = P_n \qquad (15.72)$$

并且当 β 较小时，在足够长时间内，双曲线解接近抛物线解。此外，正如图 15.1 所示，当 β 较小时，扩散过程的双曲线或波形行为仅出现在短时间内。

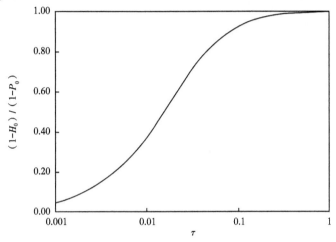

图 15.1　$\beta = 0.01$ 时 H_0 和 P_0 的时间相关性

15.5　沉积平衡

在引力场存在时，颗粒比周围流体更重，会向下迁移穿过流体。这个过程称之沉积。沉积过程也可能对于溶解分子和溶解大分子，且在特定条件下可观察到该过程。Morawetz（1965）提出，如果沉积的驱动力与 RT 比既不太大，也不太小，实验中可观察到溶解分子或颗粒的平衡分布。对于流体（组分 2）中浸入的微量组分 1，以下无量纲数 Q^* 可认为是沉积驱动力与 RT 的比值：

$$Q^* = \frac{(\hat{V}_2 - \hat{V}_1)\rho g L M_1}{RT} \qquad (15.73)$$

式中，$\hat{V}_1$ 和 V_2 分别是组分 1 和组分 2 的比体积；ρ 是流体混合物（有效纯组分 2）的密度；L 是所研究体系的高度。

对于较大体系，比如地球大气，气体的分布是由此特殊体系的较大 L 值造成的。对于较小体系，$(\hat{V}_2-\hat{V}_1)M_1$ 对于组分 1 任意平衡分布性质起到主要作用。

本节的目的是得到表示微量组分 1 溶解于流体相组分 2 中的平衡分布方程。此分析用

以下假设和限制进行：

(1) 组分 1 和组分 2 存在于封闭的圆柱里，其从固体壁 $z=0$ 延展到固体墙 $z=L$ 处，引力作用在正 z 方向上。

(2) 对于该二元体系，扩散过程是稳定、等温和一维过程，没有化学反应。

(3) 既然 w_1 非常小，由方程 (2.64) 可知 ρ 基本恒定，进一步假设可忽略压力对 ρ 的影响。

(4) 流体是不可压缩牛顿流体。

(5) 部分比体积 $\hat{V}_1$ 和 $\hat{V}_2$ 与组成无关，且 $\hat{V}_1 < \hat{V}_2$。

(6) 组分 1 和组分 2 组成理想热力学混合物。

对于恒定 ρ，总体连续性方程 (2.46) 可写作：

$$\frac{dv_z}{dz} = 0 \tag{15.74}$$

由此可得：

$$v_z = 0, \ 0 \leq z \leq L \tag{15.75}$$

由于在固体壁上 $v_z = 0$。因此，根据方程 (15.75)、方程 (2.111) 和方程 (4.141)，则运动方程简化为：

$$\frac{dp}{dz} = \rho g \tag{15.76}$$

并且组分 1 的物质连续性方程是方程 (2.62) 的简化形式：

$$\frac{dj_{1z}}{dz} = 0 \tag{15.77}$$

其中，j_{1z} 用方程 (4.135) 的一维形式描述：

$$j_{1z} = -\rho D \frac{dw_1}{dz} + \frac{\rho D(\hat{V}_2 - \hat{V}_1)w_2}{(\partial\mu_1/\partial w_1)_p}\frac{dp}{dz} \tag{15.78}$$

由于在 $z=0$ 和 $z=L$ 处，v_{1z} 和 v_z 必须为 0，在这两个边界处 j_{1z} 也必须为 0，由方程 (15.77) 有

$$j_{1z} = 0, \ 0 \leq z \leq L \tag{15.79}$$

结合方程 (15.76)、方程 (15.78) 和方程 (15.79)，得到结果

$$\frac{dw_1}{dz} = \frac{(\hat{V}_2 - \hat{V}_1)\rho g w_2}{(\partial\mu_1/\partial w_1)_p} \tag{15.80}$$

对于理想热力学二元混合物，有

$$\mu_1 = \mu_1^0 + \frac{RT}{M_1}\ln x_1 \tag{15.81}$$

其中，μ_1^0 是纯组分 1 的单位质量化学势。可知

$$\left(\frac{\partial \mu_1}{\partial w_1}\right)_p = \frac{RT}{M_1 M_2 w_1 \left(\dfrac{w_1}{M_1} + \dfrac{w_2}{M_2}\right)} \tag{15.82}$$

将方程（15.82）代入方程（15.80）得到：

$$\frac{\mathrm{d} w_1}{\mathrm{d} z} = \frac{(\hat{V}_2 - \hat{V}_1) \rho g w_1 w_2 M_1 M_2 \left(\dfrac{w_1}{M_1} + \dfrac{w_2}{M_2}\right)}{RT} \tag{15.83}$$

对于 $w_1 \to 0$，其可简化为：

$$\frac{\mathrm{d} w_1}{\mathrm{d} z} = \frac{(\hat{V}_2 - \hat{V}_1) \rho g w_1 M_1}{RT} \tag{15.84}$$

将方程（15.84）从 $z=0$ 到 $z=L$ 积分，得到结果：

$$\frac{w_{1L}}{w_{10}} = \exp\left[\frac{(\hat{V}_2 - \hat{V}_1) \rho g M_1 L}{RT}\right] = \exp(Q^*) \tag{15.85}$$

其给出组分 1 在圆柱两边界上质量分数的比值。比率 w_{1L}/w_{10} 随 Q^* 增加而增加，在圆柱底部附近有更多组分 1。

对于微量简单流体混合物（具有典型分子量 M_1）浸入另一种简单流体，Q^* 很小，且方程（15.85）预测 $w_{1L}/w_{10} \approx 1$。当微量大分子（具有较大 M_1 值）浸入简单流体中时，Q^* 更大，但还是太小而不能观察到 w_{1L} 和 w_{10} 的差别。然而，对于微小颗粒溶液，因为其有效 M_1 值可以很大，所以可观察到浓度分布。Sorbonne 大学的 Jean Batiste Perrin 用微小颗粒建立沉积实验得到了 1926 年诺贝尔物理学奖，其证明了平衡浓度高度的变化。尽管通常不可能观察到引力场中化合物浓度的变化，如果引力场级数为 $10^3 g \sim 10^4 g$，将可能测量到大分子的浓度分布（Moraweta，1965）。用超速离心机可以产生这类场，在 17.3 节中考虑了这类实验的分析。

第 16 章　黏弹性扩散

涉及聚合物流体的传质问题，不一定都能用经典或菲克扩散理论分析，该理论用来描述黏性扩散（$De \ll 1$）和弹性扩散（$De \gg 1$）。当 $De = O(1)$ 时，存在的非菲克扩散，也称为黏弹性扩散，此类型扩散的分析通常比基于经典扩散理论的分析更复杂。本章的目的是考虑黏弹性扩散实验和理论各个方面。16.1 节中讨论了实验结果，16.2 节和 16.3 节中分析了考虑具有黏弹性效应的两种传质理论。

16.1　吸附实验的实验结果

当将渗透剂加入聚合物中时，分析扩散过程本质的两种方法是微分阶跃变化吸附实验和小振幅振荡实验。通过渗透剂浓度变化很小的事实促进了对这些实验的解释。由这两种实验和一些积分吸附实验得到以下结果：

（1）当少量渗透剂加入明显低于玻璃态转变温度的干燥聚合物中时，体系的扩散 De 数将很大，扩散过程应该是弹性菲克扩散过程。然而，对表 6.4 中考虑的 8 种玻璃态聚合物—溶剂体系，只有甲醇—聚苯乙烯和氧气—聚苯乙烯体系的吸附曲线表现出菲克行为（表中只考虑在最低溶剂浓度下吸附曲线的类型）。对于剩余的 6 个实验中的至少 5 个实验，吸附曲线可归为 S 形曲线。6.4 节中得到结论，由于相边界的低速过程造成界面阻力，这些实验中存在与具有时间相关性的表面浓度耦合的弹性菲克扩散。

（2）Odani 等（1961b）、Odani 等（1966）和 Kishimoto 等（1960）报道了低于玻璃态转变温度的无定形聚合物—溶剂体系的微分阶跃变化吸附实验。在恒温下得到一系列吸附曲线，吸附曲线的形状根据以下步骤随渗透剂浓度变化：

$$\text{S 形} \rightarrow \text{拟菲克型} \rightarrow \text{两级} \rightarrow \text{拟菲克型} \rightarrow \text{菲克} \qquad (16.1)$$

最低渗透剂浓度下，假设由弹性菲克扩散和与由界面阻力引起的具有浓度相关性的表面浓度共同导致 S 形曲线。

Billovits 和 Durning（1993 年）也进行了类似条件下的微分阶跃吸附实验。这些实验的吸附曲线的形状根据以下步骤随渗透剂浓度变化：

$$\text{S 形} \rightarrow \text{两级} \rightarrow \text{菲克} \rightarrow \text{S 形} \rightarrow \text{菲克} \qquad (16.2)$$

方程（16.1）和方程（16.2）的主要差异是在达到菲克范围前出现 S 形吸附曲线。

（3）在纯聚合物玻璃态转变温度以上或聚合物—溶剂混合物有效玻璃态转变温度以上进行聚合物—溶剂体系的研究，实验吸附曲线通常满足引入第 13 章提出的菲克扩散的前面两个充分条件。然而，对于固定的初始和终止渗透剂浓度，当渗透剂分步拾取对 $t^{1/2}/L$ 作图时，在某些情况下，由于对任意初始薄层厚度 L 值不组成单一曲线，因此不满足第三个充分条件。这类吸附曲线的初始斜率随着 L 的增加而增加，根据方程（13.96）可得，有效扩散系数也必须随 L 增加而增加。当然，该有效扩散系数通常不是聚合物—溶剂体系的物性。研究者还报道了聚醋酸乙烯酯在 40℃ （Kishimoto 和 Matsumoto，1964）和 45℃ （Vrentas 等，1997）下，聚甲基丙烯酸甲酯在 45℃ （Kishimoto 和 Matsumoto，1964）下，聚苯乙烯在 25℃ （Odani 等，1961a；Odani，1967）和 45℃ （Odani，1967）下的溶剂扩散的膜厚度效应。图 16.1 显示了 45℃ 下 PVAc-水体系中 D 对 L 的依赖性 （Vrentas 等，1997）。图 16.1 中，作为真实扩散系数的 D 的唯一值是在 D 实际上不随 L 变化区域的结果。

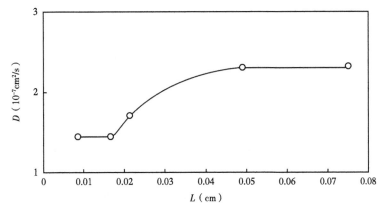

图 16.1　PVAc—水体系在 45℃ 下 D 对 L 的依赖性 （Vrentas 等，1997）

（4）在两项研究 （Kishimoto 和 Matsumoto，1964；Odani，1967）中，据报道，根据外推阶跃变化吸附结果，发现扩散系数与使用稳态渗透实验测量的扩散系数一致。

（5）用振荡实验在两个聚合物—溶剂体系上得到的扩散数据显示，高频率菲克扩散区域的互扩散系数近似为低频率下菲克扩散范围扩散系数的两倍。图 16.2 和图 16.3 中显示

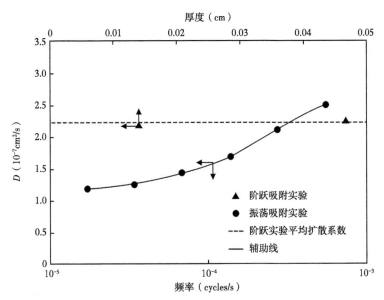

图 16.2　60℃ 下甲醇—PVAc 体系，阶跃实验中 D 与样品厚度的相关性，
或振荡实验中 D 与频率的相关性 （Vrentas 等，1986）

了这些振荡实验的数据。注意，由于菲克扩散过程所测的 D 值必须与扩散过程的频率无关，中间频率处的 D 值不是有效物性。

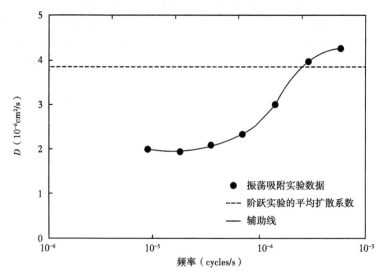

图 16.3 在 90℃下水—PVAc 体系振荡实验中 D 与频率的相关性（Vrentas 等，1986）

（6）通过进行 5 组微分阶跃吸附实验，进一步检验聚合物—溶剂扩散的性质。这 6 组实验的特征见表 16.1。任意微分吸附实验的扩散 Deborah 数都取决于温度、平均溶剂浓度、聚合物分子质量和初始薄层厚度 L。使用不同厚度的样品研究给定温度、平均溶剂浓度和聚合物分子质量下的特定聚合物的扩散有重要意义。这样一组实验将确定扩散 Deborah 数对扩散过程性质的影响。图 16.1、图 16.4 和图 16.5 中显示了表 16.1 中列出的 5 个体系的实验 D 对 L 数据（Vrentas 等，1986；Vrentas 等，1997）。对于表 16.1 中第一个体系，即聚苯乙烯—甲醇体系，De 很大，存在具有 D 与 L 无关的弹性菲克扩散过程。由图 16.4 明显看出，实现了该预期。对于表 16.1 中接下来的 3 个聚合物—溶剂体系，De 很小，扩

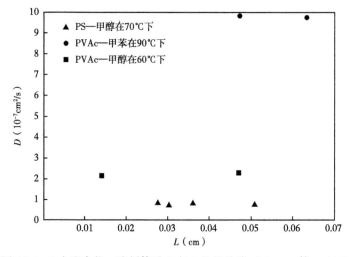

图 16.4 3 个聚合物—溶剂体系 D 与 L 的相关性（Vrentas 等，1997）

散过程定性为黏性菲克扩散。由图 16.4 和图 16.5 可知，这 3 个聚合物—溶剂体系的所有 D 值实际上都与 L 无关，与菲克扩散过程所预期的一致。由图 16.5 也可知，90℃下 PVAc—水体系的吸附和脱附实验得到的 D 没有多少差异。最终，PVAc—水体系在 45℃ 下，扩散 Deborah 数范围没有解决存在异常扩散效应的可能性，由图 16.1 明显可知，已经实现了该可能性。由以上结果明显看出，可用扩散 Deborah 数分析确定特定聚合物—溶剂体系的传质过程特点，从而推测是否存在异常扩散效应。

（7）对于乙苯—聚甲基丙烯酸乙酯体系，在 120℃（比纯聚合物玻璃态转变温度高 50℃以上）下每个单独的吸附曲线可观测到单一极大值（Vrentas 等，1984b）。由图 16.6 明显看出，实验数据中最大值的分数增重超过 1。并且，超出的分量随最终溶剂浓度的增加而减少，随样品厚度的增加而减少。这些结果可由图 16.6 和图 16.7 明显得出。在 160℃（比纯聚合物玻璃态转变温度高 60℃）下进行的乙苯—聚苯乙烯体系吸附实验，表现出没有极大值的菲克行为。Deborah 数分析将用于解释 16.2 节中所有上述结果。

表 16.1　吸附实验的总结（Vrentas 等，1997）

聚合物	溶剂	温度（℃）	平均溶剂质量分数	De	L（cm）
PS	甲醇	70	0.25	$1.0×10^{24} \sim 3.3×10^{24}$	$0.028 \sim 0.051$
PVAc	甲苯	90	16.8	$1.2×10^{-7} \sim 2.2×10^{-7}$	$0.047 \sim 0.063$
PVAc	甲醇	60	4.6	$1.1×10^{-3} \sim 1.2×10^{-2}$	$0.014 \sim 0.047$
PVAc	水	90	0.35	$1.7×10^{-4} \sim 3.8×10^{-3}$	$0.072 \sim 0.34$
PVAc	水	45	0.53	$3.4×10^{1} \sim 2.5×10^{3}$	$0.0088 \sim 0.075$

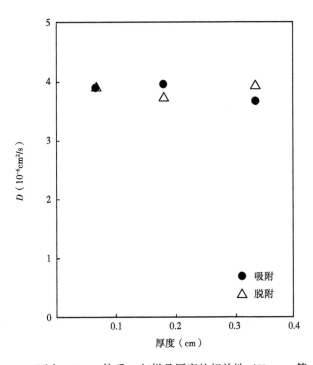

图 16.5　90℃下水—PVAc 体系 D 与样品厚度的相关性（Vrentas 等，1986）

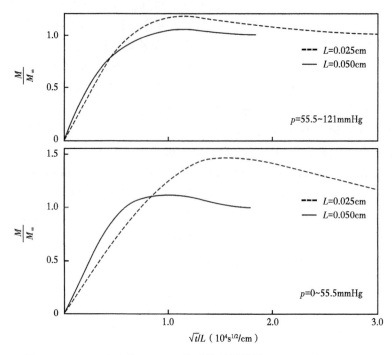

图 16.6　120℃下乙苯—PEMA 体系的吸附曲线（Vrentas 等，1984b）

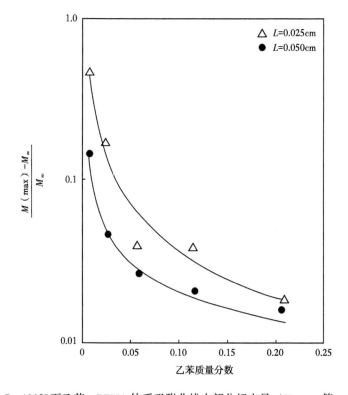

图 16.7　120℃下乙苯—PEMA 体系吸附曲线中部分超出量（Vrentas 等，1984b）

由图 16.2 至图 16.5 可明显看出，表 16.1 中包括两个体系微分阶跃吸附实验结果和小振幅振荡实验结果：60℃ 下 PVAc—甲醇体系和 90℃ 下 PVAc—水体系。图 16.4 和图 16.5 中报道的扩散系数可由方程（16.3）描述：

$$D(黏性扩散) = D(L = \infty) = D(稳态穿透) = D_0 \tag{16.3}$$

其中，D_0 代表具有黏性菲克扩散的微分阶跃吸附实验的恒定扩散系数。方程（16.3）主要基于微分阶跃吸附实验及其与稳态穿透实验的关系。此外，如果将阶跃吸附实验得到的数据与振荡吸附实验得到的数据（图 16.2 和图 16.4 的 PVAc—甲醇体系，图 16.3 和图 16.5 的 PVAc—水体系）进行比较，也可近似得到：

$$D(L = \infty) = D(高频) \tag{16.4}$$

并且也可得到：

$$D(低频) = 1/2 D(高频) \tag{16.5}$$

因此，有

$$D(弹性扩散) = D(黏性扩散) \tag{16.6}$$

$$D(弹性扩散) = 2D(橡胶态扩散) \tag{16.7}$$

结合以上方程得到：

$$D_0 = D(V) = D(E) = 2D(R) \tag{16.8}$$

式中，V、E 和 R 分别为黏性、弹性和橡胶态扩散。

现在讨论 $D(E)$、$D(V)$ 和 $D(R)$ 的准确意义。对于微分阶跃吸附实验，扩散流率由方程（4.239）或方程（4.240）描述。这些方程基于利用两个弛豫时间 λ_1 和 λ_2。正如 4.6 节所述，可用这两个弛豫时间表征聚合物流体的两个重要弛豫过程：玻璃态行为到橡胶态行为的转变以及橡胶态行为到黏性流动的转变。并且，利用两个弛豫时间描述黏弹性扩散过程，这也意味着聚合物—溶剂体系必须由两个扩散 Deborah 数 $(De)_1$ 和 $(De)_2$ 表征。

对于黏性扩散，$(De)_1 \to 0$，$(De)_2 \to 0$，因此方程（4.239）化简为无量纲方程：

$$j_{1x}(x, t) = -\frac{\partial w_1}{\partial x}(x, t) \tag{16.9}$$

该方程的无量纲形式可用于表明黏性扩散的扩散系数为 $D(V) = D_0$，这是方程（16.3）中假设的。对于弹性扩散，$(De)_1 \to \infty$，$(De)_2 \to \infty$，方程（4.240）化简为无量纲方程：

$$j_{1x}(x, t) = -(1 + K_1 + K_2)\frac{\partial w_1}{\partial x}(x, t) \tag{16.10}$$

该方程的无量纲形式表明弹性扩散的扩散系数为：

$$D(E) = (1 + K_1 + K_2)D_0 \tag{16.11}$$

然而，由方程（16.8）有 $D(E) = D_0$，因此

$$K_1 + K_2 = 0 \tag{16.12}$$

由图 16.2 和图 16.3 的振荡数据可知，弛豫时间 λ_1 和 λ_2 相对宽地被分离。因此，可以合理预期存在 $(De)_2$ 大、$(De)_1$ 小的橡胶态扩散区域。对于这种情况，方程（4.239）化简为无量纲方程：

$$j_{1x}(x,\ t) = -\ (1 + K_2)\ \frac{\partial w_1}{\partial x}(x,\ t) \tag{16.13}$$

由方程的无量纲形式明显看出：

$$D(R) = (1 + K_2)D_0 \tag{16.14}$$

然而，由方程（16.8）有 $2D(R) = D_0$，因此

$$1 = 2(1 + K_2) \tag{16.15}$$

求解方程（16.12）和方程（16.15）得到：

$$K_1 = \frac{1}{2},\quad K_2 = -\frac{1}{2} \tag{16.16}$$

K_1 和 K_2 的这些值保证了本构方程与实验观测值一致。K_1 和 K_2 的这些值可代入扩散流率的黏弹性方程，即方程（4.239）或方程（4.240）。基于实验数据得到的多种扩散系数之间的关系在表 16.2 中进行了总结。这些结果是作为方程（16.8）部分呈现的方程的基础。

表 16.2　扩散系数的关系（Vrentas 和 Vrentas，2001b）

体系	T （℃）	$D(E)$ （cm^2/s）	$D(R)$ （cm^2/s）	$D(V)$ （cm^2/s）	$\dfrac{D(E)}{D(R)}$	$\dfrac{D(V)}{D(R)}$	$\dfrac{D(E)}{D(V)}$
PVAc—水	90	4.29×10^{-6}	2.01×10^{-6}	3.88×10^{-6}	2.13	1.93	1.11
PVAc—甲醇	60	2.50×10^{-7}	1.18×10^{-7}	2.24×10^{-7}	2.12	1.90	1.12

对于微分阶跃吸附实验，可通过改变初始厚度 L 来改变扩散 Deborah 数。然而，重要的是要认识到这并没有构成扩散过程对样品尺寸的人为依赖性。膜厚度 L 只决定特征时间，因此可确定非稳态阶跃吸附实验的时间尺度。并且，假设改变样品厚度必然改变扩散过程的性质是不正确的。比如，将扩散 Deborah 数从玻璃态聚合物中扩散过程的很高的特征值改变为很低的扩散 Deborah 数，这可能会导致吸附实验很长时间才能完成。通常，只有当初始 Deborah 数不太远离 1，扩散过程的性质才会改变。因此，Samus 和 Rossi（1996）认为的 Deborah 数的概念似乎是不正确的。

当存在一般的纯黏性流体混合物传质行为（弛豫时间短），或一般的聚合物—渗透剂混合物慢传质过程时，会导致小扩散 Deborah 数。当存在一般的弹性、固态流体（大弛豫时间）传质行为，或一般的聚合物—渗透剂混合物快传质过程时，扩散 Deborah 数很大。

16.2　阶跃吸附实验的黏弹性效应

Vrentas 和 Vrentas（2001b）推导出黏弹性流体的质量扩散通量的本构方程，并且已经在 4.6 节 [方程（4.239）或方程（4.240）] 中给出了对列出的限制条件有效的该方程的

特殊形式。可用该特殊形式确定微分阶跃吸附实验的质量扩散通量。由于存在给出微分阶跃吸附实验的吸附曲线形状的数据，通过对比吸附曲线预测形状与实验形状检验提出的黏弹性本构方程的一般有效性似乎是合理的。由于对此情况求解物质连续性方程相对直接，这类比较可能是检查本构方程预测能力最简单的方法。

应用以下假设和限制构造方程组，用于描述聚合物—溶剂体系的微分阶跃吸附实验：

（1）具有基本纯的气相以及渗透剂和聚合物的二元液相混合物的蒸汽吸附实验是等温、一维的。

（2）液相中没有化学反应，压力对液相密度的影响可忽略，扩散通量不取决于任何压力梯度。

（3）聚合物膜具有初始厚度 L，因为任何微分吸附实验渗透剂的增重都较小，所以样品厚度只有微小变化。因此，假设任一特殊吸附实验的扩散场从固体壁 $x=0$ 处延伸到基本固定相边界 $x=L$ 处。此外，由于微分吸附实验的浓度变化较小，总质量密度 ρ 和二元互扩散系数 $D=D_0$ 对任一实验基本恒定。由此得出在扩散场任意处质量平均速度基本为 0。

（4）气液界面处存在渗透剂的界面平衡，因此，较大 De 值的吸附曲线应该有与弹性菲克扩散过程一致的形状。对于较大的 De 值，假设实验观察到的任何 S 形吸附曲线由弹性菲克扩散过程得到，该过程结合了由界面阻力引起的依赖于时间的表面浓度。

阶跃微分吸附实验可用方程（2.62）给出的物质连续性方程的一维无量纲形式描述：

$$\frac{\partial w_1}{\partial t} = -\frac{\partial j_{1x}}{\partial x} \tag{16.17}$$

该方程和结果基于利用方程（4.241）至方程（4.246）定义的无量纲变量得到。根据无量纲边界条件，求解方程（16.17）得出：

$$w_1(x,\ 0) = w_{10} \tag{16.18}$$

$$w_1(1,\ t) = w_{1E} \tag{16.19}$$

$$j_{1x}(0,\ t) = 0 \tag{16.20}$$

式中，w_{10} 是聚合物相中的均一初始渗透剂质量分数；w_{1E} 是气液界面处渗透剂的恒定平衡质量分数。

将方程（4.240）和方程（16.16）代入方程（16.17），引入新质量分数变量：

$$C = \frac{w_1 - w_{10}}{w_{1E} - w_{10}} \tag{16.21}$$

得到以下物质连续性方程形式：

$$\frac{\partial C}{\partial t} = \frac{\partial}{\partial x}\left\{ \frac{\partial C}{\partial x} - \frac{1}{2}\int_0^t \frac{\exp\left[-\dfrac{s}{(De)_1}\right]}{(De)_1}\frac{\partial C}{\partial x}(x,\ t-s)\mathrm{d}s + \right.$$

$$\left. \frac{1}{2}\int_0^t \frac{\exp\left[-\dfrac{s}{(De)_2}\right]}{(De)_2}\frac{\partial C}{\partial x}(x,\ t-s)\mathrm{d}s \right\} \tag{16.22}$$

边界条件，即方程（16.18）至方程（16.20），可改写作：

$$C(x, 0) = 0 \tag{16.23}$$

$$C(1, t) = 1 \tag{16.24}$$

$$0 = \frac{\partial C}{\partial x}(0, t) - \frac{1}{2}\int_0^t \frac{\exp\left[-\dfrac{s}{(De)_1}\right]}{(De)_1}\frac{\partial C}{\partial x}(0, t-s)\mathrm{d}s +$$

$$\frac{1}{2}\int_0^t \frac{\exp\left[-\dfrac{s}{(De)_2}\right]}{(De)_2}\frac{\partial C}{\partial x}(0, t-s)\mathrm{d}s \tag{16.25}$$

方程（16.25）是 $\partial C/\partial x(0, t)$ 的第二类齐次线性 Volterra 积分方程。已知该种方程具有唯一显性解（Stakgold, 1968a）。因此，在 $x = 0$ 处边界条件为：

$$\frac{\partial C}{\partial x}(0, t) = 0 \tag{16.26}$$

由于方程（16.22）至方程（16.24）和方程（16.26）是线性方程，可能得到该方程组的通解。然而，如16.1节所述，两个特征弛豫时间相对宽的分离，因此分别处理这两个主要的弛豫过程较为方便。当 $(De)_1 = O(1)$，$(De)_2 \gg 1$ 时，方程（16.22）可改写作：

$$\frac{\partial C}{\partial t} = \frac{\partial}{\partial x}\left\{\frac{\partial C}{\partial x} - \frac{1}{2}\int_0^t \frac{\exp\left[-\dfrac{s}{(De)_1}\right]}{(De)_1}\frac{\partial C}{\partial x}(x, t-s)\mathrm{d}s\right\} \tag{16.27}$$

方程（16.27）描述了从玻璃态到橡胶态行为的转变。类似地，当 $(De)_1 \ll 1$，$(De)_2 = O(1)$ 时，方程（16.22）形式为：

$$\frac{\partial C}{\partial t} = \frac{\partial}{\partial x}\left\{\frac{1}{2}\frac{\partial C}{\partial x} + \frac{1}{2}\int_0^t \frac{\exp\left[-\dfrac{s}{(De)_2}\right]}{(De)_2}\frac{\partial C}{\partial x}(x, t-s)\mathrm{d}s\right\} \tag{16.28}$$

方程（16.28）描述了橡胶态到黏性行为的转化。

推导方程（16.27）和方程（16.28）的解相对直接。例如，提出方程（16.27）的以下形式解：

$$C(x, t) = 1 - \sum_{n=0}^{\infty} \frac{4(-1)^n}{(2n+1)\pi}\cos\left[\frac{(2n+1)\pi x}{2}\right]T_n(t) \tag{16.29}$$

$$T_n(0) = 1 \tag{16.30}$$

将方程（16.29）代入方程（16.27），得到以下积分—微分方程：

$$\frac{\mathrm{d}T_n}{\mathrm{d}t} + B_n T_n - \frac{1}{2}\int_0^t \frac{\exp\left[-\dfrac{s}{(De)_1}\right]}{(De)_1}B_n T_n(t-s)\mathrm{d}s = 0 \tag{16.31}$$

$$B_n = \frac{(2n+1)^2 \pi^2}{4} \tag{16.32}$$

根据方程（16.30）可用拉普拉斯转换法解出方程（16.31）。Vrentas 和 Vrentas（2001b）提出了详细解法和 $T_n(t)$ 的表达式。可以看出，分数权重拾取可表示为：

$$\frac{M}{M_\infty} = \int_0^1 C \mathrm{d}x \tag{16.33}$$

因此，可结合方程（16.29）和方程（16.33）得到结果：

$$\frac{M}{M_\infty} = 1 - \sum_{n=0}^{\infty} \frac{8 T_n(t)}{\pi^2 (2n+1)^2} \tag{16.34}$$

可用类似方法建立方程（16.28）的解法。

图 16.8 中展示了以上理论预测的微分阶跃吸附实验的扩散行为种类。图 16.8 的左侧包括较大 $(De)_2$ 和任意 $(De)_1$ 的扩散结果，其中 $(\overline{De})_1 = (De)_1/2$，$(\overline{De})_2 = (\overline{De})_2/2$。当 $(\overline{De})_1 = 10$ 时，理论结果显示扩散过程基本是弹性菲克扩散过程；而当 $(\overline{De})_1 = 0.001$ 时，是橡胶态菲克扩散过程。对于大 $(\overline{De})_2$ 值，随着 $(\overline{De})_1$ 的降低，很显然由弹性菲克扩散过程转变到橡胶态菲克扩散过程。在 $(\overline{De})_1$ 值处于中间（比如0.01或0.02）时，计算结果显示出异常吸附行为。这是由于对于较短时间段，存在吸附曲线的二阶导数随着 $t^{1/2}$ 从负值改变为正值的区域可对黏弹性本构方程的解进行表征。该结果是两阶段吸附过程的一个实例。

恒温下随着渗透剂浓度增加，低渗透剂浓度范围内的扩散 Deborah 数 $(\overline{De})_1$ 从较大值降低到较小值。在该浓度范围内，理论吸附曲线表现为以下顺序（当存在界面平衡时）：

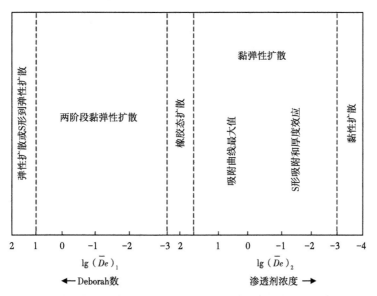

图 16.8 微分阶跃变化吸附实验扩散行为随着渗透剂浓度和扩散 Deborah 数的变化（Vrentas 和 Vrentas，2001b）

弹性菲克扩散→两阶段黏弹性扩散→橡胶态菲克扩散　　　　　　（16.35）

该序列如图 16.8 所示，增加了由界面电阻和时间依赖性表面浓度的存在引起的 S 形曲线的可能性。如果包括由于界面电阻引起的 S 形曲线，则方程（16.35）的序列与方程（16.1）和方程（16.2）的序列的第一部分基本一致，如图 16.8 所示。很明显，当两种扩散 Deborah 数都很大时，吸附曲线有两种可能性，这取决于聚合物—流体界面处是否存在界面平衡或有限的速度过程。

对于较小 $(\overline{De})_1$ 值，图 16.8 的右侧显示出随着 $(\overline{De})_2$ 值的降低，橡胶态菲克扩散到黏性菲克扩散的转变。对于 $(\overline{De})_2 = 100$，扩散过程是基本橡胶态菲克扩散过程，随着 $(\overline{De})_2$ 值降低，最终达到黏性菲克过程。对于中间大小的 $(\overline{De})_2$ 值（如 0.01，0.3 ~ 2.4），利用扩散通量的黏弹性本构方程得到扩散过程的异常结果。对于范围为 0.3 ~ 2.4 的 $(\overline{De})_2$，对每个分数权重拾取曲线有单一最大值。表 16.3 中显示了在此范围 M/M_∞ 的最大值。所有情况的 M/M_∞ 的最大值超过 1。由表 16.3 明显看出，在 $(\overline{De})_2 = 1$ 的附近出现最大值（此处错误——译者注）。图 16.9 中显示了 $(\overline{De})_2 = 1$ 的吸附曲线。随着 $(\overline{De})_2$ 值从 $(\overline{De})_2 = 1$ 处的最大值增加和降低，吸附最大值降低。这是由于橡胶态菲克扩散或黏性菲克扩散没有最大值。随着渗透剂浓度和样品厚度的增加，扩散 Deborah 数 $(\overline{De})_2$ 降低，且理论预测随着渗透剂浓度和 L 增加，最大值最终消失。这些理论结果与图 16.7 中实验数据一致。此外，图 16.10 中显示了乙苯—聚甲基丙烯酸乙酯体系，而不是乙苯—聚苯乙烯体系，为什么吸附最大值形式有异常行为。图 16.10 表明，后者体系的扩散 Deborah 数更小，因此更不可能有异常行为。

表 16.3　吸附曲线最大值（Vrentas 和 Vrentas，2001b）

$(\overline{De})_2$	M/M_∞ 的最大值
0.3	1.043
0.4	1.054
0.6	1.062
0.8	1.063
1	1.064
1.2	1.062
1.4	1.061
1.6	1.059
1.8	1.056
2	1.055
2.2	1.053
2.4	1.051

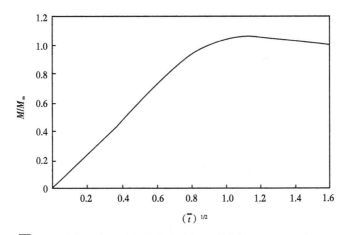

图 16.9 $(\overline{De})_2 = 1$ 时橡胶态—黏性扩散范围的吸附曲线（Vrentas 和 Vrentas，2001b）

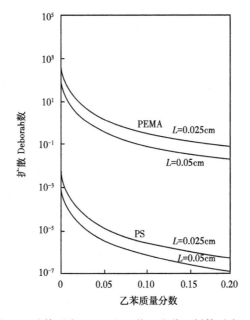

图 16.10 乙苯—聚乙二醇体系在 120℃ 和乙苯—聚苯乙烯体系在 160℃ 下的 Deborah 数
与溶剂质量分数和样品厚度的相关性（Vrentas 等，1984b）

两个附加黏弹性效应如图 16.8 所示。第一，因为 $(\overline{De})_2 = 0.01$ 的黏弹性行为得到 S 形吸附曲线，其吸附行为异常。第二，6.1 节中提到，实验显示吸附曲线初始斜率有时随 L 的增加以及由此 $(\overline{De})_2$ 的递减而增加。对于 $(\overline{De})_2 = 0.01$ 和 $(\overline{De})_2 = 0.3$ 的理论吸附曲线的检测显示，吸附曲线前期斜率基本随着 $(\overline{De})_2$ 降低而增大，因此理论预测了某些吸附实验观察到的厚度影响。

恒温条件下，随着渗透剂浓度增加，高浓度范围内的扩散 Deborah 数 $(\overline{De})_2$ 由高值降为低值，且理论吸附曲线表现为以下顺序：

橡胶态菲克扩散→吸附最大值→S 形黏弹性扩散→黏性菲克扩散　　（16.36）

方程（16.36）的顺序与方程（16.1）和方程（16.2）结合的结果一致，只有一点例外。方程（16.1）和方程（16.2）基于实验观察，这些观测没有报道任何吸附最大值，这可能是由于最大值出现在相对窄的 $\overline{(De)}_2$ 范围内。

16.3　黏弹性流体中气泡缓慢溶解

形成聚合物泡沫的重要过程是在熔融聚合物中加入鼓泡剂。这步涉及黏弹性流体中气泡的溶解。本节的目的是建立聚合物黏弹性流体中气泡缓慢溶解的解析解。该类分析必须包括对溶解过程中黏性和弹性效应的描述。

在 9.6 节、10.2 节和 10.3 节中已经介绍了非黏性流体中孤立球体的缓慢和快速生长或溶解的扰动和相似性解决方案。Vrentas 等（1983b）讨论了在不存在黏性、弹性和表面张力影响的情况下，可获得的孤立球体生长或溶解的解析求解方案。Barlow 和 Langlois（1962）通过考虑动量和扩散方程的耦合而分析了牛顿流体的气泡生长。许多研究者结合水力和传质效应，研究在黏性和弹性效应存在下气泡的溶解或生长。Zana 和 Leal（1975）的研究表明，黏性效应降低了气泡破裂的速率，而特定水平的流体弹性对气泡破裂初始阶段和最终阶段有不同影响。Arefmanesh 和 Advani（1991）的研究表明，黏弹性流体中气泡生长比牛顿流体生长速率快。Han 和 Yoo（1981）的研究利用了 DeWitt 黏弹性模型，发现随着熔融黏度增大，气泡生长速率降低，且熔融弹性提高了生长速率。

在上述研究中，大部分耦合扩散和动量方程都是用数值方法求解的。在没有表面张力和惯性的情况下，气泡生长或溶解过程是用 3 个无量纲组表征的：N_E（弹性层面）、N_V（黏性层面）和 N_a（生长或溶解过程的速度）。因此，需要大量分离数值解来覆盖参数空间的有效部分。可用的解决方案不考虑当前问题的参数空间的某些重要部分。因此，由于可以通过少量数值工作得到大量解，开发解析解是有用的。将开发一种解析解，其仅需要对积分进行数值估算，该积分仅包括被积函数中的上述 3 个无量纲组中的两个。

在构造并进而解出该问题相关方程之前，必须考虑该问题的一些初步重要方面。如 4.6 节所述，有必要比较 De 和 $(De)^F$ 值，以判断气泡溶解问题在扩散过程和流动过程中是否存在黏弹性效应。流体流动过程的特征时间 θ_F 可用方程（16.37）定义：

$$\theta_F = \frac{\rho R_0^2}{\mu}\qquad(16.37)$$

其中，ρ 和 μ 是流体相的密度和零剪切速率黏度；R_0 是气泡初始半径。传质过程的特征时间 θ_D 可定义为：

$$\theta_D = \frac{R_0^2}{DN_a}\qquad(16.38)$$

其中，D 是液相的二元互扩散系数的恒定值，N_a 由方程（16.71）定义。注意，因为数值结果（Duda 和 Vrentas，1971a）显示方程（16.38）是此问题更合适的特征时间，θ_D 已经用 4.6 节中的定义式修正。根据方程（16.37）和方程（16.38），有

$$\frac{\theta_D}{\theta_F} = \frac{\mu}{\rho D N_a} \tag{16.39}$$

对于聚合物—溶剂体系，有 $\theta_D \gg \theta_F$，$De \ll (De)^F$。因此，正如 4.6 节所述，气泡溶解的流动过程相比扩散过程更可能有弹性效应。因此，这里假设黏性菲克扩散的本构方程可用于解气泡溶解的质量扩散通量，而黏弹性本构方程应该用于解附加应力。

如上所述，该问题的黏性效应用无量纲组 N_V 表征，其对黏性熔融聚合物有较大数量级。另外，水中气泡溶解有时可描述为非黏性流体的气泡溶解。水当然是有黏性的，但其值相对低，这导致气泡溶解或生长的 N_V 值较小，表明水基本表现得像非黏性液体。

涉及球体颗粒的过程应始终考虑表面张力效应。然而，除了在气泡溶解过程结束的附近或气泡生长过程开始时，该效应通常很小。比如，气泡半径为 0.001cm 时，由表面张力效应导致的压力变化通常低于 10% 的大气压。虽然很难包括表面张力效应，但排除该效应且仅考虑 3 个而不是 4 个无量纲组，看起来是合理的。

气泡溶解另一个重要方面是浮力驱动的气泡上升。描述了气泡上升的最终速度 u_∞ 可用方程（16.40）计算：

$$u_\infty = \frac{R_0^2 \rho g}{3\mu} \tag{16.40}$$

在溶解过程中，由浮力效应引起的气泡移动距离 d 可简写作：

$$d = u_\infty \theta_D \tag{16.41}$$

其中，特征扩散时间 θ_D 可由方程（16.38）得出。因此，d 可由方程（16.42）计算出来：

$$d = \frac{R_0^4 \rho g}{3D\mu N_a} \tag{16.42}$$

显然，当 R_0 较小且黏度 μ 较大时，d 是较小距离。由于熔融聚合物通常是高黏性液体，因此聚合物物质的气泡溶解的 d 可以是很小的距离。然而，对于像水这类低黏度流体中的气泡溶解，通常不可能完全忽略溶解气泡的平移运动。

可用以下假设和限制分析在无限黏弹性流体范围内的气泡溶解：

（1）由于在相变时可假设忽略任何放热或吸热，因此传递过程是等温过程。

（2）无限外部流体相中的速度场（包括溶解气和聚合物流体）是纯径向的，该相中有球形对称的浓度场。由于溶解气的浓度很低，外部相的总密度 ρ 实际上是恒定的。另外，液相中没有化学反应。

（3）气泡在无限外部流体相中是完美孤立球体，且气泡基本上静止。因此，用于描述该问题的坐标系原点，即气泡中心是静止的。

（4）由于聚合物是黏性强流体，因此可忽略所有的引力效应。并且，假设表面张力效应很小；除了溶解过程终时之外，此假设都有效。

（5）气泡基本是用均一密度 $\hat{\rho}$、均压 p_g 和径向速度场表征的单组分气体。气泡中的气体可看作非黏性流体。

（6）外部流体相的扩散过程可表征为具有方程（4.135）给出的扩散通量本构方程的黏性菲克扩散过程，因为假设压力梯度效应很小，所以该方程删除压力梯度项。由于溶解气浓度低，因此外部流体相的二元互扩散系数 D 也基本恒定。

（7）体系任意处初始压力为 p_0，对应于 p_0 的初始气泡密度为 $\hat{\rho}_0$，液相中溶解气的初始均一浓度为 ρ_{10}。

（8）液相中溶质气体的质量密度为 $\rho_1(r, t)$，其中 r 是球坐标下的径向位置变量，t 是时间。在气液界面，浓度平衡可用线性关系描述：

$$\rho_1(R, t) = Kp_{\mathrm{g}} \qquad (16.43)$$

其中，R 是气泡的瞬时半径；K 是亨利定律常数。在 $t=0$ 时，对应于气泡中初始压力 p_0 在液相边界处的溶质浓度为 $\rho_{1\mathrm{E}}$。

（9）外部相包括基本不可压缩的纯流体，该液体的外部压力 S 可用一阶流体的本构方程描述。可用于分析在 $t<0$ 时静止流体的非稳态流动的一阶流体由方程（4.221）至方程（4.225）描述。本节最后将讨论该问题的一阶流体模型的适应性。

（10）对于大多数所研究的情况，可假设气泡的密度比液体密度小很多，因此对于该问题，有

$$\zeta = \frac{\hat{\rho}_0}{\rho} \approx 0 \qquad (16.44)$$

（11）气泡中的气体看作理想气体，因此在常温下有

$$\frac{\hat{\rho}}{\hat{\rho}_0} = \frac{p_{\mathrm{g}}}{p_0} \qquad (16.45)$$

低气泡溶解或气泡生长过程定义为气泡界面的速度相比于浓度边界层的生长速率较小的过程。本节的分析限于慢移动气泡界面。浓度驱动力决定气泡生长或溶解过程是慢速还是快速。气泡溶解过程可用液相、气泡相中的总体连续性方程、液相的运动方程以及液相中溶解气的物质连续性方程分析。另外，必须用总体跳跃质量平衡、聚合物的跳跃质量平衡和跳跃线性动量方程描述相界面的传递过程。

该气泡溶解过程中，液相的总体连续性方程（2.46）可写作：

$$\frac{\partial}{\partial r}(r^2 v_r) = 0 \qquad (16.46)$$

其中，v_r 是液相的径向速度。将该方程从 $r=r$ 到 $r=R$ 积分，得到：

$$v_r = \frac{R^2 v_r(R, t)}{r^2} \qquad (16.47)$$

并且，气相的总体连续性方程（2.45）也可表示为：

$$\frac{\partial \hat{\rho}}{\partial t} + \frac{1}{r^2}\frac{\partial}{\partial r}(\hat{\rho} r^2 \hat{v}_r) = 0 \qquad (16.48)$$

其中，$\hat{v}_r$ 是气相的径向速度。从 $r=0$ 到 $r=R$ 积分，得到结果：

$$\hat{v}_r(R, t) = -\frac{R}{3\hat{\rho}}\frac{\mathrm{d}\hat{\rho}}{\mathrm{d}t} \qquad (16.49)$$

不可压缩一阶流体的运动方程可由方程（4.231）给出。如果忽略引力并且用方程（16.47）估算黏性项，则该运动方程的径向部分简化为以下形式：

$$\rho\left(\frac{\partial v_r}{\partial t} + \frac{1}{2}\frac{\partial v_r^2}{\partial r}\right) = -\frac{\partial p}{\partial r} \tag{16.50}$$

将方程（16.50）从 $r=\infty$ 到 $r=R$ 积分，其中 $r=\infty$ 时 $p=p_0$ 且 $v_r=0$，得到：

$$p(R,\ t) = p_0 + \rho\left(2v_r\frac{dR}{dt} + R\frac{dv_r}{dt} - \frac{v_r^2}{2}\right)_{r=R} \tag{16.51}$$

液相中的溶质气体的物质连续性方程可由方程（4.143）给出，对于此问题，其可写作：

$$\frac{\partial \rho_1}{\partial t} + v_r\frac{\partial \rho_1}{\partial r} = D\left(\frac{\partial^2 \rho_1}{\partial r^2} + \frac{2}{r}\frac{\partial \rho_1}{\partial r}\right) \tag{16.52}$$

结合总体跳跃质量平衡方程（3.6）与方程（16.49），得到：

$$v_r,\ (R,\ t) = -\frac{R}{3\rho}\frac{d\hat{\rho}}{dt} + \frac{dR}{dt}\left(1 - \frac{\hat{\rho}}{\rho}\right) \tag{16.53}$$

聚合物的跳跃质量平衡方程（3.4）与方程（4.142）和方程（16.53）结合，得到：

$$\frac{dR}{dt} = -\frac{R}{3\hat{\rho}}\frac{d\hat{\rho}}{dt} + \frac{\rho D\left(\frac{\partial \rho_1}{\partial r}\right)_{r=R}}{\hat{\rho}[\rho - \rho_1(R,\ t)]} \tag{16.54}$$

跳跃线性动量方程（3.10）可与方程（4.221）结合，得到：

$$\frac{p(R,\ t) - p_0}{\rho} = \frac{p_g - p_0}{\rho} - \left[\frac{4\mu f(t)v_r}{\rho R} - (\hat{v}_r - v_r)\left(v_r - \frac{dR}{dt}\right)\right]_{r=R} \tag{16.55}$$

结合方程（16.51）和方程（16.55），得到结果：

$$p_g - p_0 = \frac{4\mu f(t)v_r(R,\ t)}{R} + $$
$$\rho\left[-(\hat{v}_r - v_r)\left(v_r - \frac{dR}{dt}\right) + 2v_r\frac{dR}{dt} + R\frac{dv_r}{dt} - \frac{v_r^2}{2}\right]_{r=R(t)} \tag{16.56}$$

由方程（16.43），根据

$$\rho_1(R,\ t) - \rho_{1E} = K(p_g - p_0) \tag{16.57}$$

因此方程（16.56）可改写作：

$$\rho_1(R,\ t) - \rho_{1E} = \frac{4\mu K f(t)v_r(R,\ t)}{R} + $$
$$\rho K\left[-(\hat{v}_r - v_r)\left(v_r - \frac{dR}{dt}\right) + 2v_r\frac{dR}{dt} + R\frac{dv_r}{dt} - \frac{v_r^2}{2}\right]_{r=R(t)} \tag{16.58}$$

方程（16.58）是相边界的边界条件。在 $r = \infty$ 的边界条件为：

$$\rho_1(\infty, t) = \rho_{10} \tag{16.59}$$

初始条件简单写作：

$$\rho_1(r, 0) = \rho_{10} \tag{16.60}$$

以上方程组可用无量纲变量写作无量纲形式：

$$t^* = \frac{Dt}{R_0^2}, \qquad r^* = \frac{r}{R_0} \tag{16.61}$$

$$R^* = \frac{R}{R_0}, \qquad \hat{\rho}^* = \frac{\hat{\rho}}{\hat{\rho}_0} \tag{16.62}$$

$$v = \frac{R_0 v_r}{D}, \qquad \hat{v} = \frac{R_0 \hat{v}_r}{D} \tag{16.63}$$

$$C = \frac{\rho_1 - \rho_{10}}{\rho_{1E} - \rho_{10}}, \qquad C_s = \frac{\rho_1(R, t)}{\rho_{1E}} \tag{16.64}$$

对于方程（16.47）、方程（16.49）、方程（16.52）至方程（16.54）和方程（16.58）至方程（16.60），利用这些无量纲变量得到以下无量纲形式（为简便，省略了星号）：

$$v(r, t) = \frac{R^2 v(R, t)}{r^2} \tag{16.65}$$

$$\hat{v}(R, t) = -\frac{R}{3\hat{\rho}} \frac{d\hat{\rho}}{dt} \tag{16.66}$$

$$\frac{\partial C}{\partial t} + v \frac{\partial C}{\partial r} = \frac{\partial^2 C}{\partial r^2} + \frac{2}{r} \frac{\partial C}{\partial r} \tag{16.67}$$

$$v(R, t) = -\frac{R\zeta}{3} \frac{d\hat{\rho}}{dt} + \frac{dR}{dt}(1 - \hat{\rho}\zeta) \tag{16.68}$$

$$C_s = \frac{dR}{dt} = -\frac{R}{3} \frac{dC_S}{dt} + \frac{N_a}{Q} \left(\frac{\partial C}{\partial r} \right)_{r=R} \tag{16.69}$$

$$Q = \frac{1 - \dfrac{C_S \rho_{1E}}{\rho}}{1 - \dfrac{\rho_{1E}}{\rho}} \tag{16.70}$$

$$N_a = \frac{\rho(\rho_{1E} - \rho_{10})}{\hat{\rho}_0(\rho - \rho_{1E})} \tag{16.71}$$

$$C_S = 1 + \frac{4N_V f(t) v(R, t)}{R} + N_I \left[-(\hat{v} - v)\left(v - \frac{dR}{dt}\right) + 2v \frac{dR}{dt} + R \frac{dv}{dt} - \frac{v^2}{2} \right]_{r=R} \tag{16.72}$$

$$N_I = \frac{\rho D^2}{p_0 R_0^2}, \quad N_V = \frac{\mu D}{p_0 R_0^2} \tag{16.73}$$

$$C(\infty, t) = 0 \tag{16.74}$$

$$C(r, 0) = 0 \tag{16.75}$$

此处所用 N_a 的定义与方程（8.26）给出的定义式略有不同。

以上方程组可改写作更有用的形式。首先，对于大多数情况，方程（16.44）有效。另外，由惯性效应导致的压力变化通常很小，所以

$$N_t \approx 0 \tag{16.76}$$

因此，方程（16.68）和方程（16.72）可改写作：

$$v(R, t) = \frac{dR}{dt} \tag{16.77}$$

$$C_S = 1 + \frac{4N_V f(t)}{R} \frac{dR}{dt} \tag{16.78}$$

因此，方程（16.55）和方程（16.77）相结合，代入方程（16.67），得到该问题物质连续性方程更有用的形式：

$$\frac{\partial C}{\partial t} + \frac{R^2}{r^2} \frac{dR}{dt} \frac{\partial C}{\partial r} = \frac{\partial^2 C}{\partial r^2} + \frac{2}{r} \frac{\partial C}{\partial r} \tag{16.79}$$

并且相界面的边界条件也可写作：

$$C[R(t), t] = 1 + \frac{\rho_{1E}(C_S - 1)}{\rho_{1E} - \rho_{10}} \tag{16.80}$$

其中，C_S 由方程（16.78）给出。最终，R 和 C_S 的初始条件可简单表示为：

$$R(0) = 1 \tag{16.81}$$

$$C_S(0) = 1 \tag{16.82}$$

为获得以上问题的通解，必须考虑方程（16.69）、方程（16.74）、方程（16.75）和方程（16.78）至方程（16.82）。这当然是通常必须用合适的数值法求解的非线性方程组。然而，某些情况下，气泡溶解的驱动力很小 $[(\rho_{1E}-\rho_{10}) \rightarrow 0]$，所以 $N_a \rightarrow 0$。比如，对于水中氧气的溶解，$N_a = 0.03$。随着 $N_a \rightarrow 0$，由方程（16.69）和方程（16.78）可知，明显有 $dR/dt = 0$，存在低溶解过程，且可能建立 N_a 作为较小参数的参数扰动求解方案。溶解过程的 3 个因变量为 $C(r, t)$、$C_S(t)$ 和 $R(t)$，这些变量可用以下扰动级数展开式描述：

$$C(r, t) = C^0(r, t) + N_a C^1(r, t) + \cdots \tag{16.83}$$

$$C_S(t) = 1 + N_a C_S^1(t) + \cdots \tag{16.84}$$

$$R(t) = 1 + N_a R_1(t) + \cdots \tag{16.85}$$

描述气泡溶解过程的方程组是非线性的，因为它包含因变量和因变量导数的乘积，且气泡表面位置随时间变化。由于该问题非线性的第二个来源，可较为方便地利用 10.1 节讨论的表面—体积扰动求解方案。为了消除相界面估算的量，必须利用以下两个泰勒展开式：

$$C^i[R(t), t] = C^i(1, t) + \left(\frac{\partial C^i}{\partial r}\right)_{r=1}(R-1) + \cdots \tag{16.86}$$

$$\left(\frac{\partial C^i}{\partial r}\right)_{r=R} = \left(\frac{\partial C^i}{\partial r}\right)_{r=1} + \left(\frac{\partial^2 C^i}{\partial r^2}\right)_{r=1}(R-1) + \cdots \tag{16.87}$$

将方程（16.83）至方程（16.85）代入方程（16.69）、方程（16.74）、方程（16.75）和方程（16.78）至方程（16.82），并利用方程（16.86）和方程（16.87）进行扰动分析。以上步骤的结果得到以下该问题零阶解的方程组：

$$\frac{\partial C^0}{\partial t} = \frac{\partial^2 C^0}{\partial r^2} + \frac{2}{r}\frac{\partial C^0}{\partial r} \tag{16.88}$$

$$C^0(r, 0) = 0 \tag{16.89}$$

$$C^0(\infty, t) = 0 \tag{16.90}$$

$$C^0(1, t) = 1 \tag{16.91}$$

$$C_S^1(t) = 4N_V f(t)\frac{\mathrm{d}R_1}{\mathrm{d}t} \tag{16.92}$$

$$C_S^1(0) = 0 \tag{16.93}$$

$$\frac{\mathrm{d}R_1}{\mathrm{d}t} = -\frac{1}{3}\frac{\mathrm{d}C_S^1}{\mathrm{d}t} + \left(\frac{\partial C^0}{\partial r}\right)_{r=1} \tag{16.94}$$

$$R_1(0) = 0 \tag{16.95}$$

根据无量纲时间，方程（4.225）也可写作：

$$f(t) = 1 - \exp(-tN_E) \tag{16.96}$$

其中：

$$N_E = \frac{R_0^2}{D\lambda} \tag{16.97}$$

λ 是合适的流体弛豫时间。注意，描述弹性层的 N_E 不是对于该问题流体流动部分 Deborah 数的倒数。

由 10.2 节可知，方程（16.88）至方程（16.91）的解可简单表示为：

$$C^0 = \frac{\mathrm{erfc}\left(\dfrac{r-1}{2\sqrt{t}}\right)}{r} \tag{16.98}$$

所以

$$\left(\frac{\partial C^0}{\partial r}\right)_{r=1} = -1 - \frac{1}{\sqrt{\pi t}} \tag{16.99}$$

且有

$$F(t) = \int_0^t \left(\frac{\partial C^0}{\partial r}\right)_{r=1} dt' = -t - \frac{2t^{\frac{1}{2}}}{\pi^{\frac{1}{2}}} \tag{16.100}$$

方程（16.94）从 $t=0$ 到 $t=t$ 积分，利用初始条件即方程（16.93）和方程（16.95），并代入方程（16.92）和方程（16.96）得到以下 R_1 的一阶线性常微分方程：

$$\frac{dR_1}{dt} + \frac{3R_1}{4N_V[1-\exp(-tN_E)]} = \frac{3F(t)}{4N_V[1-\exp(-tN_E)]} \tag{16.101}$$

根据初始条件 $R_1(0)=0$ 对方程（16.101）的积分，得到：

$$R_1(t) = \frac{3\exp\left(-\frac{3t}{4N_V}\right)}{4N_V[1-\exp(-tN_E)]^b}\int_0^t \frac{F(\tau)\exp\left(\frac{3\tau}{4N_V}\right)[1-\exp(-\tau N_E)]^b d\tau}{[1-\exp(-\tau N_E)]} \tag{16.102}$$

$$b = \frac{3}{4N_V N_E} \tag{16.103}$$

结合方程（16.85）和方程（16.102），给出气泡半径 $R(t)$ 相对简单的零阶表达式，其对于小 N_a 值以及所有 N_V 和 N_E 值都有效。估算 $R_1(t)$ 只需要数值积分，但必须在积分下限处理可积的奇点。零阶结果适合于所有时间。然而，正如10.2节和10.3节所述，气泡溶解或生长的一阶解不是长时间限制的，因此必须利用单扰动分析获得一阶解。对于非黏性流体，表征黏性效应重要性的无量纲组 N_V 等于0。另外，由于 $\lambda=0$，非弹性物质表征流体弹性效应的无量纲组 N_E 等于 ∞。对于这两个重要的限制情况（Vrentas 和 Vrentas，1998e），由方程（16.102）可得到 $R_1(t)$ 更简单的解。对于 $N_E=\infty$，方程（16.102）化简为可描述溶解过程中黏性效应的表达式如下：

$$R_1(t) = \frac{3\exp\left(-\frac{3t}{4N_V}\right)}{4N_V}\int_0^t F(\tau)\exp\left(\frac{3\tau}{4N_V}\right) d\tau \tag{16.104}$$

对于 $N_V=0$，进行合适的处理后，可知方程（16.102）采用的形式为：

$$R_1(t) = -t - \frac{2t^{\frac{1}{2}}}{\pi^{\frac{1}{2}}} \tag{16.105}$$

这是非黏性外部流体中［方程（10.90）］气泡溶解的已知结果。当然，这是 $N_V=0$ 的预期结果。对于高度弹性物质，$N_E\to 0$，进行合适处理后，可知方程（16.105）也描述了所有 N_V 值下高弹性物质的溶解过程。因此，高度弹性物质的气泡溶解等同于非黏性物质的气泡溶解，而且该结果可能不是预期的。

现在给出了计算的半径—时间曲线，首先是对牛顿流体，其次是对黏性弹性物质。图 16.11 显示了两种牛顿流体（$N_V = 0.1$ 和 $N_V = 0.5$）和非黏性流体（$N_V = 0$）在 $N_a = 1$ 和 $N_E = \infty$ 情况下无量纲气泡半径的时间相关性。可知，黏性水平对气泡半径的时间相关性有明显影响，且随黏度增加，溶解越来越慢。由图 6.11 可知黏性水平的预期影响，且结果与之前的研究一致。图 16.11 的两条曲线是用方程（16.104）的修正式确定的（Vrentas 和 Vrentas，1998e），$N_V = 0$ 的曲线是基于方程（16.105）得到的。

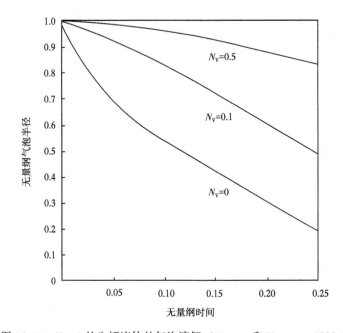

图 16.11　$N_a = 1$ 的牛顿流体的气泡溶解（Vrentas 和 Vrentas，1998e）

图 16.12 显示了 $N_a = 1$、$N_V = 10$ 和 5 个 N_E 值时气泡溶解的流体弹性效应。图 16.12 中 3 条曲线是通过方程（16.102）计算得到的，非弹性（$N_E = \infty$）和非黏性（$N_E = 0$）曲线是分别基于方程（16.104）和方程（16.105）的修正式得到的。明显看出，图 16.12 中考虑了强黏性（$N_V = 10$）和强弹性（$N_E = 0.01$）流体。在不存在流体弹性的情况下，由图 16.12 可知，高黏性水平导致气泡溶解速率明显下降。然而，弹性在远离非弹性限制下增加，由图 16.12 可以明显看出，溶解速率明显增加。最终，在足够高的弹性水平下（$N_E \rightarrow 0$），解析解推测出半径—时间曲线接近非黏性限制。由此看出，流体弹性增加会抵消高黏性水平的影响。在图 16.13 中，对于 $N_V = 1$ 和 $N_V = 10$，当 $t = 0.05$ 时，其 $N_a = 1$，无量纲气泡半径是 N_E 的函数。图 16.13 表明，需要更大的弹性效应（较低的 N_E）来抵消较高黏度水平（较高 N_V）的影响。

本节包括对一阶流体模型一般有效性的分析（Vrentas 和 Vrentas，1999b）。如 4.6 节所述，一阶流体模型是基于有限线性黏弹性的本构方程建立的，其是由简单流体理论得到的最简单的积分本构方程。一阶流体模型用于在零时刻时流体静止的非稳定流动中。将方程（4.216）代入方程（4.215），得到结果：

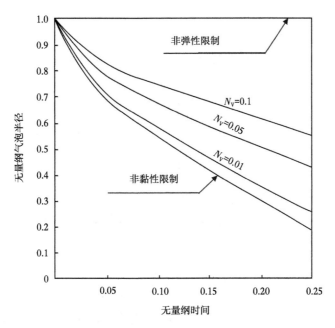

图 16.12　具有 $N_a = 1$ 和 $N_V = 10$ 黏弹性流体的气泡溶解（Vrentas 和 Vrentas，1998e）

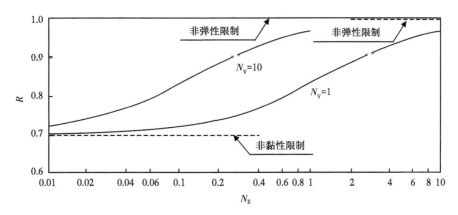

图 16.13　在 $t = 0.05$ 时 $N_a = 1$ 以及两个 N_V 值下无量纲气泡
半径对 N_E 的相关性（Vrentas 和 Vrentas，1998e）

$$S = \int_0^t G(s) \left(A_1 - sA_2 + s^2 \frac{A_3}{2!} - \cdots \right) \mathrm{d}s \tag{16.106}$$

一阶流体定义为以上展开式的第一项：

$$S = \int_0^t G(s) A_1 \mathrm{d}s \tag{16.107}$$

分析过程引入了以下无量纲变量组：

$$t^* = \frac{t}{\lambda}, \qquad s^* = \frac{s}{\lambda} \tag{16.108}$$

$$A_n^* = \theta_F^n A_n, \qquad S^* = \frac{S\theta_F}{\mu} \tag{16.109}$$

其中，θ_F 是流动过程中合适的特征时间。方程（16.106）和方程（16.107）可通过引入无量纲变量，代入 $G(s)$ 的方程（4.224），并为方便省略星号而改写作：

$$S = \int_0^t e^{-s}\left\{A_1 - (De)_s^F A_2 + \frac{[(De)_s^F]^2}{2!}A_3 - \frac{[(De)^F s]^3}{3!}A_4 + \cdots\right\}ds \tag{16.110}$$

$$S = \int_0^t e^{-s}A_1 ds \tag{16.111}$$

$(De)^F$ 的定义式由方程（4.210）给出。

可知，方程（16.111）是在 $t=0$ 到 $t=t$ 时间段内方程（16.110）很好的近似式，这是因为

$$[(De)^F]t \to 0 \tag{16.112}$$

因此，如果在足够小时间间隔内考虑流场，则即使在高 $(De)^F$ 下，一阶流体也可描述流动过程。对于所有 t 值，用方程（16.111）代替方程（16.110），则可能确定足够条件。假设无量纲 Rivlin-Ericksen 张量可用方程（16.113）近似表示：

$$A_1 \approx A_2 \approx \cdots \approx A_n \tag{16.113}$$

将该近似代入方程（16.110），得到对完全积分黏弹性模型 S 合理的估算：

$$S = A_1 \int_0^t e^{-s}\exp[-(De)_s^F]ds \tag{16.114}$$

对方程（16.114）和方程（16.111）积分，分别得到以下积分黏弹性流体和一阶流体的结果：

$$S = A_1\frac{(1 - e^{-qt})}{q} \tag{16.115}$$

$$q = 1 + (De)^F \tag{16.116}$$

$$S = A_1(1 - e^{-t}) \tag{16.117}$$

由方程（16.115）和方程（16.117）可知，积分黏弹性模型的本构方程简化为 $q\to1$ 和 $(De)^F\to0$ 时一阶流体的本构方程。

Vrentas 和 Vrentas（1995）的研究表明，用一阶流体的本构方程计算的平行板之间压力驱动的速度分布与对于 Deborah 数为 0.3 和 0.5 用线性黏弹性模型算得的速度分布一致。利用一阶模型求解气泡溶解问题可能得到解析解，该解析解允许更容易地访问问题的更大部分参数空间。此外，该求解方案使得可以在分析上证明，在高弹性水平下的气泡溶解等同于非黏性流体的气泡溶解。

第 17 章　移动参考坐标系下的传递

大部分传递问题的分析都用地球上的实验坐标系进行。如 2.6 节和 4.1 节所述，由于这类实验坐标系相对于恒星是近似静止的，那么它们就通常可以看作惯性参照系。虽然这种类型惯性参考系可提供大多数传递问题满意的参考坐标系，但相对于固定惯性参考系，存在一些问题用平移或旋转参考系分析更有效。本章中讨论了移动参考系的多个方面，并在超速离心机分析中应用旋转坐标系。

17.1　固定参考系和移动参考系之间的关系

对于固定参考系，根据附录 A.5 节的讨论，速度 v 可用方程（17.1）计算：

$$v = \left(\frac{\partial \boldsymbol{p}}{\partial t}\right)_{Xj} = \frac{\mathrm{D}\boldsymbol{p}}{\mathrm{D}t} = \frac{\mathrm{D}p_i}{\mathrm{D}t}\boldsymbol{i}_i = \frac{\mathrm{D}x_i}{\mathrm{D}t}\boldsymbol{i}_i = v_i\boldsymbol{i}_i \tag{17.1}$$

$$v_i = \frac{\mathrm{D}x_i}{\mathrm{D}t} \tag{17.2}$$

其中，$\boldsymbol{p}$ 是颗粒的位置矢量。注意，由于溶质质量分数很低，本章中对于单组分或最初为溶剂的二元体系，所有物质的时间导数严格有效。移动参考系的速度 $v^*(\mathrm{Rel})$ 定义为附属于移动参考系的观察者测定的相对于基向量的速度，该基向量相对于固定系是移动的，但在移动坐标系中认为是静止的。速度 $v^*(\mathrm{Rel})$ 可通过方程（17.3）计算：

$$v^*(\mathrm{Rel}) = \frac{\mathrm{D}p_\alpha^*}{\mathrm{D}t^*}\boldsymbol{i}_\alpha^* = \frac{\mathrm{D}x_\alpha^*}{\mathrm{D}t^*}\boldsymbol{i}_\alpha^* = v_\alpha^*(\mathrm{Rel})\boldsymbol{i}_\alpha^* \tag{17.3}$$

$$v_\alpha^*(\mathrm{Rel}) = \frac{\mathrm{D}x_\alpha^*}{\mathrm{D}t^*} \tag{17.4}$$

Johns（2005）将方程（17.3）中用的这类导数称为随体导数。这两个速度 v 和 $v^*(\mathrm{Rel})$ 可用结合方程（4.38）和方程（4.41）的方程（17.5）关联：

$$\boldsymbol{p} = \boldsymbol{p}^* - \boldsymbol{c}^* \tag{17.5}$$

对方程（17.5）进行时间微分，并引入方程（4.39）和方程（4.43），得到结果：

$$\frac{\mathrm{D}\boldsymbol{p}}{\mathrm{D}t} = v = \frac{\mathrm{D}x_\alpha^*}{\mathrm{D}t}\boldsymbol{i}_\alpha^* + x_\alpha^*\frac{\mathrm{d}\boldsymbol{i}_\alpha^*}{\mathrm{d}t} - \frac{\mathrm{d}\boldsymbol{c}^*}{\mathrm{d}t} \tag{17.6}$$

由方程（4.23）和方程（4.24）可知：

$$\frac{\mathrm{d}\boldsymbol{i}_\alpha^*}{\mathrm{d}t} = \frac{\mathrm{d}Q_{\alpha i}}{\mathrm{d}t}\boldsymbol{i}_i = \frac{\mathrm{d}Q_{\alpha i}}{\mathrm{d}t}Q_{\beta i}\boldsymbol{i}_\beta^* \tag{17.7}$$

注意，运算符 D/Dt 指的是固定惯性系，且由于 $t^* = t - a$，因此 $D/Dt = D/Dt^*$。

相对于固定系的角速度张量可定义为：

$$\boldsymbol{\Omega} = \Omega_{\alpha\beta} \boldsymbol{i}_\alpha^* \boldsymbol{i}_\beta^* = Q_{\alpha i} \frac{\mathrm{d}Q_{\beta i}}{\mathrm{d}t} \boldsymbol{i}_\alpha^* \boldsymbol{i}_\beta^* \tag{17.8}$$

由方程（4.26）有

$$Q_{\alpha i} \frac{\mathrm{d}Q_{\beta i}}{\mathrm{d}t} + Q_{\beta i} \frac{\mathrm{d}Q_{\alpha i}}{\mathrm{d}t} = 0 \tag{17.9}$$

所以

$$\Omega_{\alpha\beta} = -\Omega_{\beta\alpha} \tag{17.10}$$

因此，$\boldsymbol{\Omega}$ 是斜对称张量。由于 $\boldsymbol{\Omega}$ 是斜对称的，对于任意矢量 $\boldsymbol{a}^*$，有

$$\boldsymbol{\Omega} \cdot \boldsymbol{a}^* = \boldsymbol{w} \times \boldsymbol{a}^* \tag{17.11}$$

可知

$$\Omega_{\alpha\gamma} = e_{\alpha\beta\gamma} \omega_\beta \tag{17.12}$$

对于任意矢量 $\boldsymbol{a}^*$ 成立。矢量 $\boldsymbol{\omega}$ 定义为角速度矢量。由方程（17.12）有

$$e_{\delta\alpha\gamma} \Omega_{\alpha\gamma} = e_{\delta\alpha\gamma} e_{\alpha\beta\gamma} \omega_\beta \tag{17.13}$$

并且由附录方程（A.8）可知：

$$\omega_\delta = -\frac{1}{2} e_{\delta\alpha\gamma} \Omega_{\alpha\gamma} \tag{17.14}$$

很明显，结合方程（17.7）和方程（17.8）可得到：

$$\frac{\mathrm{d}\boldsymbol{i}_\alpha^*}{\mathrm{d}t} = \Omega_{\beta\alpha} \boldsymbol{i}_\beta^* \tag{17.15}$$

因此，通过方程（17.12）将方程（17.15）改写作以下形式：

$$\frac{\mathrm{d}\boldsymbol{i}_\alpha^*}{\mathrm{d}t} = e_{\gamma\alpha\beta} \boldsymbol{\omega}_\gamma \boldsymbol{i}_\beta^* = \boldsymbol{w} \times \boldsymbol{i}_\alpha^* \tag{17.16}$$

将方程（17.3）、方程（17.4）和方程（17.16）代入方程（17.6）中，利用方程（17.17）

$$\boldsymbol{p}^* = \boldsymbol{x}_\alpha^* \boldsymbol{i}_\alpha^* \tag{17.17}$$

得到以下 v 和 $v^*(\mathrm{Rel})$ 之间的关系：

$$v = v^*(\mathrm{Rel}) + \boldsymbol{w} \times \boldsymbol{p}^* - \frac{\mathrm{d}c^*}{\mathrm{d}t} \tag{17.18}$$

固定系和移动系的加速度关系可通过对方程（17.3）微分给出：

$$\frac{Dv^*(\mathrm{Rel})}{Dt} = \frac{Dv_\alpha^*(\mathrm{Rel})}{Dt} \boldsymbol{i}_\alpha^* + v_\alpha^*(\mathrm{Rel}) \frac{\mathrm{d}\boldsymbol{i}_\alpha^*}{\mathrm{d}t} = \frac{Dv_\alpha^*(\mathrm{Rel})}{Dt} \boldsymbol{i}_\alpha^* + \boldsymbol{w} \times v^*(\mathrm{Rel}) \tag{17.19}$$

其中，$Dv_\alpha^*(\text{Rel})/Dt$ 代表随体导数。方程（17.18）对时间微分，并代入方程（17.19）得到结果：

$$\frac{Dv}{Dt} = \frac{Dv_\alpha^*(\text{Rel})}{Dt}\boldsymbol{i}_\alpha^* + \boldsymbol{w} \times \boldsymbol{v}^*(\text{Rel}) + \frac{d\boldsymbol{w}}{dt} \times \boldsymbol{p}^* + \boldsymbol{w} \times \frac{Dx_\alpha^*}{Dt}\boldsymbol{i}_\alpha^* +$$
$$\boldsymbol{w} \times x_\alpha^* \frac{d\boldsymbol{i}_\alpha^*}{dt} - \frac{d^2\boldsymbol{c}^*}{dt^2} \tag{17.20}$$

方程（17.20）可利用方程（17.3）和方程（17.16）改写作以下形式：

$$\frac{Dv}{Dt} = \frac{Dv_\alpha^*(\text{Rel})}{Dt}\boldsymbol{i}_\alpha^* + \frac{d\boldsymbol{w}}{dt} \times \boldsymbol{p}^* + 2\boldsymbol{w} \times \boldsymbol{v}^*(\text{Rel}) + \boldsymbol{w} \times (\boldsymbol{w} \times \boldsymbol{p}^*) - \frac{d^2\boldsymbol{c}^*}{dt^2} \tag{17.21}$$

方程（17.21）右侧的第三项称为 Coriolis 力，第四项为离心力。

可假设标量比如质量分数 w_1 和压力 p，与坐标系无关，由此有 $w_1 = w_1^*$，$p = p^*$，因此由方程（4.51）可得：

$$\nabla p = \nabla^* p^* \tag{17.22}$$

$$\nabla w_1 = \nabla^* w_1^* \tag{17.23}$$

并且，可知

$$\nabla^2 w_1 = \nabla^{*2} w_1^* \tag{17.24}$$

矢量 $\boldsymbol{v}$ 和 $\boldsymbol{v}^*(\text{Rel})$ 也可通过使用方程（17.4）和方程（17.7）从方程（17.6）导出的方程（17.25）相关联：

$$\boldsymbol{v} = v_\alpha^*(\text{Rel})\boldsymbol{i}_\alpha^* + x_\beta^* \frac{dQ_{\beta i}}{dt}Q_{\alpha i}\boldsymbol{i}_\alpha^* - \frac{d\boldsymbol{c}^*}{dt} \tag{17.25}$$

由方程（17.25）看出：

$$\nabla \cdot \boldsymbol{v} = \nabla^* \cdot \boldsymbol{v}^*(\text{Rel}) + Q_{\alpha i} \frac{dQ_{\alpha i}}{dt} \tag{17.26}$$

由方程（17.9）可知，方程（17.26）右侧第二项为 0。因此，

$$\nabla \cdot \boldsymbol{v} = \nabla^* \cdot \boldsymbol{v}^*(\text{Rel}) \tag{17.27}$$

也可看出

$$\nabla^2 \boldsymbol{v} = \nabla^{*2} \boldsymbol{v}^*(\text{Rel}) \tag{17.28}$$

17.2　移动参考系下的场方程

本节中基于以下特殊的条件组导出了移动参考系的场方程：

（1）体系是溶质（组分 1）和溶剂（组分 2）在等温条件下的二元混合物。

（2）没有化学反应。

（3）组分 1 的质量分数很小（$w_1 \to 0$），由于可以在 $w_1 \to 0$ 时有效估算它们，因此体

系的 ρ、μ、D、$\hat{V}_1$ 和 $\hat{V}_2$ 可假设与组分无关。此外，可忽略这 5 个物性的压力相关性。

（4）流体混合物是不可压缩牛顿流体，可用 Navier-Stokes 方程描述。

（5）可用方程（4.110）和方程（4.134）描述溶质的扩散通量：

$$j_1 = -\rho D \nabla w_1 + \phi^p \nabla p \tag{17.29}$$

$$\phi^p = \frac{\rho D(\hat{V}_2 - \hat{V}_1) w_2}{(\partial \mu_1 / \partial w_1)_p} \tag{17.30}$$

根据方程（2.46），固定惯性参考系中具有有效恒定密度 ρ 的混合物的总体连续性方程可简写作：

$$\nabla \cdot \boldsymbol{v} = 0 \tag{17.31}$$

并且，由方程（4.140）有，恒定 ρ 和 μ 的运动方程可改写作固定惯性参考系中的方程：

$$\rho \frac{D\boldsymbol{v}}{Dt} = \rho \left(\frac{\partial \boldsymbol{v}}{\partial t} + \boldsymbol{v} \cdot \nabla \boldsymbol{v} \right) = \rho \boldsymbol{F} - \nabla p + \mu \nabla^2 \boldsymbol{v} \tag{17.32}$$

最后，对于固定惯性参考系下具有恒定 ρ、μ、D、$\hat{V}_1$ 和 $\hat{V}_2$ 且没有化学反应发生的二元混合物，结合方程（2.62）和方程（17.29）、方程（17.30）得到物质连续性方程：

$$\frac{Dw_1}{Dt} = \frac{\partial w_1}{\partial t} + v \cdot \nabla w_1 = D \nabla^2 w_1 - D(\hat{V}_2 - \hat{V}_1) \nabla \cdot \left[\frac{w_2 \nabla p}{(\partial \mu_1 / \partial w_1)_p} \right] \tag{17.33}$$

移动坐标系（相对于固定惯性系平移和转动的坐标系）中现在可构建出场方程。这些场方程的构建基于 w_1、p、ρ、μ、D、$\hat{V}_1$、$\hat{V}_2$ 和 μ_1 都是与坐标系无关的标量，外部引力是与坐标系无关的矢量。同时，利用了与坐标系无关的标量的物质导数也与坐标系无关这个事实。由方程（17.27）和方程（17.31）可知，移动参考系的总体连续性方程可写作：

$$\nabla^* \cdot \boldsymbol{v}^*(\text{Rel}) = 0 \tag{17.34}$$

另外，通过方程（17.21）、方程（17.22）、方程（17.28）和方程（17.32）可知，不可压缩牛顿流体在移动参考系中的运动方程采用以下形式：

$$\rho \left[\frac{Dv_\alpha^*(\text{Rel})}{Dt} \boldsymbol{i}_\alpha^* + \frac{d\boldsymbol{w}}{dt} \times \boldsymbol{p}^* + 2\boldsymbol{w} + \boldsymbol{v}^*(\text{Rel}) + \boldsymbol{w} \times (\boldsymbol{w} \times \boldsymbol{p}^*) - \frac{d^2\boldsymbol{c}^*}{dt^2} \right]$$
$$= \rho \boldsymbol{F} - \nabla^* p + \mu \nabla^{*2} \boldsymbol{v}^*(\text{Rel}) \tag{17.35}$$

最后，由于 $w_1 = w_1^*$，由方程（17.4）和方程（17.73）可知：

$$\frac{D^* w_1}{Dt^*} = \left(\frac{\partial w_1}{\partial t^*} \right)_{x_\beta^*} + \boldsymbol{v}^*(\text{Rel}) \cdot \nabla^* w_1 \tag{17.36}$$

因此，通过方程（17.22）、方程（17.24）、方程（17.33）和方程（17.36）可知，移动参考系中的物质连续性方程可写作：

$$\frac{\partial w_1}{\partial t^*} + \boldsymbol{v}^*(\text{Rel}) \cdot \nabla^* w_1 = D \nabla^{*2} w_1 - D(\hat{V}_2 - \hat{V}_1) \nabla^* \cdot \left[\frac{w_2 \nabla^* p}{(\partial \mu_1 / \partial w_1)_p} \right] \tag{17.37}$$

移动系和固定系的两个转化是重点研究对象。首先是基于以下关联移动和固定系方程的 Galilean 转化：

$$x_\alpha^* = Q_{\alpha i} x_i + h_\alpha^* t + k_\alpha^* \qquad (17.38)$$

由于有与时间无关的旋转 $Q_{\alpha i}$ 和时间的线性函数 c_α^*，方程（17.38）是方程（4.45）的特殊情况。常数 h_α^* 代表平移的恒定速度。对于 Galilean 转化，由方程（17.8）可知 $\Omega_{\alpha \beta} = 0$，因此由方程（17.14）有 $w_\delta = 0$，可知

$$\frac{\mathrm{d}^2 \boldsymbol{c}^*}{\mathrm{d}t^2} = 0 \qquad (17.39)$$

和

$$\frac{\mathrm{D}\boldsymbol{v}_\alpha^* (\mathrm{Rel})}{\mathrm{D}t} \boldsymbol{i}_\alpha^* = \frac{\mathrm{D}\boldsymbol{v}^* (\mathrm{Rel})}{\mathrm{D}t} \qquad (17.40)$$

由于 Galilean 转化的基向量与时间无关。以上结果显示 Galilean 转化的移动系运动方程（17.35）可写作：

$$\rho \frac{\mathrm{D}\boldsymbol{v}^* (\mathrm{Rel})}{\mathrm{D}t} = \rho \boldsymbol{F} - \nabla^* p + \mu \nabla^{*2} \boldsymbol{v}^* (\mathrm{Rel}) \qquad (17.41)$$

因此，根据方程（17.31）和方程（17.34）以及方程（17.32）和方程（17.41），基于 Galilean 转化的固定惯性系和移动参考系下总体连续性方程和运动方程具有相同形式。

作为 Galilean 转化的通用实例，考虑固体活塞或一串气泡通过圆柱形管的通路，活塞（或气泡）的直径基本等于管的直径。该情况中限制了流体流动，因此流体在两个连续活塞之间循环流动。Galilean 转化可用于将固定惯性系和恒定活塞速度的移动系关联在一起。相对于移动系，两活塞之间的流体流动是由充满流体静止圆柱器腔的稳定运动产生的流体运动造成的。腔体内速度场可用基于方程（17.34）和方程（17.34）（Duda 和 Vrentas，1971b）的物流函数方程确定。以上流体力学问题可用于描述两相管流动的活塞流态，其可以通过在气体段塞之间向下移动的液体片段进行表征。

另一个重要的转化可用于分析流体颗粒在 x_3 坐标线附近的 $x_1 x_2$ 平面处的刚性转动。这类圆柱盘流体颗粒的二维转动可用原点在流体盘中心的固定惯性系或具有相同流体原点的转动坐标系分析。通过角度 $\theta(t)$ 表征旋转过程，其中 $\theta(t) = \omega t$，且 ω 是恒定角速度。该转动过程的 $Q_{\alpha i}$ 分量可由方程（17.42）得到：

$$[Q_{\alpha i}(t)] = \begin{bmatrix} \cos\theta & \sin\theta & 0 \\ -\sin\theta & \cos\theta & 0 \\ 0 & 0 & 1 \end{bmatrix} \qquad (17.42)$$

根据方程（17.8）和方程（17.42），张量 $\boldsymbol{\Omega}$ 的分量简写作：

$$[\Omega_{\alpha \beta}] = \begin{bmatrix} 0 & -\omega & 0 \\ \omega & 0 & 0 \\ 0 & 0 & 0 \end{bmatrix} \qquad (17.43)$$

由于 $\mathrm{d}\theta/\mathrm{d}t=\omega$。方程（17.14）和方程（17.43）也可用于计算角速度矢量 $\boldsymbol{\omega}$ 的分量：

$$\omega_1 = 0, \quad \omega_2 = 0, \quad \omega_3 = \omega \tag{17.44}$$

17.3 节中用该旋转转化的性质分析超速离心机。超速离心机中的旋转流体颗粒位于圆柱的截断扇区。

即使移动系的基向量相对于固定系移动，解场方程有时不考虑该移动。解场方程时，通常假设移动系的基向量静止，所以可用 $\boldsymbol{v}^*(\mathrm{Rel})$。

17.3 超速离心机中的稳定扩散

为构建场方程，根据 17.2 节中列举的 5 个限制条件，本节提出了超速离心机的稳态传递分析。因此，超速离心机中传递的数学描述可基于利用稳态条件下的方程（17.34）、方程（17.35）和方程（17.37）。此处假设离心机室水平，可由图 17.1 中的圆柱体的截断扇区（Fujita，1962）表示。Fujita 提到，如果利用矩形室，室内有对流。对于图 17.1 中室单元的几何结构，假设室内只有径向传递，且在质量分数、速度和压力场内任何角变量和高度变量可忽略。因此，场方程中描述离心机子旋转参考系下的质量分数分布的相关自变量，大部分情况为 r^* 和 t^*，其中 r^* 是旋转流体从旋转室轴到室内旋转流体某一点的距离。稳态过程中的 r^* 仅是自变量。

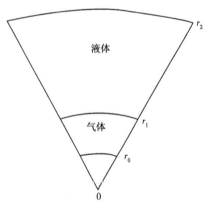

图 17.1　典型超速离心机室

图 17.1 描述了典型超速离心机室的特殊构造。溶质（组分 1）和溶剂（组分 2）的二元液体混合物从 $r^*=r_1$ 扩展到 $r^*=r_2$。在 $r^*=r_2$ 的坚硬固体壁处形成液相的圆柱边界，在 $r^*=r_1$ 的另一个圆柱边界将液体与气相分离，且 $r^*=r_0$ 处还有一个圆柱边界，此处坚硬固体壁形成气相内边界。假设气相中基本不存在溶质和溶剂。

由于速度场仅有一维空间相关性，方程（17.34）可写作：

$$\frac{\partial}{\partial r^*}\big[r^* v_{r^*}^*(\mathrm{Rel})\big] = 0 \tag{17.45}$$

方程（17.45）积分可得：

$$v_{r^*}^*(\mathrm{Rel}) = \frac{K_1}{r^*} \tag{17.46}$$

其中，K_1 恒定。由于在 $r^*=r_2$ 处，$v_r^*(\mathrm{Rel})=0$，因为存在不可渗透的固体壁，所以液相处有 $v_{r^*}^*(\mathrm{Rel})=0$。因此，

$$\boldsymbol{v}^*(\mathrm{Rel}) = 0 \tag{17.47}$$

方程（17.47）在液相各点成立。并且对于该问题有

$$\boldsymbol{c}^* = 0 \tag{17.48}$$

$$F_{r^*} = 0 \tag{17.49}$$

$$\boldsymbol{\omega} = \omega \boldsymbol{i}_{z^*}^* = \omega \boldsymbol{i}_z \tag{17.50}$$

由于 ω 恒定，有

$$\frac{\mathrm{d}\boldsymbol{\omega}}{\mathrm{d}t} = 0 \tag{17.51}$$

另外，由矢量恒等式：

$$\boldsymbol{\omega} \times (\boldsymbol{\omega} \times \boldsymbol{p}^*) = (\boldsymbol{\omega} \cdot \boldsymbol{p}^*)\boldsymbol{\omega} - (\boldsymbol{\omega} \cdot \boldsymbol{\omega})\boldsymbol{p}^* \tag{17.52}$$

可知 $\boldsymbol{\omega} \times (\boldsymbol{\omega} \times \boldsymbol{p}^*)$ 的径向部分是 $(-r^* \omega^2)$，这是由于 $\boldsymbol{p}^*$ 仅有一个径向分量 r^*，且 $\boldsymbol{\omega}$ 垂直于 $\boldsymbol{p}^*$。可知在以上讨论的结果中，运动方程（17.35）的径向分量如下：

$$\frac{\partial p}{\partial r^*} = \rho \omega^2 r^* \tag{17.53}$$

由方程（17.29）、方程（17.30）和方程（17.37）可知，该问题溶质的物质连续性方程可写作：

$$\rho \left(\frac{\partial w_1}{\partial t^*} + v^* (\mathrm{Rel}) \cdot \nabla^* w_1 \right) = - \nabla^* \cdot j_1^* \tag{17.54}$$

由于速度场用方程（17.47）描述，且稳态径向扩散是体系传质唯一的机理，该方程可化简为以下形式：

$$\frac{\partial (r^* j_{1r^*}^*)}{\partial r^*} = 0 \tag{17.55}$$

对方程（17.55）积分，并利用在 $r^* = r_2$ 处的径向扩散通量必须为 0 的事实，得到以下扩散场各处有效的结果：

$$j_{1r^*}^* = 0 \tag{17.56}$$

当引入方程（17.29）和方程（17.30）时，方程（17.56）可改写作：

$$\frac{\mathrm{d}w_1}{\mathrm{d}r^*} = \frac{(\hat{V}_2 - \hat{V}_1)w_2}{(\partial \mu_1 / \partial w_1)_p} \frac{\mathrm{d}p}{\mathrm{d}r^*} \tag{17.57}$$

将方程（17.53）代入方程（17.57）得到一阶常微分方程：

$$\frac{\mathrm{d}w_1}{\mathrm{d}r^*} = \frac{\rho(\hat{V}_2 - \hat{V}_1)w_2 r^* w^2}{(\partial \mu_1 / \partial w_1)_p} \tag{17.58}$$

将方程（15.82）代入方程（17.58）得到：

$$\frac{\mathrm{d}w_1}{\mathrm{d}r^*} = \frac{p(\hat{V}_2 - \hat{V}_1)r^* \omega^2 w_1 w_2 M_1 M_2 \left(\dfrac{w_1}{M_1} + \dfrac{w_2}{M_2} \right)}{RT} \tag{17.59}$$

对于 $w_1 \rightarrow 0$，其可简化为：

$$\frac{\mathrm{d}w_1}{\mathrm{d}r^*} = \frac{\rho(\hat{V}_2 - \hat{V}_1)r^* \omega^2 M_1 w_1}{RT} \qquad (17.60)$$

方程从 $r^* = r_1$ 到 $r^* = r_2$ 积分，得到离心室内组分 1 在液体两边界处的质量分数比：

$$\frac{w_1(r_2)}{w_1(r_1)} = \exp\left[\frac{\rho(\hat{V}_2 - \hat{V}_1)M_1 \omega^2(r_2^2 - r_1^2)}{2RT}\right] \qquad (17.61)$$

如果 $\hat{V}_1 < \hat{V}_2$（溶质比溶剂更稠密），方程（17.61）推测溶质质量分数随 r^* 的增加而增加。由方程（15.85）和方程（17.61）可知，溶质的引力分离受 gL 控制，而离心室内溶质的分离受 $\omega^2 (r_2^2 - r_1^2)$ 的控制。

17.4 物质时间导数算符

本节检验物质时间导数算符的转化特性。考虑标量、矢量或张量 A^*，其函数相关性如下：

$$A^* = A^*(x_\alpha^*,\ t^*) \qquad (17.62)$$

由方程（4.45）和方程（4.46）可知：

$$x_\alpha^* = x_\alpha^*(x_i,\ t) \qquad (17.63)$$

所以有

$$A^* = A^*[x_\alpha^*(x_i,\ t),\ t] \qquad (17.64)$$

方程（17.62）和方程（17.64）的总微分可表示为：

$$\mathrm{d}A^* = \left(\frac{\partial A^*}{\partial x_\alpha^*}\right)_{t^*,\ x_\beta^*} \mathrm{d}x_\alpha^* + \left(\frac{\partial A^*}{\partial t^*}\right)_{x_\beta^*} \mathrm{d}t^* \qquad (17.65)$$

$$\mathrm{d}A^* = \left(\frac{\partial A^*}{\partial x_i}\right)_{t,\ x_j} \mathrm{d}x_i + \left(\frac{\partial A^*}{\partial t}\right)_{x_j} \mathrm{d}t \qquad (17.66)$$

此外，由方程（4.45）可知，方程（17.63）的总微分也可写作：

$$\mathrm{d}x_\alpha^* = Q_{\alpha i}\mathrm{d}x_i + \left(x_i \frac{\mathrm{d}Q_{\alpha i}}{\mathrm{d}t} + \frac{\mathrm{d}c_\alpha^*}{\mathrm{d}t}\right)\mathrm{d}t \qquad (17.67)$$

因此，将方程（17.67）代入方程（17.65）得到：

$$\mathrm{d}A^* = \left(\frac{\partial A^*}{\partial x_\alpha^*}\right)_{t^*,\ x_\beta^*}\left[Q_{\alpha i}\mathrm{d}x_i + \left(x_i \frac{\mathrm{d}Q_{\alpha i}}{\mathrm{d}t} + \frac{\mathrm{d}c_\alpha^*}{\mathrm{d}t}\right)\mathrm{d}t\right] + \left(\frac{\partial A^*}{\partial t^*}\right)_{x_\beta^*}\mathrm{d}t^* \qquad (17.68)$$

由于 $\mathrm{d}t = \mathrm{d}t^*$，比较方程（17.66）和方程（17.68）得到表达式：

$$\left(\frac{\partial A^*}{\partial t^*}\right)_{x_\beta^*} = \left(\frac{\partial A^*}{\partial t}\right)_{x_\beta^*} = \left(\frac{\partial A^*}{\partial t}\right)_{x_j} - \left(\frac{\partial A^*}{\partial x_\alpha^*}\right)_{t^*,\ x_\beta^*}\left(x_i \frac{\mathrm{d}Q_{\alpha i}}{\mathrm{d}t} + \frac{\mathrm{d}c_\alpha^*}{\mathrm{d}t}\right) \qquad (17.69)$$

$$\left(\frac{\partial A^*}{\partial x_i}\right)_{t,\,x_j} = Q_{\alpha i}\left(\frac{\partial A^*}{\partial x_\alpha^*}\right)_{t^*,\,x_\beta^*} \tag{17.70}$$

方程（17.70）乘以 $Q_{\beta i}$，并利用方程（4.26）得到以下空间导数的修正式：

$$\left(\frac{\partial A^*}{\partial x_\beta^*}\right)_{t^*,\,x_\gamma^*} = Q_{\beta i}\left(\frac{\partial A^*}{\partial x_i}\right)_{t,\,x_j} \tag{17.71}$$

由方程（A.129），标星或未标星坐标系中的物质时间导数由标量、矢量或张量 A 和 A^* 的如下表达式给出：

$$\frac{DA}{Dt} = \left(\frac{\partial A}{\partial t}\right)_{X_i} = \left(\frac{\partial A}{\partial t}\right)_{x_j} + \left(\frac{\partial A}{\partial x_i}\right)_{t,\,x_j}\frac{Dx_i}{Dt} \tag{17.72}$$

$$\frac{D^*A^*}{Dt^*} = \left(\frac{\partial A^*}{\partial t^*}\right)_{X_i} = \left(\frac{\partial A^*}{\partial t^*}\right)_{x_\beta^*} + \left(\frac{\partial A^*}{\partial x_\alpha^*}\right)_{t^*,\,x_\beta^*}\frac{D^*x_\alpha^*}{Dt^*} \tag{17.73}$$

此处，D/Dt 是固定坐标系中的物质时间导数算符，D^*/Dt^* 是移动系中物质时间导数算符。所有观察者得到的物质时间导数算符表达式都有相同的解析形式。这些方程允许根据空间表征估算物质时间导数。注意，这些物质导数的表达式不需要包括速度矢量的分量。

由于 $dt^* = dt$，方程（4.45）的物质时间导数可简写作：

$$\frac{D^*x_\alpha^*}{Dt^*} = Q_{\alpha i}\frac{Dx_i}{Dt} + \frac{dQ_{\alpha i}}{dt}x_i + \frac{dc_\alpha^*}{dt} \tag{17.74}$$

注意，可知 $D^*x_i/Dt^* = Dx_i/Dt$。将方程（17.69）和方程（17.74）代入方程（17.73）得到结果：

$$\begin{aligned}\frac{D^*A^*}{Dt^*} = {} &\left(\frac{\partial A^*}{\partial t}\right)_{x_j} - \left(\frac{\partial A^*}{\partial x_\alpha^*}\right)_{t^*,\,x_\beta^*}\left[x_i\frac{dQ_{\alpha i}}{dt} + \frac{dc_\alpha^*}{dt}\right] + \\ &\left(\frac{\partial A^*}{\partial x_\alpha^*}\right)_{t^*,\,x_\beta^*}\left[Q_{\alpha i}\frac{Dx_i}{Dt} + \frac{dQ_{\alpha i}}{dt}x_i + \frac{dc_\alpha^*}{dt}\right]\end{aligned} \tag{17.75}$$

可化简为：

$$\frac{D^*A^*}{Dt^*} = \left(\frac{\partial A^*}{\partial t}\right)_{x_j} + Q_{\alpha i}\left(\frac{\partial A^*}{\partial x_\alpha^*}\right)_{t^*,\,x_\beta^*}\frac{Dx_i}{Dt} \tag{17.76}$$

将方程（17.70）代入方程（17.76）得到以下标量、矢量或张量的物质时间导数结果：

$$\frac{D^*A^*}{Dt^*} = \left(\frac{\partial A^*}{\partial t}\right)_{x_j} + \left(\frac{\partial A^*}{\partial x_i}\right)_{t,\,x_j}\frac{Dx_i}{Dt} = \frac{DA^*}{Dt} \tag{17.77}$$

方程（17.77）中第二个等式符合方程（17.72）。

由方程（17.77）可知，物质时间导数算符与观察者无关。可能已经有许多研究者报道过物质时间导数算符与观察者无关的性质。Muschik 和 Restuccia（2008）近期报道了相关证据。此处显示的证据（Vrentas 和 Vrentas，2004c）应用范围更广，可能与 Muschik 和

Restuccia 的证据不同。由定义推测，所有参考系的物质时间导数算符相同。在下一节中应用方程（17.77）考察与坐标系无关的标量、矢量或张量的物质时间导数是否与坐标系无关。

17.5　物质时间导数的坐标系无关性

如果标量、矢量和张量分别满足方程（4.16）、方程（4.17）和方程（4.18），则它们与坐标系无关。当这些方程与方程（17.77）结合时，得到以下结果：

$$\frac{D^*s^*}{Dt^*} = \frac{Ds^*}{Dt} = \frac{Ds}{Dt} \tag{17.78}$$

$$\frac{D^*\boldsymbol{v}^*}{Dt^*} = \frac{D\boldsymbol{v}^*}{Dt} = \frac{D\boldsymbol{v}}{Dt} \tag{17.79}$$

$$\frac{D^*\boldsymbol{T}^*}{Dt^*} = \frac{D\boldsymbol{T}^*}{Dt} = \frac{D\boldsymbol{T}}{Dt} \tag{17.80}$$

这 3 个方程说明与时间无关的标量 s、矢量 $\boldsymbol{v}$ 和张量 $\boldsymbol{T}$ 的物质时间导数都与坐标系无关。可以将以上结果的不同形式用于方程（17.79）和方程（17.80），即矢量和张量与坐标系无关的结果。例如，矢量 $\boldsymbol{v}$ 的方程（17.79）可改写作：

$$\frac{D^*\boldsymbol{v}^*}{Dt^*} = \frac{D\boldsymbol{v}}{Dt} = \frac{D(v_i\boldsymbol{i}_i)}{Dt} = \frac{Dv_i}{Dt}\boldsymbol{i}_i = Q_{\alpha i}\frac{Dv_i}{Dt}\boldsymbol{i}_\alpha^* = Q \cdot \frac{Dv}{Dt} \tag{17.81}$$

或者

$$\frac{D^*\boldsymbol{v}^*}{Dt^*} = \frac{D}{Dt}(Q_{\alpha i}v_i\boldsymbol{i}_\alpha^*) = \frac{D}{Dt}(\boldsymbol{Q} \cdot \boldsymbol{v}) \tag{17.82}$$

在方程（17.82）中，必须考虑与时间相关的基向量，所以方程（17.82）的第一个等式可扩展为：

$$\frac{D^*\boldsymbol{v}^*}{Dt^*} = \frac{Dv_i}{Dt}Q_{\alpha i}Q_{\alpha j}\boldsymbol{i}_j + \left(\frac{dQ_{\alpha i}}{dt}Q_{\alpha j} + Q_{\alpha i}\frac{dQ_{\alpha j}}{dt}\right)v_i\boldsymbol{i}_j \tag{17.83}$$

$$\frac{D^*\boldsymbol{v}^*}{Dt^*} = \frac{Dv_i}{Dt}\boldsymbol{i}_i = Q \cdot \frac{D\boldsymbol{v}}{Dt} \tag{17.84}$$

其中，应用了方程（4.27）的时间导数。因此，如果分析中引入与时间相关的基向量，方程（17.82）可转化为方程（17.81）的形式。

可用位置矢量 $\boldsymbol{p}$ 和 $\boldsymbol{p}^*$ 定义无星号固定系和标星移动系中的速度矢量：

$$\boldsymbol{v} = \frac{D\boldsymbol{p}}{Dt} = v_i\boldsymbol{i}_i \tag{17.85}$$

$$\boldsymbol{v}^* = \frac{D^*\boldsymbol{p}^*}{Dt^*} = v_\alpha^*\boldsymbol{i}_\alpha^* \tag{17.86}$$

由于 $p^* = p + c^*$ ［方程（17.5）］，可得到：

$$\frac{\mathrm{D}^* p^*}{\mathrm{D}t^*} = \frac{\mathrm{D}^*}{\mathrm{D}t^*}(p + c^*) = \frac{\mathrm{D}}{\mathrm{D}t}(p + c^*) \tag{17.87}$$

$$v^* = v + \frac{\mathrm{d}c^*}{\mathrm{d}t} \tag{17.88}$$

通常 p^* 的方程可写作：

$$p^* = Q \cdot p + c^* \tag{17.89}$$

如果考虑基向量的时间相关性，将其进行微分可得到：

$$v^* = v_\beta^* i_\beta^* = Q \cdot v + \frac{\mathrm{d}c^*}{\mathrm{d}t} = Q_{\beta m} v_m i_\beta^* + \frac{\mathrm{d}c^2}{\mathrm{d}t} \tag{17.90}$$

由方程（17.88）或方程（17.90）可知，只要 c^* 与时间无关，则速度矢量与坐标系无关（以上研究中应该明确的是，什么时候 v 代表任意矢量，什么时候 v 代表速度矢量）（此处有错误——译者注）。

在未标星号固定坐标系和标星号移动坐标系中的加速度矢量可定义为：

$$a = \frac{\mathrm{D}v}{\mathrm{D}t} = a_i i_i \tag{17.91}$$

$$a^* = \frac{\mathrm{D}^* v^*}{\mathrm{D}t^*} = a_\alpha^* i_\alpha^* \tag{17.92}$$

由方程（17.88）可知：

$$a^* = \frac{\mathrm{D}^*}{\mathrm{D}t^*}\left(v + \frac{\mathrm{d}c^*}{\mathrm{d}t}\right) = \frac{\mathrm{D}}{\mathrm{D}t}\left(v + \frac{\mathrm{d}c^*}{\mathrm{d}t}\right) = a + \frac{\mathrm{d}^2 c^*}{\mathrm{d}t^2} \tag{17.93}$$

由方程（17.93）可知，即使 c^* 是常数或时间的线性函数，加速度矢量与坐标系无关。

由本节第一部分可知，与坐标系无关的标量、矢量和张量的物质时间导数都与坐标系无关。然而，看似普遍接受的是，与坐标系无关的标量的物质时间导数与坐标系无关，但与坐标系无关的矢量和张量的物质时间导数并不是与坐标系无关（Müller，1985）。另外，由上述可知，对 c^* 特定限制下的速度和加速度矢量可与坐标系无关。然而，广泛接受的是，对于任意与时间有关旋转和空间参考坐标系下的平移，速度和加速度矢量不是与坐标系无关（Müller，1985）。

以上结果和广泛接受的坐标系无关性的差异是由研究者如何考虑移动参考系基向量造成的。在以上进行的求导过程中，考虑所有矢量，即矢量分量和伴随矢量分量的基向量。与坐标系无关的矢量可被看作是一个对每个观察者都一样的物性（其包括矢量分量和基向量）。因此，当将 $\mathrm{D}/\mathrm{D}t$ 算符应用于矢量或张量中，应该考虑移动系（i_α^*）基向量的时间相关性。此外，必须明确物质时间导数（$\mathrm{D}/\mathrm{D}t$ 或 $\mathrm{D}^*/\mathrm{D}t^*$）的本质，且物质时间导数算符与观察者无关的事实应该用于分析中。当应用 $\mathrm{D}/\mathrm{D}t$ 算符时，由于这些矢量相对于固定参考系移动，$i_\alpha{}^*$ 基向量取决于时间。通常应用于时间微分的这种方法是仅为了考虑矢量或张量分量的时间变化，并忽略基向量的任何时间变化（Eringen，1962；Malvern，1969）。例如，对于任意矢量 $\boldsymbol{v}$，即使方程右侧应用 D/Dt 算符，方程（17.82）中第一个相等的时间导数通常可写作：

$$\frac{D^*\boldsymbol{v}^*}{Dt^*} = Q_{\alpha i}\frac{Dv_i}{Dt}\boldsymbol{i}_\alpha{}^* + \frac{dQ_{\alpha i}}{dt}v_i\boldsymbol{i}_\alpha{}^* \tag{17.94}$$

方程（17.94）表明，当忽略 $i_\alpha{}^*$ 基向量的时间相关性时，物质时间导数不与坐标系无关，而方程（17.83）和方程（17.84）表明，当应用 D/Dt 算符并考虑 $i_\alpha{}^*$ 的时间相关性时，物质时间导数与坐标系无关。虽然 $i_\alpha{}^*$ 基向量固定在移动系中，这些矢量相对于固定系确实移动，在微分时必须考虑它们的非常数值。

以上考虑的坐标系无关性结果的差异是由对于 $i_\alpha{}^*$ 的物质时间导数用不同种类的方程导致的。在很多先前结果中，假设

$$\frac{D^*\boldsymbol{i}_\alpha{}^*}{Dt^*} = 0 \tag{17.95}$$

可能因为通常相信该方程必须是 $i_\alpha{}^*$ 基向量被固定在移动系中的结果。方程（17.95）并不基于任何数学分析。此处，可知

$$\frac{D^*\boldsymbol{i}_\alpha{}^*}{Dt^*} = \frac{D^*\boldsymbol{i}_\alpha{}^*}{Dt} = \frac{D(Q_{\alpha i}\boldsymbol{i}_i)}{Dt} = \frac{dQ_{\alpha i}}{dt}\boldsymbol{i}_i \tag{17.96}$$

当用 D/Dt 算符时，该结果基于方程（17.77）和 $i_\alpha{}^*$ 与时间有关的事实。

如果假设以上与坐标系无关结果确实正确，然后可知（见 17.6 节）速度梯度张量、涡量张量和应变率张量也与坐标系无关。因此，可能消除连续性分析得到的预测结果和实验结果、动力学理论预测和 4.7 节讨论的分子动力学预测结果之间的差别。首先，在构建纯黏性流体 S 的本构方程中 $\boldsymbol{D}$ 和 $\boldsymbol{W}$ 作为本构自变量的应用，能够预测稳定剪切流动的第一非零法向应力差（实验观察可得），而不是从只用到 $\boldsymbol{D}$ 为本构自变量的本构方程计算得到的第一零法向应力差。其次，由于速度梯度张量、涡量张量和与坐标系无关矢量和张量的物质时间导数都可包含在连续介质力学公式的本构自变量组中，附加应力和热通量的连续介质力学本构方程不一定与由动力学理论得到的本构方程不一致。最后，对于热通量，将 $\boldsymbol{W}$ 作本构自变量包含进来导致用宏观连续介质力学分析得到热通量率增加，这与用微观分子动力学模拟得到的热通量率相一致。连续介质力学预测和实验、动力学理论和分子动力学结果之间的任何一致性均必须认为是非常积极的结果。

17.6　速度梯度张量的坐标系无关性

通常张量应变率与坐标系无关，但速度梯度张量和涡量张量都不是与坐标系无关的量（Malvern，1969）。此处，用略有不同的方法研究速度梯度张量、涡量和张量应变率可能

的坐标系无关性。未标星和标星坐标系中的速度矢量可用方程（17.85）和方程（17.86）表示。另外，未标星坐标系中的速度梯度张量可通过方程（17.97）计算。

$$\nabla \boldsymbol{v} = \boldsymbol{i}_i \frac{\partial \boldsymbol{v}}{\partial x_i} = \boldsymbol{i}_i \frac{\partial (v_j \boldsymbol{i}_j)}{\partial x_i} = \frac{\partial v_j}{\partial x_i} \boldsymbol{i}_i \boldsymbol{i}_j \tag{17.97}$$

并且，对于标星坐标系，速度梯度张量可写作：

$$\nabla^* \boldsymbol{v}^* = \boldsymbol{i}_\alpha^* \frac{\partial \boldsymbol{v}^*}{\partial x_\alpha^*} = \boldsymbol{i}_\alpha^* \frac{\partial (v_\beta^* \boldsymbol{i}_\beta^*)}{\partial x_\alpha^*} = \frac{\partial v_\beta^*}{\partial x_\alpha^*} \boldsymbol{i}_\alpha^* \boldsymbol{i}_\beta^* \tag{17.98}$$

将方程（4.23）和方程（17.71）代入方程（17.98）得到：

$$\nabla^* \boldsymbol{v}^* = Q_{\alpha i} Q_{\beta j} Q_{\alpha k} \frac{\partial v_\beta^*}{\partial x_k} \boldsymbol{i}_i \boldsymbol{i}_j \tag{17.99}$$

并且方程（17.99）中的偏导数可用方程（17.90）直接计算得出：

$$\frac{\partial v_\beta^*}{\partial x_k} = Q_{\beta m} \frac{\partial v_m}{\partial x_k} \tag{17.100}$$

将方程（17.100）代入方程（17.99）得到结果：

$$\nabla^* \boldsymbol{v}^* = Q_{\alpha i} Q_{\alpha k} Q_{\beta j} Q_{\beta m} \frac{\partial v_m}{\partial x_k} \boldsymbol{i}_i \boldsymbol{i}_j \tag{17.101}$$

其通过方程（4.27）简化得：

$$\nabla^* \boldsymbol{v}^* = \frac{\partial v_j}{\partial x_i} \boldsymbol{i}_i \boldsymbol{i}_j \tag{17.102}$$

由方程（17.97）和方程（17.102）可知：

$$\nabla \boldsymbol{v} = \nabla^* \boldsymbol{v}^* \tag{17.103}$$

因此，速度梯度张量与坐标系无关。此证据基本是基于方程（4.34）的第一个等式得出。此外，该结果与普遍公认速度梯度张量与坐标系有关的观点不同。

对称张量应变率 $\boldsymbol{D}$ 和斜对称涡量张量 $\boldsymbol{W}$ 可表示为：

$$\boldsymbol{D} = \frac{1}{2} [\nabla v + (\nabla v)^{\mathrm{T}}] = \frac{1}{2} \left(\frac{\partial v_j}{\partial x_i} + \frac{\partial v_i}{\partial x_j} \right) \boldsymbol{i}_i \boldsymbol{i}_j \tag{17.104}$$

$$\boldsymbol{W} = \frac{1}{2} [\nabla v + (\nabla v)^{\mathrm{T}}] = \frac{1}{2} \left(\frac{\partial v_j}{\partial x_i} - \frac{\partial v_i}{\partial x_j} \right) \boldsymbol{i}_i \boldsymbol{i}_j \tag{17.105}$$

由 $\boldsymbol{D}$ 和 $\boldsymbol{W}$ 的定义可知，速度梯度张量的坐标系无关性直接导致压力和涡量张量率的坐标系无关性。

有上述结果可知，与坐标系无关的标量、矢量和张量的物质时间导数也是与坐标系无关的。在流变学中，Larson（1988）认为有 3 种重要的与坐标系无关的时间导数、上随体对流时间导数，下随体对流时间导数和同步旋转或 Jaumann 时间导数。由于这 3 种时间导数的定义包含与坐标系无关张量的物质时间导数和速度梯度张量或涡量张量，这里展示的坐标系无关性结果与流变学系无关性结果一致。

17.7　流变学含义

以上得到的坐标系无关性结果能导致基于附加应力张量与坐标系无关假设的纯黏性流体流变学本构方程的新形式。4.5 节中［方程（4.203）］介绍了特殊二元体系 S 的二级结果。这里介绍了更多纯黏性流体 S 的通用结果。

考虑单组分、纯黏性流体在等温条件下的流动。该情况下，根据方程（4.63）有

$$S = G[D, W, p, \nabla p] \tag{17.106}$$

方程（4.67）表明 G 是标量(p)、矢量（∇p）、对称张量（D）和斜对称张量（W）的对称张量值各向同性函数（Smith，1970）。由于 G 的空间各向同性性质，G 可应用表示定理（Wang，1970a，1970b，1971；Smith，1971）。如果忽略压力梯度 ∇p 对 S 的影响，则方程（17.106）中通用显函数导致以下总压力张量 T 的表达式：

$$T = -pI + \beta_0 I + \beta_1 D + \beta_2 D^2 + \beta_3 W^2 + \beta_4(D \cdot W - W \cdot D) + \beta_5(W \cdot D \cdot W) +$$
$$\beta_6(D^2 \cdot W - W \cdot D^2) + \beta_7(W \cdot D \cdot W^2 - W^2 \cdot D \cdot W) \tag{17.107}$$

其中，系数(β_0, …, β_7)是压力 p 和以下不变量的函数：$\text{tr}(D)$，$\text{tr}(D^2)$，$\text{tr}(D^3)$，$\text{tr}(W^2)$，$\text{tr}(D \cdot W^2)$，$\text{tr}(D^2 \cdot W^2)$，$\text{tr}(D^2 \cdot W^2 \cdot D \cdot W)$。在不存在压力梯度影响的条件下，显然方程(17.107)是纯黏性流体流变学本构方程的最普遍形式。

另一个流变学本构方程，考虑单组分纯黏性流体非等温流动附加压力 S 的表达式。这种情况下，附加压力可用方程（17.108）描述：

$$S = G[D, W, p, \nabla p, T, \nabla T] \tag{17.108}$$

其中，T 是温度。流变学本构方程的二级形式可通过保持 D、W、∇p 和 ∇T 的总级数最高为 2 的本构方程的各项建立：

$$S = \lambda_1 I + \lambda_2 D + \lambda_3 D^2 + \lambda_4 W^2 + \lambda_5(\nabla T)(\nabla T) + \lambda_6 + (\nabla p)(\nabla p) +$$
$$\lambda_7(D \cdot W - W \cdot D) + \lambda_8[(\nabla T)(\nabla p) + (\nabla p)(\nabla T)] \tag{17.109}$$

其中，λ_1 取决于 p、T、$\text{tr}(D)$、$\text{tr}(D^2)$、$\text{tr}(W^2)$、$\nabla T \cdot \nabla T$、$\nabla p \cdot \nabla p$ 和 $\nabla T \cdot \nabla p$；λ_2 取决于 p、T 和 $\text{tr}(D)$；而 λ_3，…，λ_8 仅取决于 T 和 p。方程（17.109）中某些项与气体动力学理论（Edelen 和 McLennan，1973）中得出的某些高级近似项一样。

附录　向量和张量表示法

本附录简要介绍了本书中使用的矢量和张量符号。所有分量结果均以直角笛卡尔坐标（RCC）表示。

A.1　一般符号约定

指数符号用于表示向量和张量分量。零阶体系写作 b（1 个分量），一阶体系写作 b_i（3 个分量），二阶体系写作 b_{ij}（9 个分量），三阶体系写作 b_{ijk}（27 个分量）。自变量用 x_1、x_2、x_3 表示。求和约定用于指示单个项中重复指数的求和，而不需要求和符号。例如，在如下公式中，重复指数 i 表示从 1 到 3 的总和：

$$a_i b_i = a_1 b_1 + a_2 b_2 + a_3 b_3 \tag{A.1}$$

求和约定不适用于在多个公式中重复的指数，例如 $a_i b_j + c_i b_j$。任何在单个公式中未重复的指数称为自由指数，它的取值范围可以为 1、2、3。例如，a_{ij} 代表以下 9 个量中的任何一个：a_{11}、a_{12}、a_{13}、a_{21}、a_{22}、a_{23}、a_{31}、a_{32}、a_{33}。

注意，小写罗马字母用于表示矢量和张量分量的下标，并且求和约定用于此类下标。大写罗马字母表示下标，指的是混合物中特定成分的特性，例如 f_A。求和符号用于表示混合物成分的求和，如果不存在求和符号，则不对重复的大写罗马字母下标求和。

Kronecker 增量 δ_{ij} 定义为：

$$\delta_{ij} = 1, \qquad i = j \tag{A.2}$$

$$\delta_{ij} = 0, \qquad i \neq j \tag{A.3}$$

排列符号 e_{ijk} 定义如下：

$$e_{ijk} = +1，如果 ijk 是 123 的均匀排列（123，231，312） \tag{A.4}$$

$$e_{ijk} = -1，如果 ijk 是 123 的奇数排列（132，213，321） \tag{A.5}$$

$$e_{ijk} = 0，如果 i、j、k 中的任意两个相等 \tag{A.6}$$

注意 e_{ijk} 有 27 个分量，但其中的 21 个是 0。在矢量和张量的计算中通常用到以下关系式：

$$e_{ijk} e_{mnk} = \boldsymbol{\delta}_{im} \boldsymbol{\delta}_{jn} - \boldsymbol{\delta}_{in} \boldsymbol{\delta}_{jm} \tag{A.7}$$

$$e_{ink} e_{mnk} = 2\boldsymbol{\delta}_{im} \tag{A.8}$$

$$\boldsymbol{v}_k w_n \boldsymbol{\delta}_{kn} = v_k w_k \tag{A.9}$$

A. 2　矢量

矢量 $\boldsymbol{v}$ 是既有大小又有方向的量。可以将矢量可视化为箭头，并且仅将平行位移不同的两个矢量视为相同的矢量。

（1）基本向量。坐标线是仅沿 1 个坐标变化的线。在空间的任何一点上，可以定义 3 个基本向量 $\boldsymbol{e}_1$、$\boldsymbol{e}_2$、$\boldsymbol{e}_3$，它们与该点的 3 个坐标线相切。通常，每个基本向量的大小和方向可以在空间中的每个点之间变化，就像基本向量在圆柱坐标系中与 θ 坐标线相切的情况一样。

对于 RCC 轴，可以将 3 个基本矢量 $\boldsymbol{i}_1$、$\boldsymbol{i}_2$ 和 $\boldsymbol{i}_3$ 当作沿 x、y、z 坐标线的单位矢量。每个矢量 $\boldsymbol{v}$ 具有以下唯一表示形式：

$$\boldsymbol{v}=v_1\boldsymbol{i}_1+v_2\boldsymbol{i}_2+v_3\boldsymbol{i}_3=v_k\boldsymbol{i}_k \tag{A.10}$$

式中，v_1、v_2 和 v_3 是相对于基本向量系统 $\boldsymbol{i}_1$、$\boldsymbol{i}_2$ 和 $\boldsymbol{i}_3$ 的向量 $\boldsymbol{v}$ 的分量。

（2）向量加法。两个向量 $\boldsymbol{v}$ 和 $\boldsymbol{w}$ 的加法给出以下向量分量：

$$\boldsymbol{v}+\boldsymbol{w}=(v_i+w_i)\boldsymbol{i}_i \tag{A.11}$$

（3）向量的标量倍数。将向量 $\boldsymbol{v}$ 与标量 α 相乘形成的标量倍数得到以下分量：

$$\alpha\boldsymbol{v}=\alpha v_i\boldsymbol{i}_i \tag{A.12}$$

（4）内积或标量积。两个向量 $\boldsymbol{v}$ 和 $\boldsymbol{w}$ 的内积或标量积 $\boldsymbol{v}\cdot\boldsymbol{w}$ 由下式定义：

$$\boldsymbol{v}\cdot\boldsymbol{w}=|\boldsymbol{v}||\boldsymbol{w}|\cos\theta \tag{A.13}$$

式中，$|\boldsymbol{v}|$ 和 $|\boldsymbol{w}|$ 分别是 $\boldsymbol{v}$ 和 $\boldsymbol{w}$ 的大小；θ 是 $\boldsymbol{v}$ 和 $\boldsymbol{w}$ 方向之间的夹角。
其中：

$$|\boldsymbol{v}|=\sqrt{\boldsymbol{v}\cdot\boldsymbol{v}} \tag{A.14}$$

如果 $\boldsymbol{v}$ 垂直于 $\boldsymbol{w}$，则有 $\boldsymbol{v}\cdot\boldsymbol{w}=0$。由此可见：

$$\boldsymbol{i}_j\cdot\boldsymbol{i}_k=\boldsymbol{\delta}_{jk} \tag{A.15}$$

因此

$$\boldsymbol{v}\cdot\boldsymbol{w}=(v_k\boldsymbol{i}_k)\cdot(w_n\boldsymbol{i}_n)=v_kw_n\boldsymbol{\delta}_{kn}=v_kw_k \tag{A.16}$$

可以通过使用两个向量的长度和方向或通过使用两个向量的分量来计算标量积。在第一种情况下，使用几何对象；而在第二种情况下，使用代数表示。标量积的分配定律很简单：

$$\boldsymbol{u}\cdot(\boldsymbol{v}+\boldsymbol{w})=\boldsymbol{u}\cdot\boldsymbol{v}+\boldsymbol{u}\cdot\boldsymbol{w} \tag{A.17}$$

（5）叉积或矢量积。向量 $\boldsymbol{a}$ 和 $\boldsymbol{b}$ 的叉积或向量乘积 $\boldsymbol{c}=\boldsymbol{a}\times\boldsymbol{b}$ 是以大小为特征的向量：

$$|\boldsymbol{c}|=|\boldsymbol{a}||\boldsymbol{b}|\sin\theta \tag{A.18}$$

其中，θ 是 $\boldsymbol{a}$ 和 $\boldsymbol{b}$ 之间的夹角，$\boldsymbol{c}$ 既垂直于 $\boldsymbol{a}$ 也垂直于 $\boldsymbol{b}$，因此 $\boldsymbol{a}$、$\boldsymbol{b}$、$\boldsymbol{c}$ 形成向量的右手系。显然：

$$\boldsymbol{a}\times\boldsymbol{a}=0 \tag{A.19}$$

$$a \times b = -(b \times a) \tag{A.20}$$

因此有

$$i_j \times i_k = e_{jkm} i_m \tag{A.21}$$

$$a \times b = (a_i i_i) \times (b_j i_j) = a_i b_j e_{ijk} i_k = e_{kij} a_i b_j i_k \tag{A.22}$$

这可以扩展为：

$$a \times b = (a_2 b_3 - a_3 b_2) i_1 + (a_3 b_1 - a_1 b_3) i_2 + (a_1 b_2 - a_2 b_1) i_3 \tag{A.23}$$

向量乘积的分布定律可以写作：

$$a \times (b+c) = a \times b + a \times c \tag{A.24}$$

（6）标量的梯度。RCC 系统的 del 运算符定义为：

$$\nabla = i_k \frac{\partial}{\partial x_k} \tag{A.25}$$

因此，标量 f 的梯度就是向量。

$$\mathrm{grad} f = \nabla f = i_k \frac{\partial f}{\partial x_k} \tag{A.26}$$

由此可见：

$$\nabla(f+g) = \nabla f + \nabla g \tag{A.27}$$

$$\nabla(fg) = f \nabla g + g \nabla f \tag{A.28}$$

（7）向量的散度。向量 v 的散度是标量：

$$\mathrm{div} v = \nabla \cdot v = i_k \frac{\partial}{\partial x_k} \cdot (v_j i_j) = \frac{\partial v_k}{\partial x_k} \tag{A.29}$$

其中，必须注意 RCC 基本向量不依赖于空间位置这一事实。对于曲线坐标，获得了 $\nabla \cdot v$ 的更复杂的方程式，因为此类系统的基本向量也必须微分，这是因为它们的确随空间位置而变化。可以证明：

$$\nabla \cdot (v+w) = \nabla \cdot v + \nabla \cdot w \tag{A.30}$$

$$\nabla \cdot (fv) = f \nabla \cdot v + v \cdot \nabla f \tag{A.31}$$

可以通过使用 RCC 表示建立无坐标或粗体字结果来证明式（A.31）成立［见式（A.84）］。

（8）向量的旋度。向量 v 的旋度是向量：

$$\mathrm{curl} v = \nabla \times v = i_k \frac{\partial}{\partial x_k} \times (v_j i_j) = e_{kjm} \frac{\partial v_j}{\partial x_k} i_m \tag{A.32}$$

将此扩展可以得到：

$$\nabla \times v = \left(\frac{\partial v_3}{\partial x_2} - \frac{\partial v_2}{\partial x_3} \right) i_1 + \left(\frac{\partial v_1}{\partial x_3} - \frac{\partial v_3}{\partial x_1} \right) i_2 + \left(\frac{\partial v_2}{\partial x_1} - \frac{\partial v_1}{\partial x_2} \right) i_3 \tag{A.33}$$

旋度的分布规律采用以下形式：

$$\nabla\times(\boldsymbol{v}+\boldsymbol{w})=\nabla\times\boldsymbol{v}+\nabla\times\boldsymbol{w} \tag{A.34}$$

可以证明：

$$\nabla\times(f\boldsymbol{v})=f(\nabla\times\boldsymbol{v})+\nabla f\times\boldsymbol{v} \tag{A.35}$$

（9）标量的拉普拉斯算子。标量 f 的拉普拉斯算子定义为标量：

$$\mathrm{div}(\mathrm{grad}\,f)=\nabla\cdot\nabla f=\nabla^2 f=\boldsymbol{i}_k\frac{\partial}{\partial x_k}\cdot\boldsymbol{i}_j\frac{\partial f}{\partial x_j}=\frac{\partial^2 f}{\partial x_k\partial x_k} \tag{A.36}$$

A.3 张量

张量 $\boldsymbol{T}$ 是遵循如下规则的线性变换：

$$\boldsymbol{T}\cdot(\boldsymbol{v}+\boldsymbol{w})=\boldsymbol{T}\cdot\boldsymbol{v}+\boldsymbol{T}\cdot\boldsymbol{w} \tag{A.37}$$

$$\boldsymbol{T}\cdot(\alpha\boldsymbol{v})=\alpha(\boldsymbol{T}\cdot\boldsymbol{v}) \tag{A.38}$$

这是数学定义，与矢量的物理定义不同。从物理上讲，二阶张量的 9 个分量中的每一个都可以被视为，通过空间点作用在 3 个平面之一上的单位面积力的 3 个分量之一。

（1）两个张量之和。每个矢量 $\boldsymbol{v}$ 的两个二阶张量 $\boldsymbol{T}$ 和 $\boldsymbol{S}$ 的总和 $\boldsymbol{T}+\boldsymbol{S}$ 定义如下：

$$(\boldsymbol{T}+\boldsymbol{S})\cdot\boldsymbol{v}=\boldsymbol{T}\cdot\boldsymbol{v}+\boldsymbol{S}\cdot\boldsymbol{v} \tag{A.39}$$

（2）张量的标量倍数。为每个向量 $\boldsymbol{v}$ 定义标量 α 和二阶张量 $\boldsymbol{T}$ 的标量倍数 $\alpha\boldsymbol{T}$ 为：

$$(\alpha\boldsymbol{T})\cdot\boldsymbol{v}=\alpha(\boldsymbol{T}\cdot\boldsymbol{v}) \tag{A.40}$$

（3）二元积。两个向量 $\boldsymbol{a}$ 和 $\boldsymbol{b}$ 的二元或张量积表示为 $\boldsymbol{ab}$，并且为每个向量 $\boldsymbol{v}$ 定义为：

$$(\boldsymbol{ab})\cdot\boldsymbol{v}=\boldsymbol{a}(\boldsymbol{b}\cdot\boldsymbol{v}) \tag{A.41}$$

总体来讲：

$$\boldsymbol{ab}\neq\boldsymbol{ba} \tag{A.42}$$

一个重要的张量积是 $\boldsymbol{i}_i\boldsymbol{i}_j$，它可以得出结果：

$$(\boldsymbol{i}_i\boldsymbol{i}_j)\cdot\boldsymbol{i}_k=\delta_{jk}\boldsymbol{i}_i \tag{A.43}$$

（4）张量的分量。张量的分量可以用类似于矢量的方式定义。每个二阶张量在形式上的 RCC 基本向量方面都有唯一的表示形式：

$$\boldsymbol{T}=T_{ij}\boldsymbol{i}_i\boldsymbol{i}_j \tag{A.44}$$

其中，T_{ij} 是相对于 RCC 基本向量的二阶张量的分量。因此，双积 $\boldsymbol{ab}$ 的分量可以写为：

$$\boldsymbol{ab}=a_j b_k\boldsymbol{i}_j\boldsymbol{i}_k \tag{A.45}$$

两个张量 $\boldsymbol{T}+\boldsymbol{S}$ 之和的分量为：

$$\boldsymbol{T}+\boldsymbol{S}=(T_{ij}+S_{ij})\boldsymbol{i}_i\boldsymbol{i}_j \tag{A.46}$$

$\alpha\boldsymbol{T}$ 的分量为：

$$\alpha\boldsymbol{T}=\alpha T_{ij}\boldsymbol{i}_i\boldsymbol{i}_j \qquad (\text{A.47})$$

同时，矢量 $\boldsymbol{A}\cdot\boldsymbol{v}$ 的分量是：

$$\boldsymbol{A}\cdot\boldsymbol{v}=A_{ik}v_k\boldsymbol{i}_i \qquad (\text{A.48})$$

下面表达式：

$$T_{kj}=\boldsymbol{i}_k\cdot(\boldsymbol{T}\cdot\boldsymbol{i}_j) \qquad (\text{A.49})$$

可以用来确定张量 $\boldsymbol{T}$ 的分量，这类似于确定向量 $\boldsymbol{v}$ 分量的表达式：

$$v_k=\boldsymbol{i}_k\cdot\boldsymbol{v} \qquad (\text{A.50})$$

（5）单位张量。单位张量 $\boldsymbol{I}$ 由以下要求定义：

$$\boldsymbol{I}\cdot\boldsymbol{v}=\boldsymbol{v} \qquad (\text{A.51})$$

适用于所有矢量 $\boldsymbol{v}$，$\boldsymbol{I}$ 的分量由下式表示：

$$\boldsymbol{I}=\delta_{ij}\boldsymbol{i}_i\boldsymbol{i}_j \qquad (\text{A.52})$$

（6）张量的转置。如果 $\boldsymbol{T}$ 是任意二阶张量，则对于任何向量 $\boldsymbol{v}$ 和 $\boldsymbol{w}$，如果将 $\boldsymbol{T}^{\mathrm{T}}$ 定义为 $\boldsymbol{T}$ 的转置，则

$$(\boldsymbol{T}\cdot\boldsymbol{v})\cdot\boldsymbol{w}=\boldsymbol{v}\cdot(\boldsymbol{T}^{\mathrm{T}}\cdot\boldsymbol{w}) \qquad (\text{A.53})$$

由方程（A.53）可以看出，$\boldsymbol{T}$ 的分量和 $\boldsymbol{T}^{\mathrm{T}}$ 的分量之间的关系如下：

$$T_{km}^{\mathrm{T}}=T_{mk} \qquad (\text{A.54})$$

因此

$$\boldsymbol{T}^{\mathrm{T}}=T_{km}^{\mathrm{T}}\boldsymbol{i}_k\boldsymbol{i}_m=T_{mk}\boldsymbol{i}_k\boldsymbol{i}_m \qquad (\text{A.55})$$

如果张量 $\boldsymbol{T}$ 与它的转置相同，则称其为对称的：

$$\boldsymbol{T}=\boldsymbol{T}^{\mathrm{T}} \qquad (\text{A.56})$$

因此

$$T_{ij}=T_{ij}^{\mathrm{T}}=T_{ji} \qquad (\text{A.57})$$

对称张量只有 6 个独立的分量。而且，可以证明：

$$(\boldsymbol{T}+\boldsymbol{S})^{\mathrm{T}}=\boldsymbol{T}^{\mathrm{T}}+\boldsymbol{S}^{\mathrm{T}} \qquad (\text{A.58})$$

$$(\boldsymbol{T}\cdot\boldsymbol{S})^{\mathrm{T}}=\boldsymbol{S}^{\mathrm{T}}\cdot\boldsymbol{T}^{\mathrm{T}} \qquad (\text{A.59})$$

（7）张量的轨迹。二阶张量 $\boldsymbol{T}$ 的轨迹是一个运算 tr，它向张量 $\boldsymbol{T}$ 分配一个遵守以下规则的数字 tr$\boldsymbol{T}$：

$$\mathrm{tr}(\boldsymbol{T}+\boldsymbol{S})=\mathrm{tr}\boldsymbol{T}+\mathrm{tr}\boldsymbol{S} \qquad (\text{A.60})$$

$$\mathrm{tr}(\alpha\boldsymbol{T})=\alpha\,\mathrm{tr}\boldsymbol{T} \qquad (\text{A.61})$$

$$\mathrm{tr}(\boldsymbol{a}\boldsymbol{b})=\boldsymbol{a}\cdot\boldsymbol{b} \qquad (\text{A.62})$$

由方程（A.61）和方程（A.62）可得：

$$\mathrm{tr}\boldsymbol{T}=T_{ii}=T_{11}+T_{22}+T_{33} \tag{A.63}$$

（8）向量的梯度。向量 $\boldsymbol{v}$ 的梯度是张量：

$$\mathrm{grad}\ \boldsymbol{v}=\nabla\boldsymbol{v}=\boldsymbol{i}_k\frac{\partial\boldsymbol{v}}{\partial x_k}=\frac{\partial v_j}{\partial x_k}\boldsymbol{i}_k\boldsymbol{i}_j \tag{A.64}$$

由此可知：

$$\mathrm{tr}(\nabla\boldsymbol{v})=\frac{\partial v_j}{\partial x_j}=\nabla\cdot\boldsymbol{v} \tag{A.65}$$

（9）反向点运算。矢量 $\boldsymbol{v}\cdot\boldsymbol{T}$ 的反向点运算定义为：

$$\boldsymbol{v}\cdot\boldsymbol{T}=\boldsymbol{T}^{\mathrm{T}}\cdot\boldsymbol{v} \tag{A.66}$$

由方程（A.66）可得：

$$\boldsymbol{i}_k\cdot\boldsymbol{i}_i\boldsymbol{i}_j=\delta_{ki}\boldsymbol{i}_j \tag{A.67}$$

因此，矢量 $\boldsymbol{v}\cdot\boldsymbol{T}$ 的分量是：

$$\boldsymbol{v}\cdot\boldsymbol{T}=v_kT_{kj}\boldsymbol{i}_j \tag{A.68}$$

再利用方程（A.66）可得反向点运算的如下性质：

$$(\boldsymbol{v}+\boldsymbol{w})\cdot\boldsymbol{T}=\boldsymbol{v}\cdot\boldsymbol{T}+\boldsymbol{w}\cdot\boldsymbol{T} \tag{A.69}$$

$$(\alpha\boldsymbol{v})\cdot\boldsymbol{T}=\alpha(\boldsymbol{v}\cdot\boldsymbol{T}) \tag{A.70}$$

$$\boldsymbol{v}\cdot(\boldsymbol{T}+\boldsymbol{S})=\boldsymbol{v}\cdot\boldsymbol{T}+\boldsymbol{v}\cdot\boldsymbol{S} \tag{A.71}$$

$$\boldsymbol{v}\cdot(\alpha\boldsymbol{T})=\alpha(\boldsymbol{v}\cdot\boldsymbol{T}) \tag{A.72}$$

（10）张量的散度。二阶张量 $\boldsymbol{T}$ 的散度为以下向量：

$$\mathrm{div}\ \boldsymbol{T}=\nabla\cdot\boldsymbol{T}=\boldsymbol{i}_k\frac{\partial}{\partial x_k}\cdot\boldsymbol{T}=\frac{\partial T_{ij}}{\partial x_i}\boldsymbol{i}_j \tag{A.73}$$

（11）两个张量的乘积。两个二阶张量的乘积 $\boldsymbol{T}\cdot\boldsymbol{S}$ 是由下列条件定义的张量：

$$(\boldsymbol{T}\cdot\boldsymbol{S})\cdot\boldsymbol{v}=\boldsymbol{T}\cdot(\boldsymbol{S}\cdot\boldsymbol{v}) \tag{A.74}$$

适用于所有的矢量 $\boldsymbol{v}$。由方程（A.74）可得如下的基础向量关系是正确的：

$$\boldsymbol{i}_i\boldsymbol{i}_j\cdot\boldsymbol{i}_m\boldsymbol{i}_n=\delta_{jm}\boldsymbol{i}_i\boldsymbol{i}_n \tag{A.75}$$

张量 $\boldsymbol{A}\cdot\boldsymbol{B}$ 的分量是：

$$\boldsymbol{A}\cdot\boldsymbol{B}=A_{kp}B_{pj}\boldsymbol{i}_k\boldsymbol{i}_j \tag{A.76}$$

（12）向量的拉普拉斯算子。向量 $\boldsymbol{v}$ 的拉普拉斯算子是向量：

$$\mathrm{div}(\mathrm{grad}\ \boldsymbol{v})=\nabla\cdot(\nabla\boldsymbol{v})=\boldsymbol{i}_m\frac{\partial}{\partial x_m}\cdot\frac{\partial v_j}{\partial x_k}\boldsymbol{i}_k\boldsymbol{i}_j=\frac{\partial^2 v_j}{\partial x_k\partial x_k}\boldsymbol{i}_j \tag{A.77}$$

（13）基本向量关系的摘要。下面列出了 A.2 节和 A.3 节中介绍的所有基本向量关系：

$$\boldsymbol{i}_j \cdot \boldsymbol{i}_k = \delta_{jk} \tag{A.78}$$

$$\boldsymbol{i}_j \times \boldsymbol{i}_k = e_{jkm}\boldsymbol{i}_m \tag{A.79}$$

$$\boldsymbol{i}_i\boldsymbol{i}_j \cdot \boldsymbol{i}_k = \delta_{jk}\boldsymbol{i}_i \tag{A.80}$$

$$\boldsymbol{i}_k \cdot \boldsymbol{i}_i\boldsymbol{i}_j = \delta_{ki}\boldsymbol{i}_j \tag{A.81}$$

$$\boldsymbol{i}_i\boldsymbol{i}_j \cdot \boldsymbol{i}_m\boldsymbol{i}_n = \delta_{jm}\boldsymbol{i}_i\boldsymbol{i}_n \tag{A.82}$$

$$\mathrm{tr}(\boldsymbol{i}_i\boldsymbol{i}_j) = \delta_{ij} \tag{A.83}$$

（14）向量和张量身份的证明。如上所述，RCC 向量和张量表示法可用于证明向量和张量身份。下面用 6 个示例说明了该方法。证明中的所有公式都不应有免费索引。

示例 1：

$$\nabla \cdot (f\boldsymbol{v}) = f\nabla \cdot \boldsymbol{v} + \boldsymbol{v} \cdot \nabla f \tag{A.84}$$

$$\mathrm{LHS} = \frac{\partial(fv_k)}{\partial x_k} = f\frac{\partial v_k}{\partial x_k} + v_k\frac{\partial f}{\partial x_k}$$

$$\mathrm{RHS} = f\frac{\partial v_k}{\partial x_k} + v_k\boldsymbol{i}_k \cdot \boldsymbol{i}_j\frac{\partial f}{\partial x_j}$$

$$\mathrm{RHS} = f\frac{\partial v_k}{\partial x_k} + v_k\delta_{kj}\frac{\partial f}{\partial x_j} = f\frac{\partial v_k}{\partial x_k} + v_k\frac{\partial f}{\partial x_k}$$

示例 2：

$$(\boldsymbol{a}\times\boldsymbol{b}) \cdot (\boldsymbol{c}\times\boldsymbol{d}) = (\boldsymbol{a} \cdot \boldsymbol{c})(\boldsymbol{b} \cdot \boldsymbol{d}) - (\boldsymbol{a} \cdot \boldsymbol{d})(\boldsymbol{b} \cdot \boldsymbol{c}) \tag{A.85}$$

$$\mathrm{LHS} = (e_{ijk}a_ib_j\boldsymbol{i}_k) \cdot (e_{mnp}c_md_n\boldsymbol{i}_p)$$

$$\mathrm{LHS} = e_{ijk}e_{mnp}a_ib_jc_md_n\delta_{kp}$$

$$\mathrm{LHS} = e_{ijk}e_{mnk}a_ib_jc_md_n$$

$$\mathrm{LHS} = (\delta_{im}\delta_{jn} - \delta_{in}\delta_{jm})a_ib_jc_md_n$$

$$\mathrm{LHS} = a_mc_mb_nd_n - a_nd_nb_mc_m$$

$$\mathrm{RHS} = a_mc_mb_nd_n - a_nd_nb_mc_m$$

示例 3：

$$\nabla \cdot [(\nabla \cdot \boldsymbol{v})\boldsymbol{I}] = \nabla[\nabla \cdot \boldsymbol{v}] \tag{A.86}$$

$$\mathrm{LHS} = \frac{\partial[(\nabla \cdot \boldsymbol{v})\delta_{ji}]}{\partial x_j}\boldsymbol{i}_i = \frac{\partial(\nabla \cdot \boldsymbol{v})}{\partial x_j}\delta_{ji}\boldsymbol{i}_i$$

$$\mathrm{LHS} = \frac{\partial(\nabla \cdot \boldsymbol{v})}{\partial x_j}\boldsymbol{i}_j$$

$$\text{RHS} = \frac{\partial(\nabla \cdot \boldsymbol{v})}{\partial x_j}\boldsymbol{i}_j$$

示例 4：

$$\nabla \cdot (\boldsymbol{v}\,\boldsymbol{w}) = \boldsymbol{v} \cdot \nabla \boldsymbol{w} + \boldsymbol{w}(\nabla \cdot \boldsymbol{v}) \tag{A.87}$$

$$\text{LHS} = \frac{\partial(v_i w_k)}{\partial x_i}\boldsymbol{i}_k$$

$$\text{LHS} = v_i\frac{\partial w_k}{\partial x_i}\boldsymbol{i}_k + \frac{\partial v_i}{\partial x_i}w_k\boldsymbol{i}_k$$

$$\text{RHS} = v_i\boldsymbol{i}_i \cdot \boldsymbol{i}_j\frac{\partial(w_k\boldsymbol{i}_k)}{\partial x_j} + \frac{\partial v_i}{\partial x_i}w_k\boldsymbol{i}_k$$

$$\text{RHS} = v_i\delta_{ij}\frac{\partial w_k}{\partial x_j}\boldsymbol{i}_k + \frac{\partial v_i}{\partial x_i}w_k\boldsymbol{i}_k$$

$$\text{RHS} = v_i\frac{\partial w_k}{\partial x_i}\boldsymbol{i}_k + \frac{\partial v_i}{\partial x_i}w_k\boldsymbol{i}_k$$

示例 5：

$$\nabla \cdot \nabla[\nabla(\nabla \cdot \boldsymbol{v})] = \nabla[\nabla \cdot (\nabla \cdot \nabla \boldsymbol{v})] \tag{A.88}$$

$$\text{LHS} = \nabla \cdot \nabla\left[\boldsymbol{i}_k\frac{\partial}{\partial x_k}\left(\frac{\partial v_i}{\partial x_i}\right)\right]$$

$$\text{LHS} = \nabla \cdot \boldsymbol{i}_j\frac{\partial}{\partial x_j}\left(\boldsymbol{i}_k\frac{\partial^2 v_i}{\partial x_k \partial x_i}\right)$$

$$\text{LHS} = \boldsymbol{i}_p\frac{\partial}{\partial x_p} \cdot \left(\frac{\partial^3 v_i}{\partial x_j \partial x_k \partial x_i}\right)\boldsymbol{i}_j\boldsymbol{i}_k$$

$$\text{LHS} = \delta_{pj}\frac{\partial^4 v_i}{\partial x_p \partial x_j \partial x_k \partial x_i}\boldsymbol{i}_k = \frac{\partial^4 v_i}{\partial x_j \partial x_j \partial x_k \partial x_i}\boldsymbol{i}_k$$

$$\text{RHS} = \nabla\left(\nabla \cdot \frac{\partial^2 v_i}{\partial x_j \partial x_j}\boldsymbol{i}_i\right)$$

$$\text{RHS} = \nabla\left(\boldsymbol{i}_p\frac{\partial}{\partial x_p} \cdot \frac{\partial^2 v_i}{\partial x_j \partial x_j}\boldsymbol{i}_i\right) = \nabla\left(\delta_{pi}\frac{\partial^3 v_i}{\partial x_p \partial x_j \partial x_j}\right)$$

$$\text{RHS} = \boldsymbol{i}_k\frac{\partial}{\partial x_k}\left(\frac{\partial^3 v_i}{\partial x_i \partial x_j \partial x_j}\right) = \frac{\partial^4 v_i}{\partial x_j \partial x_j \partial x_k \partial x_i}\boldsymbol{i}_k$$

示例 6：

$$\nabla \cdot (f\,\boldsymbol{T}) = \nabla f \cdot \boldsymbol{T} + f(\nabla \cdot \boldsymbol{T}) \tag{A.89}$$

$$\text{LHS} = \frac{\partial (fT_{ij})}{\partial x_i} \boldsymbol{i}_j$$

$$\text{LHS} = \frac{\partial f}{\partial x_i} T_{ij} \boldsymbol{i}_j + f \frac{\partial T_{ij}}{\partial x_i} \boldsymbol{i}_j$$

$$\text{RHS} = \boldsymbol{i}_i \frac{\partial f}{\partial x_i} \cdot T_{kj} \boldsymbol{i}_k \boldsymbol{i}_j + f \frac{\partial T_{ij}}{\partial x_i} \boldsymbol{i}_j$$

$$\text{RHS} = \delta_{ik} \frac{\partial f}{\partial x_i} T_{kj} \boldsymbol{i}_j + f \frac{\partial T_{ij}}{\partial x_i} \boldsymbol{i}_j$$

$$\text{RHS} = \frac{\partial f}{\partial x_i} T_{ij} \boldsymbol{i}_j + f \frac{\partial T_{ij}}{\partial x_i} \boldsymbol{i}_j$$

使用 A.1 节至 A.3 节中的内容可以证明如下的矢量和张量公式：

$$\boldsymbol{a} \times (\boldsymbol{b} \times \boldsymbol{c}) = (\boldsymbol{a} \cdot \boldsymbol{c})\boldsymbol{b} - (\boldsymbol{a} \cdot \boldsymbol{b})\boldsymbol{c} \tag{A.90}$$

$$\nabla \times (f\boldsymbol{v}) = f(\nabla \times \boldsymbol{v}) + \nabla f \times \boldsymbol{v} \tag{A.91}$$

$$\text{tr}(\boldsymbol{T} \cdot \boldsymbol{S}) = \text{tr}(\boldsymbol{S} \cdot \boldsymbol{T}) \tag{A.92}$$

$$\text{curl grad} f = 0 \tag{A.93}$$

$$\nabla(\boldsymbol{u} \cdot \boldsymbol{v}) = \boldsymbol{u} \cdot \nabla\boldsymbol{v} + \boldsymbol{v} \cdot \nabla\boldsymbol{u} + \boldsymbol{u} \times \text{curl } \boldsymbol{v} + \boldsymbol{v} \times \text{curl } \boldsymbol{u} \tag{A.94}$$

$$\text{Div curl } \boldsymbol{v} = 0 \tag{A.95}$$

$$\text{curl curl } \boldsymbol{v} = \text{grad div } \boldsymbol{v} - \text{div grad } \boldsymbol{v} \tag{A.96}$$

$$[\boldsymbol{A} \cdot \boldsymbol{B}]^{\text{T}} = \boldsymbol{B}^{\text{T}} \cdot \boldsymbol{A}^{\text{T}} \tag{A.97}$$

A.4 曲线坐标的结果

矢量和张量运算的 RCC 分析对于建立无坐标或粗体结果以及证明矢量和张量恒等式很有用。但是，RCC 分析不足以评估曲线坐标系中的向量和张量运算，这有两个主要原因：首先，在曲线坐标系中，坐标诱导的基向量通常不具有单位量级；其次，由坐标引起的基本矢量可能取决于曲线坐标系中的空间位置。因此，有向量的空间偏导数必须包括基本向量的空间导数，从而有必要使用协变偏微分。在此，未介绍用于评估一般曲线坐标系的矢量和张量表达式的方法，而是说明了可用于 3 种最广泛使用的坐标系的质量传递分析的结果。在下面的表达式中，利用了单位基本向量 $\boldsymbol{e}_i$（$\boldsymbol{i}_i$ 为 RCC）和向量的物理分量。

直角坐标系 (x, y, z)：

$$\nabla f = \frac{\partial f}{\partial x} \boldsymbol{i}_x + \frac{\partial f}{\partial y} \boldsymbol{i}_y + \frac{\partial f}{\partial z} \boldsymbol{i}_z \tag{A.98}$$

$$\nabla \cdot \boldsymbol{v} = \frac{\partial v_x}{\partial x} + \frac{\partial v_y}{\partial y} + \frac{\partial v_z}{\partial z} \tag{A.99}$$

$$\nabla^2 f = \frac{\partial^2 f}{\partial x^2} + \frac{\partial^2 f}{\partial y^2} + \frac{\partial^2 f}{\partial z^2} \tag{A.100}$$

$$\boldsymbol{v} \cdot \nabla f = v_x \frac{\partial f}{\partial x} + v_y \frac{\partial f}{\partial y} + v_z \frac{\partial f}{\partial z} \tag{A.101}$$

圆柱坐标系(r, θ, z)：

$$\nabla f = \frac{\partial f}{\partial r} \boldsymbol{e}_r + \frac{1}{r} \frac{\partial f}{\partial \theta} \boldsymbol{e}_\theta + \frac{\partial f}{\partial z} \boldsymbol{e}_z \tag{A.102}$$

$$\nabla \cdot \boldsymbol{v} = \frac{1}{r} \frac{\partial(r v_r)}{\partial r} + \frac{1}{r} \frac{\partial v_\theta}{\partial \theta} + \frac{\partial v_z}{\partial z} \tag{A.103}$$

$$\nabla^2 f = \frac{1}{r} \frac{\partial}{\partial r}\left(r \frac{\partial f}{\partial r}\right) + \frac{1}{r^2} \frac{\partial^2 f}{\partial \theta^2} + \frac{\partial^2 f}{\partial z^2} \tag{A.104}$$

$$\boldsymbol{v} \cdot \nabla f = v_r \frac{\partial f}{\partial r} + \frac{v_\theta}{r} \frac{\partial f}{\partial \theta} + v_z \frac{\partial f}{\partial z} \tag{A.105}$$

球坐标系(r, θ, ϕ)：

$$\nabla f = \frac{\partial f}{\partial r} \boldsymbol{e}_r + \frac{1}{r} \frac{\partial f}{\partial \theta} \boldsymbol{e}_\theta + \frac{1}{r\sin\theta} \frac{\partial f}{\partial \phi} \boldsymbol{e}_\phi \tag{A.106}$$

$$\nabla \cdot \boldsymbol{v} = \frac{1}{r^2} \frac{\partial(r^2 v_r)}{\partial r} + \frac{1}{r\sin\theta} \frac{\partial(v_\theta \sin\theta)}{\partial \theta} + \frac{1}{r\sin\theta} \frac{\partial v_\phi}{\partial \phi} \tag{A.107}$$

$$\nabla^2 f = \frac{1}{r^2} \frac{\partial}{\partial r}\left(r^2 \frac{\partial f}{\partial r}\right) + \frac{1}{r^2\sin\theta} \frac{\partial}{\partial \theta}\left(\sin\theta \frac{\partial f}{\partial \theta}\right) + \frac{1}{r^2\sin^2\theta} \frac{\partial^2 f}{\partial \phi^2} \tag{A.108}$$

$$\boldsymbol{v} \cdot \nabla f = v_r \frac{\partial f}{\partial r} + \frac{v_\theta}{r} \frac{\partial f}{\partial \theta} + \frac{v_\phi}{r\sin\theta} \frac{\partial f}{\partial \phi} \tag{A.109}$$

A.5　物质和空间表示

传输现象涉及标量场、向量场和张量场，因此存在位置和时间的标量值、向量值和张量值函数：

$$f = f(x_1, x_2, x_3, t) \tag{A.110}$$

$$\boldsymbol{v} = \boldsymbol{v}(x_1, x_2, x_3, t) \tag{A.111}$$

$$\boldsymbol{T} = \boldsymbol{T}(x_1, x_2, x_3, t) \tag{A.112}$$

基于适当的基础矢量集合，相对于固定参考系测量坐标(x_1, x_2, x_3)，并且相对于任意时间参考系测量时间 t。传质的重要标量场、向量场和张量场是浓度场、速度场和应力场。方程（A.110）至方程（A.112）是连续体的空间表示或描述，因为这些方程表示在给定的时间 t 在空间的给定点上 3 种不同类型的场变量的值。可以由一组观察者通过实验获得这些信息，每个观察者都位于空间中的固定点，并具有同步时钟。

连续体的物质表示可以通过跟踪物质中的粒子来制定方程。在 $t = 0$（基于任意时间标度）时，粒子 P 相对于坐标轴位于给定位置，并且在 $t = t$ 时，粒子 P 已移动到另一个位置。$t=0$ 处的坐标表示为 (X_1, X_2, X_3)（物质或拉格朗日坐标），$t=t$ 处的坐标表示为 (x_1, x_2, x_3)（空间或欧拉坐标）。这样的表述适用于：识别特定颗粒；在稍后的时间 t 确定颗粒的位置。

这两个目标可以通过假设以下形式的一组运动方程来实现：

$$x_i = x_i(X_1, X_2, X_3, t) \tag{A.113}$$

该状态表明在 $t=0$ 时坐标为 (X_1, X_2, X_3) 的粒子在 $t=t$ 时坐标为 (x_1, x_2, x_3)。坐标 (X_1, X_2, X_3) 是识别特定粒子的便捷方法。可以假设上述表示是连续的、单值的，并且能够被反转以给出：

$$X_i = X_i(x_1, x_2, x_3, t) \tag{A.114}$$

这组方程式表示在时间 t 处，(x_1, x_2, x_3) 处的粒子在 $t=0$ 处位于 (X_1, X_2, X_3) 处。因此，材料描述给出了 a 的场变量值在给定的时间 t 给定的粒子：

$$f = f(X_1, X_2, X_3, t) \tag{A.115}$$

$$\boldsymbol{v} = \boldsymbol{v}(X_1, X_2, X_3, t) \tag{A.116}$$

$$\boldsymbol{T} = \boldsymbol{T}(X_1, X_2, X_3, t) \tag{A.117}$$

这些方程式中的信息可以由一组观察者通过实验获得，每个观察者都使用给定的粒子并带有同步时钟。

空间和物质的描述导致不同的空间和时间导数。令 A 为空间表示形式的标量、向量或张量：

$$A = A(x_1, x_2, x_3, t) \tag{A.118}$$

在空间描述中，可能有两个偏导数：

$$\left(\frac{\partial A}{\partial x_i}\right)_{x_j,\, t} = 给定时间的空间位置变化 \tag{A.119}$$

$$\left(\frac{\partial A}{\partial t}\right)_{x_j} = 给定空间位置的时间变化 \tag{A.120}$$

物质描述：

$$A = A(X_1, X_2, X_3, t) \tag{A.121}$$

同时也能得到两个偏微分方程：

$$\left(\frac{\partial A}{\partial X_i}\right)_{X_j,\, t} = 给定时间粒子的变化 \tag{A.122}$$

$$\left(\frac{\partial A}{\partial t}\right)_{X_j} = 给定粒子随时间的变化 \tag{A.123}$$

最后的导数称为物质时间导数，可以使用以下表示法：

$$\frac{\mathrm{D}A}{\mathrm{D}t} = \left(\frac{\partial A}{\partial t}\right)_{X_j} \qquad (A.124)$$

由于在物质描述中很好地制定了守恒定律，而在空间描述中则很好地表达并利用了场方程，因此有必要以空间表示形式获得物质时间导数 $\mathrm{D}A/\mathrm{D}t$ 的表达式。这是通过首先从方程（A.113）、方程（A.118）和方程（A.121）形成以下全微分来完成的：

$$\mathrm{d}x_i = \left(\frac{\partial x_i}{\partial X_j}\right)_{X_m,\ t} \mathrm{d}X_j + \left(\frac{\partial x_i}{\partial t}\right)_{X_n} \mathrm{d}t \qquad (A.125)$$

$$\mathrm{d}A = \left(\frac{\partial A}{\partial x_i}\right)_{x_j,\ t} \mathrm{d}x_i + \left(\frac{\partial A}{\partial t}\right)_{x_k} \mathrm{d}t \qquad (A.126)$$

$$\mathrm{d}A = \left(\frac{\partial A}{\partial X_j}\right)_{X_a,\ t} \mathrm{d}X_j + \left(\frac{\partial A}{\partial t}\right)_{x_b} \mathrm{d}t \qquad (A.127)$$

接下来，将方程（A.125）代入方程（A.126），将方程（A.127）与方程（A.126）的改进形式等效，并将等效差分的系数等效于最终组合方程式。这得出以下结果：

$$\left(\frac{\partial A}{\partial X_j}\right)_{X_a,\ t} = \left(\frac{\partial A}{\partial x_i}\right)_{x_j,\ t} \left(\frac{\partial x_i}{\partial X_j}\right)_{X_m,\ t} \qquad (A.128)$$

$$\frac{\mathrm{D}A}{\mathrm{D}t} = \left(\frac{\partial A}{\partial t}\right)_{X_b} = \left(\frac{\partial A}{\partial t}\right)_{x_k} + \left(\frac{\partial x_i}{\partial t}\right)_{X_n} \left(\frac{\partial A}{\partial x_i}\right)_{x_j,\ t} \qquad (A.129)$$

与方程（A.124）相比，方程（A.129）可以根据空间表示来评估物质时间导数，方程（A.124）可以根据物质表示来评估物质时间导数。

通过引入速度矢量，可以从方程（A.129）导出基本时间导数的表达式（Bird 等，2002）。物质粒子的速度矢量可以定义为粒子位置的时间变化率。粒子的位置由位置矢量 $\boldsymbol{p}$ 给出，如图 A.1 所示，图 A.1 显示了相对于 RCC 轴在两个不同时间的粒子位置矢量。在 RCC 体系中，位置矢量由下式给出：

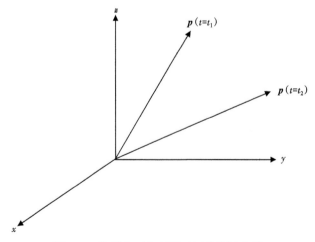

图 A.1　粒子在两个不同时间的位置向量

$$\boldsymbol{p} = p_i \boldsymbol{i}_i \tag{A.130}$$

其中：

$$p_i = x_i \tag{A.131}$$

因为使用 RCC 坐标系时，从坐标系的原点到点的位置矢量的分量就是该点的坐标。因此，可以使用下式确定粒子的速度 $\boldsymbol{v}$：

$$\boldsymbol{v} = \left(\frac{\partial \boldsymbol{p}}{\partial t}\right)_{X_j} = \left[\frac{\partial (p_i \boldsymbol{i}_i)}{\partial t}\right]_{X_j} = \left(\frac{\partial p_i}{\partial t}\right)_{X_j} \boldsymbol{i}_i \tag{A.132}$$

因为

$$\boldsymbol{v} = v_i \boldsymbol{i}_i \tag{A.133}$$

由方程（A.131）至方程（A.133）可得：

$$v_i = \left(\frac{\partial x_i}{\partial t}\right)_{X_j} = \frac{\mathrm{D}x_i}{\mathrm{D}t} \tag{A.134}$$

因此，方程（A.129）和方程（A.134）建议，对于固定的参考系，可以如下定义随体导数：

$$\frac{\mathrm{D}A}{\mathrm{D}t} = \left(\frac{\partial A}{\partial t}\right)_{x_k} + v_i \left(\frac{\partial A}{\partial x_i}\right)_{x_j,\,t} \tag{A.135}$$

从以上推导过程可以明显看出：

$$物质的时间导数 = 随体导数 \tag{A.136}$$

因为这些时间导数仅通过引入速度矢量而不同。注意，在时间 t 连续介质中某个点的速度等于在时间 t 处占据该特定点的粒子的速度。当 A 等于标量 f 时，对于固定的参考系，方程（A.135）可以写为：

$$\frac{\mathrm{D}f}{\mathrm{D}t} = \left(\frac{\partial f}{\partial t}\right)_{x_k} + \boldsymbol{v} \cdot \nabla f \tag{A.137}$$

当 A 等于矢量 $\boldsymbol{w}$ 时，方程（A.135）有如下形式：

$$\frac{\mathrm{D}\boldsymbol{w}}{\mathrm{D}t} = \left(\frac{\partial \boldsymbol{w}}{\partial t}\right)_{x_k} + \boldsymbol{v} \cdot \nabla \boldsymbol{w} \tag{A.138}$$

为了说明空间和物质表示以及物质时间导数的计算，请考虑带有运动方程的平面流

$$x = X(1 + t) \qquad y = Ye^t \qquad z = Z \tag{A.139}$$

和标量 α 的如下偏微分表示：

$$\alpha = Axy + By^2 + Cyzt \tag{A.140}$$

其中，A、B 和 C 是常数。适用运动方程，可以将方程（A.140）转换为以下物质表示：

$$\alpha = A(1 + t)e^t XY + BY^2 e^{2t} + CYZte^t \tag{A.141}$$

物质时间导数可以使用方程（A.124）直接从物质描述方程（A.141）中获得：

447

$$\frac{\mathrm{D}\alpha}{\mathrm{D}t} = A(1 + t)e^t XY + Ae^t XY + 2BY^2 e^{2t} + CYZe^t + CYZte^t \qquad (\text{A.142})$$

可以使用方程（A.139）将结果转换为空间描述：

$$\frac{\mathrm{D}\alpha}{\mathrm{D}t} = Axy + \frac{Axy}{1 + t} + 2By^2 + Cyz + Cyzt \qquad (\text{A.143})$$

计算标量 α 的物质时间导数的另一种方法是使用方程（A.135）获得：

$$\frac{\mathrm{D}\alpha}{\mathrm{D}t} = \left(\frac{\partial\alpha}{\partial t}\right)_{x,y,z} + v_x\left(\frac{\partial\alpha}{\partial x}\right)_{y,z,t} + v_y\left(\frac{\partial\alpha}{\partial y}\right)_{x,z,t} + v_z\left(\frac{\partial\alpha}{\partial z}\right)_{x,y,t} \qquad (\text{A.144})$$

使用此方程评估物质时间导数需要对速度场进行空间描述。这是通过首先使用方程（A.134）和运动方程［方程（A.139）］获得速度场的物质描述来实现的。

$$v_x = X \qquad v_y = Ye^t \qquad v_z = 0 \qquad (\text{A.145})$$

使用运动方程将这组方程转换为空间描述：

$$v_x = \frac{x}{1 + t} \qquad v_y = y \qquad v_z = 0 \qquad (\text{A.146})$$

然后可以使用方程（A.140）、方程（A.144）和方程（A.146）计算物质时间导数，并再次获得方程（A.143）。

由方程（A.144）可知：

$$\frac{\mathrm{D}\alpha}{\mathrm{D}t} \neq \left(\frac{\partial\alpha}{\partial t}\right)_{x,y,z} \qquad (\text{A.147})$$

某个粒子在某个时间点 $t=t_1$ 处具有 α 值，赋予它在 $t=t_1$ 处占据的空间点，因此

$$\alpha(t=t_1 \text{ 处的粒子}) = \alpha(t=t_1 \text{ 处的点}) \qquad (\text{A.148})$$

但是，从图 A.2 可以看出，$t=t_1$ 时的空间时间导数和物质时间导数通常会差别很大。

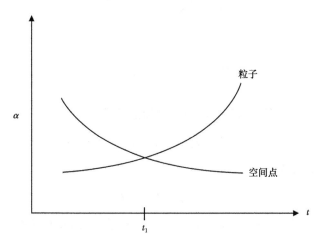

图 A.2　曲线表示与粒子关联的标量 α 的时间相关性以及给定空间点处 α 的时间相关性

（在时间 $t=t_1$ 时，粒子占据了关注点）

A.6　雷诺运输定理

在场方程的表述中，有必要在包含相同物质粒子的体积区域的空间表示中考虑体积积分。图 A.3 说明了 3 个体积区域 V_1、V_2 和 V_3 的位置，它们代表了相同粒子在 3 个不同时间所占据的空间体积。因此，必须考虑如下形式的体积积分：

$$I(t) = \iiint\limits_{V(t)} A\,\mathrm{d}V \tag{A.149}$$

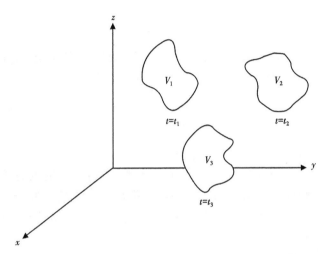

图 A.3　表示相同粒子在 3 个不同时间所占据的空间体积

其中 A（因此 I）是标量或向量，并且 $A=A(x_1,\ x_2,\ x_3,\ t)$。而且，体积 $V(t)$ 以及因此积分极限是时间的函数。如下导数的表达式是正确的：

$$\frac{\mathrm{D}I}{\mathrm{D}t}=\text{体积积分与粒子的时间导数保持恒定} \tag{A.150}$$

由于积分的变量限制，该导数难以评估，类似于需要使用莱布尼茨定律的问题（Kaplan，1952）：

$$\frac{\mathrm{d}}{\mathrm{d}t}\int_{a(t)}^{b(t)} f(x,\ t)\,\mathrm{d}x = f[b(t),\ t]\frac{\mathrm{d}b}{\mathrm{d}t} - f[a(t),\ t]\frac{\mathrm{d}a}{\mathrm{d}t} + \int_{a(t)}^{b(t)}\frac{\partial f}{\partial t}(x,\ t)\,\mathrm{d}x \tag{A.151}$$

通过对 Aris（1962）提出的结果进行明显修改，可以导出导数 $\mathrm{D}I/\mathrm{D}t$ 的以下公式：

$$\frac{\mathrm{D}}{\mathrm{D}t}\iiint\limits_{V(t)} A\,\mathrm{d}V = \iiint\limits_{V(t)}\left[\left(\frac{\partial A}{\partial t}\right)_{x_k} + \nabla\cdot(\boldsymbol{v}A)\right]\mathrm{d}V \tag{A.152}$$

此处，$\boldsymbol{v}$ 是材料中任何空间点的速度矢量，而 A 可以是标量或矢量。这一结果互换了微分和积分，用空间表示法表达了物质导数，这是雷诺传输定理的一种形式。该方程对于物质体积 $V(t)$ 中包含相同物质的颗粒的单组分连续体很有用。可以通过以下两种形式之一使用格林定理来修改上述形式的雷诺传输定理，它们对于封闭且被表面 S 包围的空间中的体积 V 有效：

$$\iiint_{V} \nabla \cdot \boldsymbol{v} \mathrm{d}V = \iint_{S} \boldsymbol{v} \cdot \boldsymbol{n} \mathrm{d}S \tag{A.153}$$

$$\iiint_{V} \nabla \cdot \boldsymbol{T}^{\mathrm{T}} \mathrm{d}V = \iint_{S} \boldsymbol{T} \cdot \boldsymbol{n} \mathrm{d}S \tag{A.154}$$

同时注意

$$\iiint_{V} \nabla \cdot (\boldsymbol{v} \boldsymbol{w}) \mathrm{d}V = \iint_{S} \boldsymbol{w} \boldsymbol{v} \cdot \boldsymbol{n} \mathrm{d}S \tag{A.155}$$

因此

$$\boldsymbol{v} \boldsymbol{w} = (\boldsymbol{w} \boldsymbol{v})^{\mathrm{T}} \tag{A.156}$$

在这些方程中，向量 $\boldsymbol{v}$ 和 $\boldsymbol{w}$ 以及张量 $\boldsymbol{T}$ 定义在区域中的任意位置，$\boldsymbol{n}$ 是表面 S 上的向外单位法向向量。例如，对于标量 f，方程（A.152）可以重写为：

$$\frac{\mathrm{D}}{\mathrm{D}t} \iiint_{V(t)} f \mathrm{d}V = \iiint_{V(t)} \left(\frac{\partial f}{\partial t} \right)_{x_k} \mathrm{d}V + \iint_{S(t)} f \boldsymbol{v} \cdot \boldsymbol{n} \mathrm{d}S \tag{A.157}$$

以上结果对于单组分体系中的物质体积有效。

对于 N 组分物质，可以通过假设 N 成分混合物由共存在一起的 N 个连续介质组成来分别跟踪每种物质。因此，在材料的任何一点上都存在 N 个物质粒子。组分 A 的粒子在 $t = 0$ 时的坐标为 X_{Aj}，因此，如果 f_A 是组分 A 的标量、向量或张量性质，则其具有以下空间和材料表示形式：

$$f_A = f_A(x_1, \ x_2, \ x_3, \ t) \tag{A.158}$$

$$f_A = f_A(X_{A1}, \ A_{A2}, \ X_{A3}, \ t) \tag{A.159}$$

相应的运动方程组为：

$$x_i = x_i(X_{A1}, \ X_{A2}, \ X_{A3}, \ t) \tag{A.160}$$

下列方程给出了组分 A 的速度和组分 A 的粒子运动后的物质时间导数：

$$v_{Ai} = \left(\frac{\partial x_i}{\partial t} \right)_{X_{Aj}} \tag{A.161}$$

$$\frac{\mathrm{D}_A f_A}{\mathrm{D}t} = \left(\frac{\partial f_A}{\partial t} \right)_{X_{Aj}} = \left(\frac{\partial f_A}{\partial t} \right)_{x_k} + v_{Ai} \left(\frac{\partial f_A}{\partial x_i} \right)_{x_j, t} \tag{A.162}$$

对于标量场或向量场 f_A，可以写出雷诺运输定理的形式来表示物质 A 的粒子集合。如果 V_A 是与物质 A 的粒子集合关联的体积，而 $\boldsymbol{v}_A$ 是物种 A 的速度向量，雷诺传输定理采用以下形式：

$$\frac{\mathrm{D}_A}{\mathrm{D}t} \iiint_{V_A(t)} f_A \mathrm{d}V = \iiint_{V_A(t)} \left[\left(\frac{\partial f_A}{\partial t} \right)_{x_k} + \nabla \cdot (v_A f_A) \right] \mathrm{d}V \tag{A.163}$$

对于具有相位界面的区域，也有必要考虑雷诺传输定理。考虑由作为相界面的分隔表面 $S^*(t)$ 相交的材料体积 $V(t)$。表面 $S^*(t)$ 以速度 $\boldsymbol{u}^*$ 移动，并将材料体积 $V(t)$ 分为体

积 $V^+(t)$ 和 $V^-(t)$。向量 $\boldsymbol{n}^*$ 是 $\boldsymbol{S}^*$ 的单位法向向量,并且从 V^- 指向 V^+。A^+ 和 A^- 表示在 S^* 的正负两边评估的数量 A 的值(图 3.1)。对于单组分体系和标量或向量 A,以下表达式可用于表示与相界面相交的物质体积(Eringen,1967):

$$\frac{\mathrm{D}}{\mathrm{D}t}\iiint_{V(t)} A\,\mathrm{d}V = \iiint_{V(t)}\left[\left(\frac{\partial A}{\partial t}\right)_{x_k} + \nabla\cdot(\boldsymbol{v}A)\right]\mathrm{d}V +$$
$$\iint_{S^*(t)}\left[A^+(\boldsymbol{v}^+\cdot\boldsymbol{n}^* - \boldsymbol{u}^*\cdot\boldsymbol{n}^*) - A^-(\boldsymbol{v}^-\cdot\boldsymbol{n}^* - \boldsymbol{u}^*\cdot\boldsymbol{n}^*)\right]\mathrm{d}S \quad (\text{A.164})$$

此外,当存在分隔表面时,方程(A.154)替换为:

$$\iiint_V \nabla\cdot\boldsymbol{T}^{\mathrm{T}}\mathrm{d}V = \iint_S \boldsymbol{T}\cdot\boldsymbol{n}\,\mathrm{d}S - \iint_{S^*}(\boldsymbol{T}^+\cdot\boldsymbol{n}^* - \boldsymbol{T}^-\cdot\boldsymbol{n}^*)\,\mathrm{d}S \quad (\text{A.165})$$

最后,对于具有相界面的 N 分量体系,可以将以下形式的雷诺传输定理(用于收集物质 A 的粒子)用于标量或矢量 f_A:

$$\frac{\mathrm{D}_A}{\mathrm{D}t}\iiint_{V_A(t)} f_A\,\mathrm{d}V = \iiint_{V_A(t)}\left[\left(\frac{\partial f_A}{\partial t}\right)_{x_k} + \nabla\cdot(\boldsymbol{v}_A f_A)\right]\mathrm{d}V +$$
$$\iint_{S_A^*(t)}\left[f_A^+(\boldsymbol{v}_A^+\cdot\boldsymbol{n}^* - \boldsymbol{u}^*\cdot\boldsymbol{u}^*) - f_A^-(\boldsymbol{v}_A^-\cdot\boldsymbol{n}^* - \boldsymbol{u}^*\cdot\boldsymbol{n}^*)\right]\mathrm{d}S \quad (\text{A.166})$$

参 考 文 献

Acrivos, A. (1980) The extended Graetz problem at low Peclet numbers, Appl. Sci. Res. , 36, 35.

Adib, F. and Neogi, P. (1987) Sorption with oscillations in solid polymers, AIChE J. , 33, 164.

Aitken, A. and Barrer, R. M. (1955) Transport and solubility of isomeric paraffins in rubber, Trans. Faraday Soc. , 51, 116.

Ananthakrishnan, V. , Gill, W. N. , and Barduhn, A. J. (1965) Laminar dispersion in capillaries: Part I. Mathematical analysis, AIChE J. , 11, 1063.

Arefmanesh, A. and Advani, S. G. (1991) Diffusion-induced growth of a gas bubble in a viscoelastic fluid, Rheol. Acta, 30, 274.

Aris, R. (1962) Vectors, Tensors, and the Basic Equations of Fluid Mechanics. Prentice-Hall, Inc. , Englewood Cliffs, NJ.

Arnould, D. D. (1989) Capillary column inverse gas chromatography (CCIGC) for the study of diffusion in polymer- solvent systems. Dissertation, University of Massachusetts.

Astarita, G. and Marrucci, G. (1974) Principles of Non-Newtonian Fluid Mechanics. McGraw-Hill Book Co. (UK) Ltd. , Berkshire, England.

Atkins, P. and de Paula, J. (2002) Physical Chemistry, 7th ed. W. H. Freeman and Co. , New York.

Azzam, M. I. S. and Dullien, F. A. L (1977) Flow in tubes with periodic step changes in diameter: A numerical solution, Chem. Eng. Sci. , 32, 1445.

Baird, B. R. , Hopfenberg, H. B. , and Stannett, V. (1971) The effect of molecular weight and orientation on the sorption of n-pentane by glassy polystyrene, Polym. Eng. Sci, 11, 274.

Barlow, E. J. and Langlois, W. E. (1962) Diffusion of gas from a liquid into an expanding bubble, IBM J. , 6, 329.

Barrer, R. M. and Skirrow, G. (1948) Transport and equilibrium phenomena in gas-elastomer systems. I. Kinetic phenomena, J. Polym. Sci, 3, 549.

Bearman, R. J. (1961) On the molecular basis of some current theories of diffusion, J. Phys. Chem. , 65, 1961.

Bertram, A. and Svendsen, B. (2001) On material objectivity and reduced constitutive equations, Arch. Mech. , 53, 653.

Billiovits, G. F and Durning, C. J. (1993) Linear viscoelastic diffusion in the poly (styrene)/ethylbenzene system: Differential sorption experiments, Macromolecules, 26, 6927.

Billovits, G. F and Durning, C J. (1994) Linear viscoelastic diffusion in the poly (styrene) -ethylbenzene system: Comparison between theory and experiment, Macromolecules, 27, 7630.

Bird, R. B. , Stewart, W. E. , and Lightfoot E. N. (1960) Transport Phenomena. John Wiley & Sons, Inc. , New York.

Bird, R. B, Stewart W. E. , and Lightfoot, E. N. (2002) Transport Phenomena, 2nd ed. John Wiley &Sons, Inc. , New York.

Bischoff, K. B. (1961) A note on boundary conditions for flow reactors, Chem. Eng. Sci. , 16, 131.

Brenner, H and Edwards, D. A. (1993) Macrotransport Processes. Butterworth-Heinemann, Boston.

Brown, G. M. (1960) Heat or mass transfer in a fluid in laminar flow in a circular or flat conduit, AIChE J. , 6, 179.

Brunn, P. O. and Asoud, H (2003) An explicit constitutive equation of a simple fluid in motions with constant stretch history, J. Non-Newtonian Fluid Mech. , 112, 129.

Bueche, F. (1962) Physical Properties of Polymers. Interscience, New York.

Cable, M. and Evans, D. J. (1967) Spherically symmetrical diffusion-controlled growth or dissolution of a sphere, J. Appl. Phys. , 38, 2899.

Carslaw, H. S. and Jaeger, J. C. (1959) Conduction of Heat in Solids, 2nd ed. Oxford University Press, London.

Carslaw, H. S. and Jaeger, J. C. (1963) Operational Methods in Applied Mathematics . Dover Publications, Inc. , New York.

Chapman, S. and Cowling, T. G. (1970) The Mathematical Theory of Non-Uniform Gases: An Account of the Kinetic Theory of Viscosity, Thermal Conduction and Diffusion in Gases, 3rd ed. Cambridge University Press, Cambridge.

Chatwin, P. C. (1976) The initial dispersion of contaminant in Poiseuille flow and the smoothing of the snout, J. Fluid Mech, 77, 593.

Chen, S. P. and Ferry, J. D. (1968) The diffusion of radioactively tagged n-hexadecane and n-dodecane through rubbery polymers. Effects of temperature, cross-linking, and chemical structure, Macromolecules, 1, 270.

Chiou, J. S., Maeda, Y, and Paul, D. R. (1985) Gas and vapor sorption in polymers just below T_g, J. Appl. Polym. Sci, 30, 4019.

Chow, T. S. (1980) Molecular interpretation of the glass transition temperature of polymer-diluent systems, Macromolecules, 13, 362.

Chu, C. -H. (1988) Diffusion in polymer-solvent systems. Dissertation, The Pennsylvania State University.

Chung, H. S. (1966) On the Macedo-Litovitz hybrid equation for liquid viscosity, J. Chem. Phys. , 44, 1362.

Churchill, R. V. (1969) Fourier Series and Boundary Value Problems, 2nd ed. McGraw- Hill Book Co., Inc. , New York.

Churchill, R. V. (1972) Operational Mathematics, 3rd ed. McGraw-Hill Book Co. , Inc. , New York.

Cohen, M. H. and Turnbull, D. (1959) Molecular transport in liquids and gases, J. Chem. Phys. , 31, 1164.

Coutts-Lendon, C. A., Wright, N. A. , Mieso, E. V. , and Koenig, J. L. (2003) The use of FT-IR imaging as an analytical tool for the characterization of drug delivery systems, J. Control. Release, 93, 223.

Crank, J. (1956) The Mathematics of Diffusion, 1957 printing. Clarendon Press, Oxford.

Crank, J. (1975) The Mathematics of Diffusion, 2nd ed. , 1976 printing. Clarendon Press, Oxford.

Cussler, E. L. (1997) Diffusion: Mass Transfer in Fluid Systems, 2nd ed. Cambridge University Press, New York.

Danckwerts, P. V. (1951) Absorption by simultaneous diffusion and chemical reaction into particles of various shapes and into falling drops, Trans. Faraday Soc. , 47, 1014.

Danckwerts, P. V. (1953) Continuous flow systems. Distribution of residence times, Chem. Eng. Sci. , 2, 1.

de Gennes, P. G. (1979) Brownian motions of flexible polymer chains, Nature, 282, 367.

de Groot, S. R. and Mazur, P. (1962) Non-Equilibrium Thermodynamics, 1963 printing. North-Holland Publishing Co., Amsterdam.

Deckwer, W. -D. and Mählmann, E. A. (1976) Boundary conditions of liquid phase reactors with axial dispersion, Chem. Eng. J., 11, 19.

Deiber, J. A. and Schowalter, W. R. (1979) Flow through tubes with sinusoidal axial variations in diameter, AIChE J. , 25, 638.

Duda, J. L. and Vrentas, J. S. (1965) Analysis of free diffusion experiments in binary systems, Ind. Eng. Chem. Fundamentals, 4, 301.

Duda, J. L. and Vrentas, J. S. (1966) Establishment of position of initial interface in free diffusion experiments, Ind. Eng. Chem. Fundamentals, 5, 434.

Duda, J. L. and Vrentas, J. S. (1967a) Diffusion with time-dependent interfacial resistance, Chem. Eng. Sci. ,

22, 27.

Duda, J. L. and Vrentas, J. S. (1967b) Fluid mechanics of laminar liquid jets, Chem. Eng. Sci. , 22, 855.

Duda, J. L. and Vrentas, J. S. (1968a) Mathematical analysis of dropping mercury electrode. I. Solution of diffusion equation for variable mercury flow rate, J. Phys. Chem. , 72, 1187.

Duda, J. L. and Vrentas, J. S. (1968b) Mathematical analysis of dropping mercury electrode. II. Prediction of time dependence of mercury flow rate, J. Phys. Chem. , 72, 1193.

Duda, J. L. and Vrentas, J. S. (1968c) Laminar liquid jet diffusion studies, AIChE J. , 14, 286.

Duda, J. L. and Vrentas, J. S. (1969a) Perturbation solutions of diffusion-controlled moving boundary problems, Chem. Eng. Sci. , 24, 461.

Duda, J. L. and Vrentas, J. S. (1969b) Mathematical analysis of bubble dissolution, AIChE J. , 15, 351.

Duda, J. L. and Vrentas, J. S. (1971a) Heat or mass transfer-controlled dissolution of an isolated sphere, Int. J. Heat Mass Transfer, 14, 395.

Duda, J. L. and Vrentas, J. S. (1971b) Steady flow in the region of closed streamlines in a cylindrical cavity, J. Fluid Mech. , 45, 247.

Duda, J. L. and Vrentas, J. S. (1971c) Mathematical analysis of sorption experiments, AIChE J. , 17, 464.

Duda, J. L. , Vrentas, J. S. , Ju, S. T. , and Liu, H. T. (1982) Prediction of diffusion coefficients for polymer-solvent systems, AIChE J. , 28, 279.

Durning, C. J. (1985) Differential sorption in viscoelastic fluids, J. Polym. Sci. : Polym. Phys. Ed. , 23, 1831.

Durning, C. J. and Tabor, M. (1986) Mutual diffusion in concentrated polymer solutions under a small driving force, Macromolecules, 19, 2220.

Edelen, D. G. B. and McLennan. J. A. (1973) Material indifference: A principle or a convenience, Int. J. Eng. Sci. , 11, 813.

Eichinger, B. E. and Flory, P. J. (1968a) Thermodynamics of polymer solutions. Part 1. -Natural rubber and benzene, Trans. Faraday Soc. , 64, 2035.

Eichinger, B. E. and Flory, P. J. (1968b) Thermodynamics of polymer solutions. Part 2. -Polyisobutylene and benzene, Trans. Faraday Soc. , 64, 2053.

Eichinger, B. E. and Flory, P. J. (1968c) Thermodynamics of polymer solutions. Part 3. -Polyisobutylene and cyclohexane, Trans. Faraday Soc. , 64, 2061.

Eichinger, B. E. and Flory, P. J. (1968d) Thermodynamics of polymer solutions. Part4. -Polyisobutylene and npentane, Trans. Faraday Soc. , 64, 2066.

Eringen, A. C (1962) Nonliner Theory of Continuous Media. McGraw-Hill Book Co. , Inc, New York.

Eringen, A. C. (1967) Mechanics of Contimua. John Wiley & Sons, Inc. , New York.

Evnochides, S. K. and Henley, E. J. (1970) Simultaneous measurement of vapor diffusion and solubility coefficients in polymers by frequency response techniques, J Polym. Sci: Part A-2, 8, 1987.

Faridi, N, Duda, J. L, and Hadj-Romdhane, I. (1995) Unsteady-state diffusion in block copolymers with lamellar domains, Ind. Eng. Chem. Res. , 34, 3556.

Fedkiw, P. and Newman, J. (1977) Mass transfer at high Péclet numbers for creeping flow in a packed-bed reactor, AIChE J. , 23, 255.

Ferry, J. D. (1980) Viscoelastic Properties of Polymers, 3rd ed. John Wiley & Sons, Inc. , New York.

Fleming, G. K. and Koros, W. J. (1986) Dilation of polymers by sorption of carbon dioxide at elevated pressures: Silicone rubber and unconditioned polycarbonate, Macromolecules, 19, 2285.

Florschuetz, L. W. and Chao, B. T. (1965) On the mechanics of vapor bubble collapse, J. Heat Transfer, 87, 209.

Flory, P. J. (1953) Principles of Polymer Chemistry, 1983 printing. Cornell University Press, Ithaca, NY.

Fogler, H. S. (2006) Elements of Chemial Reaction Engineering, 4th ed. Prentice Hall, Upper Saddle River, NJ.

Fox, T. G. and Loshaek, S. (1955) Influence of molecular weight and degree of crosslinking on the specfic volume and glass temperature of polymers, J, Polym Sci. , 15, 371.

Freed, K. F (1976) Concentration dependence of the translational friction coefficient for polymer solutions, J. Chem. Phys., 65, 4103.

Fujita, H. (1961) Diffusion in polymer-diluent systems, Fortschr. Hochpolym-Forsch, 3, 1.

Fujita, H. (1962) Mathematical Theory of Sedimentation Analysis. Academic Press, Inc. , New York.

Gao, Y. and Ogilby, P. R. (1992) A new technique to quantify oxygen diffusion in polymer films, Macromolecules, 25, 4962.

Graessley, W. W. (1974) The entanglement concept in polymer cheology, Adv. Polym. Sci. , 16, 1.

Graessley, W. W. (1980) Polymer chain dimensions and the dependence of viscoelastic properties on concentration, molecular weight and solvent power, Polymer, 21, 258.

Halliday, D. , Resnick, R. , and Walker, J. (1997) Fundamentals of Physics, 5th ed. John Wiley & Sons, Inc. , New York.

Han, C. D. and Yoo, H. J. (1981) Studies on structural foam processing. Ⅳ. Bubble growth during mold filling, Polym. Eng Sci. , 21, 518.

Haward, R. N. (1970) Occupied volume of liquids and polymers, J. Macromol. Sci, Reus. Macromol, Chem. , C4, 191.

Hayes, M. J. and Park, G. S. (1955) The diffusion of benzene in rubber. Part 1. -Low concentrations of benzene, Trans. Faraday Soc. , 51, 1134.

Holley, R. H, Hopfenberg, H. B. , and Stannett, V. (1970) Anomalous transport of hydrocarbons in polystyrene, Polym. Eng. Sci. , 10, 376.

Hoover, W. G. , Moran, B, More, R. M. , and Ladd, A. J. C. (1981) Heat conduction in a rotating disk via nonequilibrium molecular dynamics, Phys. Rev. A, 24, 2109.

Hopfenberg, H B. , Holley, R. H, and Stannett, V. (1969) The effect of penetrant activity and temperature on the anomalous diffusion of hydrocarbons and solvent crazing in polystyrene. Part I: Biaxially oriented polystyrene, Polym. Eng. Sci. , 9, 242.

Huang, S. J. and Durning, C. J (1997) Nonlinear viscoelastic diffusion in concentrated polystyrene/ethylbenzene solutions, J. Polym. Sci: Polym. Phys. Ed. , 35, 2103.

Hughes, W. F and Gaylord, E. W. (1964) Basic Equations of Engineering Science. Schaum Publishing Co, New York.

Huilgol, R. R. (1975) Continuum Mechanics of Viscoelastic Liquids. John Wiley & Sons, Inc. , New York.

Ilkovic, D. (1934) Polarographic studies with the dropping mercury cathode. Part XLIV. The dependence of limiting currents on the diffusion constant, on the rate of dropping and on the size of drops, Collect. Czech. Chem. Commun. , 6, 498.

Imai, S. (1969) Concentration dependency of the sedimentation constant, J. Chem. Phys. , 50, 2116.

Imai, S. (1970) Concentration dependence of the sedimentation coefficient at the theta state, J. Chem. Phys, 52, 4212.

Irving, J. H. and Kirkwood, J. G. (1950) The statistical mechanical theory of transport processes, Ⅳ. The equations of hydrodynamics, J. Chem. Phys. , 18, 817.

Iwai, Y, . Maruyama, S. , Fujimoto, M, Miyamoto, S. , and Arai, Y. (1989) Measurement and correlation of mutual diffusion coefficients for polybutadiene-hydrocarbon systems, Polym. Eng Sci. , 29, 773.

455

Jackson, E. A. (1968) Equilibrium Statistical Mechanics. Prentice-Hall, Inc., Englewood Cliffs, NJ.

Jacques, C. H. M, Hopfenberg, H. B., and Stannett, V. (1973) Vapor sorption and liquid interactions with glassy polyblends of polystyrene and poly (2, 6-dimethyl-1, 4-phenylene oxide), Polym. Eng. Sci., 13, 81.

Jacques, C. H. M, Hopfenberg, H. B., and Stannett, V. (1974) Super case II transport of organic vapour in glassy polymers, in Hopfenberg, H. B. (ed.) Permeability of Plastic Films and Coatings, 73. Plenum Press, New York.

Johns, O, D. (2005) Analytical Mechanics for Relativity and Quantum Mechanics. Oxford University Press, New York.

Jones, A. S. (1971) Extensions to the solution of the Graetz problem, Int. J. Heat Mass Transfer, 14, 619.

Ju. R. T. C, Nixon, P. R, and Patel, M. V. (1995a) Drug release from hydrophilic matrices. 1. New scaling laws for predicting polymer and drug release based on the polymer disentanglement concentration and the diffusion layer, J. Pharm. Sci., 84, 1455.

Ju, R. T. C., Nixon, P. R, Patel, M. V., and Tong, D. M. (1995b) Drug relese from hydrophilie matrices. 2. A mathematical model based on the polymer disentanglement concentration and the diffusion layer, J. Pharm, Sci, 84, 1464.

Kaplan, W. (1952) Advanced Calculus, 1956 printing. Addison-Wesley Publishing Co. Inc., Reading, M A.

Kesting, R. E. and Fritzsche, A. K (1993) Polymeric Gas Separations Membranes. John Wiley & Sons, Inc., New York.

Kim, H., Chang, T., Yohanan, J. M., Wang, L., and Yu, H. (1986) Polymer diffusion in linear matrices Polystyrene in toluene, Macromolecules, 19, 2737.

King, T. A., Knox, A, Lee, W. I, and McAdam, J. D. G. (1973a) Polymer translational diffusion: 1. Dilute theta solutions, polystyrene in cyclohexane, Polymer, 14, 451.

King, T. A., Knox, A., and McAdam, J. D. G. (1973b) Polymer translational diffusion: 2. Non-theta solutions, polystyrene in butan-2-one, Polymer, 14, 293.

Kirkwood, J. G. and Riseman, J. (1948) The intrinsic viscosities and diffusion constants of flexible macromolecules in solution, J. Chem. Phys., 16, 565.

Kishimoto, A. and Matsumoto, K. (1964) Effect of film thickness upon the sorption of organic vapors in polymers slightly above their glass transition temperatures, J. Polym. Sci.: Part A, 2, 679.

Kishimoto, A., Fujita, H., Odani, H., Kurata, M., and Tamura, M. (1960) Successive differential absorptions of vapors by glassy polymers, J. Phys. Chem., 64, 594.

Koh, S. L. and Eringen, A. C. (1963) On the foundations of non-linear thermo-viscoelasticity, Int. J. Eng. Sci., 1, 199.

Koutecky, J. (1953) Correction for spherical diffusion to the Ilkovic equation, Czech. J. Phys., 2, 50.

Krigbaum, W. R. and Flory, P. J. (1953) Molecular weight dependence of the intrinsic viscosity of polymer solutions. II, J. Polym. Sci., 11, 37.

Kurata, M. and Stockmayer, W. H. (1963) Intrinsic viscosities and unperturbed dimensions of long chain molecules, Fortschr. Hochpolym. -Forsch., 3, 196.

Larson, R. G. (1988) Constitutive Equations for Polymer Melts and Solutions. Butterworths, Boston.

Lee, C. Y. and Wilke, C. R. (1954) Measurements of vapor diffusion coefficient, Ind. Eng. Chem., 46, 2381.

Leigh, D. C. (1968) Nonlinear Continuum Mechanics. McGraw-Hill Book Co., Inc., New York.

Levenspiel, O. (1972) Chemical Reaction Engineering, 2nd ed. John Wiley & Sons, Inc., New York.

Levich, V. G. (1962) Physicochemical Hydrodynamics. Trans. Scripta Technica, Inc. Prentice-Hall, Inc., Englewood Cliffs, NJ.

Lightfoot, E. N. (1964) Unsteady diffusion with first-order reaction, AIChE J., 10, 278.

Lodge, T. P. (1999) Reconciliation of the molecular weight dependence of diffusion and viscosity in entangled polymers, Phys. Rev Lett., 83, 3218.

Loflin, T. and McLaughlin, E. (1969) Diffusion in binary liquid mixtures, J. Phys. Chem., 73, 186.

Macedo, P. B. and Litovitz, T. A. (1965) On the relative roles of free volume and activation energy in the viscosity of liquids, J. Chem. Phys., 42, 245.

Maeda, Y. and Paul, D. R. (1987a) Effect of antiplasticization on gas sorption and transport. I. Polysulfone, J. Polym. Sci.: Polym. Phys. Ed., 25, 957.

Maeda, Y. and Paul, D. R. (1987b) Effect of antiplasticization on gas sorption and transport. II. Poly (phenylene oxide), J Polym. Sci.: Polym. Phys. Ed., 25, 981.

Maeda, Y. and Paul, D. R. (1987c) Effect of antiplasticization on gas sorption and transport. III. Free. volume interpretation, J. Polym. Sci.: Polym. Phys. Ed., 25, 1005.

Malvern, L. E. (1969) Introduction to the Mechanics of a Continuous Medium. Prentice-Hall, Inc., Englewood Cliffs, NJ.

Mandelis, A. (2000) Diffusion waves and their uses, Phys. Today, 53, 29.

Mandelis, A. (2001) Diffusion-Wave Fields: Mathematical Methods and Green Functions. Springer-Verlag New York, Inc., New York.

Martin, G. M. and Mandelkern, L. (1959) Glass formation in polymers: II. The system rubber-sulfur, J. Res. Nat. Bur. Stand., 62, 141.

McCall, D. W. and Douglass, D. C. (1967) Diffusion in binary solutions, J Phys. Chem., 71, 987.

Meares, P. (1954) The diffusion of gases through polyvinyl acetate, J. Am. Chem. Soc., 76, 3415.

Meyerhoff, G. and Nachtigall, K. (1962) Diffusion, thermodiffusion, and thermal diffusion of polystyrene in solution, J Polym. Sci., 57, 227.

Michelsen, M. L. and Villadsen, J. (1974) The Graetz problem with axial heat conduction, Int. J. Heat. Mass Transfer, 17, 1391.

Mickley, H. S., Sherwood, T. K., and Reed, C. E. (1957) Applied Mathematics in Chemical Engineering, 2nd ed. McGraw-Hill Book Co., Inc., New York.

Morawetz, H. (1965) Macromolecules in Solution. Interscience Publishers, New York.

Morrette, R. A. and Gogos, C. G. (1968) Viscous dissipation in capillary flow of rigid PVC and PVC degradation, Polym. Eng. Sci., 8, 272.

Morse, P. M. and Feshbach, H. (1953) Methods of Theoretical Physics, Part I: Chapters 1 to 8. McGraw-Hill Book Co., Inc., New York.

Müller, I. (1968) A thermodynamic theory of mixtures of fluids, Arch. Rational Mech. Anal., 28, 1.

Müller, I. (1972) On the frame dependence of stress and heat flux, Arch. Rational Mech. Anal., 45, 241.

Müller, I. (1985) Thermodynamics. Pitman Publishing Limited, London.

Müller, I. and Ruggeri, T. (1998) Rational Extended Thermodynamics, 2nd ed. Springer-Verlag New York, Inc., New York.

Murdoch, A. I. (1983) On material frame-indifference, intrinsic spin, and certain constitutive relations motivated by the kinetic theory of gases, Arch, Rational Mech. Anal., 83, 185.

Muschik, W. and Restuccia, L. (2008) Systematic remarks on objectivity and frame-indifference, liquid crystal theory as an example, Arch. Appl. Mech., 78, 837.

Nauman, E. B. and Savoca, J. (2001) An engineering approach to an unsolved problem in multicom-ponent diffusion, AIChE J., 47, 1016.

Nayfeh, A. H. (1973) Perturbation Methods. John Wiley & Sons, Inc., New York.

Neogi, P. (1983a) Anomalous diffusion of vapors through solid polymers. Part I: Irreversible thermodynamics of diffusion and solution processes, AIChE J., 29, 829.

Neogi, P. (1983b) Anomalous diffusion of vapors through solid polymers. Part Ⅱ: Anomalous sorption, AIChE J., 29, 833.

Noble, B. (1969) Applied Linear Algebra. Prentice-Hall, Inc., Englewood Cliffs, NJ.

Odani, H. (1967) Diffusion in glassy polymers. Ⅳ. Diffusion of methyl ethyl ketone in atactic polystyrene above the critical concentration, J. Polym. Sci.: Part A-2, 5, 1189.

Odani, H., Kida, S., Kurata, M., and Tamura, M. (1961a) Diffusion in glassy polymers. I. Effects of initial concentration upon the sorption of organic vapors in polymers, Bull. Chem. Soc. Jpn., 34, 571.

Odani, H., Hayashi, J., and Tamura, M. (1961b) Diffusion in glassy polymers. Ⅱ. Effects of polymer-penetrant interaction; diffusion of ethyl methyl ketone in atactic polystyrene, Bull. Chem. Soc. Jpn., 34, 817.

Odani, H., Kida, S., and Tamura, M. (1966) Diffusion in glassy polymers. Ⅲ. Temperature depen-dence and solvent effects, Bull. Chem. Soc. Jpn., 39, 2378.

Papoutsakis, E., Ramkrishna, D., and Lin, H. C. (1980) The extended Graetz problem with Dirichlet wall boundary conditions, Appl. Sci. Res., 36, 13.

Pattle, R. E., Smith. P. J. A., and Hill, R. W. (1967) Tracer diffusion in rubber+benzene mixtures and its rela-tion to mutual diffusion, Trans. Faraday Soc., 63, 2389.

Paul, D. R. (1972) The role of membrane pressure in reverse osmosis, J, Appl. Polym. Sci., 16, 771.

Paul, D. R. (2004) Reformulation of the solution-diffusion theory of reverse osmosis, J. Membrane Sci., 241, 371.

Paul, D. R. and Ebra-Lima, O. M. (1971) The mechanism of liquid transport through swollen polymer mem-branes, J. Appl. Polym. Sci., 15, 2199.

Pawlisch, C. A., Macris, A., and Laurence, R. L. (1987) Solute diffusion in polymers. 1. The use of capillary column inverse gas chromatography, Macromolecules, 20, 1564.

Payatakes, A. C., Tien, C., and Turian, R. M. (1973) A new model for granular porous media: Part Ⅱ. Numer-ical solution of steady state incompressible Newtonian flow through periodically constricted tubes, AIChE J., 19, 67.

Peppas, N. A. (1985) Analysis of Fickian and non-Fickian drug release from polymers, Pharm. Acta Helv., 60, 110.

Peterlin, A. (1971) Vapor and gas permeability of asymmetric membranes, J. Appl. Polym. Sci., 15, 3127.

Peterlin, A. and Yasuda, H. (1974) Comments on the relation between hydraulic permeability and diffusion in homogeneous swollen membranes, J. Polym. Sci.: Polym. Phys. Ed., 12, 1215.

Price, P. E. and Romdhane, I. H. (2003) Multicomponent diffusion theory and its applications to polymer-solvent systems, AIChE J., 49, 309.

Prigogine, I. and Defay, R. (1954) Chemical Thermodyruunics. Trans. Everett, D. H. Longmans, Green, and Co., Inc., New York.

Pyun, C. W. and Fixman, M. (1964) Frictional coefficient of polymer molecules in solution, J Chem. Phys., 41, 937.

Ramkrishna, D. and Amundson, N. R. (1985) Linear Operator Methods in Chemical Engineering with Applica-tions to Transport and Cherrical Reaction Systems. Prentice-Hall, Inc., Englewood Cliffs, NJ.

Rivlin, R. S. (1983) Integral representations of constitutive equations, Rheol. Acta, 22, 260.

Robinson, R. L., Edmister, W. C., and Dullien, F. A. L. (1965) Calculation of diffusion coefficients from diaphragm cell diffusion data, J. Phys. Chem., 69, 258.

Rohrbaugh, R. H. and Jurs, P. C. (1987) Molecular shape and prediction of high performance liquid chromatographic retention indices of polycyclic aromatic hydrocarbons, Anal. Chem., 59, 1048.

Rosenbaum, S. (1968) Effect of pressure on solvent permeation through semipermeable membranes, Polym. Lett., 6, 307.

Rosenbaum, S. and Cotton, O. (1969) Steady-state distribution of water in cellulose acetate membrane, J. Polym. Sci.: Part A-I, 7, 101.

Rossi, G. and Mazich, K. A. (1993) Macroscopic description of the kinetics of swelling for a cross-linked elastomer or a gel, Phys. Rev, E, 48, 1182.

Samus, M. A. and Rossi, G. (1996) Methanol absorption in ethylene-vinyl alcohol copolymers: Relation between solvent diffusion and changes in glass transition temperature in glassy polymeric materials, Macromolecules, 29, 2275.

Scriven, L. E. (1959) On the dynamics of phase growth, Chem. Eng. Sci., 10, 1.

Shankar, A. and Lenhoff, A. M. (1989) Dispersion in laminar flow in short tubes, AIChE J., 35, 2048.

Sherwood, T. K. and Pigford, R. L. (1952) Absorption and Extraction. McGraw-Hill Book Co., Inc., New York.

Skinner, L. A. and Bankoff, S. G. (1964) Dynamics of vapor bubbles in spherically symmetric temperature fields of general variation, Phys. Fluids, 7, 1.

Slattery, J. C. (1972) Momentum, Energy, and Mass Transfer in Continua. McGraw-Hill Book Co., Inc., New York.

Slattery, J. C. (1999) Advanced Transport Phenomena. Cambridge University Press, New York.

Smith, G. F. (1970) On a fundamental error in two papers of C. -C. Wang "On representations for isotropic functions, Parts I and II," Arch. Rational Mech. Anal., 36, 161.

Smith, G. F. (1971) On isotropic functions of symmetric tensors, skew-symmetric tensors and vectors, Int. J. Eng. Sci., 9, 899.

Sneddon, I. N. (1957) Elements of Partial Differential Equations. McGraw-Hill Book Co., Inc., New York.

Sorenson, J. P. and Stewart, W. E. (1974) Computation of forced convection in slow flow through ducts and packed beds - I : Extensions of the Graetz problem, Chem. Eng. Sci., 29, 811.

Spiegel, M. R. (1965) Theory and Problems of Laplace Transforms. McGraw-Hill Book Co., Inc., New York.

Spiegel, M. R. (1968) Mathematical Handbook of Formulas and Tables. McGraw-Hill Book Co., Inc., New York.

Stakgold, I. (1968a) Boundary Value Problems of Mathematical Physics, Vol. I. The Macmillan Co., New York.

Stakgold, I. (1968b) Boundary Value Problems of Mathematical Physics, Vol. II. The Macmillan Co., New York.

Stewart, W. E. (1968) Diffusion and first-order reaction in time-dependent flows, Chem. Eng. Sci., 23, 483.

Stewart, W. E. (1969) Errata, Chem. Eng. Sci., 24, 1189.

Svendsen, B. and Bertram, A. (1999) On frame-indifference and form-invariance in constitutive theory, Acta Mech., 132, 195.

Tan, C. W. and Hsu, C. J. (1972) Low Peclet number mass transfer in laminar flow through circular tubes, Int. J. Heat Mass Transfer, 15, 2187.

Tang, P. H., Durning, C. J., Guo, C. J., and DeKee, D. (1997) Effect of molecular weight on two-stage sorption in concentrated polystyrene-ethylbenzene solutions, Polymer, 38, 1845.

Tanner: J. E., Liu, K-J., and Anderson, J. E. (1971) Proton magnetic resonance self-diffusion studies of poly (ethylene oxide) and polydimethylsiloxane solutions, Macromolecules, 4, 586.

Taylor, G. (1953) Dispersion of soluble matter in solvent flowing slowly through a tube, Proc. Roy. Soc. A, 219, 186.

Taylor, G. (1954) Conditions under which dispersion of a solute in a stream of solvent can be used to measure molecular diffusion, Proc. Roy. Soc. A, 225, 473.

Thomas, N and Windle, A. H. (1978) Case Ⅱ swelling of PMMA sheet in methanol, J Membrane Sci., 3, 337.

Thomas, N. L. and Windle, A. H. (1980) A deformation model for case Ⅱ diffusion, Polymer, 21, 613.

Thomas, N. L. and Windle, A. H. (1982) A theory of case Ⅱ diffusion, Polymer, 23, 529.

Toi, K. and Paul, D. R. (1982) Effect of polystyrene molecular weight on the carbon dioxide sorption isotherm, Macroniolecules, 15, 1104.

Tozer, T. N. (1997) Drug administration, distribution, and elimination, in Berkow, R. (ed.) The Merck Manual of Medical Information, Home ed., Oct. 1997 printing. Merck & Co., Inc., Whitehouse Station, NJ.

Truesdell, C. (1969) Rational Thermodynamics, McGraw-Hill Book Co., Inc., New York.

Truesdell, C. (1977) A First Course in Rational Continuum Mechanics, Vol. 1: General Concepts. Academic Press, Inc., New York.

Truesdell, C. and Noll, W. (1965) The non-linear field theories of mechanics, in Flügge, S. (ed.) Handbuch der Physik, 3/3, 1. Springer-Verlag, Berlin.

Truesdell, C. and Toupin, R. A. (1960) The classical field theories, in Flügge, S. (ed.) Handbuch der Physik, 3/1, 226. Springer-Verlag, Berlin.

Truskey, G. A., Yuan, F., and Katz, D. F. (2009) Transport Phenomena in Biological Systems, 2nd ed. Pearson Education, Inc., Upper Saddle River, NJ.

Tsay, C. S. and McHugh, A. J. (1990) Mass transfer modeling of asymmetric membrane formation by phase inversion, J. Polym. Sci.: Polym. Phys. Ed., 28, 1327.

Turnbull, D. and Cohen, M. H. (1961) Free-volume model of the amorphous phase: Glass transition, J. Chem. Phys., 34, 120.

Tyrrell, H. J. V. and Harris, K. R. (1984) Diffusion in Liquids. Butterworths, Boston.

van Cauwenberghe, A. R. (1966) Further note on Dankwerts' boundary conditions for flow reactors, Chem. Eng. Sci., 21, 203.

Van Dyke, M. (1975) Perturbation Methods in Fluid Mechanics. The Parabolic Press, Stanford, CA.

Vrentas, J. S. and Chu, C. -H. (1987a) Concentration dependence of solvent self-diffusion coefficents, J. Appl. Polym. Sci., 34, 587.

Vrentas, J. S. and Chu, C. -H. (1987b) Effect of variable diffusivity on tubular polymerization reactor performance, Chem. Eng. Sci., 42, 1256.

Vrentas. J. S. and Chu, C. -H. (1989) Molecular weight dependence of the diffusion coefficient for the polystyrene-toluene system, J. Polym. Sci.: Polym. Phys. Ed., 27, 465.

Vrentas, J. S. and Duda, J. L. (1976a) Diffusion in infinitely dilute polystyrene solutions, J. Appl. Polym. Sci., 20, 1125.

Vrentas, J. S. and Duda, J. L. (1976b) Diffusion in dilute polystyrene solutions, J. Polym. Sci.: Pohym. Phys. Ed.. 14, 101.

Vrentas, J. S. and Duda, J. L. (1976c) On relationships between diffusion and friction coefficients, J. Appl. Polym. Sci., 20, 2569.

Vrentas, J. S. and Duda, J. L. (1976d) Diffusion of small molecules in amorphous polymers, Macromolecules, 9, 785.

Vrentas, J. S. and Duda, J. L. (1977a) Diffusion in polymer-solvent systems. I. Reexamination of the free volume theory, J. Polym. Sci.: Polym. Phys, Ed., 15, 403.

Vrentas, J. S. and Duda, J. L. (1977b) Diffusion in polymer-solvent systems. II. A predictive theory for the dependence of diffusion coefficients on temperature, concentration, and molecular weight, J. Polym. Sci.: Polym. Phys. Ed., 15, 417.

Vrentas, J. S. and Duda, J. L. (1977c) Diffusion in polymer-solvent systems. III. Construction of Deborah number diagrams, J. Polym, Sci.: Polym. Phys. Ed., 15, 441.

Vrentas, J. S. and Duda, J. L. (1978) A free volume interpretation of the influence of the glass transition on diffusion in amorphous polymers, J. Appl. Polym. Sci., 22, 2325.

Vrentas, J. S. and Duda, J. L. (1979) Molecular diffusion in polymer solutions, AIChE J., 25, 1.

Vrentas, J. S. and Duda, J. L. (1986) Diffusion, in Mark, H. F. (ed.) Encyclopedia of Polymer Science and Engineering, 2nd ed., 5, 36. John Wiley & Sons, Inc., New York.

Vrentas, J. S. and Hou, A. -C. (1988) History dependence of diffusion coefficients for glassy polymerpenetrant systems, J Appl. Polym. Sci., 36, 1933.

Vrentas, J. S. and Huang, W. J. (1986) Radial transport in tubular polymerization reactors, Chem. Eng. Sci., 41, 2041.

Vrentas, J. S. and Shin, D. (1980a) Perturbation solutions of spherical moving boundary problems. I. Slow growth or dissolution rates, Chem. Eng. Sci., 35, 1687.

Vrentas, J. S. and Shin, D. (1980b) Perturbation solutions of spherical moving boundary problems. II. Rapid growth or dissolution rates, Chem. Eng. Sci., 35, 1697.

Vrentas, J. S. and Vrentas, C. M. (1983) Boundary conditions for periodic flow fields, Chem. Eng. Commun., 22, 53.

Vrentas, J. S. and Vrentas, C. M. (1987) Unsteady diffusion with a first-order homogeneous reaction, AIChE J., 33, 167.

Vrentas, J. S. and Vrentas, C. M. (1988a) Transport effects in low-pressure chemical vapor deposition reactors, Chem. Eng. Sci., 43, 1437.

Vrentas, J. S. and Vrentas, C. M. (1988b) Dispersion in laminar tube flow at low Peclet numbers or short times, AIChE J., 34, 1423.

Vrentas, J. S. and Vrentas, C. M. (1988c) A Green's function method for the solution of diffusionreaction problems, AIChE J., 34, 347.

Vrentas, J. S. and Vrentas, C. M. (1989a) Boundary conditions for chemically reactive surfaces, Chem. Eng. Sci., 44, 3001.

Vrentas, J. S. and Vrentas, C. M. (1989b) Volumetric behavior of glassy polymer-penetrant systems, Macromolecules, 22, 2264.

Vrentas, J. S. and Vrentas, C. M. (1990) Predictions of volumetric behavior for glassy polymerpenetrant systems, J. Polym. Sci.: Polym. Phys. Ed., 28, 241.

Vrentas, J. S. and Vrentas, C. M. (1991a) Solvent self-diffusion in crosslinked polymers, J Appl. Polym. Sci., 42, 1931.

Vrentas, J. S. and Vrentas, C. M. (1991b) Sorption in glassy polymers, Macromolecules, 24, 2404.

Vrentas, J. S. and Vrentas, C. M. (1992) lsotherm shape for penetrant sorption in glassy polymers, J. Appl. Polym. Sci., 45, 1497.

Vrentas, J. S. and Vrentas, C. M. (1993a) Energy effects for solvent self-diffusion in polymer-solvent Systems, Macromolecules, 26, 1277.

461

Vrentas, J. S. and Vrentas, C. M. (1993b) A new equation relating self-diffusion and mutual diffusion coefficients in polymer-solvent systems, Macromolecules, 26, 6129.

Vrentas, J. S. and Vrentas, C. M. (1994a) Solvent self-diffusion in rubbery polymer-solvent systems, Macromolecules, 27, 4684.

Vrentas, J. S. and Vrentas, C. M. (1994b) Solvent self-diffusion in glassy polymer-solvent systems, Macromolecules, 2 7, 5570.

Vrentas, J. S. and Vrentas, C. M. (1994c) Evaluation of a sorption equation for polymer-solvent systems, J. Appl. Polym. Sci., 51, 1791.

Vrentas, J. S. and Vrentas, C. M. (1994d) Drying of solvent-coated polymer films, J. Polym. Sci.: Polym. Phys. Ed., 32, 187.

Vrentas, J. S. and Vrentas, C. M. (1995) Unsteady flows of first-order fluids, Ind. Eng. Chem. Res., 34, 3203.

Vrentas, J. S. and Vrentas, C. M. (1996) Hysteresis effects for sorption in glassy polymers, Macromolecules, 29, 4391.

Vrentas, J. S. and Vrentas, C. M. (1997) An exact solution for unsteady diffusion in a block copolymer with a highly oriented lamellar morphology, Chem. Eng. Sci., 52, 985.

Vrentas, J. S. and Vrentas, C. M. (1998a) Predictive methods for self-diffusion and mutual diffusion coefficients in polymer-solvent systems, Eur. Polym. J., 34, 797.

Vrentas: J. S. and Vrentas, C. M. (1998b) Dissolution of rubbery and glassy polymers, J. Polym. Sci.: Polym. Phys. Ed., 36, 2607.

Vrentas, J. S. and Vrentas, C. M. (1998c) Integral sorption in glassy polymers, Chem. Eng. Sci, 53; 629.

Vrentas, J. S. and Vrentas, C. M. (1998d) Integral sorption in rubbery polymers, J. Polym. Sci.: Polym. Phys. Ed., 36, 171.

Vrentas, J. S. and Vrentas, C. M. (1998e) Slow bubble growth and dissolution in a viscoelastic fluid, J. Appl. Polym. Sci., 67, 2093.

Vrentas, J. S. and Vrentas, C. M. (1999a) Differential sorption in glassy polymers, J. Appl. Polym. Sci., 77, 1431.

Vrentas, J. S. and Vrentas, C. M. (1999b) Validity of the first-order fluid model, J. Appl. Polym. Sci., 73, 547.

Vrentas, J. S. and Vrentas, C. M. (2000a) Prediction of mutual diffusion coefficients for polymer-solvent systems, J. Appl. Polym. Sci., 77, 3195.

Vrentas, J. S. and Vrentas, C. M. (2000b) Asymptotic solutions for laminar dispersion in circular tubes, Chem. Eng. Sci. , 55, 849.

Vrentas, J. S. and Vrentas, C. M. (2001a) A general theory for diffusion in purely viscous binary fluid mixtures, Chem. Eng. Sci., 56, 4571.

Vrentas, J. S. and Vrentas, C. M. (2001b) Viscoelastic diffusion, J. Polym. Sci.: Polym. Phys. Ed., 39, 1529.

Vrentas, J. S. and Vrentas, C. M. (2002) Transport in nonporous membranes, Chem. Eng. Sci., 57, 4199.

Vrentas, J. S. and Vrentas, C. M. (2003) Prediction of the molecular weight dependence of mutual diffusion coefficients in polymer-solvent systems, J. Appl. Polym. Sci., 89, 2778.

Vrentas, J. S. and Vrentas, C. M. (2004a) Theoretical aspects of fiber spinning, J. Appl. Polym. Sci., 93, 986.

Vrentas, J. S. and Vrentas, C. M. (2004b) Diffusion-controlled polymer dissolution and drug release, J Appl. Polym. Sci., 93, 92.

Vrentas, J. S. and Vrentas, C. M. (2004c) Frame indifference in continuum mechanics, Unpublished manuscript.

Vrentas, J. S. and Vrentas, C. M. (2005) Theoretical aspects of ternary diffusion, Ind. Eng. Chem. Res., 44,

1112.

Vrentas, J. S. and Vrentas, C. M. (2007a) Axial conduction with boundary conditions of the mixed type, Chem. Eng. Sci., 62, 3104.

Vrentas, J. S. and Vrentas, C. M. (2007b) Restrictions on friction coefficients for binary and ternary diffusion, Ind. Eng. Chem. Res., 46, 3422.

Vrentas, J. S., Jarzebski, C. M., and Duda, J. L. (1975) A Deborah number for diffusion in polymer−solvent systems, AIChE J., 21, 894.

Vrentas, J. S., Duda. J. L., and Ni, Y. C. (1977) Analysis of step−change sorption experiments, J. Polym. Sci.: Polym. Phys. Ed., 15, 2039.

Vrentas, J. S., Liu, H. T., and Duda, J. L. (1980) Comparison of theory and experiment for diffusion in dilute polymer solutions, J. Polym. Sci.: Polym. Phys. Ed., 18, 1633.

Vrentas, J. S., Duda, J. L., and Ni, L. −W. (1983a) Concentration dependence of polymer self−diffusion coefficients, Macromolecules, 16, 261.

Vrentas, J. S., Vrentas, C. M., and Ling, H. −C. (1983b) Equations for predicting growth or dissolution rates of spherical particles, Chem. Eng. Sci., 38, 1927.

Vrentas, J. S., Duda, J. L., and Hsieh, S. T. (1983c) Thermodynamic properties of some amorphous polymer-solvent systems, Ind. Eng, Chem, Prod, Res. Dev., 22, 326.

Vrentas, J. S., Duda, J. L., Ju, S. T., and Ni, L. −W. (1984a) Oscillatory diffusion experiments for solvent diffusion in polymer films, J Membrane Sci., 18, 161.

Vrentas, J. S., Duda, J. L., and Hou, A. −C, (1984b) Anomalous sorption in poly (ethyl methacrylate), J. Appl. Polym. Sci., 29, 399.

Vrentas, J. S., Duda, J. L,, and Huang, W. J, (1986) Regions of Fickian diffusion in polymer−solvent systems, Macromolecules, 19, 1718.

Vrentas, J. S., Duda, J. L., and Ling, H. −C, (1988) Antiplasticization and volumetric behavior in glassy polymers, Macromolecules, 21, 1470.

Vrentas, J. S., Vrentas, C. M., and Hadj Romdhane, I. (1993) Analysis of inverse gas chromatography experiments, Macromolecules, 26, 6670.

Vrentas, J. S., Vrentas, C. M., and Faridi, N, (1996) Effect of solvent size on solvent self_ diffusion in polymer−solvent systems, Macromolecules, 29, 3272.

Vrentas, J. S., Vrentas, C. M., and Huang, W. J. (1997) Anticipation of anomalous effects in differential sorption experiments, J. Appl. Polym. Sci., 64, 2007.

Waggoner, R. A., Blum, F. D., and MacElroy, J. M. D. (1993) Solvent diffusion coefficient concentration in polymer solutions, Macromolecules, 26, 6841.

Wang, C. −C. (1970a) A new representation theorem for isotropic functions: An answer to Professor G. F. Smith 's criticism of my papers on representations for isotropic functions. Part 1. Scalar−valued isotropic functions, Arch. Rational Mech. Anal., 36, 166.

Wang, C. −C. (1970b) A new representation theorem for isotropic functions: An answer to Professor G. F. Smith 's criticism of my papers on representations for isotropic functions. Part 2. Vectorvalued isotropic functions, symmetric tensor−valued isotropic functions, and skew−symmetric tensor−valued isotropic functions, Arch. Rational Mech. Anal., 36, 198.

Wang,, C. −C. (1971) Corrigendum to my recent papers on "Representations for isotropic functions," Arch. Rational Mech. Anal., 43, 392.

Wang, F. H, L., Duda, J. L., and Vrentas, J. S. (1980) Analysis of impurity migration in plastic containers,

Polym, Eng. Sci., 20, 120.

Wehner, J. F. and Wilhelm, R. H. (1956) Boundary conditions of flow reactor, Chem. Eng. Sci., 6, 89.

Whitham, G, B. (1974) Linear and Nonlinear Waves. John Wiley & Sons, Inc., New York.

Wijmans, J, G. and Baker, R. W. (1995) The solution-diffusion model: A review, J Membrane Sci., 107, 1.

Yamakawa, H, (1962) Concentration dependence of the frictional coefficient of polymers in solution, J, Chem, Phys., 36, 2995.

Yamakawa, H. (1971) Modern Theory of Polymer Solutions. Harper & Row, Publishers, Inc., New York.

Yu, J, S, (1981) Dispersion in laminar flow through tubes by simultaneous diffusion and convection, J, Appl. Mech., 48, 217.

Zana, E. and Leal, L. G. (1975) Dissolution of a stationary gas bubble in a quiescent, viscoelastic liquid, Ind, Eng. Chem. Fundanreiztals, 14, 175.